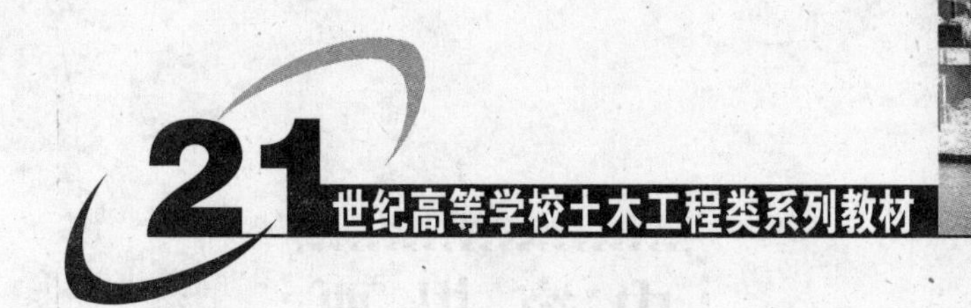

工程力学

■韩立朝　彭 华　编著

内容提要

本书内容包括原国家教委颁布的高等工科院校理论力学静力学及材料力学基本要求的内容，包括力系的简化与平衡，轴向拉压，剪切，扭转，梁的内力、应力、变形，强度理论及压杆稳定。

本书可以作为高等工科院校各类专业基础力学课程的教材，也可以作为夜大、电大、函授相应专业的教材以及供有关工程技术人员参考。

图书在版编目(CIP)数据

工程力学/韩立朝，彭华编著．—武汉：武汉大学出版社，2006.10(2016.4重印)

21世纪高等学校土木工程类系列教材

ISBN 978-7-307-05084-6

Ⅰ.工…　Ⅱ.①韩…　②彭…　Ⅲ.工程力学　Ⅳ.TB12

中国版本图书馆CIP数据核字(2006)第052156号

责任编辑：史新奎　　责任校对：王　建　　版式设计：支　笛

出版发行：**武汉大学出版社**　(430072　武昌　珞珈山)

(电子邮件：cbs22@whu.edu.cn 网址：www.wdp.com.cn)

印刷：武汉珞珈山学苑印刷有限公司

开本：787×1092　1/16　印张：22　字数：526千字

版次：2006年10月第1版　2016年4月第6次印刷

ISBN 978-7-307-05084-6/TB·19　定价：35.00元

前　言

工程力学是工科类专业一门重要的技术基础课,本书涵盖了原国家教委颁布的高等工科院校理论力学静力学及材料力学基本要求的内容。

工程力学与实际工程密切相关。通过工程力学课程的学习,不仅可以使学生学到工程力学的知识,加强学生的工程概念,而且可以培养学生分析问题和解决问题的能力。

随着教学改革的不断深入,各种课程的教学时数都不同程度地受到压缩,工程力学课程也不例外。怎样在有限的教学时数内,使学生既能掌握工程力学的基本知识,又能培养和提高学生学习力学的能力？本书在注重加强素质教育、培养学生的创新能力的前提下,从体系到内容都做了必要的调整,将教材内容优化组合,克服了重复、脱节的内容,适当提高了起点,因而较大的压缩了篇幅。本书注重基本概念,注重理论联系实际,注重培养学生的科学思维方法,尽量避免冗长的理论推导与繁琐的数学运算。做到在满足学生对工程力学知识的要求的同时,切实保证工程力学课程的教学质量。

本书力求做到重点突出,条理清晰,结构紧凑,叙述严谨。在概念、原理上尽可能做到详尽,同时通过较多的例题分析,帮助学生加深对基本内容的了解和掌握。此外,本书每章后有一定数量的习题并附有习题答案。我们力图在编写的工程力学教材中,做到用有限的学时使学生既掌握工程力学的内容,又能了解工程力学的工程应用。

全书共13章:第一篇为静力学,共3章,分别为静力学的基本概念和受力分析,平面一般力系,空间一般力系;第二篇为材料力学,共10章,分别为轴向拉伸和压缩时杆件的应力和变形计算,材料在拉伸和压缩时的力学性质,轴向拉伸(压缩)时的强度计算,剪切和挤压的实用计算,平面图形的几何性质,扭转,直梁弯曲时的内力,弯曲应力,弯曲变形,应力状态理论与强度理论及压杆稳定。

本书静力学部分由韩立朝编写,材料力学部分由彭华编写。材料力学部分由高小翠、邬月琴校核,全书由韩立朝统稿。

感谢武汉大学教务部及武汉大学出版社对本书出版的支持,对责任编辑任翔、史新奎、张敏的辛勤劳动深表谢意。

由于作者水平有限,书中缺点和错误之处在所难免,衷心希望广大读者批评指正。

作　者

2006年6月

目　录

第1篇　工程静力学

第2篇　工程材料力学

第 1 篇　工程静力学

第 1 章　静力学的基本概念和物体的受力分析

§1-1　静力学的基本概念

静力学主要研究物体在力系作用下的平衡规律及力系的简化。

所谓力系，是指作用在物体上的一群力。

所谓平衡，是指物体相对惯性参考系保持静止或做匀速直线运动。

所谓惯性参考系，是指适用于牛顿定理的参考系。在一般工程问题中，通常把与地球固结的参考系作为惯性参考系，这样，若物体相对于地球保持静止或做匀速直线运动，就称该物体处于平衡状态，如静止的房屋、教室里的桌椅、沿直线匀速行驶的汽车等，都是处于平衡状态。平衡是机械运动的一种特殊形式。

静力学主要研究的两个问题：

1. 力系的简化（或等效替换）

将作用在物体上的一个力系用另一个力系代替，而不改变原力系对物体的作用效果，则称该两力系等效或互为**等效力系**。用一个简单力系等效地替换一个复杂力系对物体的作用，称为力系的简化。

2. 力系的平衡条件及其应用

物体平衡时作用于其上的力系应满足的条件称为力系的平衡条件。平衡条件是结构和机构设计中静力计算的基础。

一、刚体

所谓刚体，就是在力的作用下大小和形状都保持不变的物体。**刚体是实际物体被抽象为理想化了的力学模型**。实际物体在力的作用下，都会产生不同程度的变形，如果变形在所研究的问题中只是次要因素，就可略去不计，而将物体看做为刚体。静力学研究的物体是刚体，故又称刚体静力学。

二、变形固体

在第 2 篇中，我们将研究物体的强度、刚度和稳定性，此时，物体的变形在所研究的问题中就成为重要因素，不能再把物体抽象为刚体，而必须将其视为变形固体。

三、力的概念

力是物体间相互的机械作用。这种作用使物体运动状态发生变化或使物体产生变形。前者称为力的运动效应或外效应，后者称为力的变形效应或内效应。力的运动效应又可分

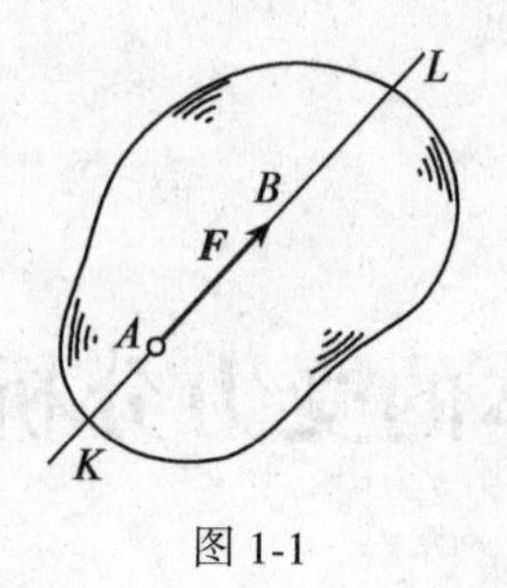

图 1-1

为移动效应和转动效应。一般情况下,一个力对物体的效应既有移动效应又有转动效应。

力对物体的效应决定于力的大小、方向和作用点。这三者称为力的三要素。力的三要素表明,力是一个具有固定作用点的定位矢量。可用一带箭头的直线段将力的三要素表示出来,如图 1-1 所示:线段的长度按比例表示力的大小;线段的方位及箭头的指向表示力的方向;线段的起点或终点表示力的作用点;通过力的作用点并沿着力的方位的直线称为力的作用线。本书中,矢量均用黑体字表示,如图 1-1 中,用 **F** 表示力矢量。

力的单位为 N(牛)或 kN(千牛),$1kN=10^3N$。

四、荷载分类

物体所受的力可分为两大类,即外力和内力。外力是指物体受其他物体作用的力,内力是指物体内部各部分之间的相互作用力。

外力包括主动力和约束反力。主动力又称为荷载,它是能引起物体运动或有运动趋势的力;约束反力属于被动力,它是阻止物体运动的力,在本章后面将作详细介绍。

工程实际中,构件受到的荷载是多种多样的。为便于分析,可分类如下:

1. 根据作用在构件上的范围,可分为集中荷载与分布荷载

集中荷载又称**集中力**。若荷载作用在构件上的面积远小于构件的表面积,可把荷载看做是集中地作用在一"点"上,这种荷载称为集中荷载。例如火车车轮作用在钢轨上的压力,面积较小的柱体传递到面积较大的基础上的压力等,都可看做是集中荷载。

分布荷载又称**分布力**。若荷载连续作用于整个物体的体积上,则称为体荷载。例如物体的重力。若荷载连续作用在物体表面的较大面积上,则称为面荷载。例如屋面上的积雪、桥面上的人群,都可看做是均匀分布荷载;而水坝迎水面、水池池壁所受的水压力和挡土墙背面所受的土压力,都可看做是非均匀分布荷载(如图 1-2 所示)。若荷载分布于长条形状的体积或面积上,则可简化为沿其长度方向中心线分布的线荷载。例如可将等截面梁的自重简化为沿梁长均匀分布的线荷载,如图 1-3 所示。

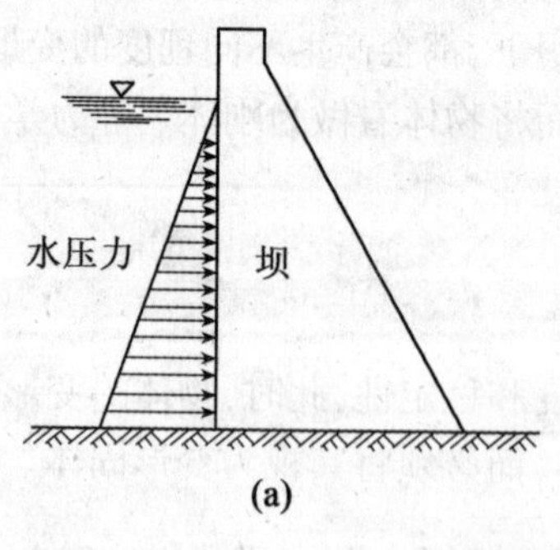

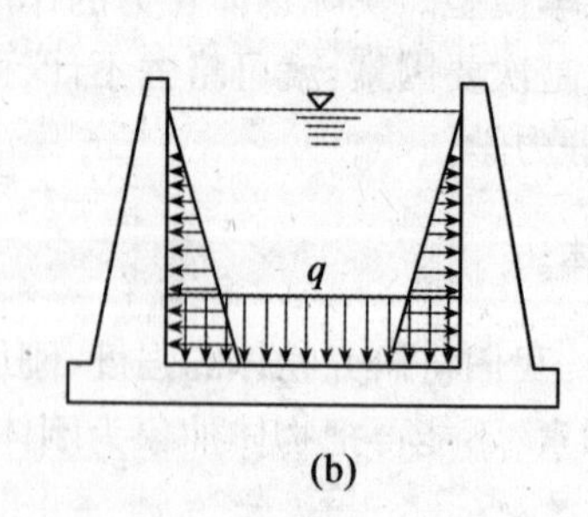

图 1-2

物体上每单位体积、单位面积和单位长度上所承受的荷载分别称为体荷载集度、面荷载

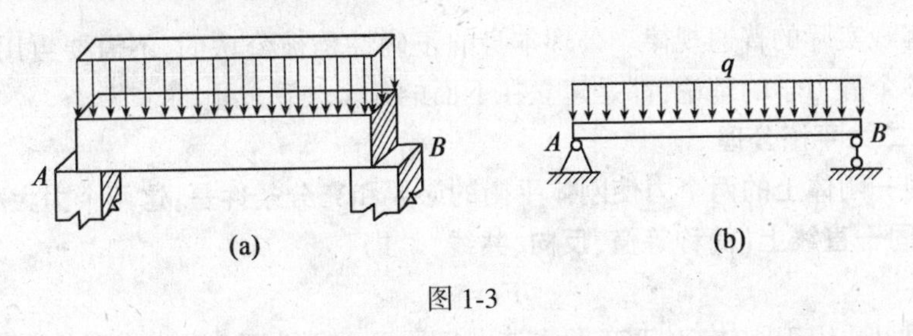

图 1-3

集度和线荷载集度(用 q 表示),它们分别表示对应的分布荷载密集的程度。荷载集度乘以相应的体积、面积和长度后才是荷载。如果荷载集度处处相同(q=常量),则该分布力称为匀布荷载;否则,称为非匀布荷载。体荷载集度的单位是 N/m^3(牛/米³),面荷载集度的单位是 N/m^2(牛/米²),线荷载集度的单位是 N/m(牛/米)等。

表示荷载集度分布的图形称为**荷载图**。可以证明:**同向线分布力的合力的大小等于荷载图的面积,方向与分布力的方向相同,作用线通过荷载图的形心**。由此结论可知,图 1-4(a)所示的非匀布荷载的合力的大小 $F_q=\frac{1}{2}ql$,图 1-4(b)所示的匀布荷载的合力的大小 $F_q=ql$,合力作用位置如图 1-4 所示。

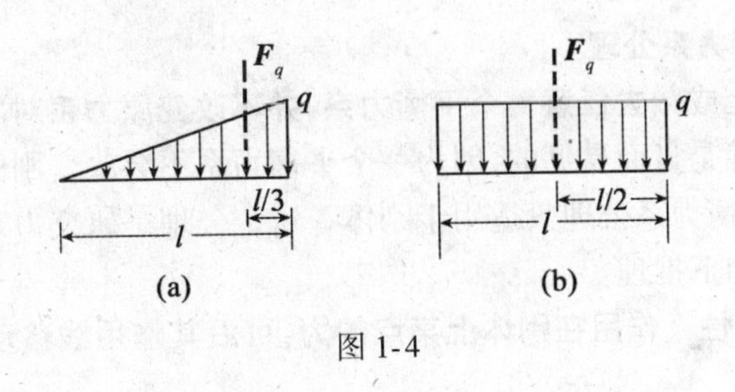

图 1-4

2. 根据作用时间的久暂可分为恒荷载和活荷载

恒荷载是长期作用在结构上的不变荷载,如构件的自重。**活荷载**是作用在结构上的可变荷载,所谓"可变"是指这种荷载有时存在,有时不存在,其作用位置或范围可能是固定的(如风荷载、雪荷载),也可能是变动的(如吊车梁上的吊车荷载、桥梁或路面上的汽车荷载、楼面上的人群荷载等)。

3. 根据作用的性质可分为静荷载与动荷载

静荷载是缓慢地加到结构上的荷载,其大小、位置和方向不随时间而变化或变化极为缓慢。在此荷载作用下,构件和零件不会产生显著的加速度。例如结构的自重、土压力和水压力都属于这一类。**动荷载**是指构件在运动时产生动力效应所引起的荷载,其大小、位置和方向随时间而迅速变化。在这种荷载作用下,结构会产生显著的加速度。例如火车车轮对桥梁的冲击力、锻造气锤对工件的撞击力、地震或其他因素引起的冲击波等都是动荷载。

§1-2 静力学公理

所谓公理,是人们在生活和生产活动中长期积累的经验总结,又经过实践的反复检验,证明是符合客观实际的普遍规律。公理本身的正确性是被公认的,不需要再用数学或其他方法证明。整个静力学的理论,都是建立在下面的几个公理之上的。

公理1　二力平衡公理

作用在同一刚体上的两个力使刚体平衡的必要和充分条件是:这两个力大小相等,方向相反,作用在同一直线上(简称等值、反向、共线)。即

$$\boldsymbol{F}_1=-\boldsymbol{F}_2$$

这个公理只适用于刚体,对于变形体来讲只是必要条件而非充分条件。例如,在一不计重量的刚杆两端作用一对等值、反向、共线的拉力或压力,刚杆均能保持平衡,如图1-5所示。如果将图中的刚杆换成绳索,则在拉力作用下可以平衡,在压力作用下就不能平衡。

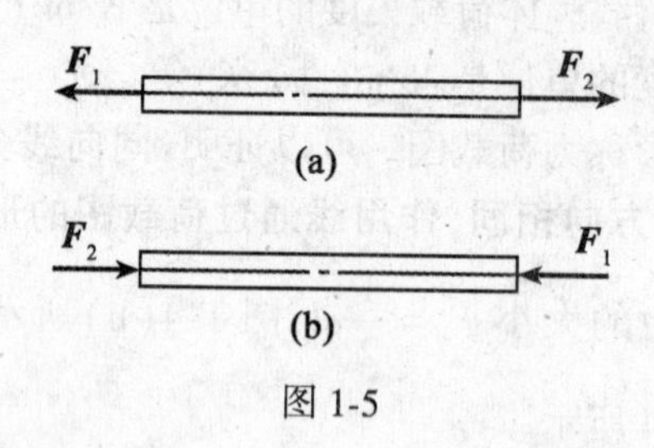

图1-5

公理2　加减平衡力系公理

在任一力系中加上或减去任意一个平衡力系,并不改变原力系对刚体的效应。

这个公理的正确性是显而易见的,因为一个平衡力系不会改变刚体的运动状态。

必须注意,加减平衡力系公理只适用于刚体。这个公理是研究力系简化的重要依据。

由该公理可导出如下推理:

推理1　力的可传性　作用在刚体上某点的力,可沿其作用线移动,而不改变它对刚体的运动效应。

该原理的正确性不难证明。如图1-6所示,用力推小车与用同样大小的力拉小车,对小车的运动效应是相同的。由此可知,就力对刚体的运动效应而言,力对刚体的作用决定于:力的大小、方向和作用线。因此,力是有固定作用线的滑动矢量。

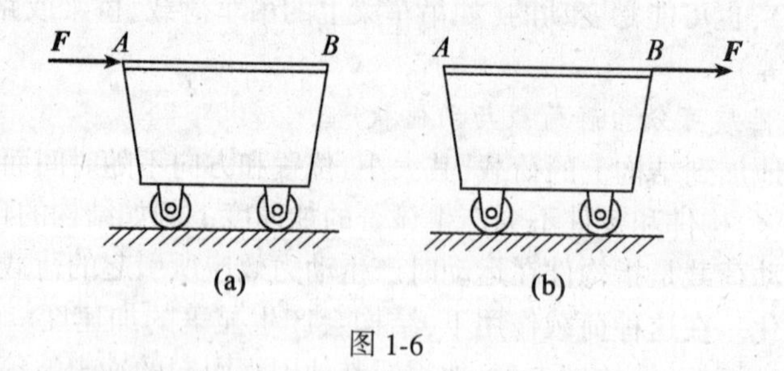

图1-6

公理3　力的平形四边形法则

作用在物体上同一点的两个力,可合成为一个合力,合力的作用点仍在该点,合力的大小和方向由以原来的两力为邻边所构成的平行四边形的对角线确定,如图1-7(a)所示:

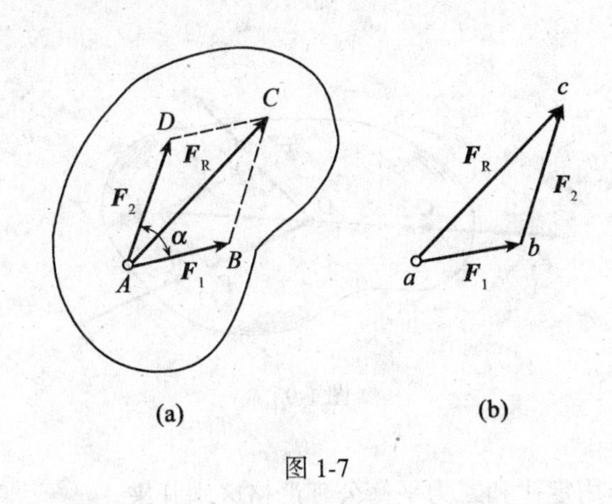

图 1-7

$$F_R = F_1 + F_2$$

即合力等于这两个力的矢量和。合力 F_R 的大小和方向也可通过图 1-7(b)所示的力三角形法得到。即自任一点 a 开始先画矢量 $\overrightarrow{ab}=F_1$，再从 b 点画 $\overrightarrow{bc}=F_2$，连接起点 a 和终点 c 得矢量 $\overrightarrow{ac}$，$\overrightarrow{ac}$ 即合力 F_R 的大小和方向。此三角形称为**力三角形**，这一求合力的方法称为**力三角形法则**。如果改变分力相加的先后次序作三角形，并不改变合力的大小和方向。注意：合力仍然作用于原两力的汇交点。

应该指出，该法则是所有矢量相加的普遍法则。力的平行四边形法则对刚体和变形体都适用，它也是研究力系简化的基本方法。

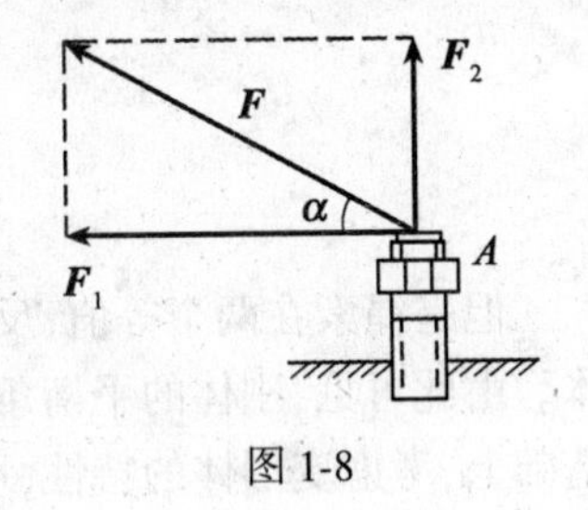

图 1-8

力的平行四边形法则是力的合成法则，也是力的分解法则。例如在图 1-8 中，拉力 F 作用在螺钉 A 上，与水平方向的夹角为 α，按此法则可将其沿水平及铅垂方向分解为两个分力 F_1 和 F_2。

推理 2　三力平衡汇交定理

当刚体受到三个力作用而平衡时，若其中两个力的作用线汇交于一点，则此三力作用线必在同一平面内且汇交于一点。

证明：如图 1-9 所示，在刚体的 A、B、C 三点上，分别作用三个相互平衡的力 F_1、F_2、F_3。根据力的可传性，将力 F_1 和 F_2 移到汇交点 O，然后根据力的平行四边形法则，得合力 F_R。则力 F_3 与 F_R 平衡。根据公理 1，F_3 与 F_R 必共线。所以力 F_3 必与 F_1 和 F_2 共面且通过交点 O。

公理 4　作用与反作用定律

两物体间的相互作用力(即作用力与反作用力)总是大小相等，方向相反，作用线重合，并分别作用在这两个物体上。

这一定律概括了任何物体间相互作用的关系，不论物体是处于平衡状态还是处于运动状态，也不论物体是刚体还是变形体，定律都普遍适用。必须指出，力总是成对出现的，有作用力必有反作用力，这是分析物体之间相互作用力的一条重要规律。

由于作用力和反作用力分别作用在两个不同的物体上，这两个力并不能构成平衡力系，

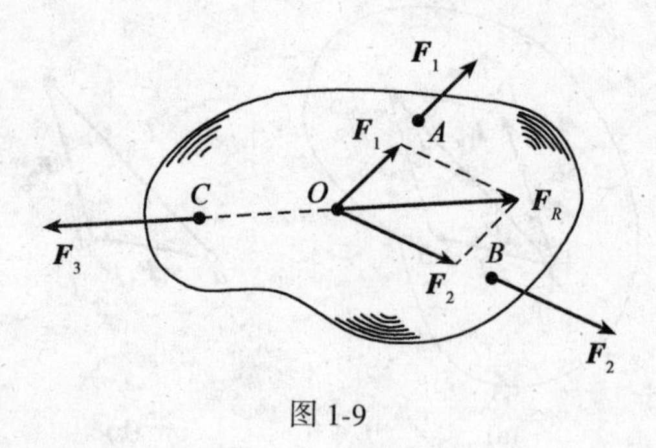

图 1-9

所以必须把作用与反作用定律和二力平衡公理严格区别开来。

公理 5　刚化原理

变形体在某一力系作用下处于平衡时,如将其刚化为刚体,则平衡状态保持不变。

这个公理提供了把变形体抽象成刚体模型的条件。如图 1-10 所示,绳索在等值、反向、共线的两个拉力作用下处于平衡,如将绳索刚化成刚体,则平衡状态保持不变。

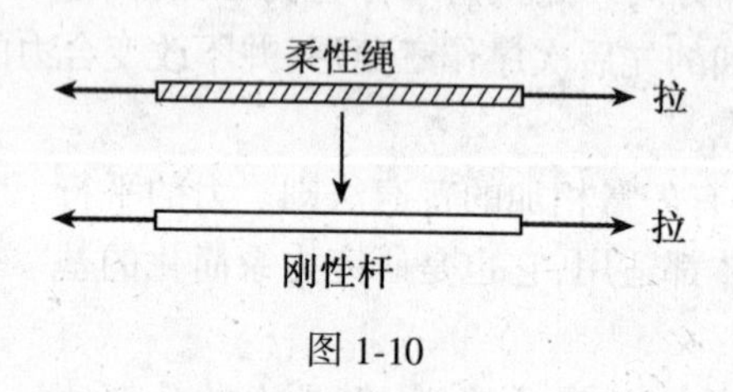

图 1-10

但是绳索在两个等值、反向、共线的压力作用下则不能平衡,这时绳索就不能刚化为刚体。由此可见,刚体的平衡条件是变形体平衡的必要条件,而非充分条件。在刚体静力学的基础上,考虑变形体的特性,可进一步研究变形体的平衡问题。

§1-3　力 的 投 影

一、力在任一轴上的投影

1. 力 $\boldsymbol{F}$ 与轴共面

从力的起点和终点向轴作垂线,两垂足之间的线段加上适当的正负号就称为力在轴上的投影,如图 1-11 所示。以 F_x 表示力 $\boldsymbol{F}$ 在 x 轴上的投影,则 $F_x = \pm ab$。

2. 力 $\boldsymbol{F}$ 与轴不共面

过力的起点和终点分别作平面Ⅰ、Ⅱ垂直于 x 轴,得交点 a、b,如图 1-12 所示,则 $F_x = \pm ab$。

正负号规定:从力的起点的投影 a 到力的终点的投影 b 与投影轴 x 的正向一致者为正,反之为负。

由图 1-11、图 1-12 知投影的计算方法为:

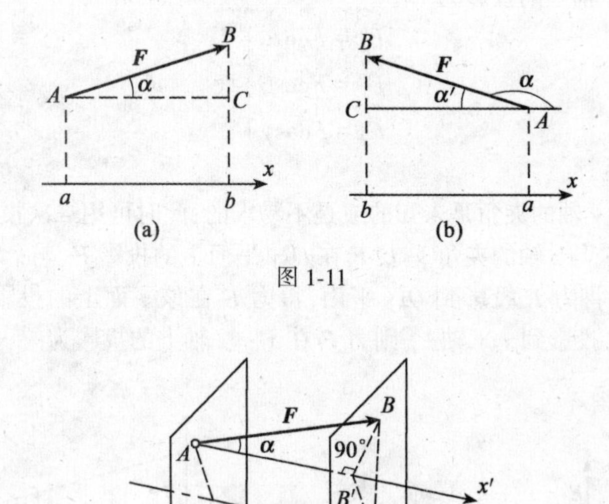

图 1-11

图 1-12

$$F_x = F\cos\alpha$$

其正负号由 $\cos\alpha$ 的符号决定。实际计算时,通常采用力 $\boldsymbol{F}$ 与投影轴所夹锐角计算,其正负号根据投影的规定直观判断。

二、力在平面上的投影

如图 1-13 所示,力 $\boldsymbol{F}$ 在平面上的投影为 $\boldsymbol{F}'$,其模为:

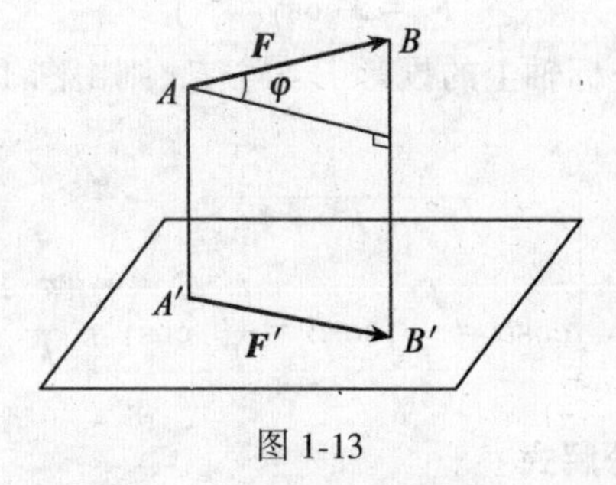

图 1-13

$$F' = F\cos\varphi$$

注意:力在轴上的投影是代数量,而力在平面上的投影是矢量。

三、力在空间直角坐标轴上的投影

1. 直接投影法

已知力 $\boldsymbol{F}$,取空间直角坐标系 $Oxyz$,力 $\boldsymbol{F}$ 与各轴正向的夹角分别为 α、β、γ,如图 1-14 所

示。则力 $\boldsymbol{F}$ 在 x、y、z 轴上的投影为

$$\left.\begin{aligned} F_x &= F\cos\alpha \\ F_y &= F\cos\beta \\ F_z &= F\cos\gamma \end{aligned}\right\} \tag{1-1}$$

2.二次投影法

有时，力 $\boldsymbol{F}$ 与 x、y 轴的夹角是未知的或是不易求的，此时可用二次投影法求力在坐标轴上的投影。已知力 $\boldsymbol{F}$ 与 z 轴的夹角 γ，及 $\boldsymbol{F}$ 在 Oxy 平面上的投影 $\boldsymbol{F}_{xy}$ 与 x 轴正向夹角 θ，如图 1-15 所示。此时，先将力 $\boldsymbol{F}$ 投影到 Oxy 平面，得力 $\boldsymbol{F}$ 在该平面上的投影 $\boldsymbol{F}_{xy}$，其大小 $F_{xy} = F\sin\gamma$。然后再将 $\boldsymbol{F}_{xy}$ 投影到 x、y 轴上，则力 $\boldsymbol{F}$ 在 x、y、z 轴上的投影为

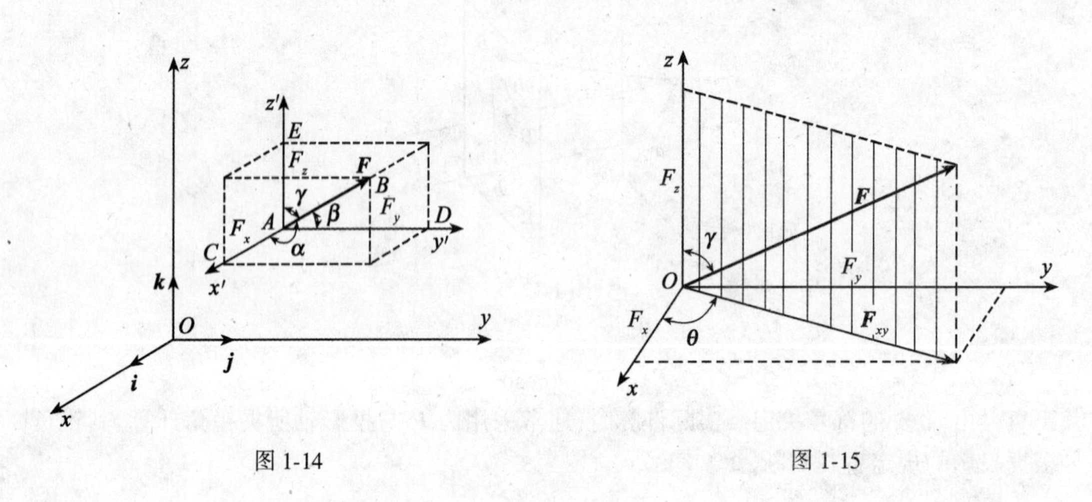

图 1-14　　图 1-15

$$\left.\begin{aligned} F_x &= F\sin\gamma\cos\theta \\ F_y &= F\sin\gamma\sin\theta \\ F_z &= F\cos\gamma \end{aligned}\right\} \tag{1-2}$$

如果已知力 $\boldsymbol{F}$ 在直角坐标轴上的投影 F_x、F_y、F_z，则由图 1-14 可求得力 $\boldsymbol{F}$ 的大小和方向余弦分别为

$$\begin{cases} F = \sqrt{F_x^2 + F_y^2 + F_z^2} \\ \cos\alpha = \dfrac{F_x}{F}, \cos\beta = \dfrac{F_y}{F}, \cos\gamma = \dfrac{F_z}{F} \end{cases} \tag{1-3}$$

四、力沿直角坐标轴的分解式

在直角坐标系下，力 $\boldsymbol{F}$ 的分力与其投影之间有下列关系：分力的模等于力在相应坐标轴上的投影的绝对值，即

$$|\boldsymbol{F}_x| = |F_x|, \quad |\boldsymbol{F}_y| = |F_y|, \quad |\boldsymbol{F}_z| = |F_z|$$

如图 1-14 所示，用 $\boldsymbol{i}$、$\boldsymbol{j}$、$\boldsymbol{k}$ 分别表示沿 x、y、z 轴的单位矢量，则

$$\boldsymbol{F}_x = F_x\boldsymbol{i}, \qquad \boldsymbol{F}_y = F_y\boldsymbol{j}, \qquad \boldsymbol{F}_z = F_z\boldsymbol{k}$$

则力沿直角坐标轴的分解式：

$$\boldsymbol{F} = F_x\boldsymbol{i} + F_y\boldsymbol{j} + F_z\boldsymbol{k} \tag{1-4}$$

必须指出,力的投影和力的分力是两个不同的概念,不得混淆:力的投影是代数量,而力的分力是矢量,上式只表示力 $\boldsymbol{F}$ 的大小和方向,而不能表示力 $\boldsymbol{F}$ 的作用位置。

§1-4　力矩和力偶

一、力对点之矩

作用于刚体上的力可以使刚体产生移动效应和转动效应。转动效应用力对点的矩(简称力矩)来度量。

1.在平面问题中,力对点的矩为代数量

在平面问题中,因为各力和矩心所构成的平面(简称力矩作用面)都在同一平面内,只要确定了力矩的大小和转向,就可完全表明力使物体绕矩心转动的效应。力矩大小的绝对值等于力与力臂的乘积(图 1-16)。即

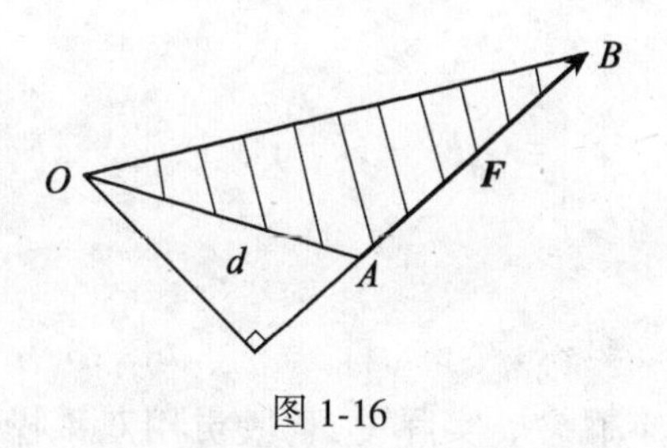

图 1-16

$$M_O(\boldsymbol{F}) = \pm Fd = \pm 2\triangle OAB \text{ 面积} \tag{1-5}$$

式中:O 点称为力矩中心,简称**矩心**;O 点到力 $\boldsymbol{F}$ 作用线的垂直距离 d 称为**力臂**,规定:**力使物体绕矩心逆时针方向转动为正,反之为负**;力矩的单位为牛·米(N·m)或千牛·米(kN·m)。

2.在空间问题中,力对点的矩为矢量

各力使物体绕矩心转动的效应,不仅取决于各力矩的大小,还取决于各力矩平面在空间的方位,以及力矩在力矩平面内的转向。在空间问题中,因为各力分别与矩心组成不同的力矩平面,因此,在空间问题中,力对点的矩必须用矢量来表示。

设在空间点 A 上作用一力 $\boldsymbol{F}$,如图 1-17 所示。任取一点 O 为矩心,O 点到力 $\boldsymbol{F}$ 作用线的垂直距离为 d。现过矩心 O 作矢量 $\boldsymbol{M}_O(\boldsymbol{F})$ 表示力对点的矩,称为力矩矢量。力矩矢量 $\boldsymbol{M}_O(\boldsymbol{F})$ 的模表示力矩的大小,它等于三角形 OAB 面积的 2 倍:

$$|\boldsymbol{M}_O(\boldsymbol{F})| = Fd = 2\triangle OAB \text{ 面积} \tag{1-6}$$

矢量 $\boldsymbol{M}_O(\boldsymbol{F})$ 的方位与力矩平面的法线方位相同;矢量 $\boldsymbol{M}_O(\boldsymbol{F})$ 的指向按右手法则确定,即以右手的四个手指表示力矩的转向,则大姆指的指向就是力矩矢量的指向。力矩矢量是定位矢量,$\boldsymbol{M}_O(\boldsymbol{F})$ 应画在矩心 O 上。

力矩可以用力的作用点对矩心的矢径与力的矢积来表示。如图 1-18 中,$\boldsymbol{r}$ 是力 $\boldsymbol{F}$ 的作用点 A 对于矩心 O 的矢径,根据矢积的定义,矢量 $\boldsymbol{r}$ 与 $\boldsymbol{F}$ 的矢积 $\boldsymbol{r}\times\boldsymbol{F}$ 是一个矢量。这个矢量的模也等于三角形 OAB 面积的 2 倍,方位与平面 OAB 的法线方位相同,指向同样符合右

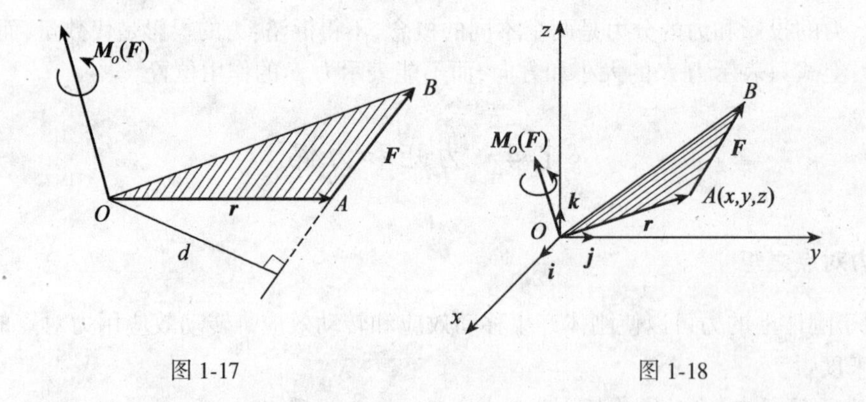

图 1-17　　图 1-18

手法则。比较力矩矢量 $\boldsymbol{M}_O(\boldsymbol{F})$ 与矢积 $\boldsymbol{r}\times\boldsymbol{F}$,两者大小相等,方向相同,所以有

$$\boldsymbol{M}_O(\boldsymbol{F})=\boldsymbol{r}\times\boldsymbol{F} \tag{1-7}$$

即一个力对于任一点的矩等于力的作用点对于矩心的矢径与该力的矢积。由于 $\boldsymbol{r}=x\boldsymbol{i}+y\boldsymbol{j}+z\boldsymbol{k}$,$\boldsymbol{F}=F_x\boldsymbol{i}+F_y\boldsymbol{j}+F_z\boldsymbol{k}$,所以

$$\boldsymbol{M}_O(\boldsymbol{F})=\begin{vmatrix}\boldsymbol{i} & \boldsymbol{j} & \boldsymbol{k}\\ x & y & z\\ F_x & F_y & F_z\end{vmatrix}=(yF_z-zF_y)\boldsymbol{i}+(zF_x-xF_z)\boldsymbol{j}+(xF_y-yF_x)\boldsymbol{k} \tag{1-8}$$

二、力偶

力偶是力学中的重要基本概念。实际中,驾驶员用双手操纵方向盘(图 1-19),钳工用双手转动丝锥攻螺纹(图 1-20)等,都是在物体上作用两个不共线的等值、反向的平行力,使物体的转动状态发生改变。这种**由大小相等、方向相反、作用线平行但不共线的两个力组成的力系称为力偶**,通常记作($\boldsymbol{F},\boldsymbol{F}'$)。力偶中两个力的作用线之间的垂直距离 d 称为**力偶臂**,这两个力所组成的平面称为**力偶作用面**,如图 1-21 所示。

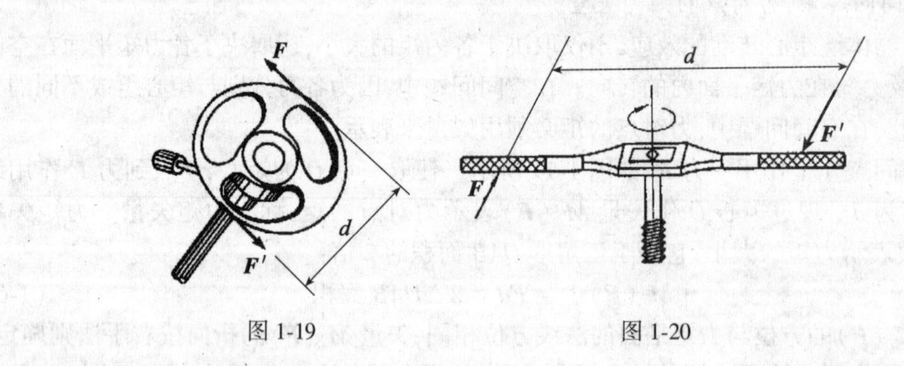

图 1-19　　图 1-20

力偶具有一些独特的性质:

第一,**力偶没有合力,既不能用一个力来等效,也不能与一个力来平衡。力偶只能用力偶来平衡。**

由此可知,力偶对刚体的作用只能使刚体产生转动效应,而不能产生移动效应。力偶的转动效应用什么来度量呢?

设有力偶($\boldsymbol{F},\boldsymbol{F}'$),其力偶臂为 d,如图1-22所示。为了度量力偶对物体的转动效应,可以用力偶的两个力对其作用面内某点的矩的代数和来度量。取点 O 为矩心,点 O 到力 $\boldsymbol{F}'$ 的垂直距离为 x,力偶对点 O 的矩为 $M_O(\boldsymbol{F},\boldsymbol{F}')$,则

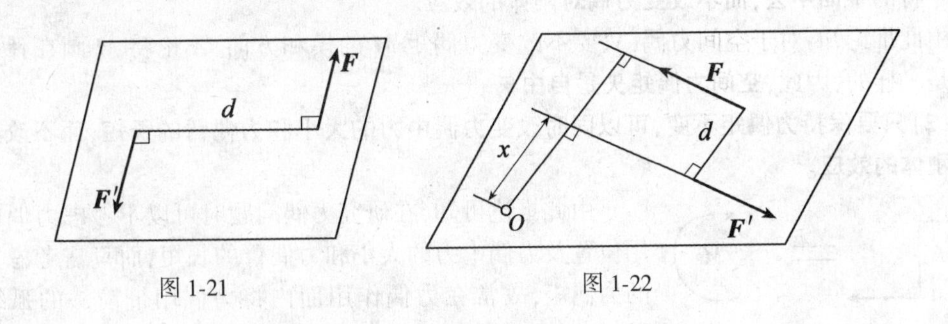

图1-21　　图1-22

$$M_O(\boldsymbol{F},\boldsymbol{F}')=M_O(\boldsymbol{F})+M_O(\boldsymbol{F}')=F(d+x)-F_x'=Fd$$

矩心是任意选取的,由此可见,力偶对物体的转动效应决定于力的大小和力偶臂的长短,与矩心的位置无关。考虑到力偶在平面内的转向不同,其转动效应也不相同,所以将力偶中力的大小和力偶臂的乘积冠以适当的正负号称为**力偶矩**。通常用记号 $M(\boldsymbol{F},\boldsymbol{F}')$ 表示,简记为 M,即

$$M=\pm Fd \tag{1-9}$$

于是可得力偶的第二个性质:**力偶对其所在平面内任一点的矩恒等于力偶矩,而与矩心的位置无关**。力偶对刚体的转动效应完全决定于力偶矩。

在平面问题中,力偶矩是一个代数量,其绝对值等于力的大小与力偶臂的乘积。正负号的规定是:力偶使刚体逆时针方向转动,力偶矩为正,反之则为负。力偶矩的单位与力矩相同,也是 N·m(牛·米)或 kN·m(千牛·米)。

在空间问题中,力偶矩应视为一矢量,它包含三个要素:力偶矩的大小,力偶作用面的方位和力偶在作用面内的转向,常用力偶矩矢量 $\boldsymbol{M}$ 表示。矢量 $\boldsymbol{M}$ 垂直于力偶作用面,其模表示力偶矩的大小,即等于 Fd,其指向与力偶转向之间的关系遵守右手法则,即四个指头的转向表示力偶的转向,则大拇指的指向表示力偶矩矢量 $\boldsymbol{M}$ 的指向,如图1-23所示。

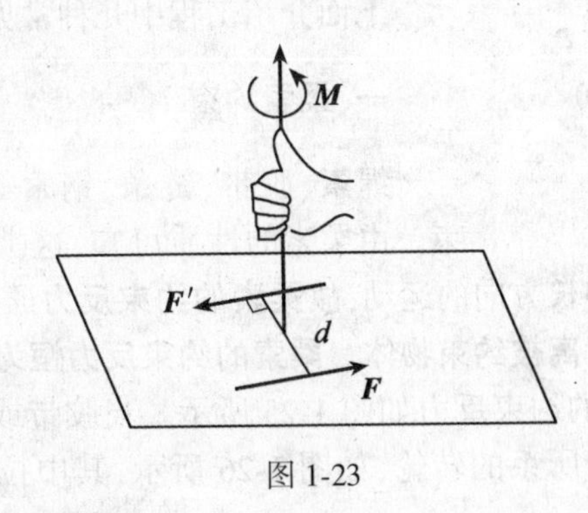

图1-23

由于力偶无合力,没有移动效应,其转动效应又完全决定于力偶矩,因而可知:**同平面的两个力偶,如果力偶矩相等,则两力偶等效**。这就是力偶的等效条件,此两力偶称为等效力偶。据此,又可得出下列重要推论:

(1)只要保持力偶矩不变,力偶可以在其作用面内任意移动,也可以移动到与其作用面相互平行的平面中去,而不改变力偶对刚体的效应。

由此推论知:对于空间力偶,只要不改变力偶矩 $\boldsymbol{M}$ 的模和方向,不论将 $\boldsymbol{M}$ 画在什么地方都是一样的,因此,**空间力偶矩矢是自由矢**。

(2)只要保持力偶矩不变,可以同时改变力偶中力的大小和力偶臂的长短,而不改变力偶对刚体的效应。

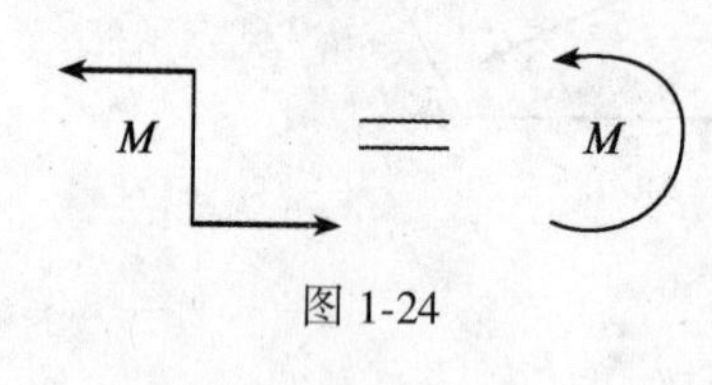

图 1-24

由此推论可知,在研究力偶问题时可以不考虑力偶的作用位置及力偶中力的大小和力偶臂的长短,而只需考虑力偶的力偶矩,故常在力偶作用面内将力偶用带箭头的弧线表示,如图 1-24 所示。其中箭头表示力偶的转向,旁边的数字表示力偶矩的大小。应该注意,上述性质只适用于刚体,而不适用于变形体。

§1-5 约束和约束反力

力学问题中考察的物体,有的受有限制,有的不受限制。凡在空间的运动不受任何限制的物体称为**自由体**。如在空中飞行的飞机。凡运动受到某些限制的物体称为**非自由体**,如用绳索悬挂的重物,搁置在墙上的屋架等。阻碍物体某些方向运动的限制条件称为**约束**,上述绳索是重物的约束,墙是屋架的约束。

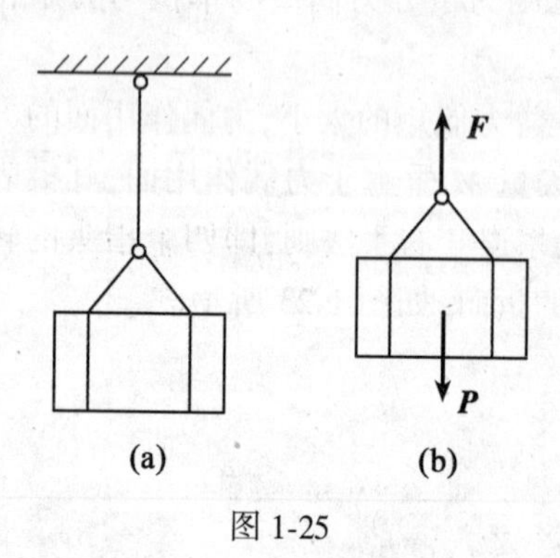

图 1-25

约束作用于被约束物体上的力称为**约束反力**,简称**反力**。由于约束反力阻碍物体的运动,所以**约束反力的方向总是与约束所能阻碍的物体的运动方向相反**,由此可确定约束反力的方向和作用线位置。约束反力是被动力,其大小是未知的,在静力学中,可用平衡条件由主动力求出。

下面介绍工程中几种常见的约束:

一、柔索约束

绳索、胶带、链条、钢索等柔性物体都属于这类约束。由柔索的性质可知,这类约束只能承受拉力,即能阻碍被约束物体沿着柔索伸长方向的运动,故**柔索的约束反力通过柔索与被约束物体的连接点,方位沿着柔索,指向背离被约束物体。柔索的约束反力恒为拉力。**

例如,绳索对悬挂重物的约束反力如图 1-25 所示。当胶带或链条绕过转轮时,约束反力沿轮缘的切线方向且背离所系的转轮,如图 1-26 所示,其中拉力 $\boldsymbol{F}_1$ 与 $\boldsymbol{F}_1'$、$\boldsymbol{F}_2$ 与 $\boldsymbol{F}_2'$ 等值、反向、共线。

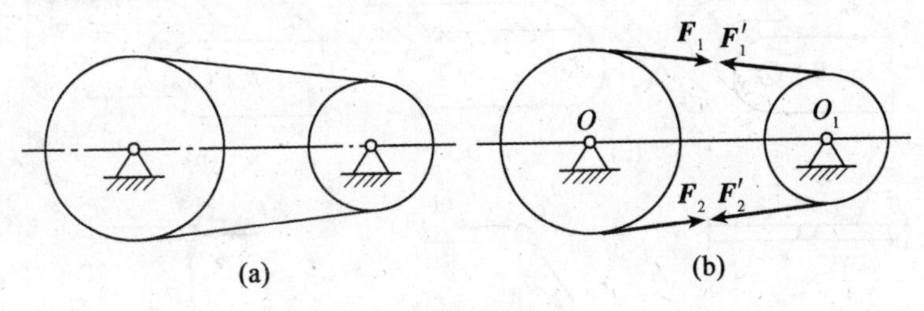

图 1-26

二、光滑接触面约束

若两个物体的接触面之间的摩擦在所研究的问题中可忽略不计，则将其视为光滑接触面。无论接触面是平面还是曲面，都不能阻碍物体沿接触面切线方向或脱离接触面方向的运动，而只能阻碍物体沿接触点处的公法线方向朝支承面内的运动。所以，**光滑接触面的约束反力通过接触点，沿着接触面的公法线指向被约束物体**。这类约束反力称为法向反力，通常用 $\boldsymbol{F}_{\mathrm{N}}$ 表示。图 1-27 所示为固定支承面给物体 O 的约束反力，图 1-28 所示为固定曲面给杆的约束反力。

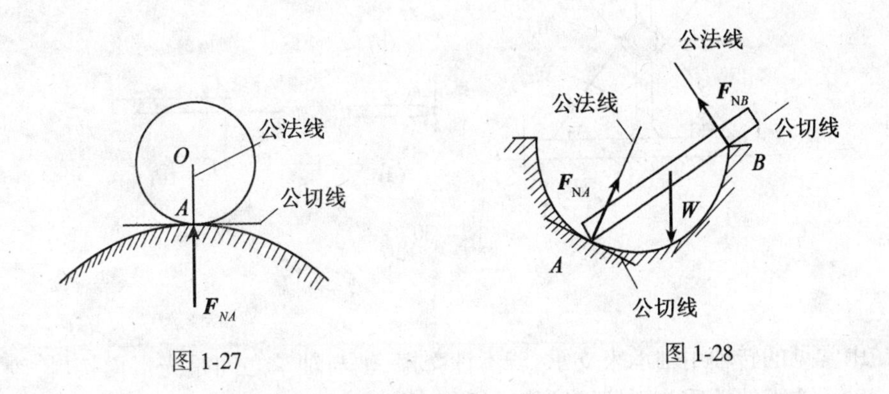

图 1-27　　图 1-28

三、光滑圆柱铰链、固定铰支座和轴承

1. 光滑圆柱铰链

在工程结构和机械中常采用光滑圆柱铰链来连接两个构件。理想的圆柱铰链(简称**铰链**)是在两个被连接的构件上相同的光滑圆孔中穿入光滑圆柱销钉，如图 1-29(a)、(b)所示。图 1-29(c)所示为铰链连接的计算简图。若不计摩擦，销钉只能阻碍两构件在垂直于销钉轴线的平面内任意方向的相对移动，而不能阻碍两构件绕销钉轴作相对转动和沿销钉轴线方向移动。当主动力尚未确定时，约束反力的方向不能确定。因此，**光滑圆柱铰链的约束反力在垂直于销钉轴线的平面内，通过圆孔中心，方向待定**，如图 1 29(d)所示。通常将该力用两个互相垂直的分力 $\boldsymbol{F}_{Cx}$ 和 $\boldsymbol{F}_{Cy}$ 表示，如图 1-29(e)所示，分力的指向可假设，由计算结果来判断假设的正确性。

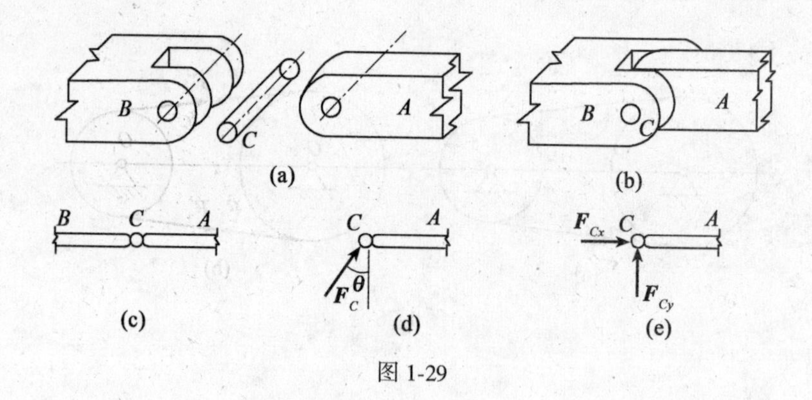

图 1-29

2. 固定铰支座

若用圆柱铰链连接两个构件,而其中一个构件固定,这就构成了工程中的固定铰支座,简称**铰链支座**,如图 1-30(a)所示,图 1-30(b)、(c)、(d)是简化图形。固定铰支座的性质与圆柱铰链相同,其约束反力也与圆柱铰链相同,如图 1-30(e)所示。

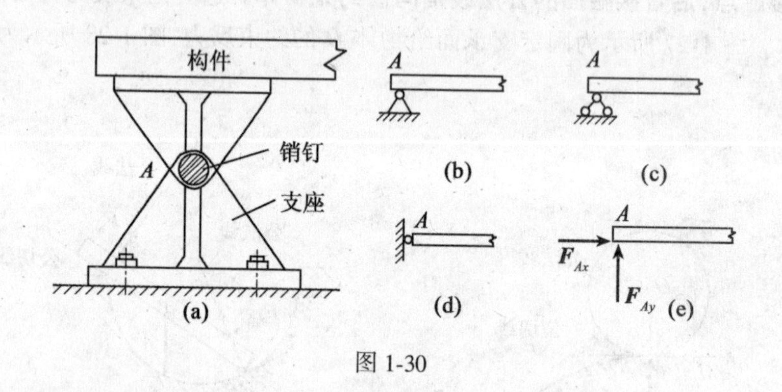

图 1-30

3. 轴承

机械中常见的转轴用轴承来支承,若不计摩擦,轴与轴承之间是光滑面接触,轴为被约束物体。轴承约束的性质与圆柱铰链相同,因此其约束反力的特点也与圆柱铰链相同,如图 1-31 所示。

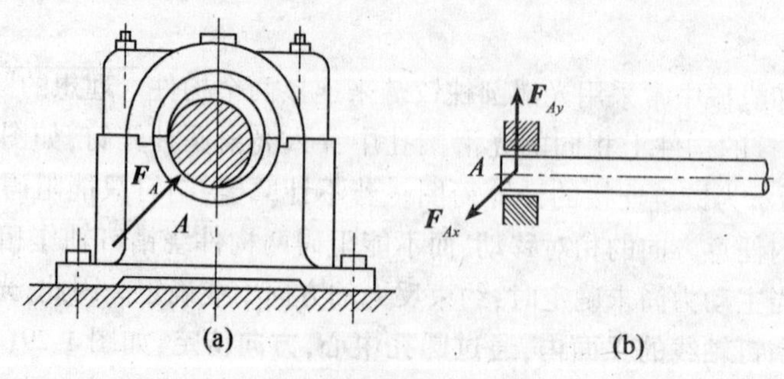

图 1-31

四、活动铰支座

活动铰支座也称为**辊轴支座**，它是用几个辊轴将固定铰支座支承在光滑的支承面上，如图 1-32(a)所示。这类支座只能阻碍构件沿支承面法线方向移动，不能阻碍构件沿支承面移动和绕销钉轴线转动。因此，**活动铰支座的约束反力垂直于支承面，通过销钉中心，指向可任意假定**，简化图形如图 1-32(b)、(c)、(d)所示，约束反力如图 1-32(e)所示。

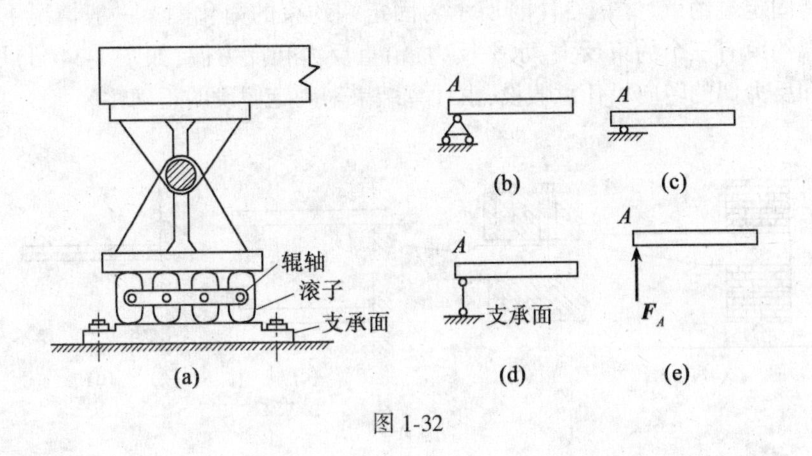

图 1-32

五、连杆约束

连杆是两端具有光滑铰链连接，本身自重不计，中间不受力的直杆。如图 1-33(a)所示的简易起重机的撑杆 BC 在自重不计时就是连杆。连杆只阻碍物体上与连杆连接的那一点沿连杆两端铰链中心的连线方向运动，故**连杆的约束反力沿连杆两端铰链中心的连线，指向待定**。图 1-33(b)中 F_{CB}'就是连杆作用于 AD 的约束反力。图 1-33(c)是连杆 BC 的受力。根据二力平衡公理，当连杆平衡时，作用于杆两端的力必满足等值、反向、共线的条件。

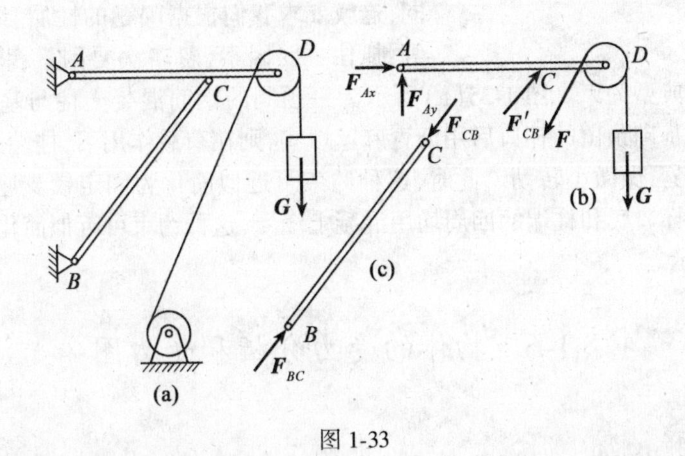

图 1-33

只在两个力作用下平衡的杆(或构件)称为**二力杆**(或**二力构件**)。连杆就是二力杆。

连杆在结构中用做拉杆或支撑杆。

六、固定端约束

在工程实际中，构成固定端约束的形式各有不同，但它们的共同特点是：既阻碍物体在平面内沿任何方向移动，又阻碍物体绕固定端转动。图1-34(a)所示为嵌入墙内支承阳台的悬臂梁，图1-34(b)所示为固定车刀的车刀架。墙对悬臂梁的约束和车刀架对车刀的约束均可视为固定端约束。图1-34(c)所示为固定端约束的简化图。一般情况下，平面问题中的固定端约束有三个约束反力：水平反力、铅直反力和反力偶，如图1-34(d)所示。其中力的指向和反力偶的转向可任意假设，由计算结果来判定假设的正确性。

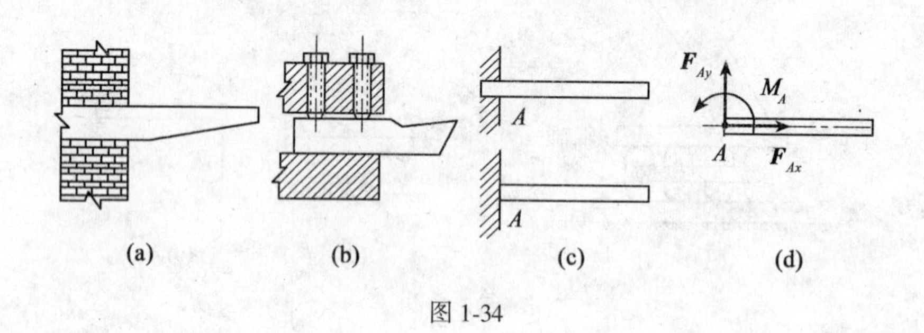

图1-34

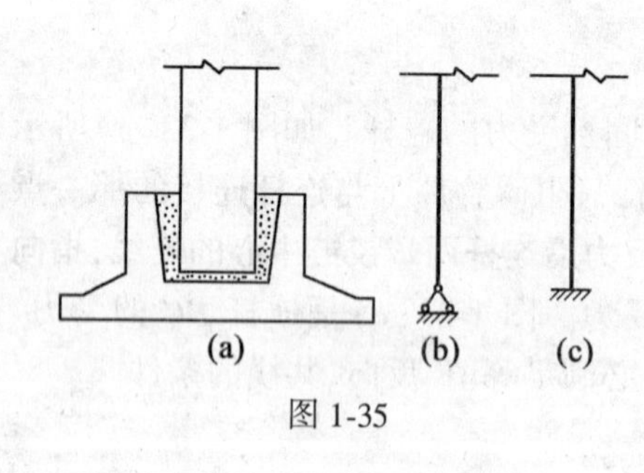

图1-35

以上介绍的是平面问题中几种常见的、典型的约束，有关空间约束的类型及其约束反力，将在第3章中讨论。在工程实际中，对某些结构或构件，如铁路桥梁、大型渡槽、弧形闸门等，往往需要设置比较正规的典型约束（如图1-30(a)，图1-32(a)所示），以使设计能更好地符合约束反力的实际情况。但许多工程上的约束构造并不一定与上述理想的形式相同，这就要求我们根据问题的性质、约束的构造特点等，抓住主要因素，忽略次要因素，将实际约束近似地看做上述某种典型约束。图1-35(a)所示为一预制的钢筋混凝土柱与基础连接的情况，若柱的下端插入基础预留的杯口后用沥青麻丝填实，则在荷载作用下，柱端的水平和竖向移动都被限制，但仍可做微小转动。此时，这种约束可近似简化为固定铰支座，如图1-35(b)所示。若在基础杯口底和柱端的四周均用混凝土浇灌，这种约束可近似简化为固定端约束，如图1-35(c)所示。

§1-6 物体的受力分析和受力图

一、计算简图

工程实际中，具体的结构是复杂的，包含的因素很多，要全部考虑是不可能的。在进行力学分析时，要根据问题的具体情况，去掉非主要、非本质的因素，抓住主要的本质的因素，将问题抽象为力学模型，原则是既要符合实际情况，又要使计算简化。力学模型的图形称为**计算简图**。

将一个实际问题抽象为理想化的力学模型并不是一件容易的事，一方面需要对工程有较多的实践经验，另一方面要善于分析主要和次要因素，以决定其取舍。一般需要从结构本身、支座和荷载等方面进行简化，使所选取的计算简图尽可能地反映出结构的实际受力情况，并使计算简化、可行。例如，图1-36(a)所示板梁式公路桥梁，梁的左端用凹形垫板支承，右端用凸形垫板支承。在对桥梁进行力学分析时，考虑到梁是等截面的直梁，因荷载均作用在梁的纵向对称平面内，因此分析梁的支座反力时，可以把实际公路桥梁用梁的轴线来代表。作用在桥梁上的荷载有恒载和活载：恒载是桥梁的自重，它们沿梁长均匀分布，简化为均布线荷载；活载是汽车荷载，简化为两个集中荷载。图中的凹形垫板支座，允许梁左端截面做微小转动，但不允许梁沿轴线方向移动，故可简化为固定铰支座，而凸形垫板既允许梁的右端横截面发生微小转动，也允许梁沿纵向轴线方向发生微小移动，因而可以简化为活动铰支座，图1-36(b)即此桥梁的计算简图。工程上将这种简单支承的梁称为简支梁。

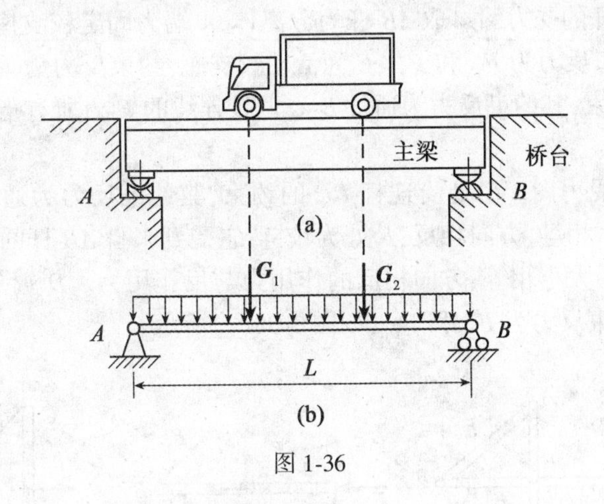

图1-36

二、受力图

对结构进行力学分析时，为了清晰地表示结构的受力情况，将所要研究的对象从与它相联系的周围的物体中分离出来，即取**分离体**(或脱离体)，在分离体上画出研究对象所受的全部主动力和约束反力，这样的图形称为**受力图**。选取研究对象，正确进行受力分析和画受力图，是解决力学问题的重要前提和关键。

下面举例说明如何正确地画单个物体和物体系统的受力图。

例1-1　电厂和矿山用的煤斗车，重为G，用卷扬机牵引沿坡度倾角为α的轨道上升，如图1-37(a)所示。如不计车轮与轨道之间的摩擦，试画出煤斗车的受力图。

解　(1)以煤斗车为研究对象，用简单轮廓线将研究对象单独画出来。

(2)画出分离体所受的全部主动力。本题主动力只有重力$\boldsymbol{G}$，作用于C点。

(3)在去掉约束的地方按约束性质画约束反力。煤斗车所受卷扬机上钢丝绳的约束属柔索约束，其约束反力$\boldsymbol{F}$沿钢丝绳，背离煤斗车；煤斗车还受轨道的约束，轨道是光滑接触

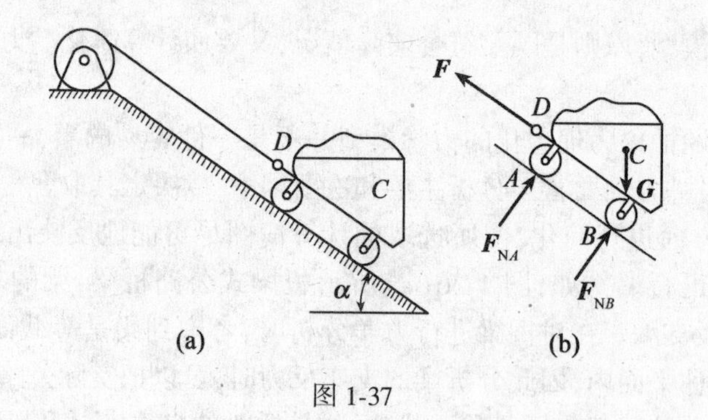

图 1-37

面约束，它对煤斗车的约束反力 $\boldsymbol{F}_{NA}$ 和 $\boldsymbol{F}_{NB}$ 沿车轮与轨道接触面的公法线，指向煤斗车。

将上述全部主动力和约束反力画在分离体图上，即可得到如图 1-37(b) 所示的煤斗车的受力图。

例 1-2 试作图 1-38(a) 所示结构中 AB 杆和 CD 杆的受力图，杆重不计。

解 (1) 画 AB 杆的受力图。取 AB 杆为分离体，A 端为固定铰支座，约束反力为 $\boldsymbol{F}_{Ax}$ 和 $\boldsymbol{F}_{Ay}$；F 处为铰链，约束反力为 $\boldsymbol{F}_{Fx}$ 和 $\boldsymbol{F}_{Fy}$；E 为活动铰支座，约束反力为垂直于支承面的 $\boldsymbol{F}_{NE}$，B 处受连杆 BC 的约束，其约束反力为通过 B、C 两铰连线的 $\boldsymbol{F}_{BC}$；所有指向假定，受力图如图 1-38(b) 所示。

(2) 画 CD 杆的受力图。C 处受连杆 BC 的约束，其约束反力为通过 B、C 两铰连线的 $\boldsymbol{F}_{CB}$，$\boldsymbol{F}_{CB}$ 应与 $\boldsymbol{F}_{BC}$ 大小相等、方向相反；F 处为铰链，它受到来自 AB 杆的反作用力 $\boldsymbol{F}'_{Fx}$ 和 $\boldsymbol{F}'_{Fy}$，$\boldsymbol{F}'_{Fx}$ 与 $\boldsymbol{F}_{Fx}$、$\boldsymbol{F}'_{Fy}$ 与 $\boldsymbol{F}_{Fy}$ 为大小相等、方向相反的作用力与反作用力。D 端是连接 CD 杆和定滑轮的铰链约束，其约束反力为 $\boldsymbol{F}_{Dx}$ 和 $\boldsymbol{F}_{Dy}$，如图 1-38(c) 所示。

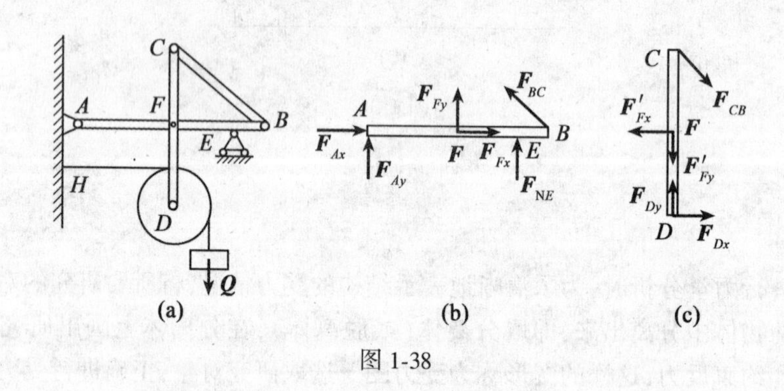

图 1-38

例 1-3 多跨梁用铰链 B 连接，荷载和支座如图 1-39(a) 所示。试分别画梁 AB、BC 和整体受力图。

解 (1) 画梁 AB 的受力图。作用在梁 AB 上的主动力有：DB 段上的均布荷载 q；E 处的集中力偶，其力偶矩为 M。约束反力有：固定端支座的约束反力 $\boldsymbol{F}_{Ax}$、$\boldsymbol{F}_{Ay}$ 和 M_A；铰链 B 的约束反力 $\boldsymbol{F}_{Bx}$ 和 $\boldsymbol{F}_{By}$。受力图如图 1-39(b) 所示，图上所有的约束反力指向都是假设的。

(2) 画梁 BC 的受力图。作用在 BC 梁上的主动力有：BH 段上的均布荷载 q；F 处的集中力 $\boldsymbol{F}$。约束反力有：铰链 B 的约束反力 $\boldsymbol{F}'_{Bx}$、$\boldsymbol{F}'_{By}$，其方向分别与图 1-39(b) 中 $\boldsymbol{F}_{Bx}$、$\boldsymbol{F}_{By}$ 的方

向相反;活动铰支座 C 的约束反力 $\boldsymbol{F}_C$,方位垂直于支承面,指向假设。受力图如图1-39(c)所示。

(3)画整体的受力图。作用在整体上的主动力有均布荷载 q、集中力 $\boldsymbol{F}$ 和集中力偶 M,约束反力有 $\boldsymbol{F}_{Ax}$、$\boldsymbol{F}_{Ay}$、M_A 和 $\boldsymbol{F}_C$,受力图如图1-39(d)所示。

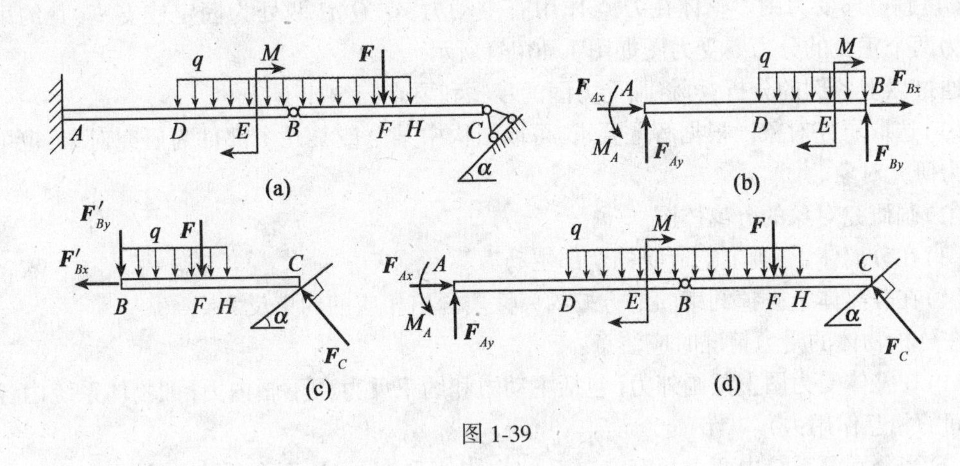

图1-39

例1-4　画图1-40(a)所示结构各构件及整体受力图。设接触处光滑,结构自重不计。

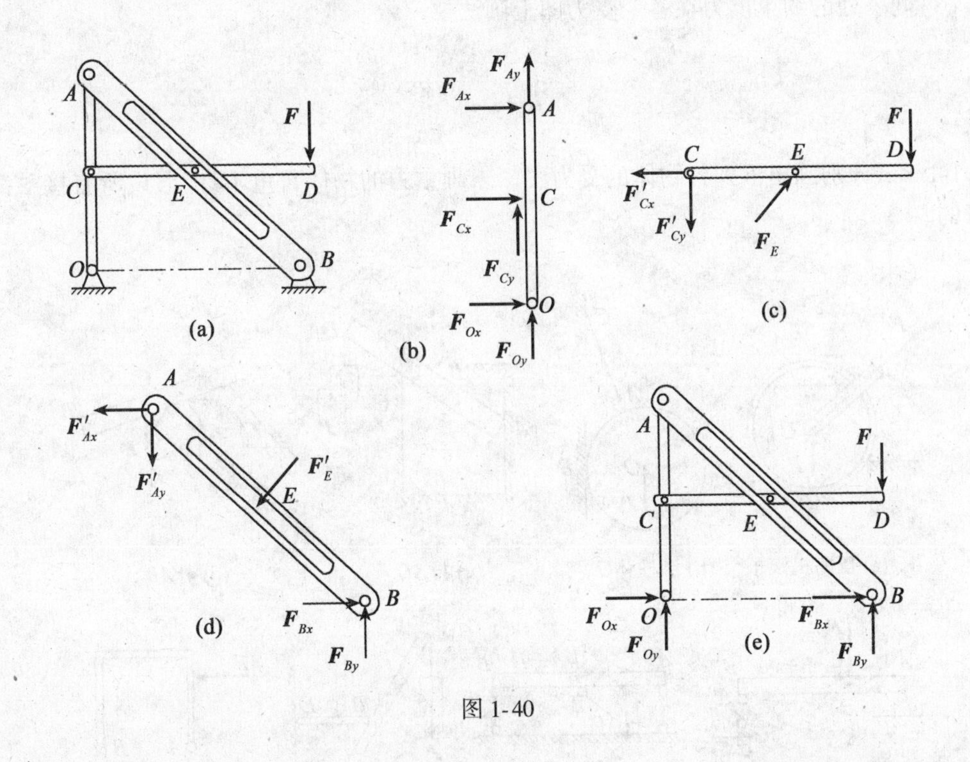

图1-40

解　(1)画 AO 的受力图。A、C 处为铰链,O 处是固定铰支座,它们的约束反力均为两个正交的分力,指向假设。受力图如图1-40(b)所示。

(2)画 CD 的受力图。C 处为 AO 给 CD 的反作用力;E 处为销钉,由于不计摩擦,所以销钉与滑槽之间属于光滑接触面约束,约束反力垂直于滑槽,指向假设;D 处为主动力。受力图如图 1-40(c)所示。

(3)画 AB 的受力图。A 处为 AO 给 AB 的反作用力,E 处为销钉给滑槽的反作用力,B 处为固定铰支座。受力图如图 1-40(d)所示。

(4)画整体受力图。整体在 D 点作用有主动力,在 O、B 两处为固定铰支座,其约束反力均为两个正交的分力。受力图如图 1-40(e)所示。

通过以上各例的分析,可将画受力图的步骤和要点归纳如下:

(1)选取研究对象。根据解题要求,可取结构中某个或某几个部件为研究对象,也可取整体为研究对象。

(2)画研究对象的分离体图。

(3)在分离体上,画上它所受的全部主动力。

(4)在分离体上去掉约束的地方按约束性质画出相应的约束反力。

在分析物体的受力情况时应注意:

(1)在整体受力图上只画外力(包括主动力和约束反力),不画内力(即物体系统内各物体之间的相互作用力)。

(2)当分别画系统中两个相互有联系的物体的受力图时,两个受力图上在连接处相互作用的力的方向应按作用与反作用定律来确定。

(3)同一处的约束反力在各个受力图上画法要一致。

习　题

1-1　试分别画出下列各物体的受力图。未画重力的物体自重不计,假设所有接触都是光滑的。

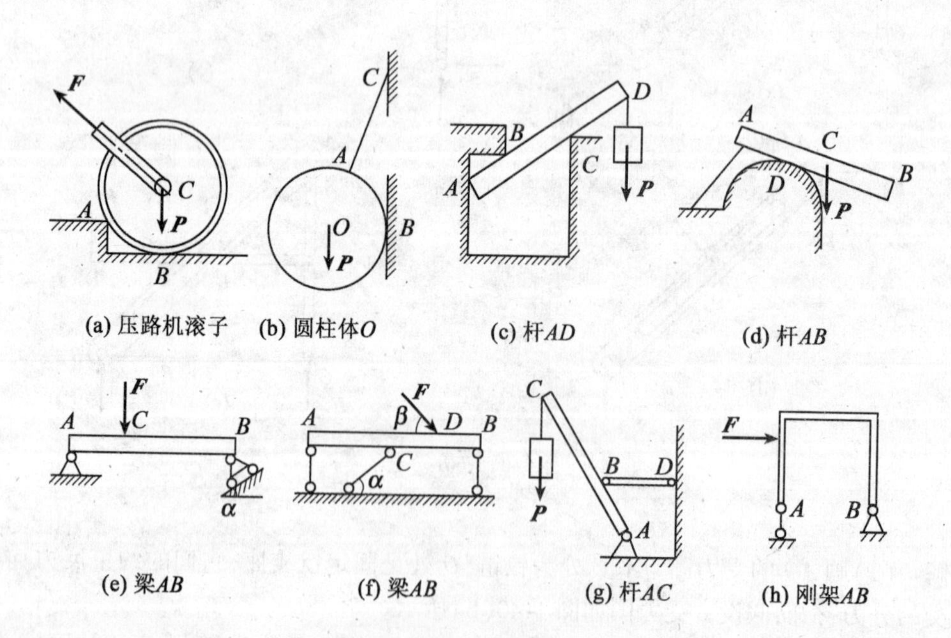

题 1-1 图

1-2 试分别画出下列各物体系统中指定物体的受力图。未画重力的物体自重不计,假设所有接触都是光滑的。

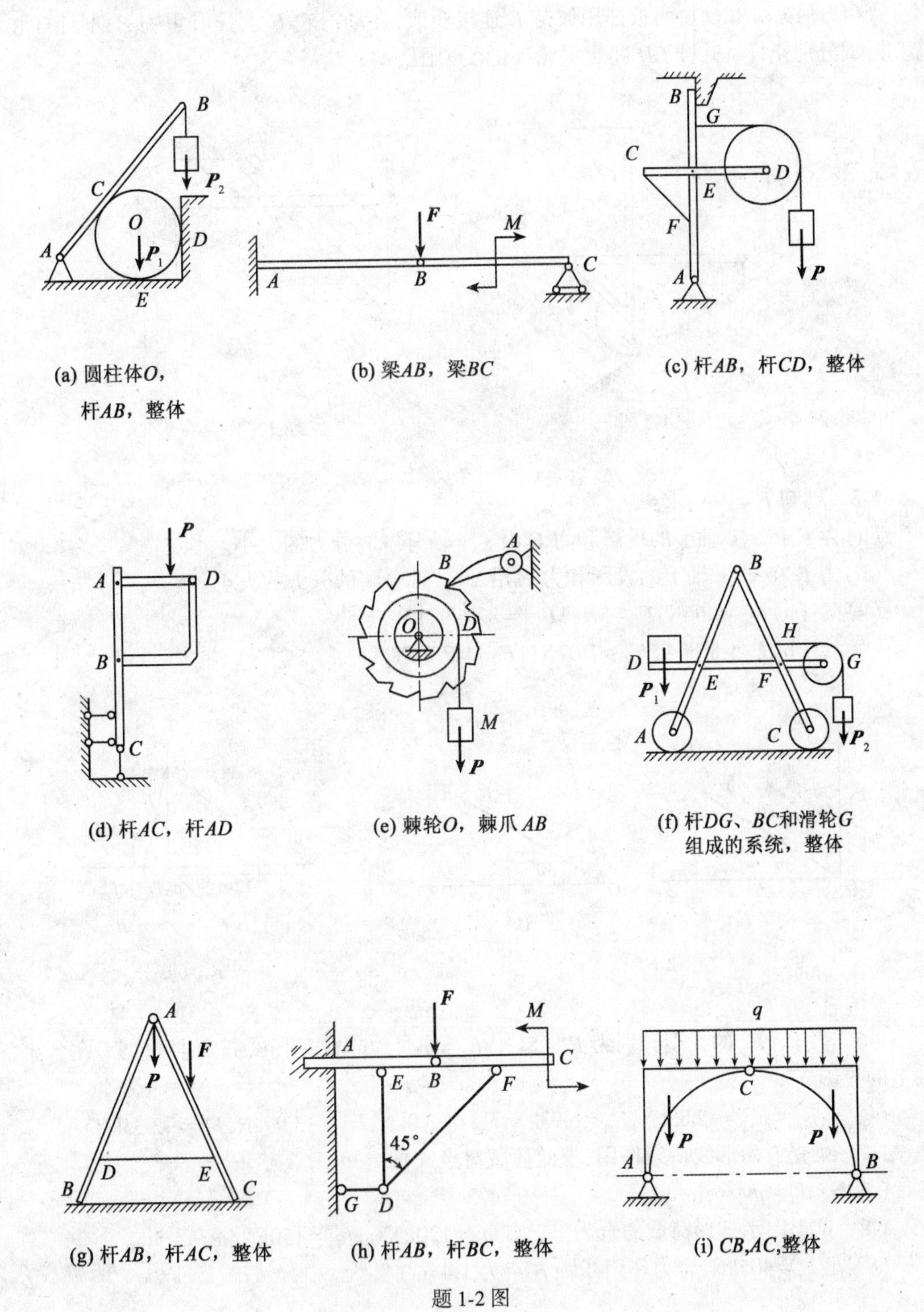

(a) 圆柱体O,杆AB,整体

(b) 梁AB,梁BC

(c) 杆AB,杆CD,整体

(d) 杆AC,杆AD

(e) 棘轮O,棘爪AB

(f) 杆DG、BC和滑轮G组成的系统,整体

(g) 杆AB,杆AC,整体

(h) 杆AB,杆BC,整体

(i) CB,AC,整体

题1-2图

1-3 图示机构中 A、B、C、D 处均为铰链。D 处铰链又装一滚轮，各接触处光滑，且不计各构件自重，试作杆 AB、ED 及整体受力图。

1-4 吊架 $ABCD$ 由两根杆用铰链 E 连接而成，在动滑轮 H 上挂有重物 $\boldsymbol{P}$，不计杆和滑轮重，试分别作杆 AB、杆 CD 和定滑轮 A 的受力图。

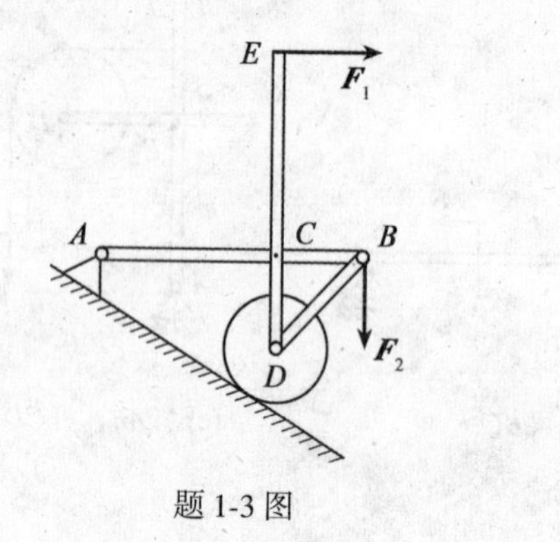

题 1-3 图

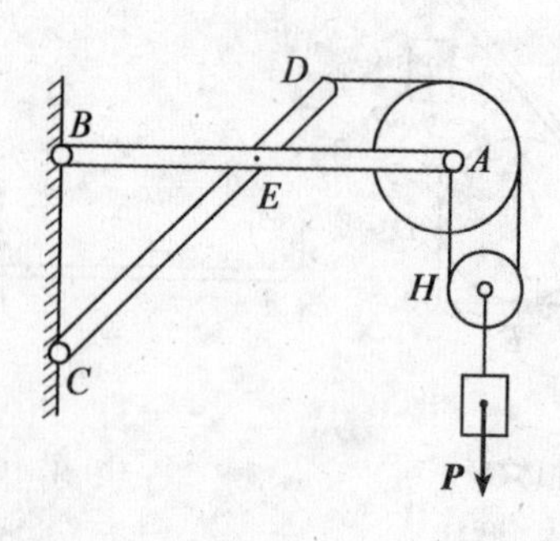

题 1-4 图

1-5 已知 $F=10\text{N}$，求：

(a) 力 $\boldsymbol{F}$ 在 x、y 轴上的投影和力 $\boldsymbol{F}$ 沿 x、y 轴分解的分力的大小。

(b) 力 $\boldsymbol{F}$ 在 x'、y' 轴上的投影和力 $\boldsymbol{F}$ 沿 x'、y' 轴分解的分力的大小。

(答案：(a) $F_x=8.66\text{N}$，$F_y=5\text{N}$；$|\boldsymbol{F}_x|=8.66\text{N}$，$|\boldsymbol{F}_y|=5\text{N}$

(b) $F_{x'}=8.66\text{N}$，$F_{y'}=7.07\text{N}$；$|\boldsymbol{F}_{x'}|=7.32\text{N}$，$|\boldsymbol{F}_{y'}|=5.18\text{N}$)

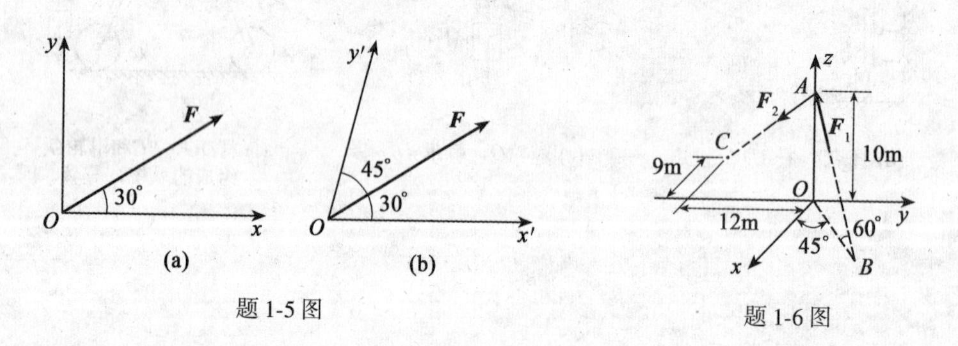

题 1-5 图　　　　题 1-6 图

1-6 力 $\boldsymbol{F}_1$、$\boldsymbol{F}_2$ 的大小分别为 $F_1=8\text{kN}$、$F_2=6\text{kN}$，方向如图，试分别求此二力在各坐标轴上的投影。

(答案：$F_{x1}=F_{y1}=-2.83\text{kN}$，$F_{z1}=6.93\text{kN}$；$F_{x2}=-3.0\text{kN}$，$F_{y2}=-3.99\text{kN}$，$F_{z2}=-3.33\text{kN}$)

1-7 梁受三角形线荷载作用，求此荷载对点 A 的力矩。

(答案：$M_A=qh^2/6\sin^2\alpha$)

1-8 试求图示梯形荷载的合力。已知 $q_1=120\text{kN/m}$，$q_2=150\text{kN/m}$，$h=3\text{m}$。

(答案：$F_q=405\text{kN}$，合力作用线距 B 点为 1.44m)

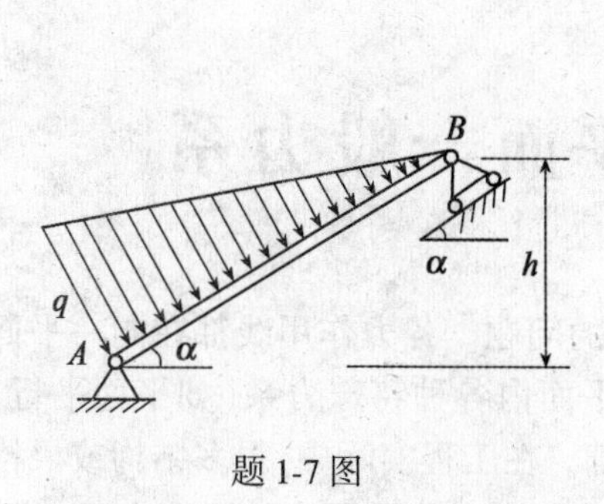

题 1-7 图

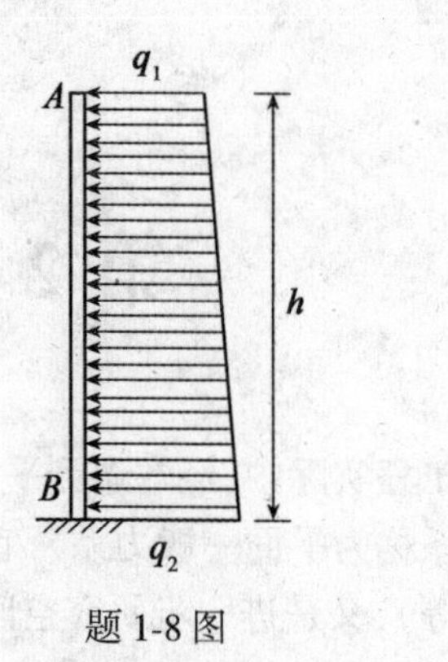

题 1-8 图

第2章 平面一般力系

在工程实际中,经常遇到平面一般力系的问题。各力作用线都在同一平面内且任意分布的力系称为平面一般力系。它既概括了平面内各种特殊力系(如平面平行力系、平面汇交力系等),又是进一步研究空间力系的基础。在工程实际中,很多结构或机构所受的力系往往具有一个对称平面,这些力可以简化为作用在对称平面内的平面力系。例如图2-1(a)所示屋架,屋面的自重$\boldsymbol{G}$,风压力$\boldsymbol{F}_Q$以及支承反力$\boldsymbol{F}_{Ax}$、$\boldsymbol{F}_{Ay}$和$\boldsymbol{F}_B$都作用在屋架的对称平面内,构成平面一般力系,如图2-1(b)所示。

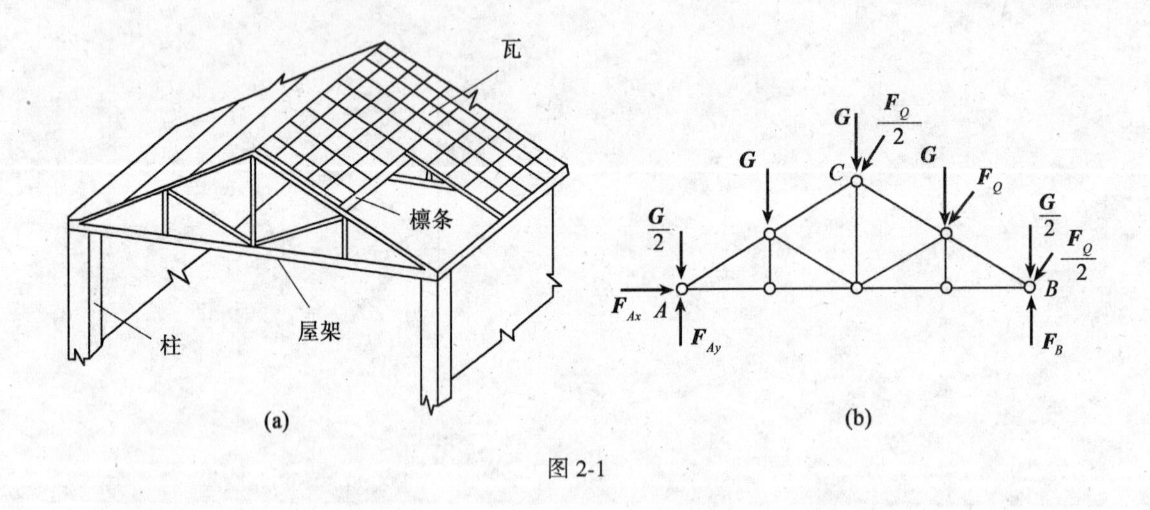

图2-1

又如图2-2(a)所示建筑在岩石基础上的重力坝,它的截面形状和受力情况在沿坝轴线的一段长度内是相同的。对重力坝某坝段进行力学分析时,通常取单位长度(如1 m)的坝段来研究,将作用在该坝段上的重力、水压力和地基反力简化到它的对称平面内,如图2-2(b)所示。

平面一般力系包含以下几种特殊力系:

1. 平面汇交力系

若各力的作用线都在同一平面内,而且相交于一点,则该力系称为平面汇交力系。

2. 平面平行力系

若各力的作用线都在同一平面内,而且互相平行,则该力系称为平面平行力系。

3. 平面力偶系

若各力偶的作用面共面,则该力偶系称为平面力偶系。

本章着重阐述平面一般力系的简化和平衡问题,上述几种特殊力系只作为平面一般力系的特例来简单讨论。

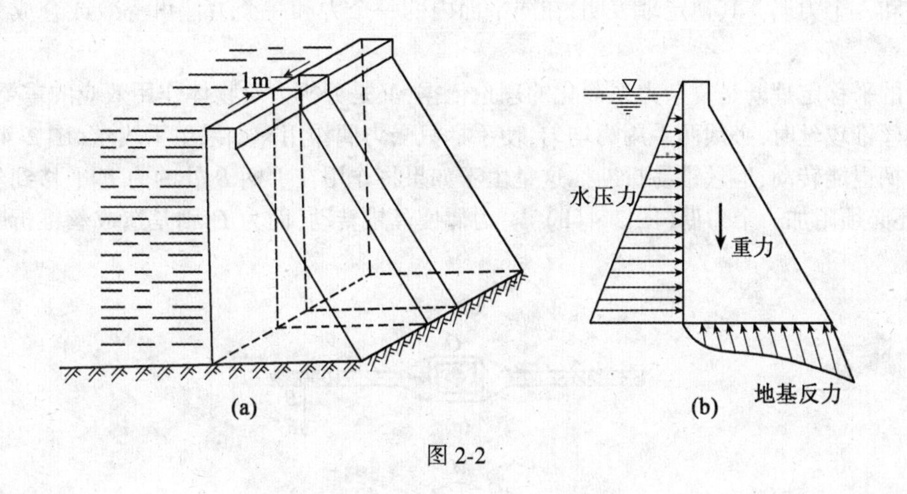

图 2-2

§2-1　平面一般力系的简化

一、力的平移定理

定理：作用在刚体上某点的力可平行移到同一刚体内任一指定点，但需在该力与指定点所构成的平面内附加一个力偶，附加力偶的力偶矩等于该力对指定点的矩。如图 2-3 所示。

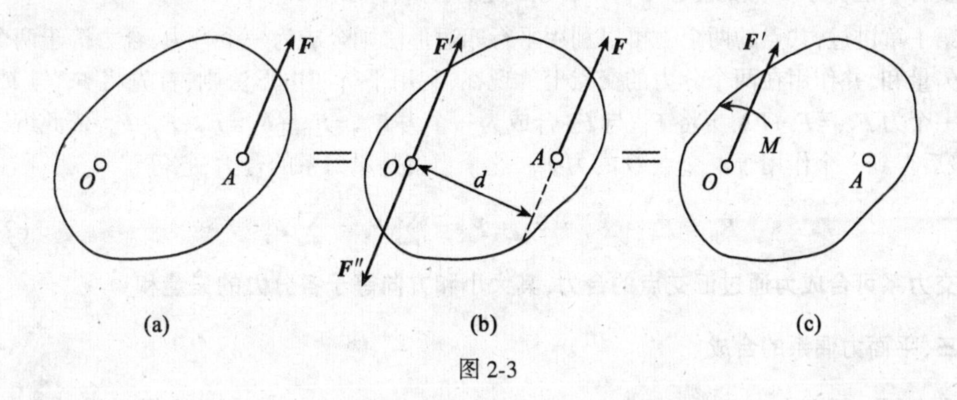

图 2-3

证明：设刚体上的 A 点作用一力 $\boldsymbol{F}$，现要将力 $\boldsymbol{F}$ 平行移动到刚体上任一点 O，而不改变它对刚体的效应。为此，在点 O 上加一平衡力系（$\boldsymbol{F}'$，$\boldsymbol{F}''$），且 $\boldsymbol{F}'=-\boldsymbol{F}''=\boldsymbol{F}$，则力 $\boldsymbol{F}$ 与力系（$\boldsymbol{F}'$，$\boldsymbol{F}''$，$\boldsymbol{F}$）（图 2-3(b)）等效。由于 $\boldsymbol{F}$ 与 $\boldsymbol{F}''$ 组成一力偶，于是，原来作用在 A 点的力 $\boldsymbol{F}$，现在被作用在 O 点的一个力和一个力偶等效替换。也就是说，可以将作用在 A 点的力 $\boldsymbol{F}$ 平移到另一点 O，但必须同时附加一个力偶，附加力偶的矩为

$$M=Fd=M_O(\boldsymbol{F})$$

式中：d 为原力 $\boldsymbol{F}$ 对 O 点的力臂。定理得证。

该定理指出，一个力可等效于一个力和一个力偶，或一个力可分解为作用在同平面内的

一个力和一个力偶。其逆定理表明，在同平面内的一个力和一个力偶可等效或合成为一个力。

力的平移定理既是复杂力系简化的理论依据，又是分析力对物体作用效应的重要方法。例如用丝锥攻丝时，必须两手用力均匀，使手柄只受力偶作用。如果单手攻丝（图 2-4(a)），虽然手柄也能转动，但丝锥易折断。这是由于如果将作用在手柄 B 处的力 $\boldsymbol{F}$ 平移到丝锥中心 O，还必须附加一个力偶（图 2-4(b)）。力偶使丝锥转动，而力 $\boldsymbol{F}'$ 则是造成丝锥折断的主要原因。

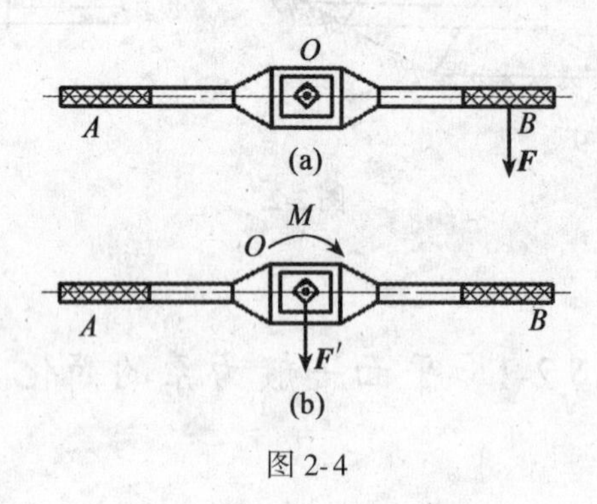

图 2-4

二、汇交力系的合成

设有一汇交于 O 点的力系 $\boldsymbol{F}_1,\boldsymbol{F}_2,\cdots,\boldsymbol{F}_n$，现求其合成结果。

第 1 章讲过，共点的两个力可以利用平行四边形法则合成为一个合力，合力等于两个分力的矢量和，并作用在两个分力的交点上。现在，利用平行四边形法则，首先将 $\boldsymbol{F}_1$ 与 $\boldsymbol{F}_2$ 合成为一个力 $\boldsymbol{F}_{R1}=\boldsymbol{F}_1+\boldsymbol{F}_2$，再将 $\boldsymbol{F}_{R1}$ 与 $\boldsymbol{F}_3$ 合成为一个力 $\boldsymbol{F}_{R2}=\boldsymbol{F}_{R1}+\boldsymbol{F}_3=\boldsymbol{F}_1+\boldsymbol{F}_2+\boldsymbol{F}_3$，依此继续下去，最后得到一个作用于汇交点 O 的力 $\boldsymbol{F}_R$，这个力就是原力系的合力，它等于

$$\boldsymbol{F}_R=\boldsymbol{F}_1+\boldsymbol{F}_2+\cdots+\boldsymbol{F}_n=\sum_{i=1}^{n}\boldsymbol{F}_i=\sum\boldsymbol{F}_i{}^{*} \tag{2-1}$$

即汇交力系可合成为通过汇交点的合力，其大小和方向等于各分力的矢量和。

三、平面力偶系的合成

设在同一平面内有三个力偶 $(\boldsymbol{F}_1,\boldsymbol{F}_1')$、$(\boldsymbol{F}_2,\boldsymbol{F}_2')$ 和 $(\boldsymbol{F}_3,\boldsymbol{F}_3')$，它们的力偶臂分别为 d_1、d_2 和 d_3，如图 2-5(a)所示。三个力偶的力偶矩分别为 $M_1=F_1d_1$、$M_2=F_2d_2$ 和 $M_3=-F_3d_3$，求它们的合成结果。根据力偶的性质，在保证力偶矩不变的条件下同时改变三个力偶中的力的大小和力偶臂的长度，使它们具有相同的力偶臂 d，并将它们在平面内移转，使力的作用线重合，于是得到与原力偶等效的三个新力偶 $(\boldsymbol{F}_{\mathrm{I}},\boldsymbol{F}_{\mathrm{I}}')$、$(\boldsymbol{F}_{\mathrm{II}},\boldsymbol{F}_{\mathrm{II}}')$ 和 $(\boldsymbol{F}_{\mathrm{III}},\boldsymbol{F}_{\mathrm{III}}')$，如图 2-5(b)所示。三个新力偶中力的大小由下式确定：

---

* 为了书写方便，以后用 $\sum$ 代替 $\sum\limits_{i=1}^{n}$。

$$M_1=F_{\mathrm{I}}d,M_2=F_{\mathrm{II}}d,M_3=-F_{\mathrm{III}}d$$

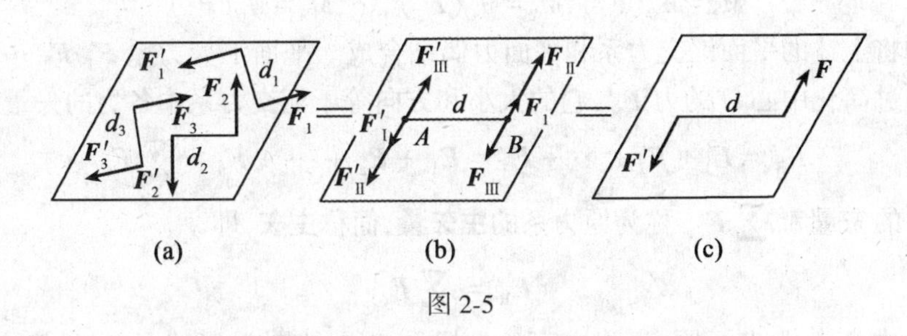

图 2-5

分别将作用于 A、B 两点的共线力系合成，得

$$F=F_{\mathrm{I}}+F_{\mathrm{II}}-F_{\mathrm{III}}$$
$$F'=F'_{\mathrm{I}}+F'_{\mathrm{II}}-F'_{\mathrm{III}}$$

可见，$\boldsymbol{F}$ 与 $\boldsymbol{F}'$ 等值、反向、平行且不共线，构成了合力偶($\boldsymbol{F}$,$\boldsymbol{F}'$)，如图 2-5(c)所示。以 M 表示合力偶的矩，得

$$M=Fd=(F_{\mathrm{I}}+F_{\mathrm{II}}-F_{\mathrm{III}})d=F_{\mathrm{I}}d+F_{\mathrm{II}}d-F_{\mathrm{III}}d=M_1+M_2+M_3$$

若有任意个力偶作用在同一平面内，可按照上述方法合成。于是得出结论：**在同一平面内的任意个力偶可合成为一个合力偶，合力偶矩等于各个力偶矩的代数和**，即

$$M=M_1+M_2+\cdots+M_n=\sum M_i \tag{2-2}$$

四、平面一般力系向作用面内任一点简化

设刚体上作用一平面一般力系 $\boldsymbol{F}_1,\boldsymbol{F}_2,\cdots,\boldsymbol{F}_n$，各力的作用点分别为 $A_1,A_2,\cdots,A_n$，如图 2-6(a)所示。在力系作用面内任取一点 O，该点称为**简化中心**。应用力的平移定理，依次把各力平行移动到点 O 并相应附加一力偶。于是得到作用于点 O 的平面汇交力系 $\boldsymbol{F}'_1,\boldsymbol{F}'_2,\cdots,\boldsymbol{F}'_n$ 和力偶矩为 $M_1,M_2,\cdots,M_n$ 的平面力偶系，如图 2-6(b)所示。这两个力系对刚体的作用与原力系等效。

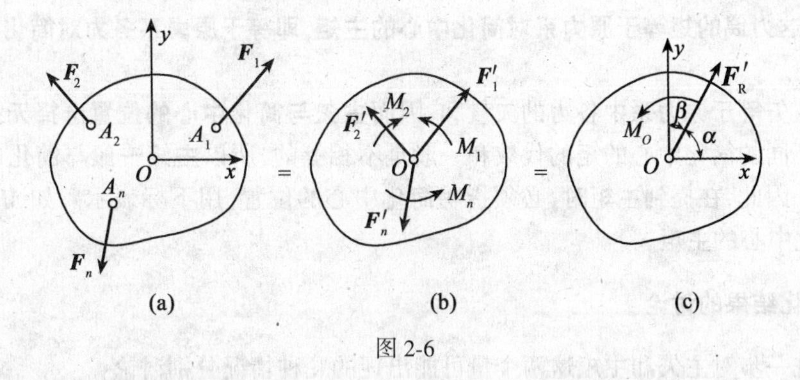

图 2-6

平面汇交力系中各力的大小和方向分别等于原力系中对应的各力的大小和方向，即

$$\boldsymbol{F}'_1=\boldsymbol{F}_1,\boldsymbol{F}'_2=\boldsymbol{F}_2,\cdots,\boldsymbol{F}'_n=\boldsymbol{F}_n$$

平面力偶系中各力偶的力偶矩分别等于原力系中对应的各力对简化中心 O 的矩,即

$$M_1=M_O(\boldsymbol{F}_1),M_2=M_O(\boldsymbol{F}_2),\cdots,M_n=M_O(\boldsymbol{F}_n)$$

现分别将上述的平面汇交力系和平面力偶系合成。平面汇交力系 $\boldsymbol{F}'_1,\boldsymbol{F}'_2,\cdots,\boldsymbol{F}_n'$可合成为作用线通过简化中心 O 的力 $\boldsymbol{F}_R'$,它的大小和方向等于汇交力系中各力的矢量和,即

$$\boldsymbol{F}_R'=\boldsymbol{F}'_1+\boldsymbol{F}'_2+\cdots+\boldsymbol{F}_n'=\boldsymbol{F}_1+\boldsymbol{F}_2+\cdots+\boldsymbol{F}_n=\sum\boldsymbol{F}_i$$

原力系各力的矢量和 $\sum\boldsymbol{F}_i$, 称为原力系的**主矢量**,简称**主矢**,即

$$\boldsymbol{F}_R'=\sum\boldsymbol{F}_i \tag{2-3}$$

以简化中心 O 为坐标原点,建立直角坐标系 Oxy,如图 2-6(c)所示,由矢量和投影定理,得主矢 $\boldsymbol{F}_R'$在 x、y 轴上的投影为:

$$\left.\begin{aligned}F_{Rx}'&=F_{1x}+F_{2x}+\cdots+F_{nx}=\sum F_{ix}\\F_{Ry}'&=F_{1y}+F_{2y}+\cdots+F_{ny}=\sum F_{iy}\end{aligned}\right\} \tag{2-4}$$

则主矢的大小和方向分别为

$$\left.\begin{aligned}&F_R'=\sqrt{(F_{Rx}')^2+(F_{Ry}')^2}=\sqrt{(\sum F_{ix})^2+(\sum F_{iy})^2}\\&\cos\alpha=\frac{F_{Rx}'}{F_R'}=\frac{\sum F_{ix}}{F_R'},\quad\cos\beta=\frac{F_{Ry}'}{F_R'}=\frac{\sum F_{iy}}{F_R'}\end{aligned}\right\} \tag{2-5}$$

式中:α、β 分别表示主矢 $\boldsymbol{F}_R'$与 x、y 轴正向的夹角,如图 2-6(c)所示。

平面力偶系可以合成为一个力偶,该力偶矩为各附加力偶矩的代数和,也就是等于原力系中各力对简化中心 O 的矩的代数和,即

$$M_O=M_1+M_2+\cdots+M_n=M_O(\boldsymbol{F}_1)+M_O(\boldsymbol{F}_2)+\cdots+M_O(\boldsymbol{F}_n)=\sum M_O(\boldsymbol{F}_i)$$

原力系中各力对简化中心 O 的矩的代数和 $\sum M_O(\boldsymbol{F}_i)$, 称为原力系对点 O 的**主矩**,即

$$M_O=\sum M_O(\boldsymbol{F}_i) \tag{2-6}$$

综上所述可知:**平面一般力系向作用面内任一点简化的一般结果是一个力和一个力偶,这个力的作用线通过简化中心,其大小和方向等于原力系的主矢,即等于原力系中所有各力的矢量和;这力偶的矩等于原力系对简化中心的主矩,即等于原力系各力对简化中心之矩的代数和。**

由于主矢等于原力系中各力的矢量和,因而**主矢与简化中心的位置选择无关**。原力系中各力对不同的简化中心的矩的代数和一般是不相等的,所以**主矩一般与简化中心的位置选择有关**。因此,在提到主矩时,必须指明简化中心的位置,用下标表示。如 M_O 表示是以 O 点为简化中心的主矩。

五、简化结果的讨论

现在进一步对主矢和主矩这两个量可能出现的几种情况分别讨论:

(1)若 $\boldsymbol{F}_R'=0,M_O\neq0$,此时原力系简化为一力偶,即原力系的合力偶。只有在这种情况下,主矩才与简化中心的位置无关,因为力偶对任一点的矩恒等于力偶矩,而与矩心的位置无关。

(2)若 $\boldsymbol{F}_{\mathrm{R}}' \neq 0, M_O = 0$,此时原力系简化为一个力,即原力系的合力,作用线通过简化中心 O。

(3) 若 $\boldsymbol{F}_{\mathrm{R}}' \neq 0, M_O \neq 0$,此时应用力的平移定理的逆过程,可进一步简化为一个合力 $\boldsymbol{F}_{\mathrm{R}}$。由图 2-7 知,合力 $\boldsymbol{F}_{\mathrm{R}} = \boldsymbol{F}_{\mathrm{R}}' = \sum \boldsymbol{F}_i$;合力作用线到简化中心 O 的距离 d 为

$$d = \frac{|M_O|}{F_{\mathrm{R}}'}$$

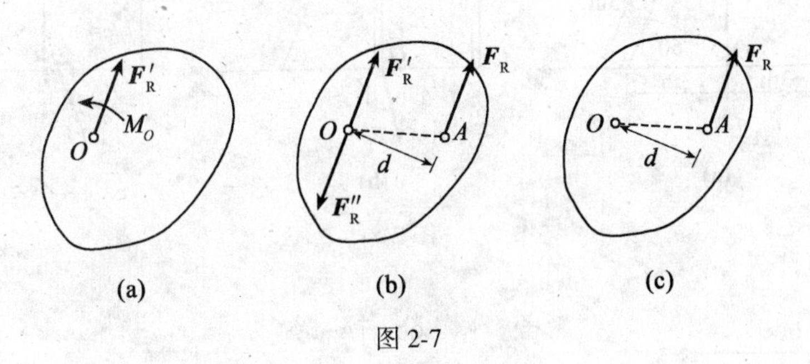

图 2-7

至于合力 $\boldsymbol{F}_{\mathrm{R}}$ 在主矢 $\boldsymbol{F}_{\mathrm{R}}'$的左侧还是右侧,可根据合力 $\boldsymbol{F}_{\mathrm{R}}$ 对简化中心力矩的转向与主矩 M_O 的转向一致的原则来确定。

(4) $\boldsymbol{F}_{\mathrm{R}}' = 0, M_O = 0$,原力系平衡。这种情况将在下一节讨论。

六、合力矩定理

当平面一般力系简化为一合力时,由图 2-7 知,合力 $\boldsymbol{F}_R$ 对 O 点的矩为

$$M_O(\boldsymbol{F}_{\mathrm{R}}) = F_{\mathrm{R}} d = M_O$$

又根据(2-6)式知

$$M_O = \sum M_O(\boldsymbol{F}_i)$$

所以

$$M_O(\boldsymbol{F}_R) = \sum M_O(\boldsymbol{F}_i) \tag{2-7}$$

即平面一般力系的合力对力系所在平面内任一点的矩,等于力系中各力对同一点矩的代数和。这就是平面一般力系的合力矩定理。

例 2-1　挡水墙断面如图 2-8(a)所示,已知挡水墙自重 $P = 450\text{kN}$,土压力 $F_1 = 360\text{kN}$,水压力 $F_2 = 210\text{kN}$。试将该平面力系向底面中心简化,并求简化的最后结果。

解　(1)计算主矢 $\boldsymbol{F}_{\mathrm{R}}'$。建立如图 2-8(a)所示的直角坐标系 Oxy,则

$$F_{\mathrm{R}x}' = \sum F_{ix} = F_2 - F_1\cos 40° = -65.78(\text{kN})$$

$$F_{\mathrm{R}y}' = \sum F_{iy} = -P - F_1\sin 40° = -681.4(\text{kN})$$

所以主矢 $\boldsymbol{F}_{\mathrm{R}}'$的大小

$$F_{\mathrm{R}}' = \sqrt{(F_{\mathrm{R}x}')^2 + (F_{\mathrm{R}y}')^2} = 684.57(\text{kN})$$

它的方向由方向余弦得

$$\cos\alpha = \frac{F_{\mathrm{R}x}'}{F_{\mathrm{R}}'} = \frac{-65.78}{684.57} = -0.0961$$

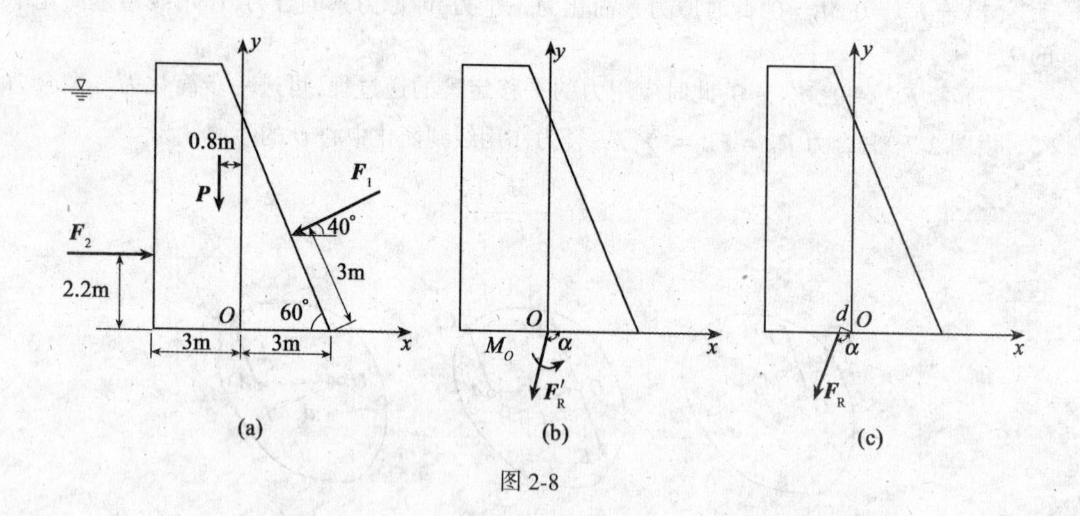

图 2-8

$$\alpha = 95.51°$$

因为 F'_{Rx}、F'_{Ry} 均为负，所以主矢 $\boldsymbol{F}_R'$在第三象限。

(2)计算力系对 O 点的主矩

$$M_O = \sum M_O(\boldsymbol{F}_i) = P \times 0.8 - F_2 \times 2.2 - F_1\sin40° \times (3 - 3\cos60°) + F_1\cos40° \times 3\sin60°$$
$$= 267.38(\text{kN} \cdot \text{m})$$

简化的一般结果如图 2-8(b)所示。

(3)求简化的最后结果

由于 $\boldsymbol{F}_R' \neq 0, M_O \neq 0$，因此力系可进一步简化为一个合力 $\boldsymbol{F}_R$，其大小为

$$F_R = F_R' = 684.57\text{N}$$

合力作用线位置

$$d = \frac{|M_O|}{F_R'} = \frac{267.38}{684.57} = 0.391(\text{m})$$

因主距为逆时针方向(正值)，故合力 $\boldsymbol{F}_R'$对简化中心 O 点的力矩转向也应为逆时针，即 $\boldsymbol{F}_R$ 在 O 点的左侧，如图 2-8(c)所示。

§2-2 平面一般力系的平衡条件和平衡方程

一、平面一般力系的平衡方程

平面一般力系向作用面内任一点简化，得一主矢及对简化中心的主矩。若主矢等于零，则表明作用于简化中心的汇交力系平衡；若主矩等于零，则表明附加力偶系平衡。若两者都等于零，则原力系平衡。反之，若平面一般力系平衡，则力系的主矢及对简化中心的主矩必等于零，否则该力系可以进一步简化为一个力或一个力偶。因此，**平面一般力系平衡的必要和充分条件是：力系的主矢及对作用面内任一点的主矩都等于零**，即

$$\boldsymbol{F}_R' = 0, M_O = 0 \tag{2-8}$$

根据式(2-5)、式(2-6)可得

$$\left.\begin{aligned}\sum F_x = 0\\ \sum F_y = 0\\ \sum M_O = 0\end{aligned}\right\}^{*} \qquad (2\text{-}9)$$

即平面一般力系平衡的必要和充分条件是:力系中各力在两个相交轴上投影的代数和分别等于零,各力对任一点之矩的代数和也等于零。式(2-9)称为平面一般力系平衡方程的基本形式。此外,还有两种形式:

1.二力矩式

$$\left.\begin{aligned}\sum F_x = 0\\ \sum M_A = 0\\ \sum M_B = 0\end{aligned}\right\} \qquad (2\text{-}10)$$

其中矩心 A、B 两点的连线不能与 x 轴垂直。

不难证明:若式(2-10)及其限制条件满足,也就满足了平面一般力系平衡的必要和充分条件。因为方程(2-10)中第二式和第三式满足,则力系就不可能简化为一力偶,只能简化为通过矩心 A、B 两点的合力或处于平衡。当方程(2-10)中第一式也被满足时,若力系有通过 A、B 两点的合力,则此合力必须与 x 轴垂直,否则力系不可能有合力,即处于平衡。

2.三矩式

$$\left.\begin{aligned}\sum M_A = 0\\ \sum M_B = 0\\ \sum M_C = 0\end{aligned}\right\} \qquad (2\text{-}11)$$

式中:矩心 A、B、C 三点不能共线。读者可仿照二力矩式方程的证明方法自己证明。

平面一般力系只有三个独立的平衡方程,任何第四个平衡方程都是不独立的,对于一个刚体最多只能求解三个未知量。在求解静力平衡问题时,采用哪种形式的平衡方程较为简便,要根据问题的具体情况来确定。

平面汇交力系、平面平行力系、平面力偶系都是平面一般力系的特殊情况,因此,它们的平衡方程可由平面一般力系的平衡方程导出。

二、平面汇交力系的平衡方程

如图2-9所示的平面汇交力系,以汇交点 O 为简化中心,则 $\sum M_O \equiv 0$。于是由式(2-9)得平面汇交力系的平衡方程:

$$\left.\begin{aligned}\sum F_x = 0\\ \sum F_y = 0\end{aligned}\right\} \qquad (2\text{-}12)$$

* 为了书写方便,以后用 $\sum F_x = 0, \sum F_y = 0, \sum M_O = 0$ 代替 $\sum F_{ix} = 0, \sum F_{iy} = 0, \sum M_O(\boldsymbol{F}_i) = 0$。

三、平面平行力系的平衡方程

如图2-10所示平面平行力系，在力系平面内取直角坐标系 Oxy，并使 x 轴与各力作用线垂直，则 $\sum F_x \equiv 0$。于是由式(2-9)得平面平行力系的平衡方程：

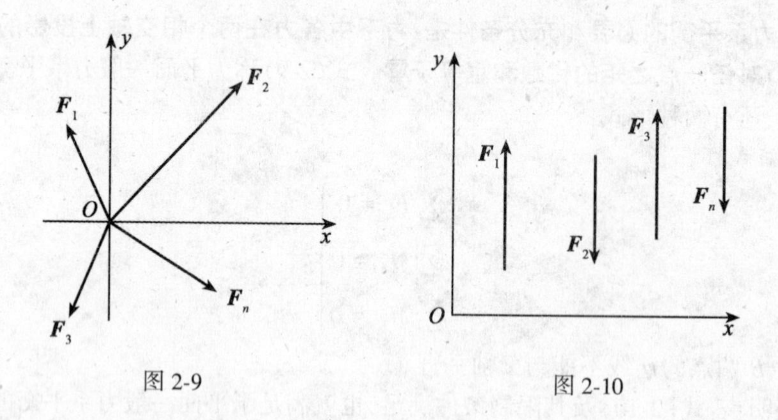

图2-9　　　　图2-10

$$\left.\begin{aligned}\sum F_y = 0\\ \sum M_O = 0\end{aligned}\right\} \tag{2-13}$$

或由式(2-10)得

$$\left.\begin{aligned}\sum M_A = 0\\ \sum M_B = 0\end{aligned}\right\} \tag{2-14}$$

式中：矩心 A、B 两点的连线不能与 x 轴垂直。

平面汇交力系及平面平行力系都只有两个独立的平衡方程，对于一个刚体最多只能求解两个未知量。

四、平面力偶系的平衡方程

由于力偶在任一轴上投影的代数和恒等于零，即式(2-9)中的两个投影方程恒等于零，又因矩心是任选的，于是得平面力偶系的平衡方程

$$\sum M = 0 \tag{2-15}$$

应用平面一般力系的平衡方程解单个物体的平衡问题时，要求首先正确地画出研究对象的受力图。约束反力的指向可以假设，若由平衡方程求解所得约束反力为正值，表示假设的指向就是实际的指向；若求解所得为负值，表示实际的指向与假设的指向相反。

在列平衡方程时，投影轴和矩心是可以任意选择的。为了使计算简便，投影轴应尽可能与较多的力（特别是未知力）垂直，矩心应尽可能选在力（特别是未知力）的交点上，应使所列的每个平衡方程尽可能只包含一个未知量，避免解联立方程。

例2-2　简易起重机如图2-11(a)所示，绕过滑轮的钢索悬吊重量为 $G=2\ 000\text{N}$ 的重物；杆 AB 垂直于杆 AC。若忽略各杆和滑轮的重量，又假定各接触处都是光滑的，试求杆 AB、AC 所受的力（不考虑滑轮 A 的尺寸）。

解 (1)选取研究对象。选滑轮 A 为研究对象。

(2)画受力图。杆 AB 及 AC 为二力杆,假设杆 AB 和杆 AC 均受拉力,则 $\boldsymbol{F}_{AB}$ 和 $\boldsymbol{F}_{AC}$ 均背离节点 A。各力组成一平面汇交力系,如图 2-11(b)所示。

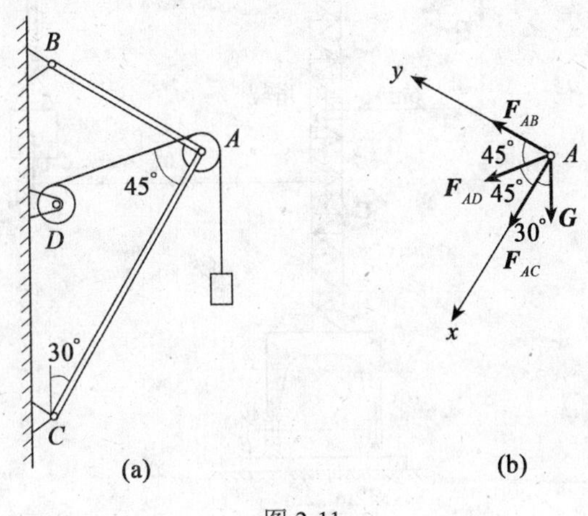

图 2-11

因不考虑摩擦,所以 $F_{AD}=G$。

(3)列平衡方程。取图 2-11(b)所示的 x、y 轴(可避免求解联立方程),列平衡方程:

$$\sum F_x = 0: F_{AC} + F_{AD}\cos45° + G\cos30° = 0$$

解得:

$$F_{AC} = -G(\cos45° + \cos30°) = -3146\text{N}$$

$$\sum F_y = 0: F_{AB} + F_{AD}\sin45° - G\sin30° = 0$$

解得:

$$F_{AB} = -G(\sin45° - \sin30°) = -414\text{N}$$

F_{AC} 和 F_{AB} 均为负值,说明力 $\boldsymbol{F}_{AC}$ 和 $\boldsymbol{F}_{AB}$ 的实际方向均与图示假设方向相反,即杆 AC 和杆 AB 均受压力。

应该指出,**在解题过程中,当求出某个力为负值时,不要因此而改变它在受力图中已假设的指向,只需在求其他未知力时采用"负值代入"即可。**

例 2-3 图 2-12 所示塔式起重机,机身重 $G=220\text{kN}$,作用线通过塔架中心,最大起重量 $P=50\text{kN}$,起重悬臂的最大长度为 12m,轨道 A、B 间距为 4m,平衡重到塔架中心的距离为 6m。欲使起重机在满载和空载两种情况下都不翻倒,试问平衡重的重量 Q 应为多少?

解 以起重机为研究对象,其上作用有主动力 $\boldsymbol{G}$、$\boldsymbol{P}$、$\boldsymbol{Q}$ 以及轨道对轮子 A、B 的反力 $\boldsymbol{F}_{NA}$、$\boldsymbol{F}_{NB}$,受力图如图 2-12 所示,为平面平行力系。

分析起重机的工作状况:当起吊最大起重量时,起重机有绕 B 点倾倒的可能性,由此可确定平衡重的最小重量 Q_{min};当起重机空载时,起重机有绕 A 点倾倒的可能性,由此可确定平衡重的最大重量 Q_{max}。

(1)求 Q_{min}。在临界平衡状态下,$F_{NA}=0$,列平衡方程:

$$\sum M_B = 0: Q_{min}(6+2) + G\times2 - P(12-2) = 0$$

得

$$Q_{min} = \frac{1}{8}(10P-2G) = 7.5\text{kN}$$

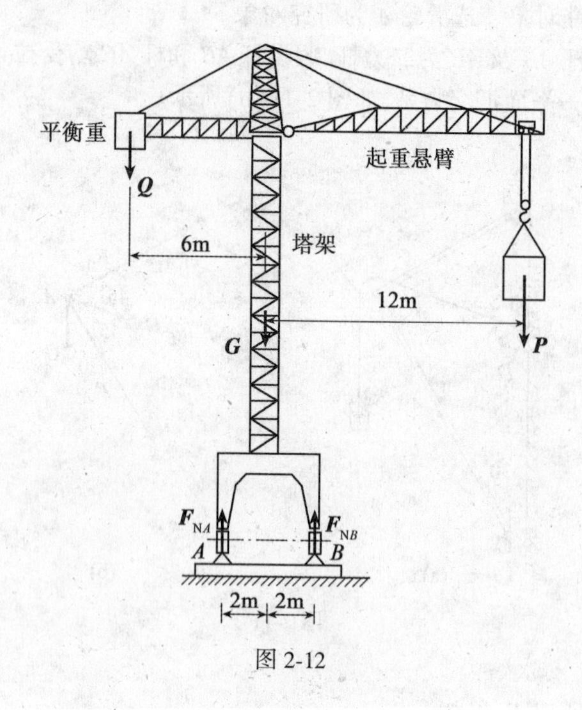

图 2-12

(2)求 Q_{max}。在临界平衡状态下,$F_{NB}=0$,列平衡方程:

$$\sum M_A = 0: Q_{max}(6-2) - G\times 2 = 0$$

得

$$Q_{max} = \frac{2G}{4} = 110\text{kN}$$

塔式起重机实际工作时不能处于临界平衡状态,因此 $7.5\text{kN}<Q<110\text{kN}$。

例 2-4 在外伸梁 AD 上作用有一力偶,力偶矩 $M=50\text{N}\cdot\text{m}$,在外伸臂 AC 上作用有均布荷载,其荷载集度 $q=20\text{N/m}$,在 B 点作用有集中力 $F=80\text{N}$,如图 2-13(a)所示。若 $l=1\text{m}$,梁的自重不计,试求支座 A、B 的反力。

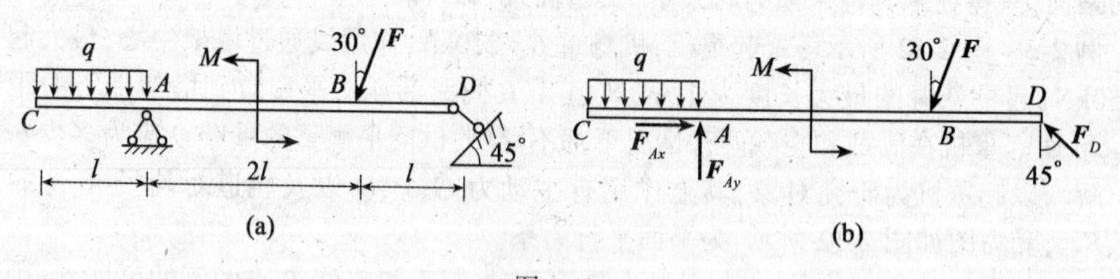

图 2-13

解 以梁为研究对象。梁上除受已知集中力 $\boldsymbol{F}$、均布荷载和力偶的作用外,还受固定铰支座 A 的反力 $\boldsymbol{F}_{Ax}$、$\boldsymbol{F}_{Ay}$ 和活动铰支座 D 的反力 $\boldsymbol{F}_D$ 的作用。其受力图如图 2-13(b)所示,各反力的指向都是假设的。列平衡方程(对 x 轴水平向右、y 轴竖直向上的坐标系,受力图中可省略):

$$\sum M_A = 0: ql \cdot \frac{l}{2} + M - F\cos30° \cdot 2l + F_D \cdot 3l\cos45° = 0$$

得
$$F_D = \frac{1}{3\cos45°}\left(-\frac{ql}{2} - \frac{M}{l} + 2F\cos30°\right) = 37.04\text{N}$$

$$\sum F_x = 0: F_{Ax} - F\sin30° - F_D\sin45° = 0$$

得
$$F_{Ax} = F\sin30° + F_D\sin45° = 66.19\text{N}$$

$$\sum F_y = 0: -ql + F_{Ay} - F\cos30° + F_D\cos45° = 0$$

得
$$F_{Ay} = ql + F\cos30° - F_D\cos45° = 63.09\text{N}$$

§2-3　物体系统的平衡

在工程实际中，结构或机器都是由许多物体（如构件或零件、部件）通过一定的约束形式连接起来的整体，称为**物体系统**，简称**物系**或**系统**。

在研究物体系统的平衡问题时，适当地选择研究对象十分重要，它对求解过程的繁简关系密切。一般可先以整体（物系）为研究对象，求解一部分未知量；然后再将物系“拆开”，取其中一部分物体或单个物体为研究对象，逐个考察它们的平衡，求解其余未知量。有时直接将物系“拆开”为若干部分，逐个研究。总之，选择研究对象要以尽可能使计算过程简单、尽量避免解联立方程为原则。

研究物体系统的平衡问题，要对每个研究对象分别画出受力图。不仅要考虑整个系统所受的外部约束的约束反力，还要考虑系统内部各物体之间相互约束的约束反力，并要注意区分外力和内力。研究对象以外的物体作用于研究对象上的力称为**外力**，研究对象内部各部分之间的相互作用力称为**内力**。内力不画在受力图上，但要注意，内力和外力是相对的，视选择的研究对象而定。在受力图中，要注意作用力与反作用力，它们等值、反向、共线，分别作用在相互连接的两物体上，力符号为 $\boldsymbol{F}_{Ax}$ 与 $\boldsymbol{F}'_{Ax}$、$\boldsymbol{F}_B$ 与 $\boldsymbol{F}'_B$ 等。另外，画受力图时，必须严格根据约束的类型、性质确定约束反力的方向，切忌盲目猜测。

下面举例说明物体系统平衡问题的解法。

例 2-5　组合梁 ABC 所受荷载及支承情况如图 2-14（a）所示，已知集中力 $F = 10\text{kN}$，均布荷载的集度 $q = 20\text{kN/m}$，力偶 $M = 150\text{kN}\cdot\text{m}$，$l = 8\text{m}$。试求 A、C 处的反力。

解　此结构由两个物体组成，A 处为活动铰支座，其反力为 $\boldsymbol{F}_A$；C 处为固定端，其反力为 $\boldsymbol{F}_{Cx}$、$\boldsymbol{F}_{Cy}$ 和 M_C，整体共四个未知力。若取整体为研究对象，只有三个独立的平衡方程，且只可由 $\sum F_x = 0$ 求出 F_{Cx}，其余三个未知力不可能求出。若取梁 BC 为研究对象，则有五个未知力，只有三个平衡方程，也不可能求解。若取梁 AB 为研究对象，仅有三个未知力，皆可用平衡方程求出。因此，先取梁 AB 为研究对象，然后再取梁 BC 或整体为研究对象，即可求出 A、C 处的全部未知反力。

（1）取梁 AB 为研究对象，画受力图如图 2-14（b）所示，B 处为中间铰，反力为 $\boldsymbol{F}_{Bx}$、$\boldsymbol{F}_{By}$。列平衡方程：

$$\sum F_x = 0: F\cos60° - F_{Bx} = 0$$

得
$$F_{Bx} = F\cos60° = 5\text{kN}$$

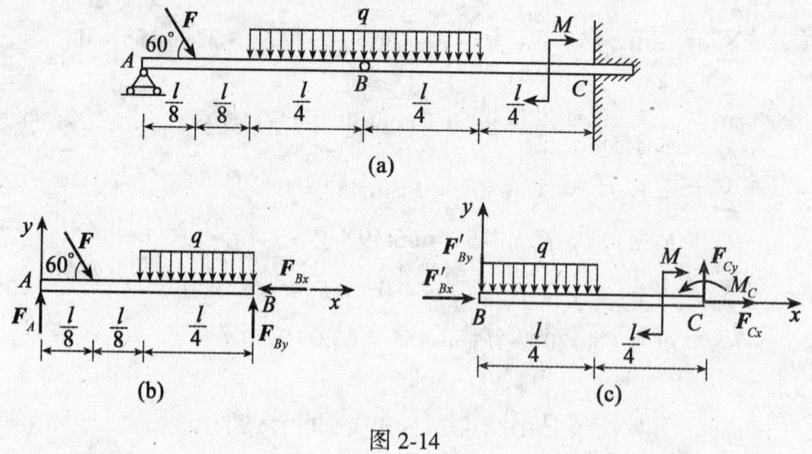

图 2-14

$$\sum M_B = 0:\ -F_A \cdot \frac{l}{2} + F\sin 60^\circ \cdot \frac{3l}{8} + \frac{1}{4}ql \cdot \frac{l}{8} = 0$$

得
$$F_A = \frac{3}{4}F\sin 60^\circ + \frac{1}{16}ql = 16.5\text{kN}$$

$$\sum M_A = 0:\ -F\sin 60^\circ \cdot \frac{l}{8} - \frac{1}{4}ql \cdot \frac{3l}{8} + F_{By} \cdot \frac{l}{2} = 0$$

得
$$F_{By} = \frac{1}{4}F\sin 60^\circ + \frac{3}{16}ql = 32.16\text{kN}$$

(2)取梁 BC 为研究对象，受力图如图 2-14(c)所示，中间铰 B 处的反力应满足作用力与反作用力定律，即 $\boldsymbol{F}'_{Bx}$、$\boldsymbol{F}'_{By}$ 应与 $\boldsymbol{F}_{Bx}$、$\boldsymbol{F}_{By}$ 等值反向。列平衡方程：

$$\sum F_x = 0: F'_{Bx} + F_{Cx} = 0$$

得
$$F_{Cx} = -F'_{Bx} = -5\text{kN}$$

$$\sum M_C = 0: F'_{By} \cdot \frac{l}{2} + \frac{1}{4}ql \cdot \frac{3l}{8} - M + M_C = 0$$

得
$$M_C = -\frac{1}{2}F'_{By}\, l - \frac{3}{32}ql^2 + M = -98.64\text{kN}$$

$$\sum F_y = 0:\ -F'_{By} + F_{Cy} - \frac{1}{4}ql = 0$$

得
$$F_{Cy} = \frac{1}{4}ql + F'_{By} = 72.16\text{kN}$$

提示：若先以梁 AB 为研究对象，由 $\sum M_B = 0$ 求出 $\boldsymbol{F}_A$，再以整体为研究对象，列三个平衡方程求 $\boldsymbol{F}_{Cx}$、$\boldsymbol{F}_{Cy}$ 和 M_C，则计算更简单。

例 2-6 刚架自重不计，已知均布荷载 $q=15\text{kN/m}$，集中力 $F=10\text{kN}$，力偶的矩 $M=20\text{kN}\cdot\text{m}$，$l=h=8\text{m}$，试求支座 A、B 处的反力。

解 刚架是由两个物体组成的系统，共可以列 6 个独立的平衡方程，有 6 个未知量，问题可解。

(1)取整个刚架为研究对象。解除 A、B 处的约束,分别用约束反力来代替。受力如图 2-15(b)所示。

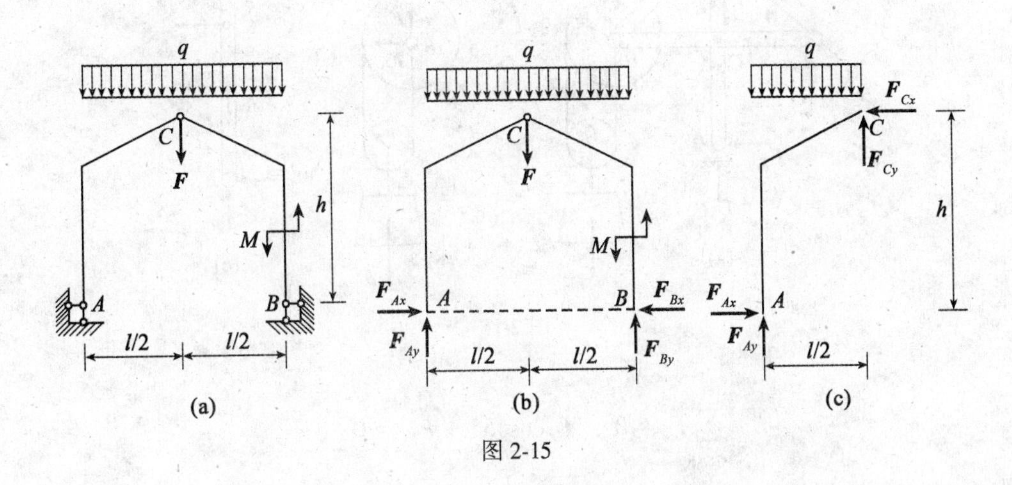

图 2-15

$$\sum M_A = 0: lF_{By} + M - \frac{l}{2}F - \frac{l}{2} \times lq = 0$$

解得

$$F_{By} = 62.5\text{kN}$$

$$\sum F_y = 0: F_{Ay} + F_{By} - F - lq = 0$$

解得

$$F_{Ay} = 67.5\text{kN}$$

(2)取 AC 部分为研究对象,受力如图 2-15(c)所示。

$$\sum M_C = 0:\quad hF_{Ax} - \frac{l}{2}F_{Ay} + \frac{l}{4} \times \frac{l}{2}q = 0$$

解得

$$F_{Ax} = 18.75\text{kN}$$

(3)再以整个刚架为研究对象。

$$\sum F_x = 0:\quad F_{Ax} - F_{Bx} = 0$$

解得

$$F_{Bx} = 18.75\text{kN}$$

提示:(1)本题在第二步可以求出 C 处的约束反力。

(2)如果分别取 AC、BC 为研究对象,每个物体可列三个平衡方程,共 6 个平衡方程,问题可解,只是需解联立方程。

例 2-7　平面构架由杆 AB、DE 及 DB 铰接而成,如图 2-16(a)所示。已知重力 $\boldsymbol{P}$,$DC=CE=AC=CB=2l$,定滑轮半径为 R,动滑轮半径为 r,且 $R=2r=l$,$\theta=45°$。求 A、E 支座的约束反力及 BD 杆所受的力。

解　(1)取整体为研究对象,受力如图 2-16(a)所示。列平衡方程:

$$\sum M_E = 0:\quad -F_A \cdot \sqrt{2} \cdot 2l - P \cdot \frac{5}{2}l = 0$$

解得

$$F_A = -\frac{5\sqrt{2}}{8}P$$

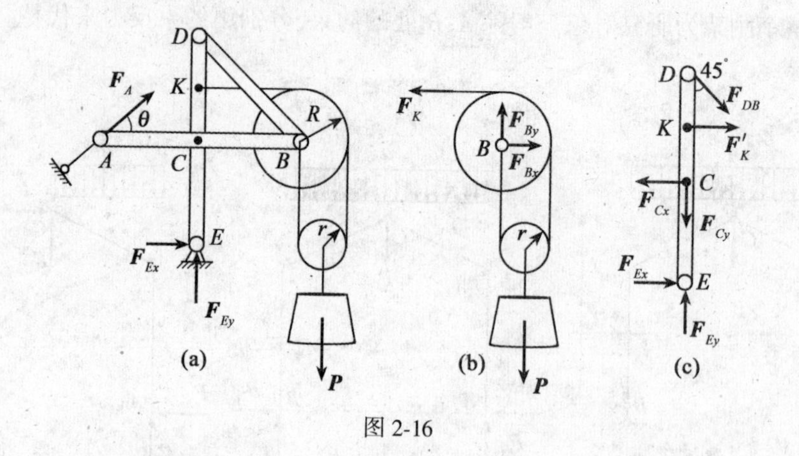

图 2-16

$$\sum F_x = 0:\quad F_A\cos 45° + F_{Ex} = 0$$

解得

$$F_{Ex} = \frac{5}{8}P$$

$$\sum F_y = 0:\quad F_A\sin 45° + F_{Ey} - P = 0$$

解得

$$F_{Ey} = \frac{13}{8}P$$

(2)为求二力杆 BD 所受的力,先取图 2-16(b)所示系统为研究对象。

$$\sum M_B = 0:\quad -P\cdot r + F_K\cdot R = 0$$

解得

$$F_K = \frac{P}{2}$$

(3)再取 DE 杆为研究对象,受力如图 2-16(c)所示。

$$\sum M_C = 0:\quad -F_{DB}\cdot\sin 45°\cdot 2l - F_K'l + F_{Ex}\cdot 2l = 0$$

解得

$$F_{DB} = \frac{3\sqrt{2}}{8}P \qquad \text{(杆 } BD \text{ 受拉)}$$

§2-4　考虑摩擦时的平衡问题

在前面的章节中,把物体之间的接触均看成是绝对光滑的,忽略了物体接触面间的摩擦。但是,完全光滑的表面是不存在的,两物体的接触面间一般都存在摩擦。如果摩擦力很小,对所研究的问题不是主要因素,忽略摩擦是允许的。但是,在有些工程实际问题中,如重力坝的抗滑稳定、水工闸门的启闭、胶带的传动等等,摩擦是重要的甚至是决定性的因素,就必须考虑摩擦。

当两物体接触处有相对滑动或有相对滑动趋势时,在接触处的公切面内所受到的阻碍称为**滑动摩擦**。当两物体有相对滚动或有相对滚动趋势时,物体间产生的对滚动的阻碍称为**滚动摩擦**。

一、滑动摩擦

1.静滑动摩擦力和静滑动摩擦定律

当两物体接触处沿着接触点的公切面有相对滑动趋势时,彼此作用着阻碍相对滑动的力,称为**静滑动摩擦力**,简称**静摩擦力**。

设重为 G 的物体放在水平面上,两接触面都是粗糙的。现对物体施加一水平力 $\boldsymbol{F}_{\mathrm{P}}$,其大小由零逐渐增大。由经验知,当 $\boldsymbol{F}_{\mathrm{P}}$ 的大小不超过某一数值时,物体仍然保持静止。这说明水平面对物体的约束反力除了法向反力 $\boldsymbol{F}_{\mathrm{N}}$ 之外,还有一个与物体运动趋势方向相反的沿接触面切线方向的阻力 $\boldsymbol{F}_{\mathrm{s}}$ 阻止物体滑动,这个切向阻力 $\boldsymbol{F}_{\mathrm{s}}$ 就是静摩擦力(见图 2-17)。当物体处于平衡状态时,静摩擦力的大小应由平衡方程确定:

$$\sum F_x = 0: \quad F_{\mathrm{s}} = F_{\mathrm{P}}$$

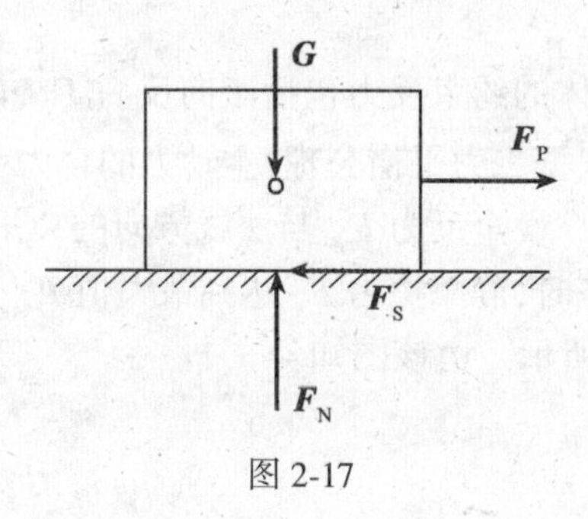

图 2-17

可见,静摩擦力 $\boldsymbol{F}_{\mathrm{s}}$ 随力 $\boldsymbol{F}_{\mathrm{P}}$ 而变化。

当 $F_{\mathrm{P}}=0$ 时,由于两物体之间无相对滑动的趋势,故静摩擦力 $F_{\mathrm{s}}=0$。若力 $\boldsymbol{F}_{\mathrm{P}}$ 增加,静摩擦力 $\boldsymbol{F}_{\mathrm{s}}$ 也随之增加。但是,力 $\boldsymbol{F}_{\mathrm{s}}$ 不能随力 $\boldsymbol{F}_{\mathrm{P}}$ 的增加而无限制地增加。当力 $\boldsymbol{F}_{\mathrm{P}}$ 增大到某一定数值时,如果再稍微增大,物体的平衡状态将被破坏而产生相对滑动。我们将这种物体即将滑动而尚未滑动的平衡状态称为**临界平衡状态**。在临界平衡状态下,静滑动摩擦力达到最大值,称之为**最大静滑动摩擦力**,以 $\boldsymbol{F}_{\mathrm{s,max}}$ 表示。

由此可知,**静滑动摩擦力的大小,由平衡条件决定**。其变化范围在零和某一最大值 $\boldsymbol{F}_{\mathrm{s,max}}$ 之间,即

$$0 \leqslant F_{\mathrm{s}} \leqslant F_{\mathrm{s,max}}$$

实验证明,**静滑动摩擦力的最大值 $\boldsymbol{F}_{\mathrm{s,max}}$ 与接触面间的正压力(法向反力)的大小成正比**,即

$$F_{\mathrm{s,max}} = f_{\mathrm{s}} F_{\mathrm{N}} \tag{2-16}$$

这就是**静滑动摩擦定律**或**库伦(C.A.de Coulomb,1736~1806)摩擦定律**。上式中 f_{s} 称为**静滑动摩擦因数**,简称为**静摩擦因数**。它是一个无量纲的数,其大小与接触物体的材料及接触表面的状况(粗糙程度、温度、湿度和润滑情况等)有关、各种材料在不同表面情况下的静滑动摩擦因数是由实验测定的,它们可在有关工程手册中查出。

影响摩擦因数 f_{s} 的因素很复杂。现代摩擦理论表明,摩擦因数 f_{s} 不仅与物体的材料和接触面状况有关,而且还与正压力的大小、作用时间的长短等因素有关。因此,每一种材料

的 f_s 一般并不是常数。

2.动滑动摩擦力和动滑动摩擦定律

当两个相互接触的物体发生了相对滑动时,在接触面上产生阻碍物体滑动的力称为**动滑动摩擦力**,简称**动摩擦力**。例如移动中的工作台与导轨之间的摩擦力就属于动滑动摩擦力。动摩擦力与静摩擦力不同,它的大小不存在变化范围。根据大量实验,得到与静滑动摩擦定律相似的**动滑动摩擦定律:动摩擦力的大小与接触面之间的正压力的大小成正比**。若以 F_d 代表动摩擦力的大小,则有

$$F_d = f F_N \tag{2-17}$$

式中:f 称为**动摩擦因数**,它也是一个无量纲的数,其值与接触物体的材料、接触表面的状况以及相对滑动的速度有关,一般动摩擦因数随相对滑动速度的增大而减小,当速度变化不大时可以认为 f 是常数。动摩擦因数一般小于静摩擦因数。

二、摩擦角和自锁现象

当有摩擦时,支承面对物体的约束反力包括法向反力 $\boldsymbol{F}_N$,静摩擦力 $\boldsymbol{F}_s$,二者的合力 $\boldsymbol{F}_R$ 称为**全约束反力或全反力**。根据二力平衡公理,主动力的合力 $\boldsymbol{F}$ 与全反力 $\boldsymbol{F}_R$ 大小相等、方向相反,且作用在同一直线上。设全反力 $\boldsymbol{F}_R$ 与法线方向的夹角为 α,如图 2-18(a)所示。

当物体处于临界平衡状态时,静摩擦力 $\boldsymbol{F}_s$ 达到最大值 $\boldsymbol{F}_{s,max}$,夹角 α 也达到最大值 φ_f,φ_f 称为**摩擦角**,如图 2-18(b)所示。由该图知:

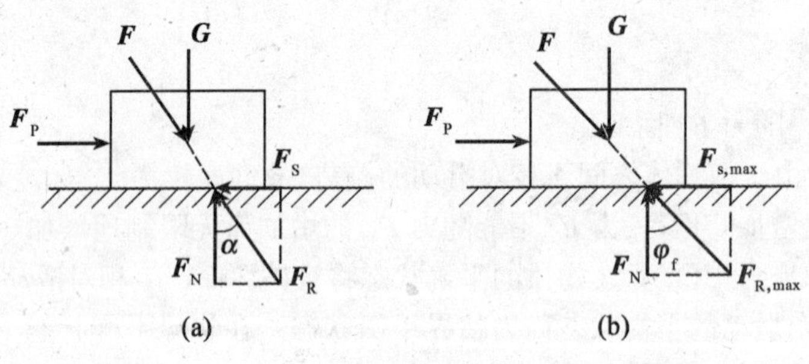

图 2-18

$$\tan\varphi_f = \frac{F_{s,max}}{F_N} = \frac{f_s F_N}{F_N} = f_s \tag{2-18}$$

即**摩擦角的正切等于静滑动摩擦因数**。可见,φ_f 与 f_s 都是表示两物体摩擦性质的物理量。

如通过接触点在不同方向作出临界平衡状态下的全反力的作用线,则这些直线将形成一个锥面,称为**摩擦锥**,若沿接触面各方向的摩擦因数都相同,则摩擦锥是一个顶角为 $2\varphi_f$ 的圆锥,如图 2-19 所示。

因为静摩擦力的大小介于零和最大静摩擦力之间,所以全反力与法线间的夹角 α 总是小于或等于 φ_f,即

$$\alpha \leqslant \varphi_f$$

也就是全反力不可能超出摩擦锥。

如果作用于物体上所有主动力的合力 $\boldsymbol{F}$ 的作用线位于摩擦锥之内,则无论 $\boldsymbol{F}$ 值多大,

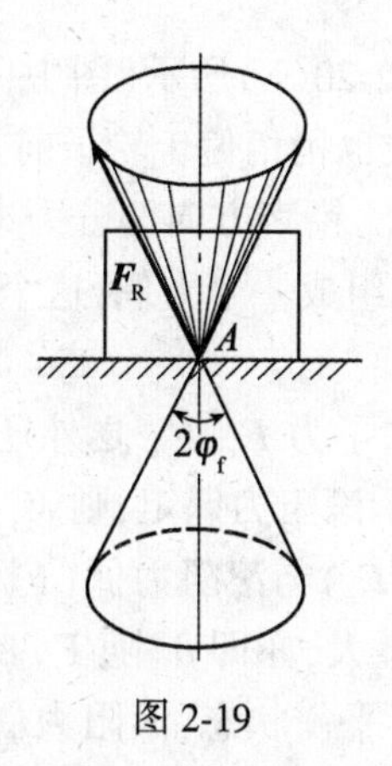

图 2-19

物体总能保持静止(平衡)。这种现象称为**自锁**。工程中常用自锁原理设计某些机构和夹具。例如螺旋千斤顶举起重物后不会自行下落就是自锁现象。而在另一些情况下,则要避免自锁现象发生,例如水闸闸门启闭时,就应避免自锁,以防闸门被卡住。

三、滚动摩阻的概念

实践表明,用滚动代替滑动可以大大减少阻力,达到省力或提高效率的目的。

设一半径为 R,重为 G 的滚子置于水平支承面上,在滚子中心 C 作用一水平拉力 $\boldsymbol{F}_P$,如图 2-20(a)所示,并假设接触处有足够的摩擦阻止滚子滑动。如果将滚子和支承面视为绝对刚体,则滚子与水平支承面仅在 A 点(实际上是通过 A 点的一条直线)接触。滚子上除了受主动力 $\boldsymbol{F}_P$、$\boldsymbol{G}$ 及法向反力 $\boldsymbol{F}_N$ 作用外,还要受到因阻碍滚子上的 A 点沿水平支承面产生相对滑动的静滑动摩擦力 $\boldsymbol{F}_s$ 的作用。法向反力 $\boldsymbol{F}_N$ 与重力 $\boldsymbol{G}$ 等值、反向、共线,互成平衡;而拉力 $\boldsymbol{F}_P$ 和摩擦力 $\boldsymbol{F}_s$ 则组成一力偶 $M(\boldsymbol{F}_P,\boldsymbol{F}_s)$,不论拉力 $\boldsymbol{F}_P$ 的值多么小,滚子都将滚动。事实上,当拉力 $\boldsymbol{F}_P$ 较小时,滚子不会发生滚动,可见必有一个阻碍滚子滚动的力偶与力偶 $M(\boldsymbol{F}_P,\boldsymbol{F}_s)$ 平衡,这个力偶称为**滚动摩擦力偶**,或称为**滚阻力偶**。

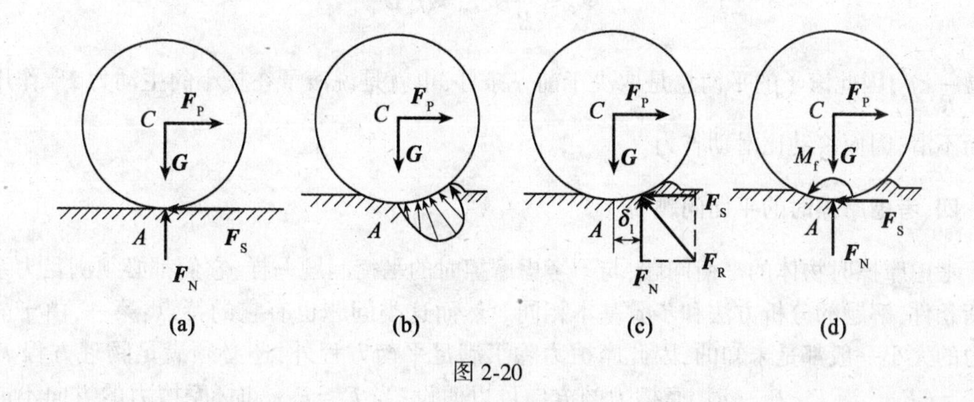

图 2-20

滚动摩擦力偶产生的原因,是滚子和支承面并不是绝对的刚体,在主动力 $\boldsymbol{F}_P$ 和 $\boldsymbol{G}$ 作用下,滚子和支承面将会产生微小的变形,使接触处不是一直线而是偏向滚子滚动前方的一个小接触面,约束反力为分布力,如图 2-20(b)所示(图中仍将滚子视为刚体)。将此分布力系合成为一个合力 $\boldsymbol{F}_R$,则 $\boldsymbol{F}_R$ 的作用线也稍稍偏于轮子前方,再将 $\boldsymbol{F}_R$ 沿水平与铅直两个方向分解,则水平方向的分力即摩擦力 $\boldsymbol{F}_s$,铅直方向的分力即法向反力 $\boldsymbol{F}_N$。可见,$\boldsymbol{F}_N$ 向滚子前方偏移了一小段距离 δ_1,使 $\boldsymbol{F}_N$ 与 $\boldsymbol{G}$ 组成一个力偶,这个力偶就是滚阻力偶($\boldsymbol{F}_N$,$\boldsymbol{G}$),如图 2-20(c)所示。

如果将约束力向点 A 简化,则除了力 $\boldsymbol{F}_s$、$\boldsymbol{F}_N$ 之外还会得到一个附加力偶,也就是滚阻力偶,如图 2-20(d)所示。用 M_f 表示滚阻力偶矩,则 $M_f=\delta_1 \cdot F_N$。

当力 $\boldsymbol{F}_P$ 不大时,主动力偶($\boldsymbol{F}_P$,$\boldsymbol{F}_s$)与滚阻力偶($\boldsymbol{F}_N$,$\boldsymbol{G}$)使滚子保持平衡。由平衡方程得 $M_f=F_P \cdot R$。M_f 随 $\boldsymbol{F}_P$ 的增大而增大,亦即 δ_1 随 $\boldsymbol{F}_P$ 的增大而增大。当 δ_1 增加到某一定值 δ 时,滚子就处于将滚未滚的临界平衡状态,滚阻力偶矩 M_f 达到某一极限值 $M_{f,max}$,称为**最大滚阻力偶矩**。

根据实验结果:**最大滚阻力偶矩与法向反力成正比**。即

$$M_f=\delta \cdot F_N \tag{2-19}$$

式中:δ 称为**滚阻摩擦系数**,是一个以长度为单位的系数。显然,δ 起着力偶臂的作用,它是法向反力朝相对滚动的前方偏离滚子最低点的最大距离。滚阻摩擦系数 δ 的大小与接触物体的材料性质有关,可由实验测定。某些材料的 δ 值也可从工程手册中查到。

现在来讨论为什么使滚子滚动比滑动省力。

由前面讨论可知,要滚子不滚动,必须使主动力偶矩小于最大滚阻力偶矩,即 $F_P R \leqslant \delta F_N$。滚子平衡时有 $F_N=G$,于是得到滚子不滚动的条件为

$$F_P R \leqslant \delta G$$

即

$$F_P \leqslant \frac{\delta}{R} G$$

滚子不滑动,必须满足条件

$$F_P \leqslant f_s F_N \leqslant f_s G$$

因此滚子既不滚动又不滑动所必须满足的条件是

$$F_P \leqslant \frac{\delta}{R} G, F_P \leqslant f_s G$$

通常 $\frac{\delta}{R}<f_s$,因此滚子的平衡总是取决于前一条件,也就是说滚子在较小的主动力 $\boldsymbol{F}_P$ 作用下滚而不滑,因而滚动比滑动省力。

四、考虑摩擦时的平衡问题

考虑摩擦时物体的平衡问题,与不考虑摩擦时的平衡问题一样,它们都必须满足力系的平衡条件,解题的分析方法和步骤基本相同。然而这类问题也有它的特点:第一,由于静摩擦力的大小一般都是未知的,因此摩擦力除了满足平衡方程外,还必须满足物理方程 $F_s \leqslant F_{s,max}=f_s F_N$。当 $F_s<F_{s,max}$ 时,摩擦力的方向可以假设;当 $F_s=F_{s,max}$ 时,摩擦力的方向不能假设,必须与物体相对滑动的趋势相反。第二,由于 $0 \leqslant F_s \leqslant F_{s,max}$,因而在物体保持平衡时,主动力的大小、物体的平衡位置等也在一定的范围内变化。下面举例说明如何求解考虑摩擦时的平衡问题。

例 2-8　如图 2-21(a)所示,斜面上放一重为 G 的物块,斜面倾角为 α,物块与斜面间的静摩擦因数为 f_s,且 $\tan\alpha>f_s$(即角 α 大于摩擦角 φ_f)。求使物块平衡的水平力 $\boldsymbol{F}_P$ 的大小。

解　要使物块平衡,$\boldsymbol{F}_P$ 值不能太小,也不能过大。若 $\boldsymbol{F}_P$ 值太小,则物块将沿斜面向下滑动;若 $\boldsymbol{F}_P$ 过大,则物块将沿斜面向上滑动。

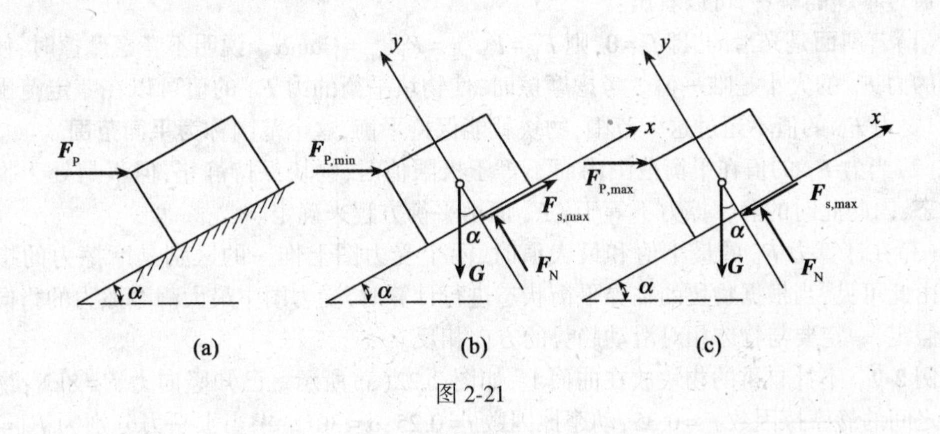

图 2-21

(1)求恰好能维持物块不致下滑的 $\boldsymbol{F}_P$ 的最小值 $F_{P,\min}$。此时物块处于有向下滑动趋势的临界平衡状态,摩擦力沿斜面向上,如图 2-21(b)所示。物块的平衡方程为

$$\sum F_x = 0:\quad F_{P,\min}\cos\alpha + F_{s,\max} - G\sin\alpha = 0$$

$$\sum F_y = 0:\quad F_N - F_{P,\min}\sin\alpha - G\cos\alpha = 0$$

补充方程

$$F_{s,\max} = f_s F_N$$

联立以上三式解得

$$F_{P,\min} = G\frac{\sin\alpha - f_s\cos\alpha}{\cos\alpha + f_s\sin\alpha}$$

因 $\tan\varphi_f = f_s$,代入上式,得

$$F_{P,\min} = G\frac{\sin\alpha - \tan\varphi_f\cos\alpha}{\cos\alpha + \tan\varphi_f\sin\alpha} = G\tan(\alpha - \varphi_f)$$

(2) 求恰好能维持物块不致上滑的 $\boldsymbol{F}_P$ 的最大值 $F_{P,\max}$。此时物块处于有向上滑动趋势的临界平衡状态,摩擦力沿斜面向下,如图 2-21(c)所示。物块的平衡方程为

$$\sum F_x = 0:\quad F_{P,\max}\cos\alpha - F_{s,\max} - G\sin\alpha = 0$$

$$\sum F_y = 0:\quad F_N - F_{P,\max}\sin\alpha - G\cos\alpha = 0$$

补充方程

$$F_{s,\max} = f_s F_N$$

联立以上三式解得

$$F_{P,\max} = G\frac{\sin\alpha + f_s\cos\alpha}{\cos\alpha - f_s\sin\alpha}$$

因 $\tan\varphi_f = f_s$,代入上式,得

$$F_{P,\max}=G\frac{\sin\alpha+\tan\varphi_f\cos\alpha}{\cos\alpha-\tan\varphi_f\sin\alpha}=G\tan(\alpha+\varphi_f)$$

可见,要使物块在斜面上保持静止,力 $\boldsymbol{F}_P$ 必须满足

$$G\tan(\alpha-\varphi_f)\leqslant F_P\leqslant G\tan(\alpha+\varphi_f)$$

通过本题的解答,可以看出:

(1)若斜面是光滑的,即 $f_s=0$,则 $F_P=F_{P,\min}=F_{P,\max}=G\tan\alpha$。说明不考虑摩擦时,使物块平衡的力 $\boldsymbol{F}_P$ 的大小是唯一值。考虑摩擦时,使物块平衡的力 $\boldsymbol{F}_P$ 的值可以在一定范围内变化,只要力 $\boldsymbol{F}_P$ 的值不超过这个范围,物块就能保持平衡,这个范围称为**平衡范围**。

(2)当力 $\boldsymbol{F}_P$ 的值在平衡范围内而不等于极限值时,物块保持静止,但不是处于临界平衡状态,因此此时的静摩擦力不等于 f_sF_N 而由平衡方程来确定。

(3)在计算力 $\boldsymbol{F}_P$ 的最小值和最大值时,两个受力图上惟一的区别是摩擦力的指向不同。由此可见,当根据物块的临界平衡状态进行计算时,受力图中最大静摩擦力的指向不能任意假定,一定要与物体相对滑动趋势的方向相反。

例 2-9 不计自重的物块放在曲面上,如图 2-22(a)所示。已知竖向力 $F=8\text{kN}$;物块与曲面之间的静摩擦因数 $f_s=0.35$,动摩擦因数 $f=0.25$,$\alpha=30°$。求当水平力分别为 $F_P=10\text{kN}$ 和 $F_P=4\text{kN}$ 时物块与曲面间的摩擦力。

解 现在还不知道物块在力 $\boldsymbol{F}_P$ 作用下是处于静止状态、临界平衡状态还是已经开始滑动。但是物块处于静止状态或临界平衡状态时,摩擦力必须满足 $F_s\leqslant F_{s,\max}=f_sF_N$,所以应首先根据平衡方程求出物块处于静止状态时所需的静摩擦力 F_s,然后再计算出可能产生的最大静摩擦力 $F_{s,\max}$,将两者进行比较,考察力 F_s 是否满足上述方程,从而得到物块是处于什么状态的结论。

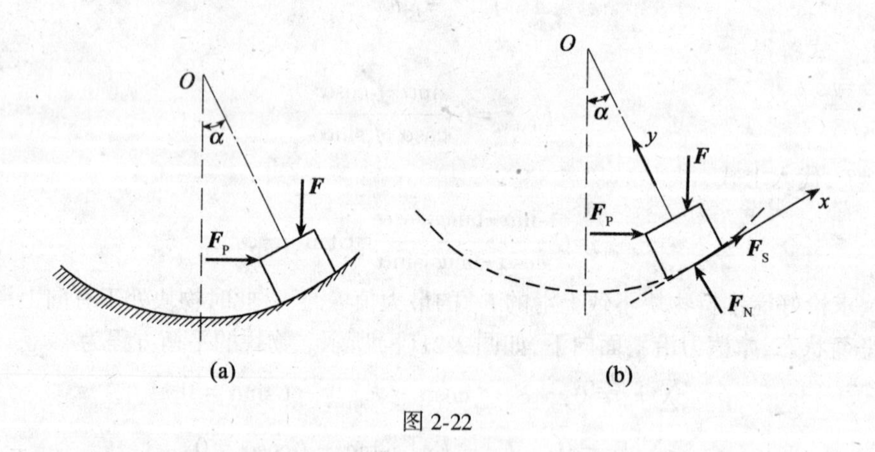

图 2-22

以物块为研究对象。假设物块静止且有沿曲面向下滑动的趋势,则摩擦力沿曲面在接触点的切线向上,如图 2-22(b)所示,选图示投影轴,列平衡方程:

$$\sum F_x=0:\quad F_P\cos\alpha+F_s-F\sin\alpha=0 \tag{a}$$

$$\sum F_y=0:\quad F_N-F_P\sin\alpha-F\cos\alpha=0 \tag{b}$$

(1)$F_P=10\text{kN}$

将 $F_P=10\text{kN}$、$F=8\text{kN}$ 和 $\alpha=30°$代入式(a),得到物块处于静止状态所需要的静摩擦力 $F_s=-4.66\text{kN}$,负号表示摩擦力的实际指向沿曲面在接触点的切线向下,即物块有沿曲面向上滑动的趋势。

将各数据代入式(b),得 $F_N=11.93\text{kN}$。根据物理方程,得最大摩擦力

$$F_{s,\max}=f_s F_N=0.35\times11.93=4.18(\text{kN})$$

将 $|F_s|$ 与 $F_{s,\max}$ 比较,得

$$|F_s|=4.66\text{kN}>F_{s,\max}=4.18(\text{kN})$$

所以,假设错误,物块沿曲面向上滑动,动滑动摩擦力的大小为

$$F_d=fF_N=0.25\times11.93=2.98(\text{kN})$$

(2) $F_P=4\text{kN}$

将 $F_P=4\text{kN}$、$F=8\text{kN}$ 和 $\alpha=30°$代入式(a)和式(b),得

$$F_s=0.54\text{kN},F_N=8.93\text{kN}$$

这时摩擦力为正值,表明图 2-22(b)中假定的摩擦力的指向是正确的。

根据物理方程,得到最大静摩擦力

$$F_{s,\max}=f_s F_N=0.35\times8.93=3.13(\text{kN})$$

将 $|F_s|$ 与 $F_{s,\max}$ 比较,得

$$|F_s|=0.54\text{kN}<F_{s,\max}=3.13\text{kN}$$

所以,假设正确,物块处于静止状态,$F_s=0.54\text{kN}$ 即为物块与曲面间的摩擦力,它并没有达到静滑动摩擦力的最大值。

例 2-10　攀登电线杆的脚套钩如图 2-23(a)所示。已知电线杆直径为 d,A、B 两接触点的铅直距离为 b,套钩与电线杆间的静摩擦因数为 f_s。欲使套钩不下滑,问人站在套钩上的最小距离 $L_{\min}$应为多大?

解　所谓人站在套钩上的最小距离,是指套钩不致下滑时脚踏力 $\boldsymbol{F}$ 的作用线与电线杆中心线的距离。

以套钩为研究对象。考虑套钩处于有向下滑动趋势的临界平衡状态,这时静摩擦力达到最大值,方向铅直向上,受力图如图 2-23(b)所示。列套钩的平衡方程:

$$\sum F_x=0:\quad F_{NB}-F_{NA}=0$$

$$\sum F_y=0:\quad F_{sA}+F_{sB}-F=0$$

$$\sum M_A=0:\quad F_{NB}b+F_{sB}d-F\left(L+\frac{d}{2}\right)=0$$

补充方程

$$F_{sA}=F_{sA,\max}=f_s F_{NA},F_{sB}=F_{sB,\max}=f_s F_{NB}$$

联立以上 5 式求解,得

$$L_{\min}=\frac{b}{2f_s}$$

如利用摩擦角求解本题,则简单得多。

将 A、B 处的约束力用全约束反力表示,则 $\boldsymbol{F}_{RA}$、$\boldsymbol{F}_{RB}$及 $\boldsymbol{F}$ 三力平衡,且三力汇交于一点,如图 2-24 所示。由于脚套钩处于临界平衡状态,所以力 $\boldsymbol{F}_{RA}$、$\boldsymbol{F}_{RB}$与法线间的夹角均为摩擦角 φ_f,由图可知:

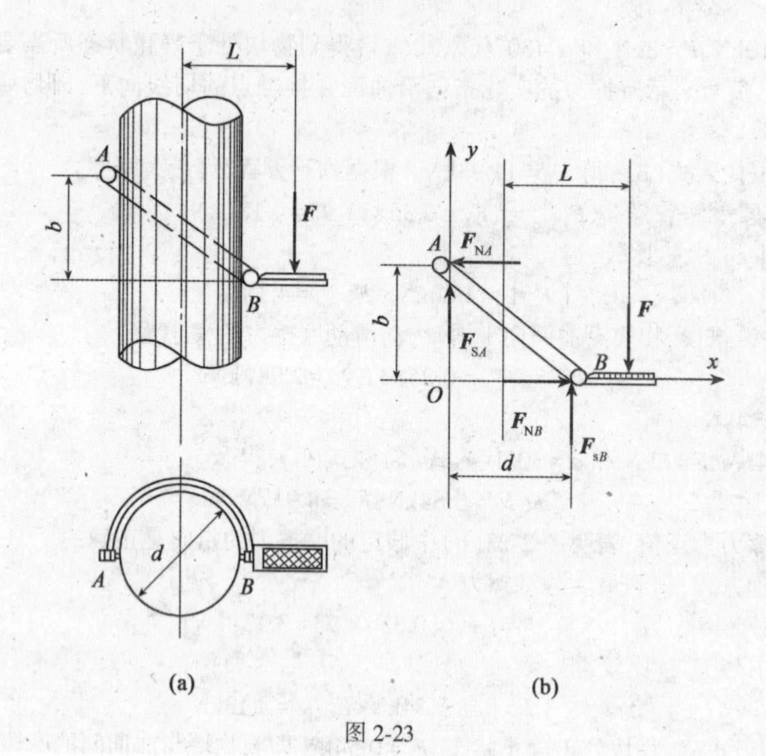

图 2-23

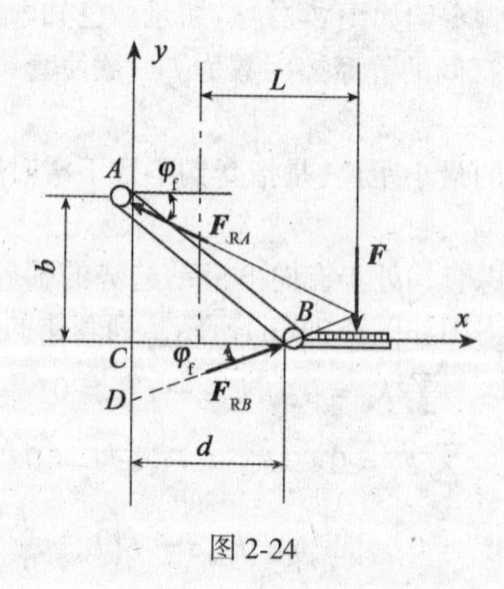

图 2-24

$$AD=2\left(\frac{d}{2}+L\right)\tan\varphi_{\mathrm{f}}$$

又 $AD=b+d\tan\varphi_{\mathrm{f}}$，于是

$$2\left(\frac{d}{2}+L\right)\tan\varphi_{\mathrm{f}}=b+d\tan\varphi_{\mathrm{f}}$$

解得

$$L_{\min}=\frac{b}{2\tan\varphi_{\mathrm{f}}}=\frac{b}{2f_{\mathrm{s}}}$$

当 $\boldsymbol{F}$ 外移时，$\boldsymbol{F}_{RA}$、$\boldsymbol{F}_{RB}$ 的作用线与法线间的夹角减小，即 $\boldsymbol{F}_{RA}$、$\boldsymbol{F}_{RB}$ 的作用线位于摩擦角之内，脚套钩自锁，无论 $\boldsymbol{F}$ 值多大都能平衡。

§2-5 平面静定桁架的内力计算

桁架是由许多直杆在两端以适当方式（如焊接、铆接或螺栓连接等）连接而成的几何形状不变的结构。这种结构在工程实际中的应用非常广泛，例如房屋屋架、高压输电线塔、桥梁、塔式起重机、弧形闸门，等等。

桁架中各杆件的连接处称为**节点**。若所有杆件的轴线位于同一平面内，这类桁架称为**平面桁架**。若各杆的内力都可以用静力平衡方程求出，这类桁架称为**静定桁架**。本节只讨论简单的静定平面桁架内力的基本分析方法。

实际桁架的构造和受力情况是比较复杂的，为了简化计算，作如下基本假设：

(1)各杆均以光滑铰链连接。

(2)各杆的轴线都是直线，且通过铰链中心。

(3)所有外力（包括荷载和支座反力）都作用在节点上。如需计杆件自重，亦将杆件自重平均分配到该杆两端的节点上。对于平面桁架，假设所有荷载都位于桁架的平面内。

根据上述假设，桁架中各杆都以光滑铰链连接，每一根杆件只在两端受力并且处于静力平衡状态，所以作用在杆件两端的力，必然是大小相等、方向相反、作用线与杆轴线相重合的二力。也就是说，桁架中所有杆件都是**二力杆**，杆件只承受沿杆轴线方向的拉力或压力。

下面介绍计算桁架杆件内力的两种基本方法：节点法和截面法。

一、节点法

节点法是逐个选择节点为研究对象，求出各杆作用于节点的力，根据作用与反作用定律就可确定节点作用于各杆的内力。对于平面桁架，作用于节点的力组成一平面汇交力系，该力系的独立平衡方程只有两个，每取一个节点只能求出两个未知的内力，所以应依次取未知力不超过两个的节点逐个进行计算，直至求出所有杆件的内力。

在实际工程中，受拉杆件和受压杆件的设计一般是不同的。在计算内力时，需确定杆件内力的性质（受拉或受压）。通常总是假设杆件的内力为拉力（力的指向背离节点），若计算结果为正值，表示杆件受拉，其内力为拉力；若计算结果为负值，表示杆件受压，其内力为压力。

例 2-11 平面桁架的支座和尺寸如图 2-25(a)所示，在节点 C 处受一水平向右的集中力 $F_P=20\text{kN}$ 的作用。试求桁架各杆的内力。

解 (1)求支座反力

以桁架整体为研究对象。桁架上受有四个力的作用。列平衡方程：

$$\sum F_x = 0: \quad F_{Ax} + F_P = 0$$

解得

$$F_{Ax} = -20\text{kN}$$

$$\sum M_A = 0: \quad F_{By} \cdot 4 - F_P \cdot 2\tan 30^\circ = 0$$

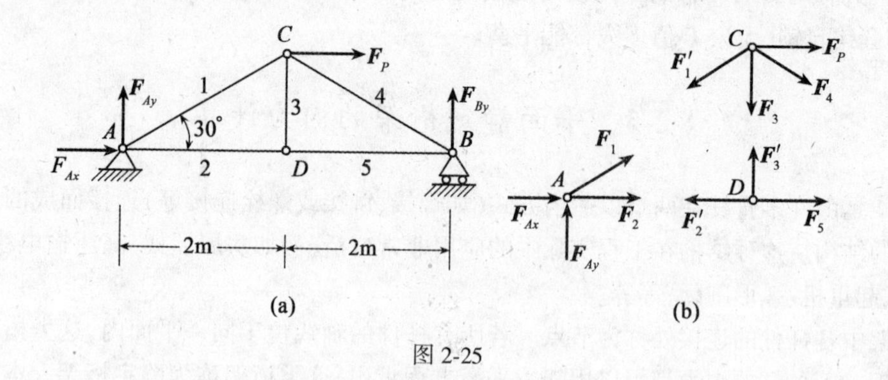

图 2-25

解得

$$F_{By}=5.77\text{kN}$$

$$\sum M_B=0:\quad F_P\cdot 2\tan30^\circ+F_{Ay}\cdot 4=0$$

解得

$$F_{Ay}=-5.77\text{kN}$$

(2)依次取一个节点为研究对象,计算各杆内力。

假设各杆均受拉力,各节点受力如图 2-25(b)所示。首先取节点 A 为研究对象,列平衡方程:

$$\sum F_y=0:\quad F_{Ay}+F_1\sin30^\circ=0$$

解得

$$F_1=11.55\text{kN}$$

$$\sum F_x=0:\quad F_{Ax}+F_2+F_1\cos30^\circ=0$$

解得

$$F_2=10\text{kN}$$

其次,取节点 C 为研究对象,列平衡方程

$$\sum F_x=0:\quad F_P+F_4\cos30^\circ-F_1'\cos30^\circ=0$$

解得

$$F_4=-11.55\text{kN}$$

$$\sum F_y=0:\quad -F_3-(F_1'+F_4)\sin30^\circ=0$$

解得

$$F_3=0$$

再次,取节点 D 为研究对象,列平衡方程

$$\sum F_x=0:\quad F_5-F_2'=0$$

解得

$$F_5=10\text{kN}$$

尚未应用的节点平衡方程可用于校核已得的结果。计算结果显示,F_1、F_2、F_5 为正值,表明杆 1、2、5 受拉,F_4 为负值,表明杆 4 受压。

(旁边标有数字“0”的杆为零杆)

图 2-26

本题 3 杆的内力为零,内力为零的杆称为**零杆**。在下列三种情况下,零杆可以很容易地直接判断出来:

(1)两杆相交的节点,若节点上无外力作用,且两杆不共线,则此两杆都是零杆,如图 2-26(a)所示。

(2)两杆相交的节点,若节点上的外力沿其中一杆

轴线方向作用,则另一杆为零杆,如图 2-26(b)所示。

(3)三杆相交的节点,若节点上无外力作用,且其中两杆共线,则第三杆为零杆,如图 2-26(c)所示。

二、截面法

如果只需要求桁架中某几根杆件的内力,可以用一截面假想地将桁架中的某些杆件截断,使其分成独立的两部分,选择受力简单的一部分作为研究对象,应用静力平衡方程求出指定杆件的内力,这种方法就是截面法。

应用截面法时,作用在研究对象上的外力和被截断杆件的内力组成一平面任意力系,该力系有 3 个独立平衡方程,可求出 3 个未知的内力。因此在取截面时,被截断的内力未知的杆件一般不应超过 3 根。

例 2-12　试用截面法求图 2-27(a)所示桁架中 BE、CD 和 CE 三杆的内力。已知 $F_P=10kN$,尺寸如图所示。

解　(1)求支座反力。取整个桁架为研究对象,其受力图如图 2-27(a)所示。列平衡方程:

$$\sum F_x = 0: \quad F_{Ax} = 0$$

$$\sum M_A = 0: \quad F_H \cdot 4a - F_P \cdot 3a - F_P \cdot 2a - F_P \cdot a = 0$$

解得

$$F_H = 15kN$$

$$\sum M_H = 0: \quad -F_{Ay} \cdot 4a + F_P \cdot 3a + F_P \cdot 2a + F_P \cdot a = 0$$

解得

$$F_{Ay} = 15kN$$

(2)求 BE、CD 和 CE 三杆的内力。想象用截面 m-m 把这三杆截断(图 2-27(a)),将桁架分成两部分,选择受力较少的左边部分为研究对象,其受力图如图 2-27(b)所示,其中被截断杆件的内力分别用 $\boldsymbol{F}_{BE}$、$\boldsymbol{F}_{CD}$ 和 $\boldsymbol{F}_{CE}$ 表示,并设为拉力,列平衡方程:

$$\sum M_C = 0: \quad F_{Ax} \cdot a - F_{Ay} \cdot a + F_{BE} \cdot a = 0$$

解得

$$F_{BE} = 15kN$$

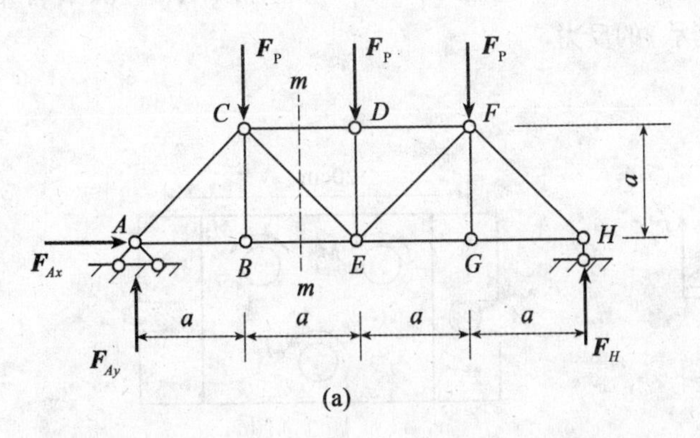

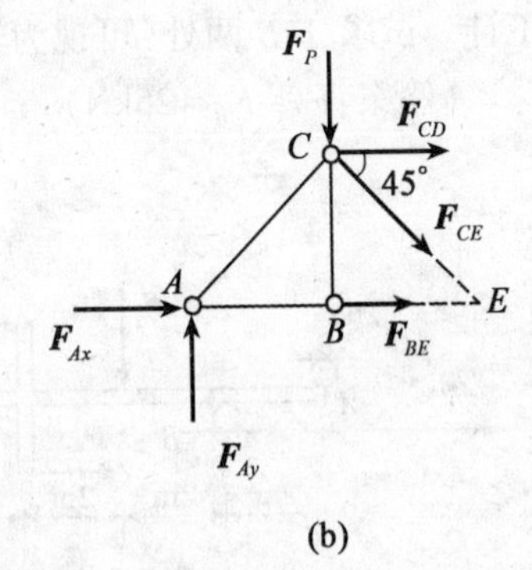

图 2-27

$$\sum M_E = 0: \quad -F_{Ay} \cdot 2a + F_P \cdot a - F_{CD} \cdot a = 0$$

解得

$$F_{CD} = -20\text{kN}$$

$$\sum F_y = 0: \quad F_{Ay} - F_P - F_{CE}\sin 45° = 0$$

解得

$$F_{CE} = 7.07\text{kN}$$

习　　题

2-1　已知图示各力的大小分别为 $F_1=150\text{N}$, $F_2=200\text{N}$, $F_3=300\text{N}$,组成力偶的力 $F=F'=200\text{N}$,力偶臂为 8cm,各力方向如图所示。试求各力向点 O 简化的结果,并求合力作用线的位置。

(答案: $F_R'=466.6\text{N}$, $\cos\alpha=-0.938$, $\cos\beta=-0.347$, $M_O=2\ 142.5\text{N}\cdot\text{cm}$, $d=4.59\text{cm}$)

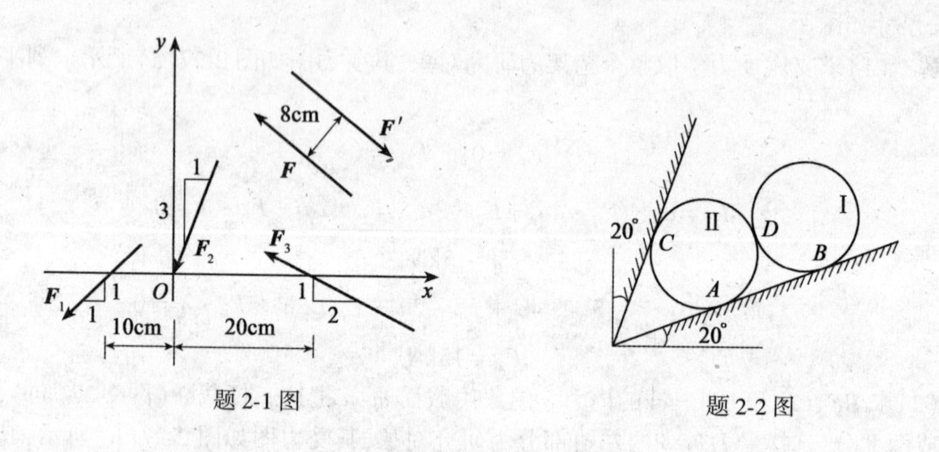

题 2-1 图　　　　题 2-2 图

2-2　大小相等、重量均为 19.6 N 的两个光滑小球Ⅰ和Ⅱ,在图示两光滑平面间处于平衡。求两球受到的反力和两球之间相互作用的力。

(答案: $F_A=29.7\text{N}$, $F_B=18.4\text{N}$, $F_C=17.5\text{N}$, $F_D=6.7\text{N}$)

2-3　十字形杆的支承和受力情况如图所示。已知 $F_1=F_1'=50\text{kN}$, $F_2=F_2'=20\text{kN}$,杆重不计。试求 A、B 两处(可视为辊轴支承)的反力。

(答案: $F_A=F_B=25\text{kN}$)

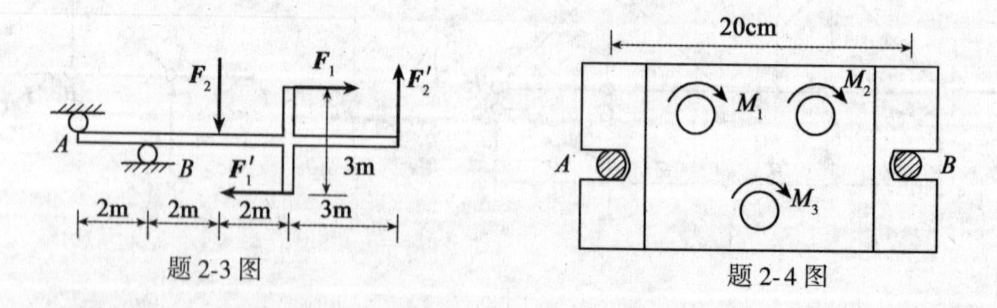

题 2-3 图　　　　题 2-4 图

2-4　图示多轴钻床在水平工件上钻孔时,每个钻头的切削刀刃作用于工件的力在水平面内构成一力偶。已知切削力偶矩分别为 $M_1 = M_2 = 10\text{kN}\cdot\text{m}$，$M_3 = 20\text{kN}\cdot\text{m}$，求工件受到的合力偶的力偶矩。若工件在 A、B 两处用螺栓固定，求两螺栓所受的水平力。

（答案：$M = -40\text{kN}\cdot\text{m}$，$F_A = F_B = 200\text{kN}$）

2-5　试求图示两悬臂梁的约束反力。

（答案：(a) $F_{Ax} = 0$，$F_{Ay} = 2F$，$M_A = 2Fa$；(b) $F_{Bx} = F - \dfrac{qh}{2}$，$F_{By} = 0$，$M_B = \dfrac{qh^2}{6} - Fh$）

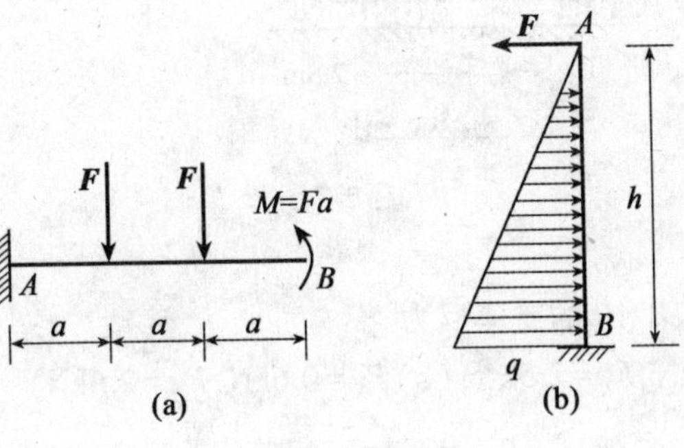

题 2-5 图

2-6　试求图示简支梁 AB 的反力。

（答案：(a) $F_{Ax} = 1.414F$，$F_{Ay} = F_B = 0.707F$；(b) $F_{Ax} = F_{Ay} = 0.5F$，$F_B = 0.707F$；
(c) $-F_A = F_B = 0.8\text{N}$；(d) $F_A = 3.8\text{kN}$，$F_B = 4.2\text{kN}$）

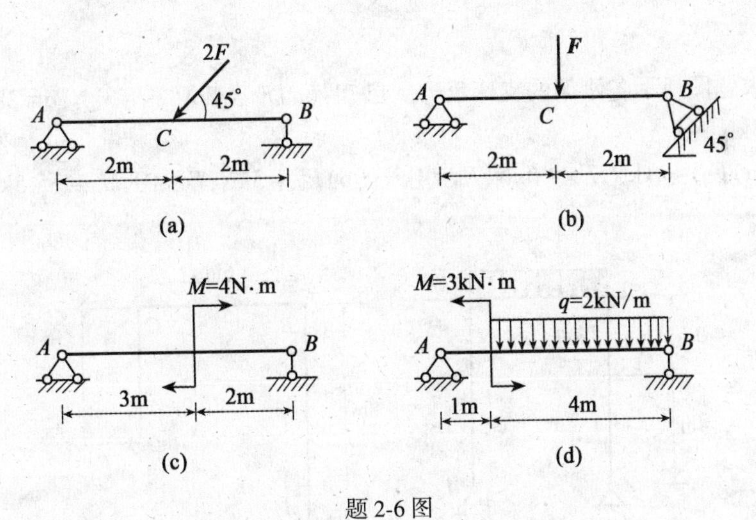

题 2-6 图

2-7　起重机重 $G_1 = 490\text{kN}$，尺寸如图示。问欲使起重机不致翻倒，在 C 处能够起吊重物的最大重量 G 应是多少？

（答案：$G_{max} = 83\text{kN}$）

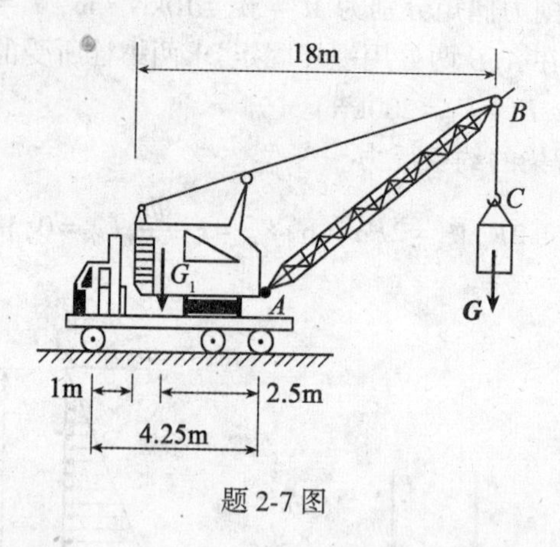

题 2-7 图

2-8 试求题图所示梁 AB 的支座反力。

(答案:(a) $F_A = 4.5\text{kN}, F_B = 2.5\text{kN}$;(b) $F_A = 0.6\text{kN}, F_B = 2.6\text{kN}$)

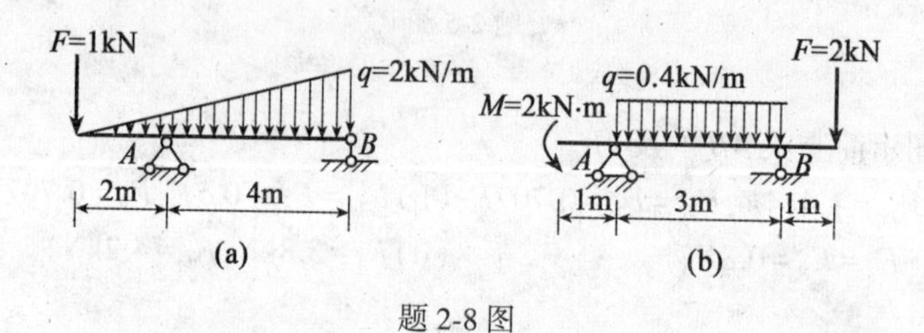

题 2-8 图

2-9 试求题图所示各刚架的支座反力。已知:(a) $F_1 = 4\text{kN}, F_2 = 3\text{kN}, q = 2\text{kN/m}$;(b) $F = 3\text{kN}, M = 3.5\text{kN} \cdot \text{m}$。

(答案:(a) $F_{Ax} = -1\text{kN}, F_{Ay} = 6\text{kN}, F_B = 4\text{kN}$;(b) $F_{Ax} = 3\text{kN}, F_{Ay} = 0, M_A = -5.5\text{kN} \cdot \text{m}$)

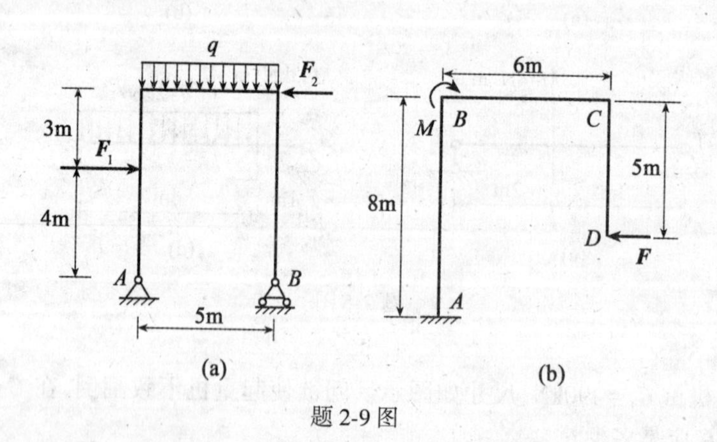

题 2-9 图

2-10 试求题图所示半圆拱的支座反力。已知 $F_1 = 500\text{kN}, F_2 = 200\text{kN}, r = 2\text{m}$。

(答案:$F_{Ax} = -35\text{N}, F_{Ay} = 342.8\text{N}, F_B = 342.8\text{N}$)

2-11　求图示多跨静定梁的支座反力。已知 $F_1=50\text{kN}$，$F_2=F_3=60\text{kN}$，$q=20\text{kN/m}$，尺寸如图示。

（答案：$F_A=13\text{kN}$，$F_B=97\text{kN}$，$F_C=172\text{kN}$，$F_D=88\text{kN}$）

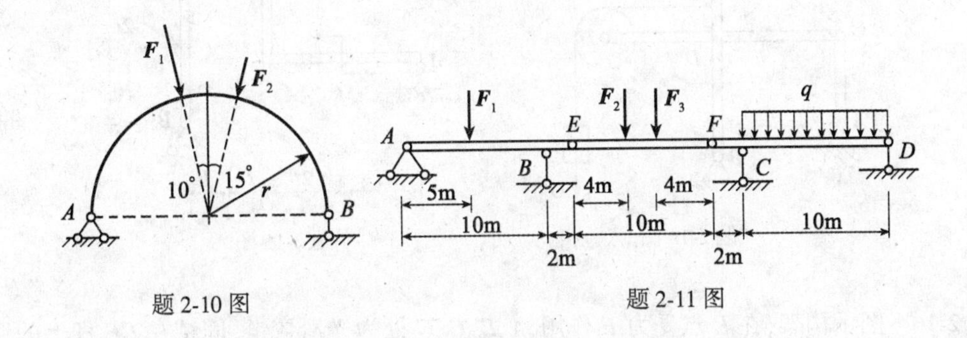

题 2-10 图　　　题 2-11 图

2-12　图示结构，各杆在 A、E、F、G 处均为铰接，B 处为光滑接触，在 C、D 两处分别作用力 $\boldsymbol{F}_1$ 和 $\boldsymbol{F}_2$，且 $F_1=F_2=500\text{N}$，各杆自重不计。求 F 处的约束反力。

（答案：$F_{Fx}=1\ 500\text{N}$，$F_{Fy}=500\text{N}$）

2-13　刚架的支承和荷载如图示。已知 $q_1=4\text{kN/m}$，$q_2=1\text{kN/m}$，求支座 A、B、C 三处的约束反力。

（答案：$F_{Ax}=4.67\text{kN}$，$F_{Ay}=15.33\text{kN}$，$F_{Bx}=-0.67\text{kN}$，$F_{By}=3.67\text{kN}$，$F_C=5\text{kN}$）

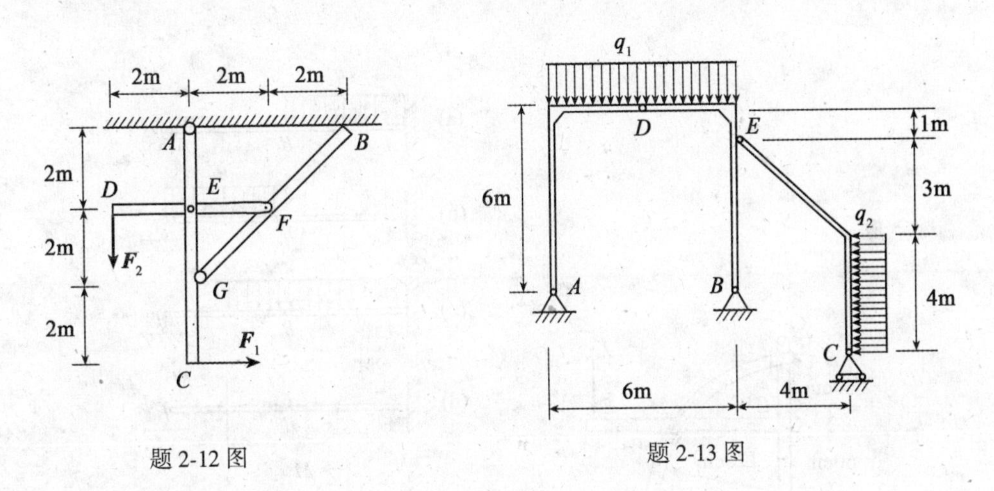

题 2-12 图　　　题 2-13 图

2-14　图示构架由杆 CA、CE、EB、CH 及滑轮 H 组成，自重不计，且 $CD=DH=DE=1\text{m}$，滑轮半径 $r=0.3\text{m}$，$BD=1.2\text{m}$，物重 $G=2\text{kN}$，C、D、E、H 为光滑铰链，试求铰链 A、B、D 处的约束反力。

（答案：$F_A=-2.6\text{kN}$，$F_{Bx}=0$，$F_{By}=4.6\text{kN}$，$F_{Dx}=1.4\text{kN}$，$F_{Dy}=4\text{kN}$）

2-15　图示结构由不计自重的两直角折杆 AC 和 BD 构成。已知：$F_1=6\text{kN}$，$F_2=10\text{kN}$，$M=9\text{kN}\cdot\text{m}$，$\theta=30°$，$l=1\text{m}$。试求支座 A、D 的反力。

（答案：$F_{Dx}=8.66\text{kN}$，$F_{Dy}=-1.705\text{kN}$，$F_A=-2.25\text{kN}$）

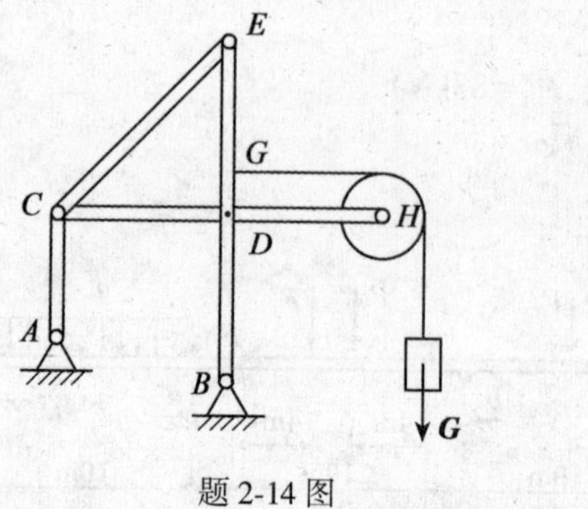

题 2-14 图

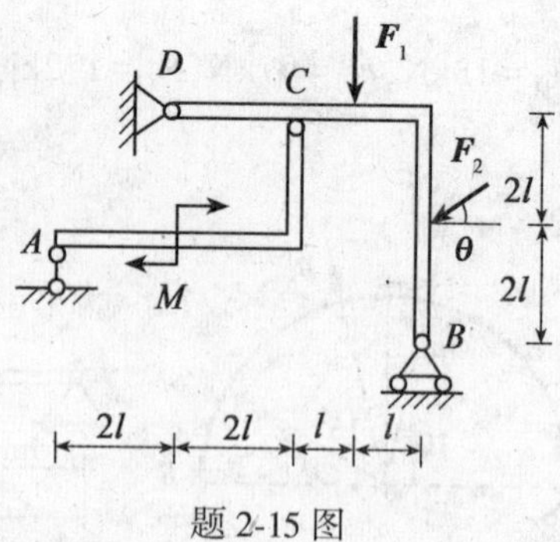

题 2-15 图

2-16 图示构架，在 E 点受力 $\boldsymbol{F}$ 作用，A、B、C、G 处为光滑铰链，固结在 CE 杆上的销钉 D 可在圆弧形槽内滑动。已知 $F=445\text{N}$，各杆自重不计，试求支座 A 和 B 处的反力。

（答案：$-F_{Ax}=F_{Bx}=667.5\text{N}$，$F_{Ay}=-222.5\text{N}$，$F_{By}=667.5\text{N}$）

2-17 已知 q、M 和 a，试求图示组合梁在 A、B、C 处的约束反力。

（答案：(a) $M_A=2qa^2$，$F_A=2qa$，$F_B=0$，$F_C=0$；(b) $M_A=2qa^2$，$F_A=F_B=F_C=qa$；

(c) $M_A=3qa^2$，$F_A=1.75qa$，$F_B=0.75qa$，$F_C=0.25qa$；

(d) $M_A=-M$，$F_A=F_B=-F_C=-\dfrac{M}{2a}$；(e) $M_A=M$，$F_A=F_B=F_C=0$）

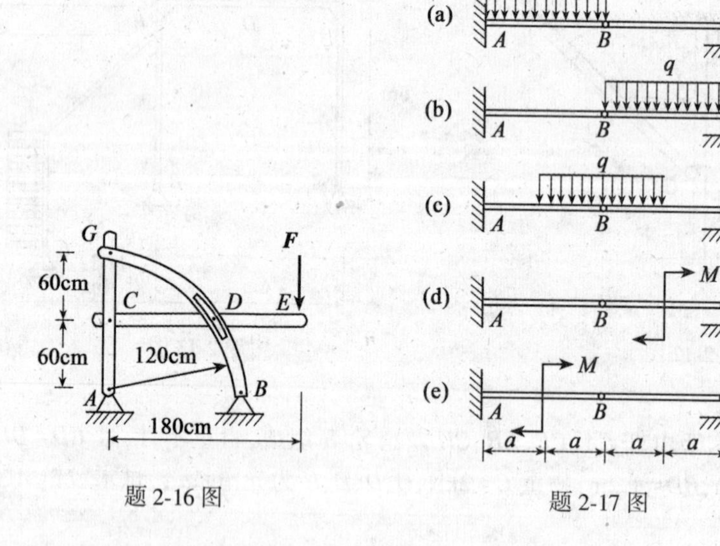

题 2-16 图

题 2-17 图

2-18 图示结构中，A 处为固定端约束，C 处为光滑接触，D 处为铰链连接。已知 $F_1=F_2=400\text{N}$，$M=300\text{N}\cdot\text{m}$，$AB=BC=400\text{mm}$，$CD=CE=300\text{mm}$，$\alpha=45°$，不计各构件自重，求固定端 A 处与铰链 D 处的约束力。

（答案：$F_{Ax}=283\text{N}$，$F_{Ay}=2083\text{N}$，$M_A=1178\text{N}\cdot\text{m}$，$F_{Dx}=0$，$F_{Dy}=-1400\text{N}$）

2-19　图示构架由直杆 BC、CD 及直角弯杆 AB 组成，各杆自重不计，载荷分布及尺寸如图。在销钉 B 上作用载荷 $\boldsymbol{F}$。已知 q、a、M，且 $M=qa^2$。求固定端 A 的约束力。

（答案：$F_{Ax}=-qa$，$F_{Ay}=F+qa$，$M_A=(F+qa)a$）

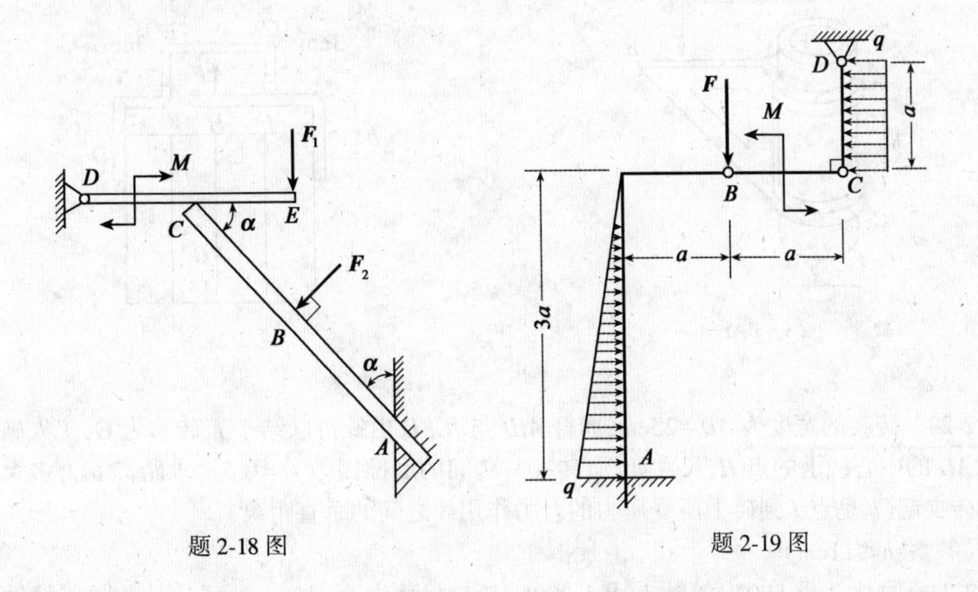

题 2-18 图　　　　题 2-19 图

2-20　如图所示，球重 $G=400\text{N}$，直角折杆自重不计，所有接触面间的静摩擦因数均为 $f_s=0.2$，铅直力 $F=500\text{N}$，$a=20\text{cm}$。求力 F 应作用在何处（即 x 为多大）时，球才不致下落。

（答案：$x\geqslant 12\text{cm}$）

2-21　压延机由直径均为 $d=50\text{cm}$ 的两轮构成，两轮间的间隙为 $a=0.5\text{cm}$，两轮反向转动，如图所示，已知烧红的铁板与轮间的摩擦因数为 $f_s=0.1$。问能压延的铁板厚度 b 是多少？

（答案：$b\leqslant 0.75\text{cm}$）

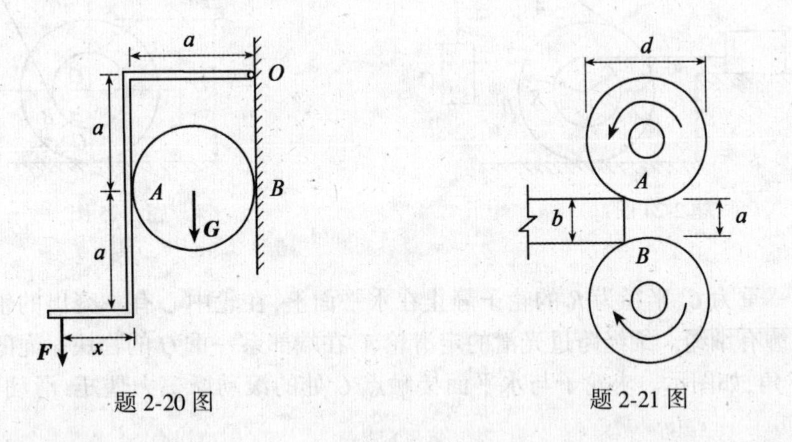

题 2-20 图　　　　题 2-21 图

2-22　图示活动托架可在外径 $d=10\text{cm}$ 的固定圆管上滑动，托架与圆管间的静摩擦因数 $f_s=0.25$，$h=20\text{cm}$。托架自重不计。求能支承荷载 G 而托架不致下滑时，G 距圆管中心线

的距离 x 的最小值。

（答案：$x \geqslant 40$cm）

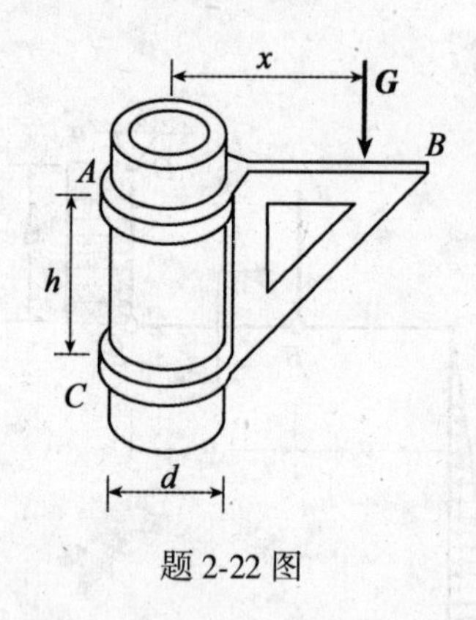

题 2-22 图

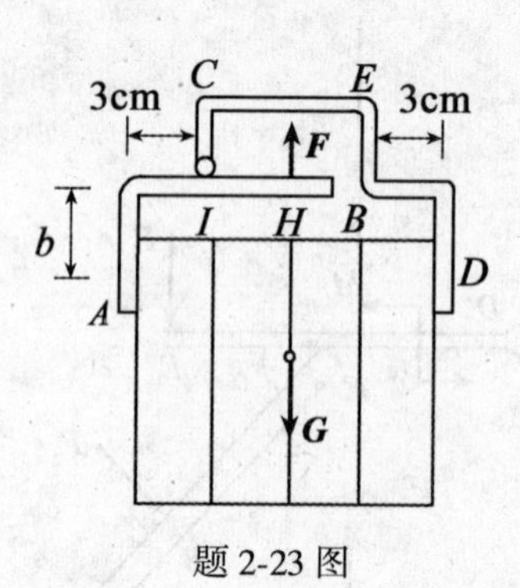

题 2-23 图

2-23　砖夹的宽度为 $AD=25$cm，曲杆 AIB 与 $ICED$ 由铰链联结于 I，砖重为 $\boldsymbol{G}$，工人施力 $\boldsymbol{F}$ 于 AD 的中心线上的点 H，尺寸如图，砖夹与砖间的摩擦因数 $f_s=0.5$。求距离 b 为多大才能把砖夹起（b 是点 I 到砖上所受压力的合力作用线之间的垂直距离）。

（答案：$b \leqslant 11$cm）

2-24　物块 A 重 500N，轮轴 B 重 1 000N，轮轴尺寸为 $R=10$cm，$r=5$cm。物块与轮轴以水平绳连接。在轮轴上绕以细绳，此绳跨过一光滑的定滑轮 D，在其端点上系一重物 C。如物块 A 与水平面的摩擦因数 $f_{s1}=0.5$，轮轴与水平面的摩擦因数 $f_{s2}=0.2$，求系统平衡时，重物 C 的重量 G 的最大值。

（答案：$G_{max}=208$N）

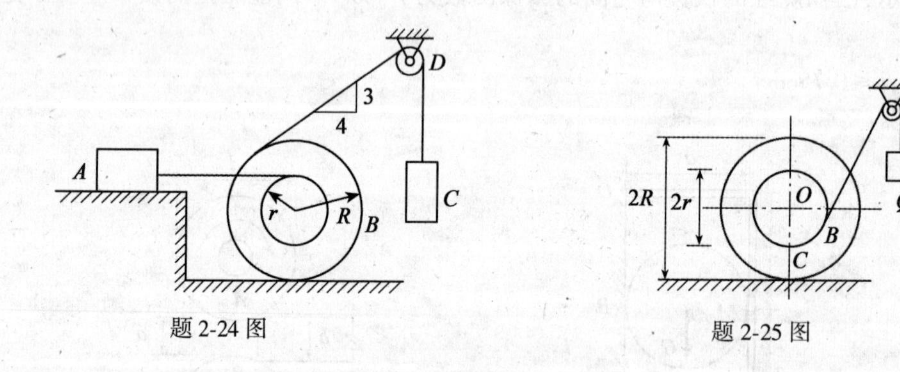

题 2-24 图　　题 2-25 图

2-25　一重为 G、半径为 R 的轮子静止在水平面上，在轮中心有一突出的轴，其半径为 r，并在轴上缠有细绳。细绳跨过光滑的定滑轮 A，在端部系一重 Q 的物块。绳的 AB 部分与铅垂线成 α 角，如图示。求轮子与水平面接触点 C 处的滚动摩擦力偶矩、滑动摩擦力和法向反力。

（答案：$M_f=Q(R\sin\alpha-r)$，$F_s=Q\sin\alpha$，$F_N=G-Q\cos\alpha$）

2-26　用尖劈顶起重物的装置如图所示。重物 B 与尖劈 A 间的摩擦因数为 f_s，其他各处的摩擦不计，已知 α，且 $\tan\alpha>f_s$，重物 B 重 G。求：

(1)顶举重物上升所需力 $\boldsymbol{F}$ 的值。

(2)顶住重物不使其下降所需力 $\boldsymbol{F}$ 的值。

$\left(答案：(1)F=G\dfrac{\sin\alpha+f_s\cos\alpha}{\cos\alpha-f_s\sin\alpha}；(2)F=G\dfrac{\sin\alpha-f_s\cos\alpha}{\cos\alpha+f_s\sin\alpha}\right)$

2-27 起重铰车的制动器由带制动块的手柄和制动轮组成。已知制动轮半径 R=50cm，鼓轮半径 r=30cm，制动轮和制动块间的摩擦因数 f_s=0.4，被提升重物重 G=1 000N，手柄长 L=300cm，a=60cm，b=10cm，不计手柄及制动轮的重量，求制动所需力 $\boldsymbol{F}$ 的最小值。

(答案：$F_{\min}$=280N)

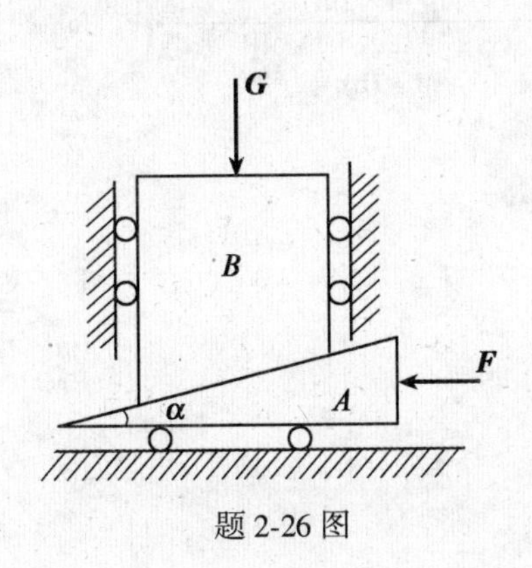

题 2-26 图

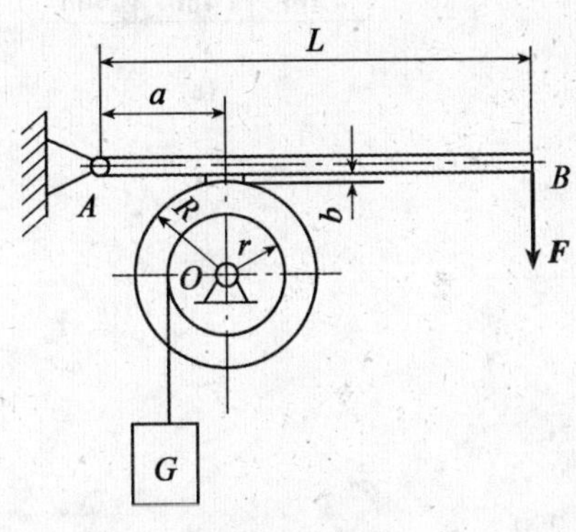

题 2-27 图

2-28 用节点法求图示桁架各杆的内力。

(答案：F_{CE}=33.54kN，F_{CD}=−30kN，F_{DE}=0，F_{AB}=−20kN，F_{DA}=−30kN，F_{EB}=44.72kN，F_{EA}=−11.18kN)

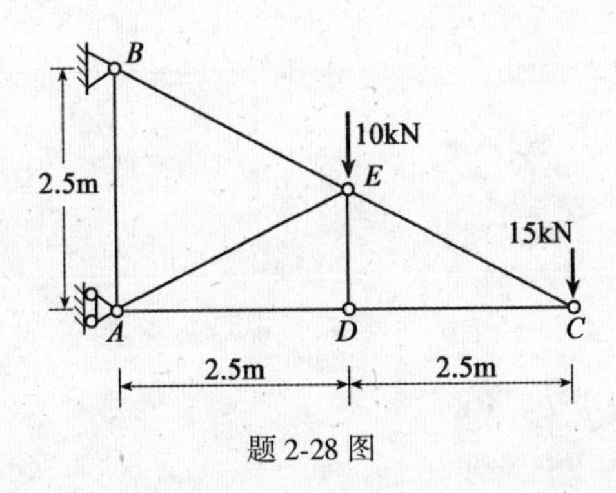

题 2-28 图

2-29 用截面法求图(a)、(b)所示桁架 1、2 杆的内力。

(答案：(a)F_1=14.14kN，F_2=−20kN；(b)F_1=7.88kN，F_2=−10kN)

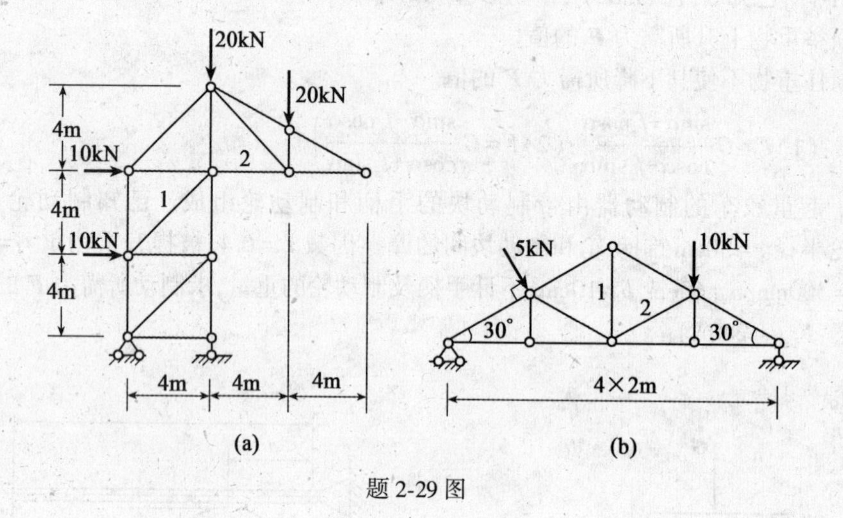

题 2-29 图

第3章　空间一般力系

在工程实际中，许多结构与机器受空间力系的作用，如土木工程中薄壳结构、空间网格结构、张拉结构和空间组合结构等。各力作用线不在同一平面内，且任意分布的力系称为**空间一般力系**。各力的作用线汇交于一点的空间力系称为**空间汇交力系**。各力的作用线都相互平行的空间力系，称为**空间平行力系**。由作用在不同平面内的力偶组成的力偶系称为**空间力偶系**。

本章主要研究空间一般力系的合成与平衡。几种特殊力系（空间汇交力系、空间平行力系和空间力偶系）的平衡方程，作为空间一般力系的特例予以介绍。

§3-1　力对轴的矩，力对点的矩与力对轴的矩的关系

在日常生活和工程实际中，经常遇到绕固定轴转动的物体，如门、发电机转子、水轮机转轮、弧形闸门等。为了度量力使物体绕某固定轴转动的效应和求解空间力系的简化与平衡问题，现引入力对轴之矩的重要概念，并介绍力对点的矩与通过该点的轴之矩的关系。

一、力对轴的矩

由实践经验知道，力使物体绕某一固定轴转动的效应，决定于力的大小、方向和作用于物体上的位置。

如图3-1所示的一扇可以绕固定轴 z 转动的门，在门的 A 点作用一力 $\boldsymbol{F}$，为了确定力 $\boldsymbol{F}$ 使门绕 z 轴转动的效应，将该力分解为平行于 z 轴和在垂直于 z 轴的平面 H 内的两个分力 $\boldsymbol{F}_z$ 和 $\boldsymbol{F}_{xy}$。由经验可知，分力 $\boldsymbol{F}_z$ 不能使门绕 z 轴转动，只有分力 $\boldsymbol{F}_{xy}$ 才能使门绕 z 轴转动。可见，力 $\boldsymbol{F}$ 使门绕 z 轴转动的效应与 $\boldsymbol{F}_{xy}$ 使门绕 z 轴转动的效应是相同的。于是得到力对轴之矩的定义如下：**力对轴的矩是力使刚体绕此轴转动效应的度量，它等于该力在垂直于此轴的平面上的投影对此轴与这平面的交点的矩。**

设 z 轴与垂直于 z 轴平面 H 的交点为 O，力 $\boldsymbol{F}_{xy}$ 到 O 点的距离（即 $\boldsymbol{F}_{xy}$ 的力臂）为 d，以符号 $M_z(\boldsymbol{F})$ 表示力 $\boldsymbol{F}$ 对 z 轴的矩。则

$$M_z(\boldsymbol{F}) = M_O(\boldsymbol{F}_{xy}) = \pm F_{xy} \cdot d = \pm 2\triangle OAB' \text{ 面积} \tag{3-1}$$

z 轴称为矩轴。

力对轴的矩是代数量，它的正负号按右手螺旋法则确定，即以右手四指表示力 $\boldsymbol{F}$ 使物体绕矩轴转动的方向，若大拇指的指向与 z 轴的正向一致，取正号；反之，取负号（如图3-2所示）。

力对轴的矩的单位是牛·米（N·m）或千牛·米（kN·m）。

显然，当力与矩轴相交（$d=0$）或力与矩轴平行（$F_{xy}=0$），亦即**当力与矩轴共面时，力对**

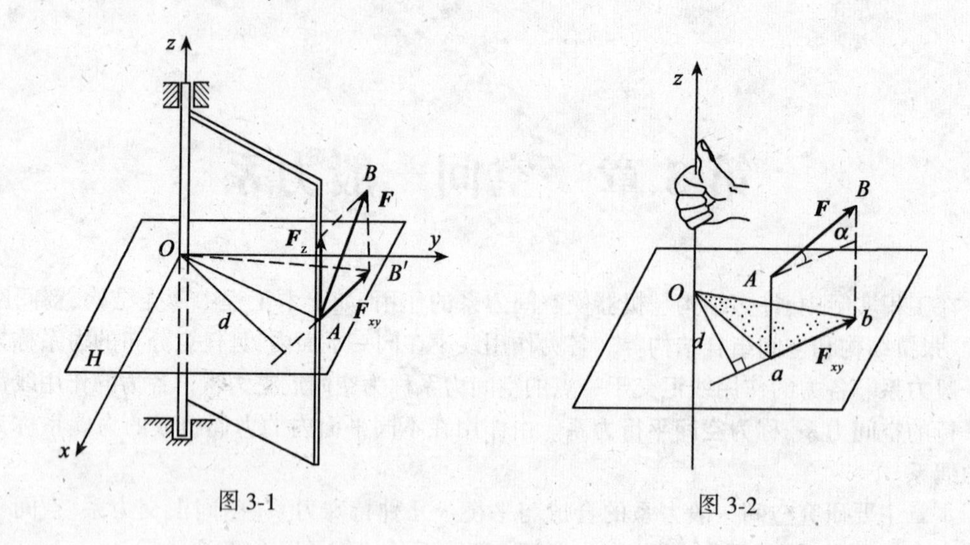

图 3-1　　　　图 3-2

轴的矩为零。

二、力对点的矩与力对通过该点的轴之矩的关系

前面已经指出,力对点的矩在空间问题中是矢量,力对轴的矩是代数量。根据力对轴的矩的定义,当力作用在与轴垂直的平面内时,力对轴的矩和力对该轴与这平面的交点的矩大小相等。可见,在概念上,力对点的矩与力对轴的矩既相互区别又相互联系。

现在讨论它们之间的关系。如图 3-3 所示,已知力 $\boldsymbol{F}=\overrightarrow{AB}$、矩心 O 和通过点 O 的 z 轴。由式(1-6)知,力 $\boldsymbol{F}$ 对 O 点的矩矢的模为:

$$|\boldsymbol{M}_O(\boldsymbol{F})|=2\triangle OAB\text{ 面积}$$

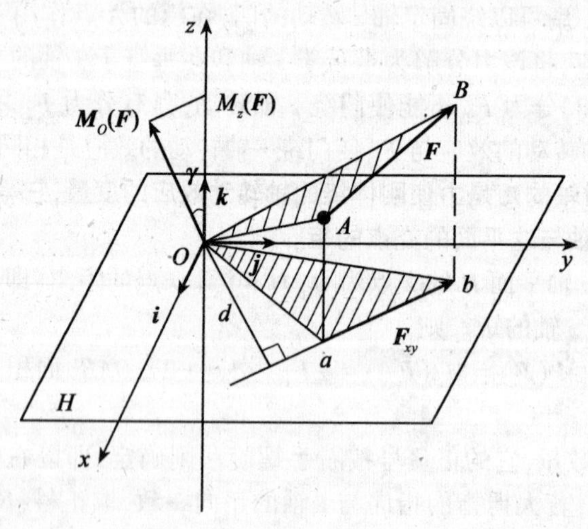

图 3-3

而力 $\boldsymbol{F}$ 对通过 O 点的 z 轴的矩也可用相应的三角形面积表示，即

$$M_z(\boldsymbol{F}) = 2\triangle Oab\ \text{面积}$$

而 $\triangle Oab$ 是 $\triangle OAB$ 在 Oxy 平面（H 平面）上的投影，由解析几何知

$$\triangle Oab\ \text{面积} = \triangle OAB\ \text{面积} \times \cos\gamma$$

式中：γ 为平面 OAB 与平面 Oab 之间的夹角，也就是这两个平面法线间的夹角。因此，

$$M_z(\boldsymbol{F}) = |\boldsymbol{M}_O(\boldsymbol{F})| \cos\gamma$$

或

$$M_z(\boldsymbol{F}) = [\boldsymbol{M}_O(\boldsymbol{F})]_z \tag{3-2}$$

式中：$[\boldsymbol{M}_O(\boldsymbol{F})]_z$ 是力 $\boldsymbol{F}$ 对 O 点的矩矢量 $\boldsymbol{M}_O(\boldsymbol{F})$ 在 z 轴上的投影。

式（3-2）表明力对任一点的矩与力对通过该点的任一轴的矩的关系，即：**力对于任一点的矩的矢量在通过该点的任一轴上的投影等于这个力对于该轴的矩。**

由于

$$\begin{aligned} \boldsymbol{M}_O(\boldsymbol{F}) &= [M_O(\boldsymbol{F})]_x \boldsymbol{i} + [M_O(\boldsymbol{F})]_y \boldsymbol{j} + [M_O(\boldsymbol{F})]_z \boldsymbol{k} \\ &= M_x(\boldsymbol{F}) \boldsymbol{i} + M_y(\boldsymbol{F}) \boldsymbol{j} + M_z(\boldsymbol{F}) \boldsymbol{k} \end{aligned} \tag{3-3}$$

比较式（1-8），有

$$\left.\begin{aligned} M_x(\boldsymbol{F}) &= yF_z - zF_y \\ M_y(\boldsymbol{F}) &= zF_x - xF_z \\ M_z(\boldsymbol{F}) &= xF_y - yF_x \end{aligned}\right\} \tag{3-4}$$

上式即为力对直角坐标轴之矩的解析表达式，可以用该式直接计算力对轴的矩。

注意：该式右端各项均为代数值。此外，在求得 $M_x(\boldsymbol{F})$、$M_y(\boldsymbol{F})$、$M_z(\boldsymbol{F})$ 之后，便可用解析法求力矩矢量 $\boldsymbol{M}_O(\boldsymbol{F})$ 的大小和方向余弦。

例 3-1 已知作用在如图 3-4 所示构架上点 A 的力 $\boldsymbol{F}$ 的大小为 600N，坐标系 $Ax'y'z'$ 与 $Oxyz$ 中各相应坐标轴相互平行，试求力 $\boldsymbol{F}$ 对 z 轴的矩。

解 将力 $\boldsymbol{F}$ 沿坐标轴分解为 $\boldsymbol{F}_x$、$\boldsymbol{F}_y$ 和 $\boldsymbol{F}_z$ 三个分力，其大小分别为

$$F_x = F\cos 60° = 300\text{N}$$

$$F_y = F\cos 60° = 300\text{N}$$

$$F_z = F\cos 45° = 424.4\text{N}$$

根据合力矩定理，力 $\boldsymbol{F}$ 对某轴的矩等于其分力 $\boldsymbol{F}_x$、$\boldsymbol{F}_y$ 和 $\boldsymbol{F}_z$ 对同一轴矩的代数和。注意到力与轴平行或相交时力对轴的矩为零，于是有

$$\begin{aligned} M_z(\boldsymbol{F}) &= M_z(\boldsymbol{F}_x) + M_z(\boldsymbol{F}_y) + M_z(\boldsymbol{F}_z) \\ &= M_z(\boldsymbol{F}_y) = 300 \times 10 = 3000(\text{N} \cdot \text{cm}) \end{aligned}$$

本题也可以用力对轴之矩的解析式（3-4）计算。力 $\boldsymbol{F}$ 在 x、y、z 轴上的投影为

$$F_x = -F\cos 60° = -300\text{N}$$

$$F_y = -F\cos 60° = -300\text{N}$$

$$F_z = -F\cos 45° = -424.4\text{N}$$

力作用点 A 的坐标为

$$x = -10\text{cm}, y = 0, z = 15\text{cm}$$

由式（3-4），得

$$M_z(\boldsymbol{F}) = xF_y - yF_x = (-10) \times (-300) - 0 = 3000(\text{N} \cdot \text{cm})$$

两种计算方法结果相同。

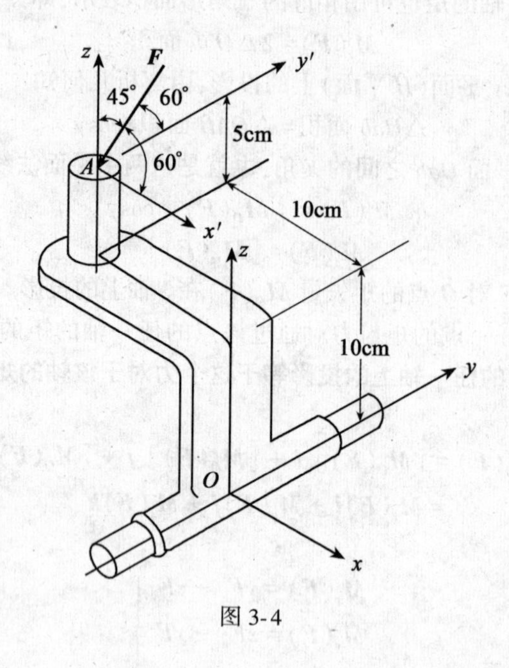

图 3-4

§3-2 空间一般力系的简化与平衡

一、空间一般力系向一点的简化

与上一章所述的平面一般力系简化的方法类似,采用力的平移定理,把作用在刚体上的空间任意力系向简化中心 O 平移,同时要附加一组相应的力偶。与平面一般力系简化不同的是,由于空间力系中各力的作用线不在同一平面内,所以得到的附加力偶系为空间力偶系。

设刚体上作用一空间一般力系 $\boldsymbol{F}_1,\boldsymbol{F}_2,\cdots,\boldsymbol{F}_n$,如图 3-5(a)所示。把各力向任选的简化中心 O 平移,得到一空间汇交力系 $\boldsymbol{F}_1',\boldsymbol{F}_2',\cdots,\boldsymbol{F}_n'$和一附加空间力偶系 $\boldsymbol{M}_1,\boldsymbol{M}_2,\cdots,\boldsymbol{M}_n$,如图 3-5(b)所示。

同平面汇交力系的合成一样,空间汇交力系可以合成一个力,作用线通过简化中心 O,称为主矢量,用 $\boldsymbol{F}_{\mathrm{R}}'$表示:

$$\boldsymbol{F}_{\mathrm{R}}' = \boldsymbol{F}_1' + \boldsymbol{F}_2' + \cdots + \boldsymbol{F}_n' = \boldsymbol{F}_1 + \boldsymbol{F}_2 + \cdots + \boldsymbol{F}_n = \sum \boldsymbol{F}_i \tag{3-5}$$

附加空间力偶系用力偶矩矢 $\boldsymbol{M}_1,\boldsymbol{M}_2,\cdots,\boldsymbol{M}_n$ 表示,这些矢量组成一空间汇交矢量。因此,同空间汇交力系一样,该附加空间力偶系可以合成为一力偶,其力偶矩矢量称为原空间力系对简化中心 O 的主矩,用 $\boldsymbol{M}_O$ 表示:

$$\boldsymbol{M}_O = \boldsymbol{M}_1 + \boldsymbol{M}_2 + \cdots + \boldsymbol{M}_n = \sum \boldsymbol{M}_i = \sum \boldsymbol{M}_O(\boldsymbol{F}_i) \tag{3-6}$$

如图 3-5(c)所示。

由此可得结论:空间一般力系向一点简化一般可得到一个力和一个力偶,这个力作用在简化中心上,它的大小和方向等于原力系的主矢量,即等于原力系中所有各力的矢量和;这

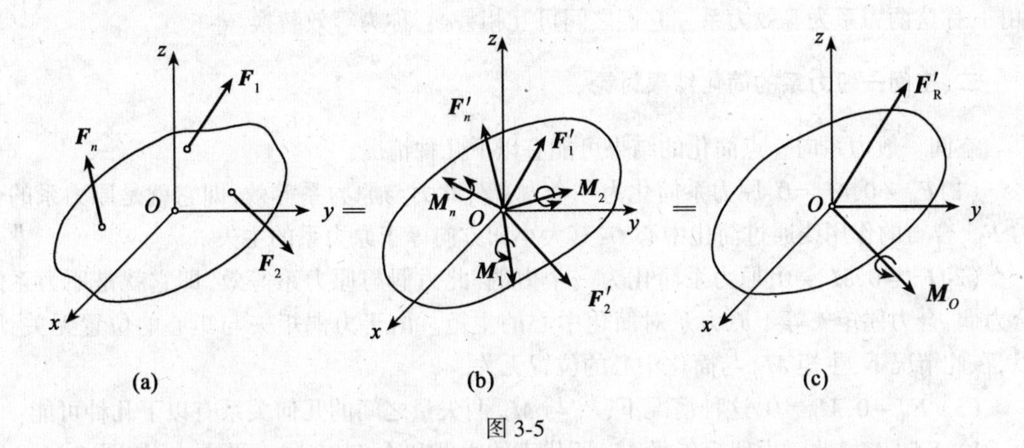

图 3-5

个力偶的力偶矩矢量等于原力系对简化中心的主矩，即等于原力系中各力对简化中心的矩的矢量和。

与平面力系一样，主矢量与简化中心的位置无关，主矩一般与简化中心的位置有关。主矩 $\boldsymbol{M}_O$ 是定位矢量，作用在简化中心 O 上。

过简化中心 O 取直角坐标系 $Oxyz$，则力系的主矢量和主矩可采用解析法求出。设主矢量 $\boldsymbol{F}_\mathrm{R}'$在各坐标轴上的投影分别为 $F'_{\mathrm{R}x}$、$F'_{\mathrm{R}y}$、$F'_{\mathrm{R}z}$，力系中任一力 $\boldsymbol{F}_i$ 在各坐标轴上的投影分别为 F_{ix}、F_{iy}、F_{iz}，由式(3-5)，根据矢量和投影定理，有

$$F_{\mathrm{R}x}' = \sum F_{ix},\ F_{\mathrm{R}y}' = \sum F_{iy},\ F_{\mathrm{R}z}' = \sum F_{iz}$$

由此可求出主矢 $\boldsymbol{F}_\mathrm{R}'$的大小和方向余弦分别为

$$\left.\begin{aligned} F_\mathrm{R}' &= \sqrt{F_{\mathrm{R}x}'^2 + F_{\mathrm{R}y}'^2 + F_{\mathrm{R}z}'^2} = \sqrt{(\sum F_{ix})^2 + (\sum F_{iy})^2 + (\sum F_{iz})^2} \\ \cos\alpha &= \frac{F_{\mathrm{R}x}'}{F_\mathrm{R}'},\quad \cos\beta = \frac{F_{\mathrm{R}y}'}{F_\mathrm{R}'},\quad \cos\gamma = \frac{F_{\mathrm{R}z}'}{F_\mathrm{R}'} \end{aligned}\right\} \tag{3-7}$$

式中：α、β、γ 分别为主矢 $\boldsymbol{F}_\mathrm{R}'$与 x、y、z 轴正向间的夹角。

同样，设主矩 $\boldsymbol{M}_O$ 在各坐标轴上的投影分别为 M_{Ox}、M_{Oy}、M_{Oz}，因 M_{Ox}、M_{Oy}、M_{Oz} 分别等于原力系各力对 O 点的矩在相应轴上投影的代数和，也应分别等于原力系各力对相应轴之矩的代数和，即

$$M_{Ox} = \sum M_x(\boldsymbol{F}_i),\ M_{Oy} = \sum M_y(\boldsymbol{F}_i),\ M_{Oz} = \sum M_z(\boldsymbol{F}_i)$$

由此可求出主矩 $\boldsymbol{M}_O$ 的大小和方向余弦分别为

$$\left.\begin{aligned} M_O &= \sqrt{M_{Ox}^2 + M_{Oy}^2 + M_{Oz}^2} \\ &= \sqrt{[\sum M_x(\boldsymbol{F}_i)]^2 + [\sum M_y(\boldsymbol{F}_i)]^2 + [\sum M_z(\boldsymbol{F}_i)]^2} \\ \cos\alpha' &= \frac{M_{Ox}}{M_O},\quad \cos\beta' = \frac{M_{Oy}}{M_O},\quad \cos\gamma' = \frac{M_{Oz}}{M_O} \end{aligned}\right\} \tag{3-8}$$

式中：α'、β'、γ'分别为主矩 $\boldsymbol{M}_O$ 与 x、y、z 轴正向间的夹角。

一般而言，只要两力系的主矢及对同一点的主矩矢量相等，则两力系对刚体的运动效应

相同,称这两力系为等效力系。它们之间可互相替换,称为等效替换。

二、空间一般力系的简化结果讨论

空间一般力系向一点简化的结果可能有以下几种情况:

(1)$\boldsymbol{F}_\mathrm{R}'\neq 0, \boldsymbol{M}_O=0$,原力系简化为一个力 $\boldsymbol{F}_\mathrm{R}'$,此力与原力系等效,即它就是原力系的合力 $\boldsymbol{F}_\mathrm{R}$,合力的作用线通过简化中心 O,其大小和方向等于原力系的主矢。

(2)$\boldsymbol{F}_\mathrm{R}'=0, \boldsymbol{M}_O\neq 0$,原力系简化为一个力偶,此力偶与原力系等效,即它就是原力系的合力偶,合力偶矩矢等于原力系对简化中心的主矩。由于力偶矩矢与矩心的位置无关,所以,在此情况下,主矩 $\boldsymbol{M}_O$ 与简化中心的位置无关。

(3) $\boldsymbol{F}_\mathrm{R}'\neq 0, \boldsymbol{M}_O\neq 0$,这种情况下,$\boldsymbol{F}_\mathrm{R}'$与 $\boldsymbol{M}_O$ 两矢量之间的几何关系有以下几种可能:

1) $\boldsymbol{F}_\mathrm{R}'\perp \boldsymbol{M}_O$,此时力偶矩矢量 $\boldsymbol{M}_O$ 所代表的力偶和力 $\boldsymbol{F}_\mathrm{R}'$在同一平面内,如图 3-6(a)所示。这与平面一般力系简化时 $\boldsymbol{F}_\mathrm{R}'$和 $\boldsymbol{M}_O$ 都不等于零的情况完全相同,原力系可进一步合成一个合力 $\boldsymbol{F}_\mathrm{R}$,如图 3-6(b)、(c)所示。合力 $\boldsymbol{F}_\mathrm{R}=\boldsymbol{F}_\mathrm{R}'$,其作用线到简化中心 O 的矩离为

$$d=\frac{|M_O|}{F_\mathrm{R}}$$

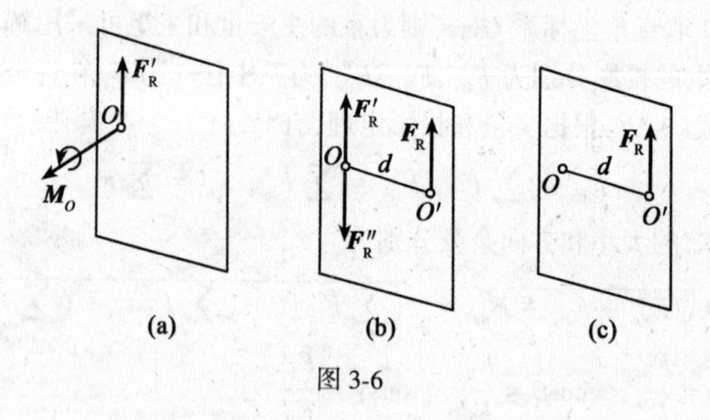

图 3-6

合力的作用线位于主矢 $\boldsymbol{F}_\mathrm{R}'$的哪一侧,要以合力 $\boldsymbol{F}_\mathrm{R}$ 对简化中心 O 的矩矢与主矩 $\boldsymbol{M}_O$ 一致的原则来确定。

合力对简化中心 O 点的矩为

$$\boldsymbol{M}_O(\boldsymbol{F}_\mathrm{R})=\boldsymbol{M}_O$$

根据式(3-6),有

$$\boldsymbol{M}_O=\sum \boldsymbol{M}_O(\boldsymbol{F}_i)$$

所以

$$\boldsymbol{M}_O(\boldsymbol{F}_\mathrm{R})=\sum \boldsymbol{M}_O(\boldsymbol{F}_i) \tag{3-9}$$

这就是空间一般力系的合力矩定理:若空间一般力系可以合成为一个合力,则合力对任一点的矩等于各分力对同一点的矩的矢量和。

根据式(3-2),将上式两边分别投影到通过点 O 的任一 z 轴上,得

$$M_z(\boldsymbol{F}_\mathrm{R})=\sum M_z(\boldsymbol{F}_i) \tag{3-10}$$

即:若空间一般力系可以合成为一个合力,则合力对任一轴的矩等于各分力对同一轴的矩的代数和。

由例3-1可知,应用合力矩定理计算力对轴的矩往往比较方便,所以,该定理在实际计算中经常用到。

2) $\boldsymbol{F}_R' /\!/ \boldsymbol{M}_O$,如图3-7所示。此时,原力系不能进一步简化,所以,原力系与一个力和一个力偶等效,该力垂直于力偶的作用面。这种由一个力和一个力偶所组成的最简单的力系,称为力螺旋。例如,用钻头钻孔或用螺丝刀拧木螺丝时,工件或木螺丝上就受到力螺旋的作用。在力螺旋中,若力与力偶矩矢量同向,则称为右手力螺旋;反之,则称为左手力螺旋。

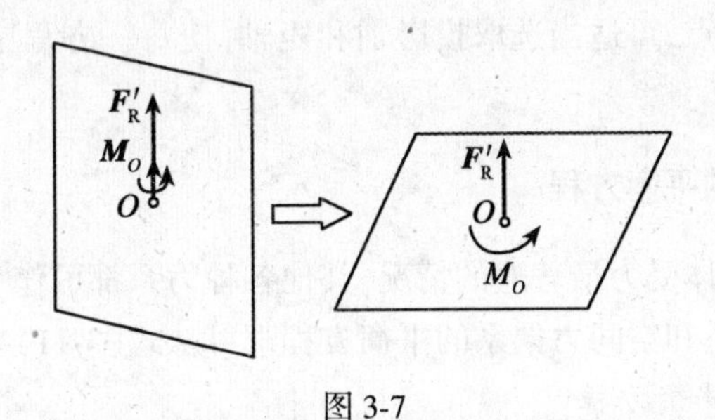

图3-7

3) $\boldsymbol{F}_R'$与$\boldsymbol{M}_O$成任意夹角,如图3-8(a)所示,此时可将主矩$\boldsymbol{M}_O$分解为与主矢量$\boldsymbol{F}_R'$平行和垂直的两个分量$\boldsymbol{M}_1$和$\boldsymbol{M}_2$,如图3-8(b)所示。如前所述,因$\boldsymbol{F}_R'$与$\boldsymbol{M}_2$垂直,则可合成一个力$\boldsymbol{F}_R$,如图3-8(c)所示。又因力偶矩矢量是自由矢,所以可将$\boldsymbol{M}_1$平行移动到力$\boldsymbol{F}_R$的作用点O',就成为(2)所述的情况,即原力系简化为一个力螺旋。

(4) $\boldsymbol{F}_R'=0, \boldsymbol{M}_O=0$,原力系平衡,下面将作详细讨论。

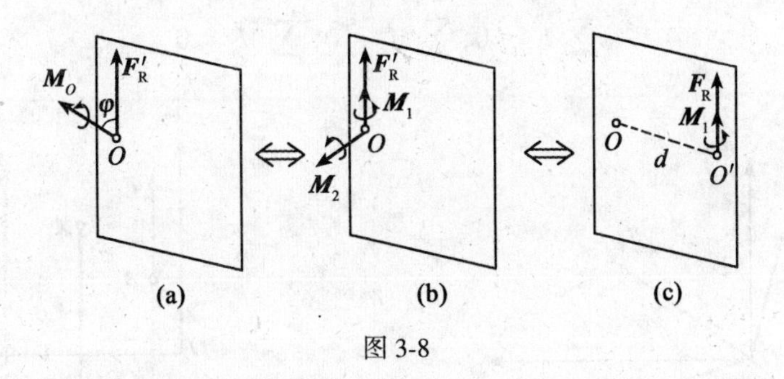

图3-8

三、空间一般力系的平衡条件和平衡方程

由简化结果的讨论可知:**空间一般力系平衡的必要和充分条件是力系的主矢量和对任一点的主矩都等于零**,即

$$\boldsymbol{F}_R'=0, \boldsymbol{M}_O=0$$

根据式(3-7)、(3-8),上述条件可表示为

$$\left.\begin{array}{l}\sum F_x=0, \sum F_y=0, \sum F_z=0 \\ \sum M_x=0, \sum M_y=0, \sum M_z=0\end{array}\right\} \tag{3-11}$$

这就是**空间一般力系的平衡方程**。方程表明:**力系中所有各力在三个坐标轴中每一轴上投影的代数和等于零,所有各力对每一轴之矩的代数和等于零**。这六个平衡方程彼此独立。所以,对每一个处于平衡状态的受空间一般力系作用的研究对象,可列六个独立平衡方程,求解六个未知量。

与平面力系一样,空间一般力系的平衡方程也有其他形式,如四力矩式、五力矩式和六力矩式。在应用平衡方程解题时,各投影轴或矩轴不一定相互正交,投影轴和矩轴也不一定重合。根据物体受力特点,可适当选取投影轴和矩轴,使每一方程中包含的未知量最少,以使计算简便。

四、其他空间力系的平衡方程

空间一般力系是物体受力最普遍的情况,其他各种力系都可作为它的特例。因此,空间汇交力系、空间平行力系和空间力偶系的平衡方程都可从式(3-11)导出。

1.空间汇交力系的平衡方程

对空间汇交力系,将简化中心 O 选在汇交点上,如图 3-9 所示,则式(3-11)中的三个力矩方程均恒等于零。于是,空间汇交力系的平衡方程为

$$\sum F_x=0, \sum F_y=0, \sum F_z=0 \tag{3-12}$$

2.空间平行力系的平衡方程

对空间平行力系,取 z 轴平行于各力,如图 3-10 所示,则式(3-11) 中 $\sum F_x \equiv 0, \sum F_y \equiv 0, \sum M_z \equiv 0$。于是,空间平行力系的平衡方程为

$$\sum F_z=0, \sum M_x=0, \sum M_y=0 \tag{3-13}$$

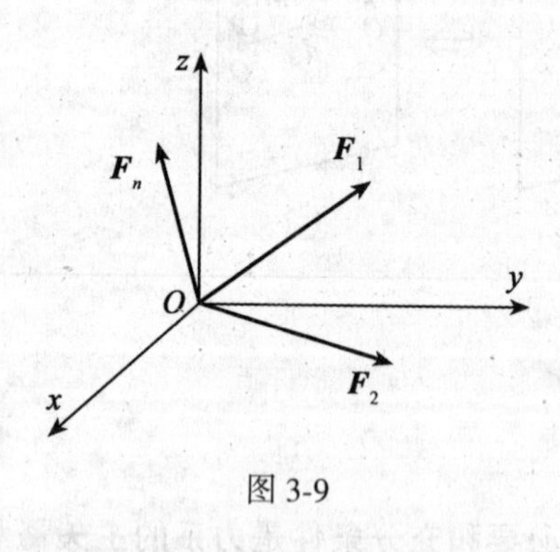

图 3-9

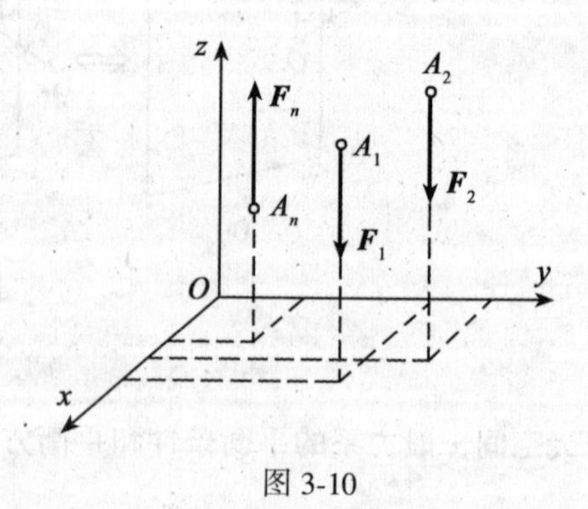

图 3-10

3.空间力偶系的平衡方程

对空间力偶系,式(3-11) 中 $\sum F_x \equiv 0, \sum F_y \equiv 0, \sum F_z \equiv 0$。由于力偶对任一轴的矩恒等于力偶矩,于是,空间力偶系的平衡方程为

$$\sum M_x = 0, \sum M_y = 0, \sum M_z = 0 \tag{3-14}$$

在空间力系问题中，有不同于平面力系的约束类型，其约束反力按照第一章的原则分析，如表3-1所示。

表3-1　　空间约束的约束反力

约束类型	构造简图	简化图	约束反力
径向轴承	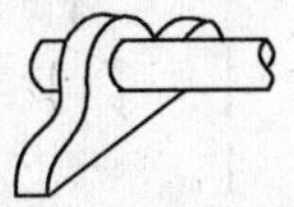	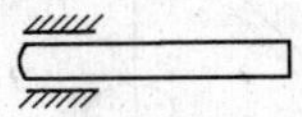	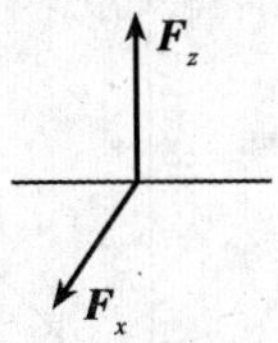 F_z, F_x
蝶形铰链	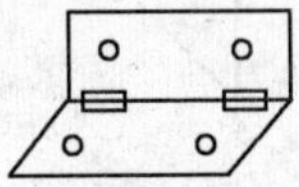	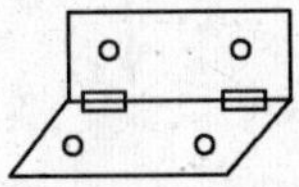	
球形铰链	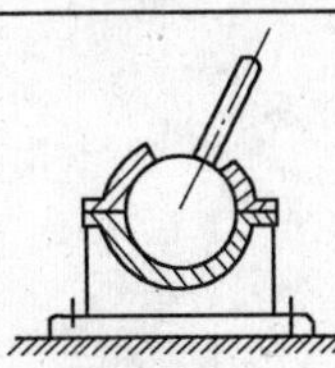	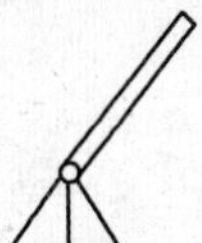	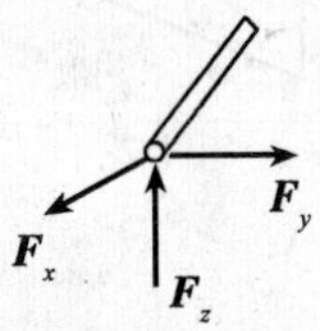 F_x, F_y, F_z
止推轴承	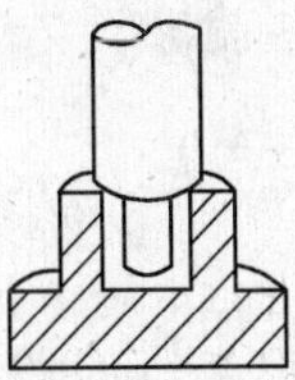	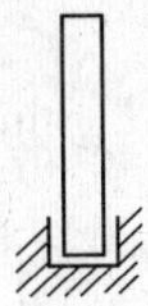	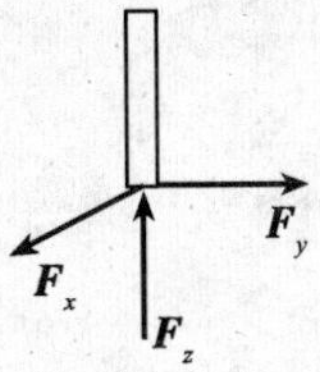 F_x, F_y, F_z
空间固定端	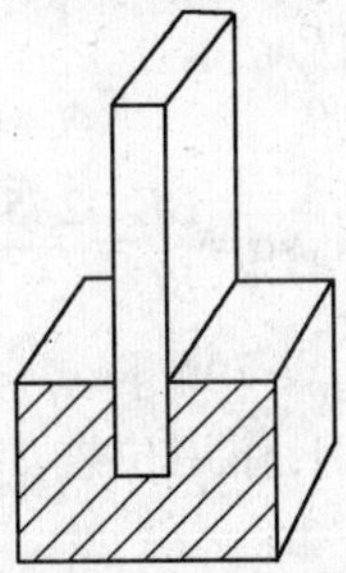	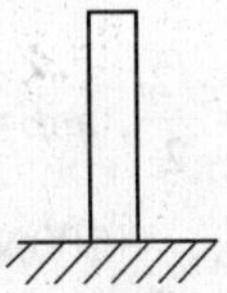	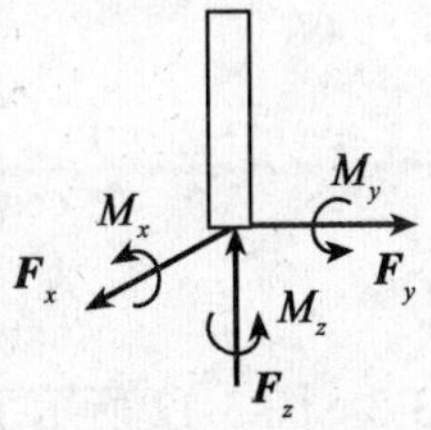 M_x, M_y, M_z, F_x, F_y, F_z

例3-2　由三根杆组成的简易吊架如图3-11(a)所示。杆 AB、BC、BD 一端铰接于 B 点，另一端分别铰接于墙上，杆 BC 与 BD 在同一水平面内，尺寸如图。已知悬挂重物的重量 $G=100\sqrt{2}$ N，各杆自重不计，求每根连杆所受的力。

解　取销钉 B 为研究对象。作用于 B 点的力有悬挂重物的绳索拉力，大小等于重物重量 G，二根连杆作用于 B 点的力 $\boldsymbol{F}_{AB}$、$\boldsymbol{F}_{BC}$、$\boldsymbol{F}_{BD}$，各力均沿各连杆两端铰心的连线，假设约束力均为拉力。四力组成一空间汇交力系。选取坐标系 $Bxyz$ 如图3-11(b)所示。列平衡方程：

$$\sum F_z = 0:\ F_{AB}\cos\beta + G = 0$$

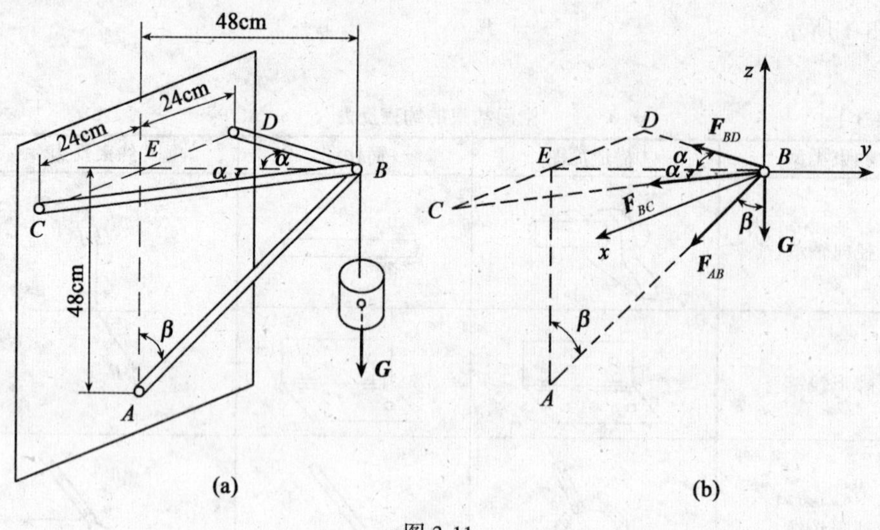

图 3-11

得
$$F_{AB} = -\frac{G}{\cos\beta}$$

$$\sum F_x = 0: F_{BC}\sin\alpha - F_{BD}\sin\alpha = 0$$

得
$$F_{BC} = F_{BD}$$

$$\sum F_y = 0:\ -F_{AB}\sin\beta - F_{BC}\cos\alpha - F_{BD}\cos\alpha = 0$$

得
$$F_{BC} = F_{BD} = \frac{G\tan\beta}{2\cos\alpha}$$

其中：
$$\cos\beta = \frac{BE}{AB} = \frac{\sqrt{2}}{2},\tan\beta = \frac{BE}{AE} = 1,\cos\alpha = \frac{BE}{BC} = \frac{2\sqrt{5}}{5}。$$

解得
$$F_{AB} = -200\mathrm{N}, F_{BC} = F_{BD} = 79\mathrm{N}$$

例 3-3 图 3-12 所示手推三轮车，载重 $G = 910\mathrm{N}$，作用位置如图所示。不计三轮车自重，求静止时地面对三个轮子的约束反力。

解 取三轮车为研究对象。作用于三轮车上的力如下：地面对轮子的铅直反力 $\boldsymbol{F}_{NA}$、$\boldsymbol{F}_{NB}$、$\boldsymbol{F}_{NC}$及载重 $\boldsymbol{G}$，四个力组成一空间平行力系。取坐标轴 $Oxyz$ 如图 3-12 所示。列平衡方程：

$$\sum M_{AB} = 0:\ F_{NC} \times (0.85 + 0.45) - G \times 0.45 = 0$$

得
$$F_{NC} = 315\mathrm{N}$$

$$\sum M_x = 0:\ G \times 0.4 - F_{NB} \times (0.35 + 0.35) - F_{NC} \times 0.35 = 0$$

得
$$F_{NB} = 362.5\mathrm{N}$$

$$\sum M_y = 0:\ (F_{NA} + F_{NB}) \times (0.85 + 0.45) - G \times 0.85 = 0$$

得
$$F_{NA} = 232.5\mathrm{N}$$

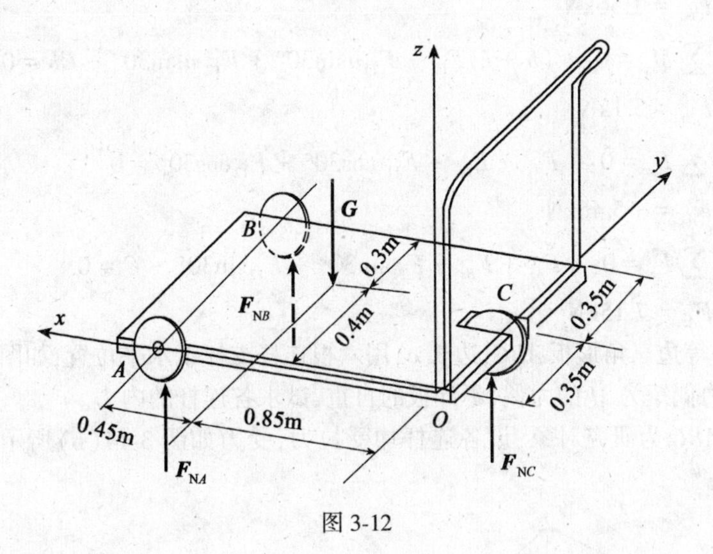

图 3-12

本题也可以用 $\sum F_z = 0$ 求 $\boldsymbol{F}_{NA}$ 的值。

例 3-4　绞车的轴安装于水平位置，如图 3-13 所示。已知绞车转筒半径 $r_1 = 10\text{cm}$，胶带轮半径 $r_2 = 40\text{cm}$，$a = c = 80\text{cm}$，$b = 120\text{cm}$，重物重 $G = 10\text{kN}$。设胶带在垂直于转轴的平面内与水平成 $\alpha = 30°$ 角，且 $F_{T1} = 3.5F_{T2}$，求匀速吊起重物时轴承 A、B 处的约束反力及 F_{T1}、F_{T2} 的大小。绞车自重不计。

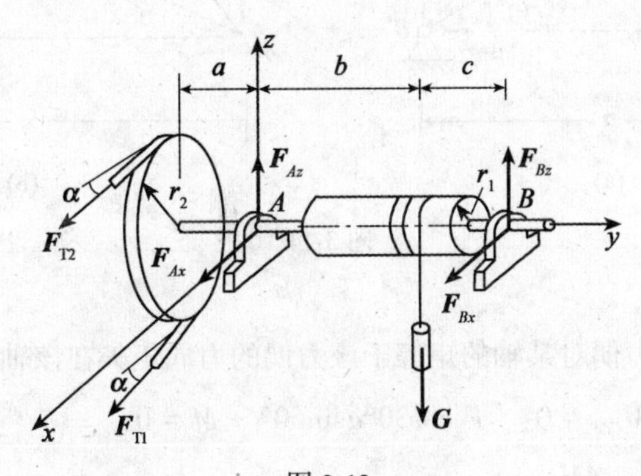

图 3-13

解　取整个系统为研究对象，受力如图 3-13 所示。因系统各部分都做匀速运动，所以作用于系统上的力必平衡。取图示坐标系，列平衡方程：

$$\sum M_y = 0: \quad G r_1 - F_{T1} r_2 + F_{T2} r_2 = 0$$

联立 $F_{T1} = 3.5F_{T2}$，得

$$F_{T1} = 3.5\text{kN}, F_{T2} = 1\text{kN}$$

$$\sum M_z = 0: \quad -(b + c)F_{Bx} + F_{T1} a\cos 30° + F_{T2} a\cos 30° = 0$$

得 $F_{Bx} = 1.56\text{kN}$

$$\sum M_x = 0:\quad (b + c)F_{Bz} + F_{T1}a\sin 30^\circ + F_{T2}\, a\sin 30^\circ - Gb = 0$$

得 $F_{Bz} = 5.1\text{kN}$

$$\sum F_x = 0:\quad F_{Ax} + F_{Bx} + F_{T1}\cos 30^\circ + F_{T2}\cos 30^\circ = 0$$

得 $F_{Ax} = -5.46\text{kN}$

$$\sum F_z = 0:\quad F_{Az} + F_{Bz} - F_{T1}\sin 30^\circ - F_{T2}\sin 30^\circ - G = 0$$

得 $F_{Az} = 7.15\text{kN}$

例 3-5 一等边三角形板 ABC，边长 a，用六根连杆支撑于水平位置，如图 3-14(a)所示，板面内作用一力偶矩为 M 的力偶，不计板的自重，试求各连杆的内力。

解 取板 ABC 为研究对象，设各连杆均受拉力，受力如图 3-14(b)所示。列平衡方程

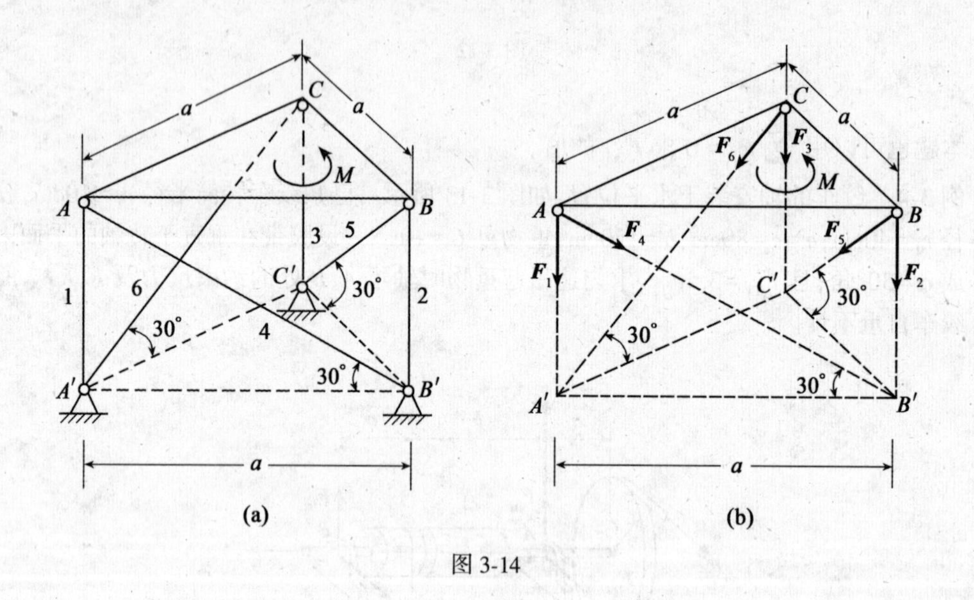

图 3-14

(注意：列力矩方程时，力偶对某轴的矩等于该力偶的力偶矩矢在该轴上的投影)：

$$\sum M_{CC'} = 0:\quad F_4\cos 30^\circ a\sin 60^\circ + M = 0$$

得 $F_4 = -\dfrac{4M}{3a}$

$$\sum M_{AA'} = 0:\quad F_5\cos 30^\circ a\sin 60^\circ + M = 0$$

得 $F_5 = -\dfrac{4M}{3a}$

$$\sum M_{BB'} = 0:\quad F_6\cos 30^\circ a\sin 60^\circ + M = 0$$

得 $F_6 = -\dfrac{4M}{3a}$

$$\sum M_{AB} = 0:\quad -F_3 a\sin 60^\circ - F_6\sin 30^\circ\, a\sin 60^\circ = 0$$

得
$$F_3=\frac{2M}{3a}$$

$$\sum M_{AC}=0:\quad -F_2a\sin60^\circ-F_5\sin30^\circ a\sin60^\circ=0$$

得
$$F_2=\frac{2M}{3a}$$

$$\sum M_{BC}=0:\quad -F_1a\sin60^\circ-F_4\sin30^\circ a\sin60^\circ=0$$

得
$$F_1=\frac{2M}{3a}$$

§3-3　重心和形心

一、重心的概念和重心的坐标公式

地球表面上的物体都受到地球引力的作用,这个引力就是物体所受的重力。物体中各微小部分都受到重力的作用。整个物体的重力,就是体内各微小部分所受重力的合力,合力的大小即为物体的重量,合力作用线必通过体内一特定点,对于不变形的物体而言,不论物体在空间如何搁置,这个点在体内的相对位置是确定不变的,这个点就是物体的**重心**。在实际工程中,确定物体的重心具有重要意义。例如,为了保证起重机工作时不倾翻,其重心应处在恰当的位置。又如,车辆、船舶和飞机等,为了保证其运行的稳定性,也必须使其重心处于某一规定的范围内。此外,某些高速转动的零部件,其重心应尽可能位于转动轴线上,以免引起振动,影响正常运转或造成破坏。

物体内各微小部分的重力作用线都汇交于地心附近的一点,组成一空间汇交力系。但由于一般物体的几何尺寸远比地球半径小,所以,可将物体内各微小部分的重力看成是铅直向下的同向空间平行力系。求物体的重心,也就是求空间平行力系的合力作用点的位置。

现在来推导物体重心坐标的公式。

设有一物体,将其分割为几个微小部分,任一微小部分 M_i 的重力为 $\Delta\boldsymbol{G}_i$,这些力组成一空间同向平行力系,如图 3-15 所示。物体的重力就是所有各微小力 $\Delta\boldsymbol{G}_i$ 的合力 $\boldsymbol{G}$,其大小为 $G=\sum\Delta G_i$,G 就是物体的重量。取直角坐标系 $Oxyz$,并使 z 轴与重力平行。设物体的重心为 C,其坐标为 x_C、y_C、z_C;任一微小部分 M_i 的坐标为 x_i、y_i、z_i。应用合力矩定理,由 $M_y(\boldsymbol{G})=\sum M_y(\Delta\boldsymbol{G}_i)$,得

$$Gx_C=\sum\Delta G_ix_i \tag{a}$$

由 $M_x(\boldsymbol{G})=\sum M_x(\Delta\boldsymbol{G}_i)$,得

$$-Gy_C=-\sum\Delta G_iy_i \tag{b}$$

由以上两式可分别求出 x_C、y_C。为求 z_C,将物体连同坐标系一起绕 x 轴按顺时针方向转过 90°,使 y 轴铅直向下,于是各力与 y 轴平行,如图 3-15 中虚线所示。由 $M_x(\boldsymbol{G})=\sum M_x(\Delta\boldsymbol{G}_i)$,得

$$-Gz_C=-\sum\Delta G_iz_i \tag{c}$$

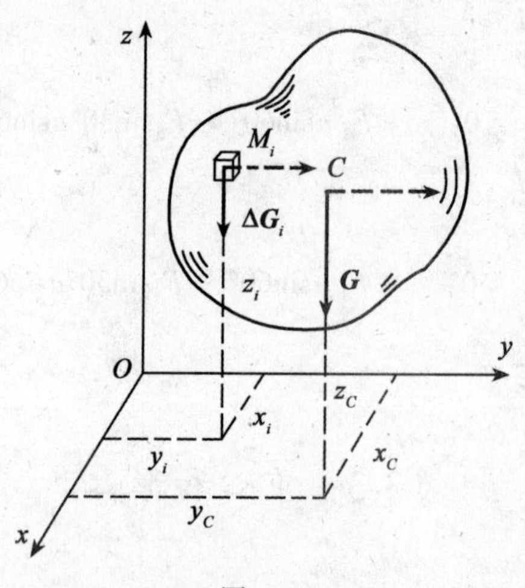

图 3-15

由(a)、(b)、(c)三式可求得重心 C 的位置坐标为

$$x_C = \frac{\sum x_i \Delta G_i}{G}, y_C = \frac{\sum y_i \Delta G_i}{G}, z_C = \frac{\sum z_i \Delta G_i}{G} \tag{3-15}$$

二、均质物体重心的坐标公式和形心的概念

如果物体是均质的,其单位体积的重量 γ=常量,以 ΔV_i 表示微小部分的体积,物体总体积为 $V = \sum \Delta V_i$,则

$$\Delta G_i = \gamma \Delta V_i, G = \sum \Delta G_i = \sum \gamma \Delta V_i = \gamma \sum \Delta V_i = \gamma V$$

代入式(3-15),得

$$x_C = \frac{\sum x_i \Delta V_i}{V}, y_C = \frac{\sum y_i \Delta V_i}{V}, z_C = \frac{\sum z_i \Delta V_i}{V} \tag{3-16}$$

上式表明,均质物体的重心位置与物体的重量无关,只决定于物体的几何形状和尺寸。这个由物体的几何形状和尺寸所决定的点,称为物体的形心。形心是几何概念,而重心是物理概念。均质物体的重心和形心是重合的,而非均质物体的重心和形心并不是同一个点。

在式(3-16)中,令 $\Delta V_i \to 0$,则坐标公式可以写成积分形式

$$x_C = \frac{\int_V x \mathrm{d}V}{V}, y_C = \frac{\int_V y \mathrm{d}V}{V}, z_C = \frac{\int_V z \mathrm{d}V}{V} \tag{3-17}$$

在工程实际中,有些物体是均质等厚度的,而且这厚度远比长度和宽度小,如厂房的双曲抛物面薄壳屋盖等。这时,可以把它们看做是均质曲面,则其重心坐标公式为

$$x_C = \frac{\sum x_i \Delta A_i}{A}, y_C = \frac{\sum y_i \Delta A_i}{A}, z_C = \frac{\sum z_i \Delta A_i}{A} \tag{3-18}$$

式中:$A = \sum \Delta A_i$ 为曲面面积。

如果物体为均质等厚度平板或平面图形,可取平板或平面图形所在平面为 Oxy 坐标平面,则上式中 $z_C=0$,重心坐标 x_C、y_C 可由前两式求得。

如果物体是均质等截面空间曲线,则其重心坐标公式为

$$x_C=\frac{\sum x_i\Delta L_i}{L},y_C=\frac{\sum y_i\Delta L_i}{L},z_C=\frac{\sum z_i\Delta L_i}{L} \tag{3-19}$$

式中:$L=\sum \Delta L_i$ 为曲线的长度。

式(3-18)、(3-19)也可写成类似式(3-17)的积分形式。

若均质物体具有对称面、对称轴或对称中心,则该物体的重心必在这对称面、对称轴或对称中心上。如图3-16(a)所示的工字钢截面具有对称中心 C,图3-16(b)所示的槽钢截面具有对称轴 z,图3-16(c)所示的四分之一的圆球壳具有对称面 Oxy。所以,它们的重心必分别在其对称中心 C、对称轴 z、对称面 Oxy 上。利用这一特性,可简化计算。

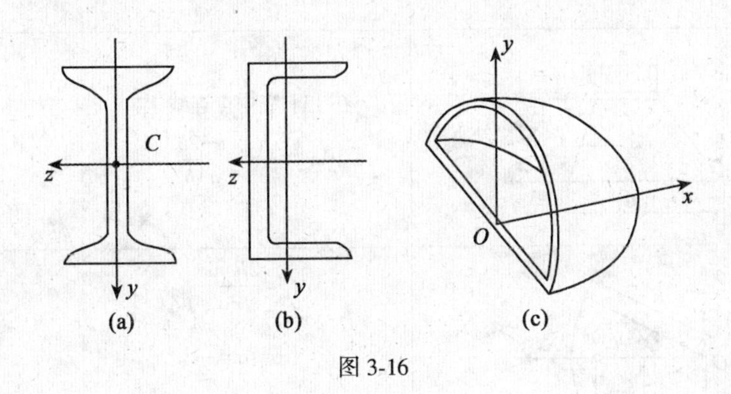

图3-16

三、确定物体重心的方法

1.简单形状均质物体的重心

简单形状均质物体的重心,可以用积分形式的重心坐标公式求解。用积分法求重心的实例在高等数学中已列举不少,这里不再重复。一些简单形状的均质物体的重心位置可以查阅有关工程手册。表3-2列出了几种常见的简单形状的均质物体的重心。

2.复合形状均质物体的重心

在工程实际中,很多物体可以看成是由若干个简单形状的均质物体组成,这类物体称为复合形体,其重心位置一般可用**分割法**来确定。分割法是将复合形体分割成若干个简单形状的物体,每个简单形状物体的重心可用积分法或查表求得,整个物体的重心可应用有限形式的重心坐标公式(3-16)、(3-18)或(3-19)求得。式中的 ΔV_i 或 ΔA_i 或 ΔL_i 是指各个简单形状物体的体积或面积或长度;x_i、y_i、z_i 是指各个简单形状物体的重心坐标。

如果在一个复合形体中切去一个或几个简单形体,则这类复合形体的重心仍可应用与分割法相同的公式来求得,只是切去部分的体积或面积应取负值,这种求重心的方法称为**负体积(面积)法**。

表 3-2 简单形状均质物体的重心

形状	图形	重心坐标	线长、面积、体积
圆弧	y, R, α, α, C, x, O, x_C	$x_C=\dfrac{R\sin\alpha}{\alpha}$ （α 以弧度计，下同） 半圆弧：$\alpha=\dfrac{\pi}{2}$ $x_C=\dfrac{2R}{\pi}$	$s=2\alpha R$
三角形	y, C, h, y_C, x, O, a/2, a	在三中线交点 $y_C=\dfrac{h}{3}$	$A=\dfrac{ah}{2}$
梯形	y, b, b/2, C, h, y_C, x, O, a/2, a	在上下底中点连线上 $y_C=\dfrac{h}{3}\cdot\dfrac{a+2b}{a+b}$	$A=\dfrac{h}{2}(a+b)$
扇形	y, R, α, α, C, x, O, x_C	$x_C=\dfrac{2R\sin\alpha}{3\alpha}$ 半圆：$\alpha=\dfrac{\pi}{2}$ $x_C=\dfrac{4R}{3\pi}$	$A=\alpha R^2$
抛物线形	y, $x=y^n$, C, b, y_C, x, O, x_C, a	$x_C=\dfrac{n+1}{2n+1}a$ $y_C=\dfrac{n+1}{2(n+2)}b$ 当 $n=2$ 时 $x_C=\dfrac{3}{5}a,y_C=\dfrac{3}{8}b$	$A=\dfrac{n}{n+1}ab$
椭圆形	y, y_C, b, C, O, x, x_C, a	$x_C=\dfrac{4a}{3\pi}$ $y_C=\dfrac{4b}{3\pi}$	$A=\dfrac{1}{4}\pi ab$

续表

形状	图　形	重心坐标	线长、面积、体积
弓形	y R α α C x O x_C	$x_C=\frac{2R^3\sin^3\alpha}{3A}$	$A=\frac{R^2(2\alpha-\sin 2\alpha)}{2}$
扇环形	y R α α C x O r x_C	$x_C=\frac{2}{3}R\cdot\frac{R^3-r^3}{R^2-r^2}\cdot\frac{\sin\alpha}{\alpha}$	$A=(R^2-r^2)\alpha$
半球面	z C O z_C R y x	$z_C=\frac{R}{2}$	$A=2\pi R^2$
半球体	z z_C R C y O x	$z_C=\frac{3}{8}R$	$V=\frac{2}{3}\pi R^3$
正圆锥体	z h C O R z_C y x	$z_C=\frac{h}{4}$	$V=\frac{1}{3}\pi R^2h$

例 3-6 求图示均质薄板的重心，尺寸如图 3-17(a)所示，长度单位：cm。

解 方法一：分割法

将图形分割成Ⅰ、Ⅱ、Ⅲ三个简单图形，如图 3-17(b)所示。以 C_1、C_2、C_3 分别表示这些图形的重心；以 A_1、A_2、A_3 分别表示这些图形的面积；以 x_1、y_1、x_2、y_2、x_3、y_3 分别表示这些图形的重心坐标。建立如图所示坐标系。由图知：

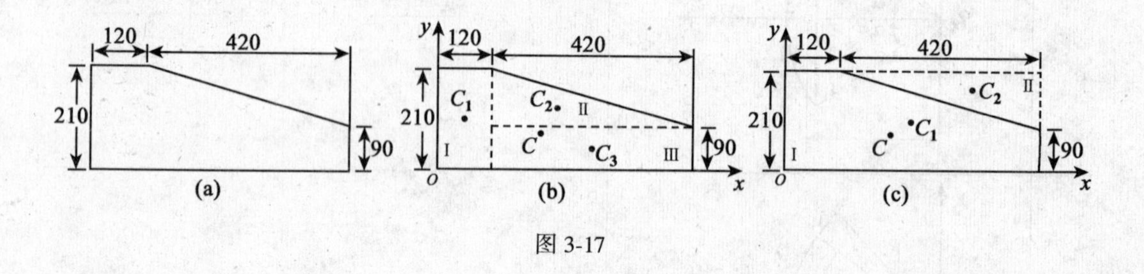

图 3-17

$$A_1 = 210 \times 120 = 25200\text{cm}^2$$

$$x_1 = \frac{1}{2} \times 120 = 60\text{cm}, y_1 = \frac{1}{2} \times 210 = 105\text{cm}$$

$$A_2 = \frac{1}{2} \times 420 \times (210-90) = 25200\text{cm}^2$$

$$x_2 = 120+\frac{1}{3} \times 420 = 260\text{cm}, y_2 = 90+\frac{1}{3} \times (210-90) = 130\text{cm}$$

$$A_3 = 420 \times 90 = 37800\text{cm}^2$$

$$x_3 = 120+\frac{1}{2} \times 420 = 330\text{cm}, y_3 = \frac{1}{2} \times 90 = 45\text{cm}$$

由公式(3-18)，得

$$x_C = \frac{A_1x_1+A_2x_2+A_3x_3}{A_1+A_2+A_3} = \frac{25200 \times 60+25200 \times 260+37800 \times 330}{25200+25200+37800} = 232.9\text{cm}$$

$$y_C = \frac{A_1y_1+A_2y_2+A_3y_3}{A_1+A_2+A_3} = \frac{25200 \times 105+25200 \times 130+37800 \times 45}{25200+25200+37800} = 86.4\text{cm}$$

方法二：负面积法

将图形看成是长方形Ⅰ和三角形Ⅱ两个简单图形组成，如图 3-17(c)所示。因Ⅱ部分是填上的部分，其面积应取负值。设 x_1、y_1、x_2、y_2 分别表示Ⅰ、Ⅱ的重心坐标，A_1、A_2 分别表示Ⅰ、Ⅱ的面积。建立如图所示坐标系，由图知：

$$A_1 = (120+420) \times 210 = 113400\text{cm}^2$$

$$x_1 = \frac{1}{2} \times (120+420) = 270\text{cm}, y_1 = \frac{1}{2} \times 210 = 105\text{cm}$$

$$A_2 = -\frac{1}{2} \times 420 \times (210-90) = -25200\text{cm}^2$$

$$x_2 = 120+\frac{2}{3} \times 420 = 400\text{cm}, y_2 = 90+\frac{2}{3} \times (210-90) = 170\text{cm}$$

由公式(3-18)得

$$x_C=\frac{A_1x_1+A_2x_2}{A_1+A_2}=\frac{113400\times270+(-25200)\times400}{113400+(-25200)}=232.9\text{cm}$$

$$y_C=\frac{A_1y_1+A_2y_2}{A_1+A_2}=\frac{113400\times105+(-25200)\times170}{113400+(-25200)}=86.4\text{cm}$$

注意:第一,应尽可能利用物体的对称轴作为坐标轴,这样可使计算简单;第二,要根据所选坐标系,正确判定各简单形体重心坐标的正负号。

3.用实验方法测定物体重心的位置

有些形状比较复杂或质量分布不均的物体,很难用计算方法求其重心,此时可用实验方法测定其重心的位置。实验测定法中的悬挂法,就是一种确定薄板或具有对称面的薄零件重心的简易方法。如图 3-18 所示的薄零件,为了确定其重心,可在薄板上任取一点 A,用细绳在点 A 将薄板悬挂,待其平衡后,在薄板上画一条过点 A 的铅垂线 AA',如图 3-18(a)所示。因为薄板的重力与细绳拉力平衡,其重心必在 AA' 上。再选另一吊点 B,同样可画出另一直线 BB',两直线的交点 C 就是薄板的重心,如图 3-18(b)所示。

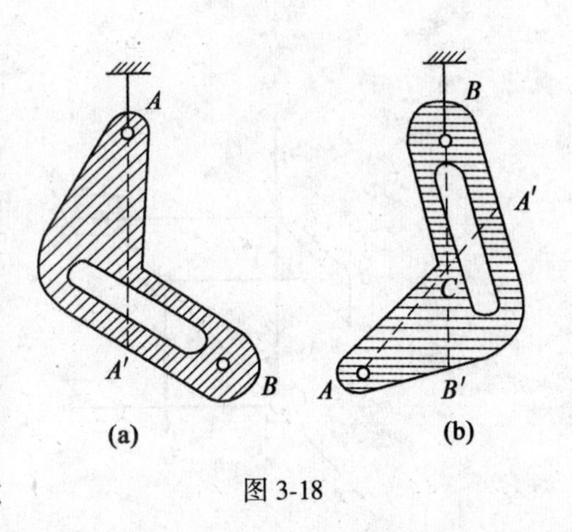

图 3-18

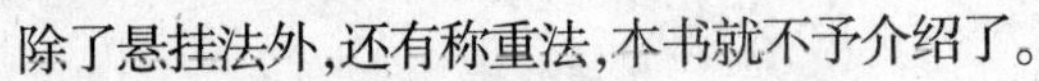

除了悬挂法外,还有称重法,本书就不予介绍了。

习　题

3-1　曲轴由轴承 A、B 支承,在图示水平位置时,作用在曲轴上的力的大小为 $F=1\text{kN}$,$\alpha=30°$,设 $d=400\text{mm}$,$r=50\text{mm}$。试求该力分别对三个坐标轴的矩。

(答案:$M_x=-346.4\text{N}\cdot\text{m}$,$M_y=43.3\text{N}\cdot\text{m}$,$M_z=-200\text{N}\cdot\text{m}$)

3-2　已知 $F=1$ kN,求该力对于 z 轴的力矩。

(答案:$M_z=-101.5\text{N}\cdot\text{m}$)

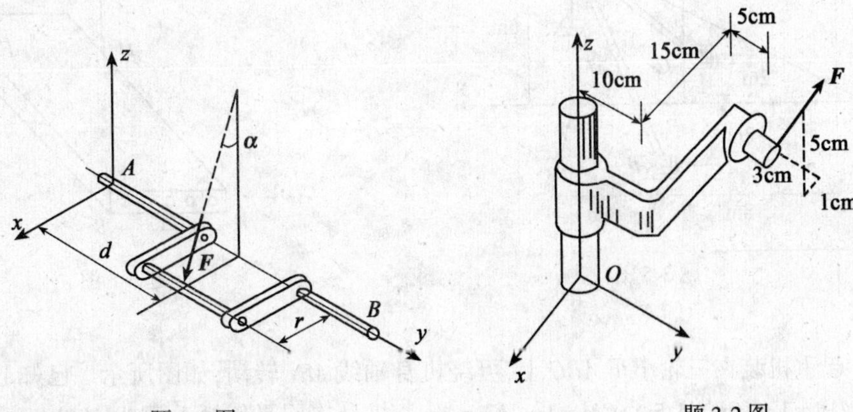

题 3-1 图　　题 3-2 图

3-3 图示结构自重不计,已知重物重 $G=10\text{kN}$,$AB=4\text{m}$,$AC=3\text{m}$,且 $ABEC$ 在同一水平面内,O、A、B、C 为球铰链。试求杆 AB、AC、AO 的内力。

(答案:$F_{AO}=-11.55\text{kN}$, $F_{AC}=3.46\text{kN}$, $F_{AB}=4.62\text{kN}$)

3-4 不计重量的三脚架如图所示。三杆的一端铰接于 D 点,另一端用球铰 A、B、C 分别与支座连接,点 D 处作用一水平力 $F=1\text{kN}$。试求各杆所受的力。

(答案:$F_A=2.04\text{kN}$,$F_B=-0.87\text{kN}$,$F_C=-1.25\text{kN}$)

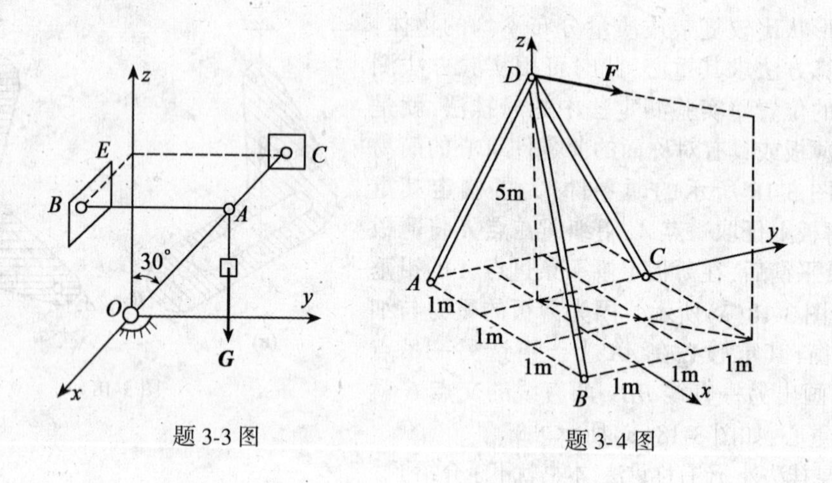

题 3-3 图　　题 3-4 图

3-5 人字起吊设备如图所示。缆绳 AD 所能承受的张力 $F_{AD}=900\text{N}$,求被起吊的重物 M 的最大重量 G,以及此时撑杆 AB、AC 所受的力,两杆自重不计。

(答案:$G=804.8\text{N}$,$F_{AB}=F_{AC}=-752.7\text{N}$)

3-6 空心楼板 $ABCD$,重 $G=2.8\text{kN}$,一端支承在 AB 中点 E,并在 H、F 两处用绳悬挂。已知 $HD=FC=AD/8$,求 H、F 处绳的张力及 E 处的反力。

(答案:$F_{TH}=F_{TG}=0.8\text{kN}$,$F_{NB}=1.2\text{kN}$)

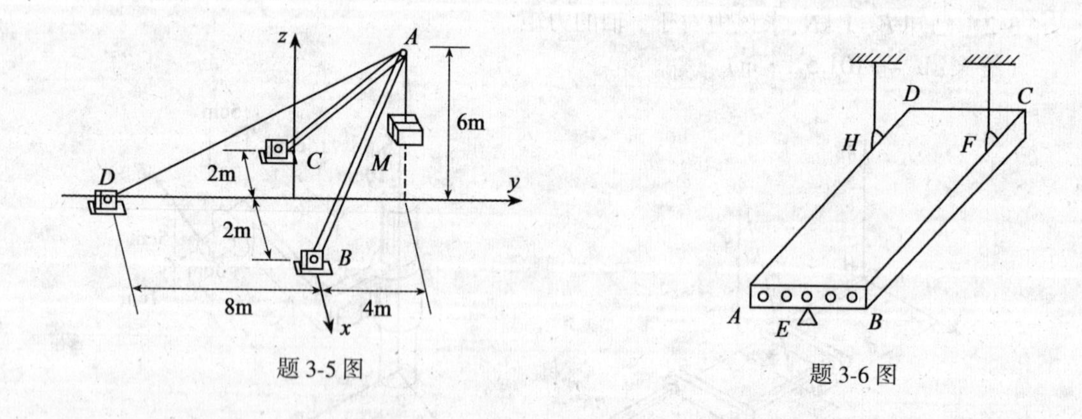

题 3-5 图　　题 3-6 图

3-7 起重机装在三轮小车 ABC 上,可绕机身轴线 MN 转动,如图所示。已知起重机尺寸为 $AD=DB=1\text{m}$,$CD=1.5\text{m}$,$CM=1\text{m}$,$KL=4\text{m}$。机身连同平衡锤总重为 100kN,重心在点 G,点 G 在 $LMNF$ 平面内,它到轴线 MN 的距离 $GH=0.5\text{m}$。起吊重物的重量 $Q=30\text{kN}$。试求

当起重机的平面 LMN 转到平行于 AB 的位置时，A、B、C 三轮子对地面的压力。

（答案：$F_{NA}=8.4\text{kN}$，$F_{NB}=78.3\text{kN}$，$F_{NC}=43.3\text{kN}$）

3-8　如图所示起重机，机身重 $Q=100\text{kN}$，重心过 E 点。$\triangle ABC$ 为等边三角形，E 为三角形的中心。臂 FHD 可绕铅直轴 HD 转动。已知 $a=5\text{m}$，$l=3.5\text{m}$。求：(1) 当荷载 $G=20\text{kN}$，且起重臂的平面与 AD 成 $\alpha=30°$ 角时，A、B、C 处的反力；(2) $\alpha=0°$ 时，最大荷载 G 为多少。

（答案：(1) $F_{NA}=19.33\text{kN}$，$F_{NB}=43.33\text{kN}$，$F_{NC}=57.33\text{kN}$；(2) $G=41.24\text{kN}$）

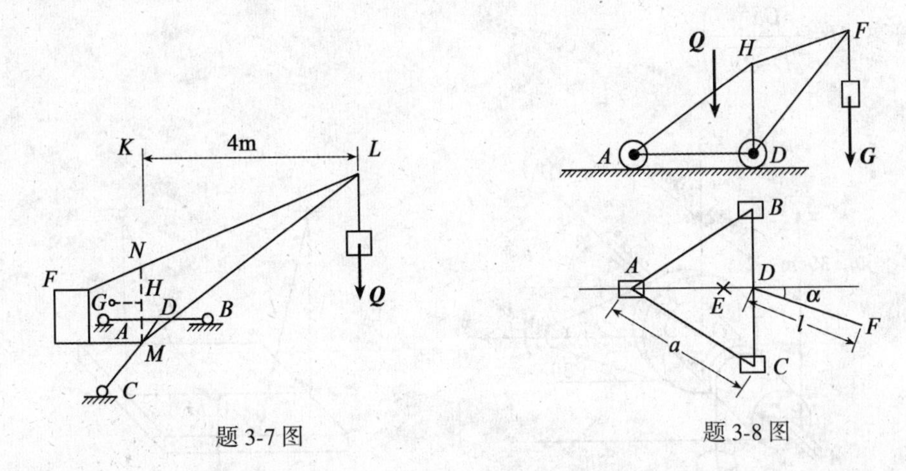

题 3-7 图　　　题 3-8 图

3-9　重为 G 的均质薄板可绕水平轴 AB 转动，A 为球铰，B 为蝶铰链，今用绳索 CE 将板支承在水平位置，并在板的平面内作用一力偶，设 $a=3\text{m}$，$b=4\text{m}$，$h=5\text{m}$，$G=1\text{kN}$，$M=2\text{kN}\cdot\text{m}$。试求：绳的拉力及 A、B 处的约束反力。

（答案：$F_T=707.1\text{N}$，$F_{Ax}=400\text{N}$，$F_{Ay}=800\text{N}$，$F_{Az}=500\text{N}$，$F_{By}=-500\text{N}$，$F_{Bz}=0$）

3-10　正方形板 $ABCD$ 由六根连杆支承如图所示。在 A 点沿 AD 边作用水平力 $\boldsymbol{F}$。求各杆的内力，板自重不计。

（答案：$F_1=-F_3=-F_6=F$，$F_2=-F_4=-F_5=-1.414F$）

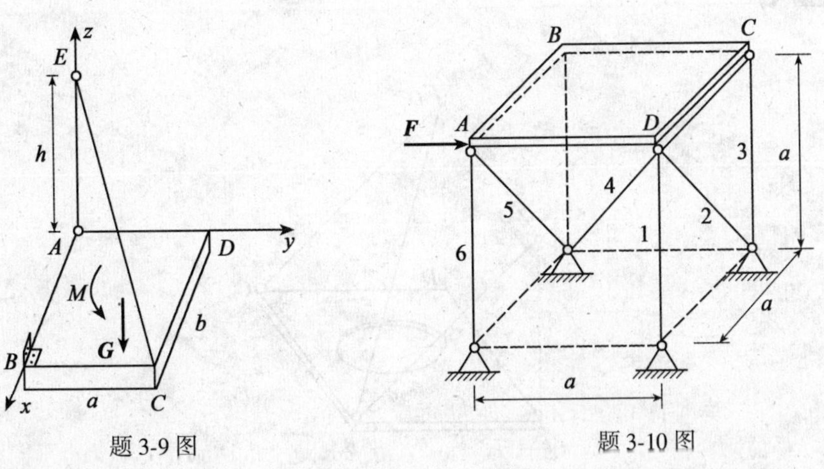

题 3-9 图　　　题 3-10 图

3-11　图示电动机 M 通过链条将重物 G 等速提起，链条与水平线成 30°的角（轴线 O_1x_1

平行于轴线 Ax)。已知 $r=10\text{cm}$,$R=20\text{cm}$,$G=10\text{kN}$,链条主动边(下边)的拉力为从动边拉力的两倍。求支座 A 和 B 的反力以及链条的拉力。

(答案:$F_{Ax}=-5.2\text{kN}$, $F_{Az}=6\text{kN}$, $F_{Bx}=-7.8\text{kN}$, $F_{Bz}=1.5\text{kN}$, $F_{T1}=10\text{kN}$, $F_{T2}=5\text{kN}$)

3-12 一重为 $\boldsymbol{G}$,边长为 $2a$ 的正方形均质薄板,由两根长为 l 的无重钢绳挂起并保持在水平位置,今在薄板上作用一矩为 M 的力偶,使板由原位置水平转过 90°而仍保持在水平位置平衡,求此力偶矩的大小。

$\left(\text{答案}:M=\dfrac{Ga^2}{\sqrt{l^2-2a^2}}\right)$

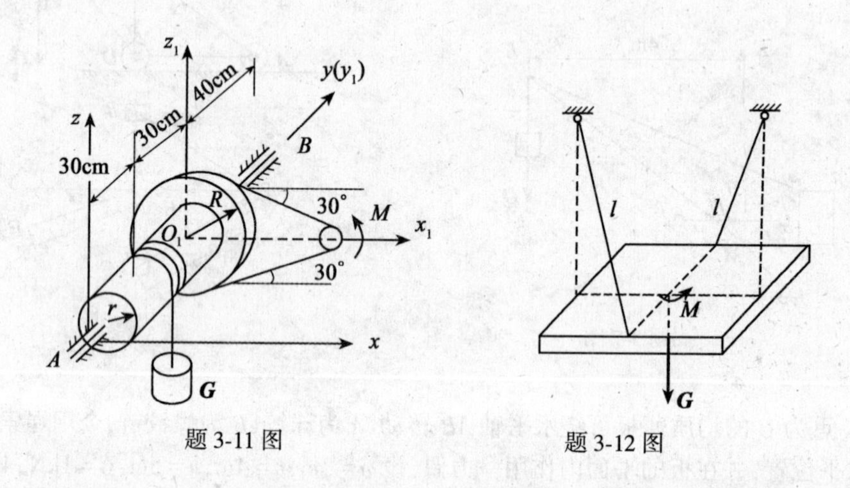

题 3-11 图　　　　题 3-12 图

3-13 如图所示均质正方形板,已知板单位面积重为 $\gamma=1\ 000\text{N/m}^2$,边长为 $L=1\text{m}$,用球铰 A 及三根连杆支承在水平位置。$A_1D_1=AA_1=D_1D=1\text{m}$,若在板中心挖去一直径为 $L/2$ 的圆孔。试求球铰 A 的约束反力及各连杆的内力。

(答案:$F_{Ax}=-401.83\text{N}$, $F_{Ay}=401.83\text{N}$, $F_{Az}=401.83\text{N}$, $F_{A_1B}=568.27\text{N}$, $F_{BD_1}=-695.98\text{N}$, $F_{CD_1}=568.27\text{N}$)

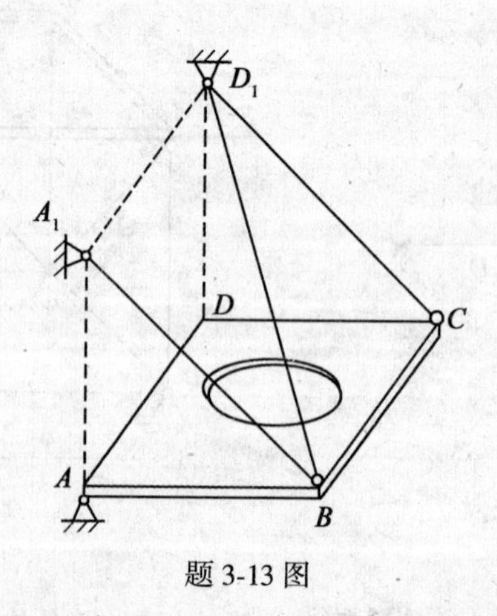

题 3-13 图

3-14 在如图所示桅杆中,已知:$Q=300\text{N}$,电机重 $G=150\text{N}$,转矩 $M=20\text{kN}\cdot\text{m}$,尺寸 $L_1=2\text{m}$,$L_2=1.5\text{m}$,$L_3=5\text{m}$,角 $\theta=45°$,$\beta=60°$。试求支座 A 的反力及钢索 BH、CG 的拉力。

(答案:$F_{BH}=4105\text{N}$, $F_{CG}=4147\text{N}$,$F_{Ax}=-2903\text{N}$, $F_{Ay}=2074\text{N}$, $F_{Az}=6944\text{N}$)

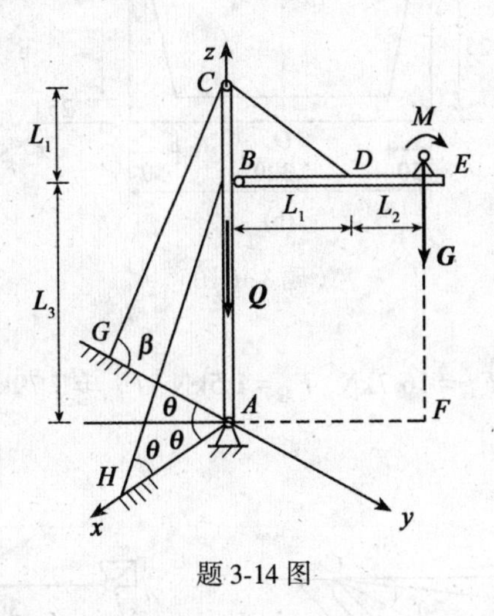

题 3-14 图

3-15 振动打桩机偏心块如图所示,已知 $R=100\text{mm}$,$r_1=17\text{mm}$,$r_2=30\text{mm}$。试求该偏心块的重心位置。

(答案:$y_C=4\text{cm}$)

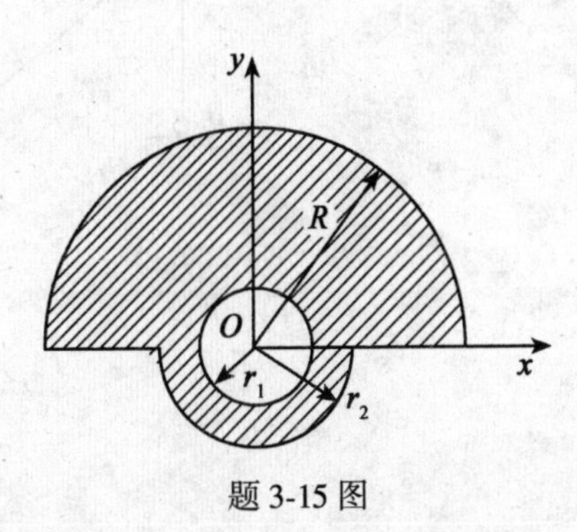

题 3-15 图

3-16 求图示各图形的面积形心(图中尺寸单位:mm)。

(答案:(a) $x_C=5.1\text{mm}$, $y_C=10.1\text{mm}$;(b) $y_C=40.05\text{mm}$;(c) $x_C=y_C=55.54\text{mm}$)

3-17 图示为挖去一正方形块 $HGFK$ 的均质凹形薄板 $ABCD$,在 A 处用球铰支承,B 处用蝶铰与铅垂墙相连,再用一绳索 CE 拉住使板保持水平。已知板的单位面积重 $\gamma=5\text{kN/m}^2$,尺寸如图所示。求绳索的拉力及球铰 A 和蝶铰 B 处的反力。

(答案:$F_T=55\text{kN}$, $F_{Ax}=-38.1\text{kN}$, $F_{Ay}=28.6\text{kN}$, $F_{Az}=25.6\text{kN}$,$F_{By}=0$, $F_{Bz}=1.9\text{kN}$)

3-18 一均质薄板,尺寸如图所示,单位面积重 $\gamma=0.5\text{kN/m}^2$,在薄板面内作用一力偶,其矩 $M=100\text{kN}\cdot\text{m}$。在过边 DE 的铅直平面内作用一力 $\boldsymbol{F}$,其大小 $F=10\text{kN}$,与 DE 边成30°角。试求球铰 A 及三根连杆的约束反力。

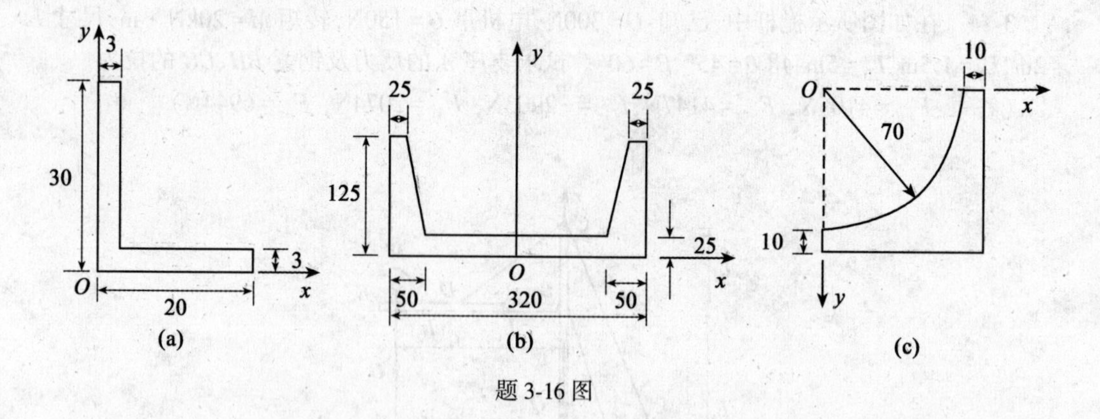

题 3-16 图

（答案：$F_{Ax}=-6.12\text{kN}$，$F_{Ay}=16.7\text{kN}$，$F_{Az}=1.5\text{kN}$，$F_{BB'}=3.79\text{kN}$，$F_{BC}{'}=-14.9\text{kN}$，$F_{DD'}=-0.25\text{kN}$）

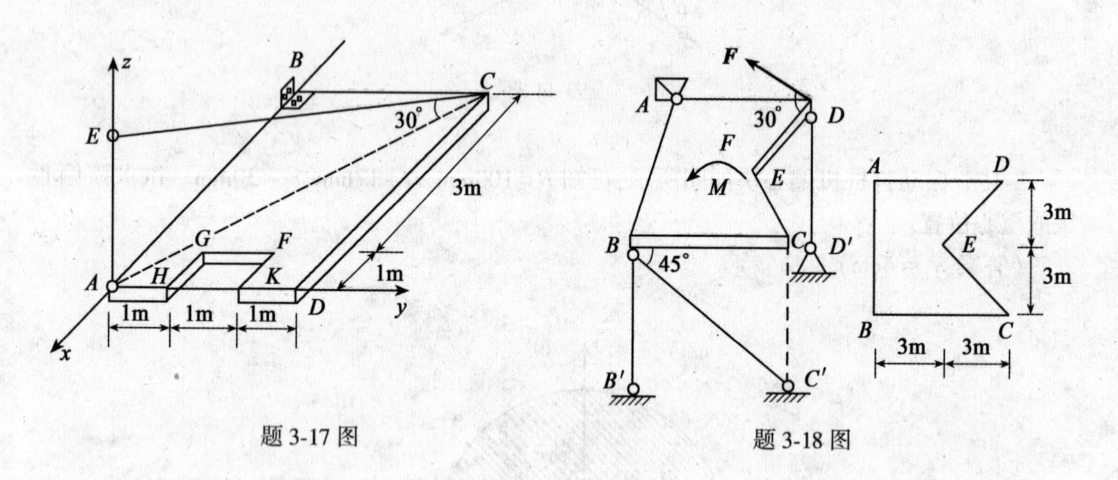

题 3-17 图

题 3-18 图

第 2 篇　工程材料力学

引　言

一、材料力学的基本任务和研究方法

在工业、农业和其他各部门生产中，广泛使用各种机械，建造形形色色的工程结构物。这些机械一般都是由很多的零件或构件按照一定的规律组合而成的，通常把它们统称为工程结构。组成工程结构的构件，其主要作用是承受荷载和传递荷载，但同时也产生内力和变形，这就有发生破坏的可能性。然而构件本身又具有一定的抵抗破坏和变形的能力，即具有一定的承载能力，承载能力的大小与构件的材料性质、几何形状和尺寸、受力性质、工件条件与构造情况等有关。显然，要保证工程结构正常地工作，必须确保它们的每一个构件能够正常地工作。因此在设计每一个构件时，首先必须保证使构件在受到外力的作用（或其他外界因素的影响）时，能够同时满足以下三个方面的要求：

（1）构件在外力的作用下，不会发生破坏，即构件必须具有足够的强度。

（2）构件在外力的作用下，所发生的变形能够限制在正常工作所容许的范围内，即构件必须具有足够的刚度。

（3）对于细长的中心受压构件，在外力的作用下，能够始终保持原有的受力平衡形态不会发生突然的改变，即构件必须具有足够的稳定性。

一般说来，虽然在设计每一个构件时，应当同时考虑到以上三个方面的要求，但是对于某些具体的构件来说，有时往往只需要考虑其中的某一个主要方面的要求，比如有的是以强度为主，有的是以刚度为主，有的则是以稳定性为主，只要这个主要方面的要求满足了，其他两个次要方面的要求也就会相应地满足。

在工程中的每一机械和建筑物，在使用过程中，不容许有任何一个构件发生破坏而不安全，也不容许有某些构件由于变形过大而不适用。也就是说，它们应该是既安全又适用，而且在设计制造时还要使其是最经济的。因此，安全、适用与经济，是任何一个机械和工程结构必须满足的三项基本原则要求。一般来说，当所设计的构件能满足强度、刚度和稳定性三个方面的要求，又选用较好的材料和较大的横截面尺寸时，其安全性总是可以保证的。但是这样又会造成材料和费用上的浪费，不符合经济的原则。可见在安全与经济之间存在着矛盾。显然，片面地追求经济而忽视安全性，是十分有害的设计思想；但过分地强调安全而忽视经济性，也不符合社会主义现代化经济建设的节约原则。正确地处理这种矛盾，是相当重要的。材料力学正是解决这种矛盾的一门科学。材料力学的知识将会使我们知道怎样在保证安全的条件下尽量地使构件消耗最少的材料。同时也可以说，正是这种矛盾的不断出现和不断解决，促使着材料力学不断地向前发展。

为了保证既安全又经济地设计每一构件，除了依靠合理的理论、方法和先进的计算技术以外，还需要有材料力学实验技术。通过材料力学实验，可以测定各种材料的基本力学性质,并解决现有理论和方法还不足以解决的某些形式复杂构件的设计问题。因此实验技术在材料力学中也占有重要的地位。

综上所述,材料力学这门学科的任务,是研究各种材料及构件(主要是杆)在外力作用下所表现的力学性质,以及它的强度、刚度和稳定性计算问题,同时提供出有关的基本理论、计算方法和测试技术,并指出怎样合理地确定构件的材料、形状和尺寸,以保证构件能满足安全、适用与经济的设计要求。

材料力学中研究问题的方法,也与其他学科一样,通常采用的是实验观察、假设抽象、理论分析和试验验证等过程。

首先,材料力学所研究的问题,可以说都是工程中实际存在的问题,为了使所得到的结论不致脱离实际,必须通过实验,从中观察一些表面的现象,作为认识所研究的问题的入门。

其次,由于实际的问题往往是很复杂的,为了研究的方便,还需通过所观察到的现象,去深入了解问题的本质。常常采取削枝强干的方法,略去次要的枝节,保留主要的因素,作出一些能使问题简化的假设,把问题加以概括和抽象,使其典型化,以得出表达所研究的问题的计算公式和结论。目前材料力学中所采用的一些假设,都是经过长期实践的考验和反复修正以后,才形成了今天的模式。这种把工程中力学问题简化抽象为可以进行力学分析的力学模型(或计算简图)的方法,是一种科学抽象,它是人们认识自然发展理论的重要方法。

再次,将问题经过假设抽象以后,就进入理论分析过程。这个过程常以数学和力学为工具,从力的平衡条件、变形的几何谐调条件以及联系力和变形的物理条件三个方面来考虑(有时为了方便,也采用在形式上将上述三种条件混合起来的方法)。通过推证分析,就可得出表达所研究问题的本质关系的公式和结论。

最后,在理论分析中所得到的计算理论,其准确性和可靠性究竟是否符合工程实际,还需要重新通过试验和生产等实践环节来加以验证。在材料力学中,一些重要公式和结论,都是通过反复检验和修正后才形成的。

此外,为了解决材料和构件的强度问题,还必须知道材料的强度性能指标和其他一些力学性质指标,而这些方面的资料都需要通过实验方法来取得。所以说材料力学内容包括着理论和实验两个部分,二者是紧密联系而又相辅相成的。

二、材料力学的研究对象和变形固体性质的基本假设

我们知道,在本书静力学部分,曾把固体材料制造的物体当做刚体,就是假设在外力作用下,物体的形状和尺寸都绝对不变。实际上,所谓刚体,在自然界中是不存在的,任何固体在外力作用下,其形状和尺寸总会有些改变,也就是说总会发生变形,只不过有的物体受力后产生的变形较大,人们用肉眼可以直接观察出来,而有的物体受力后产生的变形可能很小,难以用肉眼直接观察出来。例如,起重机的钢吊索在吊重物时,就会使吊索产生伸长变形;楼板上放有重物或有人群存在的情况下,就会使楼板产生弯曲变形;机器中的传动轴在转动时,就会相应地使轴产生扭转变形,等等。很明显,上述物体在承受较小的外力作用时,其变形是很微小的。当它承受较大的外力作用时,其变形相应的也将是较大的,当外力增加到一定程度时,它还会发生破坏。

为什么在理论力学部分中,可以而且必须把固体当做刚体呢?这是因为真实固体的性质是非常复杂的,每个学科都只能从某一个角度来研究它,即只研究它的性质的某一方面。

理论力学主要是研究物体在外力作用下的平衡与运动问题的一般规律，物体受力后的微小变形，对于平衡与运动问题影响甚微，是一个次要因素，可以不加考虑，因此可以忽略固体的变形，而把它们当做刚体。

在材料力学中，所研究的对象是自然界存在的真实物体，它们都是由固体形态的材料制成的，这些真实物体在外力作用下，要产生一定程度的变形，所以称为变形固体。实践表明，固体所以能够发生变形，是由于在外力作用下，组成固体的微粒间的相对位置发生了变化的缘故。如前所述，材料力学所研究的主要问题是构件在外力作用下的强度、刚度和稳定性计算问题，变形分析是它必须研究的一个重要内容。因此，在材料力学中所讨论的固体（或构件、零件）一般都被当做变形固体。

在材料力学中对变形固体进行理论分析和实验研究时，需要建立一些已知量之间的关系，以及某些未知量相互之间的关系。而在从事上述一系列工作时，若要全面地精确反映出变形固体各方面的情况，将会使工作变得非常复杂，甚至使问题难以解决。因此，通常根据所需解决问题的范围，对变形固体的性质作出如下几个基本假设：

1. 连续性假设

假设在整个物体的体积内，都毫无空隙地充满着物质，即物体是绝对密实的。有了这个假设，物体内的一些物理量，才可能是连续的，才能用坐标的连续函数来表示它们的变化规律。显然，实际的变形固体，就其物质结构来说，都具有不同程度的空隙，但是，与构件的尺寸相比这些空隙是非常微小的，可以忽略不计，因此，关于变形固体的连续性假设，不会引起显著的误差。当然，对于明显的非连续体（例如，出现了裂隙的构件），则在分析研究与计算中必须设法反映出物体所有的非连续性。

2. 均匀性假设

假设物体的力学性质在整个物体内都是一样的，即同一物体中各部分材料的力学性质不随位置坐标而改变。根据这个假设，我们可以从物体中的任何位置取出一小部分来研究材料的力学性质，然后把所得的结果应用于整个物体，也可以把那些由大尺寸试件在试验中所获得的材料的力学性质，应用于物体的任何微小部分上去。实际上，变形固体的力学性质并不是均匀一致的。例如，对金属材料来说，所有的金属都是结晶体物质，如果在一个晶粒内取出一与晶粒大小差不多的微块（例如图Ⅰ中的 A），显然其性质将与几个晶粒交界处取出的微块（例如图Ⅰ中的 B）的性质不同。然而，在材料力学中所研究的金属物体，其体积和晶粒相比要大很多，从同一物体不同部分所取出的任何小的试件里，都会包含着无数的排列得错综复杂的晶粒。因此，从统计平均的观点来看，它们的材料力学性质都是相同的。对于混凝土材料也有类似的情况。在混凝土中，石块、砂砾和水泥混杂地固结在一起，如果只考虑个别的石块、砂砾或水泥小块，它们的性质是不同的，但是一般的混凝土结构的体积都远比石块、砂砾或水泥小块要大得多，从混凝土结构中取出的一个混凝土试块，其中必然包含着很多的石块、砂砾和水泥，因此可以假设混凝土也是各部分性质均匀的材料。

当然，对于明显的非均匀体（例如，钢筋混凝土结构，具有松软夹层的岩石等），在分析、研究与计算中必须设法反映出它们的非均匀性。

3. 各向同性假设

假设物体的力学性质在所有各个方向都相同，即物体的力学性质不随方向的不同而改变。在工程实际中，许多均匀的非晶体材料，例如玻璃、塑胶等，都是**各向同性材料**。金属材料，就其基本组成部分——单个的晶粒来说，其性质是有方向性的，但是，由于金属是由无数个晶粒随机地错综排列而成的，因此，从统计平均的观点来看，可以认为金属也是各向同性材料。同理，我们也可以把浇注得比较均匀的混凝土块当做各向同性材料。

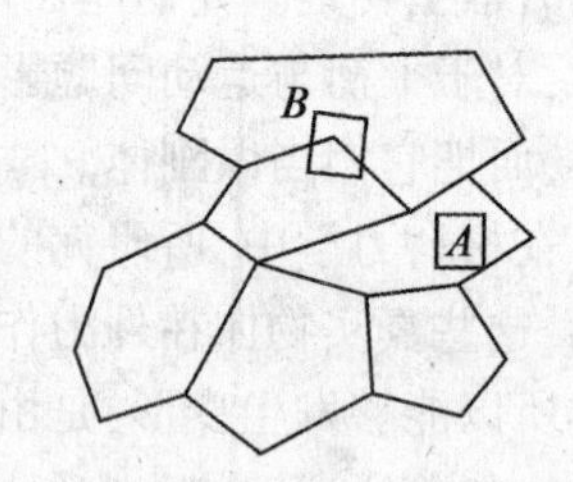

图Ⅰ　结晶体物质中的小块

在工程实际中，也存在着不少的**各向异性材料**。例如木材、竹材和经过冷拉的钢丝等都属于各向异性材料。很明显，当木材分别在顺木纹方向、垂直木纹方向或与木纹斜交方向受到外力的作用时，它所表现出的强度或其他的力学性质都是各不相同的。显然在设计由各向异性材料制造的构件时，必须考虑材料在各个不同方向的不同力学性质。

我们通常把符合上述连续性、均匀性和各向同性假设的固体叫做**理想变形固体**，否则就叫做**非理想变形固体**。材料力学作为一门学科来说，既研究均匀连续各向同性的材料，也研究非均匀连续和各向异性的材料。在本书中，主要是研究均匀连续各向同性的材料，从研究这类材料所得到的基本理论和基本方法，有一些也可用于非均匀连续和各向异性材料，必要时，我们将在适当的地方加以说明。

4. 小变形假设

物体在外力作用下都会发生变形，物体上的各点也要产生相应的**位移**。在工程实际中，这种变形和位移，一般都是比较小的，所谓小变形假设就是假设物体在受力以后所产生的变形，或其上各点的位移，与物体本身原来的尺寸相比是非常微小的。根据这个假设，在为物体建立变形后的平衡方程时，就可以用变形以前物体的尺寸和力的作用位置，来代替变形以后物体的尺寸和力的作用位置。同时，在计算中，对于表示物体变形的某些量值的二次幂乘积以及二次以上的高次幂等都可以略去不计。这样，既可以使实际计算大为简化，又不会引起显著的误差。小变形假设也是以后将要介绍的分析力和变形的**叠加原理**的基础。

虽然在工程实际中，大多数构件在外力作用下所产生的变形是符合小变形假设的，但是，对于某些特殊的构件，例如**柔性构件**，它们在外力作用下一般会产生较大的变形，在这种情况下，小变形假设就不适用了，在分析与计算这类问题时，必须按**大变形问题**来考虑。

在本书内，将只讨论符合小变形、连续性、均匀性和各向同性假设的变形固体问题，也就是所谓的理想线弹性体问题。

由上所述可以看出，一般变形固体都具有抵抗外力作用和一定变形的能力，在固体承受的外力消除后，它能立刻恢复其原有的形状和尺寸，变形固体的这种性质称为**弹性**。如果物体在外力除去以后能够完全恢复原状，这种物体就被认为是**完全弹性体**；如果不能完全恢复原状，则被认为是**部分弹性体**。

部分弹性体的变形有两部分：一部分是随着除去外力而消失的变形，称为**弹性变形**；另一部分是外力除去后仍不能消失的变形，称为**塑性变形**，也叫**残余变形**或**永久变形**。

在自然界中并没有所谓的完全弹性体，一般的变形固体既具有弹性，也具有塑性。不过实验指出，像金属、木材和玻璃钢类复合材料等工程材料，当作用的外力超过了某一限度，就要发生显著的塑性变形而成为部分弹性体。因此，物体在外力作用下，能够发生较大塑性变形的这种性质，称为塑性。

变形固体的弹性和塑性往往是有条件的,例如在同样受力的情况下,金属在常温下可以是弹性的,而在高温下却是塑性的。在材料力学中,我们把固体在常温下的弹性阶段,作为研究的主要范围,并着重研究这种情况下外力和变形之间的关系。

三、杆件及其变形的基本形式

在工程中,实际构件有各种不同的形状,为了研究的方便,在材料力学中,通常把构件形状加以简化,然后按简化构件的几何形状与长、宽、厚尺寸来分类研究。

我们经常遇到的构件,其长度往往远大于宽度和厚度(横截面)尺寸,这类构件称为杆件,简称为杆。如果所研究的杆的横截面形心连线(或轴线)是直线,这样的杆就称为直杆。横截面形状和尺寸沿杆长不变的直杆,又称为等直杆(如图Ⅱ(a))。轴线为曲线的杆则称为曲杆(如图Ⅱ(b))。轴线为折线的杆称为折杆(如图Ⅱ(c))。横截面形状和尺寸是变化的曲杆,又称为变截面曲杆(如图Ⅱ(d))。工程上常见的许多构件或零件都可以简化为杆件,例如连杆、丝杆、立柱、吊钩和传动轴等。某些实际零件(如齿轮的轮齿、曲轴的轴颈等)并不是典型的杆件,但在近似计算或定性分析时也可以简化为杆。所以杆是工程中最基本的构件,是材料力学研究的主要对象。在本书中我们着重研究等截面直杆。

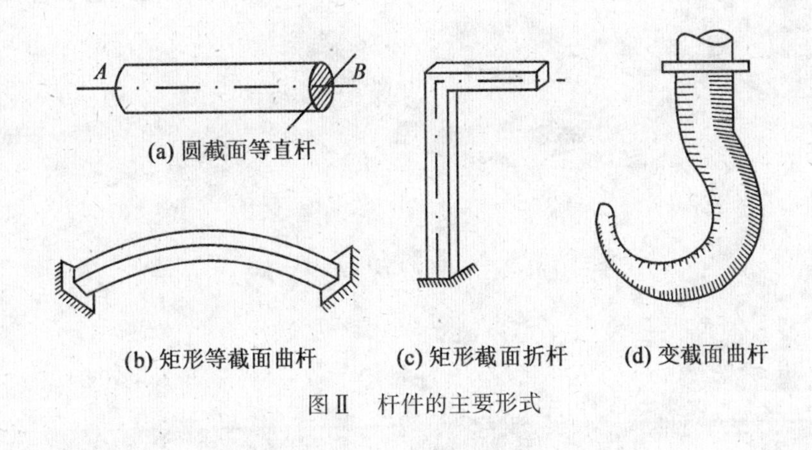

(a) 圆截面等直杆

(b) 矩形等截面曲杆　(c) 矩形截面折杆　(d) 变截面曲杆

图Ⅱ　杆件的主要形式

除了杆件外,工程中的构件还有平板、壳体和块体等。概括地说,长度和宽度远远大于厚度的构件称为板或壳,长度、宽度和厚度属于同一量级尺寸的构件则称为块体。

工程中的杆件会受到各种形式的外力作用,因而它所引起的变形也是各式各样的。但不管实际变形怎样复杂,我们都可以把杆件的变形归纳为下述的几种基本变形中的一种,或者是它们中几种的组合。杆件的基本变形形式是:

(1) **拉伸或压缩**　这种变形是由作用线与杆轴线重合的外力所引起的(图Ⅲ(a)、(b))。

(2) **剪切**　这种变形是由一对相距很近、方向相反的横向外力所引起的(图Ⅲ(c))。

(3) **扭转**　这种变形是由一对转向相反、作用在垂直于杆轴线的两个平面内的力偶所引起的(图Ⅲ(d))。

(4) **弯曲**　这种变形是由一对方向相反、作用在杆的纵向平面内的力偶所引起的(图Ⅲ(e))。

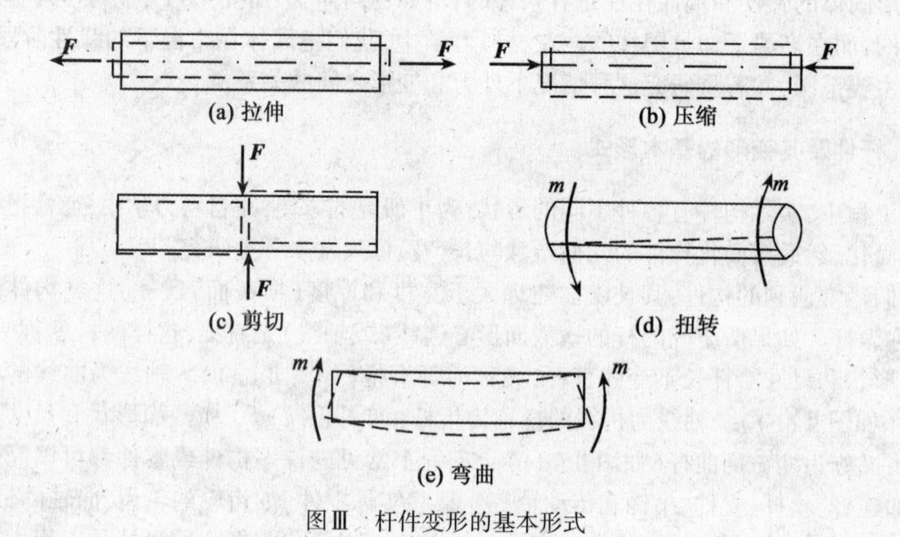

图Ⅲ 杆件变形的基本形式

在本书中,将先研究杆件变形的四种基本形式,然后再研究杆件的几种组合变形。

第 4 章　轴向拉伸和压缩时杆件的应力和变形计算

§4-1　工程实际中的轴向受拉杆和轴向受压杆

在工程实际中,我们经常遇到的构件是等直杆(即沿杆长横截面都相等的直杆)。如果作用在杆上的外力或其合力的作用线与杆的轴线重合,则将使杆发生轴向拉伸或轴向压缩的变形,我们把这种杆叫做轴向受拉(压)杆,例如起重机的吊缆、理想铰接桁架中的各杆、连接气缸的螺栓、千斤顶的螺杆和各种结构的支柱等,都是轴向受拉或轴向受压的等直杆。

图 4-1(a)表示一钢筋混凝土电杆上支承架空电缆的横担结构。它由横担 AB 和斜杆 BC 组成。在结点 B 处承受悬挂电缆产生的集中荷载 F_P 的作用,我们对杆 AB 和杆 BC 进行力学分析。假设杆端的连接都是理想的铰接,杆 AB 和杆 BC 的重量可以忽略不计(在工程设计计算中,如果遇到杆件的自重与其他荷载比较起来是很小的情况,为了简化计算,常常可以将构件的自重忽略不计),在杆 AB 和杆 BC 的上面又没有其他的外力作用,这样,杆 AB 和杆 BC 就都是链杆,在它们的两端都只作用有大小相等、方向相反、作用线与杆轴线相重合的两个力,如图 4-1(b)中的 F_1 和 F_2 所示。根据作用力与反作用力定律,杆 AB 和杆 BC 分别作用在铰 B 上的力也是 F_1 和 F_2,如图 4-1(c)所示。取铰 B 为脱离体并且列出它的平衡方程,就可以确定 F_1、F_2 的大小和方向。通过以上的分析,我们知道,通过铰接点传给杆 AB 的力 F_1 将作用在杆的两端并与杆轴线重合,且是一对大小相等、方向相反、指向朝向杆端截面的轴向压力,它们将使杆 AB 产生轴向(纵向)压缩变形,所以我们把它称为轴向受压杆。同样,作用在杆 BC 两端的一对力 F_2 将使杆产生轴向拉伸变形,所以我们把它叫做轴向受拉杆。

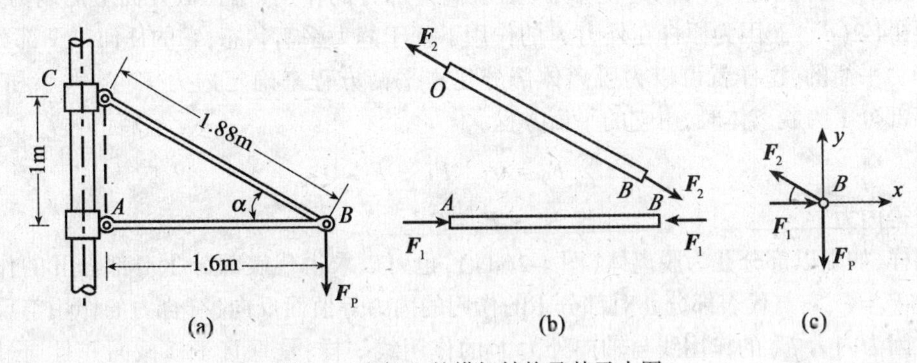

图 4-1　电杆上的横担结构及其示力图

在本章中,我们将先研究直杆只在两端受有轴向外力作用的基本情况,然后再进一步研究其他比较复杂的问题。

§4-2 轴向受拉杆和受压杆的内力——轴力,轴力图

一、轴力

我们以图 4-2(a)所示的圆截面杆为例,研究它在轴向拉伸下所产生的内力。当杆在其两端受到轴向拉力 F 的作用时,杆产生拉伸变形,使杆的长度由 l 变为 l_1(图 4-2(b)),杆内各质点间的相对位置也发生了相应的改变。与此同时,各质点间的相互作用力也发生了改变。通常,我们把这种因外力作用而引起的杆内部质点间相互作用力的改变,称为**内力**。内力虽然是伴随着外力引起的变形而同时产生的,但它又力图保持杆的原有状态抵抗杆的变形,因此我们有时也把内力称为**抗力**。

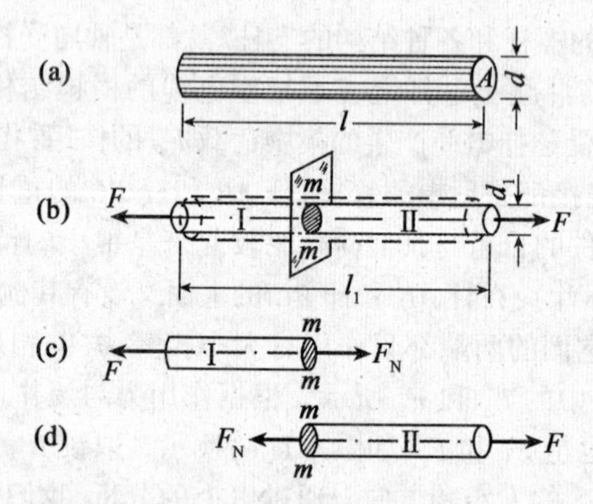

图 4-2 用截面法求杆的内力

为了显示和计算杆的内力,通常采用**截面法**。就是假想地用一个截面(一般是用于垂直于杆轴线的横截面)m-m 将杆分为两部分Ⅰ和Ⅱ(图 4-2(b)),取其中的任一部分(例如Ⅰ)为脱离体,并且将另一部分(例如Ⅱ)对脱离体部分的作用,用在截开面上的内力 F_N 来代替(图 4-2(c))。因为原杆在外力 F 的作用下处于静力平衡状态,它的任何一个部分也应该是静力平衡的,这样就可以为脱离体部分建立平衡方程来确定内力 F_N 的大小和方向。例如以部分Ⅰ为脱离体时,由它的平衡方程

$$\sum F_x = 0: \quad F_N - F = 0$$

可以求得内力

$$F_N = F \tag{4-1}$$

同样,如果以部分Ⅱ为脱离体(图 4-2(d)),也可以求得代表部分Ⅰ对部分Ⅱ的作用的内力为 $F_N = F$,它与代表部分Ⅱ对部分Ⅰ的作用的内力等值而反向,符合力的作用与反作用定律。因为内力 F_N 的作用线与轴向外力 F 的作用线一样,是垂直于横截面并且通过其形心与杆轴线相重合的,所以我们又称它为**轴力**。

上述求轴力的截面法,以后还要经常用到,现把它的具体步骤归纳如下:

(1)用一个假想的截面将杆在需要求其内力的截面处截开。

(2)取被截开杆的任一部分为脱离体,并且在截开面上用轴力 F_N 代替另一部分对此部分的作用。

(3)列出脱离体的平衡方程,就可以由它解出所要求的轴力。

轴力的量纲为[力]([MLT^{-2}]),在国际单位制中力的单位是牛顿(N)或千牛顿(kN)。

为了区别拉伸和压缩,我们对轴力 F_N 的正负号规定是:方向离开作用截面的轴力为正号的轴力,也称为**拉力**;方向朝向作用截面的轴力为负号的轴力,也称为**压力**。

二、轴力图

当杆受到一个以上轴向外力的作用时,在杆的不同部分的横截面上轴力将会不同,而对杆作强度计算时,必须以杆内的最大轴力 $F_{N,max}$ 作为依据。为此,就必须知道杆各横截面上的轴力,以便确定其最大轴力。为了形象地表明杆内轴力随横截面位置而变化的情况,可根据算得的轴力作出轴力图。通常是按选定的比例尺,用平行于杆轴线的坐标表示横截面的位置,用垂直于杆轴线的坐标表示横截面上轴力的数值,从而绘出表示轴力与横截面位置关系的图线,即为**轴力图**。习惯上规定将正值的轴力画在与杆轴线平行的坐标轴的上侧,负值的轴力画在下侧。下面通过例题具体说明轴力的求法与轴力图的作法。

例 4-1　图 4-3(a)表示一等直杆,如果该杆在 A、B 二截面的中心受有轴向荷载 $F_1=F_2=100\text{kN}$,试求杆中的轴力,并作出轴力图。

解　(1)用截面法确定各典型杆段(通常以轴向荷载作用处为界)的轴力数值。

假想在 AB 段内的任一横截面 1-1 处将杆截开,取上段为脱离体,并用轴力 F_{N1}(一般是先假设它为拉力)代表下段对上段的作用。根据上段杆的平衡条件(图 4-3(b)),可得

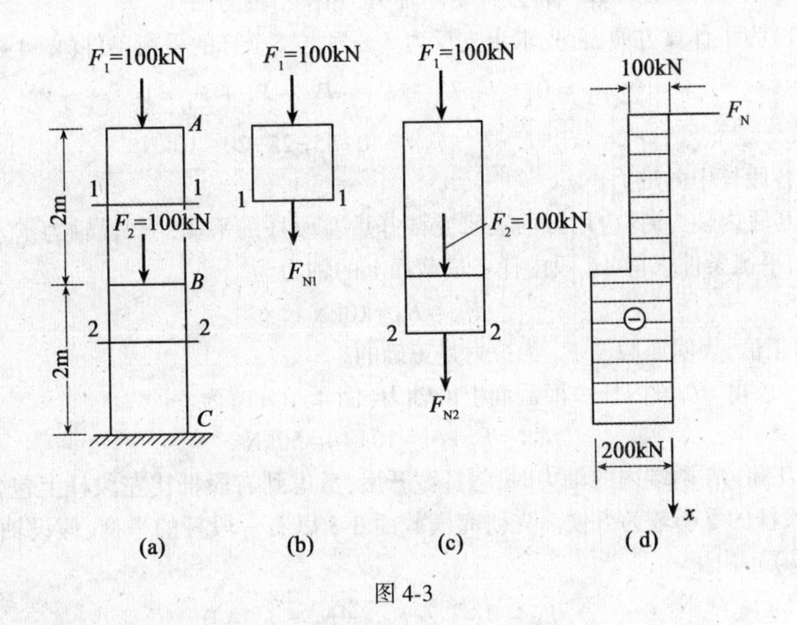

图 4-3

$$\sum F_x = 0: \quad F_{N1} + F_1 = 0$$

即

$$F_{N1} = -F_1 = -100\text{kN}$$

算得的结果数值带负号，表示轴力 F_{N1} 的方向与假设的方向相反，即它实际上是压力。因在 AB 段内没有其他外荷载作用，故在此段内所有各横截面上的轴力数值都相等，即都是 $F_{N1} = -100\text{kN}$。

同样，假想在 BC 段内用任一横截面 2-2 将杆截开，并用轴力 F_{N2} 代替下段对上段的作用，根据上段杆的平衡条件（图 2-3(c)），得

$$\sum F_x = 0: \quad F_{N2} + F_1 + F_2 = 0$$

即

$$F_{N2} = -F_1 - F_2 = -100\text{kN} - 100\text{kN} = -200\text{kN}$$

算得的结果数值带有负号，表示轴力 F_{N2} 应为压力。同样，在 BC 段各横截面上的轴力都是 $F_{N2} = -200\text{kN}$。

(2)作轴力图

取一直角坐标系，并以与杆轴平行的坐标轴为 x 轴，以与杆轴垂直的轴为 F_N 轴。然后按照选定的比例尺，用 x 坐标表示杆横截面的位置，用 F_N 坐标表示横截面上的轴力数值，根据各横截面上轴力的大小和正负号（拉力为正、压力为负）画出杆的轴力图，如图 4-3(d)所示。注意在轴力图上要标明正、负号。

从作出的轴力图上可容易看出，在杆中的最大轴力值为 $F_{N,max} = -200\text{kN}$，发生在 BC 段的各个横截面上。同时还可看出，轴力在 B 截面处发生了由 -100kN 到 -200kN 的突变，这是由于在 B 截面上作用有集中荷载 $F_2 = -100\text{kN}$，故在 B 截面的上、下两侧的轴力是不同的。

例 4-2 图 4-4(a)所示的等直杆，其受力情况如图 4-4(b)所示，$F_1 = 40\text{kN}$，$F_2 = 55\text{kN}$，$F_3 = 25\text{kN}$，$F_4 = 20\text{kN}$。试计算在各段杆中的轴力，并作出轴力图。

解 (1)为了计算方便，首先求出支反力 F_R，根据整个杆的平衡条件（图 4-4(b)），由

$$\sum F_x = 0: \quad -F_R - F_1 + F_2 - F_3 + F_4 = 0$$

可得

$$F_R = -F_1 + F_2 - F_3 + F_4 = -40 + 55 - 25 + 20 = 10\text{kN}$$

(2)求各段杆中的轴力

在求 AB 段内轴力时，应用截面法研究截开后左段杆的平衡。假设轴力 F_{N1} 为拉力（图 4-4(c)），由平衡条件求得 AB 段内任一横截面上的轴力为

$$F_{N1} = F_R = 10\text{kN}$$

计算结果为正值，表明原假设 F_{N1} 为拉力是正确的。

同理，可求得 BC 段内任一横截面上的轴力（图 4-4(d)）为

$$F_{N2} = F_R + F_1 = 10 + 40 = 50\text{kN}$$

在求 CD 和 DE 两端内的轴力时，将杆截开后，考虑到右段杆比左段杆上包含的外力较少，以取右段杆的平衡较为方便。先研究横截面 3-3 以右一段杆的平衡，假设轴力 F_{N3} 为拉力（图 4-4(e)），由

$$\sum F_x = 0: \quad -F_{N3} - F_3 + F_4 = 0$$

可得

$$F_{N3} = -F_3 + F_4 = -25 + 20 = -5\text{kN}$$

结果为负值，说明原假设 F_{N3} 的指向不对，即它应为压力。

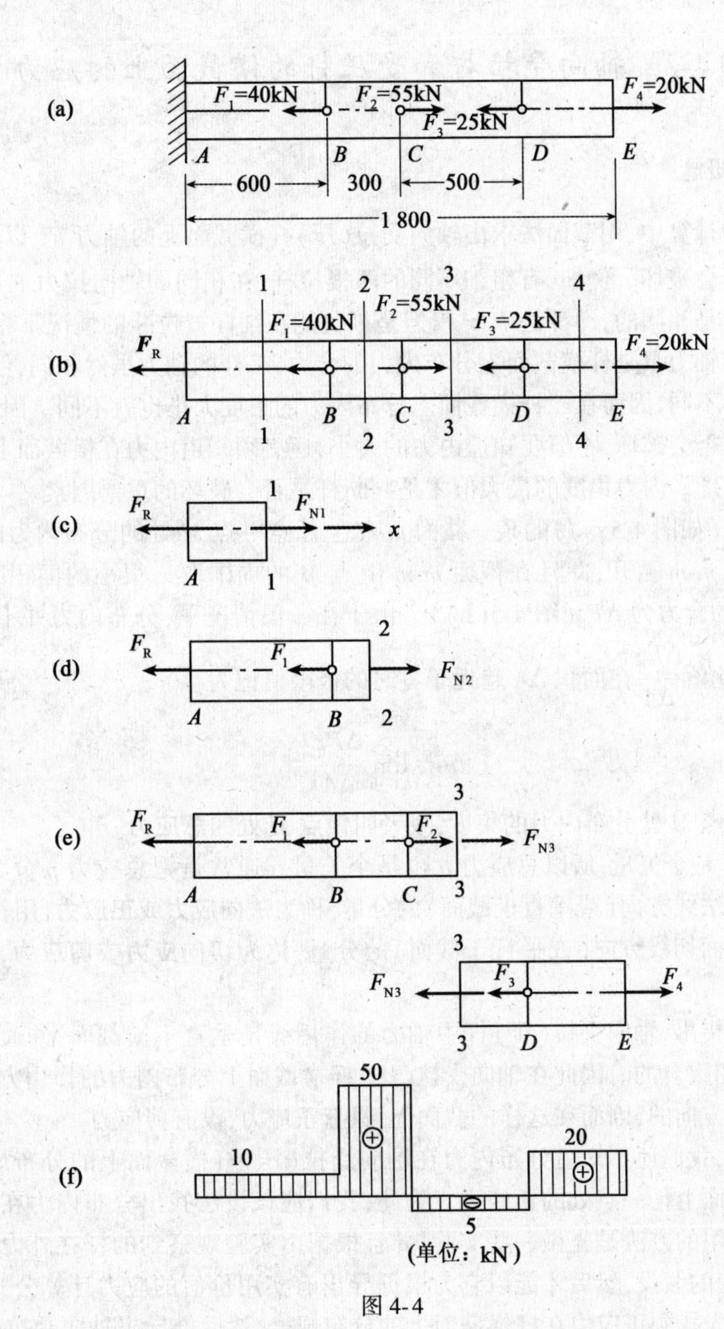

图 4-4

同理，　　$F_{N4}=F_4=20\text{kN}$(拉力)

(3)作轴力图

按前述作轴力图的方法，作出杆的轴力图如图 4-4(f)所示。由图可见，杆的最大轴力 $F_{N,max}$ 发生在 BC 段内，其值为 50kN。

§4-3 轴向受拉杆和受压杆的横截面上的应力

一、应力的概念

在工程设计计算中,用截面法求出轴向受拉(压)杆横截面上的轴力 F_N 以后,还不能够立即判断杆是否会破坏。例如,有粗细不同的两根拉杆,在相同的轴向拉力 F 作用下,它们横截面上的轴力是相同的,即都是 $F_N=F$,但是很可能在细杆被拉断的情况下粗杆仍旧安然无恙。这是因为轴力只是杆横截面上分布内力的合力,二杆的轴力虽然相同,但是由于杆横截面面积的大小不同,因而在二杆横截面上分布内力的集度大小也就不同。因此,要判断杆在外力作用下是否会破坏,不但要知道内力的大小,还必须知道内力在横截面上的分布规律和分布内力的集度。内力集度的最大值才是判断杆是否会破坏的重要因素。

为了弄清杆(如图 4-5(a))的某一截面 m-m 上任意一点 M 处的分布内力的集度,我们可以假想地将杆 m-m 截开,并且在截面 m-m 上点 M 的周围取一很小的面积 ΔA。设面积 ΔA 上分布内力的合力为 ΔF_R(图 4-5(b))。由于在一般情况下,分布内力并不一定是均匀的,所以应该将比值$\dfrac{\Delta F_R}{\Delta A}$在面积 ΔA 趋近于零时的极限值记为

$$p=\lim_{\Delta A\to 0}\frac{\Delta F_R}{\Delta A} \tag{4-2}$$

通常把 p 定义为点 M 处分布内力的集度,或者叫做点 M 处的**总应力**。

因为力 ΔF_R 是个矢量,所以总应力 p 也是个矢量。通常是把总应力 p 分为两个分量,一个是沿着截面法线方向(或垂直于截面)的分量,称为**法向应力**或**正应力**,用符号 σ 表示;另一个是沿着截面切线方向(或平行于截面)的分量,称为**切向应力**或**剪应力**,用符号 τ 表示(图 4-5(c))。

在上节已经指出,轴向受拉(压)杆中轴力的作用线是垂直于横截面,并通过横截面的形心,与杆轴线相重合的。因此在轴向受拉(压)杆横截面上分布内力的作用方向也一定是沿着截面的法线方向的,因而在这样的截面上,只有正应力,没有剪应力。

到现在为止,我们还不知道分布内力在轴向受拉(压)杆横截面上的分布规律,因此也就不能确定横截面上任一点处的正应力。为此,我们应该设法找出分布内力在杆横截面上的分布规律。常用的方法是先做一些实验,并且根据由实验观察到的杆在外力作用下的变形现象,做出一定的假设,然后才能以它为根据导出有实用价值的应力计算公式。下面,我们就用这种方法先找到正应力在杆横截面上的分布规律,然后推导出轴向受拉(压)杆横截面上的正应力公式,并且指出它们的适用条件。

二、横截面上正应力的计算公式

为了观察轴向受拉杆的变形现象,我们取一等直杆(图 4-5(a))。在未加力以前,先在杆的表面上画出许多表示杆横截面的周边线,如图 4-5(d)中的 ab、cd 等所示,以及平行于杆轴线的纵向直线,如图 4-5(d)中的 ef、gh 等所示。加上轴向拉力 P 后,杆发生变形,在杆的表面上,可以观察到如下的现象:

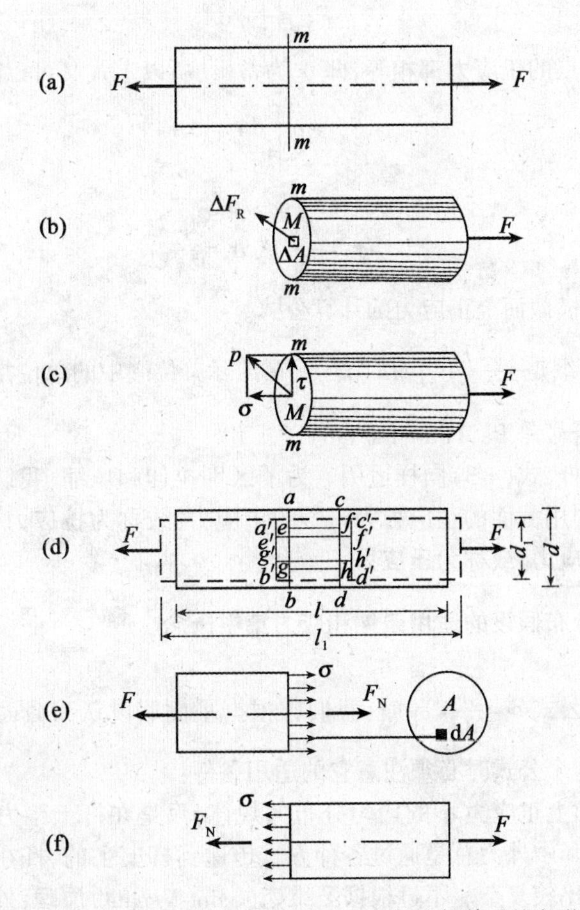

图 4-5　等直杆横截面上的内力、应力以及轴向拉伸时的变形

(1)周边线 ab、cd 等分别移到了 $a'b'$、$c'd'$等位置,但仍旧保持互相平行;

(2)纵向直线 ef、gh 等分别移到了 $e'f'$、$g'h'$等位置,但仍旧保持与杆轴线平行。

根据上面所观察到的现象,我们可以作出一个重要的假设,即:杆上在变形前为平面的横截面,在变形后仍旧保持为与杆轴线垂直的平面。通常把这个假设叫做**平面假设**。

根据平面假设,可以把杆看做是由许多纵向的“纤维”组成的,杆受拉时,所有的纵向纤维都均匀地伸长,也就是在杆横截面上各点处的变形都相同。由于轴向受拉杆在外力作用下的内力是伴随着变形一同产生的,因此在杆横截面上各点处的分布内力与变形的关系应该是一致的。既然在杆横截面上各点处的变形都相同,因此在杆横截面上的分布内力也一定是均匀分布的。由此可以知道,在杆横截面上的各点处有相同的内力分布集度或相同的正应力 σ(图 4-5(e))。知道了正应力在杆横截面上是均匀分布的规律以后,我们就可以应用静力平衡条件确定正应力 σ 的数值。

由图 4-5(e)可以看出,作用在微面积 dA 上的微内力是

$$dF_N=\sigma dA$$

通过积分可以求得作用在杆横面上的总内力

$$F_{\mathrm{N}} = \int_A \sigma \mathrm{d}A$$

因为在横截面上各点的正应力都相等,即 σ 为常量,所以上式又可以改写为

$$F_{\mathrm{N}} = \sigma \int_A \mathrm{d}A = \sigma A$$

从而有

$$\sigma = \frac{F_{\mathrm{N}}}{A} \text{ 或 } \sigma = \frac{F}{A} \tag{4-3}$$

这就是轴向受拉杆横截面上正应力的计算公式。

正应力 σ 的量纲是 $\frac{[力]}{[长度]^2}[ML^{-1}T^{-2}]$,在国际单位制中的单位是帕斯卡(Pascal),其中文符号是帕,国际符号是 Pa,$1\mathrm{Pa}=1\mathrm{N/m^2}$。

对于轴向受压杆,式(4-3)同样适用。为了区别拉伸和压缩,我们对正应力的正负号的规定是:方向离开作用截面的正应力为正号的正应力,或称为**拉应力**;方向朝向作用截面的正应力为负号的正应力,或称为**压应力**。

三、应力均匀分布假设的适用条件和应力集中概念

在推导正应力公式 $\sigma=\frac{F_{\mathrm{N}}}{A}=\frac{F}{A}$ 时,我们曾根据平面假设认为截面上的正应力是均匀分布的,因此在应用这个公式时必须注意它的适用条件:

第一,杆横截面上正应力 σ 的均匀分布的规律,只是在杆上距力作用点较远部分才是正确的。在工程实际中外力总是通过各种方式传递到杆上去的,杆在外力作用处附近部分的应力情况一般都比较复杂。不过根据**圣维南**(Saint-Venant)**原理**,外力作用于杆端方式的不同,只会使杆端距离不大于杆的横向尺寸的范围内受到影响。例如图 4-6 所示的等直杆,在它们端部所受的压力都是静力等效的。实验证明,各杆中的应力分布情况,只在图示虚线范围部分内有显著的不同,而在离杆端稍远的部分,就都是大小相同、均匀分布的压应力。因此在一般计算中,我们可以不考虑外力的传递方式,而以合力 F 来代替杆端的全部作用力。

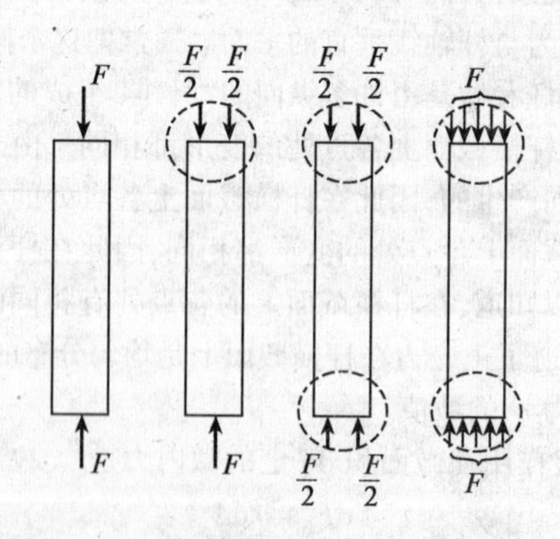

图 4-6 等直杆的静力等效

第二,外力的作用线必须与杆的轴线重合。因为如果外力偏离了轴线,则杆横截面上的正应力 σ 就不会是均匀分布的了(这个问题将在第 12 章中讨论)。

第三,杆必须是等截面的直杆。如果因为杆的横截面尺寸沿杆轴线有突然变化,则在这些截面上的应力也不会是均匀分布的。例如,图 4-7 表示两个相同的拉伸试件Ⅰ和Ⅱ,但在试件Ⅱ上面有一个小圆孔,如果在进行拉伸试验以前,在两个试件上都画上均匀的方形网格,就可以看到,在轴向拉伸时,试件Ⅰ上的网格仍旧会保持均匀的形状(图 4-7(a)),而在试件Ⅱ上圆孔附近的网格将发生显著的变形,但在离开圆孔稍远的地方,变形后的网格仍旧是均匀的(图 4-7(b))。有小孔的试件Ⅱ(图 4-8(a))在小孔所在横截面 1-1 上的应力分布图如图 4-8(b)所示。它表示出在有小孔的横截面上,在小孔附近的局部区域,应力急剧地增大了,但是稍稍离开这个区域后,应力又趋于均匀分布。这种由于截面尺寸突然改变而在局部区域出现应力急剧增大的现象称为**应力集中**。

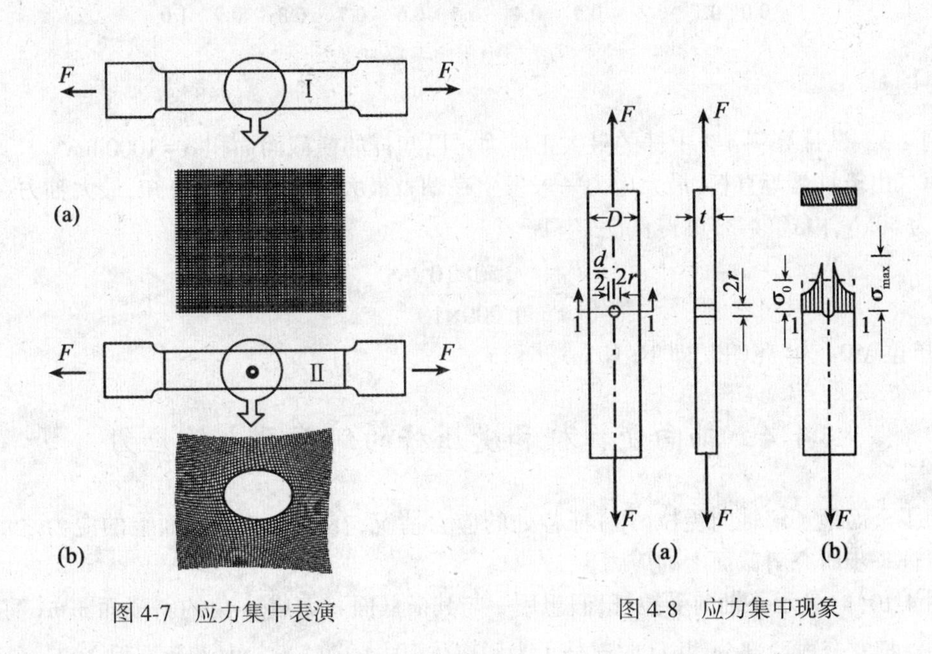

图 4-7 应力集中表演　　　　图 4-8 应力集中现象

通常我们把在发生应力集中现象时的最大应力 $\sigma_{\max}$ 与按削弱后的净截面面积 A_j(如图 4-8(b)中所示画有阴影部分的截面面积)计算的平均应力 $\sigma_0=\dfrac{F_N}{A_j}$ 的比值 α_k 来近似地表示应力集中的程度,并且称它为**应力集中系数**,即

$$\sigma_k=\frac{\sigma_{\max}}{\sigma_0} \tag{4-4}$$

对于在工程实际中常见的大多数典型构件,它们的应力集中系数 α_k 都已经用实验或理论的方法确定出来了,可以从有关的手册中查到。例如由图 4-9 所示的曲线,就可以找出具有小圆孔、半圆槽以及变截面的受拉板条的应力集中系数 α_k。α_k 的数值一般在 1.2~3 之间。

为了防止或减小应力集中对杆的不利影响,应该采取不使杆的截面尺寸发生突然的变化,尽可能地使杆的轮廓平缓光滑,将必要的孔洞配置在低应力区内等措施。

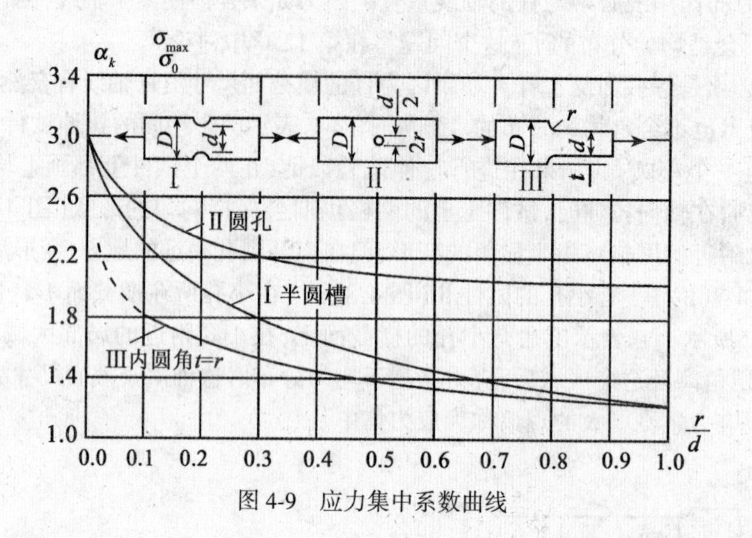

图 4-9 应力集中系数曲线

例 4-3 试计算例 4-2 中杆的最大正应力。已知杆的横截面面积 $A=1000\text{mm}^2$。

解 由于杆是等直杆,最大应力一般发生在轴力最大处,由例 4-2 可知,最大轴力在第 2 段内,为 50kN,由式(4-3)可得:

$$\sigma_{max}=\frac{F_{N2}}{A}=\frac{50\times10^2}{1\ 000\times10^{-6}}=50\text{MPa}$$

式中:单位 MPa 为"兆帕",即 10^6N/m^2。

§4-4 轴向受拉杆和受压杆的斜截面上的应力

为了全面地了解轴向受拉(压)杆各处的应力情况,在研究了横截面上的应力之后,还有必要进一步研究斜截面上的应力。

图 4-10(a)表示一轴向受拉杆,假想用一与其横截面 m-k 成 α 角的斜截面 m-n(简称为 α 截面),把它分成两部分,并且取部分Ⅰ为脱离体(图 4-10(c)),由平衡方程 $\sum F_x=0$,就可以求得 α 截面上的内力。

$$F_{N\alpha}=F \tag{a}$$

在 α 截面上的应力为 p_α,它的方向与杆轴线平行。由上一节已经知道所有的纵向"纤维"具有相同的纵向伸长,因此应力 p_α 在整个 α 截面上也是均匀分布的(图 4-10(c))。内力 $F_{N\alpha}$ 就是 α 截面上应力 p_α 的合力。如果以 A_α 与 A 分别表示 α 截面(m-n)与横截面(m-k)的面积,则

$$F_{N\alpha}=\int_{A_\alpha}p_\alpha\text{d}A=p_\alpha\int_{A_\alpha}\text{d}A=p_\alpha A_\alpha \tag{b}$$

由图 4-10(c)可知

$$A_\alpha=\frac{A}{\cos\alpha} \tag{c}$$

将式(a)、(c)代入式(b),求得 α 截面上的应力 p_α 为

$$p_{\alpha}=\frac{F_{N\alpha}}{A_{\alpha}}=\frac{F}{A}\cos\alpha=\sigma\cos\alpha \tag{4-5}$$

式中：$\sigma=\dfrac{F}{A}$ 为横截面 $m\text{-}k$ 上的正应力(图 4-10(b))。

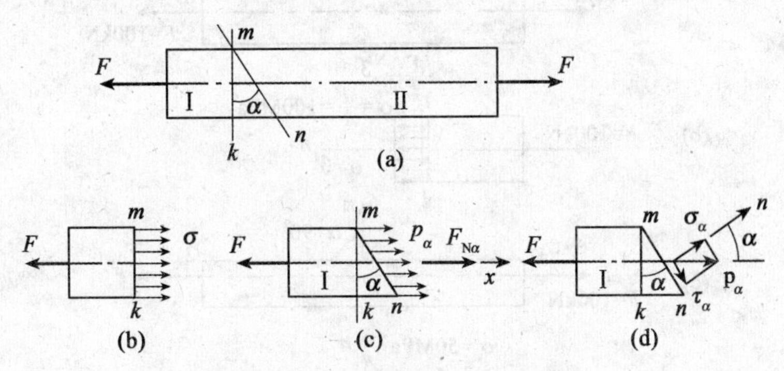

图 4-10　等直杆斜截面上的内力和应力

为了研究的方便,通常是将 p_{α} 分解为两个分量:沿 α 截面法线方向(或垂直于截面)的分量和沿 α 截面切线方向(或平行于截面的分量。前一分量就是正应力 σ_{α},在图 4-10(d)中,σ_{α} 为拉应力,它趋向于使杆在它作用的截面处被拉断;后一分量就是剪应力 τ_{α},它趋向于使杆在它作用的截面处被剪断。

由图 4-10(d)可知

$$\sigma_{\alpha}=p_{\alpha}\cos\alpha$$

将式(4-5)代入,则

$$\sigma_{\alpha}=\sigma\cos^{2}\alpha \tag{4-6}$$

同样由图 4-10(d)可知

$$\tau_{\alpha}=p_{\alpha}\sin\alpha=\sigma\cos\alpha\sin\alpha=\frac{1}{2}\sigma\sin2\alpha \tag{4-7}$$

式(4-6)、(4-7)表达出斜面上一点处的 σ_{α} 和 τ_{α} 的数值随斜截面位置(以 α 角表示)而变化的规律。同样它们也适用于轴向受压杆。角度 α 和应力 σ_{α}、τ_{α} 的正负号规定如下:

对于 α 角,自横截面的外向法线(即杆轴线)量起,到所求斜截面的外向法线为止,逆时针转向时为正,顺时针转向时为负;

正应力 σ_{α} 仍旧以拉应力为正,压应力为负;

剪应力 τ_{α} 对所研究脱离体内任一点的力矩是顺时针转向时为正,逆时针转向时为负(参看图 4-11)。

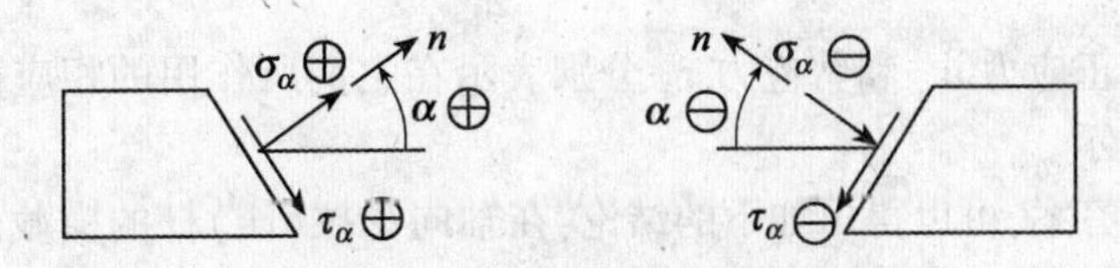

图 4-11　剪应力的正负号规定

例 4-4 有一受轴向拉力 $F=100\text{kN}$ 的拉杆(图 4-12(a)),它的横截面面积 $A=1000\text{mm}^2$。试分别计算 $\alpha=0°$,$\alpha=90°$及 $\alpha=45°$各截面上的 σ_α 和 τ_α 的数值。

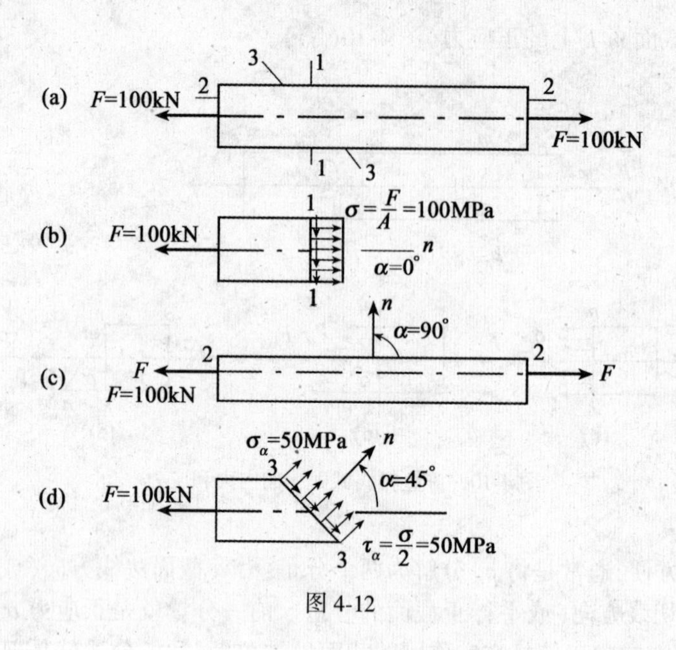

图 4-12

解 (1)$\alpha=0°$时,为杆的横截面(例如图 4-12 中的截面 1-1)。

由式(4-6)和(4-7)可以分别算得:

$$\sigma_\alpha=\sigma\cos^2\alpha=\sigma\cos^2 0°=\sigma$$

$$=\frac{F}{A}=\frac{100\times10^3}{1\ 000\times10^{-6}}=100\times10^6\text{N/m}^2=100\text{MPa}$$

$$\tau_\alpha=\frac{1}{2}\sigma\sin2\alpha=\frac{1}{2}\sigma\sin(2\times0°)=\frac{1}{2}\sigma\sin0°=0$$

(2)$\alpha=90°$时,为与轴线平行的截面(例如图 4-12 中的截面 2-2),同样可以算得:

$$\sigma_\alpha=\sigma\cos^2 90°=0$$

$$\tau_\alpha=\frac{1}{2}\sigma\sin(2\times90°)=0$$

(3)$\alpha=45°$时,同样可以算得:

$$\sigma_\alpha=\sigma\cos^2 45°=100\times\left(\frac{\sqrt{2}}{2}\right)^2=50\text{MPa}$$

$$\tau_\alpha=\frac{1}{2}\sigma\sin(2\times45°)=\frac{\sigma}{2}=\frac{100}{2}=50\text{MPa}$$

将上面算得的正应力 σ_α 和剪应力 τ_α 分别表示在它们所作用的相应截面上,如图 4-12 中(b)、(c)、(d)所示。

分析例 4-4 的答案,可以得出如下的结论:在轴向受拉(压)杆的横截面上,只存在有正应力;在与杆轴线平行的纵向截面上,既不存在正应力,也不存在剪应力;在其余的斜截面上,则既存在正应力,又存在剪应力;当 α 在 0°~90°间变动时,最大正应力 σ_{max} 产生在 $\alpha=0°$

的横截面上并且等于 σ，即 $\sigma_{max}=\sigma$，而最大剪应力产生在 $\alpha=45°$ 的斜截面上，它的数值等于最大正应力的一半，即 $\tau_{max}=\frac{\sigma}{2}$。由此可见，轴向受拉（压）杆，根据其材料抗拉能力和抗剪能力的强弱，它可能沿横截面发生拉断破坏，也可能沿 45°斜截面发生剪断破坏。

§4-5　轴向拉伸和压缩时的变形，胡克定律

一、轴向受拉（压）杆的变形

在§4-1 节曾经指出，轴向受拉杆变形的主要表现是轴向伸长。此外，由实验测出，其横向尺寸也有一定的缩小（图 4-5(d)）。至于受压杆的主要变形则为轴向缩短，同时其横向尺寸也略有增大。通常主要是用轴向伸长（缩短）来描述和度量轴向受拉（压）杆的变形。下面先以轴向受拉杆的变形情况为例介绍一些有关的基本概念。

设有一原长度为 l 的等直杆，受到一对轴向拉力 F 的作用后，其长度增大为 l_1，如图4-13 所示，则杆的轴向伸长为

$$\Delta l = l_1 - l \tag{a}$$

它给出了杆的总变形量。

为了进一步了解杆的变形程度，在杆的各部分都是均匀伸长的情况下，可以求出拉杆每单位长度的轴向伸长，即所谓**轴向线应变**：

$$\varepsilon = \frac{\Delta l}{l} \tag{4-8}$$

从式(a)知道 Δl 为正值，故拉杆的 ε 也为正值。

下面再研究轴向拉杆的横向变形。设杆的原始横向尺寸为 d，受力变形后缩小为 d_1（图 4-13），故其横向缩小为

$$\Delta d = d_1 - d \tag{b}$$

而与其相应的横向线应变则为

$$\varepsilon' = \frac{\Delta d}{d} \tag{c}$$

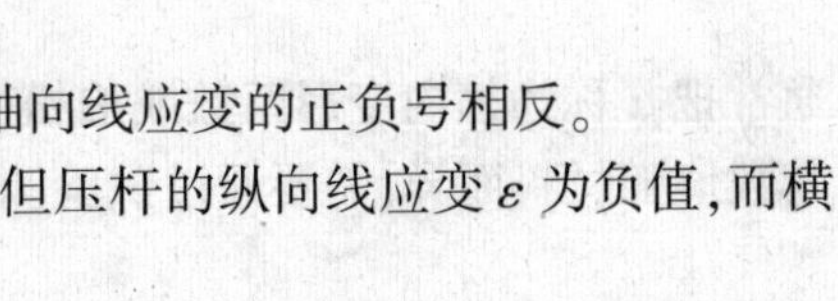

图 4-13　等直杆的变形

从式(b)可知，拉杆的 Δd 为负值，故 ε' 也为负值，它与轴向线应变的正负号相反。

以上介绍的这些基本概念同样适用于轴向受压杆，但压杆的纵向线应变 ε 为负值，而横向线应变 ε' 则为正值。

二、胡克定律

对于工程中常用的材料，如低碳钢、合金钢等所制作的拉杆，由一系列实验证明：当杆内的应力不超过材料的比例极限（即正应力 σ 与线应变 ε 成正比的最高限度的应力，详见第 3 章）时，则杆的伸长 Δl 与杆所受外力 F、杆的原长 l，以及杆的横截面面积 A 之间有如下的比例关系

$$\Delta l \propto \frac{Fl}{A}$$

引进比例常数 E,则有

$$\Delta l=\frac{Fl}{EA} \tag{4-9a}$$

由于 $F=F_N$,上式又可以改写为

$$\Delta l=\frac{F_N l}{EA} \tag{4-9b}$$

式(4-9)所表达的关系,是英国科学家胡克(R. Hooke)在1678年首先发现的,所以称为**胡克定律**。式中的比例常数 E 称为**弹性模量**,它表示材料在拉伸(压缩)时抵抗弹性变形的能力,其量纲为$\frac{[力]}{[长度]^2}$,在国际单位制中的常用单位是Pa。它的数值随材料而异,是通过试验测定的。式(4-9)也适用于压杆,但因这时轴力为压力,F_N 为负值,故求得的缩短 Δl 也带有负号。

式(4-9)中的 EA 称为杆的**抗拉(压)刚度**,显然,对于长度 l 相等、轴力 F_N 相同的受拉(压)杆,其抗拉(压)刚度 EA 越大,则所发生的伸长(缩短)变形 Δl 越小。有时我们还把$\frac{EA}{l}$称为杆的相对刚度或刚度系数,不难看出它也就是杆在单位荷载(即 $F=1$)作用下的伸长(缩短)变形。

若将式(4-9)改写为$\frac{\Delta l}{l}=\frac{1}{E}\frac{F_N}{A}$,并以轴向应力 $\sigma=\frac{F_N}{A}$及轴向线应变 $\varepsilon=\frac{\Delta l}{l}$代入,则可得出胡克定律的另一表达式为

$$\varepsilon=\frac{\sigma}{E} \tag{4-10}$$

所以胡克定律也可简述为:当杆内应力不超过材料的比例极限时,应力与应变成正比。式(4-10)不仅适用于受拉(压)杆,而且可以适用于所有的单向应力状态(参看第13章),故又称为**单向应力状态下的胡克定律**。

实验结果还表明,当受拉(压)杆内的应力不超过材料的比例极限时,横向线应变 ε' 与轴向线应变 ε 的绝对值之比为一常数,即

$$\left|\frac{\varepsilon'}{\varepsilon}\right|=\mu \tag{d}$$

通常把 μ 称为**横向变形系数**或**泊松**(S. D. Poisson)**比**,显然 μ 是一无量纲(称量纲一)的量,其数值随材料而异,需要通过试验测定。通常考虑到 ε' 与 ε 的正负号恒相反,故有

$$\varepsilon'=-\mu\varepsilon \tag{4-11}$$

弹性模量 E 和泊松比 μ 都是表示材料的弹性性质的常数。在表4-1中给出了一些常用材料的 E 和 μ 的约值。

例4-5 用低碳钢试件做拉伸实验,在试件中间部分取标距 AB 长度 l 为50mm(图4-14),逐渐加力,当拉力达到20kN时,AB 长变为50.01mm。已知低碳钢的 $E=2.1\times10^5$MPa,试求该试件的相对伸长及在试件中产生的最大正应力和最大剪应力。

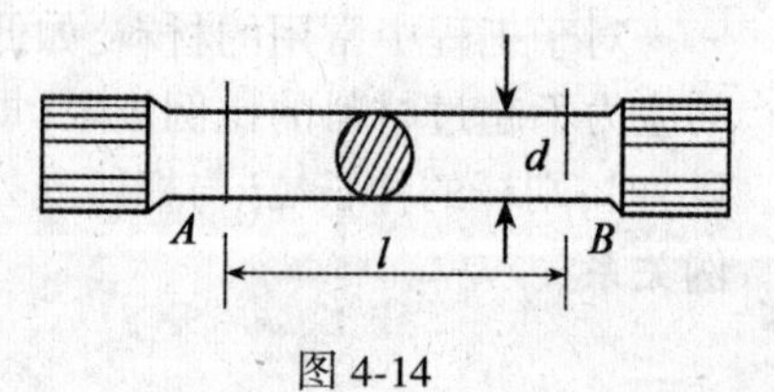

图4-14

解　(1)在拉力 $F=20\text{kN}$ 时,试件的绝对伸长为

$$\Delta l=l_1-l=50.01-50=0.01\text{mm}$$

(2)试件的相对伸长为

$$\varepsilon=\frac{\Delta l}{l}=\frac{0.01}{50}=0.000\,2$$

表 4-1　　**弹性模量 E 及横向变形系数 μ 的约值**

材料名称	牌号	E (10^5MPa)	μ
低碳钢	A3	2.0~2.2	0.24~0.28
中碳钢	35、45 号	2.09	0.26~0.30
低合金钢	16Mn	2.0	0.25~0.30
合金热强钢	$30Cr_2MoV$	2.0	0.28~0.30
合金热强钢	40CrNiMoA	2.1	0.28~0.32
合金钢	45MnSiV 预应力钢筋	2.2	0.22~0.25
灰口铸铁		0.6~1.62	0.23~0.27
球墨铸铁		1.5~1.8	0.24~0.27
铝及铝合金	LY12	0.72	0.33
铜及铜合金		1.0~1.1	0.31~0.36
硬质合金		3.8	0.23~0.28
混凝土	100~400 号	0.15~0.36	0.16~0.20
木材	(顺纹)	0.09~0.12	
木材	(横纹)	0.005~0.01	
石料	石灰岩类	0.06~0.09	0.16~0.28
砖料	红砖、青砖	0.027~0.035	0.12~0.20
橡胶	工业橡胶板	0.00008	0.47~0.50

(3)轴向拉伸时,最大正应力发生在试件的横截面上,将 E 和 ε 值代入式(4-10),可得

$$\sigma_{max}=E\cdot\varepsilon=2.1\times10^5\times0.000\,2=42MPa$$

(4)轴向拉伸时,最大剪应力发生在试件中 $\alpha=45°$的斜截面上,其值等于最大正应力的一半,即

$$\tau_{max}=\frac{\sigma_{max}}{2}=\frac{42}{2}=21MPa$$

例 4-6　在图 4-15 所示的结构中,AB 杆为钢杆,横截面为圆形,直径等于 34*mm*;BC 杆为木杆,横截面为正方形,每边长为 170*mm*。两点在 B 点铰接。已知钢的弹性模量 $E_1=2.1\times10^5MPa$,木材顺纹的弹性模量 $E_2=0.1\times10^5MPa$。试求当结构在 B 点作用有荷载 $F=40kN$ 时,B 点的水平位移和竖直位移。

解 用截面法取出B节点为脱离体，并以F_{N1}、F_{N2}分别表示AB和BC二杆的轴力(图4-15(*b*))。

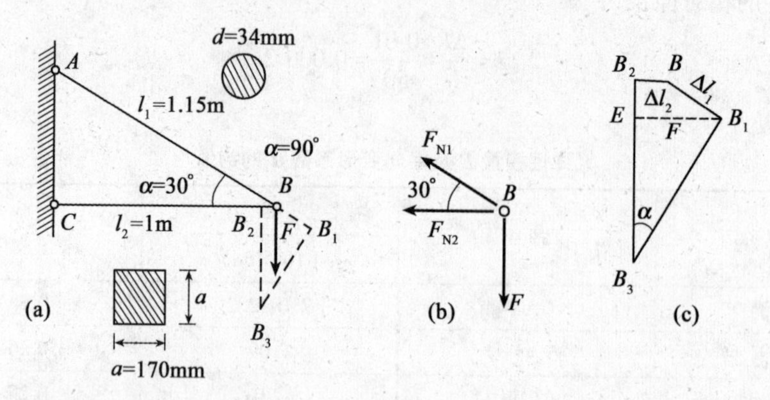

图4-15

(1)根据静力平衡条件求轴力F_{N1}和F_{N2}

由 $\sum F_y = 0$,可得

$$F_{N1} = \frac{F}{\sin 30^\circ} = \frac{40}{\frac{1}{2}} = 80\text{kN}(\text{拉力})$$

由 $\sum F_x = 0$, 可得

$$F_{N2} = -F_{N1} \cdot \cos 30^\circ = -69.3kN(\text{压力})$$

(2)根据式(4-9)求各杆的变形:

$$\Delta l_1 = \frac{F_{N1} l_1}{E_1 A_1} = \frac{80\ 000 \times 1.15}{(2.1 \times 10^{11}) \frac{\pi}{4} (34 \times 10^{-3})^2} = 0.48mm$$

$$\Delta l_2 = \frac{F_{N2} l_2}{E_2 A_2} = \frac{-69\ 300 \times 1}{(0.1 \times 10^{11})(170 \times 10^{-3})^2} = -0.24mm$$

(3)由变形的几何条件求B点的位移

根据结构的实际组成情况,AB、BC二杆的变形后仍应连接在一起。若AB杆在变形后使B点移至B_1点,BC杆变形后使B点移至B_2点,则在二杆变形后仍能保持B点连接的几何条件应是:先以A点为圆心,AB_1为半径画一圆弧,再以C点为圆心,CB_2为半径画一圆弧,这两条圆弧的交点即为B点位移后的位置。由于杆的变形都很小,根据小变形假设,可近似地用垂直线来代替圆弧,即可自B_1点作与AB_1的垂直线,自B_2点作与CB_2的垂直线,并认为它们的交点B_3即为B点位移后的位置。将表示此变形几何关系的图形放大如图4-15(*c*)所示,容易看出:

水平位移为 $\overline{BB_2} = 0.24mm$

竖直位移为 $\overline{B_2B_3} = \overline{B_2E} + \overline{EB_3} = \overline{BB_1} \sin\alpha + \frac{B_1E}{\tan\alpha}$

$$=\Delta l_1 sin30° + \frac{\Delta l_2 + \Delta l_1 cos30°}{tan30°}$$

$$=0.24+1.14=1.38mm$$

习　题

4-1　试作出图示各杆的轴力图。

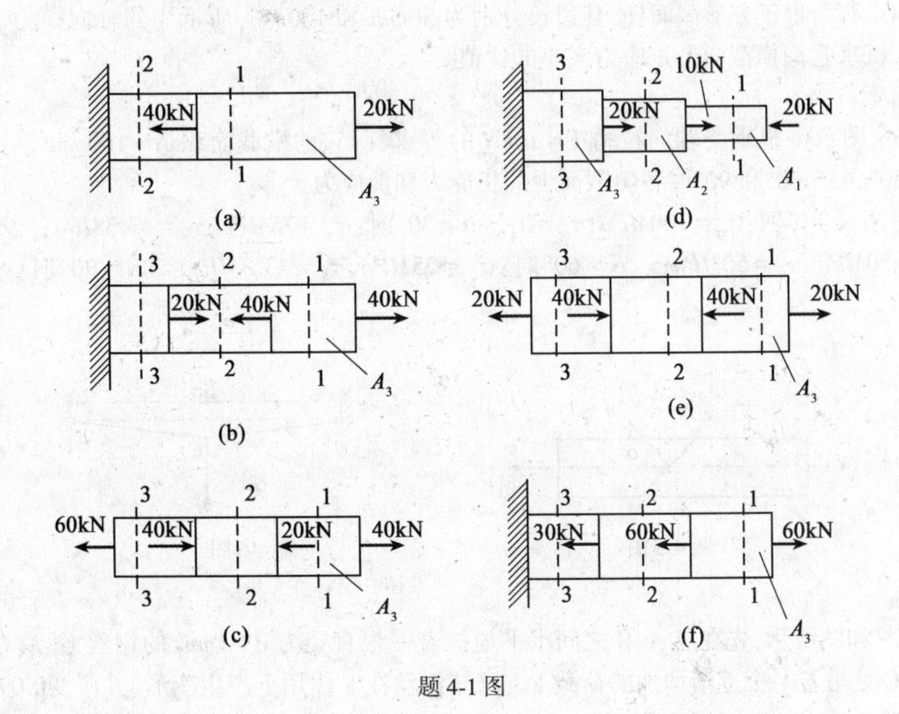

题 4-1 图

4-2　拔河时绳子的受力情况如图所示。已知各个运动员双手的合力为：$F_1=400N$，$F_2=300N$，$F_3=350N$，$F_4=350N$，$F_5=250N$，$F_6=450N$。试求绳子在 1-1、2-2、3-3、4-4 和 5-5 各截面上的轴力，并作出绳子的轴力图。

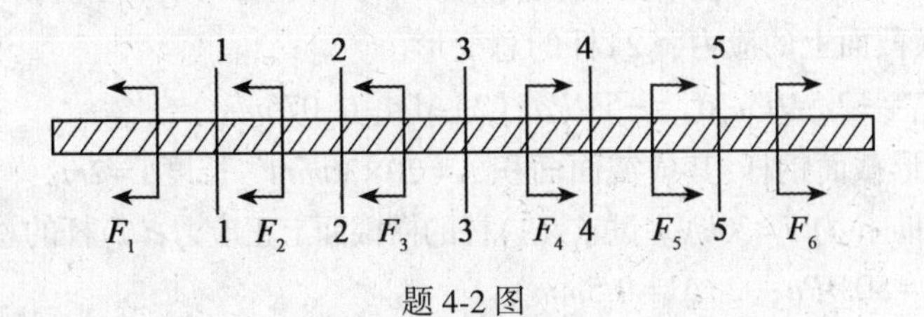

题 4-2 图

（答案：$F_{N1}=400N$，$F_{N2}=700N$，$F_{N3}=1050N$，$F_{N4}=700N$，$F_{N5}=450N$）

4-3　试求题 4-1 中各杆在指定的 1、2 和 3 截面上的正应力大小。已知横截面面积 $A_1=200mm^2$，$A_2=300mm^2$，$A_3=400mm^2$。

(答案:$(a)\sigma_1=50MPa;\sigma_2=-50MPa$

$(b)\sigma_1=100MPa;\sigma_2=0;\sigma_3=50MPa$

$(c)\sigma_1=100MPa;\sigma_2=50MPa;\sigma_3=150MPa$

$(d)\sigma_1=-100MPa;\sigma_2=-\frac{100}{3}MPa;\sigma_3=25MPa$

$(e)\sigma_1=50MPa;\sigma_2=-50MPa;\sigma_3=50MPa$

$(f)\sigma_1=150MPa;\sigma_2=0;\sigma_3=-75MPa$)

4-4 有两根正方形截面杆,其边长分别为 $50mm$ 和 $100mm$,所承受的轴向拉力 F 的大小相同,试求它们横截面上正应力大小的比值。

(答案:1∶4)

4-5 图示一根承受轴向拉力 $F=10kN$ 的等直杆,它的横截面积 $A=100mm^2$。试求在 $\alpha=0°$、$30°$、$45°$,$60°$和 $90°$时各斜截面上的正应力和剪应力。

(答案:$\alpha=0°$时:$\sigma_\alpha=100MPa,\tau_\alpha=0$; $\alpha=30°$时:$\sigma_\alpha=75MPa,\tau_\alpha=43.3MPa$; $\alpha=45°$时:$\sigma_\alpha=50MPa,\tau_\alpha=50MPa$; $\alpha=60°$时:$\sigma_\alpha=25MPa,\tau_\alpha=43.3MPa$; $\alpha=90°$时:$\sigma_\alpha=0$,$\tau_\alpha=0$)

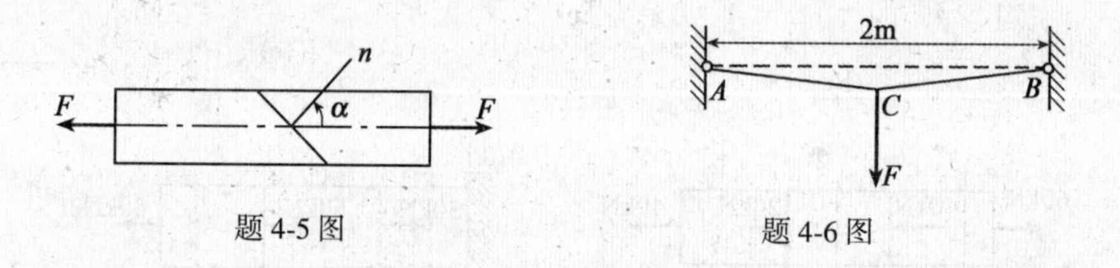

题 4-5 图　　　　题 4-6 图

4-6 如图所示,先在点 A、B 之间水平地拉着一根直径为 $d=1mm$ 的钢丝,然后在钢丝的中点 C 处吊着一个逐渐增加的荷载 F。已知钢丝在 F 作用下产生变形,其应变0.09%,如果弹性模量 $E=200GPa$,在计算时钢丝的自重可以忽略不计。试问此时

(1)钢丝内的应力为多大?

(2)钢丝在点 C 下降的距离为多少?

(3)荷载 F 是多大?

4-7 若例 4-1 中等直杆的横截面为边长 $200mm$ 的正方形,弹性模量 E 为 $200GPa$。试求:(1)上、下段横截面上的应力;(2)杆的总变形。

(答案:(1)$\sigma_1=-2.5MPa,\sigma_2=-5MPa$;(2)$\Delta l=-0.075mm$)

4-8 有一矩形截面钢杆,其横截面面积 $A=20\times30mm^2$,长度 $l=2m$,弹性模量 $E=2GPa$,在杆的两端受有轴向拉力 $F=30kN$。试求:(1)杆的横截面上正应力;(2)杆的总变形。

(答案:(1)$\sigma=50MPa$;(2)$\Delta l=0.5mm$)

4-9 若例 4-2 中等直杆的横截面面积 $A=1\ 000mm^2$,各段长度 $AB=600mm$,$BC=300mm$,$CD=500mm$,$DE=400mm$,弹性模量 $E=200GPa$。试求杆的总变形。

(答案:$\Delta l=+0.13mm$)

4-10 图示一起重吊环,其两边的斜杆为用钢材锻打成的矩形截面等直杆,厚度 $b=25mm$,宽度 $h=90mm$,与吊环对称轴间的夹角 $\alpha=20°$。当吊环承受荷载 $P=1\ 020kN$ 时,试

求斜杆内的应力为多大。

（答：$\sigma=120MPa$）

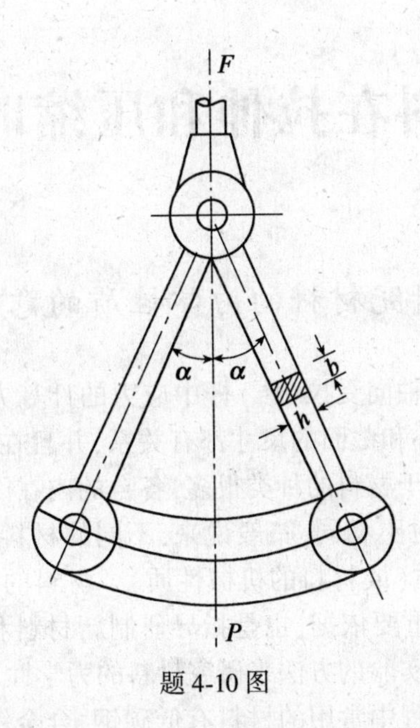

题 4-10 图

4-11　图示由两种材料组成的阶梯杆，若已知钢杆的横截面面积 $A_s=160mm^2$，弹性模量 $E_s=200GPa$，铜杆的横截面面积 $A_c=200mm^2$，弹性模量 $E_c=100GPa$。（1）画出杆的轴力图；（2）计算出杆上各段的应力；（3）计算杆的总变形。

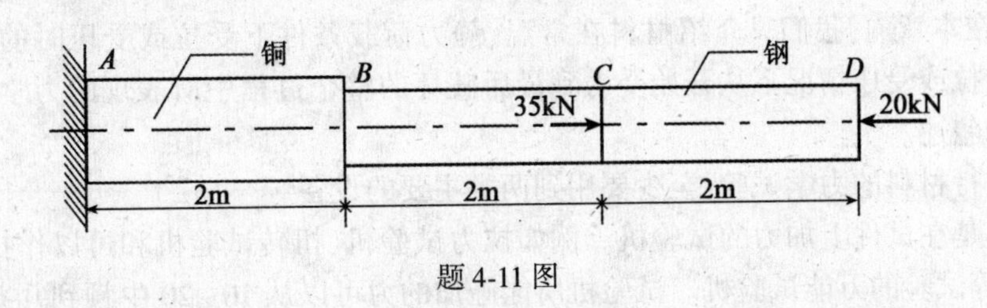

题 4-11 图

（答案：（1）$F_{NAB}=+15kN$，$F_{NBC}=+15kN$，$F_{NCD}=-20kN$；（2）$\sigma_{AB}=75MPa$，$\sigma_{BC}=93.75MPa$，$\sigma_{CD}=-125MPa$；（3）$\Delta l=1.19mm$）

第5章　材料在拉伸和压缩时的力学性质

§5-1　研究材料的力学性质的意义及方法

在第4章中,我们研究了轴向受拉(压)杆中应力的计算方法,知道了杆截面上任一点处的应力与截面上内力的大小和截面的尺寸都有关系,并且在杆中产生的应力大小必须有个限度,否则杆就会破坏。由于材料的种类很多,各自的内在因素(化学成分、冶金质量、组织结构、表面或内部缺陷等)也不相同,一般说来,不同的材料有着不同的应力限度。这就需要研究各种材料的力学性质(或材料的机械性质)。材料的力学性质不但是进行构件强度计算和为构件选择材料的重要依据,也是指导研制新材料和制定加工工艺的重要依据。在工程实际中,我们通常采用实验的方法来研究材料的力学性质。

在电力、冶金和化工等工程中常用的材料有低碳钢、合金钢,铜和铸铁等。这些材料用于工程上后,由于结构物所处的环境可能是在常温、高温或低温下,它们所承受的荷载可能是静力荷载、动力荷载或重复荷载等,同时在受力后它们所产生的变形可能是拉伸、压缩、剪切、扭转、弯曲等简单变形,也可能是兼有几种简单变形的组合变形,因此在实验时,必须根据不同的情况分别进行,才能确定各种材料在各种不同情况下的力学性质(如强度、弹性和塑性等)。在本章内,我们只介绍材料在常温、静力荷载条件下受拉或受压时的强度试验,对材料在受拉或受压情况下从开始受力到最后破坏的整个过程中所表现的力学性质,将作比较详细的叙述。

为了进行材料的力学试验,至少要用到两类主要的设备。

第一类是在试件上加力的试验机。例如拉力试验机、扭转试验机和可以作拉伸、压缩、剪切、弯曲等试验的万能试验机。试验机所能施加的力可以从10~20牛顿到几兆牛顿甚至几十兆牛顿。

第二类是量测试件变形用的仪器。例如杠杆式引伸仪、千分表等,量测的准确度可以达到1/100~1/1 000毫米以上;电阻应变仪量测的准确度可以达到1/1 000 000毫米以上。

有关材料力学试验的试验机、量测仪器等的构造原理和使用方法,可以参看材料力学实验等有关的书籍。

§5-2　钢材的拉伸试验　应力应变曲线及其特性点

许多材料在作拉伸试验时,能够比较充分地显示出它们的力学特性,所以拉伸试验是一种最基本的试验。

在做拉伸试验时,应将材料做成标准的试件,使它的几何形状和受力条件都能符合轴向拉伸的要求。图 5-1 表示一般金属材料试件的形式。在国家标准《金属拉力试验法》(*GB*228—76)中,对试件表面光洁度,标距部分的尺寸允许偏差,两端和过渡段的尺寸,试验温度和加载速度等,都有具体规定。

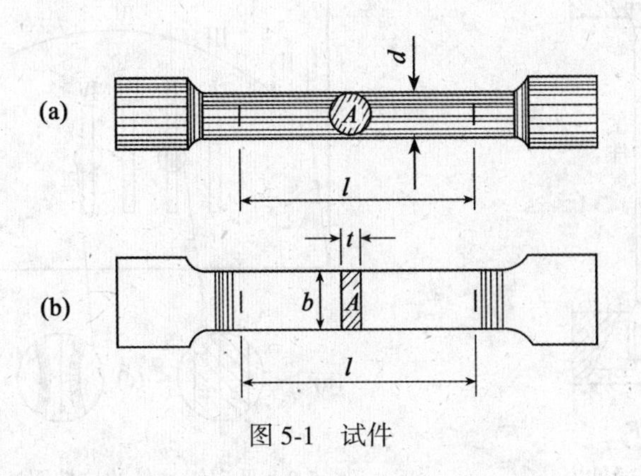

图 5-1　试件

在试验以前,要在试件的等截面直杆部分用与试件轴线垂直的两条细线标出一个工作段,并且把它的长度叫做标距 l,在试验时就量测工作段的变形。为了便于比较不同粗细试件的工作段在拉伸后的变形程度,通常将圆截面标准试件的标距 l 与横截面直径 d 的比例规定为:

$$\left.\begin{aligned} & l=10d \\ \text{或}\quad & l=5d \end{aligned}\right\} \tag{5-1}$$

将矩形截面标准试件的标距 l 与横截面面积 A 的比例规定为:

$$\left.\begin{aligned} & l=11.3\sqrt{A} \\ \text{或}\quad & l=5.65\sqrt{A} \end{aligned}\right\} \tag{5-2}$$

进行轴向拉伸试验时,首先将试件两端夹牢在试验机的夹头中(图 5-2),然后开动试验机对试件施加拉力,使它发生伸长变形,直至最后拉断。在试验过程中,拉力 F 的大小可以由试验机上示力盘的指针指示出来,而试件标距 l 的总伸长 Δl 的大小,则可以由变形仪表量测出来。根据观测到的这些数据,就可以绘出试件在试验过程中工作段的伸长 Δl 与所受轴向拉力 F 之间的关系曲线。习惯上把这种曲线叫做试件的拉伸图。图 5-3 所示的就是低碳钢试件的拉伸图。试件在拉伸过程的每一阶段中的伸长变形情况如图中Ⅰ、Ⅱ、Ⅲ、Ⅳ所示。

为了更直接地分析材料的力学性质,通常的做法是把拉伸图中的拉力 F 除以试件的原截面面积 A 求得试件的正应力

$$\sigma=\frac{F}{A} \tag{5-3}$$

把伸长 Δl 除以标距 l 求得试件的轴向**线应变**(即在标距范围内每单位长度的伸长)

$$\varepsilon=\frac{\Delta l}{l} \tag{5-4}$$

然后根据求得的 σ 值和 ε 值画出材料的**应力-应变曲线**(或 σ-ε 曲线)。图 5-4 所示就是低

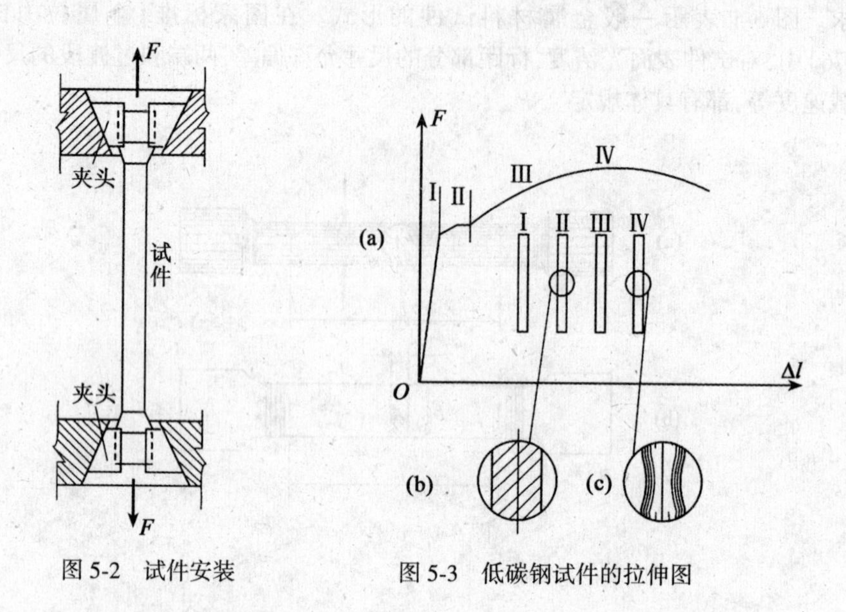

图 5-2 试件安装　　　　图 5-3 低碳钢试件的拉伸图

碳钢的应力-应变曲线。

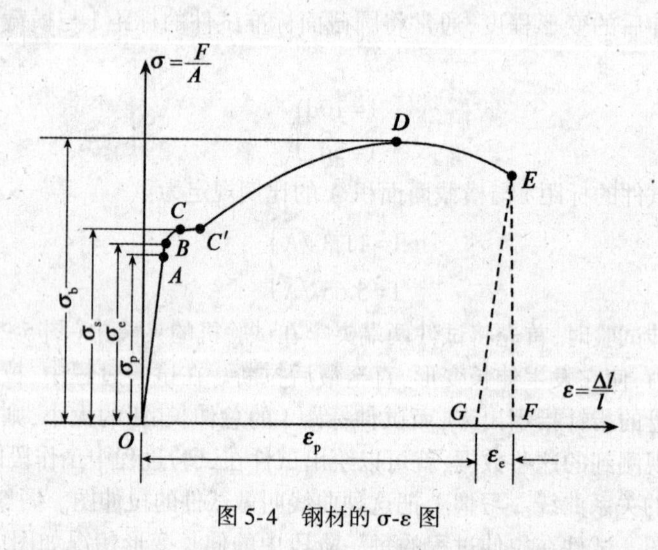

图 5-4 钢材的 σ-ε 图

从低碳钢的应力-应变曲线可以看到,在整个拉伸试验过程中,与拉伸图中所示Ⅰ、Ⅱ、Ⅲ、Ⅳ四个阶段相对应,应力与应变间的关系也大致可以分为下列四个阶段:

(1)在加载的最初阶段,即由点 O 到点 A。当应力未超过点 A 所示的数值以前,如果将所加的荷载去掉,试件的变形可以全部消失,使试件恢复到原有的形状和大小。我们把材料所具有的这种性质叫做**弹性**,把这种能随着外力去掉而消失的变形叫做**弹性变形**。

由图中可以看出 OA 段为一倾斜的直线,这表示应力 σ 与应变 ε 成正比关系(即线性关系)。超过点 A 以后,这种正比关系就不存在了。所以我们把相应于点 A 的应力叫做比例极限,并且用符号 σ_p 表示。对于低碳钢(A3)来说,其值约为 $200MPa$。

在比例极限以前,应力 σ 与应变 ε 成正比关系,表征材料是在线弹性范围内工作,是完全符合胡克定律的,即 $\sigma=E\cdot\varepsilon$,式中的弹性模量 E 等于直线 OA 与图 5-4 中横轴夹角 α 的正切

$$\tan\alpha=\frac{\sigma}{\varepsilon}=E \tag{5-5}$$

如果将式(5-3)和(5-4)代入式(5-5)中,还可以看出

$$E=\frac{Fl}{\Delta lA} \tag{5-6}$$

这样就可以通过实验求得 E 值。

在弹性阶段中,在试件发生轴向伸长变形的同时,其横截面尺寸也出现横向缩短变形。如试件原来的长度为 l、直径为 d,受拉后的长度变为 l_1、直径变为 d_1,则轴向伸长 $\Delta l=l_1-l$,轴向应变 $\varepsilon=\frac{\Delta l}{l}$;其横向缩短 $\Delta d=d_1-d$,横向应变 $\varepsilon'=\frac{\Delta d}{d}$。当试件内应力不超过材料的比例极限 σ_p 时,横向应变 ε' 与轴向应变 ε 之间也存在着正比关系,即

$$\mu=\left|\frac{\varepsilon'}{\varepsilon}\right| \tag{5-7}$$

它也是一个由实验测定的无量纲量,可见,E 和 μ 是表示材料弹性性质的常数。

过了 A 点,变形增长的速度加快,图 5-4 中的图线显出上凸的微弯现象,这表明应力与应变已不再成正比关系。从点 A 到与它很邻近的点 B 以前,材料仍旧产生弹性变形,若超过点 B 时,材料则产生弹性和塑性变形。因此我们把相应于点 B 的应力叫做弹性极限,并且用符号 σ_e 表示,实验表明,当应力达到弹性极限时,若卸去荷载,利用精密仪器测量的结果,其塑性变形约等于原长的0.002%~0.005%。实际上,点 A 和点 B 相距极近,实验中很难辨别,在实用上常认为点 A 和点 B 是重合的,忽略其微小的塑性变形,而认为材料在达到弹性极限以前一直是遵守胡克定律的。

(2)当荷载继续增加使应力接近点 C 所示的应力值时,应变的增长将比应力的增长要快得多,并且在过点 C 以后一直到点 C′时,几乎不增加荷载(即应力不变)而应变则会继续迅速地增加,这种现象称为材料的**屈服**(或**流动**)。这时在试件的表面上将会看到大约与试件轴线成45°方向的条纹。这些条纹是因为试件显著变形时材料的微小晶粒间发生了相互位移所引起的,通常称为**滑移线**(或**剪切线**)(见图 5-3(*b*))。我们把与点 C 相应的应力叫做屈服极限(或流动极限),用符号 σ_s 表示,因此这一阶段(即 CC′段)叫做**屈服阶段**(或**流动阶段**)。材料在屈服阶段内所产生的变形,在外力去掉后不能消失了。我们把这种在外力去掉后不能消失的变形,叫做**残余变形**或**塑性变形**。材料能产生塑性变形的这种特性叫做**塑性**。低碳钢在屈服阶段内所产生的应变,可以达到在比例极限时产生的应变的10~15倍。

考虑到钢材在屈服时会发生较大的塑性变形,以致结构不能正常地工作,因而在进行结构设计时,一般应使钢材的应力限制在屈服极限 σ_s 以内,因此 σ_s 是衡量钢材强度的一个重要指标,对于低碳钢(*A*3)来说,σ_s 值至少为 240*MPa*。

(3)经过屈服阶段以后,钢材由于塑性变形使内部的晶体结构得到了调整。它的抵抗能力又有所增强,应力又逐渐地升高,如图 5-4 中 CD′段曲线所示,这个阶段称为**强化阶段**。曲线的最高点 D 代表材料在被拉断前所能承受的最大应力,叫做**强度极限**(或**极限强度**),用符号 σ_b 表示,它也是衡量材料强度的一个重要指标。对于低碳钢(*A*3)来说,σ_b 值约为 400*MPa*。

(4)应力达到强度极限 σ_b 以后，试件的变形开始集中在某一小段内，使这一小段的横截面面积显著地缩小，出现如图 5-3(*c*)所示的颈缩现象。由于这时试件截面面积缩小得非常迅速，以致拉力不但加不上去，反而会自动地降下来一些，一直到试件被拉断，如图 5-4 中 DE 段曲线所示。这一阶段称为**颈缩阶段**(或**局部变形阶段**)。在试件断裂以后，试件的弹性变形就消失了(与这种弹性变形相应的**弹性**应变 ε_e 如图 5-4 中的线段 FG 所示)，只剩下它的塑性变形(与这种塑性变形相应的应变 ε_p 如图 5-4 中的线段 OG 所示)。图 5-4 中的直线 EG 与 AO 是大致平行的。

在从低碳钢的应力-应变曲线(图 5-4)了解了材料由开始受力到最后破坏的全过程的情况以后，我们就可以利用这一曲线来确定低碳钢的一些主要力学性质：

强度　由应力-应变曲线的纵坐标定出衡量材料强度的指标。例如由点 C 的纵坐标就可以确定材料的屈服极限 σ_s，由点 D 的纵坐标就可以确定材料的强度极限 σ_b。

塑性　由应力-应变曲线的横坐标定出衡量变形能力的塑性指标。例如图 5-4 所示的 ε_p，它代表材料在被拉断以前能够发生塑性变形的程度，是衡量材料塑性的一个重要指标，其值常用百分数表示，称为伸长率，用符号 δ 表示，即

$$\delta = \varepsilon_p \times 100\% = \frac{l_1 - l}{l} \times 100\% = \frac{\Delta l}{l} \times 100\% \tag{5-8}$$

式中：l_1 是试件断裂和弹性变形消失后工作段的总长度；

Δl 是试件断裂和弹性变形消失后工作段的总伸长。

在工程实际中，通常把发生显著塑性变形(δ≥5%)以后才断裂的材料称为塑性材料，而在没有显著变形(δ<5%)就断裂的材料称为脆性材料。例如低碳钢的 δ 为 20%~30%(参看表 5-1)，就是一种典型的塑性材料。

衡量材料塑性的另一个指标称为面积收缩率，即

$$\phi = \frac{A - A_1}{A} \times 100\% \tag{5-9}$$

式中：A_1 是试件断裂和弹性变形消失后在断裂处的横截面面积。

弹性　由应力-应变曲线中直线段 OA 的斜率可以定出表示材料弹性指标的弹性模量 E，同时根据在 OA 段测定的横向应变 ε′与轴向应变比值的绝对值，求得反映材料性能的另一指标泊松比 μ。

例 5-1　对 A3 钢圆截面试件(参看图 5-1(*a*))进行拉伸试验。已知试件圆截面的直径 $d=10mm$，工作段的长度(标距)$l=100mm$，当加拉力至 $F=10kN$ 时量得试件工作段的伸长 $\Delta l=0.0607mm$，3 号钢的比例极限 $\sigma_p=200MPa$，试求此时钢试件横截面上的正应力 σ、工作段的应变 ε 以及 3 号钢的弹性模量 E 各为多少？

解　首先算出钢试件的横截面面积

$$A=\frac{\pi d^2}{4}=\frac{\pi(10\times10^{-3})^2}{4}=78.5\times10^{-6}m^2$$

将其代入式(5-3)，求得试件横截面上的正应力为

$$\sigma=\frac{F}{A}=\frac{F_N}{A}=\frac{10\times10^3}{78.5\times10^{-6}}$$

$$=127.4\times10^6 N/m^2=127.4MPa$$

再由式(5-4)算出工作段的应变：

$$\varepsilon=\frac{\Delta l}{l}=\frac{0.060\ 7}{100}=0.000\ 607$$

因为上面求得的正应力 σ 小于 3 号钢的比例极限 $\sigma_p=200MPa$，因此可将 σ、ε 值代入表示胡克定律的公式(5-5)中，求得 3 号钢的弹性模量：

$$E=\frac{\sigma}{\varepsilon}=\frac{127.4\times10^6}{0.000\ 607}=210GPa$$

例 5-2　如将上例中钢试件的拉力增大到 15*kN*，问试件工作段的伸长 Δl 是多少？

解　首先计算这时钢试件横截面上的应力

$$\sigma=\frac{F_N}{A}=\frac{15\times10^3}{78.5\times10^{-6}}=191.1MPa$$

它小于 3 号钢的比例极限 $\sigma_p=200MPa$，说明试件这时仍处在弹性阶段，因此可以用表示胡克定律的公式(5-6)来求工作段的伸长，即

$$\Delta l=\frac{Fl}{EA}=\frac{15\times10^3\times100\times10^{-3}}{210\times10^9\times78.5\times10^{-6}}$$

$$=0.091\ 1\times10^{-3}=0.091\ 1mm$$

§5-3　钢材的冷作硬化和时效

如果对钢试件预先施加轴向拉力，使材料达到强化阶段（例如图 5-5 中的点 K），随即卸载，则在卸载时的应力与应变之间，将保持直线关系如 KO′所示，并且 KO′与弹性阶段内的直线 AO 平行，OO′表示钢材在这个时候所残留的塑性变形。如果在卸载后又立即重新加载，则应力-应变曲线将沿 O′K 上升，并且在到达点 K 后转向原曲线 KDE，最后到达点 E。这表示，如果使钢材先产生一定的塑性变形，则其屈服极限可以得到提高（即由原来点 C 对应的 σ_s 提高到点 K 对应的 σ_s'），但是塑性变形将减少（即由原来的 δ = OG 减少为 δ′ = O′G）。我们把钢材的这种特性称为**冷硬**（或**冷作硬化**）。在冷硬后，钢材的屈服极限和强度极限的数值并不稳定，例如如果在卸载后经过相当长的时间再加载，则钢材的应力-应变关系曲线将沿 O′KK′D′E′ 发展，而到达新的屈服点 K′对应的数值 σ_s''。钢材在冷硬后随时间增

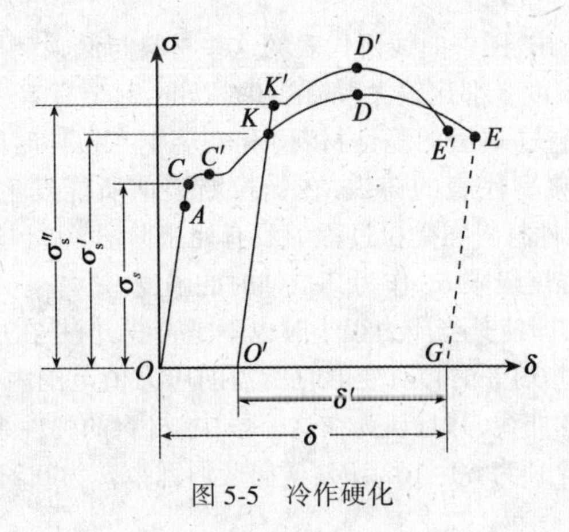

图 5-5　冷作硬化

加强度的这种现象叫做**时效**。

钢材经过冷加工过程，都会发生冷作硬化现象。冷作虽然提高了钢材的屈服极限，但却降低了钢材的塑性，亦即增加了脆性。冷作硬化这一特性，在工程上有时是有利的。例如冷拉钢筋，一般可节约钢材10%~20%；起重机链条常用冷加工来减小其塑性，使它在工作中不致产生过大的变形。但有时也是不利的，例如钢板冲孔后，孔周边材料变脆。

§5-4 其他塑性材料在拉伸时的力学性质

对于其他的工程材料，我们也可以通过应力-应变曲线了解它们的力学性质，例如图5-6中绘出的几种塑性材料在拉伸时的应力-应变曲线。将图5-6中的曲线与图5-4所示低碳钢的应力-应变曲线比较，可以看出：除了16锰钢与低碳钢的应力-应变曲线完全相似外，有些材料(例如铝合金)没有明显的屈服阶段，但它们的弹性阶段、强化阶段和颈缩阶段则都比较明显；另外一些材料(例如锰钒钢)则只有弹性阶段的塑性材料，一般规定以产生0.2%的残余变形时所对应的应力值作为名义屈服极限，并且用符号$\sigma_{0.2}$表示。图5-7表示了决定名义屈服极限$\sigma_{0.2}$的方法：在ε轴上取$\varepsilon=0.2\%$的一点，过此点作与σ-ε图上直线部分平行的直线，它交曲线于C点，C点的纵坐标就代表$\sigma_{0.2}$。

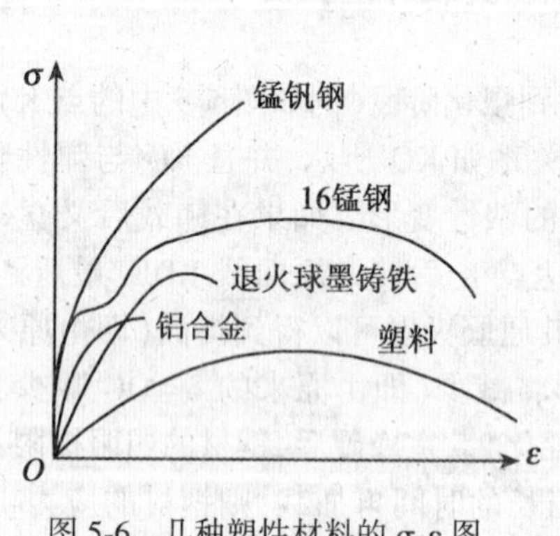

图5-6 几种塑性材料的σ-ε图

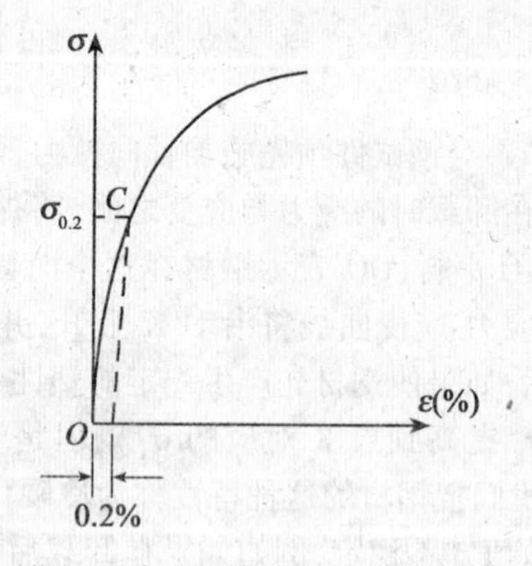

图5-7 名义屈服极限$\sigma_{0.2}$的求法

由图5-6中还可以看出，图中曲线所代表的这些材料与低碳钢具有一个共同的特点，即作为材料塑性指标的伸长度δ都比较大，都在10%以上，甚至有超过30%的。

在图5-8中绘出了铸铁(典型的脆性材料)和玻璃钢在拉伸时的应力-应变曲线。由图可以看出作为脆性材料典型代表的铸铁，在受拉断裂前所能发生的变形是很小的，仅为0.4%左右。一般说来，脆性材料在受拉过程中没有屈服阶段，也不会发生颈缩现象。因此，通常是以它在断裂时的强度极限σ_b作为其拉伸时的强度。

铸铁的应力-应变图，即使其当应力很小时也不是直线，但是在一定的应力范围内(例如通常规定试件产生不超过0.1%的相对变形时所需的应力值范围内)，我们可近似地用割线OA(图5-8)来代替原有的曲线，并且认为在这一段中，材料的弹性系数是常数，可以应用胡克定律。铸铁的弹性模量E为60~162GPa，横向变形系数μ为0.23~0.27。

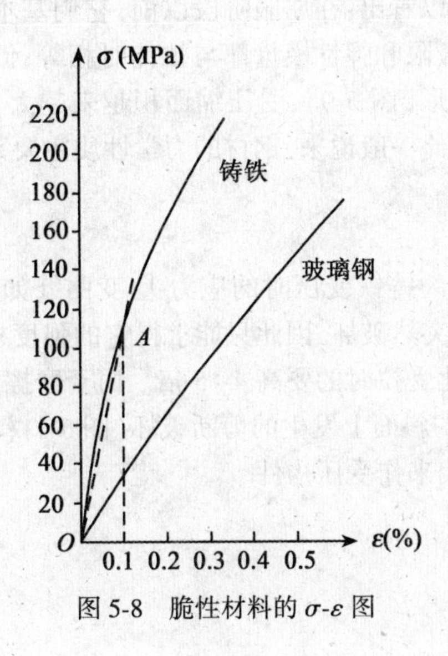

图 5-8　脆性材料的 σ-ε 图

§5-5　材料在压缩时的力学性质

一、钢材的压缩试验

钢材的压缩试件通常做成圆柱体,其高度为直径的 1.5~3 倍(图 5-9)。试验时将试件放在试验机的两个压座之间,施加压力。

由试验绘出的变形 Δl 与压力 F 之间的关系曲线称为试件的**压缩图**。与在拉伸试验中一样,如使 $\sigma=\frac{F}{A}$、$\varepsilon=\frac{\Delta l}{l}$,也可以将压缩图改为钢材在压缩时的应力-应变曲线。图 5-10 中的实线就是低碳钢在压缩时的应力-应变曲线。图 5-10 中的实线就是低碳钢在压缩时的应力-应变曲线。为了比较低碳钢在拉伸与压缩时的力学性质,在图 5-10 中又用虚线绘出了低碳钢在拉伸时的应力-应变曲线。

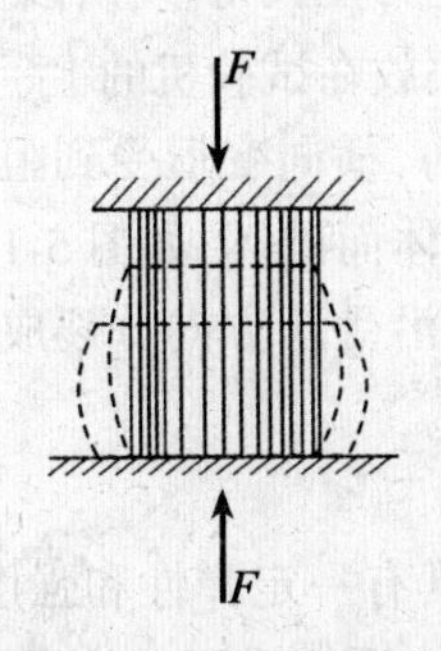

图 5-9　钢试件受压时的变形

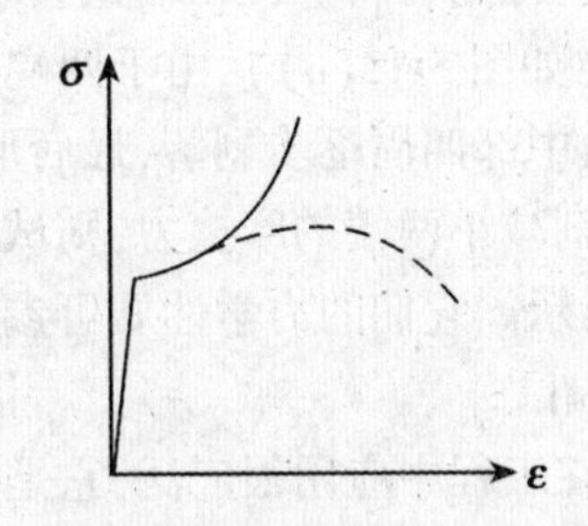

图 5-10　低碳钢受压和受拉时的 σ-ε 图

比较图中的两条曲线可以看出:在屈服阶段以前,它们基本上是重合的,这说明低碳钢在压缩时的比例极限、屈服极限和弹性模量都与拉伸时相等;但超过屈服极限以后,由于低碳钢试件在压缩时被压成鼓形(图 5-9),受压缩面积越来越大,不可能产生断裂,也无法测定材料的压缩强度极限。因此一般说来,钢材的力学性质主要是用拉伸试验来确定。

二、铸铁的压缩试验

作为脆性材料典型代表的铸铁受压时的应力-应变曲线如图 5-11(*a*)所示。铸铁试件在压缩变形很小的时候就会突然破坏,因此只能求得它的强度极限 σ_b。铸铁的抗压性能较好,它在受压时的强度极限比受拉时的要高 4~5 倍。由于摩擦力的影响,铸铁试件的破坏,是沿与试件轴线大约成 39°的斜面上发生的剪断破坏(图 5-11(*b*)),这说明铸铁的抗剪能力比抗压能力差,因此适合于用来作受压构件。

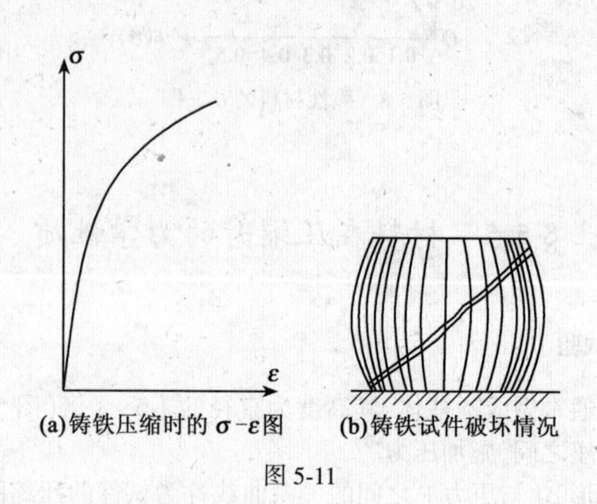

(a)铸铁压缩时的 $\sigma-\varepsilon$ 图　(b)铸铁试件破坏情况

图 5-11

三、非金属材料的主要力学性质

非金属材料在工程中有着广泛的应用,所以研究非金属材料的力学性质是十分必要的。

1. 混凝土和岩石

混凝土和岩石在工程上应用较广泛,其抗压能力比抗拉能力要大得多,所以一般适合于用做受压构件的材料。在压缩试验时,通常把立方体形的试块放在试验机的上、下压板之间施加压力(如图 5-12(*a*)),由于两端受有试验机压板的摩擦力,横向变形受到阻碍,随着荷载的增加,中部四周逐步剥落,最后形成两个相连的截顶角锥体而破坏,如图 5-12(*c*)所示。若用润滑剂减小两端的摩擦力,则试块在较小的破坏荷载下,沿受压方向分裂成几块,如图 5-12(*d*)所示。它们的力学性质可参见表 4-1 和表 5-1。

2. 木材

木材在工程中应用很广泛,它是一种导热性差、比重小、具有一定弹性和强度而且易于加工的材料。木材是各向异性的,它的强度与受力的方向有关,顺纹受压时的强度极限约为横纹受压时的 10 倍左右,而且抗拉强度高于抗压强度。其力学性质可参见表 4-1 和表 5-1。

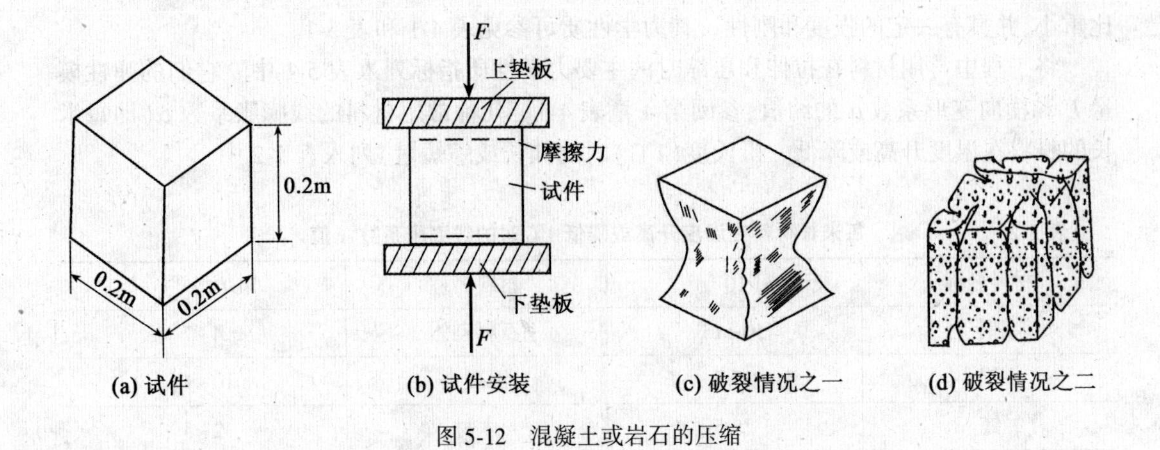

图 5-12　混凝土或岩石的压缩

表 5-1　**部分常用材料在拉伸和压缩时主要力学性质指标(常温、静载下)**

材料名称	牌号	屈服极限		强度极限		伸长率(%)	
		σ_s (MPa)	$\sigma_{0.2}$ (MPa)	拉伸 σ_b (MPa)	压缩 σ_b (MPa)	δ_5	δ_{10}
普通碳素钢	A_2	200~200		340~420		31	26
普通碳素钢	A_3			370~460		25~27	21~23
优质结构钢	35 号	315		529		20	16
优质结构钢	45 号	353		600		16	14
低合金钢	16*Mn*	280~340		470~510		19~21	16~18
合金钢	40*CrNiMoA*		830	980			12
灰口铸铁				98~390	640~1300		<0.5
球墨铸铁			410~550	590~780			>720
铝合金	*IY*12		370	450			15
聚碳酸酯玻璃钢	含玻璃纤维 30%			120~160			6~8
环氧玻璃钢				490			
混凝土	200 号			1.6	14.2		
混凝土	300 号			2.1	21		
松木(顺纹)				96	32.2		

注:δ_5、δ_{10}分别代表 $l=5d$ 和 $l=10d$ 的标准试件和伸长率。

3. 塑料

塑料主要是合成的高分子材料,它是由树脂加入填充剂、增塑剂、防老化剂和颜料等制成的高分子聚合物。在工程上应用的称为工程塑料,它可分为聚酰胺(尼龙),聚甲醛和聚碳酸酯等。塑料的力学性能特点是:具有高的耐磨性、耐腐蚀(不受酸碱的侵蚀)、塑性大、比重小,并具有一定的强度和刚性。其力学性质可参见表 4-1 和表 5-1。

将工程中常用材料在拉伸和压缩时的主要力学性质指标列入表 5-1 中。它们的弹性模量 E 和横向变形系数 μ 的约值,参阅第 4 章表 4-1。几种常用材料的线膨胀系数 α(即每米长的材料在温度升高或降低一摄氏度(1℃)时的伸长或缩短量)列入表 5-2 中。

表 5-2　**每米长材料在温度升高或降低 1℃ 时的线膨胀系数 α 值**

材料名称	$\alpha(10^{-6})$	材料名称	$\alpha(10^{-6})$
钢	10~13	石料砌体	4~7
铝	25.5	混凝土	10~14
镁	25.5	木材	2~5
铜	16.7	冰	50.7
黄铜、青铜	17~22		

§5-6　容许应力和安全系数的确定

通过对材料的拉伸(压缩)试验,我们就容易测定材料在拉伸(压缩)下达到危险状态时应力的极限值(例如达到屈服极限 σ_s 时就会出现较大的塑性变形;达到强度极限 σ_b 时就会发生破坏),这个极限值称为材料的极限应力,并用符号 σ_{jx} 表示。

在工程上,为了保证整个工程结构、机械及其构件能够安全地正常工作和经久耐用,应具有必要的安全储备。通常在设计时,必须使构件中的计算应力小于使用材料的极限应力除以安全系数(其数值应大于 1)所得到的应力数值,作为容许应力$[\sigma]$,即

$$[\sigma]=\frac{\sigma_{jx}}{K} \tag{5-10}$$

式中:K 是安全系数。

如前所述,对于塑性材料,通常是以屈服极限 σ_s 作为极限应力;对于脆性材料,通常是以强度极限 σ_b 作为极限应力,因此上式又常分别写成:

对塑性材料
$$[\sigma]=\frac{\sigma_s}{K_s} \tag{5-11}$$

对脆性材料
$$[\sigma]=\frac{\sigma_b}{K_b} \tag{5-12}$$

式中:K_s 和 K_b 是相应于屈服极限 σ_s 和强度极限 σ_b 的安全系数。

安全系数是反映构件所具有安全储备大小的一个系数。正确地选择安全系数是一个比较复杂但又相当重要的问题。它不但与许多技术上的因素有关,同时也是一个政策性很强的问题,与整个国民经济有密切关系。显然,如果安全系数选用得过大,将造成工料的浪费;反之,如果采用的安全系数太小,则可能使构件或结构物不能正常地工作甚至会发生破坏性的事故,使人民的生命和国家的财产受到重大的损失。因此,在确定安全系数的时候,必须

注意体现国家的基本建设方针和政策，既要反对因循守旧，也要防止缺乏科学依据、盲目降低安全系数的错误倾向，必须慎重而全面地考虑到有关各个方面的因素，例如荷载的性质(静力荷载、动力荷载)，荷载数值的准确程度，计算方法的准确程度，材料的质量，材料的力学性质和试验方法的可靠程度，建筑物的使用性质、工作条件的重要性，施工方法和施工质量，地震影响以及国防上的要求，等等。例如，在静力荷载作用下，塑性材料的安全系数 K_s，在一般情况下可以取 1.2~1.7；在较好的条件下(如荷载计算准确，材料质量又好)可以取 1.25~1.35；在不利的条件下，则应该取得大一些，可在 1.5~2.5 的范围内。对于脆性材料，由于它们没有屈服极限，应力集中的影响较大，材料的均匀性也较差，其安全系数 K_b 一般取 2.5~3.5，有时甚至可以大到 4~6。

各种材料的容许应力的具体数值，一般是由国家有关业务部门根据我国的生产水平、技术条件，通过调查研究和试验分析，总结了生产实践中的经验而规定的，并且将它们列入有关的设计规范中，在表 5-3 中摘录了我国现行的有关设计规范中部分常用材料在常温、静载和一般工作条件下的容许应力约值，供强度计算时查用。

表 5-3　**部分常用材料在常温、静载条件下的容许应力值**

材料名称	应力种类		
	[σ](拉应力)	[σ](压应力)	[τ](剪应力)
	MPa	MPa	MPa
碳素钢 A2	140~150	140~150	80~90
碳素钢 A3	150~170	150~170	90~100
优质碳钢 45	216~238	216~238	128~142
低合金钢 16Mn	210~240	210~240	127~142
灰铸铁	28~78	118~147	35~80
铜	29~118	29~118	25~80
铝	29~78	29~78	25~65
松木、杉木(顺纹)	5~7	8~12	1
桦木、栎木(顺纹)	8~10	12~16	2
混凝土 200~300 号	0.7~0.9	7~9.5	1.5~2
岩石砌体	不许受拉	1~3	0.5~1
砖砌体	不许受拉	0.5~2	0.5~0.7

习　题

5-1　如图所示的圆截面试件，已知材料的弹性模量 E = 210GPa，比例极限 σ_p = 200MPa，试件的工作长度(标距)l = 100mm。问当施加拉力 F 使试件中的应力达到比例极限时,试件的伸长为多少?

(答案:$l=0.095mm$)

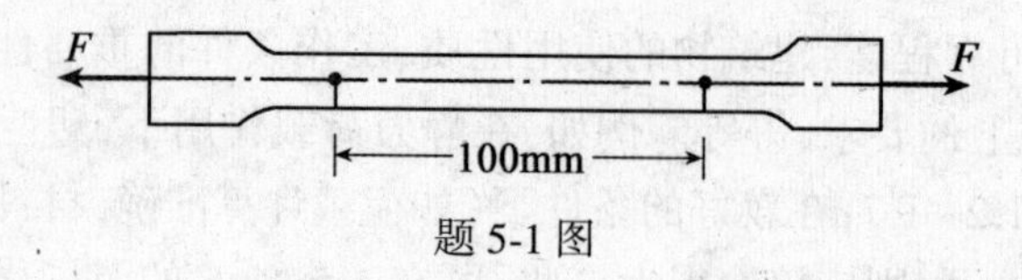

题 5-1 图

5-2　如图所示的钢筋试件,已知它的弹性模量 $E=210GPa$,比例极限 $\sigma_p=210MPa$,在拉力 F 作用下,产生的应变 $\varepsilon=0.001$。试求此时钢筋横截面上的正应力 σ 为多大?如果加大拉力 F,使试件的应变增加 $\varepsilon=0.01$,此时钢横截面上的正应力能否由胡克定律确定,为什么?

(答案:$\varepsilon=0.001$ 时:$\sigma=210MPa$,
$\varepsilon=0.01$ 时:胡克定律不适用)

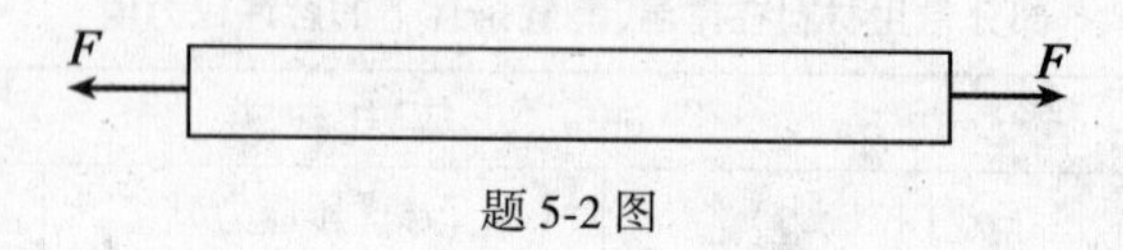

题 5-2 图

5-3　图示结构中杆①为铸铁,杆②为低碳钢。问图(a)与图(b)两种结构设计方案哪一种较为合理?为什么?

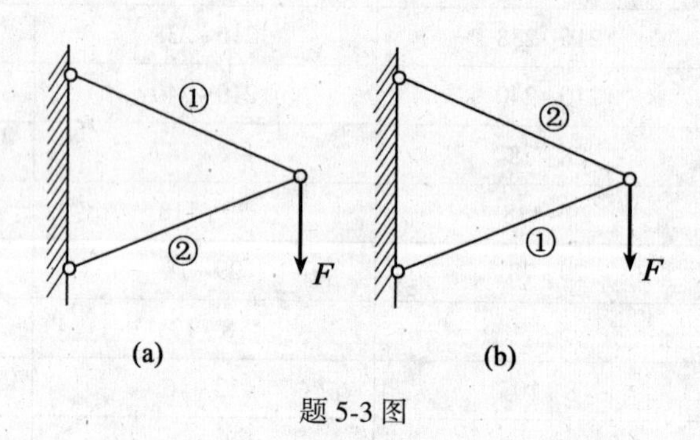

题 5-3 图

5-4　长度 $l=320mm$,直径 $d=32mm$ 的圆截面钢杆,在试验机上受拉力 $F=135kN$ 作用。由量测知道:杆的直径缩短了 0.006 2mm,在 50mm 的杆长内的伸长为 0.04mm。试求此钢杆的弹性模量 E 和横向变形系数 μ。

(答案:$E=210GPa$,$\mu=0.24$)

5-5　弹性模量 E 的物理意义是什么?如果低碳钢的弹性模量 $E_1=210GPa$,混凝土的弹性模量 $E_2=28GPa$。试求:

(1)在正应力 σ 相同的情况下,钢和混凝土的应变的比值。

(2)在应变 ε 相同的情况下,钢和混凝土的正应力 σ 的比值。

(3)当应弯 $\varepsilon=0.000\,15$ 时,钢和混凝土的正应力 σ。

(答案:(1)1∶7.5;(2)1∶0.133;(3)钢:$\sigma=31.5MPa$;混凝土:$\sigma=4.2MPa$)

5-6　有一钢筋混凝土拉杆,截面的尺寸为 $0.3m\times0.3m$,配有 4 根 $8mm$ 直径的钢筋(可写为 $4\phi8mm$),钢号为 3 号钢,钢筋的弹性模量 $E=210GPa$,混凝土为 200 号,杆产生裂缝时,混凝土达到极限变形 $\varepsilon_b=0.000\,15$,钢筋和混凝土的变形相等,问当轴向总拉力 F 使杆产生裂缝时,钢筋的应力达到多大? 此时杆的总拉力 F 是多少?(提示:在进行强度计算时,因为混凝土已被拉裂,全部的拉力都由钢筋承担。)

(答案:$F=6.34kN$,$\sigma=31.5MPa$)

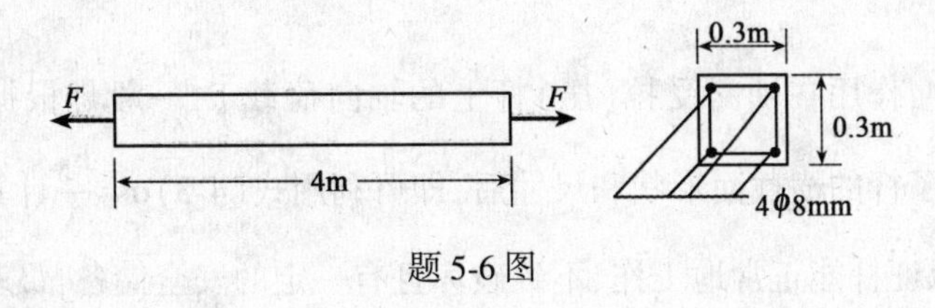

题 5-6 图

5-7　一根钢丝和一根铜丝的长度相等,并且受有相同的拉力,如铜丝的直径为 $1mm$,问钢丝的直径为多大时才能使两根金属丝的伸长相等。已知钢的弹性模量 $E_1=200GPa$,铜的弹性模量 $E_2=100GPa$。

(答案:$d=0.71mm$)

第6章 轴向拉伸(压缩)时杆的强度计算

§6-1 轴向拉伸(压缩)杆的强度条件

在工程实际中,作用在轴向受拉(压)杆上的轴向荷载F,一般是根据杆的任务而确定的,故在我们选择了杆的横截面形状和尺寸后,即可利用式(4-3)$\sigma=\frac{F_N}{A}$计算出杆横截面上的工作应力。为了保证杆能正常地工作、不致破坏且有一定的安全储备,最基本的一点是必须使杆中出现的最大正应力σ_{max}不超过杆材料的容许应力[σ],即应满足

$$\sigma_{max}=\frac{F_{N,max}}{A}\leqslant[\sigma] \tag{6-1}$$

通常把式(6-1)称为轴向受拉(压)杆的强度条件。式中的容许应力[σ]可由表5-3或有关的设计规范和手册中查得。

针对不同的具体情况,应用式(6-1)可解决三种不同类型的强度计算问题。

1. 校核杆的强度

在已知杆的材料、尺寸(即已知[σ]和A)和所承受荷载即已知内力$F_{N,max}$)的情况下,可用式(6-1)检查或校核杆的强度是否能满足要求,即如有

$$\sigma_{max}=\frac{F_{N,max}}{A}\leqslant[\sigma]$$

则表示杆的强度是足够的。否则,就要加大杆的横截面面积A或减小其外荷载F。

根据既要保证安全又要节约材料的设计原则,在对杆进行强度校核时,还应注意一方面不使杆内的计算应力σ_{max}小于容许应力[σ]太多,另一方面,在必要时也容许计算应力σ_{max}稍大于[σ],但一般设计规范规定以不超过容许应力[σ]的5%为限。

2. 选择杆的截面

在根据荷载算出了杆的内力和确定了所用的材料(即已知$F_{N,max}$和[σ])以后,根据强度条件,即可求出杆所需的横截面面积A,此时式(6-1)应改写为

$$A\geqslant\frac{F_{N,max}}{[\sigma]} \tag{6-2}$$

根据计算出来的A值选用截面的形状和尺寸时,也容许采用的A值稍小于其计算值,但仍应以计算应力不超过容许应力[σ]的5%为限。

3. 确定杆的容许荷载

若已知杆的尺寸和材料(即已知A和[σ]),则可由式(6-1)确定杆能承受的容许最大轴力,从而计算出它能承担的容许最大荷载。此时式(6-1)应改写为

$$F_{N,max} \leqslant A[\sigma] \qquad (6-3)$$

例 6-1　图 6-1 表示一由三号钢制成的拉杆,其横截面为直径 $d=14mm$ 的圆形。若杆受有轴向拉力 $F=21.9kN$,试校核它是否能满足强度要求。

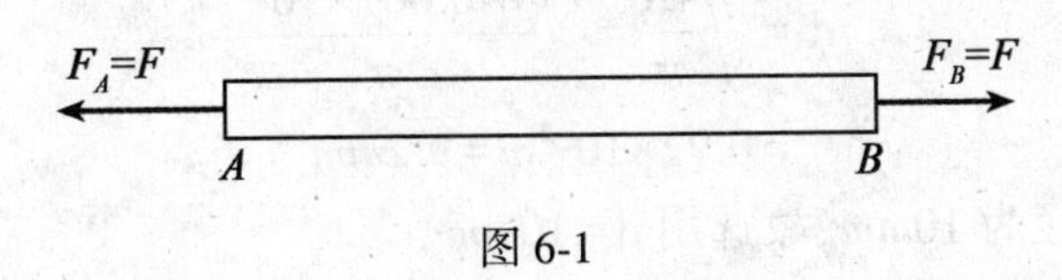

图 6-1

解　已知拉力 $F=21.9kN$,拉杆的横截面面积 $A=\frac{\pi d^2}{4}=\frac{\pi(14\times10^{-3})^2}{4}=153.9\times10^{-6}m^2$

由表 5-3 中查得三号钢的容许应力$[\sigma]=170MPa$,将它们代入式(6-1)可得

$$\sigma_{max}=\frac{F_{N,max}}{A}=\frac{F}{A}=\frac{21.9\times10^3}{153.9\times10^{-8}}$$

$$=142.5\times10^6 N/m^2$$

$$=142.5MPa<[\sigma]=170MPa$$

满足强度要求。

例 6-2　图 6-2(*a*)为钢木组合桁架的计算简图。已知荷载 $F=16kN$,钢的容许应力$[\sigma]=120MPa$,试选择钢拉杆 DI 的直径 d。

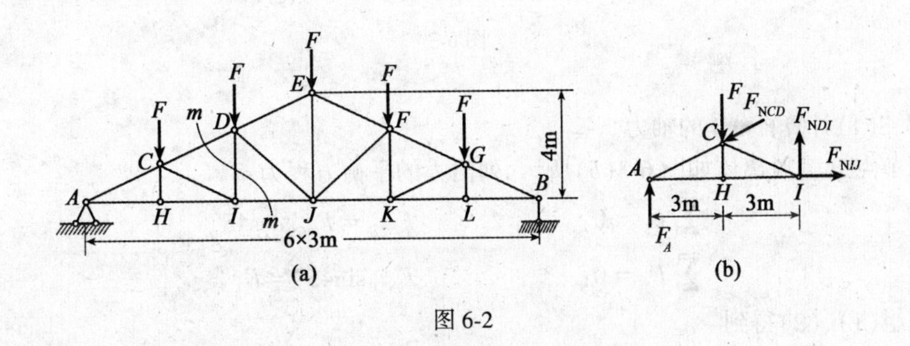

图 6-2

解　(1)计算钢拉杆 DI 的轴力。

用一假想截面 m-m 截取桁架的 ACI 部分为脱离体并考虑其平衡(图 6-2(*b*)),由平衡条件$\sum M_A=0$,得

$$F_{NDI}\times6-F\times3=0$$

可求得

$$F_{NDI}=\frac{F}{2}=8kN$$

(2)计算钢拉杆 DI 所必需的横截面面积,由式(6-2)得

$$A=\frac{F_{NDI}}{[\sigma]}=\frac{8\times10^3N}{120\times10^6N/m^2}$$

$$=0.667\times10^{-4}m^2$$

(3)选择钢拉杆 DI 的圆截面直径。

由 A 计算 DI 杆所必须具有的直径

$$d=\sqrt{\frac{4A}{\pi}}=\sqrt{\frac{4\times0.667\times10^{-4}}{\pi}}$$

$$=0.92\times10^{-2}m=9.2mm$$

考虑到圆钢的最小直径为 10mm,故选用 d = 10mm。

例 6-3 图 6-3 所示的三角形托架,其 AB 杆由两根等边角钢所组成。已知荷载 F = 75kN,三号钢的容许应力[σ] = 160MPa,试选择等边角钢的型号。

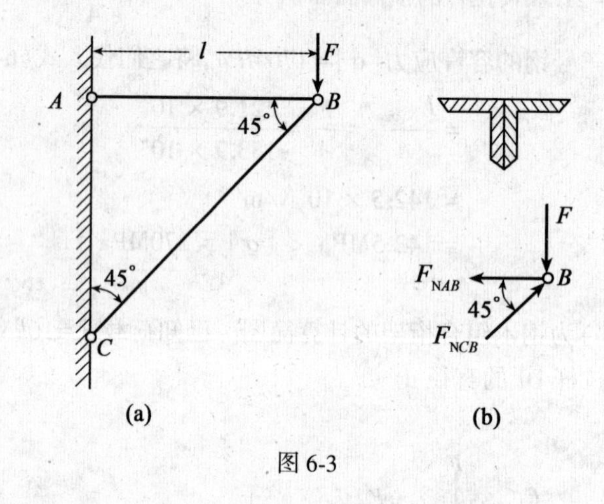

图 6-3

解 (1)计算杆 AB 的轴力。

取节点 B 为脱离体如图 6-3(b)所示,列出力的平衡方程为:

$$\sum F_x=0: \qquad F_{NAB}=F_{NCB}\cos45° \tag{1}$$

$$\sum F_y=0: \qquad F_{NCB}\sin45°=F \tag{2}$$

解方程组(1)、(2)得到

$$F_{NCB}=\sqrt{2}F=\sqrt{2}\times75=106.1kN$$

$$F_{NAB}=F=75kN$$

(2)根据强度条件确定杆 AB 的截面大小。

由式(6-2),得

$$A\geqslant\frac{F_{N,max}}{[\sigma]}=\frac{75\times10^3}{160\times10^6}=0.468\ 7\times10^{-3}$$

$$=468.7mm^2$$

(3)根据所需截面大小选择等边角钢型号。

由附录 I 型钢表查得边厚为 3mm 的 4 号等边角钢的横截面面积为 2.359cm^2 = 235.9mm^2。采用两个这样的等边角钢,其总横截面面积为 235.9 × 2 = 471.8mm^2 > A = 468.7mm^2,满足设计要求。

例 6-4　图 6-4(a)所示的起重机,其 BC 杆由钢丝绳 AB 拉住。已知钢丝绳的直径为 d = $24mm$,容许拉应力为[σ] = $40MPa$。试求容许该起重机吊起的最大荷载 F 的数值为若干?

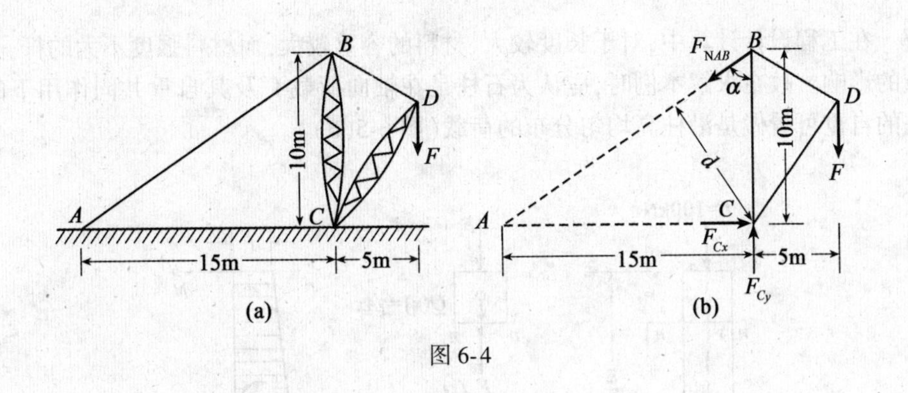

图 6-4

解　(1)计算钢丝绳 AB 能承受的最大轴力。

运用截面法以假想截面将钢丝绳 AB 截断,并取出脱离体如图 6-4(b)所示。由式(6-3)可算得

$$F_{NAB} = A[\sigma] = \frac{\pi\times(0.024m)^2}{4}\times40\times10^6\ \frac{N}{m^2}$$

$$= 18.08\times10^3 N$$

(2)根据几何关系确定 C 点到 AB 的垂距 d:

$$\overline{AB} = \sqrt{\overline{BC}^2+\overline{AC}^2} = \sqrt{10^2+15^2} = 18.1m$$

$$d = \overline{BC}sin\alpha = \overline{BC}\times\frac{\overline{AC}}{\overline{AB}} = 10\times\frac{15}{18.1} = 8.3m$$

(3)由平衡条件 $\sum M_C = 0$,可列出平衡方程

$$F\times5 = F_{NAB}\times d$$

将已求得的 F_{NAB} 与 d 值代入,可求得起重机的容许荷载

$$F = \frac{F_{NAB}\cdot d}{5} = \frac{18.08\times10^3\times8.3}{5}$$

$$= 30.01\times10^3 N = 30.01kN$$

§6-2　考虑自重时轴向拉(压)杆的强度计算

到目前为止,对于轴向受拉(压)杆的计算,我们都忽略了杆的自身重量(简称自重)。但在工程实际中,有许多机械、建筑物或其构件(例如混凝土柱、钢筋混凝土梁、桥墩、挡土墙和重力坝等)自身重量都非常大。另外,有些长度比较大的构件(例如起重机的吊缆、钻探机的钻杆和海洋深度探测器的悬索等)的自重虽不一定很大,但与它们所承受的其他荷载比较,自重常占有很大的比重,故在计算这些构件的强度时,不能再把它们的自重忽略不计。下面通过一些具体例子说明考虑自重时受拉(压)杆的强度计算方法以及自重对强度的影响。

例 6-5 有一高度 l=24*m* 的方形截面等直石柱(图 6-5(*a*)),在其顶部作用有轴向荷载 F=1 000*kN*。已知材料的容重 $\gamma=24kN/m^3$,容许应力$[\sigma]=1MPa$,试设计石柱所需的截面尺寸。

解 在工程设计计算中,对于长度较大、材料的容重较大,而材料强度不大的杆,必须考虑自重的影响。故在求解本例时,应认为石柱是在轴向荷载 F 及其自重共同作用下的等直柱。柱的自重可看做是沿柱高均匀分布的荷载(图 6-5(*a*))。

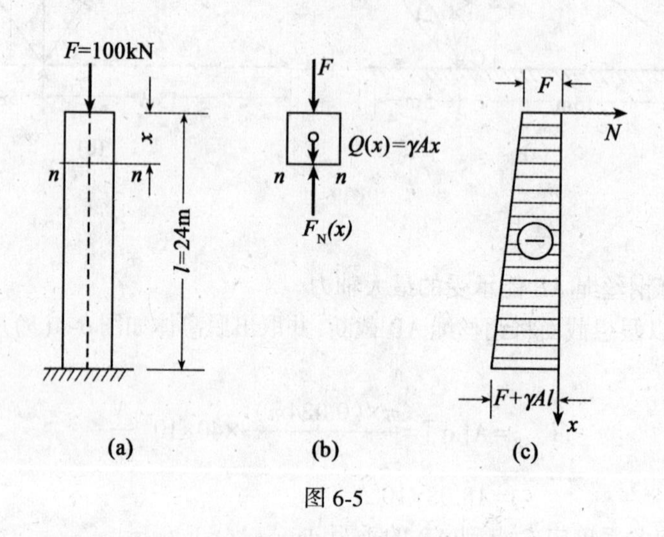

图 6-5

(1)计算轴力并作轴力图。

在距柱顶面的距离为 x 处,用一假想横截面 n-n 截出脱离体如图 6-5(*b*)所示,则在n-n 截面上的轴力为

$$F_N(x)=-[F+Q(x)]=-(F+\gamma Ax) \tag{a}$$

式中:Q(x)=γAx 为 n-n 截面以上高度为 x 的一段石柱的重量。因材料的容重 γ 和等直柱的横截面面积 A 都为常数,故式(*a*)中的 Q(x)沿柱高按直线变化,且 x=0 时,Q(x)=0,即在柱顶面不受自重作用;当 x=l 时,Q(x)=Q=γAx,即在柱的底面上要承受柱的全部重量。所以石柱在自重单独作用下所引起的轴力图成三角形。当同时考虑外力 F 及自重 Q(x)对石柱的作用时,它的轴力图则如图 6-5(*c*)所示。最大轴力 $N_{N,max}$ 出现在柱的底面上,其值为

$$F_{N,max}=-(F+\gamma A)$$

(2)设计横截面。

等直柱的横截面应根据最大轴力 $F_{N,max}$ 来设计,即柱的截面大小应能满足下列强度条件:

$$\sigma_{max}=\frac{F_{N,max}}{A}=\frac{F}{A}+\gamma l\leqslant[\sigma] \tag{b}$$

故可解得

$$A\geqslant\frac{F}{[\sigma]-\gamma l} \tag{6-4}$$

将有关的已知数值代入式(6-4),得

$$A \geqslant \frac{F}{[\sigma] - \gamma l} = \frac{10^6}{10^6 - 23 \times 10^3 \times 24} = 2.23\text{m}^2$$

故方形截面的边长 a 应为

$$a = \sqrt{A} = \sqrt{2.23} = 1.49\text{m}(\text{取 } a = 1.5\text{m})$$

将式(6-4)与式(6-2) $A \geqslant \frac{F}{[\sigma]}$ 进行比较,可见在计算受拉(压)的等直杆时,考虑自重作用的影响,相当于从材料的容许应力[σ]里减去 γl。显然,若所研究的杆的 $\frac{\gamma l}{[\sigma]}$ 值远小于1(即杆的材料强度很大,而容重和长度则很小),则在杆受拉(压)情况下,可不考虑其自重的影响。反之,对长度很大,材料的容重较大而强度不高的杆,则必须考虑其自重的影响。

§6-3　考虑自重时受拉(压)杆的变形计算

在上节中研究了考虑自重时对受拉(压)杆中应力的影响,在本节内再进一步研究考虑自重时对杆变形的影响,仍通过具体的例题来说明。

例 6-6　试计算图 6-6(*a*)所示等直柱在考虑它的自重情况下的压缩变形。已知柱的横截面面积为 A,材料的容重为 γ,弹性模量为 E。

解　首先研究在距柱顶面 x 处取出的长为 *d*x 微段柱(图 6-6(*b*))的变形。因微段的自重 γA*d*x 很小,它对微段变形的影响可忽略不计,则根据胡克定律,此微段的变形为

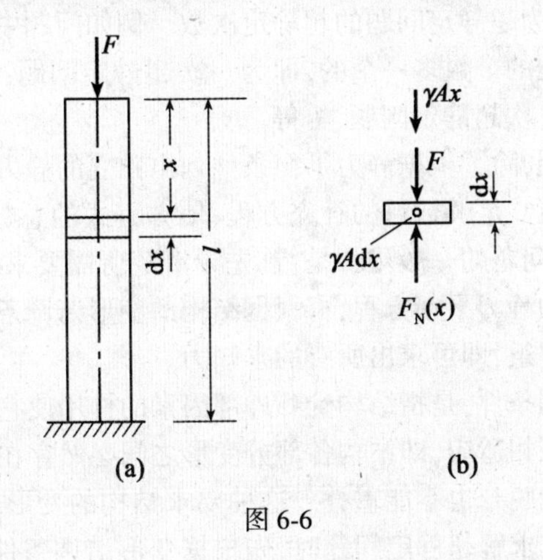

图 6-6

$$d(\Delta l) = \frac{F_N(x)dx}{EA} = \frac{(F + \gamma Ax)dx}{EA}$$

将上式对整个柱长 l 进行积分,即可得到整个柱的变形为

$$\Delta l = \int_0^l \frac{(F + \gamma Ax)\,dx}{EA} = \frac{Fl}{EA} + \frac{Ql}{2EA}$$

$$= \frac{\left(F + \dfrac{Q}{2}\right)l}{EA} \tag{6-5}$$

式中:$Q=\gamma Al$ 为柱的自重。

由上式可见,等直杆由自重Q引起的变形,与将自重的一半即$\frac{Q}{2}$集中作用在杆顶端时所产生变形相同。故当杆很长且其材料的容重较大时,计算杆的变形时不能忽略自重的影响。

§6-4　简单拉伸和压缩超静定问题的解法

一、超静定问题的一般概念

在前面两章中所介绍的杆的拉伸和压缩问题,只要根据静力平衡条件列出力的平衡方程即可解出要求的支座反力和轴力,这一类问题称为静定问题。

但在工程实际中,我们还会遇到另外一种情况,即某些承受拉伸或压缩的杆和杆系结构,会具有多于维持其平衡所必需的支座和杆,习惯上把这样的支座和杆称为多余约束。由于多余约束的存在,结构中独立的未知力(包括支座反力和内力)的数目,必然多于只根据静力平衡条件所能建立的独立的静力平衡方程的数目,这样结构的未知力就不能单凭静力平衡方程来解决了,这一类问题称为超静定问题。

通常,把超静定问题中与多余约束相应的支座反力或内力称为多余未知力,而把多余未知力的数目,或结构中独立的未知力的数目多于只根据静力平衡条件所能建立的独立的静力平衡方程数的数目,称为超静定问题的超静定次数。例如问题中未知力的个数,比可能建立的独立的静力平衡方程的个数多一个的,即为一次超静定问题;多两个的,即为二次超静定问题;多n个的,即为n次超静定问题,等等。

为了求解超静定问题,除了根据静力平衡条件列出独立的静力平衡方程以外,还必须根据结构的变形谐调条件建立足够数目的补充方程,使方程式的总数能与所求未知力的总数相等。因此,求解超静定问题的一般步骤是:首先弄清楚所需要求的未知力,然后根据静力平衡条件列出所有独立的静力平衡方程,再根据结构的变形谐调条件建立足够的补充方程,最后解答得到的联立方程组,即可求出所有的未知力。

所谓结构的变形谐调条件,是指结构受到外部因素的作用使它各部分发生变形,这些变形均必须与所受到的约束相适应,即结构各部分变形之间必然存在着一定的相互制约条件,使得结构及其约束既不能脱开也不能重叠。这种要求结构的变形应满足的几何条件,通常就称为变形谐调条件。在求解超静定问题时,先根据变形谐调条件列出结构各部分变形间的几何关系式,然后再通过表达内力与变形间关系的物理条件(胡克定律),建立所需要的补充方程。

二、简单拉伸和压缩超静定问题的解法

图6-7(*a*)所示两端固定的超静定杆,由横截面面积和材料都不相同的两部分Ⅰ和Ⅱ所组成,在分界处的截面C上受到向下的力F作用,要求解出杆的内力。

因该杆是沿轴向受力,在其上、下两端又都被固定而受到沿杆轴方向的约束,故有两个未知的支座反力F_A和F_B。按照受力情况可将反力的指向假设如图6-9(*b*)所示。在这种情

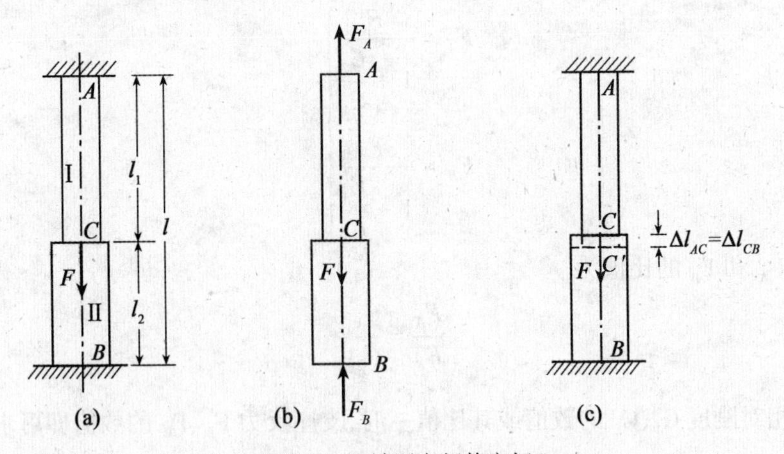

图 6-7　两端固定超静定杆

况下,杆的上部分将受到拉伸,下部分将受到压缩。根据静力平衡条件,对此杆只能写出一个独立的静力平衡方程,即

$$F_A + F_B = F \tag{6-6}$$

显然,由一个方程不可能解出两个独立的未知力 F_A 和 F_B,故这是一个一次超静定问题。为了求解这个问题,必须设法再建立一补充方程。为此必须进一步研究杆的变形。因杆的两端固定,当杆受力变形时,两端面绝不可能发生沿杆轴方向的相对线位移,即杆的上下段虽会分别发生伸长或缩短变形,但杆的总长度不会改变,即

$$\Delta l_{AC} - \Delta l_{CB} = 0 \tag{a}$$

图 6-7(*c*)就是表示本问题的变形谐调条件。但在胡克定律有效的情况下,有

$$\Delta l_{AC} = \frac{F_A \cdot l_1}{E_1 A_1} \tag{b}$$

$$\Delta l_{CB} = \frac{F_B \cdot l_2}{E_2 A_2} \tag{c}$$

将式(*b*)和式(*c*)代入式(*a*),即可得到补充方程为

$$\frac{F_A \cdot l_1}{E_1 A_1} - \frac{F_B \cdot l_2}{E_2 A_2} = 0 \tag{6-7}$$

解联立方程组(6-6)和(6-7),即得到要求的支座反力为:

$$\left.\begin{aligned} F_A &= \frac{F}{1 + \dfrac{E_2 A_2 l_1}{E_1 A_1 l_2}} \\ F_B &= \frac{F}{1 + \dfrac{E_1 A_1 l_2}{E_2 A_2 l_1}} \end{aligned}\right\} \tag{6-8}$$

如令 $C_1 = \frac{E_1 A_1}{l_1}$ 和 $C_2 = \frac{E_2 A_2}{l_2}$ 分别表示上、下段杆的抗拉和抗压相对刚度,还可将式(6-8)简化为

$$\left.\begin{aligned} F_A &= \frac{F}{1+\dfrac{C_2}{C_1}} \\ F_B &= \frac{F}{1+\dfrac{C_1}{C_2}} \end{aligned}\right\} \tag{6-8a}$$

并由此得到 F_A 和 F_B 的比值为

$$\frac{F_A}{F_B}=\frac{C_1}{C_2}$$

即若给出了相对刚度 C_1、C_2 的数值或其比值$\frac{C_1}{C_2}$时，支座反力 F_A、F_B 的数值即可求得，这样杆的内力也就容易确定了。上面所得到的结果均为正号，说明我们在图 6-7(b)中对支座反力 F_A 和 F_B 所假设的指向都是正确的。

对于由不同材料组成的组合杆，如图 6-8(a)所示钢筋混凝土柱及图 6-8(b)所示的由钢杆与铜管所组成的杆，都属于由两种不同材料组成的组合杆。下面说明怎样求解它们受到轴向压力 F 的作用时其各个部分的压力。

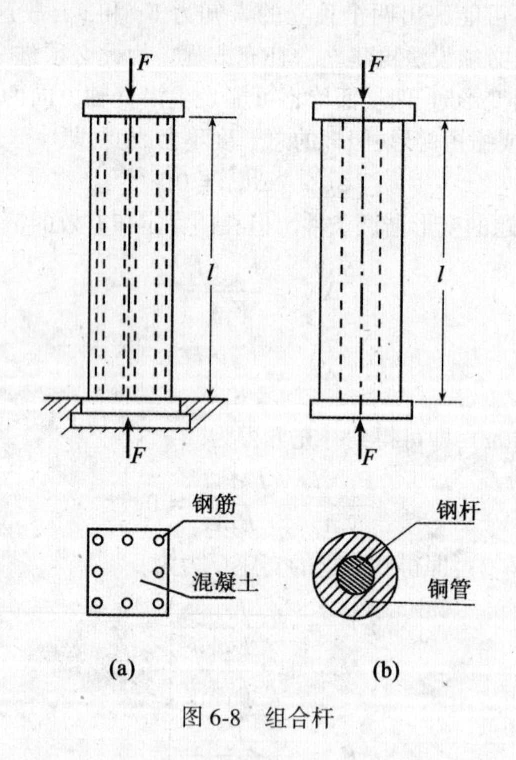

图 6-8 组合杆

1.由静力平衡条件列出平衡方程

令 E_1 和 E_2 分别为第一种材料和第二种材料的弹性模量，A_1、F_{N1} 和 A_2、F_{N2} 分别为由第一种材料和由第二种材料制成的杆的横截面面积及其所承担的轴力。由静力平衡条件可得

$$F_{N1}+F_{N2}=F \tag{6-9}$$

2.由变形谐调条件建立补充方程

考虑到组合杆是由两种材料分别制成的杆组合而成的,在压力 F 的作用下,由两种材料分别制成的杆的缩短变形应该相等,即变形谐调条件为

$$\Delta l_1 = \Delta l_2 \tag{a}$$

在胡克定律有效的情况下,有

$$\left.\begin{aligned} \Delta l_1 &= \frac{F_{N1} l_1}{E_1 A_1} = \frac{F_{N1}}{C_1} \\ \Delta l_2 &= \frac{F_{N2} l_2}{E_2 A_2} = \frac{F_{N2}}{C_2} \end{aligned}\right\} \tag{b}$$

式中:$C_1 = \frac{E_1 A_1}{l_1}$和$C_2 = \frac{E_2 A_2}{l_2}$分别是两种杆的相对刚度。将式($b$)代入式($a$)即可得到补充方程

$$\frac{F_{N1}}{C_1} = \frac{F_{N2}}{C_2} \tag{6-10}$$

3.解联立方程组

解联立方程组(6-9)和(6-10),并考虑到在题示情况下 $l_1 = l_2 = l$,可求得

$$\left.\begin{aligned} F_{N1} &= \frac{F}{1 + \frac{C_2}{C_1}} = \frac{F}{1 + \frac{E_2 A_2}{E_1 A_1}} \\ F_{N2} &= \frac{F}{1 + \frac{C_1}{C_2}} = \frac{F}{1 + \frac{E_1 A_1}{E_2 A_2}} \end{aligned}\right\} \tag{6-11}$$

从式(6-10)也可得到

$$\frac{F_{N1}}{F_{N2}} = \frac{C_1}{C_2}$$

表示组合杆各部分中的内力与其各部分所有的相对刚度成正比关系。

至于各部分中的应力,则分别为

$$\left.\begin{aligned} \sigma_1 &= \frac{F_{N1}}{A_1} = \frac{F}{A_1}\left(\frac{E_1 A_1}{E_1 A_1 + E_2 A_2}\right) \\ \sigma_2 &= \frac{F_{N2}}{A_2} = \frac{F}{A_2}\left(\frac{E_2 A_2}{E_1 A_1 + E_2 A_2}\right) \end{aligned}\right\} \tag{6-12}$$

且 σ_1 和 σ_2 的比值为

$$\frac{\sigma_1}{\sigma_2} = \frac{E_1}{E_2} \tag{6-13}$$

式(6-13)表明,组合杆内由不同材料构成的各部分的应力与其材料的弹性模量成正比。

§6-5　装配应力和变温应力

一、装配应力

杆系结构是由一个以上的杆组装而成的。在工程实际中,由于加工制造时的疏忽,可能

使某些杆的尺寸具有微小的误差。若用这种杆组装的杆系结构如图 6-9 所示的静定结构(实线表示设计尺寸,虚线表示制造尺寸),则杆所具有的尺寸误差只会使杆系结构的几何形状略有改变,不会在杆系结构的各杆中引起附加的应力。但若用这种杆组装的杆系结构是如图 6-10(a)所示的超静定结构,则任一杆所具有的尺寸误差都会使结构在各杆中引起附加的应力。例如,当 1 杆的尺寸制造得不准确,比其应有的长度$\overline{AD}$短了 δ_0,则在将该杆系结构勉强装配好以后,其各杆将会处于图中虚线所示的状态,并使铰接点改变到 A'位置,即结构还没有受到外荷载作用,1 杆就因发生了伸长变形而有了拉应力,2 和 3 杆则因发生了缩短变形而有了压应力,这样的应力属于附加应力或初应力。因这种附加应力是由于存在制造误差的杆在勉强接装时所产生的,所以也称它们为装配应力。

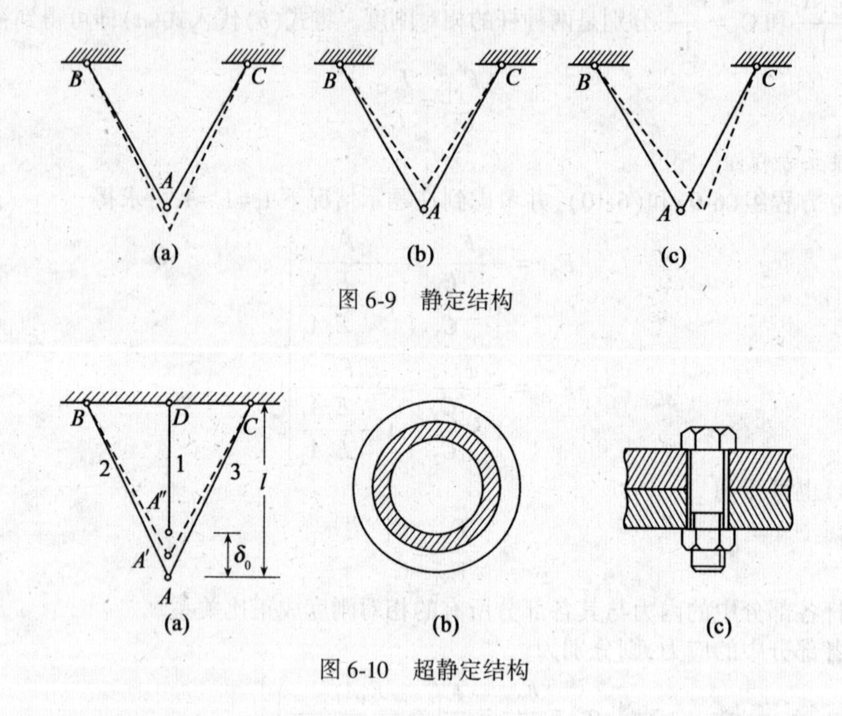

图 6-9 静定结构

图 6-10 超静定结构

虽然一般说来,在结构物中初应力的存在是不利的,但在某些特殊情况下,我们也可合理而巧妙地利用先产生初应力的办法,从而使结构的工作条件得到改善。

在图 6-10 中还表示了两种常见且简单的具体装配应力的结构,图 6-10(b)表示的是由两个材料不同的圆环借助"过盈连接"而构成的紧密连接在一起的组合环,通常是将外环的内径做得比内环的外径稍小一些,装配时先将外环加热,并趁它胀大时将其套在内环上,冷却后,内外两环就会紧密地结合在一起,使外环受拉伸而内环受压缩。图 6-10(c)所表示的是一螺栓连接,将螺帽拧紧后,会使螺栓中发生拉伸应力,而被连接的构件则都受到压缩。这类初应力的计算方法,和求解超静定问题的方法相同,这里不作赘述。

二、变温应力

我们知道,自然界中普遍地存在着物体热胀冷缩的现象。在工程实际中,由于工作环境温度的改变或季节的更替等原因,结构或其构件也常会处于温度发生变化的工作状态。此时,若结构或其构件能随着温度的改变而自由地发生膨胀或收缩变形,则温度的改变对结构或其构件的内力不会有所影响。但若结构或其构件由于受到外界约束,或是各部分之间的相互制约,使其在温度改变时的膨胀或收缩不能自由地发生,则结构或构件中就会产生应力,即所谓的变温应力。例如图 6-11(*a*)所示连通高压蒸汽锅炉与原动机的管道,因其刚度远小于锅炉与原动机的刚度,故可将其看作为如图 6-11(*b*)所示的两端固定的杆,当管道中通过高压蒸汽时,就相当于使图 6-11(*b*)所示的两端固定杆的温度发生了改变,杆要发生伸长变形,但这种变形因杆的两端为固定端而受到了限制,这就必然会在杆内引起变温应力。计算变温应力的关键在于根据问题的变形谐调条件写出补充方程。但应注意,在这种情况下,杆的变形包括了两部分,即温度改变所引起的拉伸变形 Δl_t 以及与变温应力相应的压缩变形 Δl_{F_N}。即在求解此超静定问题时,可这样设想:若杆只有一端(例如 A 端)为固定端(图 6-11(*c*)),则温度升高 Δt 以后,杆将自由地伸长 Δl_t,但实际上杆的 B 端也为固定端,并不能自由地伸长,这就相当于在杆 B 端处的支反力 $F_B = F_{NB}$ 又将 Δl_t 顶了回去(图 6-11(*d*))。利用静力平衡条件虽然只能得出

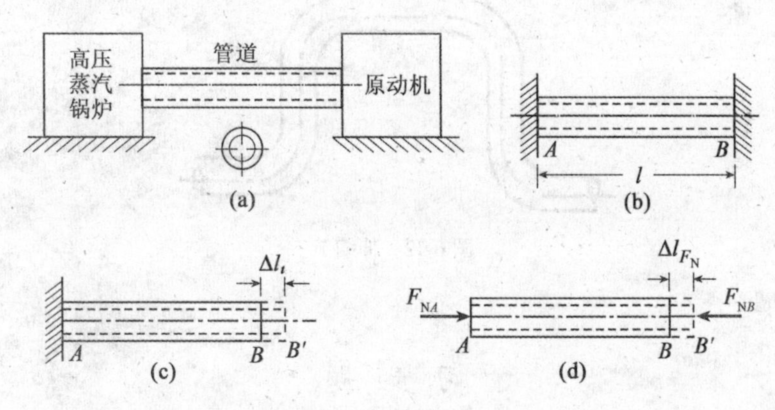

图 6-11　变温应力

$$F_{NA} = F_{NB} = F_N \tag{1}$$

一个方程,但利用变形谐调条件

$$\Delta l_t - \Delta l_{F_N} = 0 \tag{a}$$

即可再建立一个补充方程。显然

$$\Delta l_t = \alpha \Delta t l \tag{b}$$

$$\Delta l_{F_N} = \frac{F_{NB} l}{EA} \tag{c}$$

式中:α 为材料的线膨胀系数。

将式(*b*)和(*c*)代入式(*a*)并加以整理,可得补充方程

$$F_{NB} = \alpha \Delta t EA \tag{2}$$

由方程(1)和(2)可知,因温度改变而引起的杆中内力为

$$F_N = \alpha \Delta t EA$$

从而变温应力为

$$\sigma_t = \frac{F_N}{A} = \alpha \Delta t E \tag{6-14}$$

结果为正,说明当初认为温度升高时在杆中引起的变温内力是轴向压力,从而变温应力为压应力是正确的。这也可说明当温度降低(即 Δt 为负)时在杆中引起的变温应力为拉应力。

对于钢材,$\alpha = 12.5\times10^{-6}/℃$,$E = 0.2\times10^{6} MPa$。将它们代入式(6-14)可得

$$\begin{aligned}\sigma_t &= 12.5\times10^{-6}\times0.2\times10^{6}\times\Delta t\\ &= 2.5\Delta t\ MPa\end{aligned}$$

由此可见,当温度的变化 Δt 较大时,引起的变温应力 σ_t 可达到相当可观的数值。可见,计算和考虑变温应力的影响,从而采取适当的措施是工程设计中不可忽视的工作。例如为了避免在上述管道中引起过高的变温应力,可在管道中加装如图 6-12 所示的伸缩节,以减弱对胀缩的限制。再如在铁路钢轨和公路混凝土路面的各段之间保留有一定宽度的伸缩缝,也是同样的道理。

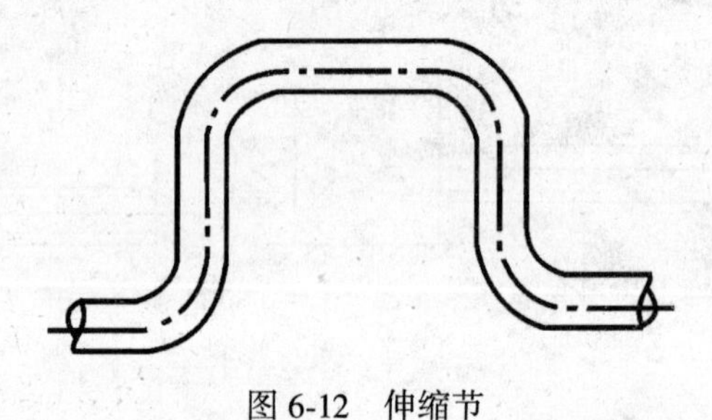

图 6-12 伸缩节

习 题

6-1 图示为一个三角形托架。已知:杆 AC 是圆截面钢杆,容许应力 $[\sigma] = 170\ MPa$;杆 BC 是正方形截面木杆,容许压应力 $[\sigma_a] = 12MPa$;荷载 $F = 60kN$。试选择钢杆的圆截面直径 d 和木材正方形截面边长 a。

(答案:$d = 26mm$,$a = 95mm$)

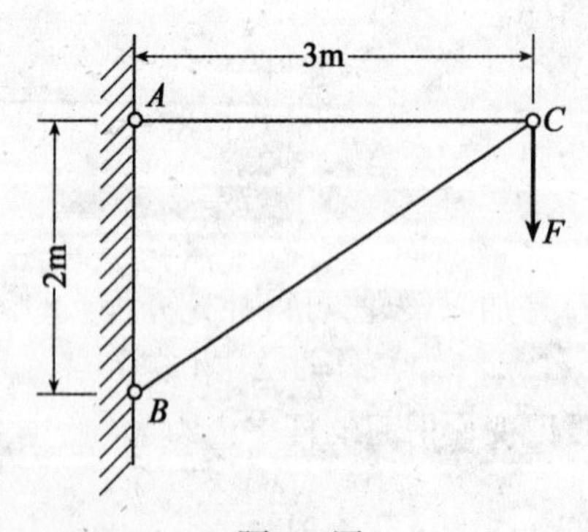

题 6-1 图

6-2　图示电杆上的横担结构,滑车可在AC杆上移动。已知滑车上作用有集中荷载F=15*kN*,斜杆AB是圆钢杆,钢的容许应力[σ]=170*MPa*。若荷载F通过滑车对AC杆的作用仍可简化为一集中力,试设计杆AB的横截面直径d。

(答案:d=17*mm*)

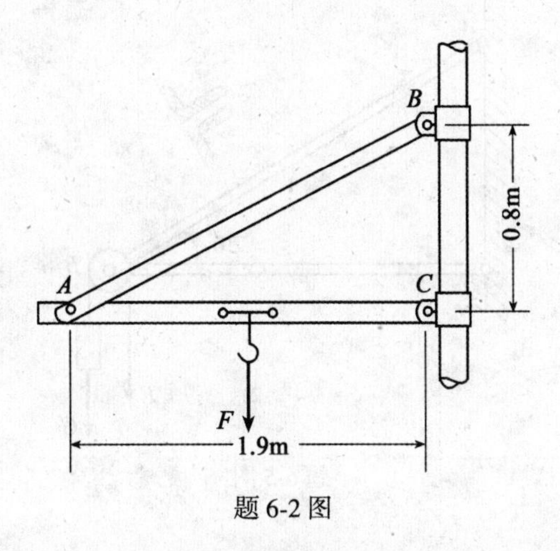

题6-2图

6-3　某结构中有一轴向受拉杆,在设计时拟采用直径为20*mm*的5号钢钢筋。但施工时发现仓库内缺少这种材料,拟改用3号钢钢筋,且知库存原3号钢钢筋有直径为16*mm*、19*mm*、20*mm*、22*mm*、25*mm*等几种,3号钢的屈服极限$\sigma_s=240MPa$,5号钢的屈服极限$\sigma_s=280MPa$。问在保证安全系数不变的情况下,应选择哪一种直径的3号钢钢筋?

(答案:d=22*mm*)

6-4　如图所示的起重机,其BC杆由钢丝绳AB拉住,若要吊起重量为G=100 *kN*的重物,试根据附表所列钢丝绳的容许拉力,选择AB钢丝绳的直径。

钢丝绳的直径(*mm*)	21.5	24	26
容许拉力(*kN*)	60	73	86

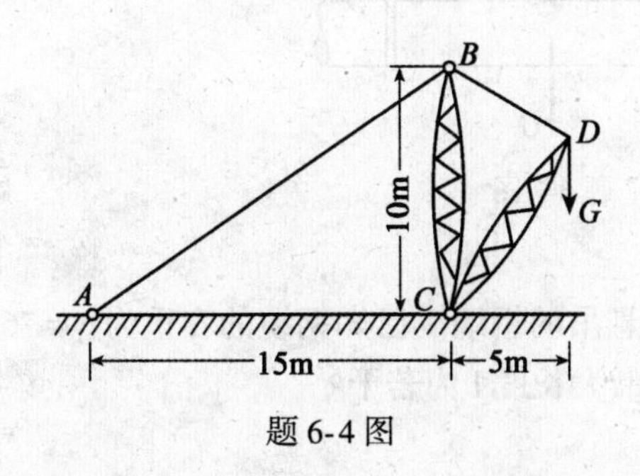

题6-4图

6-5　如图所示的简易起重设备,其AB杆由两根不等边角钢∟63×40×4所组成。已知角钢的材料为 3 号钢，容许应力$[\sigma]=170MPa$，每一角钢的截面面积为$4.058cm^2$。问当用此起重设备提起$G=15kN$荷载时，AB 杆是否安全。

（答案：$\sigma_{AB}=74MPa$，安全）

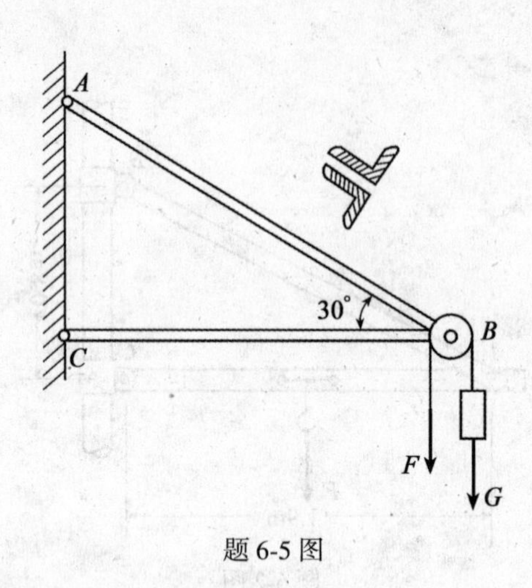

题 6-5 图

6-6 若题 6-4 中起重机的钢丝绳 AB 的横截面直径为$d=26mm$，问容许该起重机起吊的最大荷载 G 为多少？

（答案：$G=143.67kN$）

6-7 图示为起吊钢管时的情况，若已知钢管的重量为$G=10kN$，绳索的直径$d=40mm$及容许应力$[\sigma]=10MPa$，试校核绳索的强度。

（答案：$\sigma=5.63MPa$）

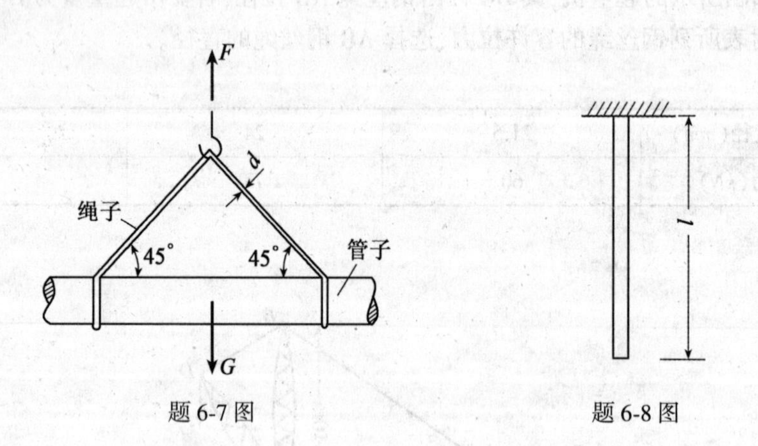

题 6-7 图　　题 6-8 图

6-8 图示为一在上端悬吊的钢缆。已知钢缆的容重为$\gamma=76.9kN/m^3$、容许应力为$[\sigma]=60MPa$，试求容许此钢缆最大长度 l 为若干？

（答案：$l=780.23m$）

6-9 试将例题 6-6 中设计的等直柱改变设计成等分三段的阶梯形柱，并对两种柱所需材料加以比较。

(答案:(1) $a_1 = 1.1m$, $a_2 = 1.25m$, $a_3 = 1.4m$;(2) $V_1 = 53.5m^3$, $V_2 = 37.86m^3$)

6-10　有一正方形截面等直杆,已知其长度 $l = 24m$,正方形横截面的边长 $a = 1m$,材料的容重 $\gamma = 23kN/m^3$,容许压应力$[\sigma] = 1MPa$,试确定该杆的容许荷载[F]。

(答案:$[F] = 448kN$)

6-11　图示为两端固定的等直杆。试求其在外力 2F 和 F 作用下各段中的轴力,并作出杆的轴力图。

(答案:最大拉力 $F_N = \frac{7}{4}F$,最大压力 $F_N = \frac{5}{4}F$)

6-12　图示为一杆系结构,杆 1、2、3 由弹性模量为 E 的同一种材料制成,横截面面积分别为 $A_1 = 100mm^2$, $A_2 = 150mm^2$, $A_2 = 200mm^2$。试求在 A 点作用有向下的荷载 $F = 10kN$ 时各杆中的轴力。

(答案:$F_{N1} = 8.46kN$, $F_{N2} = 2.68kN$, $F_{N3} = -11.54kN$)

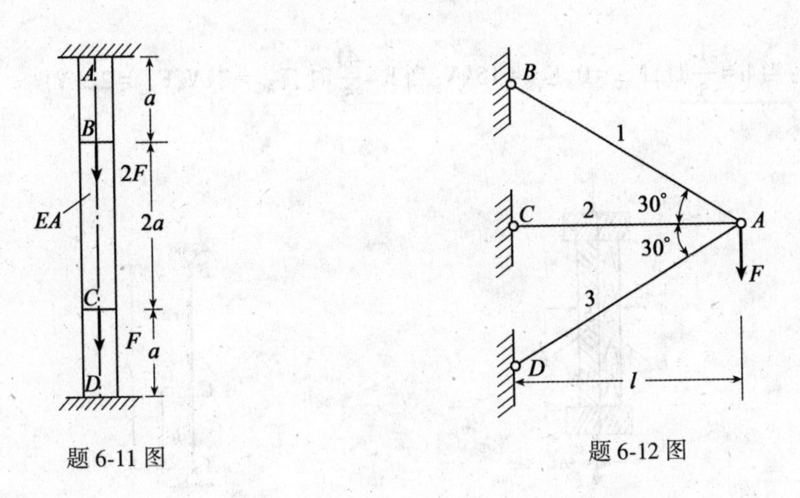

题 6-11 图　　题 6-12 图

6-13　图示 1、2、3 三根杆交汇于 D 点,三杆的材料、横截面面积 A 和长度 l 均相同,承受荷载 $F = 120kN$,试求三杆内力。

(答案:$F_{N1} = 48kN$(拉), $F_{N2} = F_{N3} = 41.5\ kN$(压))

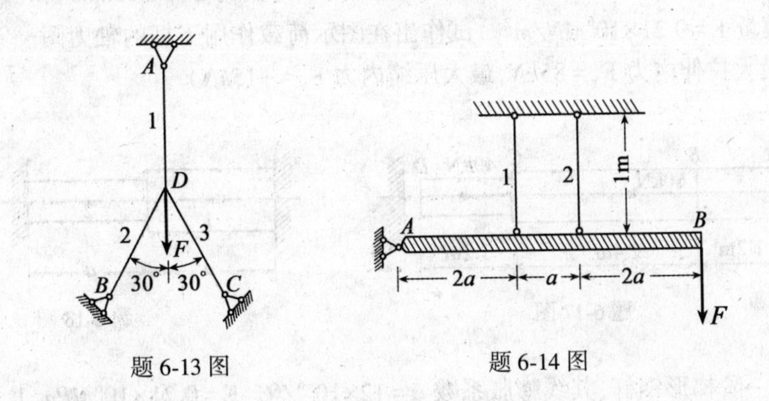

题 6-13 图　　题 6-14 图

6-14　图示刚体AB悬挂在钢杆1、2上，承受荷载$F=20kN$，并铰接于A点。杆1的横截面面积$A_1=2cm^2$，杆2的横截面面积$A_2=1cm^2$。已知$a=50cm$，$E=200\ GPa$，$\alpha=125\times10^{-7}/℃$。如果不计刚体AB的自重，试求当温度升高100℃时两钢杆内的应力。

（答案：$\sigma_1=73.5MPa$，$\sigma_2=235MPa$）

6-15　两根材料不同但形状尺寸相同的杆，平行地固接在位于杆两端的刚性板上，如图所示。已知材料的弹性模量$E_1>E_2$。若要使两杆发生相同的伸长，试求拉力F应有的偏心距e。若两杆的材料相同，问当力F存在偏心距e时，杆能否发生均匀伸长？

（答案：$e=\dfrac{b(E_1-E_2)}{2(E_1+E_2)}$）

6-16　图示为一用预拉力$10kN$拉紧的垂直缆索AB，若再于C点处施加一大小为$15kN$的荷载，试求在$h=\dfrac{l}{5}$和$h=\dfrac{4l}{5}$两种情况下，AC和BC两段缆索内的内力（设缆索不能承受压力）。

（答案：当$h=\dfrac{1}{5}$时，$F_{AC}=0$，$F_{BC}=15kN$；当$h=\dfrac{41}{5}$时，$F_{AC}=7kN$，$F_{BC}=22kN$）

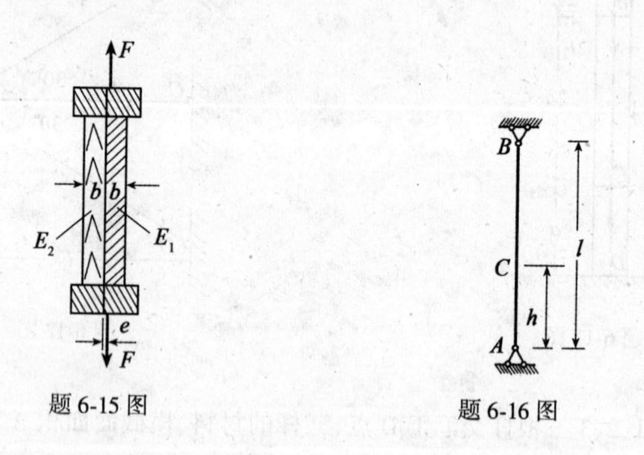

题6-15图　　题6-16图

6-17　图示为一阶梯形杆，其左端为固定端，在未承受外力以前，杆右端与固定支座保持有$\delta=1mm$的距离。已知左右两段杆的横截面面积分别为$A_1=600mm^2$和$A_2=300mm^2$，材料的弹性模量$E=0.21\times10^6MN/m^2$。试作出在图示荷载作用下杆的轴力图。

（答案：最大拉伸内力$F_N=85kN$，最大压缩内力$F_N=-15kN$）

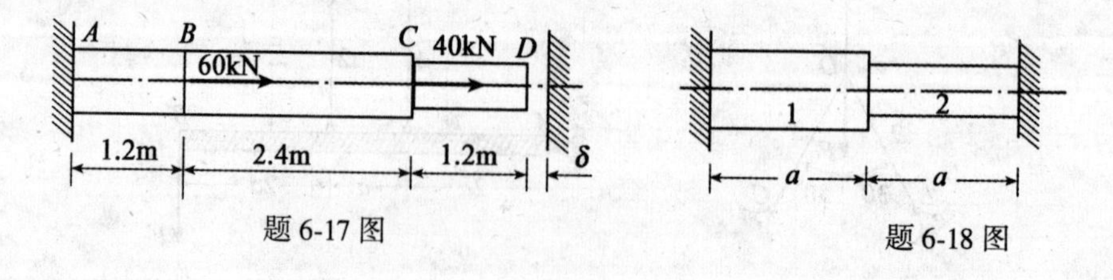

题6-17图　　题6-18图

6-18　有一阶梯形钢杆，其线膨胀系数$\alpha=12\times10^{-6}/℃$，$E=0.21\times10^6MPa$，1、2两段的横截面面积分别为$A_1=1\ 000mm^2$，$A_2=500mm^2$。若在$t_1=5℃$时将杆的两端固定，试求当温度

升高至 $t_2=25℃$ 时在杆内各段引起的变温应力。

(答案：$\sigma_1=-33.3MPa$，$\sigma_2=-66.6MPa$)

6-19　铁路的钢轨是在温度 13℃ 时焊接起来的。若由于太阳的曝晒使钢轨的温度升高到 43℃，问这时在钢轨中将产生多大的变温应力。已知钢轨的线膨胀系数 $\alpha=12\times10^{-6}/℃$，弹性模量 $E=0.2\times10^6MPa$。

(答案：$\sigma_t=72MPa$)

6-20　有一阶梯杆 AB，其靠近端头部分的横截面面积 $A_1=500mm^2$，中间部分的横截面面积 $A_2=1\,000mm^2$，试确定当轴向荷载 $F=250kN$ 时在杆中间部分内的应力。若已知该杆材料的线膨胀系数 $\alpha=10\times10^{-6}/℃$，弹性模量 $E=0.2\times10^6MPa$，问要使杆中间部分的应力恰好为零，需要使杆的温度降低多少摄氏度？

(答案：$\sigma_{CD}=142.8MPa$；降低 $\Delta t=100℃$)

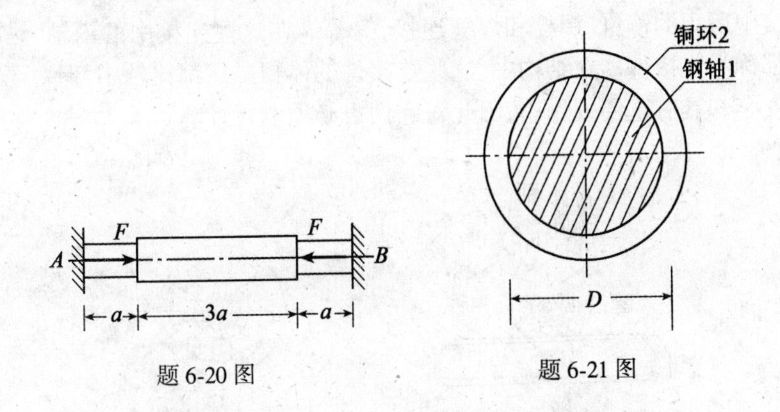

题 6-20 图　　题 6-21 图

6-21　图示铜环 2 加热到 60℃ 时恰好套在 t = 20℃ 时的钢轴 1 上。已知钢 $E_1=200GPa$，$\alpha=125\times10^{-7}/℃$；铜 $E_2=100GPa$，$\alpha=160\times10^{-7}/℃$。假若钢轴受铜环的压力而引起的变形忽略不计，试求：(1) 当铜环冷却到 20℃ 时该环内应力为多少？(2) 当铜环和钢轴一起冷却到 0℃ 时铜环内的应力为多少？(3) 当铜环和钢轴一起加热到什么温度时铜环内的应力为零？

(答案：(1) $\sigma_{环}=64MPa$(拉)；(2) $\sigma_{环}=71MPa$(拉)；(3) $t=203℃$)

第7章 剪切和挤压的实用计算

§7-1 工程实际中的剪切变形与剪切破坏

在工程实际中，为了将构件互相连接起来，通常要用到各种各样的连接，例如图7-1中所示，(a)为起吊构件所用吊具上的销轴连接，(b)为轮与轴之间的键块连接，(c)、(d)、(e)为钢构件连接中所用的铆钉、螺栓和焊缝连接，等等。在这些连接中的销轴、键块、铆钉、螺栓和焊缝等都称为连接件。在结构中，这些连接件的体积虽然都比较小，但对于保证整个结构的牢固和安全却具有重要的作用，因此对它们也必须进行计算。

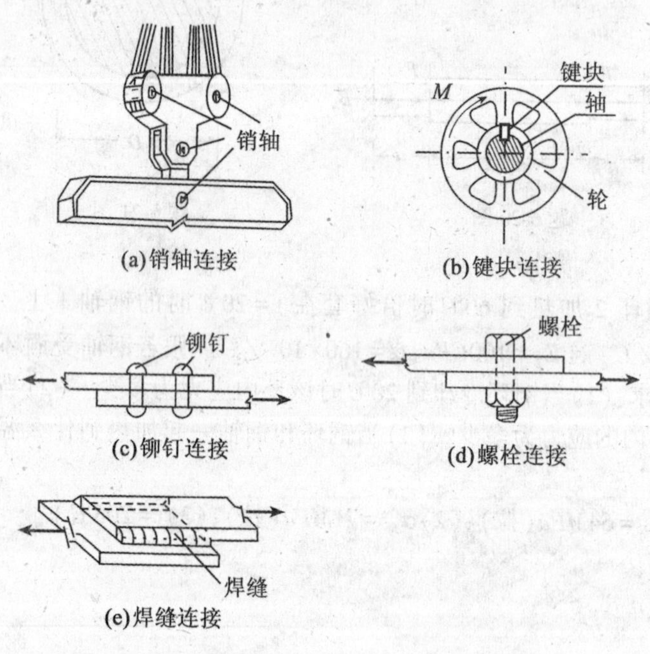

图7-1 工程中的连接

下面我们用连接两块钢板的螺栓连接为例为说明剪切变形与剪切破坏的现象。如图7-2(a)所示，当钢板受到轴力 F_N 的作用时，由两块钢板传到螺栓上的两组力(每组力的合力F大小都等于 F_N)是与螺栓轴线垂直，大小相等，方向相反，彼此相距极近的两组力，在它们的作用下，螺栓将在截面m-m处发生剪切变形，最后甚至沿作用力的方向被剪断。为了说明这点，我们可以设想在紧靠此截面处取出一矩形薄层来观察，就会看到在这两组力的作用下，原来的矩形将歪斜成为平行四边形，如图7-2(b)所示，即矩形薄层发生了剪切变形，截面 m-m 是一个受剪面。如果我们将螺栓沿受剪面 m-m 截开并且取出如图 7-2(*c*)所示的脱离体,则在受剪面 m-m 上必然存在有与力 F 大小相等、方向相反的剪力 F_Q(由相应的剪应力 τ 所组成),才能使这个脱离体维持静力平衡。如果使轴力 F_N 逐渐增大,则当剪应力达到材料的极限剪应力时,螺栓就会沿着受剪面发生剪断破坏。

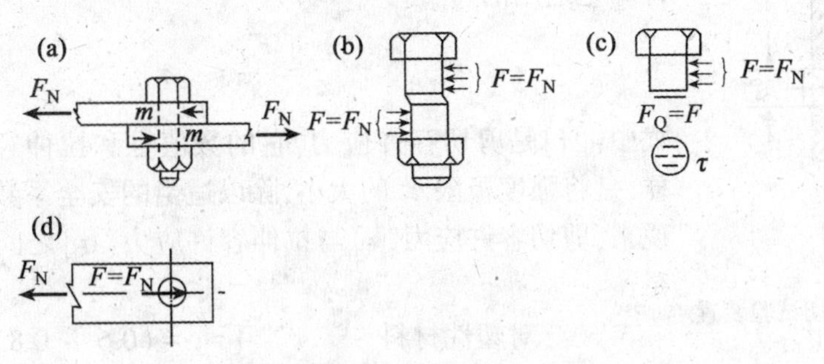

图 7-2　螺栓连接

螺栓在受到剪切的同时,往往还伴随着局部受压现象。如图 7-2(*b*)和(*d*)所示,在钢板和螺栓相互传递作用力 F 时,螺栓的半个圆柱面同钢板的圆孔表面相挤压,在接触表面上因承受压力 F 而发生局部压缩变形。如果 F 过大,就会使较软弱材料的表面压溃。这种局部受压的现象称为挤压。这种受压的局部表面就叫做挤压面。承压力 F 称为挤压力,它的压强叫做挤压应力,其方向垂直于挤压面。

§7-2　剪切的实用计算及强度条件

连接件(例如螺栓、铆钉、销轴等)一般都不是细长的杆,要从理论上计算它们的工作应力往往非常复杂,有时甚至是不可能的。另外,连接件的实际工作条件与其计算简图之间也有一定的差异,即使用精确理论进行分析,所得的结果也会与实际情况有较大的出入。因此为了简便有效,对于连接件的强度计算,通常都采用"实用计算"的方法。即一方面假设连接件受剪面上各点处的剪应力都相等,从而算出其"名义剪应力",实质上它就是截面上的平均剪应力

$$\tau = \frac{F_Q}{A} \tag{7-1}$$

式中:F_Q 是作用在连接件受剪面上的剪力(假设通过截面的形心),A 是受剪面的面积。另一方面,根据对这类连接件进行直接剪切实验所得到的破坏荷载,按照同样的名义应力公式算得材料的极限应力 τ^o,将此极限应力除以适当的安全系数即得到材料的容许剪应力[τ]。

在图 7-3 中表示了一种进行直接剪切实验的方法,将连接件或与连接件相同的材料制成的圆柱形试件放入剪切器里,逐渐增大荷载 F,当 F 达到 F_b 时,试件沿 m-m、n-n 两个剪切面被剪断。按照同样的名义应力公式就可以算出连接件在直接剪切下的强度极限为

$$\tau = \frac{F_b}{A} \tag{7-2}$$

这里必须指出,图 7-2 所示的情况只有一个剪切面,叫做单剪切;图 7-3 所示的情况有两个

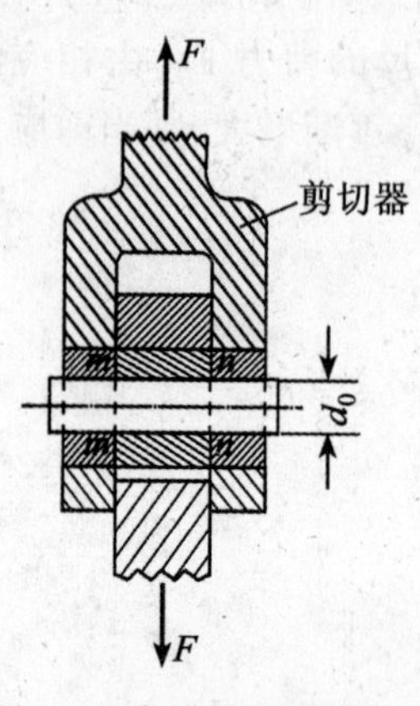

图 7-3 直接剪切试验装置

剪切面,故叫做双剪切。在双剪切情况下,受剪面 A 应是试件横截面面积的两倍。这样求得的 τ^o 虽然只是近似地表示出材料的抗剪强度,但因工程实际中的连接件在连接中的受力情况,与试件在这种直接剪切试验中的受力情况极为相似,所以我们的简化计算是适用的。

$$\tau = \frac{F_Q}{A} \leqslant [\tau] \tag{7-3}$$

式中:[τ]是剪切容许应力,它的数值也和拉伸容许应力[σ]一样,是将强度极限 τ^o 的大小,除以适当的安全系数而得到。一般说来,剪切容许应力[τ]与拉伸容许应力[σ]之间具有以下的关系:

$$\begin{aligned} &\text{对塑性材料} \quad [\tau] = (0.6 \sim 0.8)[\sigma] \\ &\text{对脆性材料} \quad [\tau] = (0.8 \sim 1.0)[\sigma] \end{aligned} \tag{7-4}$$

各种材料的剪切容许应力可从有关规范中查得。

例 7-1 图 7-4 所示为一制动装置,AB 为钢杆,用销轴 C 支持在机架上,已知制动力 $F_1 = 1.5kN$,$F_2 = 6.0kN$,销轴的容许剪应力[τ] = 10*MPa*,试根据剪切强度条件计算销轴的直径。

解 根据钢杆 AB 的受力,由静力平衡方程可求得销轴 C 的反力 F_C,即

$$\sum F_y = 0: \qquad F_C - F_1 - F_2 = 0$$

故

$$F_C = F_1 + F_2 = 1.5 + 6.0 = 7.5kN$$

销轴 C 的受力情况如图 7-4(*b*)、(*c*)所示,销轴的受剪面是两个直径为 d 的圆形截面,故为双剪切。按公式(7-3)可求得销轴所必需的直径 d 为

$$A = 2 \times \frac{\pi d^2}{4} \geqslant \frac{F_C}{[\tau]}$$

故

$$d \geqslant \sqrt{\frac{2F_C}{\pi[\tau]}} = \sqrt{\frac{2 \times 7.5 \times 10^3}{\pi \times 10 \times 10^6}}$$
$$= 21.85 \times 10^{-3} m = 21.85mm$$

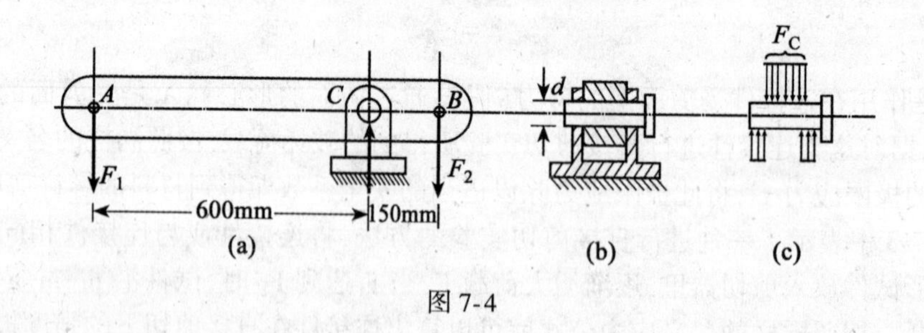

图 7-4

最后取销轴的直径 d = 22*mm*。

例 7-2 图 7-5 所示为一冲孔装置,冲头的直径 d = 12*mm*,当冲击力 F = 75*kN* 时,欲将剪

切强度极限 $\tau^{o}=400MPa$ 的钢板冲出一圆孔。试求该钢板的最大厚度 t。

解　冲孔时的受剪面为直径 $d=12mm$、高度为 t(钢板厚度)的圆柱体侧表面(即圆柱面),所以受剪面积为:

$$A=\pi d\cdot t$$

由公式(7-2) $\tau^{o}=\dfrac{F}{A}$ 求得钢板的厚度

$$t=\frac{F}{\pi d\tau^{o}}=\frac{75\times10^{3}}{\pi\times12\times10^{-3}\times400\times10^{6}}$$
$$=4.97\times10^{-3}\text{m}=4.97mm$$

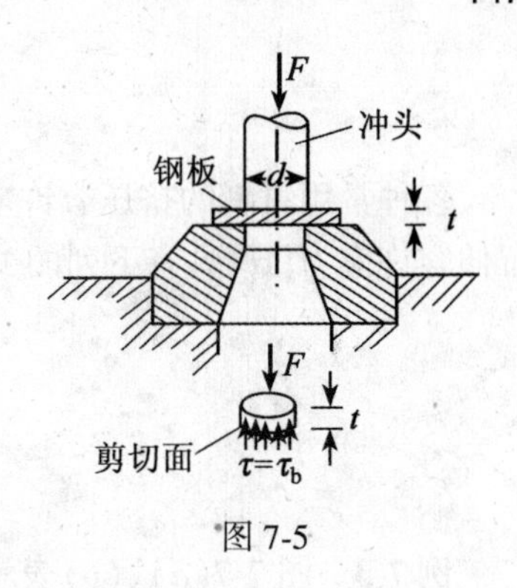

图 7-5

§7-3　挤压的实用计算及强度条件

在第一节中我们曾讲过,连接件受剪切作用的同时,还常常伴随有挤压的现象。在一般情况下,构件中的挤压应力的分布情况也是非常复杂的,它与构件接触面积的几何形状及材料的性质有关。在连接的实用计算中,我们同样假定挤压力 F_{bs} 是均匀地分布在连接件及与其接触的构件的承受挤压的面积 F_{bs} 上的,因此在挤压面上的名义挤压应力为

$$\sigma_{bs}=\frac{F_{bs}}{A_{bs}} \tag{7-5}$$

关于挤压面面积 A_{bs} 的计算,要根据接触面的情况而定。对于图 7-1(*b*)中所表示的键块连接,其接触面是平面,因此挤压面面积即为接触面面积。对于某些连接件(例如螺栓),它们的挤压面实际上是半圆柱曲面(图 7-6(*b*))。在实用计算中,我们通常是用通过螺栓的直径平面(图 7-6(*c*))来代替半圆柱曲面,即挤压面面积为 td,并假设挤压应力 σ_{bs} 是均匀地分布在这个直径平面上的。

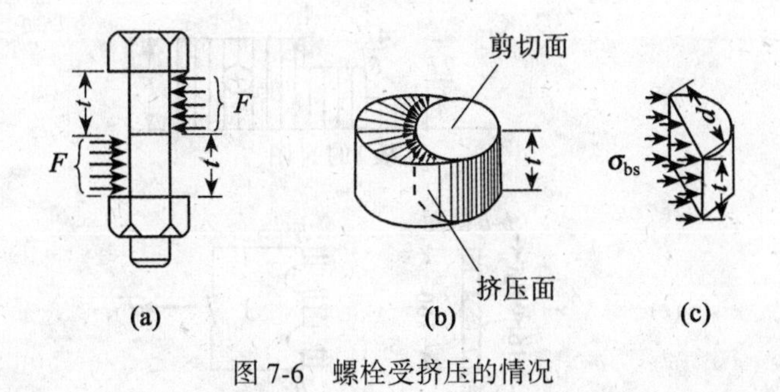

图 7-6　螺栓受挤压的情况

为了确定连接件的挤压容许应力,我们按照连接件的实际工作情况,通过实验来测定使其半圆柱表面被压溃的挤压极限荷载,然后按照名义应力公式算出在直径平面上的平均极限应力,再除以适当的安全系数,就得到连接件材料的挤压容许应力[σ_{bs}],由此可建立连接件的挤压强度条件为

$$\sigma_{bs}=\frac{F_{bs}}{A_{bs}}\leqslant[\sigma_{bs}] \tag{7-6}$$

各种常用材料的挤压容许应力$[\sigma_{bs}]$可由有关规范中查得。对于钢材,挤压容许应力与拉伸容许应力$[\sigma]$具有下列的关系:

$$[\sigma_{bs}]=(1.7\sim2.0)\ [\sigma] \tag{7-7}$$

§7-4 剪切和挤压的实用计算举例

例 7-3 图 7-7(*a*)、(*b*)表示一承受轴力 F_N 的铆钉接头。每块钢板的厚度 t=8*mm*,用 6 个铆钉连接,设铆钉直径 d=16*mm*,已知铆钉的抗剪容许应力$[\tau]=140MPa$,挤压容许应力$[\sigma_{bs}]=330MPa$,钢板的容许应力$[\sigma]=170MPa$,试求此连接的容许荷载 F 的大小。

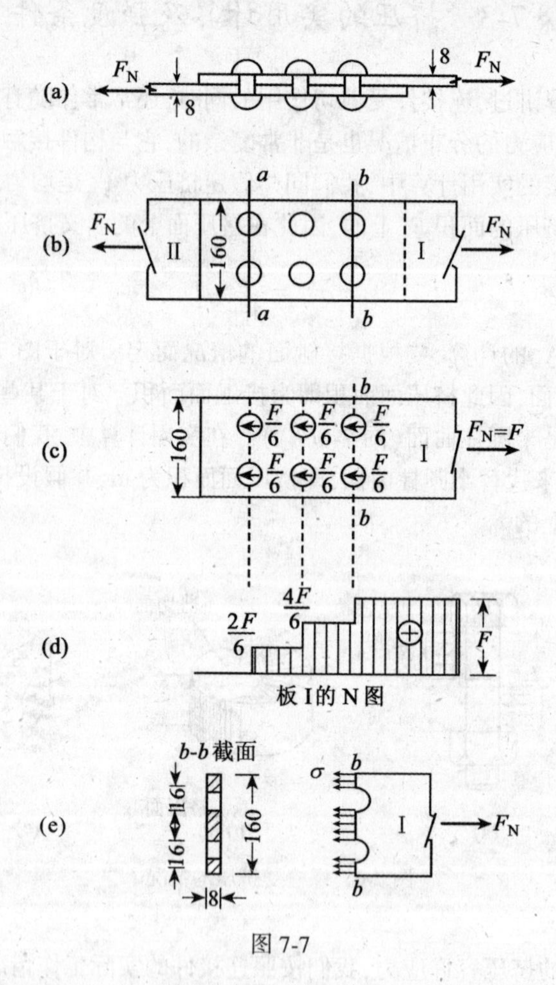

图 7-7

解 由图 7-7(*a*)可以看出,在这个连接上,每个铆钉只有一个受剪面,故为单剪。

每个铆钉容许承担的剪力可以由式(7-3)算得为

$$F_Q=\frac{\pi d^2}{4}[\tau]=\frac{\pi\times(16\times10^{-3})^2}{4}\times140\times10^6$$

$$=28\ 140N=28.14kN$$

每个铆钉容许承受的挤压力可以由式(7-6)算得为

$$F_{bs}=dt[\sigma_{bs}]=16\times10^{-3}\times8\times10^{-3}\times330\times10^{6}$$
$$=42240N=42.4kN$$

比较以上的计算结果，可以知道在这个接头中，铆钉的抗剪能力低于其承压的能力，因此，这个连接的容许荷载应由铆钉的容许剪力 F_Q 来决定。假设6个铆钉的受力情况一样，则连接的容许荷载为

$$F=6F_Q=3\times28.14=168.8kN$$

最后，还应该对钢板是否会被拉断进行校核。取钢板Ⅰ为脱离体，画出它的受力图和轴力图分别如图7-7(*c*)和(*d*)所示。由钢板Ⅰ的轴力图可以看出危险截面在钢板Ⅰ的截面b-b处(或钢板Ⅱ的截面a-a处)。因为作用在b-b截面上的轴力为 $F_N=F$，而截面的净面积为 $A_j=(160-2\times16)8\times10^{-6}=1.024\times10^{-3}m^2$(参看图7-7(*e*))，所以净截面b-b上的正应力为

$$\sigma=\frac{F_N}{A_j}=\frac{168.8\times10^3}{1.024\times10^{-3}}=164.8MPa<[\sigma]=170MPa$$

因此该接头的容许荷载为168.8*kN*。

通过这个连接计算，给我们提出了一个结构设计中很重要的问题，就是对于结构可能出现的破坏形式的分析必须具有全面的观点。即：(1)铆钉可能被剪断；(2)钢板或铆钉可能在互相接触处被挤压坏；(3)钢板可能沿某一削弱截面被拉断等。为此，必须分别满足强度要求，才能使接头安全工作。否则，由于某一方面的疏忽，就可能给结构留下隐患，以致造成严重的事故。

例7-4　图7-8(*a*)表示齿轮用键块与轴连接(图中没有画出齿轮)。已知轴的直径 d=50*mm*，根据机械零件手册，可选出键块的尺寸为 $b\times h\times l=16mm\times10mm\times45mm$，键块传递的扭转力矩 m=720*mm*，键块的材料为*A*6钢，容许剪应力 $[\tau]=110MPa$，容许挤压应力 $[\sigma_{bs}]=250MPa$。试校核键块的强度。

解　首先求出齿轮给键块的作用力F，对轴心取矩(F到轴心之距近似取为d/2)，由平衡条件 $\sum M_o=0$，得

$$m-F\times\frac{d}{2}=0$$

$$F=\frac{2m}{d}=\frac{2\times700}{50\times10^{-3}}=28800N$$

然后校核键块的剪切强度。键块的m-n截面为受剪面(图7-8(*b*))，该面上的剪力 $F_Q=F=28800N$，受剪面面积 $A=b\times l$，由式(7-3)得

$$\tau=\frac{F_Q}{A}=\frac{28\ 800}{16\times45\times10^{-6}}=40\ MPa<[\tau]=110MPa$$

可见键块满足剪切强度条件。

最后校核键块的挤压强度。键块在m-n截面以上的右侧部分(或在m-n截面以下的左侧部分)为挤压面，其上的挤压力 $F_{bs}=F$，挤压面面积 $A_{bs}=\frac{h}{2}\cdot l$，由式(7-6)可得

$$\sigma_{bs}=\frac{F_{bs}}{A_{bs}}=\frac{28\ 800}{5\times45\times10^{-6}}=128MPa<[\sigma_{bs}]=200MPa$$

可见键块也满足挤压强度条件。

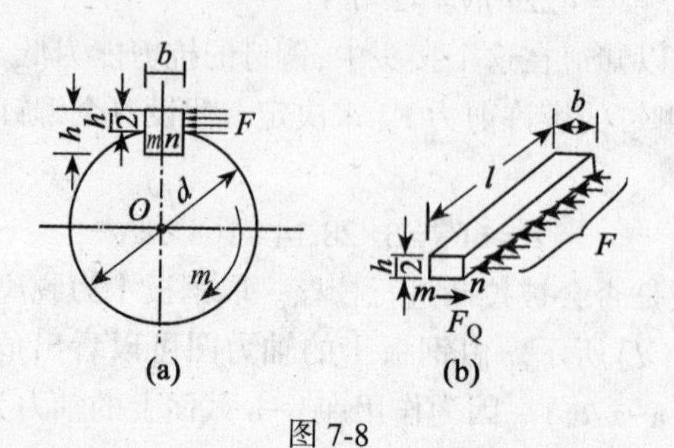

图 7-8

例 7-5 如图 7-9(a)所示的两块钢板，用贴角侧焊缝连接，拉力 $F_N=170kN$，焊缝高度 $h_f=6mm$，焊缝的容许剪应力 $[\tau_h]=120MPa$，试求搭接焊缝长度 l。

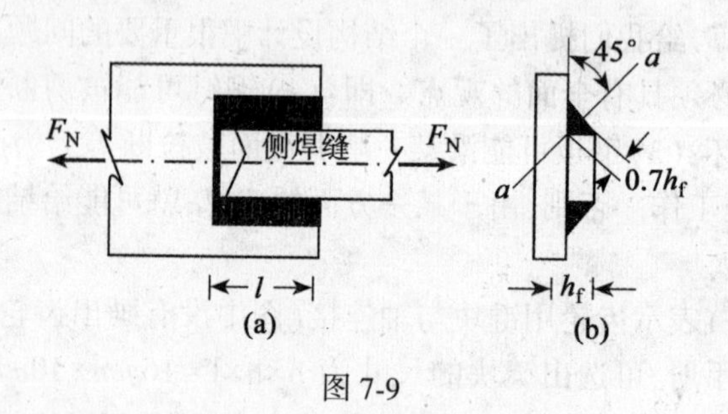

图 7-9

解 实验指出，受轴力 F_N(拉或压)作用时，贴角焊缝通常沿焊缝截面三角形的最小高度的平面剪断，即如图 7-9(b)所示的 a-a 截面，它与焊缝底面成 45°角，该剪切面面积为 $0.7h_f l_f$。因此贴角焊缝的剪切强度条件为

$$\tau=\frac{F_N}{0.7h_f\sum l_f}\leqslant[\tau_h]$$

式中：h_f 为焊缝高度；l_f 为一条焊缝的计算长度，一般规定由焊缝的实际长度 l 减去 10mm，这是考虑焊缝两端可能未熔透的缘故；$\sum l_f$ 为焊缝计算长度的总和；$[\tau_h]$ 为贴角焊缝的容许剪应力。

两块钢板共有两条侧焊缝，焊缝长度相同，于是一条焊缝的计算长度为

$$l_f=\frac{F_N}{2\times0.7h_f[\tau_h]}=\frac{170\times10^3}{2\times0.7\times6\times10^{-3}\times120\times10^6}$$

$$\approx0.17m=170mm$$

考虑焊缝两端的质量不够好，故取实际焊缝长度为

$$l=l_f+10=170+10=180mm$$

习　题

7-1　在厚度 $t=5mm$ 的薄钢板上冲出一个如图所示的孔，钢板的极限剪应力 $\tau_b=320MPa$，求冲床必须具有的冲力 F。

（答案：$F=822.65kN$）

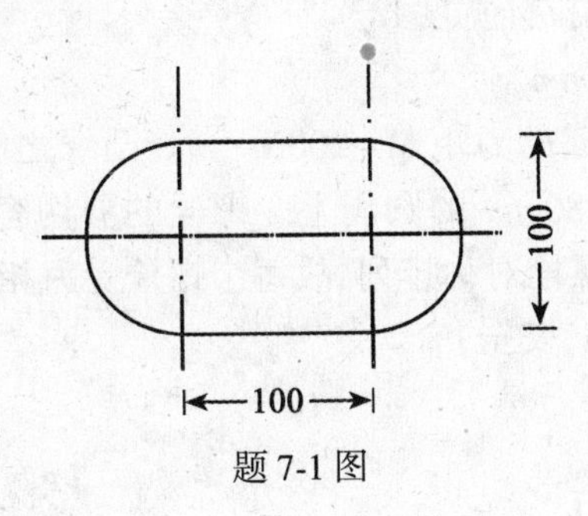

题 7-1 图

7-2　若冲床的最大冲力为 $400kN$，冲头材料的容许挤压应力 $[\sigma_{bs}]=440MPa$，被冲钢板的极限剪应力 $\tau_b=360MPa$。试求在最大冲力作用下所能冲剪的圆孔的最小直径 d 和板的最大厚度 t。

（答案：$d=34mm$；$t=10mm$）

7-3　某钢构件与其吊杆之间是用钢销轴连接的，其构造如图所示。已知构件与吊杆都是采用 3 号钢，销轴采用 5 号钢，并且按机械零件计算时，可以取 5 号钢的挤压容许应力为 $[\sigma_{bs}]=90MPa$，剪切容许应力为 $[\tau]=70MPa$，3 号钢的挤压容许应力为 $[\sigma_{bs}]=80MPa$。试确定此连接中钢销轴的直径 D。

（答案：$42.5mm$）

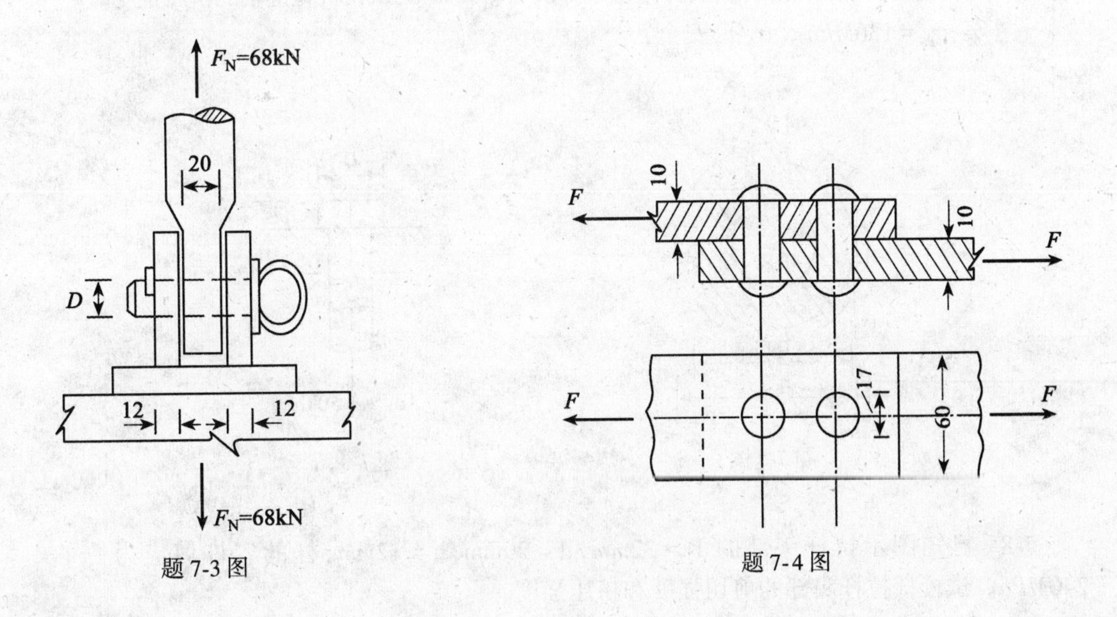

题 7-3 图　　题 7-4 图

7-4 图示两块厚度均为 10*mm* 和宽度均为 60*mm* 的钢板，用两个直径为 17 *mm* 的铆钉搭接在一起，钢板受拉力 F = 60*kN*。已知 $[\tau]=140MPa$，$[\sigma_{bs}]=280MPa$，$[\sigma]=160MPa$。试校核该铆接件的强度。

（答案：$\tau=132.2MPa$；$\sigma_{bs}=176.5MPa$，$\sigma=139.5MPa$；满足强度要求）

7-5 图示一拉杆与厚为 8*mm* 的两块盖板用一螺栓相连接，各零件材料相同，其容许应力皆为 $[\sigma]=80MPa$，$[\tau]=60MPa$，$[\sigma_{bs}]=160MPa$。若拉杆的厚度 t = 15*mm*，拉力 F = 120*kN*。试设计螺栓直径 d 及拉杆宽度 b。

（答案：d ≥ 50*mm*；b ≥ 100*mm*）

7-6 图示凸缘联轴节传递的力矩 M = 200*N* · *m*。凸缘之间用四个螺栓连接，螺栓内径 d ≈ 10*mm*，对称地分布在 $D_0=80mm$ 的圆周上。螺栓的剪切容许应力 $[\tau]=60MPa$，试校核螺栓的剪切强度。（提示：因螺栓对称排列，故每个螺栓受力相同。）

（答案：τ = 16*MPa* < 60*MPa*，安全）

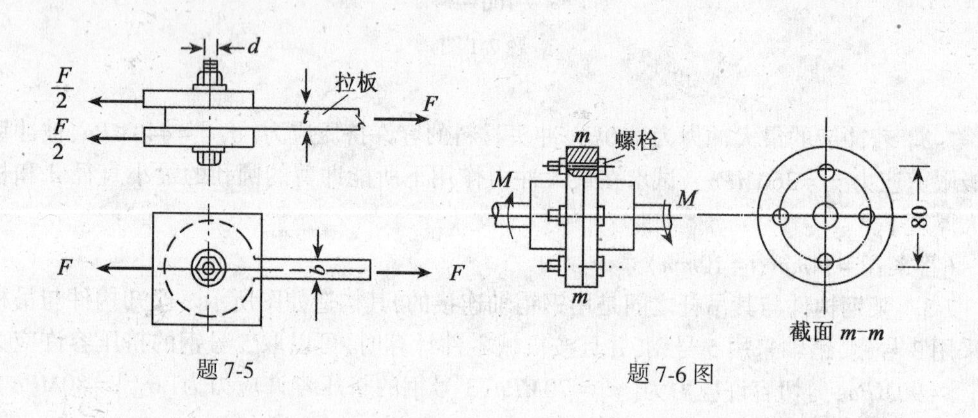

题 7-5　　题 7-6 图

7-7 图示机床花键轴，有八个齿。轴与轮的配合长度为 l = 60*mm*，靠花键侧面传递的力偶矩 m = 4*kN* · *m*。轴与轮的挤压容许应力为 $[\sigma_{bs}]=140MPa$，试校核花键轴的挤压强度。

（答案：$\sigma_{bs}=136MPa<[\sigma_{bs}]$，安全）

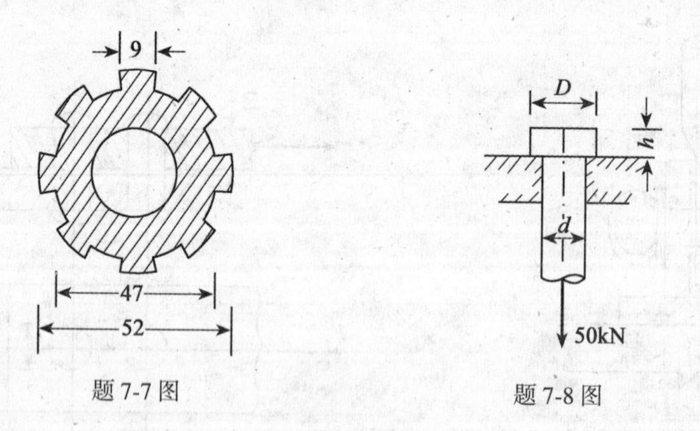

题 7-7 图　　题 7-8 图

7-8 已知图示拉杆头部的 D = 32*mm*，d = 20mm，h = 12*mm*，杆的容许剪应力 $[\tau]=240MPa$。试校核拉杆头部的剪切强度和挤压强度。

（答案：$\tau=66.3MPa<[\tau]$，$\sigma_{bs}=102MPa<[\sigma_{bs}]$，安全）

7-9　图示为水轮发电机组中卡环的尺寸和工作情况。已知水轮发电机转轴的轴力 $F_N=1450kN$，卡环材料的容许剪应力 $[\tau]=80MPa$，容许挤压应力 $[\sigma_{bs}]=150MPa$。试对此卡环进行强度校核。

（答案：$\tau=30.3MPa$，$\sigma_{bs}=44MPa$，满足强度要求）

7-10　图示圆孔拉刀的柄用销板与拉床拉头连接。最大拉削力 $F=136kN$。已知 $d=50mm$，$t=12mm$，$a=20mm$，$b=60mm$。拉刀的容许拉应力 $[\sigma]=300MPa$，容许剪应力 $[\tau]=150MPa$。销板的容许剪应力 $[\tau]=120MPa$，容许挤压应力 $[\sigma_{bs}]=260MPa$。试校核拉刀柄和销板的强度。

（答案：拉刀的 $\sigma=100MPa<300MPa$，$\tau=68MPa<150MPa$；销板的 $\tau=94.4MPa<120MPa$，$\sigma_{bs}=227MPa<260MPa$）

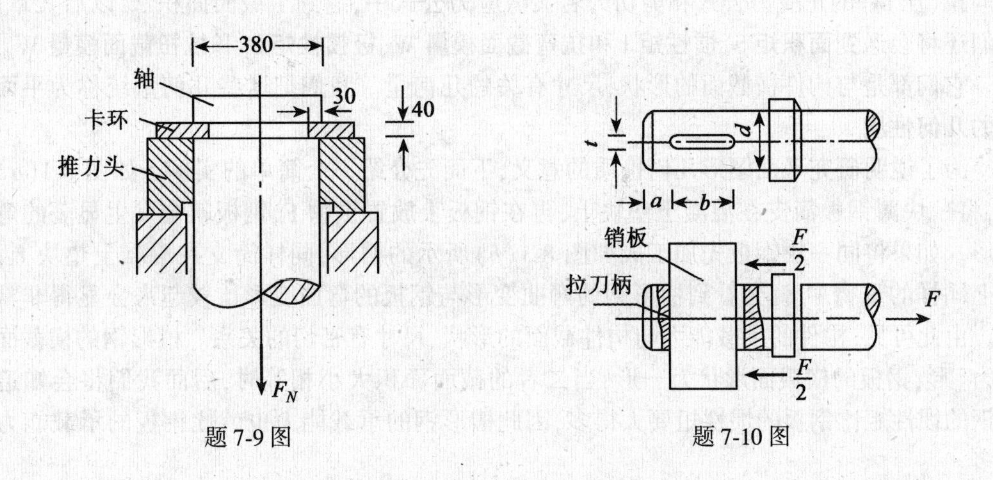

题 7-9 图　　题 7-10 图

7-11　图示焊接结构，$F_N=340kN$，盖板厚 6mm，焊缝宽度 $h_f=6mm$，焊缝容许剪应力 $[\tau_h]=120MPa$，试求焊缝长度 l（上下共四条焊缝）。

（答案：$l=360mm$）

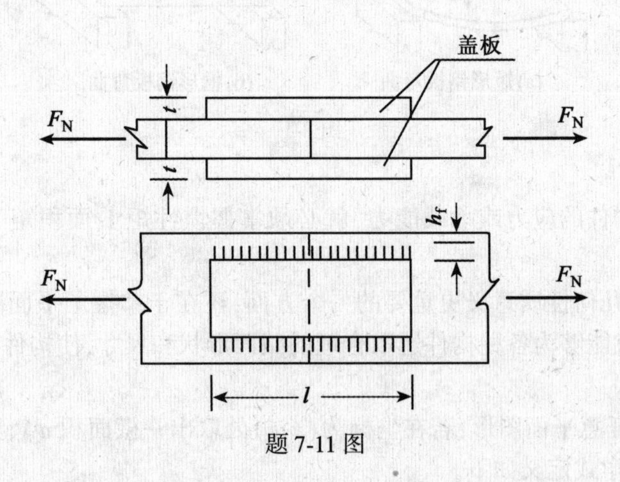

题 7-11 图

第 8 章　平面图形的几何性质

§8-1　研究平面图形几何性质的意义

在设计构件时,我们经常会遇到一些与构件截面的形状、尺寸有关的几何量。例如,在轴向拉(压)杆的正应力公式和剪切的名义剪应力公式中,遇到了截面面积 A,以后几章中,我们还将会遇到**面积矩** S、**惯性矩** I 和**抗弯截面模量** W、**极惯性矩** I_p 和**抗扭截面模量** W_p,等等。它们都是与构件横截面的形状、尺寸有关的几何量。我们把这些几何量统称为**平面图形的几何性质**。

为了说明研究平面图形几何性质的意义,下面先介绍一个简单的实例。如图 8-1(a)所示,将一块薄钢板简支在混凝土垫块上,再在钢板上放置重物 F,钢板就会发生显著的弯曲变形。如果将同一块钢板先加工成如图 8-1(b)所示的槽形,同样简支在混凝土垫块上,再放上同样的重物 F,就会看到槽形钢的弯曲变形与钢板的弯曲变形比较起来会显得非常微小。由此可见,构件的承载能力与构件截面的形状、尺寸有密切的关系。槽形钢的横截面形状为⊓形,钢板的横截面形状为一形,当二者的截面面积大小相等时,后面我们将会知道槽形钢的惯性矩比钢板的惯性矩要大得多,因此槽形钢的承载能力也就比钢板的承载能力大得多。

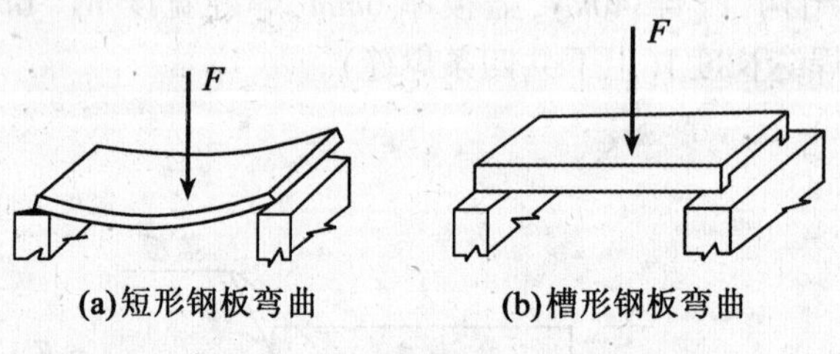

图 8-1

因此,要研究构件的应力或承载能力,就必须掌握惯性矩 I、面积矩 S 和抗弯截面模量 W 等几何量的计算。

研究平面图形几何性质意义更重要的一个方面,还在于掌握了平面图形几何性质的变化规律以后,我们就能够为各种构件选取合理的截面形状和尺寸,使构件各部分的材料能够充分地发挥作用。

图 8-2 表示一任意平面图形,若在坐标为(y,z)处取出一微面积 dA,则此平面图形的一些几何性质可用数学式定义如下。

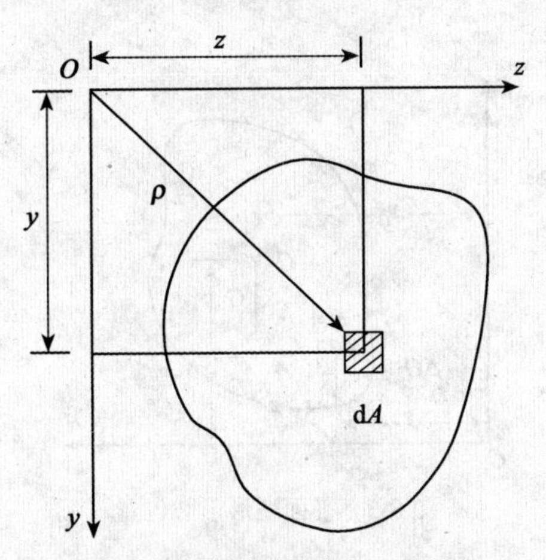

图 8-2　任意平面图形的几何性质

(1)面积矩

$$\left.\begin{aligned} S_y &= \int_A z\mathrm{d}A \\ S_z &= \int_A y\mathrm{d}A \end{aligned}\right\} \tag{8-1}$$

(2)惯性矩

$$\left.\begin{aligned} I_y &= \int_A z^2\mathrm{d}A \\ I_z &= \int_A y^2\mathrm{d}A \end{aligned}\right\} \tag{8-2}$$

(3)惯性积

$$I_{zy} = \int_A yz\mathrm{d}A \tag{8-3}$$

(4)极惯性矩

$$I_p = \int_A \rho^2\mathrm{d}A \tag{8-4}$$

下面对平面图形的这些几何性质,分别作一些介绍。

§8-2　面　积　矩

图 8-3 为一任意形状的平面图形,设其形心 C 的位置(z_C,y_C)。

由第 3 章知,计算任意平面图形形心坐标的公式如下:

$$\left.\begin{aligned} z_C &= \frac{\int_A z\mathrm{d}A}{\int_A \mathrm{d}A} \\ y_C &= \frac{\int_A y\mathrm{d}A}{\int_A \mathrm{d}A} \end{aligned}\right\} \tag{8-5}$$

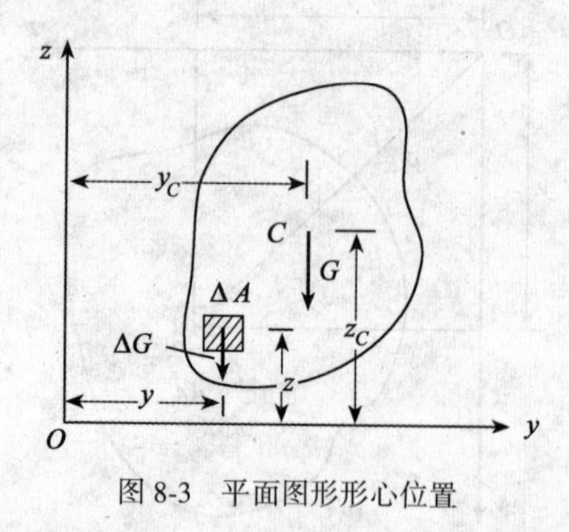

图 8-3 平面图形形心位置

不难看出，上式中的$\int_A z\mathrm{d}A$和$\int_A y\mathrm{d}A$即式(8-1)中的面积矩S_y和S_z，$\int_A \mathrm{d}A$即平面图形的总面积A，故式(8-5)也可改写为

$$\left.\begin{aligned} z_C &= \frac{S_y}{A} \\ y_C &= \frac{S_z}{A} \end{aligned}\right\} \tag{8-6a}$$

或

$$\left.\begin{aligned} S_y &= Az_C \\ S_z &= Ay_C \end{aligned}\right\} \tag{8-6b}$$

式(8-6*b*)表明：平面图形对某一轴的面积矩，等于平面图形的面积与平面图形形心到该轴距离的乘积。当平面图形形心的位置已知时，采用式(8-6)计算面积矩是比较方便的。

需要指出的是：因平面图形形心的坐标值 y_C 和 z_C 可能为正、为负或为零，故面积矩的值也可能为正、为负或等于零。例如某一 z 轴是通过平面图形形心的轴，则此图形形心对 z 轴的坐标 $y_C=0$。由式(8-6*b*)可知，图形对此轴的面积矩

$$S_z = A \cdot y_C = A\times 0 = 0$$

即平面图形对于通过其形心的轴的面积矩为零。

例 8-1 图 8-4 中的曲线 OB 为一抛物线，其方程为 $y=\frac{b}{a^2}z^2$。试求面积 OAB 的形心坐标 z_C 和 y_C。

解 取与 y 轴平行的狭条(图中画有阴影线部分)为微面积，故 $dA=ydz$，微面积 dA 的形心坐标为 z 和$\frac{y}{2}$，由式(8-5)可求得面积 OAB 的形心坐标为：

$$z_C = \frac{\int_A z\mathrm{d}A}{\int_A \mathrm{d}A} = \frac{\int_0^a zy\mathrm{d}z}{\int_0^a y\mathrm{d}z} = \frac{\int_0^a z\,\frac{b}{a^2}z^2\mathrm{d}z}{\int_0^a \frac{b}{a^2}z^2\mathrm{d}z}$$

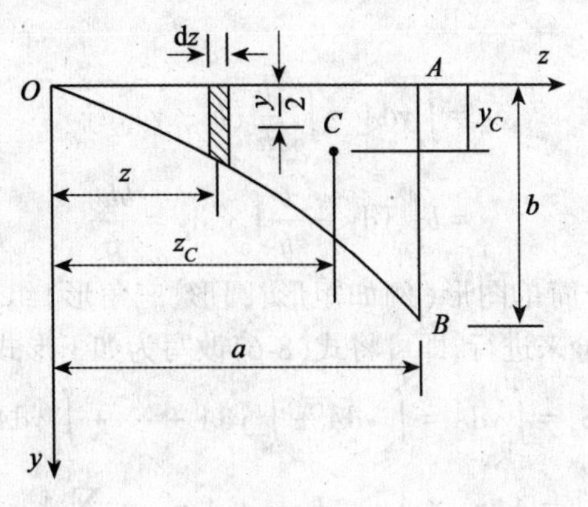

图 8-4

$$= \frac{\frac{a^2 b}{4}}{\frac{ab}{3}} = \frac{3}{4}a$$

$$y_C = \frac{\int_A \frac{y}{2}\mathrm{d}A}{\int_A \mathrm{d}A} = \frac{\int_0^a \frac{y}{2} y\mathrm{d}z}{\int_0^a y\mathrm{d}z} = \frac{\int_0^a \frac{b}{2a^2}z^2 \frac{b}{a^2}z^2 \mathrm{d}z}{\int_0^a \frac{b}{a^2}z^2 \mathrm{d}z}$$

$$= \frac{\frac{ab^2}{10}}{\frac{ab}{3}} = \frac{3}{10}b$$

例 8-2　试计算图 8-5 所示三角形对与其底边重合的 z 轴的面积矩。

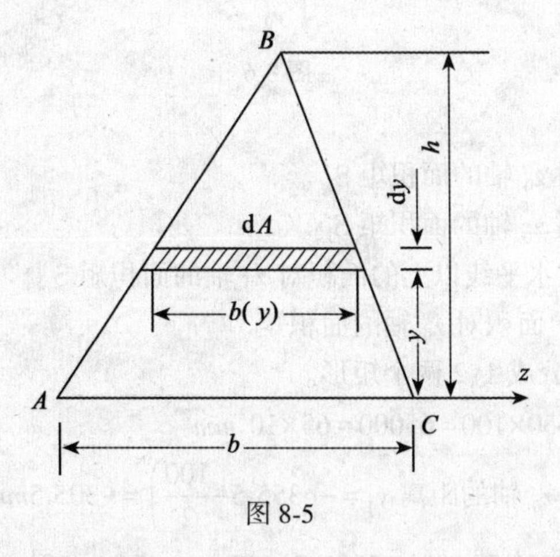

图 8-5

解　取与 z 轴平行的狭长条(图中画有阴影线部分)作为微面积(因其上各点的 y 坐标相等),即 $dA=b(y)\cdot dy$。由相似三角形关系,可知 $b(y)=\frac{b}{h}(h-y)$。将其代入式(8-1)第

二式,即得

$$S_z = \int_A y\mathrm{d}A = \int_0^h \frac{b}{h}(h-y)y\mathrm{d}y$$
$$= b\int_0^h y\mathrm{d}y - \frac{b}{h}\int_0^h y^2\mathrm{d}y = \frac{bh^2}{6}$$

若平面图形是由几个简单图形(例如矩形、圆形、三角形)组成的,则根据面积矩的定义,可将积分分成几个部分来进行,即可将式(8-6)改写为如下形式:

$$\begin{aligned} S_z &= \int_A y\mathrm{d}A = \int_{A_1} y\mathrm{d}A + \int_{A_2} y\mathrm{d}A + \cdots + \int_{A_n} y\mathrm{d}A \\ &= A_1 y_{C_1} \times A_2 y_{C_2} + \cdots + A_n y_{C_n} = \sum A_i y_{C_i} \\ S_y &= \int_A z\mathrm{d}A = \int_{A_1} z\mathrm{d}A + \int_{A_2} z\mathrm{d}A + \cdots + \int_{A_n} z\mathrm{d}A \\ &= A_1 z_{C_1} \times A_2 z_{C_2} + \cdots + A_n z_{C_n} = \sum A_i z_{C_i} \end{aligned} \tag{8-7}$$

例 8-3 图 8-6 表示一 *T* 形,z_0 轴 y_0 轴是通过其形心的轴。试求:

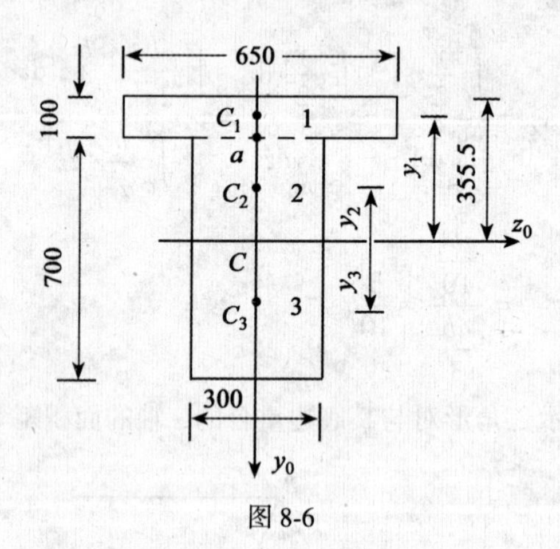

图 8-6

(1)z_0 轴以上面积对 z_0 轴的面积矩 S_{z_0}。

(2)整个 *T* 形截面对 z_0 轴的面积矩 S_{z_0}。

(3)截面内点 a 所在水平线以上的面积对 z_0 轴的面积矩 S_{z_0}。

解 (1)求 z_0 轴以上面积对 z_0 轴的面积矩。

把 z_0 轴以上的面积分成 1、2 两个矩形。

矩形 1 的面积 $A_1 = 650\times100 = 65000 = 65\times10^3 mm^2$

矩形 1 的形心 C_1 距 z_0 轴的距离 $y_1 = -\left(355.5 - \frac{100}{2}\right) = -305.5mm$

矩形 2 的面积 $A_2 = (355.5-100)\times300 = 76600mm^2 = 76.6\times10^3 mm^2$

矩形 2 的形心距 z_0 轴的距离 $y_2 = -\frac{355.5-100}{2} = -127.7mm$

由式(8-7)可以求得

$$S_{z_0}=A_1y_1+A_2y_2=65\times10^3\times(-305.5)+76.6\times10^3\times(-127.7)$$
$$=-29.6\times10^6mm^3$$

(2)求整个截面对 z_0 轴的面积矩。

把整个 T 形截面分为 1、2、3 三个矩形,矩形 1、2 对 z_0 轴的面积矩已在上面求出,现在只需再求出矩形 3 对 z_0 轴的面积矩。

矩形 3 的面积 $A_3=(800-355.5)\times300$
$$=133.3\times10^3mm^2$$

矩形 3 的形心到 z_0 轴的距离 $y_3=\dfrac{800-355.5}{2}=222mm$,所以整个 T 形截面对 z_0 轴的面积矩为

$$S_{z_0}=A_1y_1+A_2y_2+A_3y_3$$
$$=-29.6\times10^6+133.3\times10^3\times222$$
$$=-29.6\times10^6+29.6\times10^6=0$$

这又证明了前面提到过的定理:任何截面面积对通过它的形心的轴的面积矩等于零。

(3)T 形内点 a 所在水平线以上的面积对 z_0 轴的面积矩。

点 a 所在水平线以上的面积即为矩形 1 的面积,因此

$$S_{z_0}=A_1y_1=65\times10^3\times(-305.5)$$
$$=-19.8\times10^6mm^3$$

通过本节中的讨论,可以得到平面图形面积矩有如下一些特征:

(1)平面图形的面积矩是平面图形对某一轴的面积矩,同一图形对不同的轴一般都有不同的面积矩。

(2)因为平面图形的形心的坐标值可能为正、为负或等于零,所以面积矩的值也可能为正、为负或等于零。

(3)平面图形对于通过其形心的轴的面积矩等于零。反之,平面图形对某轴的面积矩为零时,则该轴一定通过图形的形心。

(4)面积矩的单位是长度的三次方,如 mm^3。

§8-3　惯性矩、惯性积和极惯性矩

下面通过一些例题来说明用式(8-2)、(8-3)、(8-4)计算一些简单图形的惯性矩、惯性积和极惯性矩的方法。

例 8-4　试求图 8-7(a)所示矩形对 y 轴、z 轴的惯性矩 I_y、I_z,惯性积 I_{yz} 和对坐标原点 O 的极惯性矩 I_p。

解　(1)求矩形对 y 轴的惯性矩 I_y 和对 z 轴的惯性矩 I_z。

如图 8-7(b)所示,取与 y 轴平行的狭条作为微面积 $dA=hdz$,代入式(8-2)的第一式,可得

$$I_y=\int_A z^2\mathrm{d}A=\int_0^b z^2h\mathrm{d}z=\frac{hb^3}{3}$$

如图 8-7(c)所示,取与 z 轴平行的狭条作为微面积 $dA=bdy$,代入式(8-2)的第二式,

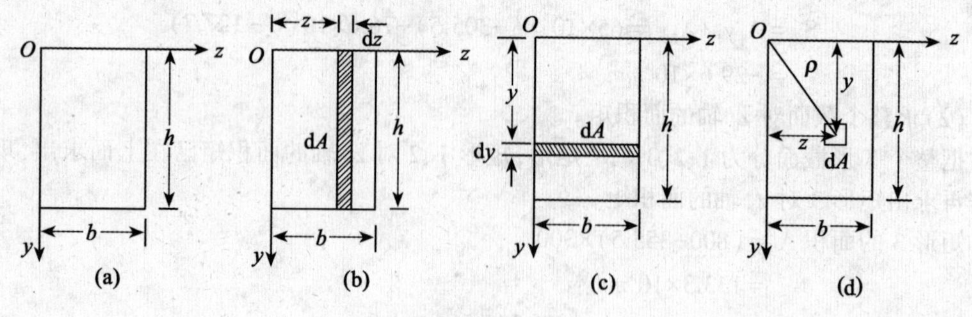

图 8-7

可得

$$I_z = \int_A y^2 \mathrm{d}A = \int_0^h y^2 b \mathrm{d}y = \frac{bh^3}{3}$$

(2)求矩形对 y 轴、z 轴的惯性积 I_{yz}。

取图 8-7(d)所示的微面积 $dA = dy \cdot dz$,代入式(8-3),得

$$I_{yz} = \int_A y \cdot z \mathrm{d}A = \int_A y \cdot z \mathrm{d}y \mathrm{d}z$$

$$= \int_0^h \left[\int_0^b z \mathrm{d}z \right] y \mathrm{d}y = \frac{b^2 h^2}{4}$$

(3)求矩形对坐标原点 O 的极惯性矩 I_p。

仍取图 8-7(d)所示的微面积 dA,运用式(8-4)有

$$I_p = \int_A \rho^2 \mathrm{d}A = \int_A (y^2 + z^2) \mathrm{d}A = \int_A y^2 \mathrm{d}A + \int_A z^2 \mathrm{d}A$$

$$= I_z + I_y = \frac{bh^3}{3} + \frac{hb^3}{3} = \frac{bh(h^2 + b^2)}{3}$$

这表明:任何平面图形对坐标原点的极惯性矩等于该图形对二直角坐标轴的惯性矩之和。

例 8-5 图 8-8(a)所示为等腰三角形。如果三角形的高为 h、底为 b,试求此三角形图形分别对 z 轴和 y_0 轴的惯性矩以及对 z 轴和 y_0 轴的惯性积(y_0 轴是对称轴)。

解 (1)求三角形对 z 轴的惯性矩 I_z。

如图 8-8(a)所示,将三角形分成很多与 z 轴平行的条形微面积,微面积 z 轴的距离为 y。设微面积的高为 dy,微面积的底宽为 b_y,根据相似三角形的比例关系有

$$b_y = \frac{b}{h}(h - y)$$

因此微面积的大小为

$$dA = b_y dy = \frac{b}{h}(h - y) dy$$

代入式(8-2)中,可以求得

$$I_z = \int_A y^2 \mathrm{d}A = \int_0^h y^2 \frac{b}{h}(h - y) \mathrm{d}y$$

$$= b\int_0^h y^2 \mathrm{d}y - \frac{b}{h}\int_0^h y^3 \mathrm{d}y \qquad \text{(a)}$$

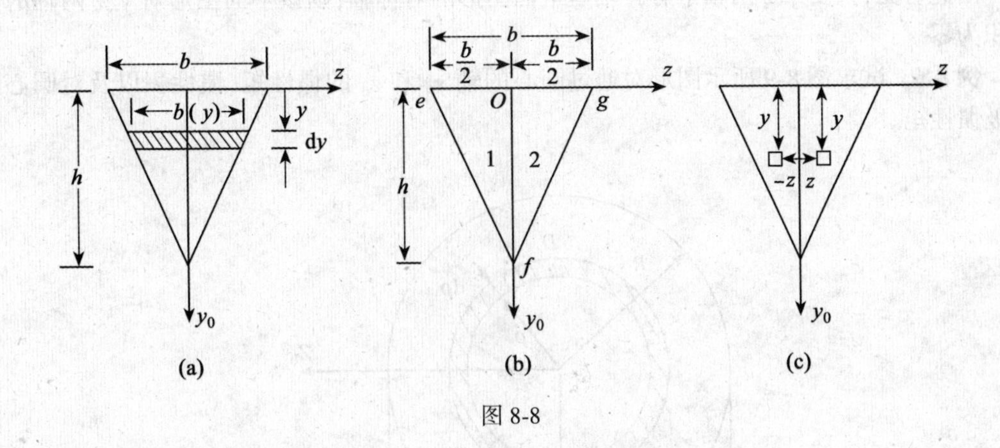

图 8-8

$$= \left|\frac{by^3}{3}\right|_0^h - \left|\frac{by^4}{4h}\right|_0^h = \frac{bh^3}{3} - \frac{bh^3}{4} = \frac{bh^3}{12}$$

这就是求三角形截面对与其底边相重合的轴的惯性矩的公式。

(2)求三角形对 y_0 轴的惯性矩 I_{y_0}。

我们可以利用上面已经求得的公式(a)来计算 I_{y_0}。如图 8-8(b)所示,整个等腰三角形 efg 对 y_0 轴的惯性矩 I_{y_0} 就等于两个相同的直角三角形 1 和 2 分别对 y_0 轴的惯性矩 I_{y_01} 与 I_{y_02} 的和,即

$$I_{y_0} = I_{y_01} + I_{y_02} = 2I_{y_01}$$

如把 y_0 轴看做是与三角形 1 和三角形 2 的底边 Of 相重合的轴,就可以根据式(a)求得每个三角形对 y_0 轴的惯性矩为

$$I_{y_01} = \frac{h\left(\frac{b}{2}\right)^3}{12} = \frac{hb^3}{96}$$

故

$$I_{y_0} = 2I_{y_01} = \frac{hb^3}{48} \tag{b}$$

(3)求三角形对 y_0 轴、z 轴的惯性积 I_{y_0z}。

如图 8-8(c)所示,在图中任取一坐标为(y,z)的微面积 dA,它对 y_0、z 两轴的惯性积为

$$dI_{y_0z} = y \cdot z \cdot dA$$

因 y_0 轴为对称轴,我们一定可以找到另一坐标为(y,-z)的微面积 dA,它对 y_0、z 两轴的惯性积为

$$dI_{y_0z} = -yzdA$$

这两个对称微面积对 y_0、z 两轴的惯性积为

$$yzdA - yzdA = 0$$

将这种情况推广到图形的全部面积时,显然有

$$I_{y_0z} = 0$$

由此可见，只要 y、z 两轴中有一轴是平面图形的对称轴，则该平面图形对 y、z 两轴的惯性积为零。

例 8-6 试求图 8-9 所示图形对通过圆心的轴 y_0 和 z_0 的惯性矩、惯性积以及对圆心 O 的极惯性矩。

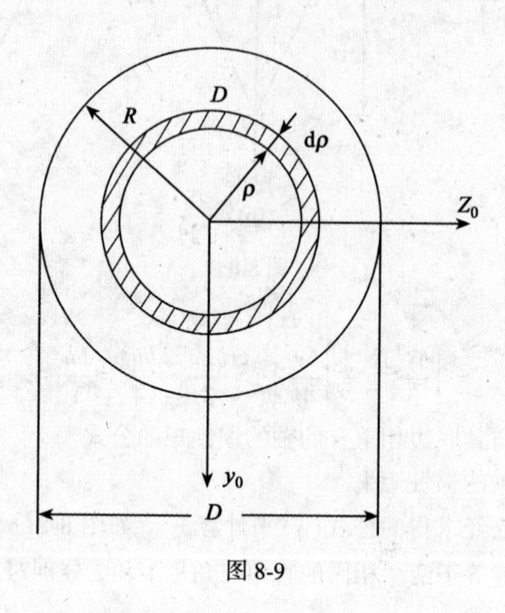

图 8-9

解 首先求图形对圆心的极惯性矩 I_p。取图中所示的环形微面积 $dA=2\pi\rho d\rho$，代入式(8-4)有

$$I_p=\int_A\rho^2 dA=\int_0^R\rho^2 2\pi\rho d\rho=2\int_0^R\rho^3 d\rho$$

$$=\frac{\pi R^4}{2}=\frac{\pi D^4}{32}$$

因 $I_p=I_{y0}+I_{z0}$，且 $I_{y0}=I_{z0}$，故知图形对 y_0、z_0 轴的惯性矩为

$$I_{y0}=I_{z0}=\frac{I_p}{2}=\frac{\pi R^4}{4}=\frac{\pi D^4}{64}$$

由于 y_0 轴和 z_0 轴都是通过图形形心的对称轴，所以圆形截面对 y_0 轴和 z_0 轴的惯性积为零，即

$$I_{y_0z_0}=0$$

例 8-7 试求图 8-10(*a*)所示工字形平面图形对其形心轴 z_0 轴和 y_0 轴的惯性矩 I_{z0} 和 I_{y0}。

解 (1)求工字形平面图形对 z_0 轴的惯性矩 I_{z0}。

图 8-10(*a*)所示的工字形，可看成是由图 8-10(*b*)中的面积为 B×H 的大矩形，减去两个面积都是 $\frac{b}{2}\times h$ 的小矩形(图中画有阴影线的部分)而得到的。因此工字形平面图形对 z_0 轴的惯性矩是大矩形对 z_0 轴的惯性矩与小矩形对 z_0 轴的惯性矩之差，即

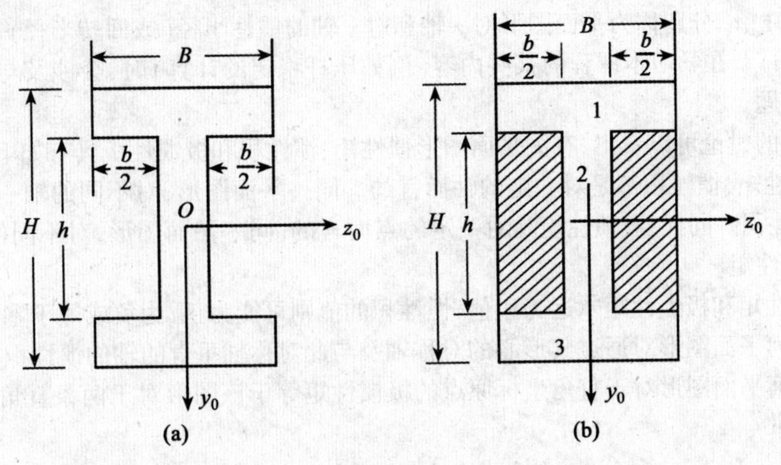

图 8-10

$$I_{z_0} = \frac{BH^3}{12} - 2 \times \frac{\frac{b}{2}h^3}{12}$$

$$= \frac{1}{12}(BH^3 - bh^3)$$

(2)求工字形平面图形对 y_0 轴的惯性矩 I_{y_0}。

将工字形图形看做是由1、2、3三个矩形组成的，且 y_0 轴为过这三个矩形形心的对称轴。首先计算此三个矩形对 y_0 轴的惯性矩：

矩形1和矩形3对 y_0 轴的惯性矩都为 $\dfrac{\frac{H-h}{2}B^3}{12}$

矩形2对 y_0 轴的惯性矩为 $\dfrac{h(B-b)^3}{12}$

工字形图形对 y_0 轴的惯性矩等于此三个矩形对 y_0 轴的惯性矩之和，故

$$I_{y_0} = 2 \times \frac{\frac{H-h}{2}B^3}{12} + \frac{h(B-b)^3}{12}$$

$$= \frac{(H-h)B^3 + h(B-b)^3}{12}$$

在工程实际中，有时为了便于计算，常将惯性矩 I_z 和 I_y 分别写成

$$I_z = r_z^2 A$$

和

$$I_y = r_y^2 A$$

于是得到

$$\left.\begin{aligned} r_z &= \sqrt{\frac{I_z}{A}} \\ r_y &= \sqrt{\frac{I_y}{A}} \end{aligned}\right\} \quad (8\text{-}8)$$

我们通常把 r_z、r_y 分别称为平面图形对 z 轴和对 y 轴的惯性半径(或回转半径),它的单位是长度(如 *mm*)。在学习本课程的某些内容(例如压杆稳定的计算)时,会涉及与惯性半径有关的一些问题。

由以上的讨论可以看出,有关平面图形惯性矩、惯性积和极惯性矩具有如下一些特征:

(1)惯性矩、惯性积都是对一定的轴而言的。同一平面图形,对不同的轴一般有不同的惯性矩、惯性积。同样,极惯性矩是对一定的点而言的,同一平面图形,对不同的点,一般有不同的极惯性矩。

(2)惯性矩和极惯性矩永远为正值,惯性积的值则可能为正、为负或等于零。

(3)任何平面图形对通过其形心的对称轴及与此对称轴垂直的轴的惯性积等于零。

(4)任何平面图形对于直角坐标原点的极惯性矩等于该图形对于两条直角坐标轴的惯性矩之和,即

$$I_p = I_z + I_y$$

(5)惯性矩、惯性积和极惯性矩的单位都是长度的四次方(如 mm^4)。

§8-4 平行移轴公式

一、平行移轴公式的推导

前面已经讲过,同一平面图形,对于不同的轴,它的惯性矩、惯性积等几何量也是不同的。例如图 8-11 表示的某一平面图形,如果已知它对通过自己形心的 y_0 轴、z_0 轴的惯性矩(或惯性积),要求图形对分别与 y_0 轴、z_0 轴平行的 y 轴、z 轴的惯性矩(或惯性积),可用平行移轴公式求得。

1.惯性矩平行移轴公式的推导

如图 8-11 所示,设 y_0 轴、z_0 轴是平面图形的形心轴,y_0 轴、z_0 轴是分别与 y 轴、z 轴平行的轴,且 y 轴与 y_0 轴之间的距离为 b,z 轴与 z_0 轴之间的距离为 a,平面图形对 y_0 轴、z_0 轴的惯性矩 I_{y_0}、I_{z_0} 与平面图形对 y 轴、z 轴的惯性矩 I_y、I_z 之间的关系,可按下述方法求出。

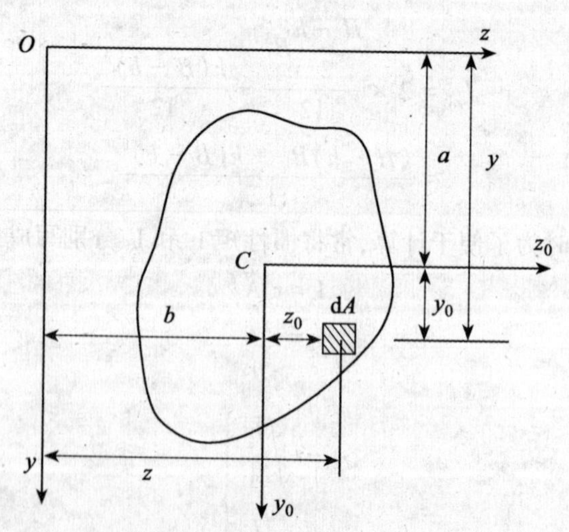

图 8-11 平行移轴公式的推导

先求 I_{z_0} 取微面积 dA，它到 z 轴的距离为 y，由图 8-11 可以看出

$$y=y_0+a$$

所以
$$I_z=\int_A y^2\mathrm{d}A=\int_A (y_0+a)^2\mathrm{d}A$$
$$=\int_A (y_0^2+2ay_0+a^2)\mathrm{d}A$$
$$=\int_A y_0^2\mathrm{d}A+2a\int_A y_0\mathrm{d}A+a^2\int_A \mathrm{d}A$$

在上式的右边出现了三个积分：

第一个积分 $\int_A y_0^2\mathrm{d}A$ 是平面图形对 z_0 轴的惯性矩 I_{z_0}；

第二个积分 $\int_A y_0\mathrm{d}A$ 是平面图形对 z_0 轴的面积矩 S_{z_0}，但 z_0 轴是通过平面图形形心的轴，所以 $S_{z_0}=\int_A y_0\mathrm{d}A=0$；

第三个积分 $\int_A \mathrm{d}A$ 是平面图形的面积 A。

将以上结果代入，就得到

$$I_z=I_{z_0}+a^2A$$

同理，有
$$I_y=I_{y_0}+b^2A \tag{8-9}$$

我们把式(8-9)称为**惯性矩的平行移轴公式**。它表明：**平面图形对任何一个轴的惯性矩，等于平面图形对与该轴平行的形心轴的惯性矩，再加上平面图形的面积与两轴间距离平方的乘积。**

由平行移轴公式还可以看出，在所有互相平行的轴中，平面图形对通过形心的轴的惯性矩为最小。

2.惯性积的平行移轴公式

求图 8-11 所示的平面图形对 y 轴和 z 轴的惯性积。取微面积 dA，它到 z 轴和 y 轴的距离分别为 y 和 z，由图可以看出

$$y=y_0+a$$
$$z=z_0+b$$

所以
$$I_{yz}=\int_A yz\mathrm{d}A=\int_A (y_0+a)(z_0+b)\mathrm{d}A$$
$$=\int_A y_0z_0\mathrm{d}A+b\int_A y_0\mathrm{d}A+a\int_A z_0\mathrm{d}A$$
$$+ab\int_A y\mathrm{d}A=I_{y_0z_0}+0+0+abA$$

即
$$I_{yz}=I_{y_0z_0}+0+0+abA \tag{8-10}$$

式(8-10)就是**惯性积的平行移轴公式**。它表明，**平面图形对任何两个互相垂直的轴的惯性积，等于平面图形对平行该两轴的形心轴的惯性积与图形面积乘以两对平行轴间距离的乘积之和。**

应当注意：如果通过平面图形形心的轴（如 y_0、z_0）有一条（或两条）是平面图形的对称轴，则 $I_{y_0z_0}=0$。这时式(8-10)变为

$$I_{yz}=abA$$

二、应用平行移轴公式计算组合图形的惯性矩

如图8-12所示的T字形平面图形,可以看做是由Ⅰ和Ⅱ两个矩形所组成。由惯性矩的定义可知,这个图形对中性轴z_0的惯性矩为

$$I_{z_0}=I'_{z_0}+I''_{z_0}$$

其中的I'_{z_0}是图形Ⅰ对z_0轴的惯性矩,I''_{z_0}是图形Ⅱ对z_0轴的惯性矩。

如果已知矩形Ⅰ和矩形Ⅱ对各自的与z_0轴平行的形心轴的惯性矩,那么就可以应用平行移轴公式求出I'_{z_0}是和I''_{z_0},并按照上式求出整个平面图形对z_0轴的惯性矩。

例8-8 试求图8-12所示的T字形平面图形对形心轴z_0的惯性矩。

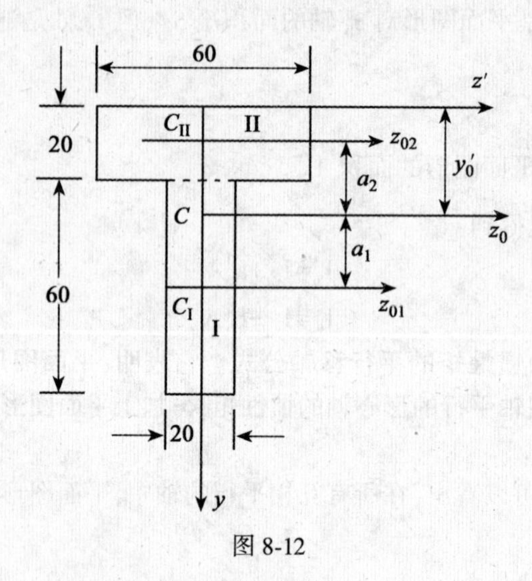

图8-12

解 (1)确定T字形平面图形的形心位置。

将T字形平面图形划分为Ⅰ、Ⅱ两个矩形,取与T字形平面图形顶边相重合的z'轴为参考轴,则两矩形的面积及其形心至z'的距离分别为:

$$A_{\mathrm{I}}=20\times60=1200mm^2,\ y_{\mathrm{I}}'=20+\frac{60}{2}=50mm$$

$$A_{\mathrm{II}}=60\times20=1200mm^2,\ y_{\mathrm{II}}=\frac{20}{2}=10mm$$

整个图形的形心C在对称轴y上的位置为

$$y_C'=\frac{\sum A_i y_i}{A}=\frac{1200\times50+1200\times10}{1200+1200}=30\mathrm{mm}$$

即形心轴z_0与z'轴的距离为$30mm$。

(2)利用平行移轴公式求矩形Ⅰ对z_0轴的惯性矩I'_{z_0}。

根据式(8-9)有

$$I_{z_0}'=I_{z_{01}}+a_1^2A_1 \qquad (a)$$

其中:$I_{z_{01}}$——矩形Ⅰ对其形心轴z_{01}的惯性矩;

$$I_{z_{01}}=\frac{20\times60^3}{12}=36\times10^4 mm^4$$

a_1——z_{01}轴与 z_0 轴的距离,由图可以看出

$$a_1=30-10=20mm$$

A_1——矩形Ⅰ的面积:

$$A_1=20\times60=1200mm^2$$

将以上各量值代入式(a),得

$$I'_{z_0}=36\times10^4+(20)^2\times1200=84\times10^4 mm^4$$

(3)利用平行移轴公式求矩形Ⅱ对 z_0 轴的惯性矩 I''_{z_0}

$$I_{z_{02}}=\frac{60\times20^3}{12}=4\times10^4 mm^4$$

$$a_2=(30+20)-30=20mm$$

$$A_2=20\times60=1\ 200mm^2$$

同样可以得到

$$I''_{z_0}=I_{z_{02}}+a_2^2A_2=4\times10^4+(20)^2\times1200=52\times10mm^4$$

(4)T 字形平面图形对 z_0 轴的惯性矩 I_{z_0}

$$I_{z_0}=I'_{z_0}+I''_{z_0}=84\times10^4+52\times10^4=136\times10^4 mm^4$$

例 8-9 图 8-13 表示用两个 20 号槽钢组成的组合图形。试求此组合图形对对称轴轴 y_0 和轴 z_0 的惯性矩。

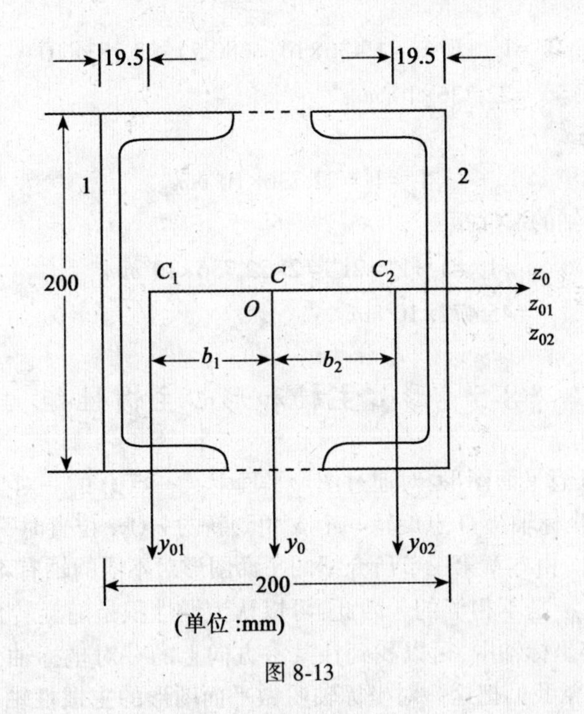

图 8-13

解 组合图形由槽钢 1 和槽钢 2 所组成,20 号槽钢的有关数据可以从附录Ⅱ的型钢表中查出:

槽钢 1 和槽钢 2 的形心分别为 C_1、C_2，形心到截面的边缘的距离为 19.5*mm*。

槽钢 1 和槽钢 2 的面积

$$A_1 = A_2 = 32.83cm^2 = 3.283\times10^3 mm^2$$

槽钢 1 和槽钢 2 分别对自己的形心轴 z_{01}、y_{01}、z_{02}、y_{02} 的惯性矩 I_{z01}、I_{y01}、I_{z02}、I_{y02} 为

$$I_{z01} = I_{z02} = 1913.7cm^4 = 19.137\times10^6 mm^4$$

$$I_{y01} = I_{y02} = 143.6cm^4 = 1.436\times10^6 mm^4$$

(1)求截面对 z_0 轴的惯性矩 I_{z0}。

因为 z_0 轴与槽钢的形心轴 z_{01}、z_{02} 都重合，所以槽钢 1 和槽钢 2 对 z_0 轴的惯性矩 I'_{z0}和 I''_{z0}为

$$I'_{z0} = I_{z01}$$

和

$$I''_{z0} = I_{z02}$$

所以

$$I_{z0} = I'_{z0} + I''_{z0} = 19.137\times10^6 + 19.137\times10^6$$
$$= 38.274\times10^6 mm^4$$

(2)求截面对 y_0 轴的惯性矩 I_{y0}。

因为槽钢 1 和槽钢 2 各自的形心轴 y_{01}轴和 y_{02}轴与 y_0 轴平行，并且 y_{01}轴和 y_{02}轴间的距离为

$$b_1 = b_2 = \frac{200}{2} - 19.5 = 80.5mm$$

所以可以应用平行移轴公式求槽钢 1 和 2 对 y_0 轴的惯性矩 I'_{y0}和 I''_{y0}。

由式(8-9)有

$$I'_{y0} = I_{y01} + b_1^2 A_1 = 1.436\times10^6 + (80.5)^2\times3.283\times10^3$$
$$= 22.736\times10^6 mm^4$$

同理可知

$$I''_{y0} = I'_{y0} = 22.736\times10^6 mm^4$$

因此，组合图形对 y_0 轴的惯性矩

$$I_{y0} = I'_{y0} + I''_{y0} = 2I_{y0} = 2\times22.736\times10^6 mm^4$$
$$= 45.472\times10^6 mm^4$$

§8-5 形心主轴和形心主惯性矩

图 8-14 所示的任意平面图形，对通过图形平面上某一点 O 的一对坐标轴(z 轴、y 轴)的惯性积为 I_{zy}，当这对坐标轴绕 O 点旋转一个 α 角到新的 z_1Oy_1 位置时，平面图形对 z_1 轴、y_1 轴的惯性积则为 $I_{z_1y_1}$。由本章第三节所介绍的平面图形对不同的轴有不同的惯性积，显然，在一般情况下 I_{zy} 和 $I_{z_1y_1}$ 是不相等的。因此，可以认为惯性积是随旋转角 α 的变化而变化。在绕 O 点旋转的许多坐标轴中，可以找到在某一方向上的一对坐标轴，会使该平面图形对它的惯性积为零。通常我们把这一对坐标轴叫做平面图形的**主惯性轴**，简称**主轴**。平面图形对主轴的惯性矩叫做**主惯性矩**。当主轴通过平面图形的形心时叫做**形心主轴**，平面图形对形心主轴的惯性矩叫做**形心主惯性矩**。

在第三节中已经证明，当一对坐标轴中有一条为平面图形的对称轴时，平面图形对这一

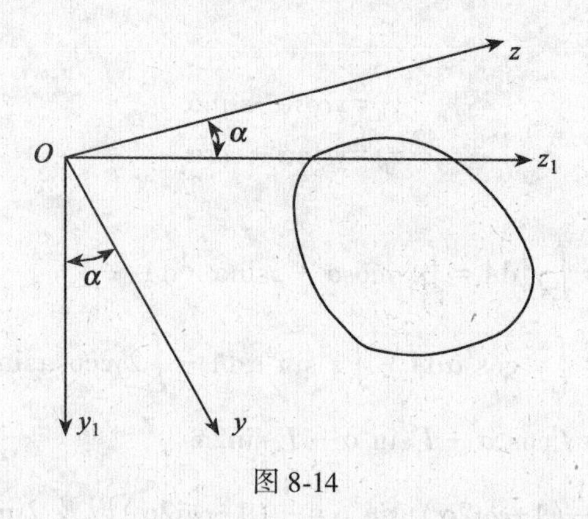

图 8-14

对坐标轴的惯性积就为零。由此可以知道，如果平面图形有一条对称轴（例如图 8-15（b）、（c）所示的 T 形和槽形），那么，这条对称轴与任一条和它垂直的轴就构成平面图形的一对主轴；如果平面图形有两条对称轴（例如图 8-15（a）所示的矩形），它的两条对称轴就是主轴，并且是形心主轴。如果平面图形没有对称轴（8-15（d）、（e）所示的 L 形和 Z 形），它们的主轴就需要通过计算来确定（详见 §8-6 的转轴公式）。

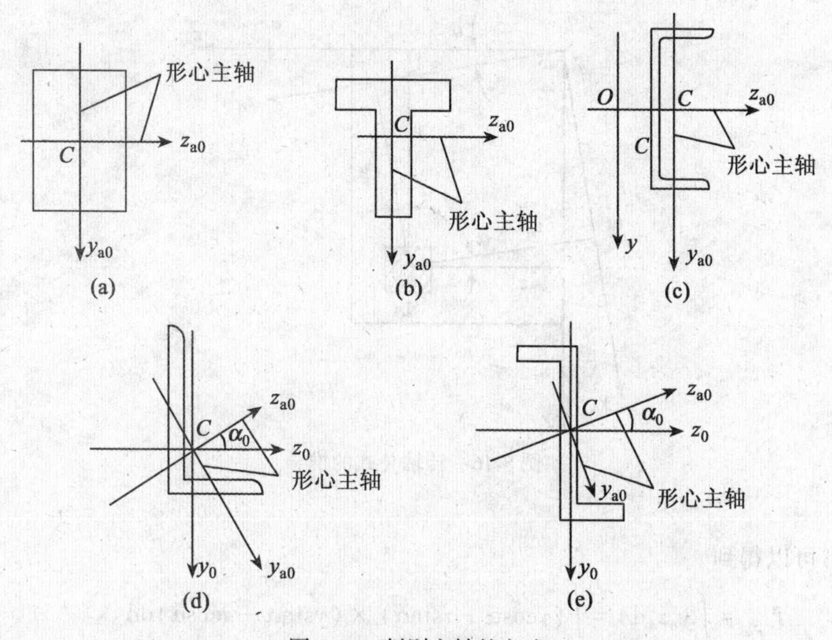

图 8-15　判别主轴的方法

§8-6　转 轴 公 式

如果已知某一平面图形对通过 O 点的一对直角坐标轴（Oy，Oz）的惯性矩 I_y、I_z 和惯性积 I_{yz}（图 8-16），则当这对坐标轴绕 O 点旋转了一个 α 角（α 角以顺时针向旋转为正）时，平面图形对这一对新坐标轴（Oy_α，Oz_α）的惯性矩 Iy_α，Iz_α 和惯性积 $I_{y_\alpha z_\alpha}$ 可按下述**转轴公式**求得。

由图 8-16 可以看出：

$$y_\alpha = y\cos\alpha - z\sin\alpha$$
$$z_\alpha = y\sin\alpha + z\cos\alpha$$

由式(8-2)可以得到

$$\begin{aligned}I_{z_\alpha} &= \int_A y_\alpha^2 \mathrm{d}A = \int_A (y\cos\alpha - z\sin\alpha)^2 \mathrm{d}A \\ &= \int_A y^2\cos^2\alpha \mathrm{d}A + \int_A z^2\sin^2\alpha \mathrm{d}A - \int_A 2yz\cos\alpha\sin\alpha \mathrm{d}A \\ &= I_z\cos^2\alpha + I_y\sin^2\alpha - I_{yz}\sin2\alpha\end{aligned}$$

将三角公式 $\cos^2\alpha = \frac{1}{2}(1+\cos2\alpha)$、$\sin^2\alpha = \frac{1}{2}(1-\cos2\alpha)$ 以及 $2\sin\alpha\cos\alpha = \sin2\alpha$ 代入上式，得到

$$I_{z_\alpha} = \frac{I_z+I_y}{2} - \frac{I_z-I_y}{2}\cos2\alpha - I_{yz}\sin2\alpha$$

同理

$$I_{y_\alpha} = \frac{I_z+I_y}{2} - \frac{I_z-I_y}{2}\cos2\alpha + I_{yz}\sin2\alpha \tag{8-11}$$

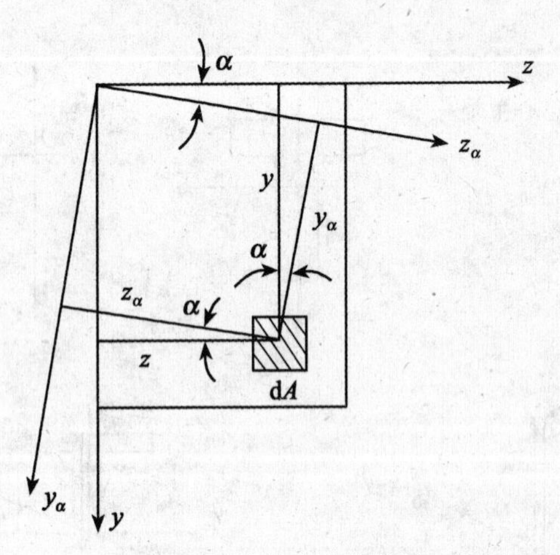

图 8-16　转轴公式的推导

由式(8-3)可以得到

$$\begin{aligned}I_{y_\alpha z_\alpha} &= \int_A y_\alpha z_\alpha \mathrm{d}A = \int_A (y\cos\alpha - z\sin\alpha) \times (y\sin\alpha + z\cos\alpha)\mathrm{d}A \\ &= \int_A y^2\sin\alpha\cos\alpha \mathrm{d}A - \int_A z^2\sin\alpha\cos\alpha \mathrm{d}A + \int_A yz(\cos^2\alpha - \sin^2\alpha)\mathrm{d}A \\ &= I_z\sin\alpha\cos\alpha - I_y\sin\alpha\cos\alpha + I_{yz}(\cos^2\alpha - \sin^2\alpha)\end{aligned}$$

同样将有关的三角公式代入上式就得到

$$I_{y_\alpha z_\alpha} = \frac{I_z - I_y}{2}\sin2\alpha + I_{yz}\cos2\alpha \tag{8-12}$$

式(8-11)、(8-12)称为转轴公式，它们分别表示平面图形的惯性矩和惯性积在坐标轴转动时

的变化规律。

如将式(8-11)中的 I_{y_α} 和 I_{z_α} 相加,可以得到

$$I_{y_\alpha}+I_{z_\alpha}=I_y+I_z=I_p \tag{8-13}$$

式(8-13)表明:平面图形对于通过点 O 的任意二直角坐标轴的惯性矩之和是一个常数,且等于它对坐标原点的极惯性矩。

由式(8-12)可以发现,当 $\alpha=0°$ 时,$I_{y_\alpha z_\alpha}=I_{yz}$;当 $\alpha=90°$ 时,$I_{y_\alpha z_\alpha}=-I_{zy}$,即当坐标轴旋转 90°时,平面图形的惯性积改变其正负号。由于惯性积随 α 的连续变化而连续变化,因此必定有在某一方向的一对坐标轴,会使平面图形对它的惯性积为零。这一对坐标轴就是上节中所说的主轴。

下面介绍确定形心主轴的位置(即确定角 α_0)的方法和计算形心主惯性矩的公式。

确定形心主轴位置的问题属于转轴问题。因为平面图形对于主轴的惯性积为零,如图 8-15(*d*)及(*e*)中的 y_{α_0} 轴和 z_{α_0} 轴为主轴,则将 $\alpha=\alpha_0$ 代入式(8-12)将有 $I_{y_\alpha z_\alpha}=0$,即

$$I_{y_\alpha z_\alpha}=\frac{I_z-I_y}{2}sin2\alpha_0+I_{yz}cos2\alpha_0=0$$

或

$$\tan 2\alpha_0=-\frac{2I_{yz}}{I_z-I_y} \tag{8-14}$$

从式(8-14)中可以看出,$2\alpha_0$ 有两个值,相差 180°,也就是 α_0 有两个值,相差 90°。表明平面图形有两个互相垂直的主轴。

由式(8-14)及三角公式可以求得:

$$cos2\alpha_0=\frac{1}{\sqrt{1+tan^2 2\alpha_0}}=\frac{I_z-I_y}{\sqrt{(I_z-I_y)^2+4I_{yz}^2}}$$

$$sin2\alpha_0=\frac{tan2\alpha_0}{\sqrt{1+tan^2 2\alpha_0}}=\frac{-2I_{yz}}{\sqrt{(I_z-I_y)^2+4I_{yz}^2}}$$

将它们代入式(8-11)中,就得到平面图形对主轴 z_{α_0} 和 y_{α_0} 的主惯性矩为

$$\left.\begin{aligned}I_{z_{\alpha_0}}&=\frac{I_z+I_y}{2}+\frac{1}{2}\sqrt{(I_z-I_y)^2+4I_{yz}^2}\\&=\frac{1}{2}\left[(I_z+I_y)+\sqrt{(I_z-I_y)^2+4I_{yz}^2}\right]\\I_{y_{\alpha_0}}&=\frac{I_z+I_y}{2}-\frac{1}{2}\sqrt{(I_z-I_y)^2+4I_{yz}^2}\\&=\frac{1}{2}\left[(I_z+I_y)-\sqrt{(I_z-I_y)^2+4I_{yz}^2}\right]\end{aligned}\right\} \tag{8-15}$$

式(8-15)表明,我们也可以不计算角 α_0,而直接由 I_y、I_z、I_{yz} 计算出主惯性矩。

从式(8-11)可以知道,I_{y_α}、I_{z_α} 是随 α 而变的。如果使

$$\frac{dI_{\tau_u}}{d\alpha}=(I_z-I_y)(-\sin 2\alpha)-2I_{yz}(\cos 2\alpha)=0$$

$$即\quad \tan 2\alpha=-\frac{2I_{yz}}{I_z-I_y} \tag{8-16}$$

可以得到 I_y 或 I_z 的极值(极大值或极小值)。

比较式(8-14)和式(8-16)可以看出

$$\alpha=\alpha_0$$

即平面图形对通过某一点的诸轴的惯性矩的极大值和极小值,就是它对通过该点的主惯性轴的主惯性矩。

工程实际中常用型钢截面的形心主惯性矩,可以由附录Ⅰ的型钢表中查得。

例 8-10 试求图 8-17 所示 *L* 形的形心主惯性矩。

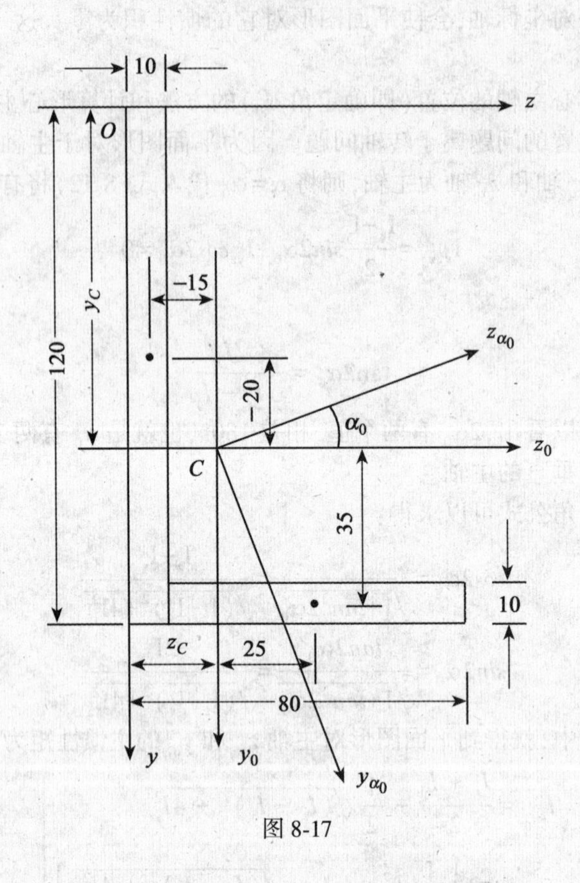

图 8-17

解 (1)求形心位置。

选辅助坐标轴 Oy、Oz,则

$$y_C=\frac{S_z}{A}=\frac{10\times120\times60+70\times10\times115}{10\times120+10\times70}$$

$$=\frac{152500}{1900}=80\text{mm}$$

$$z_C=\frac{S_y}{A}=\frac{10\times120\times5+70\times10\times45}{10\times120+10\times70}$$

$$=\frac{37500}{1900}=20\text{mm}$$

(2)求图形对与轴Oy、Oz分别平行的形心轴y_0轴、z_0轴的I_{y_0}、I_{z_0}和$I_{y_0z_0}$。

$$I_{z_0}=\frac{10\times120^3}{12}+10\times120(-20)^2+\frac{70\times10^3}{12}+70\times10(+35)^2$$
$$=1440000+480000+6000+858000=2784000$$
$$=2.784\times10^6\text{mm}^4$$
$$I_{y_0}=\frac{120\times10^3}{12}+10\times120(-15)^2+\frac{10\times70^3}{12}+10\times70(+25)^2$$
$$=10000+270000+286000+438000$$
$$=1004000=1.004\times10^6\text{mm}^4$$
$$I_{y_0z_0}=10\times120\times(-15)(-20)+70\times10\times(+25)(+35)$$
$$=360000+613000=973000=973\times10^3\text{mm}^4$$

(3)求主形心轴的位置。

根据式(8-14),得

$$\tan2\alpha_0=-\frac{2I_{y_0z_0}}{I_{z_0}-I_{y_0}}=\frac{-2\times(973\times10^3)}{2.784\times10^6-1.004\times10^6}$$
$$=\frac{1946\times10^3}{1.78\times10^6}=-1.091$$

由三角函数表查得

$$2\alpha_0=-47.6°\text{或}-227.6°$$

或

$$\alpha_0=-23.8°\text{或}-113.8°$$

(4)求形心主惯性矩。

由式(8-15)有

$$I_{z_{\alpha_0}}=I_{\max}=\frac{1}{2}\left[(I_{z_0}+I_{y_0})+\sqrt{(I_{z_0}-I_{y_0})^2+4I_{y_0z_0}^2}\right]$$
$$=\frac{1}{2}[(2.784\times10^6+1.004\times10^6)]$$
$$+\sqrt{(2.784\times10^6-1.004\times10^6)+4(973\times10^3)^2}$$
$$=3.214\times10^6\text{mm}^4$$
$$I_{y_{\alpha_0}}=I_{\min}=\frac{1}{2}\left[(I_{z_0}+I_{y_0})-\sqrt{(I_{z_0}-I_{y_0})^2+4I_{y_0z_0}^2}\right]$$
$$=0.574\times10^6\text{mm}^4$$

在表8-1中列出了工程实际中常用截面的几何性质,以供参考。

表中符号代表的意义如下:

A——截面图形的面积;

C——截面图形的形心;

y_1、y_2、z_1——截面图形形心相对于图形边缘的位置;

I_{y_0}、I_{z_0}——截面图形分别对形心轴y_0轴、z_0轴的惯性矩。

表 8-1 常用截面的几何性质

编号	截面图形	截面几何性质
1	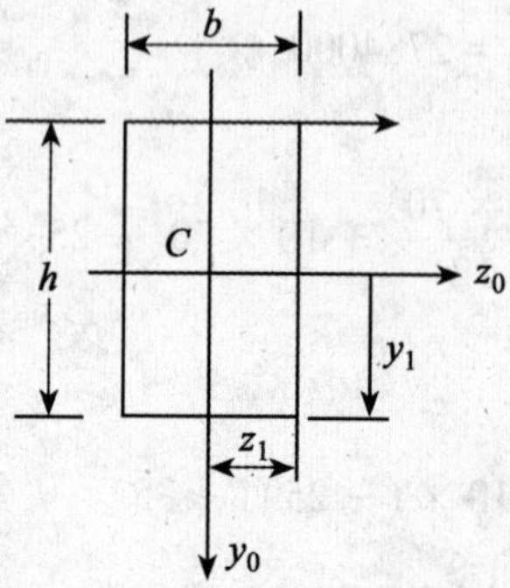 b, h, C, z_0, y_1, z_1, y_0	$A=bh$ $y_1=\frac{h}{2},z_1=\frac{b}{2}$ $I_{y_0}=\frac{hb^3}{12},I_{z_0}=\frac{bh^3}{12},I_z=\frac{bh^3}{3}$
2	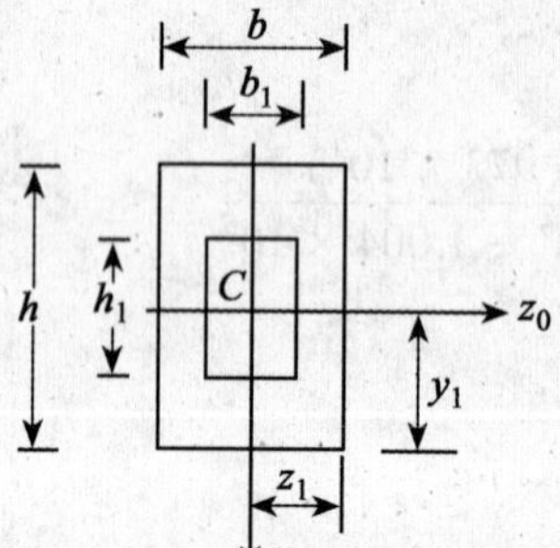 b, b_1, h, h_1, C, z_0, y_1, z_1, y_0	$A=bh-b_1h_1$ $y_1=\frac{h}{2},z_1=\frac{b}{2}$ $I_{y_0}=\frac{hb^3-h_1b_1^3}{12},I_{y_0}=\frac{hb^3-h_1b_1^3}{12}$
3	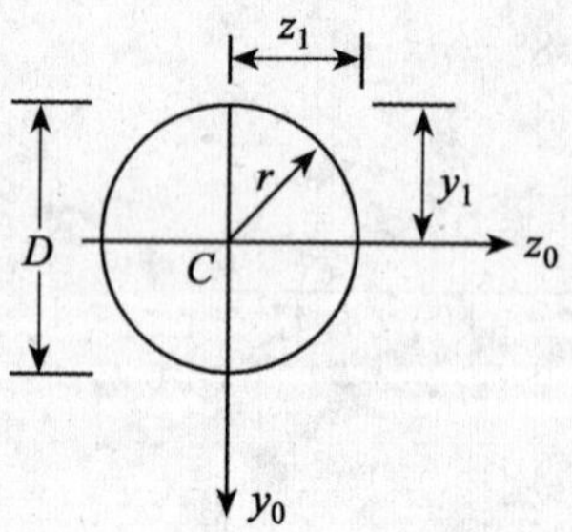 z_1, r, y_1, D, C, z_0, y_0	$A=\frac{\pi D^2}{4}=0.785D^2$ 或 A $=\pi r^2=3.14r^2$ $y_1=\frac{D}{2}=r,z_1=\frac{D}{2}=r$ $I_{y_0}=I_{z_0}=\frac{\pi D^4}{64}$
4	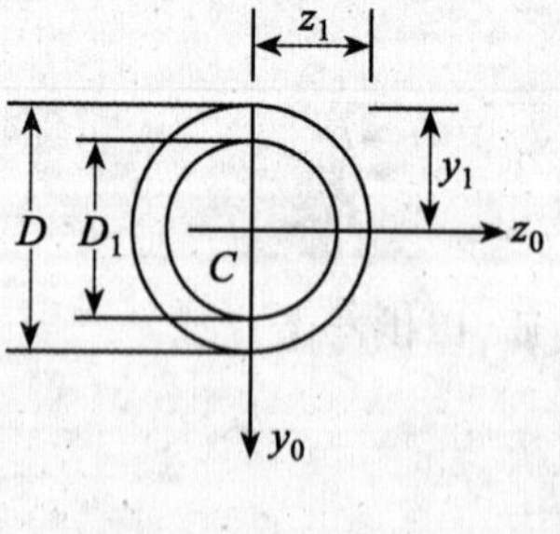 z_1, y_1, D, D_1, C, z_0, y_0	$W_{y_0}=W_{z_0}=\frac{\pi D^3}{32}$ $A=\frac{\pi(D^2-D_1^2)}{4}$ $y_1=\frac{D}{2},z_1=\frac{D}{2}$ $I_{y_0}=I_{z_0}=\frac{\pi(D^4-D_1^4)}{64}$

续表

编号	截面图形	截面几何性质
5	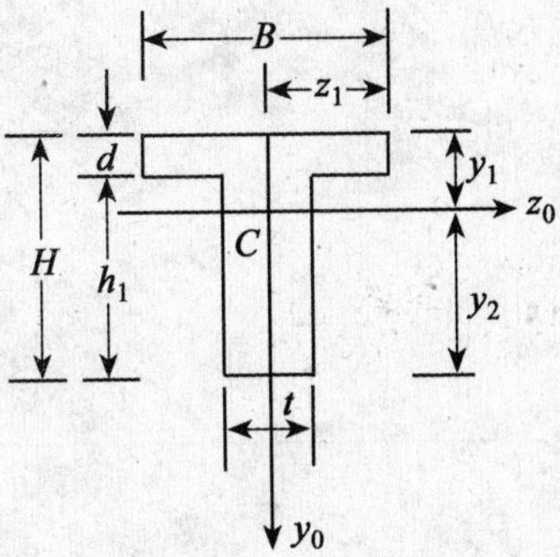 B, z_1, d, y_1, z_0, C, H, h_1, y_2, t, y_0	$A=Bd+ht$ $y_1=\frac{1}{2}\cdot\frac{tH^2+d^2(B-t)}{Bd+ht}$ $y_2=H-y_1$ $z_1=\frac{B}{2}$ $I_{z_0}=\frac{1}{3}[ty_2^3+By_1^3-(B-t)(y_1-d)^3]$
6	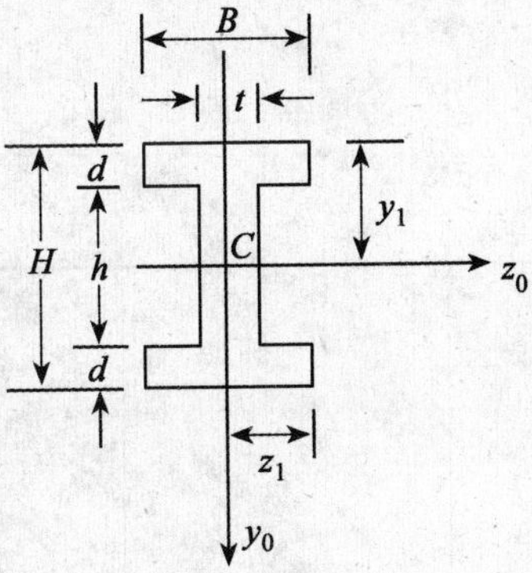 B, t, d, y_1, C, z_0, H, h, d, z_1, y_0	$A=ht+2Bd$ $y_1=\frac{H}{2},z_1=\frac{B}{2}$ $I_{z_0}=\frac{1}{12}[BH^3-(B-t)h^3]$
7	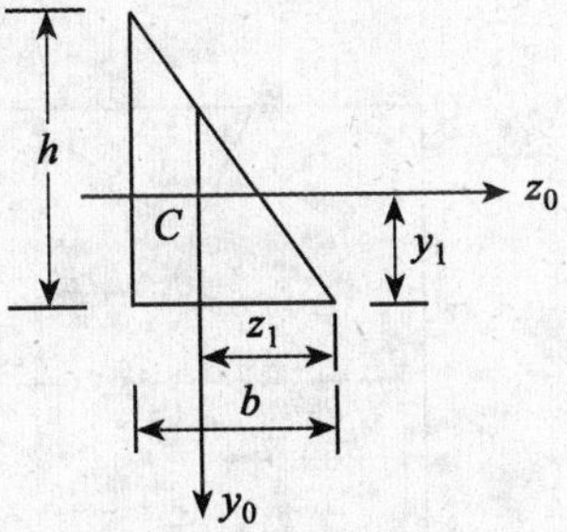 h, z_0, C, y_1, z_1, b, y_0	$A=\frac{bh}{2}$ $y_1=\frac{h}{3},z_1=\frac{2b}{3}$ $I_{y_0}=\frac{hb^3}{36},I_{z_0}=\frac{bh^3}{36}$
8	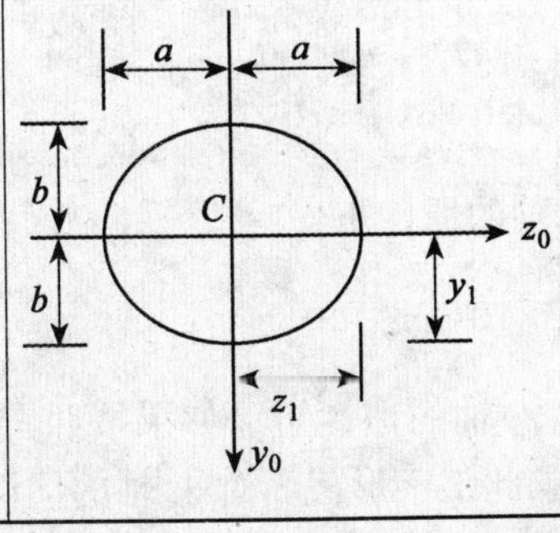 a, a, b, C, z_0, b, y_1, z_1, y_0	$A=\pi ab$ $y_1=b,z_1=a$ $I_{y_0}=\frac{\pi ba^3}{4},I_{z_0}=\frac{\pi ab^3}{4}$

续表

编号	截面图形	截面几何性质
9	b, O, z, y_1, C, h, z_1, $y=f(z)$, 顶点, y	抛物线方程： $y=f(z)=h\left(1-\frac{z^2}{b^2}\right)$ $A=\frac{2bh}{3}$ $y_1=\frac{2h}{5},z_1=\frac{3b}{8}$
10	b, 顶点, O, z, y_1, C, $y=f(z)$, h, z_1, y	抛物线方程： $y=f(z)=\frac{hz^2}{b^2}$ $A=\frac{bh}{3}$ $y_1=\frac{3h}{10},z_1=\frac{3b}{4}$

习　　题

8-1　试求图示平面图形的形心位置。

（答案：$(a)z_C=0.3m,y_C=0.433m,(b)z_C=0.093m,y_C=0.193m,(c)z_C=0.141m,y_C=0.163m$）

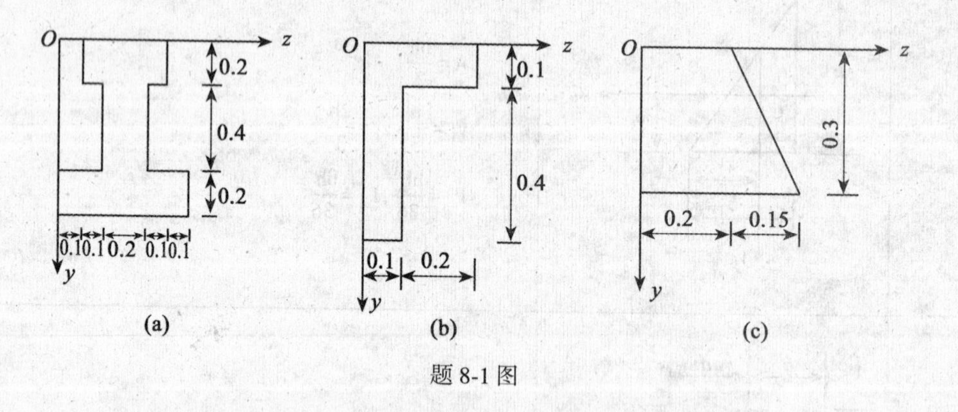

题 8-1 图

8-2　试求图示截面图形对通过其形心的两对称轴的惯性矩。

（答案：$(a)\frac{2}{3}h^4,\frac{1}{6}h^4;(b)383.33\times10^6mm^4;183.3\times10^6mm^4$）

8-3　试求图示矩形截面（$b=0.15m,h=0.3m$）对 z_0 轴的惯性矩。如果按照图中虚线所示，将矩形截面的中间部分移到两边拼成工字形，试求此工字形截面对 z_0 轴的惯性矩。

（答案：矩形：$I_{z_0}=3.375\times10^{-4}mm^4$；工字形：$I_{z_0}=5.87\times10^{-4}mm^4$）

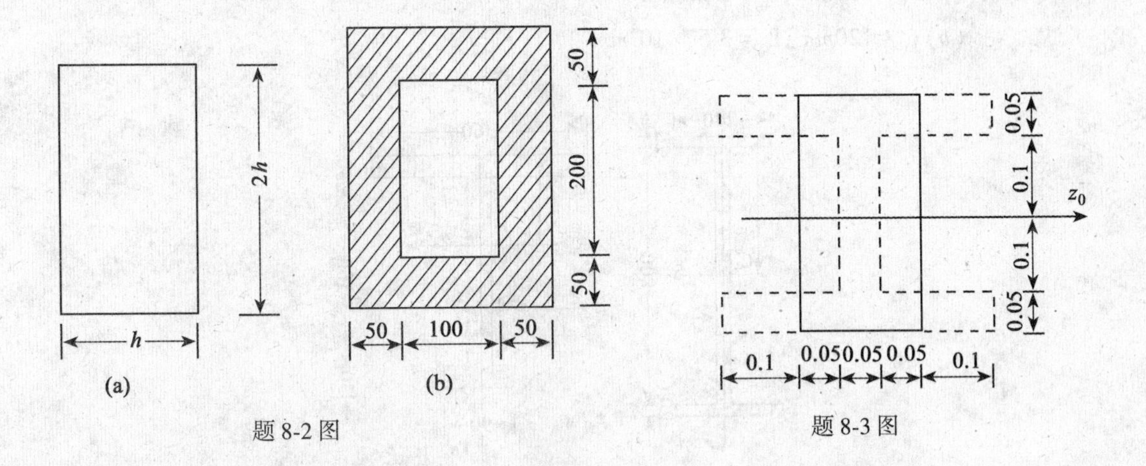

题 8-2 图　　　　题 8-3 图

8-4　试求截面积为 $0.012m^2$ 的正方形、圆形对各自形心主轴的惯性矩各为多少。并与截面积为 $0.012m^2$ 的 $45c$ 号工字钢的惯性矩进行比较。

（答案：正方形：$I_{z_0}=12\times10^{-6}mm^4$；圆形：$I_{z_0}=11.46\times10^{-6}mm^4$；$45c$ 工字钢：$I_{z_0}=352.8\times10^{-6}mm^4$。在三种平面图形面积相等的条件下，以 $45c$ 工字钢的惯性矩最大，圆形的惯性矩最小）

8-5　试求图示平面图形对其形心轴 y_0 和 z_0 的惯性矩。

（答案：$I_{z_0}=0.966mm^4$；$I_{y_0}=25.309mm^4$）

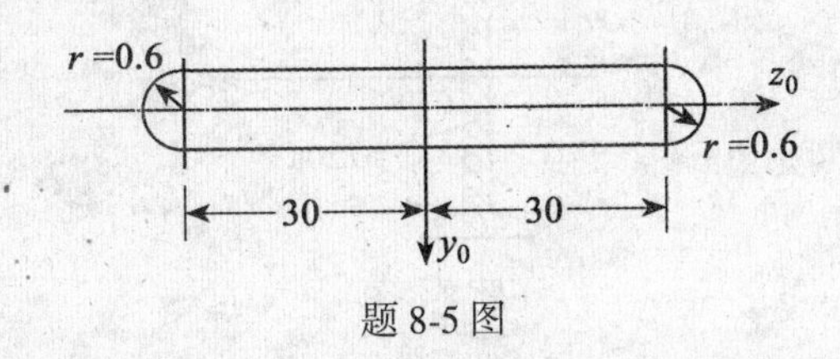

题 8-5 图

8-6　试求图示半圆环截面的形心位置和它对形心轴 z_0 的惯性矩。

（答案：$y_C=\dfrac{7d}{9\pi}$，$z_C=0$；$I_{z_0}=4.96mm^{-3}d^4$）

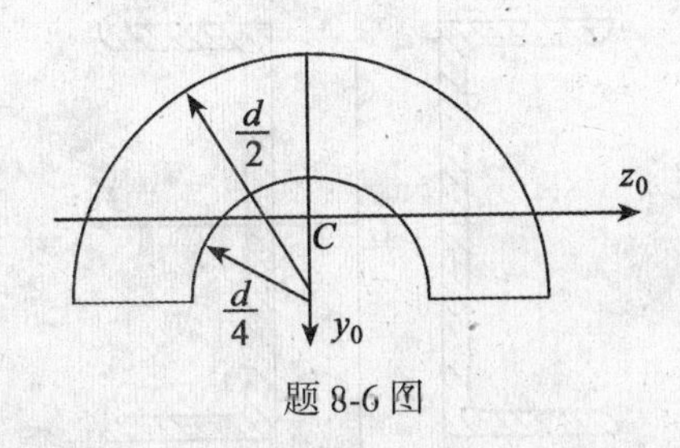

题 8-6 图

8-7　试求图示组合截面的形心轴 z_0 的位置和它对 z_0 轴的惯性矩。

（答案：（a）$y_C=420mm$；$I_{z_0}=21.26\times10^8mm^4$；

（b）$y_C=120mm$；$I_{z_0}=3.57\times10^8mm^4$）

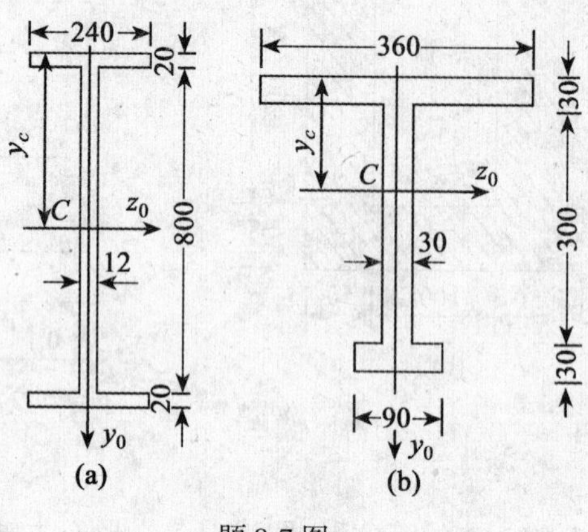

题 8-7 图

8-8　图示由型钢与钢板构成的组合截面，试求：(1)形心位置；(2)对水平形心轴 z_0 的惯性矩。

（答案：$y_C=66mm$；$I_{z_0}=48.32\times10^6mm^4$）

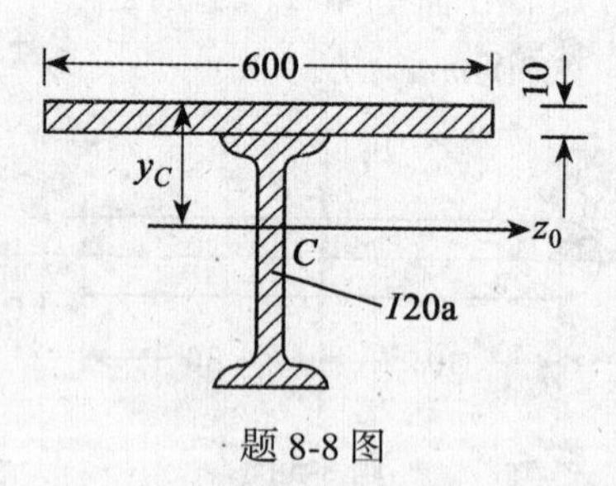

题 8-8 图

8-9　图示由两个 $20a$ 号的槽钢组成的平面图形，若使整个平面图形对 z_0 轴和 y_0 轴的惯性矩相等（即 $I_{z_0}=I_{y_0}$），试求 a 值的大小。（答案：$a=120.5mm$）

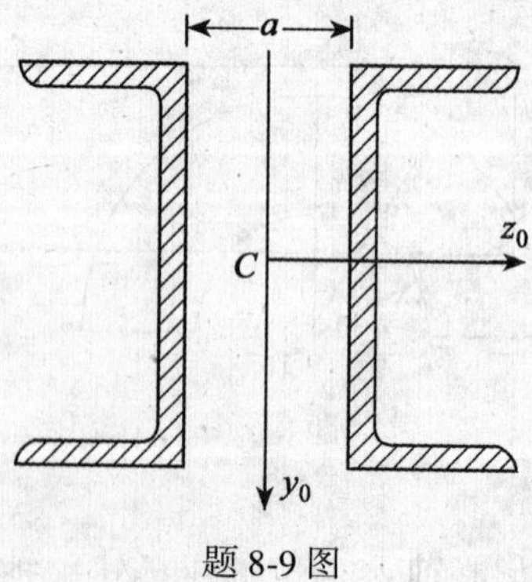

题 8-9 图

8-10　试求图示圆环的极惯性矩。

（答案：（a）$I_p=\dfrac{15\pi}{512}d^4$；（$b$）$I_p=10.455\times10^6 mm^4$）

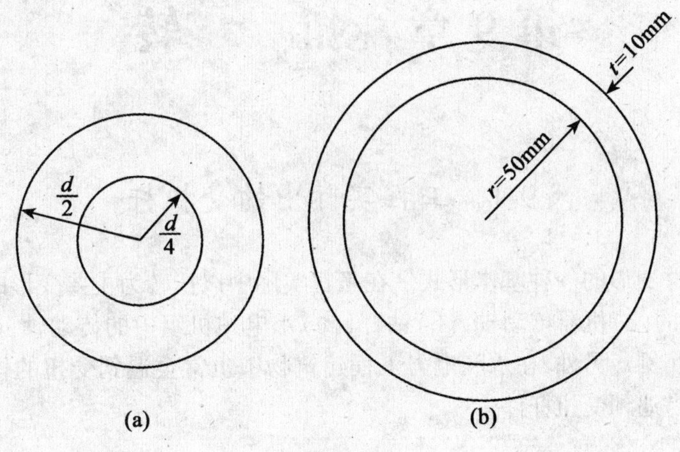

题 8-10 图

第9章 扭 转

§9-1 工程实际中的受扭杆

扭转也是杆件变形的一种基本形式。在工程实际中以扭转为主要变形的杆也是比较多的,如图9-1所示的(a)机器传动轴,(b)钻杆,(c)水电站机组中的传动轴,(d)电机的机座等都是受扭杆的实例。另外,在水利电力工程建筑物中也常会遇到受扭的构件。特别是在机构工程中更容易遇到受扭杆件。

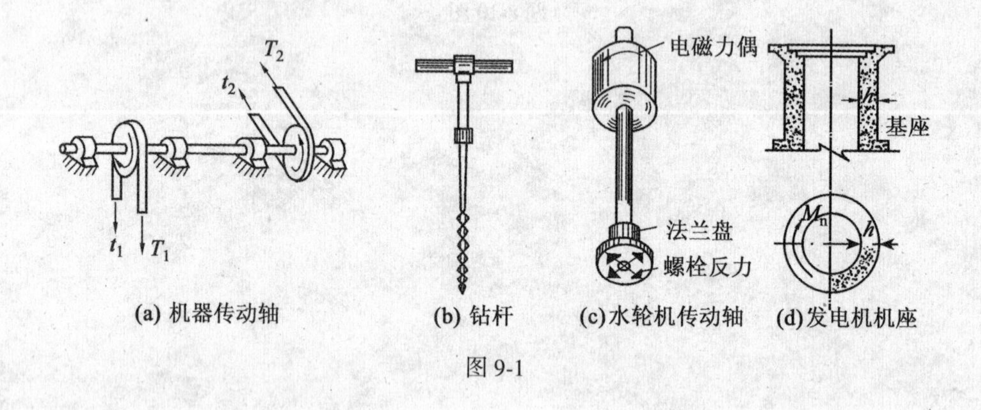

图9-1

根据上述构件的受力情况,我们可以将受扭杆件的计算简图简化成如图9-2所示。由此可以看出,当杆两端受到一对大小相等、转向相反的外力偶作用,且力偶所在平面垂直于杆轴时,杆两端截面会发生相对转动,其扭转角为φ,如图9-2(b)所示。

对受扭杆进行强度计算和刚度计算的步骤,基本上与受拉(压)杆相同:首先要求出杆的内力,随后计算出杆横截面的应力和杆的变形,然后根据材料的力学性能和对杆的使用要求,建立其强度条件和刚度条件,进行轴的设计。

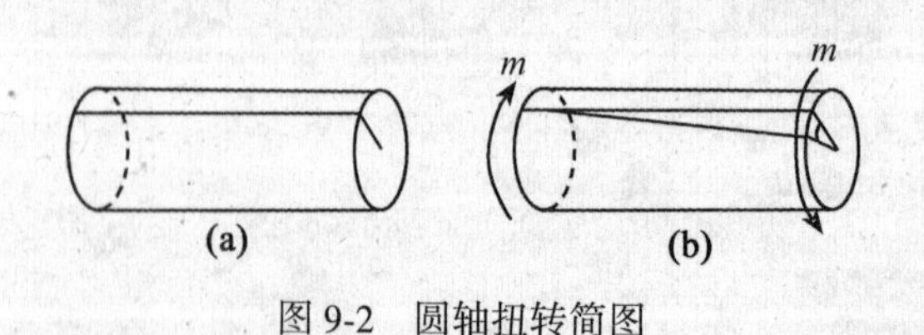

图9-2 圆轴扭转简图

§9-2 扭转时的内力——扭矩 扭矩图

一、扭矩

在上节中已经指出，当杆受到在垂直于杆轴平面内的外力偶作用时，杆就会发生扭转变形。外力偶对杆轴的力矩叫做外力偶矩，用符号 m 表示。在杆发生扭转变形的同时，在杆的横截面上会产生内力偶矩，我们称它为扭矩，用符号 M_n 表示。扭矩的量纲和外力偶矩的量纲相同，都为[力][长度]。在国际单位制中常用的单位是牛顿·米(N·m)或千牛顿·米(kN·m)。

求受扭杆的内力(扭矩)，仍可采用截面法。如图 9-3(a)所示的杆，在其两端有一对大小相等、转向相反，其矩为 m 的外力偶作用。若要求杆任一横截面 n-n 上的内力，可假想地将杆沿截面 n-n 切开分为两段，并取其中的任一段(例如左段)为脱离体(图 9-3(b))，则根据静力平衡条件，可由

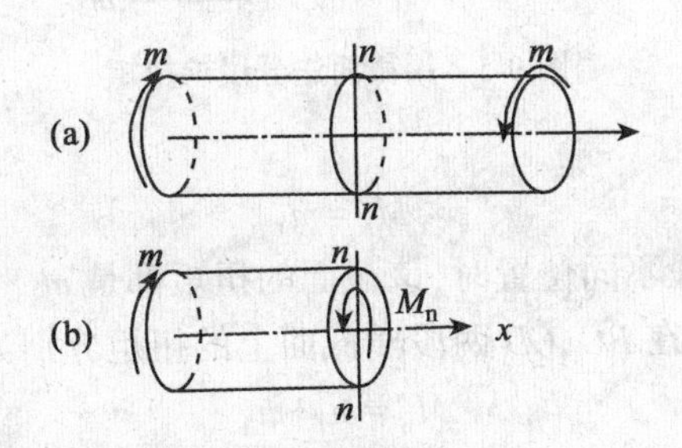

图 9-3 用截面法求扭矩

$$\sum M_x = 0: m - M_n = 0$$

求出横截面上的扭矩

$$M_n = m \tag{9-1}$$

注意：在上面的计算中，我们是以杆的左段为脱离体的。如果改以杆的右段为脱离体，则在同一横截面上所求得的扭矩与上面求得的扭矩在数值上完全相同，但转向却恰相反。为了使从左段杆和右段杆求得的扭矩不仅有相同的数值而且有相同的正负号，对扭矩的正负号应按杆的变形情况来规定。一般的规定是：把扭矩当做矢量，并且用右手的四指表示扭矩的旋转方向，用右手的大姆指表示扭矩矢量的方向，如果这样定出的扭矩矢量方向和截面外向法线的方向相同，则扭矩为正扭矩，否则为负扭矩，如图 9-4 所示。这种确定扭矩正负号的方法叫做右手螺旋法则。

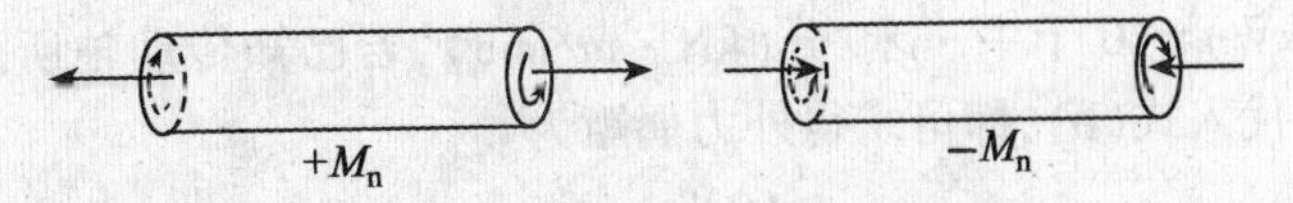

图 9-4 扭矩正负号规定

根据这个规定,在图 9-3(b)所示横截面上的扭矩 M_n 为正号的扭矩。

当一杆同时受到多个外力偶的作用时,其各段杆横截面上的扭矩可同样用截面法求得。如图 9-5(a)所示的 AD 杆,同时受到矩为 m_1、m_2、m_3、m_4 的四个外力偶作用,且 $m_1+m_2-m_3+m_4=0$,则杆各段横截面上的扭矩可用截面法求得如下:

对 AB 段,可在 AB 段内用假想截面Ⅰ-Ⅰ将杆切开,并取其左边部分为脱离体,则由静力平衡方程

$$\sum M_x = 0: m_1 - M_n' = 0$$

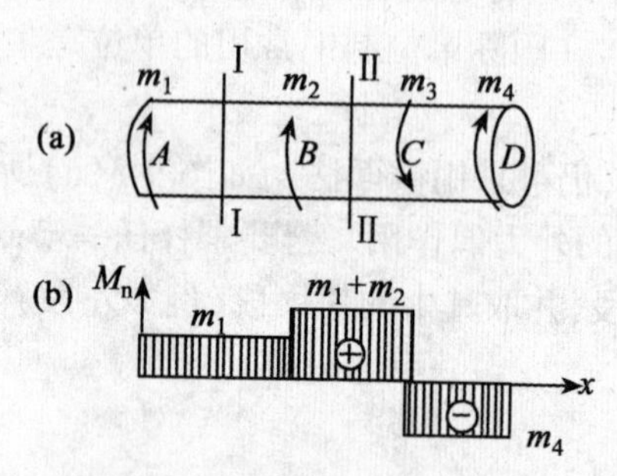

图 9-5 用截面法分段求扭矩

可求得

$$M_n' = m_1$$

当Ⅰ-Ⅰ截面位于 AB 段不同位置时,该截面的扭矩都是 m_1。

同样,用截面法可求得在 BC、CD 两段横截面上的扭矩分别为

$$M_n'' = m_1 + m_2$$

$$M_n''' = m_1 + m_2 - m_3 = -m_4$$

由上面的计算扭矩正负号的规定,可以知道图 9-5(a)所示杆的 AB 段和 BC 段中的扭矩 M_n' 和 M_n'' 都为正号的扭矩,在 CD 段中的扭矩 M_n''' 则为负号的扭矩。

在工程实际中,作用在机器传动圆轴上的外力偶矩往往不是直接给出的,需要通过由轴的转速及传递的功率(kW)来决定。

由动力学可知,当轴匀速转动时,如果作用在轴上的某外力偶矩为 m,轴在 t 时间内转动了一个 α 角,此力偶矩所做的功

$$W = m\alpha \tag{a}$$

单位时间内此力偶矩所做的功(即功率)为

$$N = \frac{W}{t} = \frac{m\alpha}{t} = m \cdot \omega$$

式中:ω 为角速度。所以,已知功率 N 及角速度,就可以由下式计算出外力偶矩

$$m = \frac{N}{\omega} \tag{b}$$

由于 1 千瓦(kW)= 60 千牛·米/分(kN·m/min),若已知传动轴所传递的千瓦数 N_k 和转速 n(r/min),代入式(b),即可求得外力偶矩为

$$m = \frac{60N_k}{2\pi n} = 9.55\frac{N_k}{n} \tag{9-2}$$

式中:外力偶矩 m 的单位是 kN·m。

二、扭矩图

为了形象地表示扭矩沿杆长的变化情况和找出杆上最大扭矩所在的横截面,与前面已介绍过的轴力图一样,我们也可作出受扭杆的扭矩图。即在一直角坐标系中,按照选定的比例尺,以受扭杆横截面沿杆轴线的位置 x 为横坐标,以横截面上的扭矩 M_n 为纵坐标,绘出扭矩图。绘图时一般规定将正号的扭矩画在横坐标轴的上侧,负号的扭矩画在横坐标轴的下侧(参看图9-5(b))。

例9-1 试作图9-6(a)所示机器传动轴的扭矩图。已知轴的转速为 $n=300\text{r/min}$,主动轮1的功率 $N_1=500\times0.735\text{kW}$,三个从动轮2、3、4的功率分别为 $N_2=150\times0.735\text{kW}$,$N_3=150\times0.735\text{kW}$,$N_4=200\times0.735\text{kW}$。

解(1)根据转速 n、功率,计算作用在各轮上的外力偶矩 m。

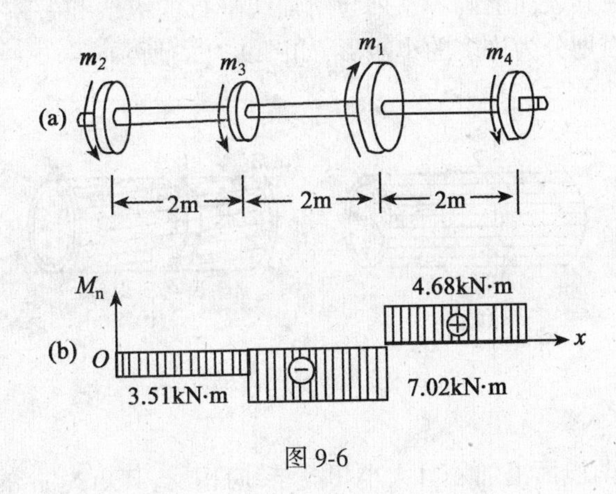

图9-6

由式(9-2)可得:

$$m_1=9.55\times\frac{N_1}{n}=9.55\times\frac{500\times0.735}{300}=11.70\text{kN}\cdot\text{m}$$

(方向与轴的旋转方向一致)

$$m_2=m_3=9.55\times\frac{N_2}{n}=9.55\times\frac{150\times0.735}{300}=3.51\text{kN}\cdot\text{m}$$

(方向与 m_1 相反)

$$m_4=9.55\times\frac{N_4}{n}=9.55\times\frac{200\times0.735}{300}=4.68\text{kN}\cdot\text{m}$$

(方向与 m_1 相反)

(2)根据作用在各轮上的外力偶矩,算出各段轴内的扭矩。

在2、3两轮之间的一段轴上,有

$$M_n'=-m_2=-3.51\text{kN}\cdot\text{m}$$

同理,可以求得其他两段轴上的扭矩分别为

$$M_n''=-m_2-m_3=-7.02\text{kN}\cdot\text{m}$$

$$M_n''' = -m_2 - m_3 + m_1 = 4.68\text{kN} \cdot \text{m}$$

$$(\text{或 } M_n''' = +m_4 = 4.68\text{kN} \cdot \text{m})$$

(3)作扭矩图。

取横坐标轴 x 与传动轴线平行的 xOM_n 直角坐标系。以横截面沿杆轴线的位置为横坐标,以上面所求得各扭矩为纵坐标,绘出传动轴的扭矩图如图 9-6(b)所示。

§9-3 薄壁圆筒的扭转

为了给下节分析圆轴受扭转时的情况作准备,我们先研究一个比较简单的情况——薄壁圆筒的扭转。

一、剪应力互等定理

取一薄壁圆筒,在其表面上画一系列与筒轴线平行的纵线和一系列表示圆筒横截面的圆环线,将圆筒的表面划分为许多的小矩形,如图 9-7(a)所示。

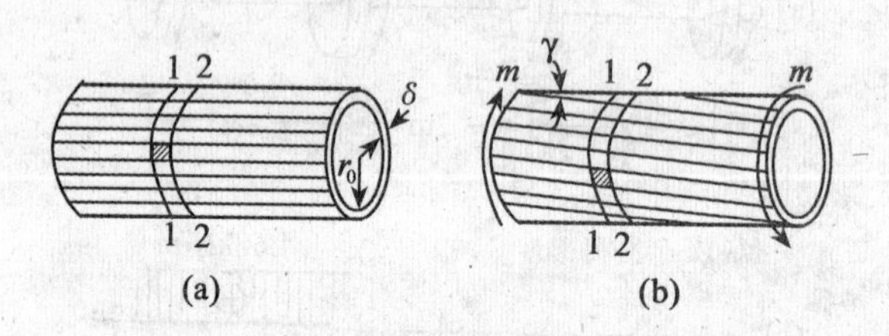

图 9-7 薄壁圆筒扭转

若在薄壁圆筒的两端面上加一对大小相等、转向相反、其矩为 m 的外力偶,使圆筒发生扭转变形,就会看到筒表面上的所有纵线都倾斜了一个角度 γ,但仍为互相平行的斜直线,而所有的圆环线没有变动,原来的小矩形都变成为小平行四边形(图 9-7(b))。

若假想地用相距为 dx 的两个圆环横截面 1-1、2-2 和相距为 dy 的两个纵截面从薄壁圆筒上截取出一个矩形小块,如图 9-8 所示。显然,在圆筒受扭变形后,此小块将变成图中虚线所示的情况,可见它发生了剪切变形,其**剪应变**即为**角应变** γ。考虑到剪应力应与剪应变同时出现,显然在小方格的左、右两边截面上应有相应的剪应力 τ。因为圆筒的壁厚 δ 非常小,还可认为剪应力 τ 的数值沿壁厚没有变化。根据小方格的平衡,可知作用在小方格左、右截面上的剪应力 τ 应该大小相等、方向相反,同时为了平衡,由这两个 τ 组成的力偶矩,在小方格的上下两个截面上也应有如图 9-8(b)所示的剪应力 τ' 存在 ,即小方格是处于纯剪切状态。若对 A-A 轴取矩,可得

$$(\tau dy\delta)dx - (\tau' dx\delta)dy = 0$$

故

$$\tau = \tau' \tag{9-3}$$

这就表明,在相互垂直的二平面上的剪应力的数值相等,且都指向(或背离)该二平面的交线。我们把这个关系称为**剪应力互等定理**。

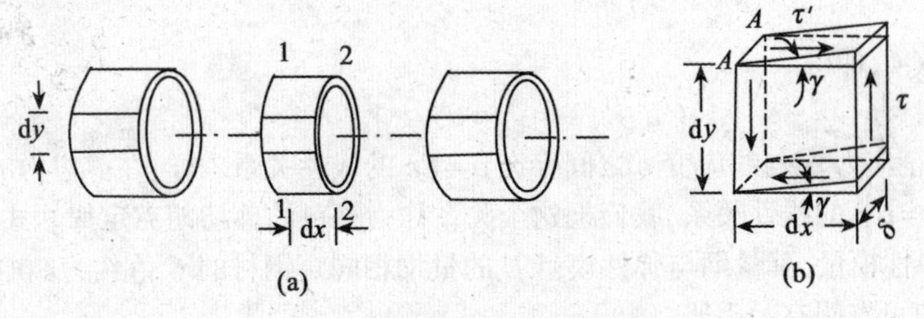

图 9-8　矩形小块

二、剪切胡克定律

由以上的研究，可见剪应力 τ 与剪应变 γ 是互相对应的，下面再看看它们之间存在着什么样的关系。由薄壁圆筒的扭转实验可知，对低碳钢等一类塑性材料来说，在一定范围内，外力偶矩 m 与圆筒两端截面间的扭转角 φ 成线性关系（图 9-9(a)，(b)），即

$$m \propto \varphi \tag{a}$$

对其他工程材料，也可近似地认为存在这个关系。

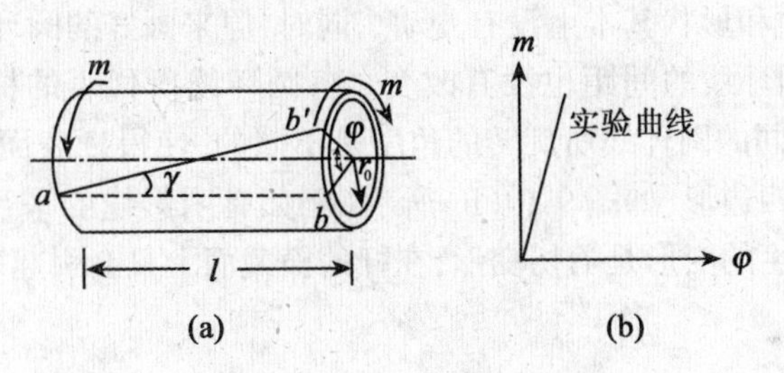

图 9-9　m 与 φ 的线弹性关系

上面已经提到，在图 9-8 中，由于筒壁很薄，可认为剪应力不沿壁厚变化。另外根据轴对称关系，可知在整个圆环横截面上各点处都有大小相等的剪应力 τ。根据静力平衡条件可得

$$m = \int_A (\tau \mathrm{d}A) r_0 = \tau r_0 A = 2\pi r_0^2 \delta \tau$$

故
$$\tau = \frac{m}{2\pi r_0^2 \delta} \tag{9-4}$$

式中：r_0 是薄壁圆筒的平均半径。

又由图 9-9(a)可见，由于轴向直线 ab 在圆筒变形后仍为直线，故小块的角变形 γ 即等于轴向直线变形后的倾斜角 γ。从图 9-9(a)中还可看出

$$bb' = \gamma l = r_0 \varphi$$

故
$$\gamma = \frac{r_0 \varphi}{l} \tag{b}$$

式中：l 是圆筒两端截面间的距离。

由式(9-4)和式(a)、(b)可得

$$\tau \propto \gamma \tag{c}$$

引入比例常数 G,即得

$$\tau = G\gamma \tag{9-5}$$

此式表明,像正应力 σ 与线应变 ε 之间存在 $\sigma=E\varepsilon$ 的线性关系一样,在剪应力 τ 与剪应变 γ 之间也存在 $\tau=G\gamma$ 的线性关系,我们把这个关系称为材料的**剪切胡克定律**。式中的 G 称为材料的剪切弹性模量,其量纲与弹性模量 E 的量纲相同。钢材的 G 值约为 80GPa。有关各种材料的 G 值可查阅有关手册。

§9-4 圆轴扭转时的应力和变形

如图 9-10(a)所示的实心圆杆,两端作用有一对大小相等、方向相反、其矩为 m 的外力偶,使杆产生扭转变形。为了求得圆杆扭转时横截面上的剪应力,可仿照前面对受扭薄壁圆筒的处理方法,加力以前先在圆杆表面上画一系列与杆轴线平行的纵线和一系列表示杆横截面的圆环线,将圆杆的表面划分为许多小矩形,如图 9-10(a)所示(例如有阴影线的小矩形)。然后在杆的两端施加外力偶 m,使它发生扭转变形,我们就可以观察到如图 9-10(b)所示的变形情况。虽然圆杆变形后,所有与杆轴线平行的纵向线都被扭成螺旋线,但对于整个圆杆而言,它的尺寸和形状基本上没有变动。同时,原来画好的圆环线仍然保持为垂直于杆轴线的圆环线,各圆环线的间距也没有改变。各圆环线所代表的杆横截面都好像是“刚性圆盘”一样,并且不同的圆环线所旋转的角度是不同的,使得杆表面上原有的小矩形都变成了形状相同的平行四边形,如图 9-10(b)所示(例如有阴影线的平行四边形)。这种现象说明圆杆扭转时所发生的变形是剪切变形,在杆的横截面上只会引起剪应力。

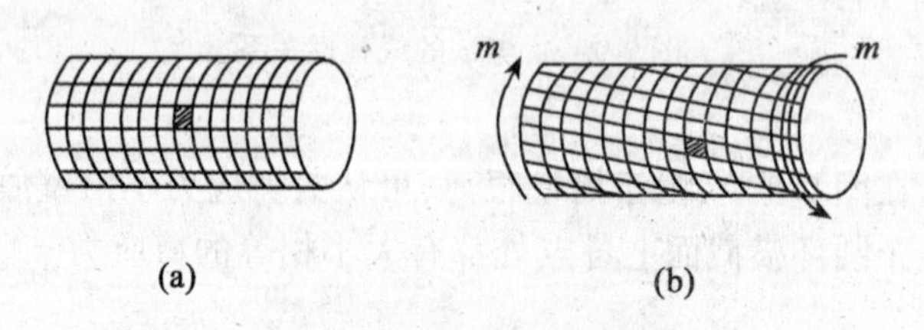

图 9-10 圆杆扭转的实验

根据从试验观察到的这些现象,可以假设:在变形微小的情况下,杆在扭转变形时,杆长没有改变;每个横截面都发生对其他横截面的相对转动,但是仍旧保持为平面,其大小、形状都不改变,并且横截面上所有的半径仍旧保持为直线。这个假设就是圆截面杆在扭转时的平面假设(或称刚性平面假设)。

有了上述的平面假设,我们就可以推导出圆杆扭转时应力和变形的计算公式。但是,与推导轴心受拉(压)杆的应力计算公式类似,它也需要综合考虑几何、物理和静力学三个方面。

几何方面:如图 9-11(a)所示,当圆杆受到扭矩作用时,如果把杆的左端当作固定端,则右端将相对于左端绕杆轴转动一个角度 φ。与此同时,圆杆表面上的纵线 kk 也要转动一个

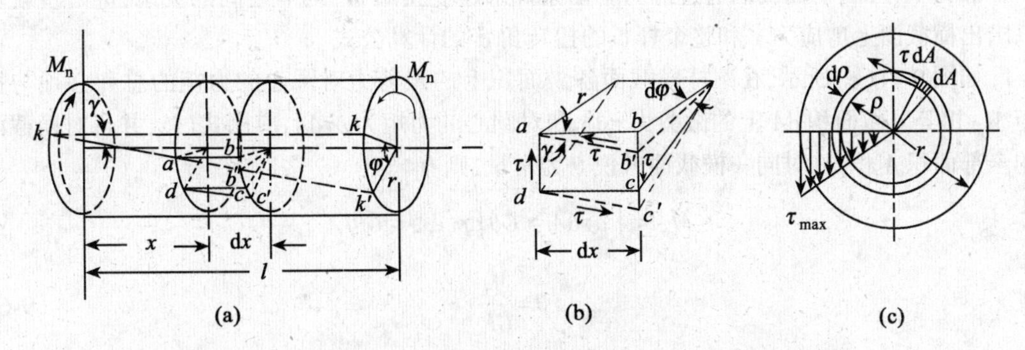

图 9-11 圆杆扭转时的变形以及横截面上剪应变与剪应力的分布规律

微小角度 γ 而达到新的位置 kk'。由于每个截面所转动的角度不同,使得长度为 $\mathrm{d}x$ 的微段上左右两横截面的扭转角相差一小角度 $\mathrm{d}\varphi$,因此使得矩形单元体 $abcd$ 变成了平行四边形(图 9-11(b)),原来的点 b 和 c 分别移动到点 b' 和 c'。这时单元体的边长不变,但是原来的直角不再保持为直角。由此我们可以看出单元体处于纯剪切状态,而剪应变 γ 的大小等于直角 bad 的减少量,即

$$\gamma \approx \tan\gamma = \frac{bb'}{ab} \tag{a}$$

式中:bb' 为半径 r 与角度 $\mathrm{d}\varphi$ 所对应的圆弧长,而 $\mathrm{d}\varphi$ 为相距 $\mathrm{d}x$ 的两个横截面的相对转角(图 9-11(a))。因此,$bb' = r\mathrm{d}\varphi$,而 $ab = \mathrm{d}x$,将它们代入式(a)得到

$$\gamma = \frac{r\mathrm{d}\varphi}{\mathrm{d}x} \tag{b}$$

式中:$\frac{\mathrm{d}\varphi}{\mathrm{d}x}$ 是扭转角 φ 沿杆长的变化率,通常用 θ 来表示,即取 $\theta = \frac{\mathrm{d}\varphi}{\mathrm{d}x}$。因此式(b)可以改写为

$$\gamma = r\theta \tag{c}$$

物理方面:在图 9-11(b)上表示了作用在单元体上的剪应力 τ。对于弹性材料,当剪应力不超过材料的剪切比例极限时,根据剪切胡克定律,可以知道剪应力 τ 的大小为

$$\tau = G\gamma = Gr\theta \tag{d}$$

式(c)和式(d)分别表示出圆杆横截面边缘处的剪应变和剪应力与 θ 的关系。用同样的方法可以决定在圆杆横截面内各处的剪应变和剪应力。由于圆杆扭转时其横截面的半径都保持为直线,所以,上面讨论的任意单元体 $abcd$ 的变形情况,同样适用于杆横截面半径为 ρ 的圆筒的表面(图 9-11(b)、(c)),即在圆杆内部的任一单元体同样是处于纯剪状态,相应的剪应变和剪应力可以分别用下列二式来表示:

$$\gamma_\rho = \rho\theta \tag{e}$$

$$\tau_\rho = G\rho\theta \tag{f}$$

由这两个式子可以看出横截面上剪应变和剪应力的变化规律,即剪应变和剪应力的大小都与半径 ρ 的大小成正比。在以 ρ 为半径的圆周上各点处的剪应力 τ 都相同,其方向垂直于半径。剪应力沿截面半径成三角形分布,如图 9-11(c)所示。

静力学方面:下面我们通过静力平衡条件来建立扭矩 M_n 与 θ 之间的关系,进一步就可以求出横截面上剪应力 τ 和整个杆长的扭转角 φ 的计算公式。

如图 9-11(c)所示,在圆杆横截面各微面积上的微剪力对圆心的力矩的总和必须与扭矩 M_n 相等。微面积 dA 上的微剪力 τdA 和对圆心的力矩为 $\rho\tau dA$,应用式(f),并且对横截面的全部面积 A 积分,对同一横截面来说 θ 为常量,则有

$$M_n = \int_A \rho\tau \mathrm{d}A = G\theta\int_A \rho^2 \mathrm{d}A = G\theta I_p$$

或

$$\theta = \frac{M_n}{GI_p} \tag{9-6}$$

式中:$I_p = \int_A \rho^2 \mathrm{d}A$——截面的极惯性矩,单位为毫米^4($mm^4$)(在第 8 章例 8-6 中求得半径为 r、直径为 d 的圆截面的 $I_p = \frac{\pi r^4}{2} = \frac{\pi d^4}{32}$);

GI_p——圆杆的抗扭刚度。

由于只在两端受一对扭矩作用的等直圆杆的 GI_p 是常数,所有横截面上的 M_n 也都相等,因此,由式(9-6)可知,扭转角的变化 $\theta = \mathrm{d}\varphi/\mathrm{d}x$ 沿杆长是常数,我们把它称为单位杆长的扭转角,或单位扭转角。在这种情况下,整个杆的总扭转角 $\varphi = \theta l$,将式(9-6)代入就可以得到

$$\varphi = \frac{M_n l}{GI_p} \tag{9-7}$$

式中:φ 的单位是弧度(rad)。

将式(9-6)代入式(f),就可以得到横截面上距圆心为 ρ 的任一点处的剪应力

$$\tau_\rho = \frac{M_n \rho}{I_p} \tag{9-8}$$

在截面的边缘处($\rho = r$)剪应力达到最大值

$$\tau_{max} = \frac{M_n r}{I_p} = \frac{M_n}{W_p} \tag{9-9}$$

式中:W_p——抗扭截面系数,单位为毫米^3(mm^3)。对实心圆杆,有

$$W_p = \frac{\frac{\pi d^4}{32}}{\frac{d}{2}} = \frac{\pi d^3}{16}$$

从圆杆扭转时横截面上的剪应力分布情况(图 9-11(c))可知,越靠近圆杆轴线的材料,其强度越不能得到充分的运用。因此,如果将圆杆的内部挖空(图 9-12),把挖出的材料分布到外圆的周界上去(即加大空心圆截面的外直径),就可以比较充分地发挥材料的作用,取得较好的经济效果。这就是为什么在工程实际中,空心圆轴受到广泛应用的缘故。例如水轮机的转轴就是空心圆轴。

空心圆杆的扭转计算与实心圆杆的扭转计算一样,只需把上述公式中的 I_p 和 W_p 改用空心圆截面的就可以了。空心圆截面的 I_p 和 W_p 分别为:

$$\left.\begin{aligned} I_p &= \frac{\pi D^4}{32} - \frac{\pi d^4}{32} = \frac{\pi}{32}(D^4 - d^4) \\ W_p &= \frac{\frac{\pi}{32}(D^4 - d^4)}{\frac{D}{2}} = \frac{\pi}{16}D^3\left[1 - \left(\frac{d}{D}\right)^4\right] \end{aligned}\right\} \tag{9-10}$$

式中:D 和 d 分别为空心圆截面的外直径和内直径(图 9-12)。

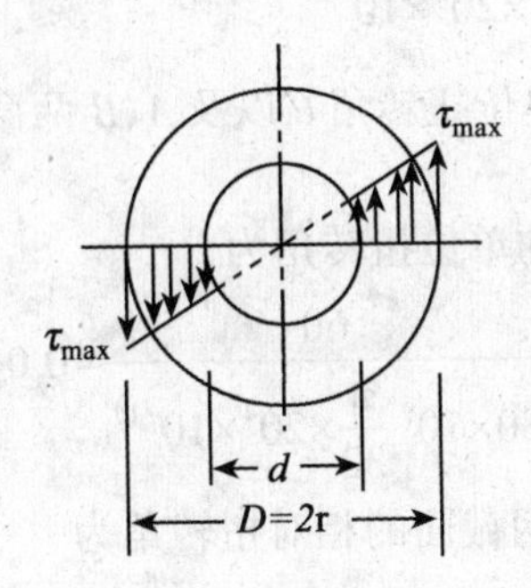

图 9-12 空心圆杆扭转时横截面上剪应力

当空心圆杆受扭转时,沿横截面半径上各点的剪应力也是按直线规律分布的(图 9-12)。最大剪应力也发生在表面上,即当 $\rho = \rho_{max} = r$ 时,

$$\tau_{max} = \frac{M_n r}{I_p} = \frac{M_n}{W_p} = \frac{M_n}{\frac{\pi}{16}D^3\left[1 - \left(\frac{d}{D}\right)^4\right]} \tag{9-11}$$

同样,我们可以利用式(9-6)和式(9-7)来计算空心圆杆的单位扭转角 θ,以及当 M_n 为常数时的扭转角 φ。

例 9-2 有一钢制实心圆轴,直径 $d = 20$mm,长度为 $l = 200$mm,自由端受到一外力偶矩 $m = 60$N·m 的作用(如图 9-13 所示)发生扭转。试求横截面上半径 $\rho = 5$mm 处的剪应力及截面上的最大剪应力。

解 (1)求内力——扭矩。

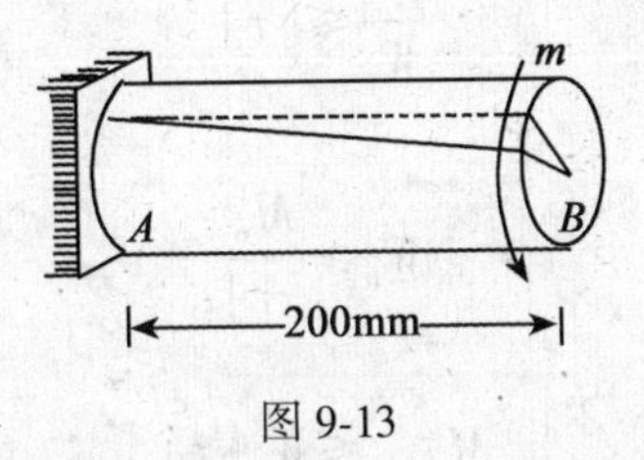

图 9-13

用截面法可以求得轴上各截面的扭矩 M_n 都相等且都等于外力偶矩。即

$$M_n = m = 60\text{N} \cdot \text{m}$$

(2)求半径 $\rho = 5$mm 处的剪应力。

根据式(9-8)得

$$\tau_{\rho}=\frac{M_{n}\cdot\rho}{I_{p}}=\frac{6\times10\times5\times10^{-3}}{\frac{\pi}{32}\times20^{4}\times10^{-12}}=19.1\times10^{6}\text{N/m}^{2}=19.1\text{MPa}$$

(3)求最大剪应力 τ_{max}。

由公式(9-9)得

$$\tau_{max}=\frac{M_{n}}{W_{p}}=\frac{60}{\frac{\pi}{16}\times20^{3}\times10^{-9}}=38.2\times10^{6}\text{N/m}^{2}=38.2\ \text{MPa}$$

例 9-3 试计算例 9-2 中的单位扭转角 θ 以及 A、B 两截面间的相对扭转角 φ_{AB}。已知剪切弹性模量 $G=80\text{GPa}$。

解 由式(9-6)可求得圆轴的单位扭转角为

$$\theta=\frac{M_{n}}{GI_{p}}=\frac{60}{80\times10^{9}\ \frac{\pi}{32}\times20^{4}\times10^{-12}}=0.048\text{rad/m}$$

由式(9-7)可求得圆轴 A、B 两截面的相对扭转角为

$$\varphi_{AB}=\frac{M_{n}l_{AB}}{GI_{p}}=\frac{60\times0.2}{80\times10^{9}\ \frac{\pi}{32}\times20^{4}\times10^{-12}}=9.55\times10^{-3}\text{rad}$$

§9-5 受扭圆杆的强度计算和刚度计算

受扭圆杆的强度条件是：应用公式(9-9)求出的最大剪应力 τ_{max} 不得超过材料的抗剪容许应力[τ]，即

$$\tau_{max}=\frac{M_{n}}{W_{p}}\leqslant[\tau] \tag{9-12}$$

式中：抗剪容许应力[τ]应该根据材料扭转时的力学性能来确定。

与拉伸(压缩)的情况相似，在受扭圆杆的强度计算中也可以应用式(9-12)解决下列的三种类型问题：

(1)强度校核

$$\frac{M_{n}}{W_{p}}\leqslant[\tau]$$

(2)截面选择

$$W_{p}\geqslant\frac{M_{n}}{[\tau]}$$

(3)确定容许扭矩

$$M_{n,max}\leqslant W_{p}[\tau]$$

在设计受扭圆杆时，不仅要保证它的强度要求，而且也要保证它的刚度要求。通常是根据使用条件，限制圆杆的单位扭转角 θ 不超过某一规定值[θ]。应用公式(9-6)，可以将这个刚度条件写为

$$\theta=\frac{M_{n}}{GI_{p}}\leqslant[\theta] \tag{9-13}$$

式中的$[\theta]$是容许单位扭转角。对于一般的传动轴,$[\theta]=(0.5\sim1.0)°/\mathrm{m}$。应用上式时要注意使等号两边的单位一致。由于根据式(9-13)算出的θ的单位为弧度/米(rad/m),因此,应该将算出的θ乘以$180/\pi$(或57.3°)化为"°/m"后再与容许单位扭转角$[\theta]$进行比较。

从图9-11(b)可以看出,受扭圆杆上的单元体是处在纯剪切的情况下,在以后章节中我们将会知道,在与杆轴线成45°和135°的斜面上,会出现与剪应力等值的主压应力σ_{za}和主拉应力σ_{zl}(图9-14)。如果材料(例如3号钢)的抗剪强度低于抗拉强度,圆杆将首先从最外层沿横截面发生剪断破坏(图9-15(a))。如果材料(例如铸铁)的抗拉强度低于扭转时的抗剪强度,那么,圆杆就会在与杆轴成45°的倾斜面上发生拉断破坏(图9-15(b)),表明两种不同材料制造的圆杆在受扭转时的典型破坏形式。

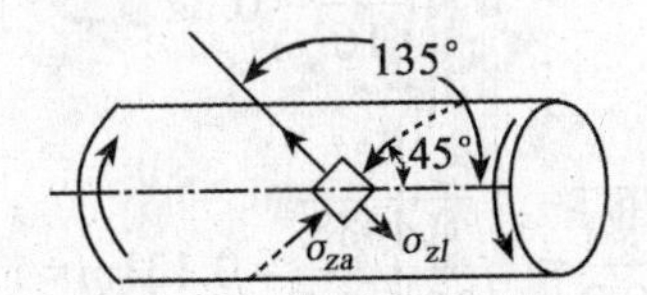

图9-14 圆杆扭转时斜截面上的应力

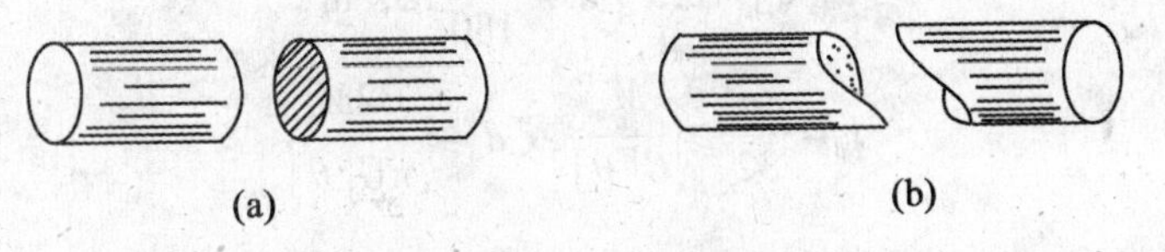

图9-15 圆杆扭转时的剪断与拉断破坏情况

由于在受扭圆杆的横截面上作用有剪应力,根据剪应力互等定理,杆身的纵截面上也会产生等值的剪应力(图9-16)。

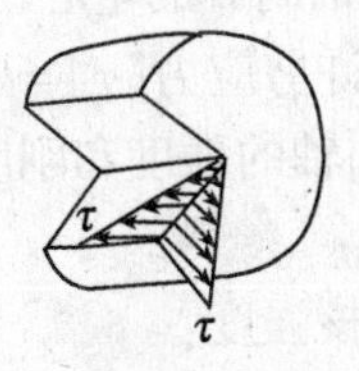

图9-16 圆杆扭转时的剪应力互等情况

例9-4 有一机器传动圆轴。已知:材料为45号钢,剪切弹性模量$G=79\mathrm{GPa}$,轴的容许剪应力$[\tau]=88.2\mathrm{MPa}$,容许单位扭转角$[\theta]=0.5°/\mathrm{m}$;使圆轴转动的电动机的功率为16kW,转速为375r/min。经过减速之后,传动轴的转速降低为电动机转速的1/97.14(即减速箱的速比为97.14)。试根据强度条件和刚度条件选择圆轴的直径。

解 (1)计算传动机传递的扭矩。

传动轴的转速

$$n=\frac{375}{97.14}=3.86\ \mathrm{r/min}$$

传送的扭矩为

$$M_{\mathrm{n}}=9.55\frac{N_{\mathrm{k}}}{n}=9.55\times\frac{16}{3.86}=39.59\mathrm{kN}\cdot\mathrm{m}$$

(2)由强度条件选择圆轴的直径。

需要的抗扭截面系数

$$W_{\mathrm{p}}\geqslant\frac{M_{\mathrm{n}}}{[\tau]}=\frac{39.59\times10^{3}}{88.2\times10^{6}}=0.4488\times10^{-3}\mathrm{m}^{3}$$

因

$$W_{\mathrm{p}}=\frac{\pi d^{3}}{16}\approx0.2d^{3}$$

可求得需要的直径

$$d\geqslant\sqrt[3]{\frac{W_{\mathrm{p}}}{0.2}}=\sqrt[3]{\frac{0.4488}{10^{3}\times0.2}}=0.131\mathrm{m}=131\mathrm{mm}$$

(3)由刚度条件选择圆轴的直径。

因为单位扭转角

$$[\theta]=0.5°/\mathrm{m}=\frac{0.5\pi}{180}\mathrm{rad/m}$$

将其代入

$$I_{\mathrm{p}}=\frac{\pi d^{4}}{32}\geqslant\frac{M_{\mathrm{n}}}{G[\theta]}\text{或 }d^{4}\geqslant\frac{32M_{\mathrm{n}}}{\pi G[\theta]}$$

可以求得

$$d\geqslant\sqrt[4]{\frac{32M_{\mathrm{n}}}{\pi G[\theta]}}=\sqrt[4]{\frac{32\times39.59\times10^{3}}{\pi\times79\times10^{9}\times\frac{0.5\pi}{180}}}=0.155\mathrm{m}=155\mathrm{mm}$$

选择圆轴的直径 $d=160\mathrm{mm}$,它既能满足强度条件又能满足刚度条件。

例 9-5 某汽车主传动轴是用 45 钢制成的空心钢管,外径 $D=90\mathrm{mm}$,内径 $d=85\mathrm{mm}$,轴传递的最大扭矩为 $1.5\mathrm{kN}\cdot\mathrm{m}$,轴的容许剪应力 $[\tau]=60\mathrm{MPa}$,容许单位扭转角 $[\theta]=2°/\mathrm{m}$,剪切弹性模量 $G=80\mathrm{GPa}$。试校核空心圆轴的强度和刚度。如果采用实心圆轴,是否经济?

解 (1)校核空心圆轴的强度。

由公式(9-12)求最大剪应力并校核强度:

$$\tau_{\max}=\frac{W_{\mathrm{n}}}{W_{\mathrm{p}}}=\frac{M_{\mathrm{n}}}{\frac{\pi}{16}D^{3}\left[1-\left(\frac{d}{D}\right)^{4}\right]}=\frac{1.5\times10^{3}}{0.2\times90^{3}\times10^{-9}\left[1-\left(\frac{85}{90}\right)^{4}\right]}$$

$$=50.34\times10^{6}\mathrm{N/m}^{2}=50.34\mathrm{MPa}<[\tau]=60\mathrm{MPa}$$

满足强度要求。

(2)校核圆轴的刚度。

由公式(9-13)求单位扭转角并校核刚度:

$$\theta=\frac{M_{\mathrm{n}}}{GI_{\mathrm{p}}}\times57.3=\frac{1.5\times10^{3}\times57.3}{80\times10^{9}\times0.1(90^{4}-85^{4})\times10^{-12}}=0.21°/\mathrm{m}<[\theta]=2°/\mathrm{m}$$

也满足刚度要求。

(3)如果采用实心轴时,确定其直径 d_1。

按强度和刚度计算,可求得实心圆轴的直径 $d_1=50\text{mm}$(由读者作为课外作业自行计算)。

在长度相等时,轴的重量之比等于面积之比。因此

$$\frac{A_{实}}{A_{空}}=\frac{\dfrac{\pi d_1^2}{4}}{\dfrac{\pi}{4}(D^2-d^2)}=\frac{d_1^2}{(D^2-d^2)}=\frac{50^2}{90^2-85^2}=2.86$$

由此可见,实心轴的重量是空心重量的2.86倍,采用空心轴比较经济。

习 题

9-1 图示为一传动轴,在轮子1、2、3上所传递的功率分别为:$N_1=100\text{kW}$,$N_2=40\text{kW}$,$N_3=60\text{kW}$,轴的转速 $n=100\text{r/min}$。试绘制该传动轴的扭矩图。

(答案:AC 段 $M_n=3.82\text{kN}\cdot\text{m}$,$CB$ 段 $M_n=-5.73\text{kN}\cdot\text{m}$)

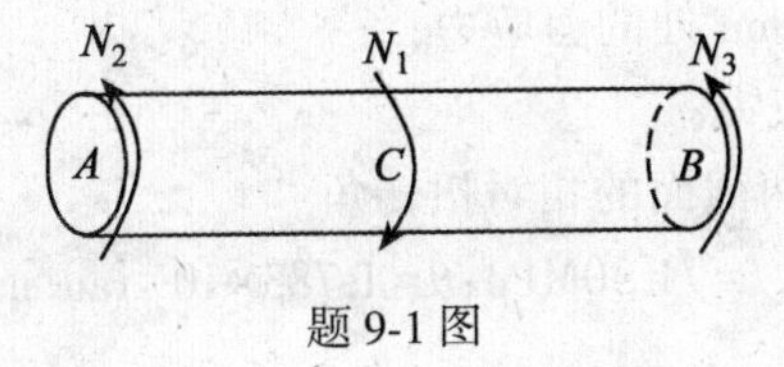

题9-1图

9-2 图示为一阶梯形圆轴,上面装有三个皮带轮。AC 段的横截面直径为 $d_1=40\text{mm}$,CB 段的横截面直径为 $d_2=70\text{mm}$。已知:轮3由电动机带动,输入的功率 $N_3=50\times0.735\text{kW}$;轮1输出的功率 $N_1=20\times0.735\text{kW}$,轮2输出的功率 $N_2=30\times0.735\text{kW}$,轴做匀速转动,转速 $n=200\text{r/min}$。试作此圆轴的扭矩图。

(答案:AD 段 $M_n=-0.702\text{kN}\cdot\text{m}$;$DB$ 段 $M_n=-1.755\text{kN}\cdot\text{m}$)

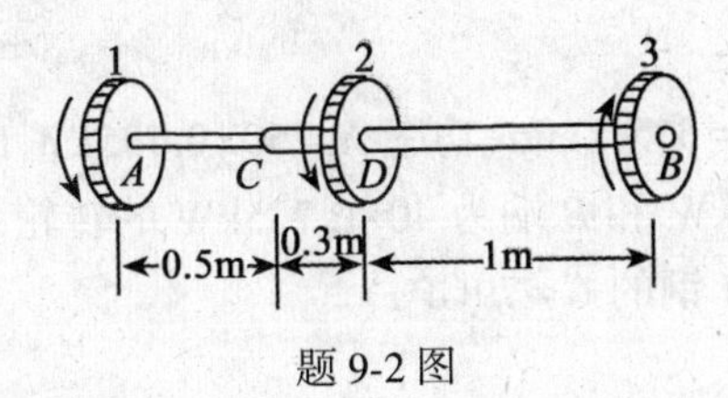

题9-2图

9-3 求图9-3所示杆各段的内力,并作杆的扭矩图。

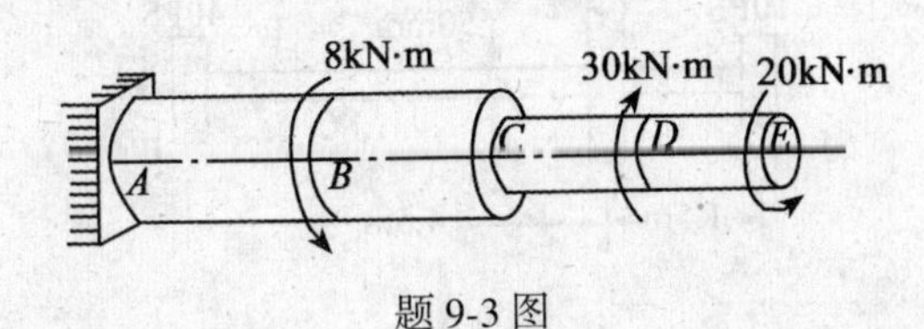

题9-3图

（答案：AB 段 $M_n=-2\text{kN}\cdot\text{m}$；$BD$ 段 $M_n=-10\text{kN}\cdot\text{m}$；$DE$ 段 $M_n=20\text{kN}\cdot\text{m}$）

9-4　图示为一直径为 80mm 的等截面圆轴，上面作用的外力偶矩为 $m_1=1000\text{N}\cdot\text{m}$，$m_2=600\text{N}\cdot\text{m}$，$m_3=200\text{N}\cdot\text{m}$，$m_4=200\text{N.m}$，要求：(1)作出此轴的扭矩图；(2)求出此轴各段内的最大剪应力；(3)求出此轴的总扭转角(已知材料的剪切弹性模量 $G=79\text{GPa}$；(4)如果将外力偶矩 m_1 和 m_2 的作用位置互换一下，回答圆轴的直径是否可以减小？

（答案：$\tau_{AB}=9.95\text{MPa}$；$\tau_{BC}=3.98\text{MPa}$；$\tau_{CD}=1.99\text{MPa}$；$\varphi_{AD}=0.505°$；圆轴直径可以减小）

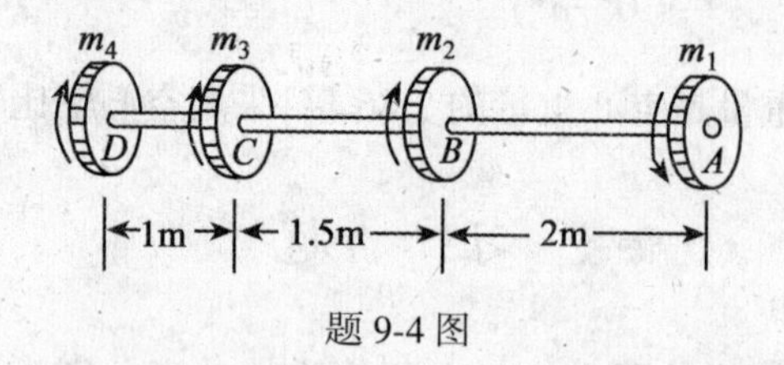

题 9-4 图

9-5　图示为一实心圆轴，直径 $d=100\text{mm}$，两端受到外力偶矩 $m=14\text{kN}\cdot\text{m}$ 的作用，$G=80\text{GPa}$，试计算：

(1) C 截面上半径 $\rho=30\text{mm}$ 处的剪应力；

(2)横截面上的最大剪应力；

(3)单位扭转角及 A、C 两截面的相对扭转角。

（答案：$\tau_\rho=42.78\text{MPa}$；$\tau_{max}=71.30\text{MPa}$；$\theta=1.783\times10^{-2}\text{rad/m}$；$\varphi_{AC}=2.67\times10^{-2}\text{rad}$）

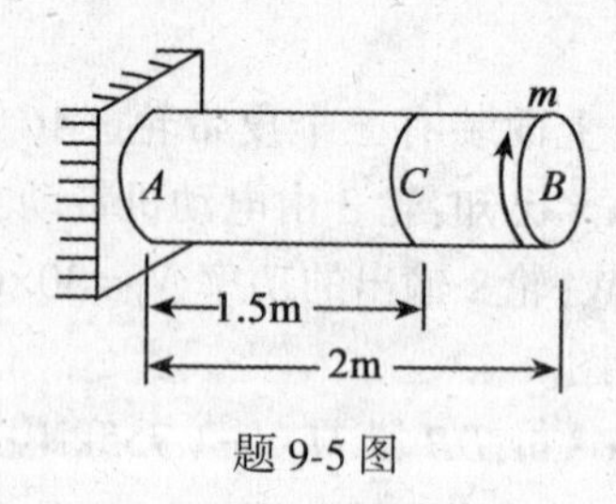

题 9-5 图

9-6　图示为一转速为 $n=315\text{r/min}$、功率 $N=50\times0.735\text{kW}$ 的电动机，通过直径为 50mm 的钢轴带动 A 端为 $10\times0.735\text{kW}$ 和 B 端为 $40\times0.735\text{kW}$ 的转轮。试绘制 AB 轴的扭矩图，并确定 A、B 两端的相对扭转角(钢的 $G=79\text{GPa}$)。

（答案：$\varphi_{AB}=4.35°$）

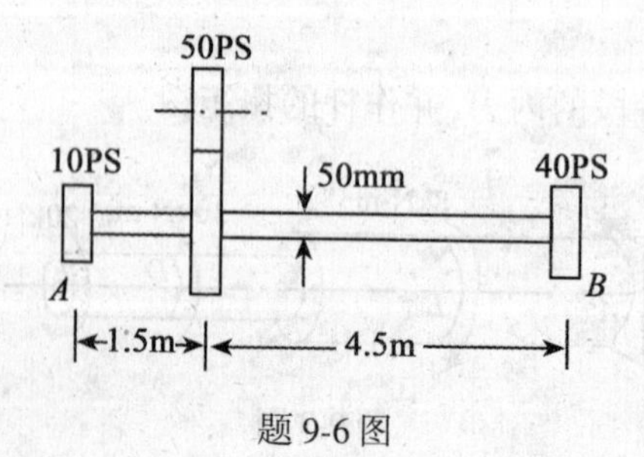

题 9-6 图

9-7 一水轮机的功率为 $N=10000\times0.735$kW,连接水轮机与发电机的竖轴是直径为650mm、长度为6000mm的等截面实心钢轴。问当水轮机以转速 $n=57.7$r/min 旋转时,轴内的最大剪应力和轴两端的相对扭转角各为多大。已知钢材的剪切弹性模量 $G=79$GPa。

(答案:$\tau_{max}=22.56$MPa)

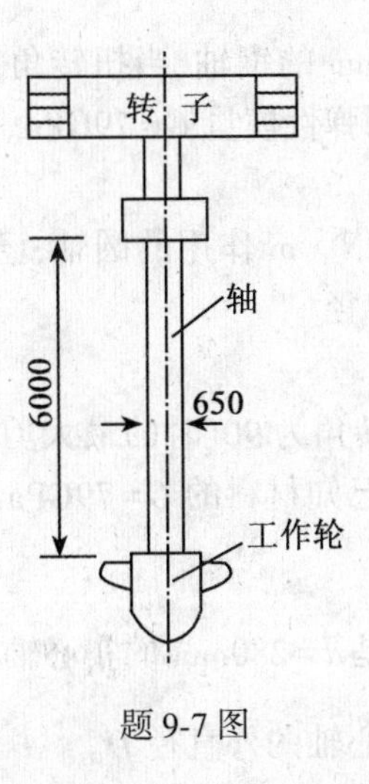

题9-7图

9-8 图示为一测量扭转角的装置,已知 $l=100$mm,$d=10$mm,$a=100$mm,外力偶矩 $m=2$N·m,若百分表上的读数为25分度(1分度=0.01mm),试计算该材料的剪切弹性模量 G。

(答案:$G=81.49$GPa)

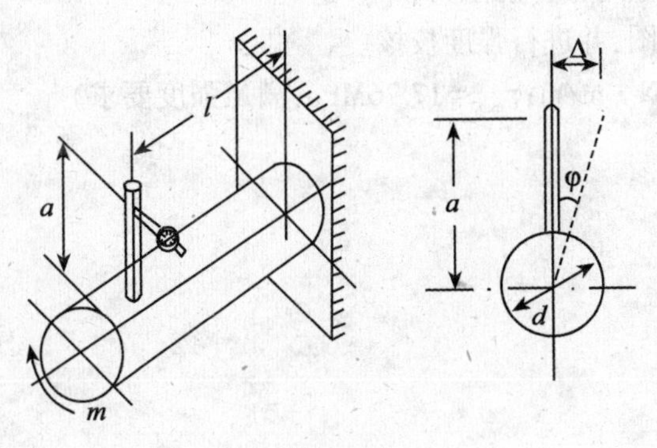

题9-8图

9-9 一小型土钻机,由功率为3kW、转速为1430r/min的电动机带动,经过减速以后,钻杆的转速为电动机转速的1/36,试求钻杆所承受的扭矩;如果钻杆的容许剪应力[τ]=60MPa,试按强度条件设计钻杆的直径。

(答案:$M_n=721.3$N·m;$d=39.4$mm)

9-10 对于习题9-2中的阶梯形圆轴,如果已知其材料的容许剪应力[τ]=60MPa,容许单位扭转角为2.5°/m,剪切弹性模量 $G=79$GPa,试校核圆轴的强度和刚度。

(答案:$\tau_{BD}=26.06$MPa,$\tau_{AC}=55.86$MPa,$\theta=2.03$°/m;满足强度与刚度要求)

9-11　一空心圆轴承受外力偶矩 $m=2\text{kN}\cdot\text{m}$ 的作用，横截面的内外直径之比为 $\frac{d}{D}=0.8$，圆轴材料的容许剪应力 $[\tau]=60\text{MPa}$，剪切弹性模量 $G=79\text{GPa}$，容许单位扭转角为 $0.25°/\text{m}$。试求此空心圆轴应有的内直径和外直径的尺寸。

（答案：$D=100\text{mm}$，$d=80\text{mm}$）

9-12　有一横截面直径 $d=25\text{mm}$ 的钢轴，当扭转角为 6°时的最大剪应力为 95MPa，试确定此轴的长度。已知材料的剪切弹性模量 $G=79\text{GPa}$。

（答案：$l=1.09\text{m}$）

9-13　有一承受扭矩 $M_n=3.7\text{kN}\cdot\text{m}$ 作用的圆轴，已知 $[\tau]=60\text{MPa}$，$G=79\text{GPa}$，$[\theta]=0.3°/\text{m}$。试确定圆轴应有的最小直径。

（答案：$d=97.7\text{mm}$）

9-14　有一受扭的钢丝，当扭转角为 90°时的最大剪应力为 95MPa，问此钢丝的长度与横截面直径的比值（l/d）是多少？已知材料的 $G=79\text{GPa}$。

（答案：$l/d=653$）

9-15　船用推进器的轴，一段是 $d=280\text{mm}$ 的实心轴，另一段是 $\frac{D_1}{D}=0.5$ 的空心轴。若两段产生的最大剪应力相等，试求空心轴的外直径 D。

（答案：$D=286\text{mm}$）

9-16　已知钻探机钻杆的外直径 $D=60\text{mm}$，内直径 $d=50\text{mm}$，功率 $N_k=7.36\text{kW}$，转速 $n=180\text{r/min}$，钻杆入土深度 $l=50\text{m}$，钻杆材料的容许剪应力 $[\tau]=40\text{MPa}$。假设土壤对钻杆的阻力沿杆长度均匀分布，试求：

（1）单位长度上土壤对钻杆的阻力；

（2）作钻杆的扭矩图，并进行强度校核。

（答案：阻力为 $7.8\text{N}\cdot\text{m/m}$；$\tau_{max}=17.76\text{MPa}$，满足强度要求）

第 10 章　直梁弯曲时的内力

§10-1　工程实际中的受弯构件

一、受弯构件和平面弯曲

受弯构件是工程实际中最常用的一种构件。图 10-1(a)表示一吊车梁,它的计算简图如图 10-1(b)所示。集中力 F_1、F_2 是作用在梁上的吊车轮压荷载,集中力 F_A、F_B 是柱子通过支座传给吊车梁的支座反力,这些力都作用在通过梁轴线的纵向对称平面内,并且它们的作用方向都与梁的轴线垂直(图 10-1(c))。在这种情况下,吊车梁就会发生如图 10-2 所示的弯曲变形,它的轴线将弯曲成为曲线(简称挠曲轴)。

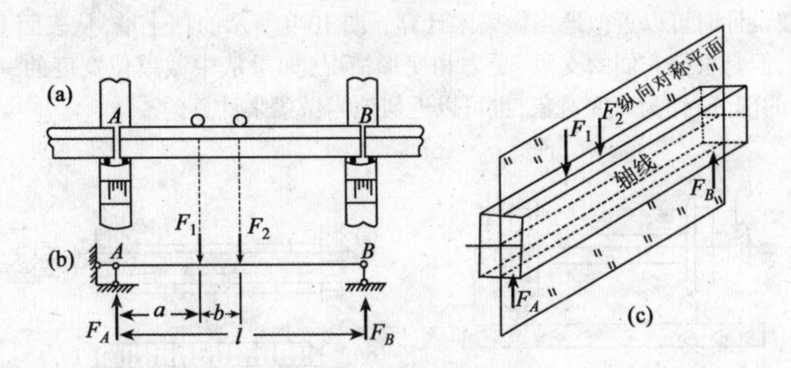

图 10-1　吊车梁及其受力情况

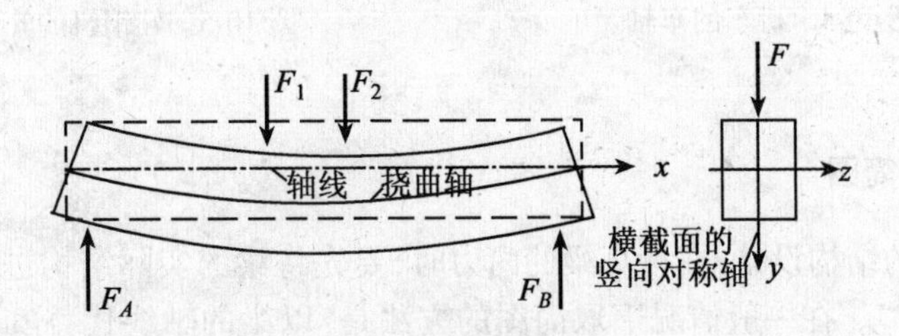

图 10-2　吊车梁弯曲时的变形

在工程实际中,以这种弯曲变形为主要变形的构件叫做受弯构件,梁(例如上述吊车梁)就是最常见的一种受弯构件。

在工程实际中最常用到的梁的横截面至少具有一条竖向的对称轴(图 10-3),而梁上的所有外力(包括反力)都作用在包含此对称轴和梁轴线的纵向对称平面内。在这种情况下,梁弯曲变形后的轴线(即挠曲轴)仍将位于此纵向对称平面内。通常我们把梁的弯曲平面(即挠曲轴所在的平面)与外力所在平面(或荷载平面)相重合的这种弯曲,叫做平面弯曲,平面弯曲是弯曲问题中最简单和最常见的情况。

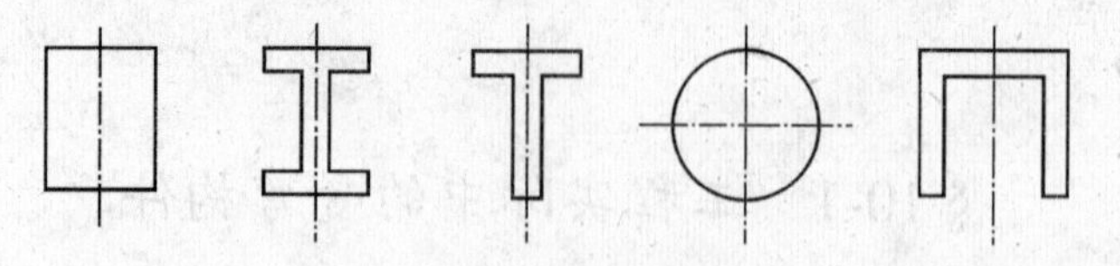

图 10-3　梁的横截面

二、受弯构件(梁)的几个实例

受弯构件在工程实际中用得很多,除了上面所介绍的吊车梁外,我们还可以举出很多的例子。例如机车的车轴(图 10-4)、钢板轧机的下轧螺丝(图 10-5)、扳手拧螺丝时的受力(图 10-6)、托架(图 10-7)及油压千斤顶的手柄(图 10-8)等,它们与上述吊车梁一样,都是比较明显的单根梁。另外还有一些构件,从表面上看并不像一般的梁,然而,根据它们的受力和变形情况,在设计时可以近似地当做梁来计算。图 10-9 所示的挡土墙,从表面上看,它们不像普通的梁,但是根据它们的支承、受力和变形情况,如果从中截单位宽度的一条(如图中画有阴影线的部分)作为研究对象,也可以近似地当做梁来计算。

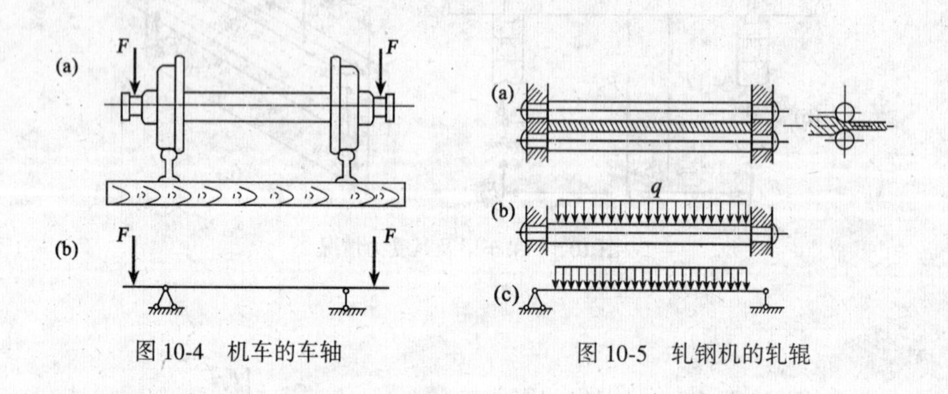

图 10-4　机车的车轴　　　　图 10-5　轧钢机的轧辊

三、梁的计算简图

为了进行梁的结构设计,在计算梁的内力时,要先将梁的实际结构进行适当的简化,作出梁的“计算简图”。在一般情况下取简图的方法是:以梁的轴线代替实际的梁,以简化后的支座代替实际的支座,以简化后的荷载代替实际的荷载。

必须指出,将梁的实际支座进行简化时不能只看到支座的表面形式,而应进行深入细致的考察和判别。例如图 10-10(a)、(b)所示的梁,从外表上看它们似乎是一样的,但经过仔细的考察和分析,就不难断定图 10-10(a)中的梁是一端有固定铰支座另一端有活动铰支座

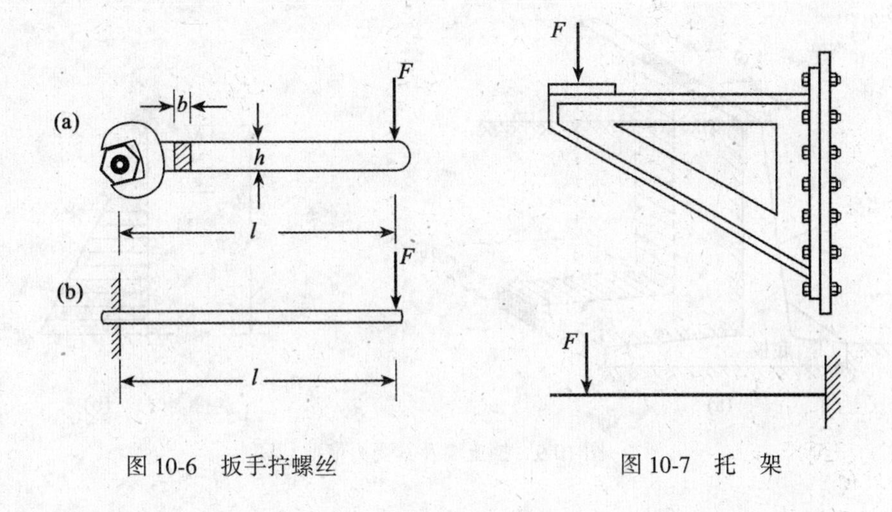

图 10-6　扳手拧螺丝　　　图 10-7　托　架

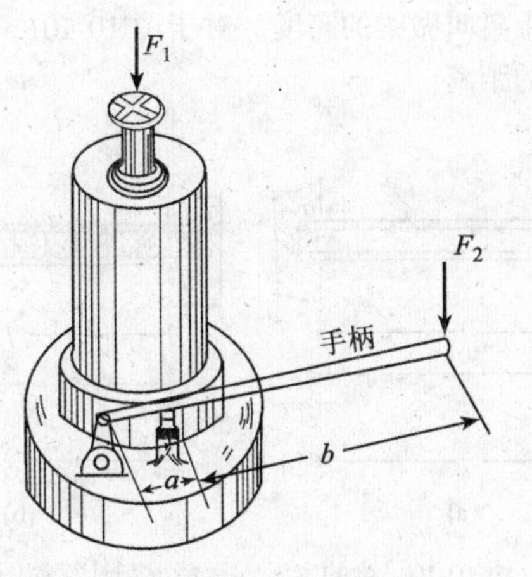

图 10-8　千斤顶的手柄

的梁，而图 10-10(b)所示的梁则是两端有固定支座的梁。这是因为图 10-10(a)中的钢梁嵌入墙内的长度 a 并不大，同时考虑到梁在受到外力作用后，砖墙还会有稍微下压的可能性，这样梁端就会发生微小的转动；而图 10-10(b)中的钢筋混凝土梁的两端有钢筋直插入墙壁，并且与墙壁浇筑成为一个整体，同时墙壁的刚度比较大，不允许梁端有任何方向的移动和转动。再如图 10-1(a)所示的吊车梁，当吊车的两个轮子在梁上通过时，由于车轮与梁接触的面积是很小的，因而可以简化为两个集中力 F_1 和 F_2，柱子的牛腿对梁的支承可以简化为一个固定铰支座和一个活动铰支座，用梁的轴线代表大梁，这样就可以得出吊车在梁上行驶到某一位置时的计算简图，如图 10-1(b)所示。

图 10-5(a)所示钢板轧机的下轧辊，在轧制钢板时，将承受被轧制的钢板所给予的作用力，该力沿着钢板宽度均匀分布，称为分布力。轧辊的两端可看做一端为固定铰支座、另一端为活动铰支座(如图 10-5(b))。

由上面的例子可以看出，如何根据杆件的具体情况进行具体的分析，并作出正确的计算

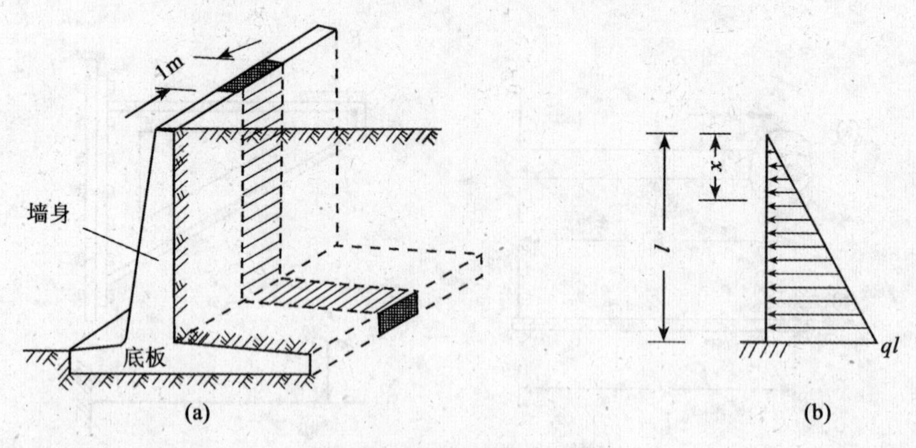

图 10-9　挡土墙及其受力情况

简图，是对所有工程技术人员最起码的要求。

梁在两个支座之间的距离叫做梁的跨度。对于图 10-10(a)中的梁，跨度 l 可以取为梁两端支持部分 a 的中点间的距离。

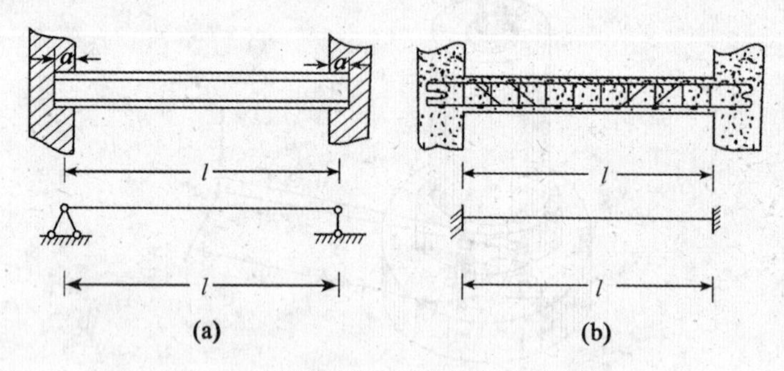

图 10-10　梁的实际支承情况与计算简图

四、梁的分类

为了便于对梁的研究，我们可以将梁按照下面的三种情况进行分类：

1.按照梁的支座情况来分，有下面三种基本形式：

(1)悬臂梁　梁的一端固定，一端自由(图 10-11(a))。

(2)简支梁　梁的一端为固定铰支座，另一端为活动铰支座(图 10-11(b))。

(3)外伸梁　简支梁的一端或两端伸出支座以外(图 10-11(c)、(d))。

2.按照支座反力的求解方法来分，有下面两种形式：

(1)静定梁　即只利用静力平衡方程就可以解出它的所有支座反力的梁，图 10-11 所示的几种梁都是静定梁。

(2)超静定梁　即只利用静力平衡方程不可能解出其全部支座反力的梁。例如图 10-12(a)所示的两端固定梁及图 10-12(b)所示的三跨连续梁，它们的未知反力都在三个以上，

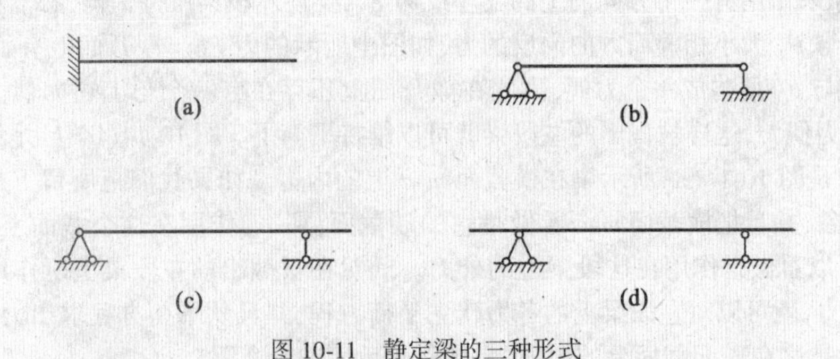

图 10-11　静定梁的三种形式

只用 $\sum F_x = 0, \sum F_y = 0, \sum M = 0$ 三个静力平衡方程是不能解出的。

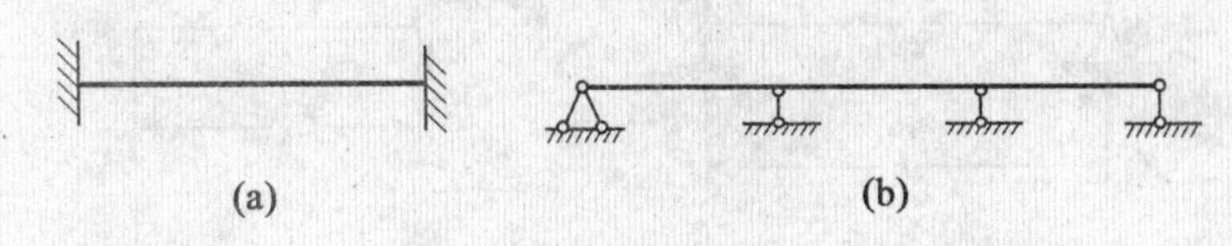

图 10-12　超静定梁的形式

3.按梁的横截面有无改变来分,一般可分为下面两种形式:

(1)等截面梁　梁的横截面沿梁的长度没有变化,即梁为等截面的直杆(图 10-13(a))。

(2)变截面梁　梁的横截面沿梁的长度有变化,即梁为变截面的直杆(图 10-13(b))。

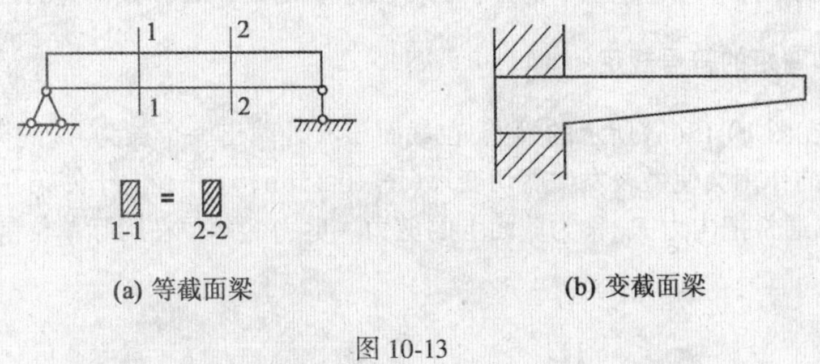

图 10-13

§10-2　梁的内力——剪力和弯矩

一、用截面法求梁的内力

梁在外力作用下,其任一横截面上的内力也是用截面法来求解。例如图 10-14(a)所示的梁在外力作用下处于平衡状态,我们用一个假想的横截面 m-n 将它分为两段。因为梁原来处于平衡状态,被截的任一段梁也应该保持平衡状态。现在取其中的任一段梁,例如左段梁为脱离体,并将右段梁对左段梁的作用以截开面上的内力来代替。从图 10-14(b)可以看出,在 A 端原来作用有一个方向向上的支座反力 F_A,要使左段梁维持平衡,必然在截开面上会存在一个与 F_A 大小相等而方向向反的力,如图中所示的力 F_Q。截开面上有了这个力 F_Q 之后,力 F_Q 与 F_A 便构成一个力偶,因此在截开面上还存在有一个与上述力偶大小相等而转向相反的力偶 M,这样被截出的左段梁就可以维持平衡了。图 10-14(b)上所表示的力 F_Q 和力偶 M 就是图 10-14(a)所示梁在横截面 m-n 上的内力。如果我们把所留下的左段梁作为研究的对象,并且把横截面 m-n 看做是它的端截面,那么,作用在这个截面上的力 F_Q 和力偶 M 也可以看做是作用在这段梁上的外力。既然在被截出的左段梁上所作用的力都可以看做是外力,就可以对左段梁上的各力建立平衡方程,并且从平衡方程求出力 F_Q 和力偶 M,它们也就是梁在 m-n 截面上的内力(具体例子后面进行介绍)。

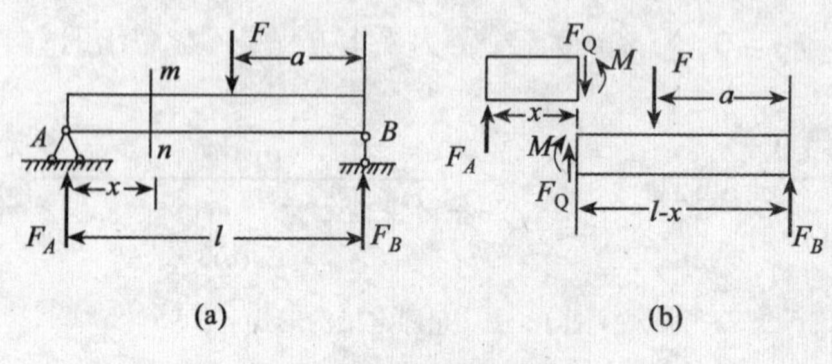

图 10-14 梁的剪力和弯矩

如果取右段梁为脱离体进行研究(图 10-14(b)),根据作用力与反作用力定律,可以知道右段梁截面上的内力与左段梁截面上的内力应大小相等、方向相反。同样,我们也可以通过取右段梁为脱离体和对它建立平衡方程的方法来求出梁在 m-n 截面上的内力 F_Q 和 M。

二、剪力和弯矩的符号规定

如果我们在图 10-15(a)所示的梁上,在截面 m-n 处截出一个长为 dx 的微小梁段,可以看出:由于 F_Q 的作用会使微段发生剪切变形(图 10-15(b)),并趋向于使梁在它作用的截面处被剪断,所以通常把内力 F_Q 称为截面上的剪力。剪力的单位在国际单位制中为牛顿(N)或千牛顿(kN)。

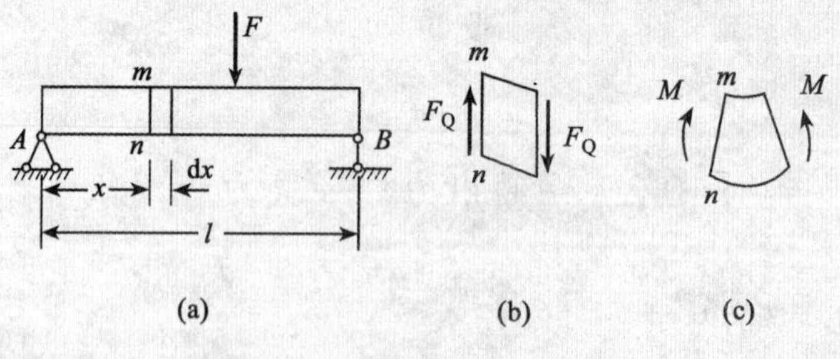

图 10-15 梁弯曲时的变形情况

由于 M 的作用会使微段发生弯曲变形(图 10-15(c)),并且趋向于使梁在它作用的截面处因弯曲而折断,所以通常把内力 M 称为截面上的弯矩。弯矩的量纲为[力][长度],在国际单位制中的常用单位为牛顿·米(N·m)或千牛·米(kN·m)。

由图 10-15 已知,不论以左段梁或右段梁为脱离体来计算同一截面 $m\text{-}n$ 上的剪力 F_Q 或弯矩 M,其大小都是相同的。为了使从左、右两段梁上的外力算得的同一截面 $m\text{-}n$ 上的内力在正负号上也能相同,内力的正负号不仅要依据内力的方向,而且还要依据内力与它所作用的截面的相对位置,所以我们应该联系到梁的变形现象来规定它们的正负号。为此,作出如下的规定:

剪力　截面上的剪力 F_Q 使截面的邻近微段梁绕微段内任一点沿顺时针方向转动时规定为正号,反之为负(图 10-16(a))。

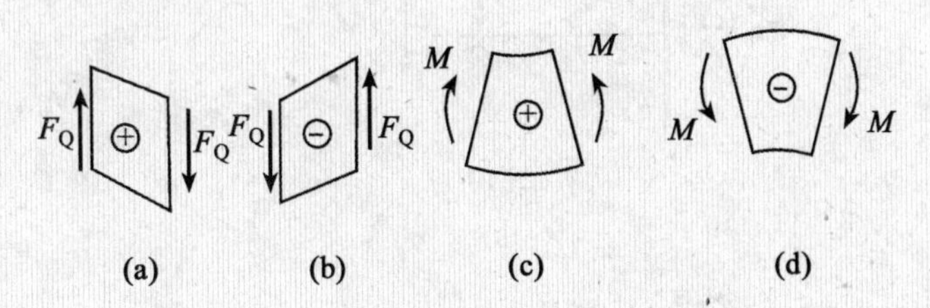

图 10-16　梁截面上剪力和弯矩正负号的规定

弯矩　截面上的弯矩 M 使截面的邻近微段梁的上部受压、下部受拉时取正号,上部受拉、下部受压时取负号(图 10-16(b))。

下面列举几个例题,说明怎样用截面法求梁的内力。

例 10-1　图 10-17(a)所示为一简支梁,承受两个集中荷载,试计算指定截面 1-1 及 2-2 的内力。

解　(1)根据平衡条件求出支座反力:

$\sum M_A = 0: F_B \cdot 4 - F_2 \cdot 3 - F_1 \cdot 2 = 0$,故

$$F_B = \frac{4 \cdot 3 + 2 \cdot 2}{4} = 4\text{kN}$$

$\sum F_y = 0: F_A + F_B - F_1 - F_2 = 0$,故

$$F_A = 2\text{kN}$$

(2)求 1-1 截面上的内力。

用假想截面 1-1 将梁截断,取出左段梁为脱离体,并假定作用在截面上的剪力和弯矩的方向如图 10-17(b)所示,根据梁左部分的平衡条件,有

$$\sum F_y = 0: F_A - F_{Q_1} = 0$$

可以求得　$F_{Q_1} = F_A = 2\text{kN}$

由 $\sum M_{O_1} = 0$:　$F_A \cdot 1 - M_2 = 0$

可以求得　$M_1 = 2\text{kN} \cdot \text{m}$

(3)求 2-2 截面上的内力。

同求 1-1 截面的内力一样用假想截面 2-2 将梁截断,取出左段梁为脱离体,内力方向如图 10-17(c)所示,根据梁左部分的平衡条件,有

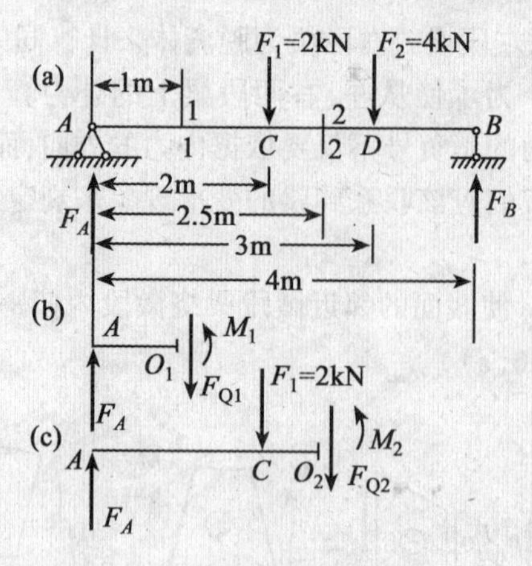

图 10-17

$$\sum F_y = 0: Y_A - F_1 - F_{Q_2} = 0$$

可以求得
$$F_{Q_2} = F_A - F_1 = 0$$

由 $\sum M_{O_2} = 0: F_A \times 2.5 - F_1 \times 0.5 - M_2 = 0$

可以求得
$$M_2 = 2\times2.5 - 2\times0.5 = 4\text{kN}\cdot\text{m}$$

例 10-2 某厂房采用了如图 10-18 所示的起重设备。已知电葫芦的起重量为 50kN,横梁的跨度为 6m。如果横梁的自重可以忽略不计,试求当电葫芦在跨中时横梁的内力。

解 横梁的计算简图如图 10-18(b)所示。已知:$F = 50\text{kN}, l = 6\text{m}$。

(1)根据平衡条件求出支座反力。

$$F_A = F_B = \frac{F}{2} = 25\text{kN}$$

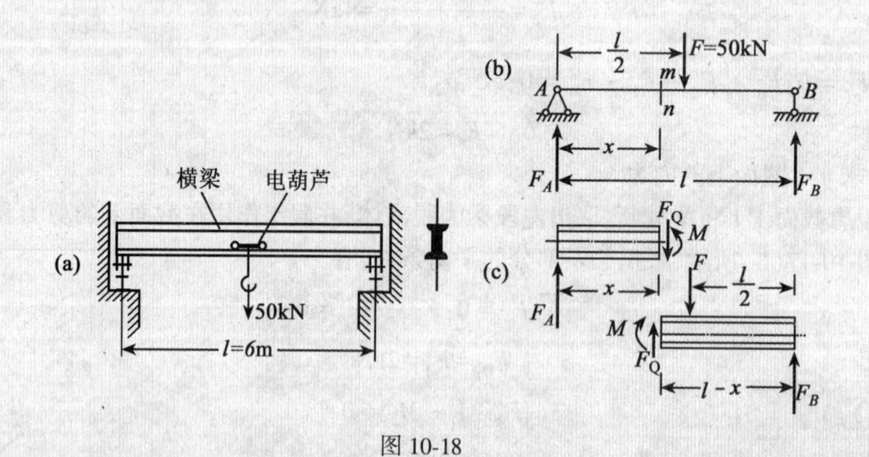

图 10-18

(2)用截面法求解梁的内力。

为了求梁的任意截面 m-n 上的内力(设该截面离开 A 端的距离为 x)可用假想的截面

m-n 将梁截开(图 10-18(c)),并且取左段梁为脱离体来进行研究。

在截开面 m-n 上画出剪力 F_Q 和弯矩 M(注意图中 F_Q 和 M 的方向都是按正号画的)。根据平衡条件,所有作用在左段梁上的竖向力的代数和必须等于零,因此由

$$\sum F_y = 0: F_A - F_Q = 0$$

可以求得

$$F_Q = F_A = \frac{F}{2} = 25\text{kN} \tag{a}$$

又因所有作用在左段梁上的力(包括力偶)对截面 m-n 的形心点 O 的力矩的代数和必须等于零,所以由

$$\sum M_O = 0: F_A x - M = 0$$

可以求得

$$M = F_A x = \frac{F}{2}x = 25\text{kN} \cdot m \qquad (0 \leqslant x \leqslant \frac{l}{2}) \tag{b}$$

当 $x=\dfrac{l}{2}$时,也就是在力 F 的作用点处,截面上的弯矩达到最大值,由式(b)可得

$$M_{\max} = \frac{F}{2} \times \frac{l}{2} = \frac{Fl}{4} = \frac{50 \times 10^3 \times 6}{4} = 75 \times 10^3 \text{N} \cdot \text{m} = 75\text{kN} \cdot \text{m}$$

在上面的计算中,我们所求得的 F_Q 和 M 都是正值,说明原先假定的 F_Q 和 M 的方向与实际的方向是一致的。

因为力 F 作用在梁的中点,由于对称性,右段梁的内力应该与左段梁的内力对称。

例 10-3　有一简支梁,荷载和跨度如图 10-19(a)所示。试计算出 CD 段中任意截面的内力。

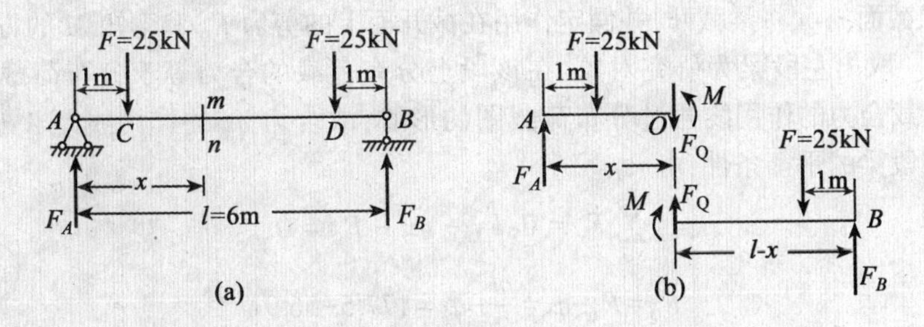

图 10-19

解　(1)根据平衡条件求出支座反力:

$$F_A = F_B = F = 25\text{kN}$$

(2)求梁 CD 段中任意横截面 m-n 上的内力。

用假想截面 m-n 将梁截开,并假定作用在截开面上的剪力 F_Q 和弯矩 M 的方向如图 10-19(b)所示。根据左段梁的平衡条件,由

$$\sum F_y = 0: F_A - F - F_Q = 0$$

可以求得

$$F_Q = F_A - F = 25 - 25 = 0 \tag{a}$$

由

$$\sum M_O = 0 : F_A x - F(x-1) - M = 0$$

可以求得

$$M = F_A x - F(x-1)$$
$$= Fx - Fx + F\times 1 = 25\text{kN}\cdot\text{m} \tag{b}$$

由此可见,对于本题所示的梁,在 C、D 两点之间一段梁内,任意截面上的剪力 F_Q 都为零,弯矩 M 都等于常量 25kN · m。

关于 AC、DB 两段梁横截面上的内力,也可以同样用截面法求出来。

例 10-4 有一简支梁,跨度及作用的荷载如图 10-20(a)所示,试求梁截面上的内力。

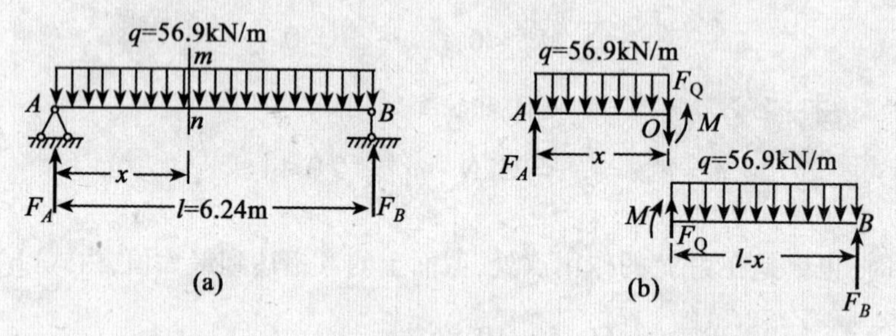

图 10-20 例题 8-4

解 (1)计算支座反力。

由于对称关系

$$F_A = F_B = \frac{ql}{2} = \frac{56.9\times 6.24}{2} = 177.5\text{kN}$$

(2)计算梁的内力。

用假想截面 m-n 将梁截开,并假定作用在截开面上的剪力 F_Q 和弯矩 M 的方向如图 10-20(b)所示。取出左段梁为研究对象,在该段上分布荷载的合力等于分布荷载的面积,即 qx。分布荷载合力的作用线通过分布荷载图的形心,故合力 qx 的作用线距 A 端的距离为 $x/2$。根据左段梁的平衡条件,由

$$\sum F_y = 0 : F_A - qx - F_Q = 0$$

可以求得

$$F_Q = F_A - qx = \frac{ql}{2} - qx = 177.5 - 56.9x \tag{a}$$

显然,当 $x=0$ 时,即在梁 A 端截面上,剪力 F_Q 有最大值 $F_{Q,\max} = 177.5\text{kN}$。

由 $\sum M_O = 0 : F_A x - qx\dfrac{x}{2} - M = 0$

可以求得

$$M = F_A x - \frac{qx^2}{2} = \frac{qx}{2}(l-x) = \frac{56.9}{2}x(6.24-x) = 28.5x(6.24-x) \tag{b}$$

实践证明,等截面的简支梁在均布荷载作用下,最容易在跨中发生断裂,这正是由于它的最大弯矩发生在跨中的缘故。如果将 $x=\dfrac{l}{2}=3.12\text{m}$ 代入式(b),就得出跨中的最大弯矩为

$$M_{max}=28.5x(6.24-x)=28.5\times3.12(6.24-3.12)=277.4\text{kN}\cdot\text{m}$$

从上面的式(a)即 $F_Q=\frac{ql}{2}-qx$ 可以看出：当 $x<\frac{l}{2}$ 时，式中的前项大于后项，F_Q 为正值，这说明在图 10-20(b)上假定的 F_Q 的方向与实际的方向是一致的；当 $x>\frac{l}{2}$ 时，F_Q 变为负值，说明这时 F_Q 的实际方向与图中假定的方向相反。

从上面的式(b)即 $M=\frac{qx}{2}(l-x)$ 可以看出，只要 $0<x<l$，M 都是正值，这说明对于整个的梁，在图 10-20(b)上假定的 M 的方向与实际的方向都是一致的。

这里必须指出：在以上的四个例题中，对于梁横截面上剪力和弯矩的计算，都是取横截面左边的一段梁为脱离体来考虑的，如果取横截面右边的一段梁为脱离体来考虑它的平衡(图 10-18(c)、10-19(b)、10-20(b))，也同样可以计算出该截面上的剪力和弯矩，所得到的结果将与以上用左段梁为脱离体时算出的完全相同。一般的做法是哪一段梁上的外力比较简单，就取哪一段梁为脱离体。

分析上面三个例题的式(a)和式(b)可以看出：等式左边是截面的剪力 F_Q 和弯矩 M，式(a)右边是作用在该段上所有外力(反力也属外力)的代数和，式(b)右边是作用在该段上所有外力对截面的力矩的代数和。通过以上的分析，我们可以总结出关于梁的内力的计算规则如下：

(1)梁的任一横截面上剪力 F_Q 的大小，等于在这截面左边(或右边)的所有外力在截面上的投影的代数和。截面左边向上的外力(右边向下的外力)使截面产生正号的剪力。

(2)梁的任一横截面上弯矩 M 的大小，等于在这截面左边(或右边)的所有外力(包括力偶和支座反力)对截面形心 O 的力矩的代数和。左边(或右边)向上的外力使截面产生正号的弯矩。

运用以上两规则，可以直接用相应的外力来求横截面上的剪力和弯矩。

§10-3　剪力图和弯矩图

一、剪力方程和弯矩方程

在上一节中，我们研究了求解在外力作用下梁的任意横截面上的内力(剪力和弯矩)的方法，并且知道在一般情况下，梁横截面上的剪力和弯矩都是随横截面的位置而变化的。设横截面位置用沿梁轴线的坐标 x 表示，则梁各个横截面上的剪力和弯矩都可以表示为坐标 x 的函数，即

$$F_Q=F_Q(x)\text{和}M=M(x)$$

通常把它们分别叫做剪力方程和弯矩方程(参看上节例题中的式(a)和(b))。在写这些方程时，一般以梁的左端作为坐标 x 的原点。但为了便于计算，有时也可以将原点取在梁的右端或梁上任意选定的点。

通过剪力方程和弯矩方程，我们可以了解剪力和弯矩沿整个梁长各个横截面上的变化情况，从而找出最危险的横截面位置进行梁的设计或校核工作。为了将梁的剪力或弯矩沿

梁长的变化情况更形象地表现出来,我们还可以根据剪力方程和弯矩方程分别绘出剪力图和弯矩图。

二、剪力图和弯矩图的绘制

根据剪力方程和弯矩方程绘制剪力图和弯矩图的方法,是在一直角坐标系中,按照选定的比例尺,以梁横截面沿梁轴线的位置为横坐标,以横截面上的剪力或弯矩为纵坐标,绘出表示 $F_Q(x)$ 或 $M(x)$ 的图线。绘制时一般规定将正号的剪力画在 x 轴的上侧,负号的剪力画在 x 轴的下侧;正号的弯矩画在 x 轴的上侧,负号的弯矩画在 x 轴的下侧。对倾斜的梁,其内力图的画法与水平梁相同。如果遇到受弯构件的轴线是与地面垂直的直线,一般是将垂直杆的下端当作左端,上端当作右端,变成水平梁,其内力图的画法与水平梁相同。

对于一般的情况,绘制剪力图或弯矩图的具体步骤可以概括如下:

(1)根据梁上的荷载和支座情况,求出支座反力。

(2)根据荷载和支座反力的情况,列出剪力方程和弯矩方程。当梁上受有几个外力(包括集中力、集中力偶、分布力等)作用时,在各个外力之间的每一段梁的剪力方程和弯矩方程都互不相同,这时需要对每一段分别列出其剪力方程和弯矩方程。

(3)根据剪力方程(或弯矩方程)作出剪力图(或弯矩图)。

下面举例加以说明。

例 10-5 试作出例 10-4 中所示梁的剪力图和弯矩图。

解 (1)求支座反力。

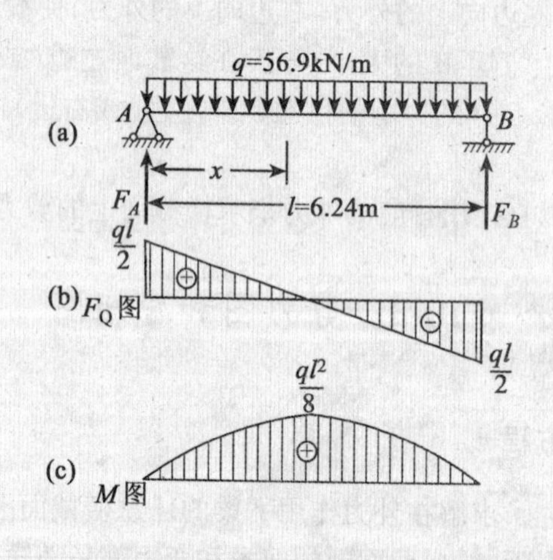

图 10-21

由 $\sum F_y = 0$ 和对称条件知道,

$$F_A = F_B = \frac{ql}{2}$$

(2)列出剪力方程和弯矩方程:

$$F_Q(x) = F_A - qx = \frac{ql}{2} - qx \qquad (0<x<l) \tag{a}$$

$$M(x)=F_Ax-qx\frac{x}{2}=\frac{ql}{2}x-\frac{qx^2}{2}(0\leqslant x\leqslant l) \quad \text{(b)}$$

注意：在列上面的式(a)、(b)时，由于反力 $F_A=ql/2$ 的指向是朝上的，按照规定(1)和(2)，它将使梁的任一横截面上产生正号的剪力和正号的弯矩，因此在式(a)中的 F_A 或 $ql/2$ 项，在式(b)中的 F_Ax 或 $qlx/2$ 项都带正号，由于均布荷载 q 的指向是朝下的，它将使梁的任一横截面上产生负号的剪力和负号的弯矩，因此式(a)中的 qx 项及式(b)中的 $qx^2/2$ 项都带负号。

(3)作剪力图和弯矩图。

从上面的式(a)可以看出，$F_Q(x)$ 是 x 的一次函数，即剪力方程为一直线方程，说明剪力图是一条直线。因此，以 $x=0$ 和 $x=l$ 分别代入，就可以得到梁的左端和右端截面上的剪力分别为：

$$F_{QA(x=0)}=\frac{ql}{2}=F_A$$

$$F_{QB(x=l)}=-\frac{ql}{2}=-F_B$$

由这两个控制数值就可以画出一条直线，即为梁的剪力图，如图 10-21(b)所示。

从式(b)可以看出，这个弯矩方程是一个二次方程，说明弯矩图是一条二次抛物线。要确定一条抛物线至少需要有三个控制点，因此以 $x=0$、$x=l/2$、$x=l$ 分别代入，得到

$$M_{x=0}=0,M_{x=\frac{l}{2}}=\frac{ql^2}{8},M_{x=1}=0$$

有了这三个控制数值，就可以画出式(b)表示的抛物线(即弯矩图)如图 10-21(c)所示。

对于初学作内力图的读者，为了便于作图，可以在作图前先把上面求得的各控制点的 Q 值和 M 值排列如表 10-1 所示，然后根据表中数据以及剪力方程和弯矩方程所示曲线的性质作出剪力图和弯矩图。

表 10-1

x	0	$\frac{l}{2}$	l
$F_Q(x)$	$\frac{ql}{2}$	0	$-\frac{ql}{2}$
$M(x)$	0	$\frac{ql^2}{8}$	0

由作出的剪力图和弯矩图可以看出，最大的剪力发生在梁端，它的数值为 $Q_{max}=ql/2$；最大的弯矩发生在跨中，它的数值为 $M_{max}=ql^2/8$。将已知的 $q=56.9\text{kN/m}$ 和 $l=6.24\text{m}$ 分别代入求最大剪力和最大弯矩的公式，可以得到：

$$F_{Q,max}=\frac{ql}{2}=\frac{56.9\times6.24}{2}=177.5\text{kN}$$

$$M_{max}=\frac{ql^2}{8}=\frac{56.9\times6.24^2}{8}=276.6\text{kN}\cdot\text{m}$$

例 10-6　图 10-22(a)所示的悬臂梁，在自由端 B 处作用有集中力 F，试作此梁的剪力

图和弯矩图 。

解 为了计算方便起见,可以将坐标原点取在梁的 B 端。

(1)因为梁的 B 端是自由端,当我们用截面法截取梁的右边部分为脱离体时,在脱离体上没有支座反力作用,因此,可以不必先求出梁的支座反力。

(2)列出梁的剪力方程和弯矩方程:

$$F_Q(x)=F \quad (0<x<l) \tag{a}$$

$$M(x)=-Fx \quad (0\leqslant x<l) \tag{b}$$

(3)从式(a)可以看出,梁在各个横截面上的剪力不随 x 而变化,即各个横截面上的剪力都等于常数 F,所以剪力图是一条在 x 轴上侧与 x 轴平行的直线,如图 10-22(b)所示。

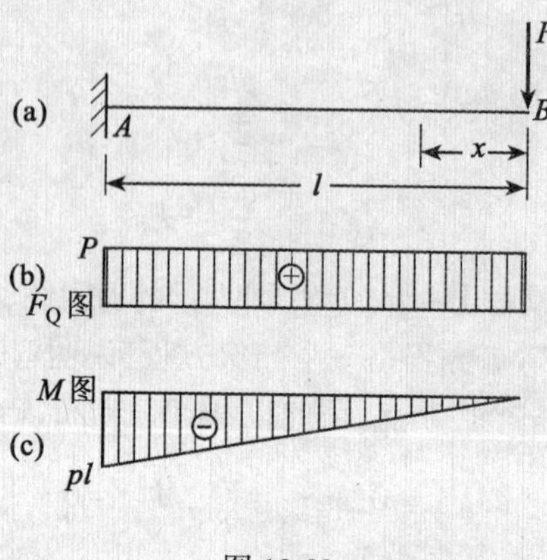

图 10-22

从式(b)可以看出,梁各个横截面上的弯矩是 x 的一次函数,即弯矩图是一条直线,此直线可以由两个控制点画出来。以 $x=0$ 和 $x=l$ 分别代入式(b),得到

$$M_{x=0}=0, M_{x=l}=-Fl$$

根据这两个数据,可以作出弯矩图如图 10-22(c)所示。

从所作的弯矩图可以看出,此悬臂梁的最大弯矩(指的是绝对值)发生在梁的固定端 A,并且 $|M|_{max}=Fl$。所以在工程实际中,通常要把悬臂梁在固定端处的横截面做得大一些。

例 10-7 图 10-23(a)所示的简支梁,在点 C 有集中荷载 F 作用,试作这梁的剪力图和弯矩图。

解 由 $\sum M_B=0$,求得

$$F_A=\frac{Fb}{l}$$

由 $\sum M_A=0$,求得

$$F_B=\frac{Fa}{l}$$

(2)列出剪力方程和弯矩方程。

由于集中力 F 作用在梁的点 C,因此对于在力 F 的左侧和右侧的两段梁,必须分别列出其剪力方程和弯矩方程:

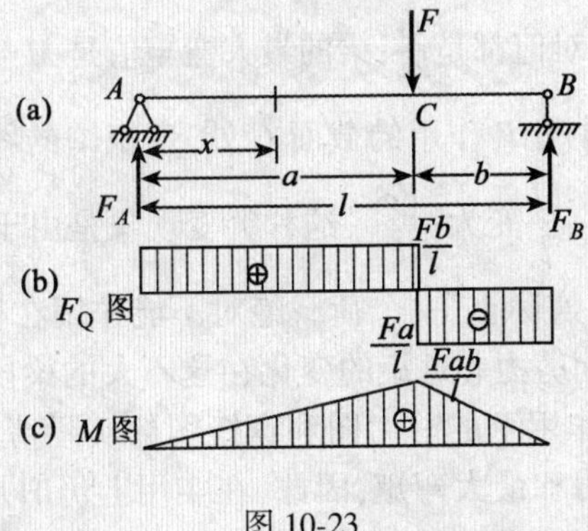

图 10-23

AC 段
$$F_Q(x)=F_A=\frac{Fb}{l}\qquad(0<x<a)\tag{a}$$

$$M(x)=F_Ax=\frac{m}{l}x\qquad(0\leqslant x\leqslant a)\tag{b}$$

CB 段
$$F_Q(x)=F_A-F=\frac{Fb}{l}-F=F\left(\frac{l-b}{l}\right)=-\frac{Fa}{l}(a<x<1)\tag{a'}$$

$$M(x)=F_Ax-F(x-a)=\frac{Fb}{l}x-F(x-a)=Fa-F\left(\frac{l-b}{l}\right)x=Fa-\frac{Fa}{l}x(a\leqslant x\leqslant l)\tag{b'}$$

(3)计算各控制点处的 $F_Q(x)$ 和 $M(x)$（见表 10-2），并且作出剪力图和弯矩图如图 10-23(b)、(c)所示。

表 10-2

x	0	a		l
$F_Q(x)$	$\frac{Fb}{l}$	左侧：$\frac{Fb}{l}$	右侧：$-\frac{Fa}{l}$	$-\frac{Fa}{l}$
$M(x)$	0	$\frac{Fab}{l}$		0

由图可见，如果 $a>b$，那么在 CB 段的任一截面上的剪力值都相等，并且比 AC 段的要大，即

$$F_{Q,\max}=\frac{Fa}{l}$$

而在集中载荷 F 作用处的截面上弯矩值为最大，即

$$M_{\max}=\frac{Fab}{l}$$

这就说明，如果对等截面简支梁的横截面设计不好，梁最容易在承受集中荷载的横截面处断裂。就像两个人用扁担抬重物时，扁担最容易在悬挂重物处的截面上断裂一样。

当集中荷载 F 作用在跨中$\left(a=b=\frac{l}{2}\right)$时，梁的受力情况就与上节例 10-2 所示的相同，这

时梁上任一截面的剪力的绝对值都是$\frac{F}{2}$;梁的最大弯矩值是$M_{max}=\frac{Fl}{4}$。

由图还可以看出,在集中力F作用的截面C处,弯矩图的斜率发生突变,形成尖角;同时剪力图上的数值也突然由$+\frac{Fb}{l}$变为$-\frac{Fa}{l}$。这种突变现象是由于我们假设集中力F是作用在梁的一"点"上而造成的。实际上,一个荷载绝对不能作用在梁的一"点"上,而是作用在梁的一段不大的长度上,因而剪力和弯矩的变化在这不大的梁段上还是逐渐地连续的。图10-24表示出梁在这种荷载作用下的剪力图和弯矩图的实际情形。然而,在进行梁的设计时,重要的是要求得最大剪力和最大弯矩,因此,在实用上仍旧是按照图10-23所示的情形来画剪力图和弯矩图的。

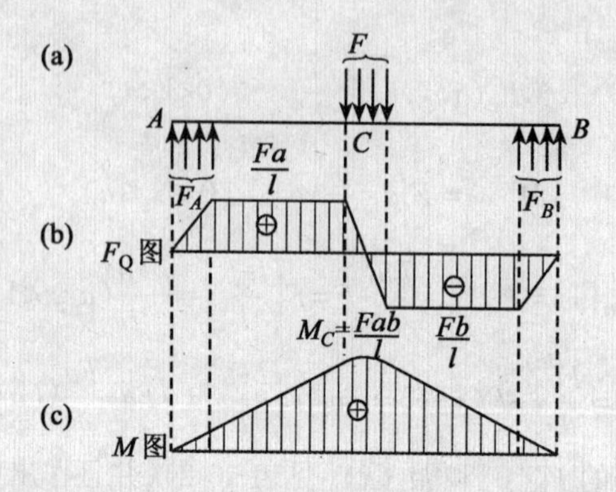

图10-24 在集中力作用下F_Q图和M图的实际形状

例10-8 图10-25(a)表示一简支梁,在点C处受集中力偶m作用,试作此梁的剪力图和弯矩图。

解 (1)求支座反力。

假设反力F_A、F_B的方向如图所示,由$\sum M_B=0$得

$$F_A l-m=0$$

求得

$$F_A m=\frac{m}{l}$$

由$\sum M_A=0$得

$$-m-F_B l=0$$

求得

$$F_B=-\frac{m}{l}$$

上面求得的支座的反力F_B带有负号,说明它的实际方向与图10-25(a)中所假设的方向相反。另外还可以看出,F_A与F_B组成一个力偶,与外力偶m平衡。

(2)列出剪力方程和弯矩方程(以梁的左端A为坐标原点)。

整个梁上只作用有集中力偶m,所以全梁只有一个剪力方程:

$$F_Q(x)=\frac{m}{l} \qquad (0<x<l) \qquad \text{(a)}$$

AC 和 CB 两段梁上的弯矩方程则应分别列出：

AC 段：
$$M(x)=F_Ax=\frac{m}{l}x(0\leqslant x<a) \tag{b}$$

CB 段：
$$M(x)=F_Ax-m=\frac{m}{l}x-m(a<x\leqslant l) \tag{b$'$}$$

(3)计算各控制点处的 $F_Q(x)$ 和 $M(x)$（见表 10-3）并作出剪力图和弯矩图，如图 10-25(b)、(c)所示。

由图可见，在 $b>a$ 的情况下，在集中力偶 m 作用处的右侧横截面上的弯矩值为最大：

$$M_{\max}=-\frac{mb}{l}$$

当集中力偶作用在梁的一端，例如作用在左端（图 10-26(a)）时，则其剪力图并无改变（图 10-26(b)），但弯矩图将变为一倾斜直线（图 10-26(c)）。

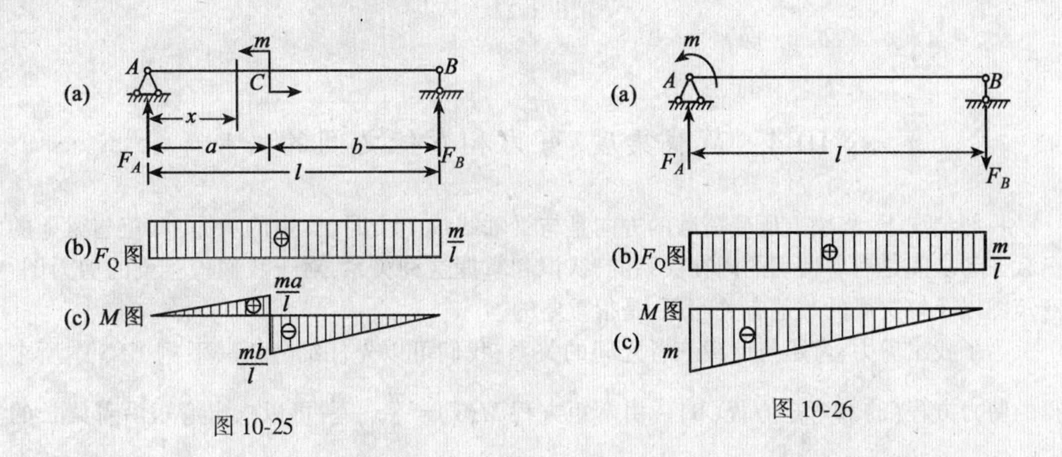

图 10-25　　图 10-26

表 10-3

x	0	a		l
$F_Q(x)$	$\frac{m}{l}$	$\frac{m}{l}$		$\frac{m}{l}$
$M(x)$	0	左侧：$\frac{ma}{l}$	右侧：$-\frac{ma}{l}$	0

例 10-9　图 10-27(a)表示一折梁，试作此折梁在图示荷载下的内力图。

解　画出折梁的计算简图如图 10-27(b)所示，同样可以运用截面法列出它的两个直杆部分的内力方程，然后再作出内力图。不难看出：

CB 段：
$$F_N(x)=0 \tag{a}$$
$$F_Q(x)=F \tag{b}$$
$$M(x)=-Fx \tag{c}$$

BA 段：
$$F_N(x)=-F \tag{a$'$}$$
$$F_Q(x)=0 \tag{b$'$}$$
$$M(x)=-Fa \tag{c$'$}$$

根据这些内力方程可以画出折梁的轴力图、剪力图和弯矩图,如图 10-27(c)、(d)、(e)所示。

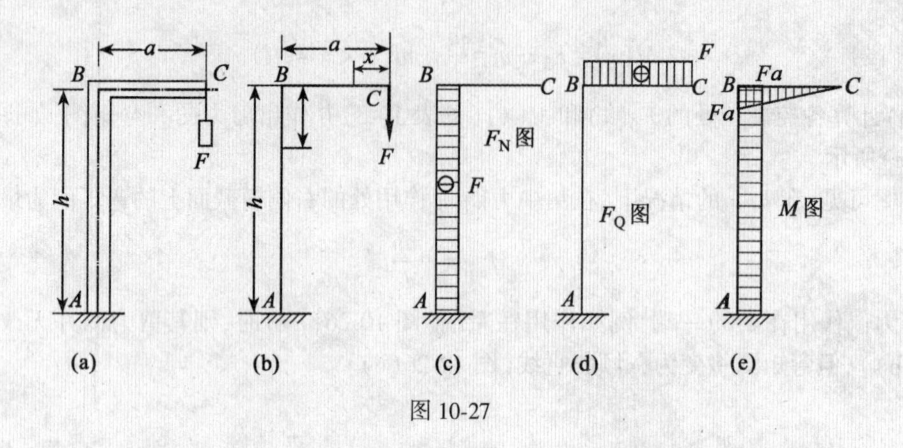

图 10-27

§10-4　荷载集度、剪力和弯矩之间的关系

一般情况下,当梁上所受荷载的方向是与梁轴线成正交时,梁中的剪力、弯矩与梁上的荷载三者之间是有着密切的内在关系的,认识和掌握这种关系,对于我们检验梁的剪力图、弯矩图以及解决梁的其他有关问题,是很重要的。

为了找出剪力、弯矩与荷载三者之间的关系,我们可以先仔细分析一下例 10-5 中所求得的剪力方程(a)和弯矩方程(b)。由弯矩方程 $M(x)=\frac{ql}{2}x-\frac{qx^2}{2}$可以求出弯矩沿着梁长的变化率为$\frac{\mathrm{d}M(x)}{\mathrm{d}x}=\frac{ql}{2}-qx$,它与剪力方程 $F_Q(x)=\frac{ql}{2}-qx$ 所表示的剪力相同,可见$\frac{\mathrm{d}M(x)}{\mathrm{d}x}=F_Q(x)$。同样,由剪力方程也可以求出剪力沿着梁长的变化率$\frac{\mathrm{d}F_Q(x)}{\mathrm{d}x}=-q$,而 q 就是作用在梁上的均布荷载,负号则表示 q 的作用方向是朝向下方的。由此可以看出,仅仅由例 10-5 所表示的这一特殊情况,就可以找出如上述的 $F_Q(x)$、$M(x)$ 和 q 之间的关系。下面我们进一步从特殊到一般地来揭示这种关系的普遍规律。

设在如图 10-28(a)所示的梁上作用有任意分布荷载 $q=q(x)$,它是 x 的连续函数,并规定其指向以向上为正。用垂直于梁轴且相距为 $\mathrm{d}x$ 的两平面 m-m、n-n 由梁中截一微段(图 10-28(b))为脱离体来研究。由于 $\mathrm{d}x$ 非常微小,在微段上作用的分布荷载 $q(x)$ 可以看成是均布的。设横截面 m-m 上的剪力和弯矩分别为 $F_Q(x)$ 和 $M(x)$,横截面 n-n 上的剪力和弯矩分别为 $F_Q(x)+\mathrm{d}F_Q(x)$ 和 $M(x)+\mathrm{d}M(x)$,并设它们都为正值。由此微段梁的平衡方程如下:

$$\sum F_y=0:F_Q(x)+q(x)\mathrm{d}x-[F_Q(x)+\mathrm{d}F_Q(x)]=0$$

可以得到

$$\frac{\mathrm{d}F_Q(x)}{\mathrm{d}x}=q(x) \tag{10-1}$$

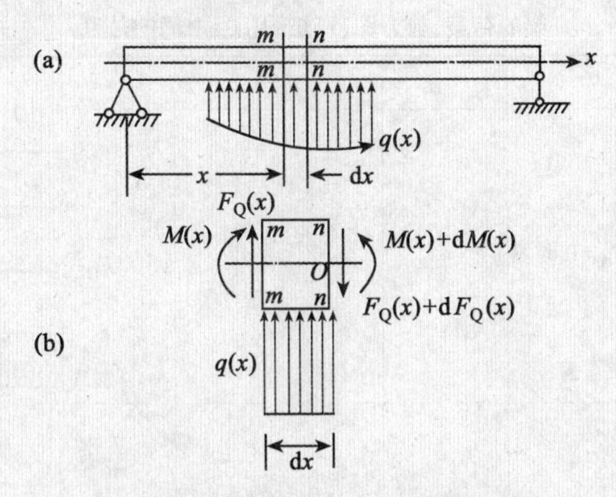

图 10-28　求 $q(x)$、$F_Q(x)$ 和 $M(x)$ 之间的微分关系

即截面上剪力 $F_Q(x)$ 对 x 的一阶导数 $dF_Q(x)/dx$ 的数值，等于作用在该处梁上分布荷载 $q(x)$ 的大小。

由 $\sum M_O = 0$ 得

$$M(x)+F_Q(x)dx+q(x)dx\frac{dx}{2}-[M(x)+dM(x)]$$

略去其中二阶无穷小项 $q(x)\frac{(dx)^2}{2}$ 以后，可以得到

$$\frac{dM(x)}{dx}=F_Q(x) \tag{10-2}$$

即截面上的弯矩 $M(x)$ 对 x 的一阶导数 $\frac{dM(x)}{dx}$ 的数值，等于作用在该截面上的剪力 $F_Q(x)$ 的大小。

从式(10-1)、(10-2)又可以得到

$$\frac{d^2M(x)}{dx^2}=q(x) \tag{10-3}$$

即截面上弯矩 $M(x)$ 对 x 的二阶导数 $d^2M(x)/dx^2$ 的数值，等于该处梁上分布荷载 $q(x)$ 的大小。

由式(10-1)、(10-2)还可以看出，在荷载 $q(x)=0$ 处的截面上，剪力 $F_Q(x)$ 有极值；在剪力 $F_Q(x)=0$ 的截面上，弯矩 $M(x)$ 有极值。

上面推导出来的式(10-1)、(10-2)和(10-3)就是表示 $M(x)$、$F_Q(x)$ 与 $q(x)$ 三个函数之间**微分关系**的基本公式。从它们出发，可以看出梁的荷载、剪力图、弯矩图相互之间的一些关系如表 10-4 所示。

例如，表 10-4 中 2 所示的悬臂梁，它除在自由端受有集中荷载 F 的作用以外，其他部分都属于无荷载作用的梁段，将 $q(x)=0$ 代入式(10-1)得到 $dF_Q(x)/dx=q(x)=0$，即对应于此梁段的 F_Q 图的斜率为零，因此 F_Q 图是一条水平直线。又因为 $F_Q(x)$ 为正常数，对应的 M 图的斜率 $dM(x)/dx=F_Q(x)=$ 正常数>0，按照一般规定，M 图为向上倾斜的直线。

表 10-4 梁的荷载、剪力图、弯矩图相互之间的关系

项目	荷载		F_Q 图	M 图	举例
1	无外力(包括荷载和反力)作用的梁段 $q=0$		$F_Q=0$ 时零	水平直线 ——	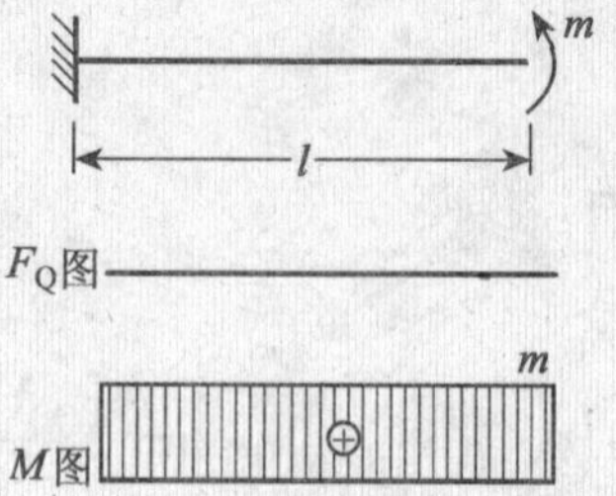 m l F_Q图 m ⊕ M图
2			$F_Q\neq0$ 时水平直线 —	$F_Q>0$ 时斜率的绝对值等于 F_Q 的斜直线 /	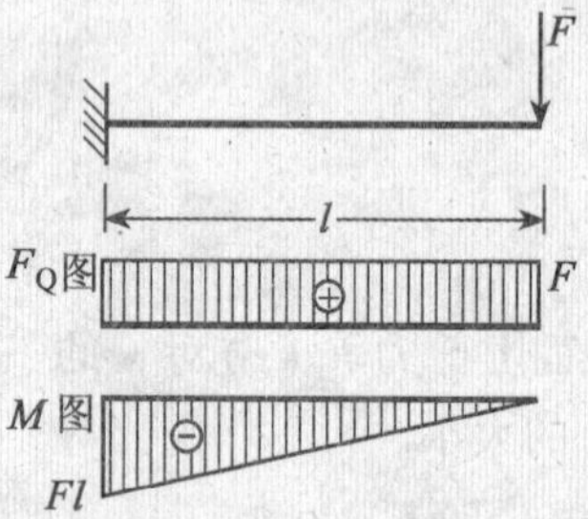 F l F_Q图 ⊕ F M图 ⊖ Fl
3				$F_Q<0$ \	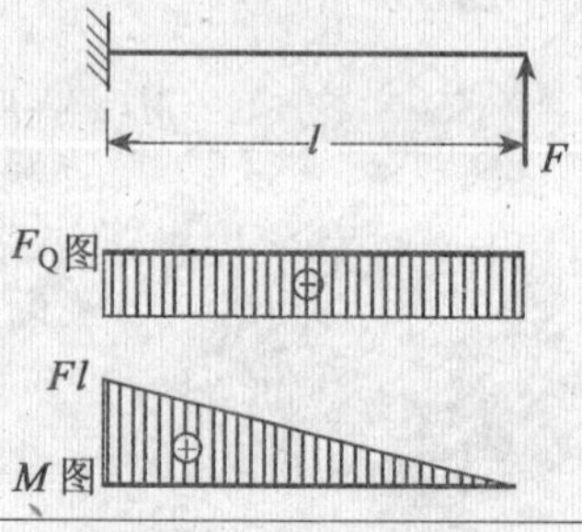 l F F_Q图 ⊕ Fl ⊕ M图
4	均布荷载作用的梁段	$q=+\uparrow$	斜率等于 q 的斜直线 /	斜率的变化率为常数的抛物线(抛物线的凸向与外力方向相反⌣)	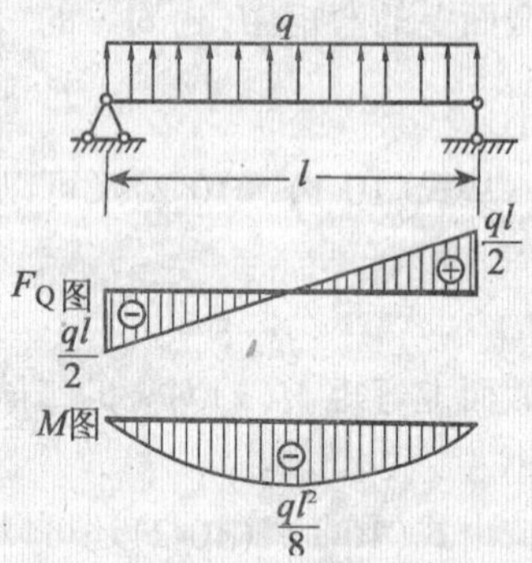 q l $\frac{ql}{2}$ F_Q图 ⊖ ⊕ $\frac{ql}{2}$ M图 ⊖ $\frac{ql^2}{8}$
5		$q=-\downarrow$	\	⌢	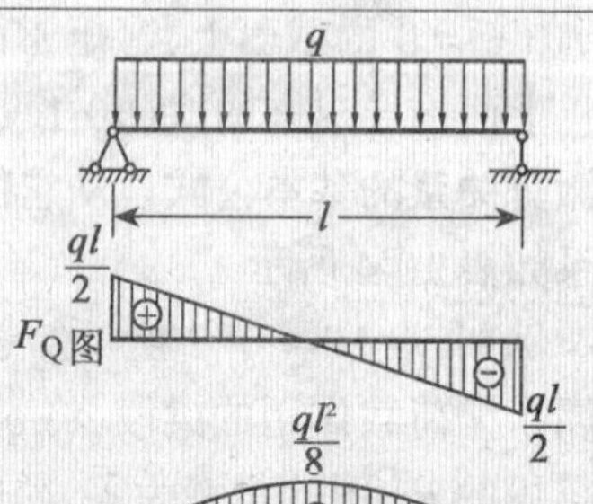 q l $\frac{ql}{2}$ ⊕ ⊖ F_Q图 $\frac{ql}{2}$ $\frac{ql^2}{8}$ ⊕ M图

续表

项目	荷　载	F_Q 图	M 图	举例
6	集中力 F 作用处	发生突变(突变的绝对值为 F)	发生转折(转折顶点凸向与外力的方向相反)	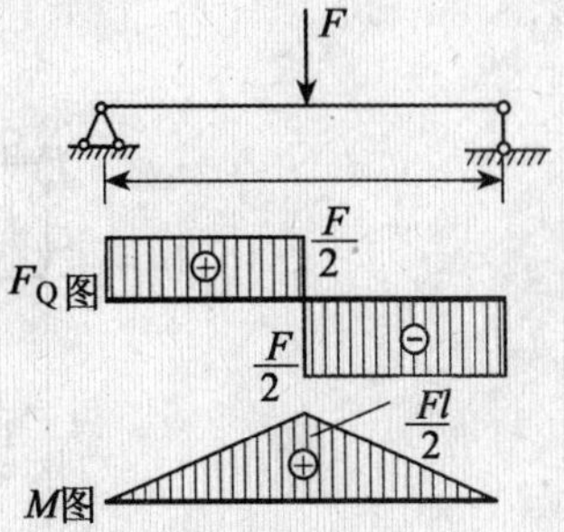
7	集中力偶 m 作用处	无变化	发生突变(突变的绝对值为 m)	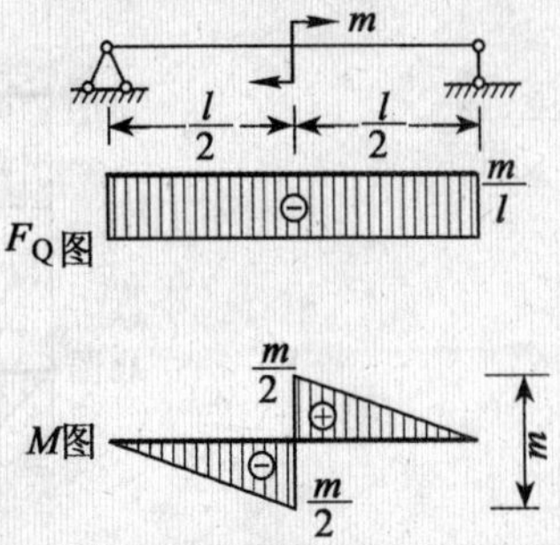
8		剪力为零的截面或其左、右侧剪力正负号发生改变的截面　⊕→⊖	该截面的 M 有极大值	
9		剪力为零的截面或其左、右侧剪力正负号发生改变的截面　⊖→⊕	该截面的 M 有极小值	

又如,对均布荷载作用的梁段,其 $q(x)$ = 常数。将它代入式(10-1)即得 $\mathrm{d}F_Q(x)/\mathrm{d}x = q(x)$= 常数,由此可知 $F_Q(x)$ 为 x 的一次函数,因此 F_Q 图应该为一斜直线,如将 $q(x)$= 常数代入式(10-3),则 $\mathrm{d}^2M(x)/\mathrm{d}x^2 = q(x)$= 常数,即 $M(x)$ 为 x 的二次函数,因此 M 图一定是一条二次抛物线。因为对于这种曲线来说,在各点处斜率的变化率都是相等的(或说是均匀的)。这就是表中第 4、5 两项所列的内容。

上面所介绍的梁的荷载、剪力、弯矩相互之间的微分关系(或表 10-4),不论对于描绘或检验剪力图和弯矩图,都会有很大的帮助。下面再举一个例题来说明。

例 10-10 试作图 10-29(a)所示梁的剪力图与弯矩图,并用 q、F_Q、M 间的微分关系进行校核。

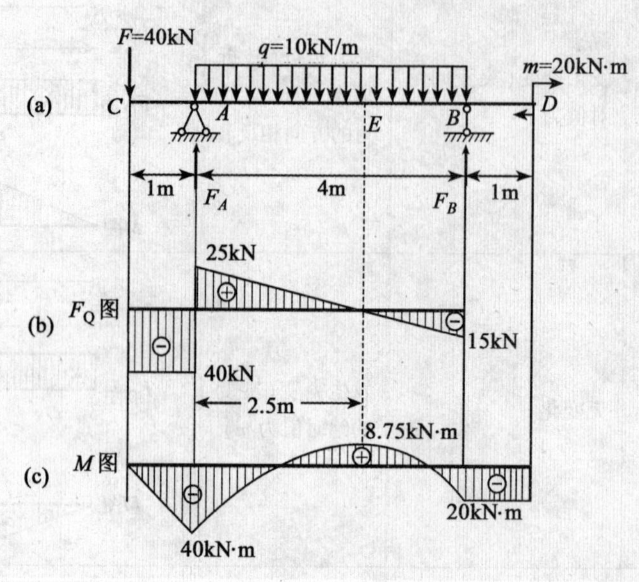

图 10-29

解 (1)求支座反力。

由 $\sum M_A = 0$ 得

$$F_B = \frac{4\times10\times2+20-40\times1}{4} = 15\text{kN}$$

由 $\sum M_B = 0$ 得

$$F_A = \frac{40\times5+4\times10\times2-20}{4} = 65\text{kN}$$

(2)分段列出剪力方程和弯矩方程。

CA 段:$F_Q(x) = -40\text{kN} \qquad (0 < x < 1)$

$M(x) = -40x \qquad (0 \leqslant x \leqslant 1)$

AB 段:$F_Q(x) = F_A - 40 - 10(x-1) = 35 - 10x \qquad (1<x<5)$

$$M(x) = F_A(x-1) - 40x - \frac{10}{2}(x-1)^2$$

$$= 25x - 60 - 5(x-1)^2 \qquad (1 \leqslant x \leqslant 5)$$

BD 段:$F_Q(x) = 0 \qquad (5<x\leqslant6)$

$M(x) = -20\text{kN}\cdot\text{m} \quad (5\leqslant x<6)$

(3)计算各控制点处的 $F_Q(x)$ 和 $M(x)$(见例 10-10 的附表 1)并且作出剪力图和弯矩图如图 10-29(b)、(c)所示。

例 10-10 的附表 1

x (m)	0	1	3.5	5	6
$F_Q(x)$ (kN)	右侧　-40	左侧　右侧 -40　+25	0	左侧　右侧 -15　0	0
M (x) (kN·m)	0	-40	+8.75	-20	左侧-20

(4)用 q、F_Q、M 间的微分关系校核所绘的剪力图和弯矩图(见例 10-10 的附表 2)。

例 10-10 的附表 2

梁段或截面	荷　载	F_Q　图	M　图	附　注
CA	$q=0$	$F_Q=-40$ 水平线	\斜直线	参看表 10-4 中的项目 3
AB	$q=10$↓	\斜直线	⌒抛物线	5
C	$F=40$↓	有突变,突变的值为 40	发生转折∧	6
A	$F_A=65$↑	有突变,突变的值为 65	发生转折∨	6
B	$F_B=15$↑	有突变,突变的值为 15	发生转折∨	6
D	$m=20$ ↺	无变化	有突变,突变的值为 20	7
E		$F_Q=0$ 左、右侧剪力变号+→-	有极值 $M_{max}=8.75$	8
A		左、右侧剪力变号-→+	有极值 $\|M\|_{max}=40$	9

习　题

10-1　试求图中所示各杆在固定端截面处的内力,并加以比较。

(答案:(a)$M=-Fl, F_Q=F, F_N=0$;(b)$M=-Fl, F_Q=F, F_N=0$;

(c)$M=-Fl, F_Q=F\cos30°, F_N=-\dfrac{F}{2}$;(d)$M=-\dfrac{Fl}{2}, F_Q=\dfrac{F}{2}, F_N=-\dfrac{\sqrt{3}}{2}F$;

(e)$M=0, F_Q=\dfrac{F}{2}, F_N=-\dfrac{\sqrt{3}}{2}F$;(f)$M=0, F_Q=0, F_N=-P$)

10-2　试求图示梁在点 C 和 D 处截面上的剪力和弯矩。

(答案:(a)$F_{QC}=0, M_C=60\text{kN}\cdot\text{m}, F_{QD}=-17.5\text{kN}, M_D=45\text{kN}\cdot\text{m}$;

(b)$F_{QC}=-125.7\text{kN}, M_C=-61.9\text{kN}\cdot\text{m}, F_{QD}=-262.9\text{kN}, M_D=-255.2\text{kN}\cdot\text{m}$;

(c)$F_{QC}^{左}=34.5\text{kN}, F_{QC}^{右}=-16\text{kN}, M_C=73.05\text{kN}\cdot\text{m}$;$M_D=86\text{kN}\cdot\text{m}$;$F_{QD}=0$)

10-3　试分段列出图示各梁的内力方程,作出其剪力图和弯矩图,并求出 $|F_Q|_{max}$ 与 $|M|_{max}$。

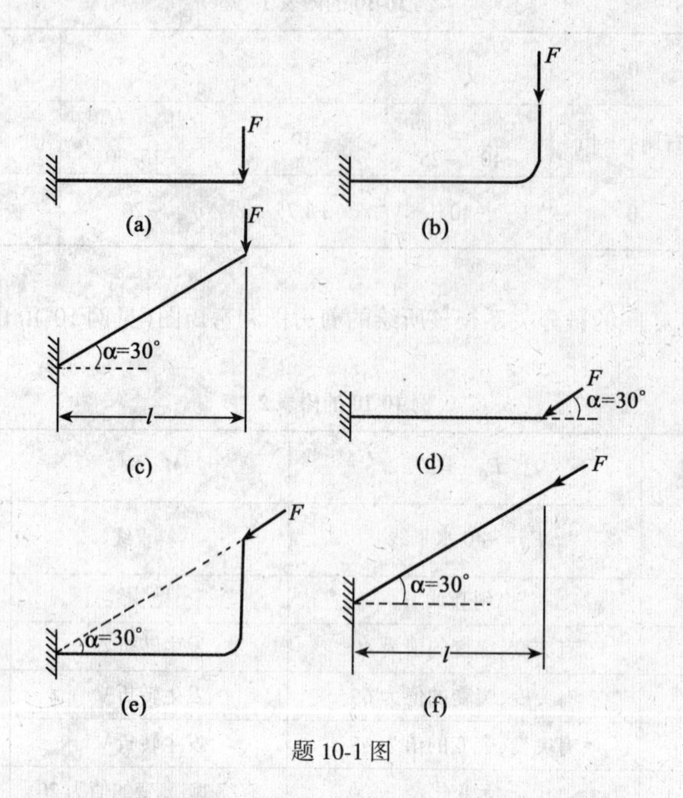
F
(a)
F
(b)
F
α=30°
l
(c)
F
α=30°
(d)
F
α=30°
(e)
F
α=30°
l
(f)

题 10-1 图

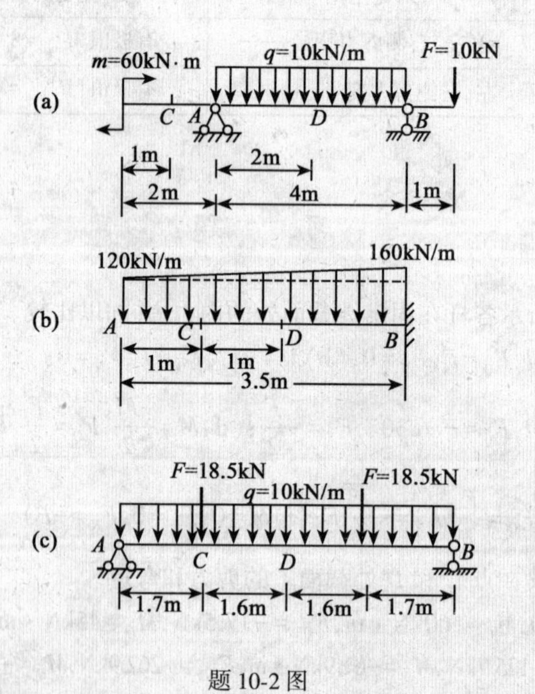
(a)
m=60kN · m
q=10kN/m
F=10kN
C
A
D
B
1m
2m
2m
4m
1m
(b)
120kN/m
160kN/m
A
C
D
B
1m
1m
3.5m
(c)
F=18.5kN
q=10kN/m
F=18.5kN
A
C
D
B
1.7m
1.6m
1.6m
1.7m

题 10-2 图

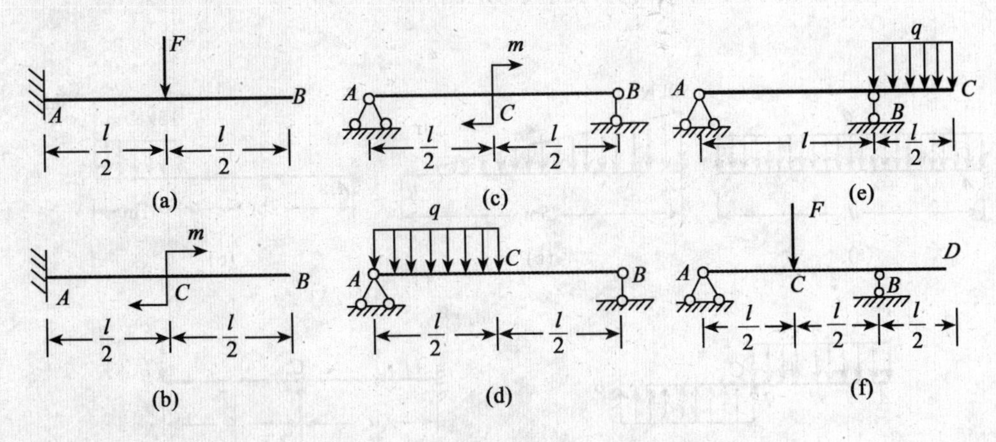

题 10-3 图

(答案:(a) $|F_Q|_{max}=F$, $|M|_{max}=\dfrac{Fl}{2}$;b) $F_Q=0$, $|M|_{max}=m$;

(c) $|F_Q|_{max}=\dfrac{m}{l}$, $|M|_{max}=\dfrac{m}{2}$;(d) $|F_Q|_{max}=\dfrac{3}{8}ql$, $|M|_{max}=\dfrac{ql^2}{128}$;

(e) $|F_Q|_{max}=\dfrac{ql}{2}$, $|M|_{max}=\dfrac{ql^2}{8}$;(f) $|F_Q|_{max}=\dfrac{F}{2}$, $|M|_{max}=\dfrac{Fl}{4}$)

10-4　试作出图示各梁的剪力图和弯矩图,并求出 $|F_Q|_{max}$ 和 $|M|_{max}$。

(答案:(a) $|F_Q|_{max}=1.53\text{kN}$, $|M|_{max}=3.06\text{kN}\cdot\text{m}$;

(b) $F_Q=5.33\text{kN}$, $|M|_{max}=12\text{kN}\cdot\text{m}$;

(c) $|F_Q|_{max}=\dfrac{q_0l}{3}$, $|M|_{max}=0.064q_0l^2$;

(d) $|F_Q|_{max}=3\text{kN}$, $|M|_{max}=0.25\text{kN}\cdot\text{m}$)

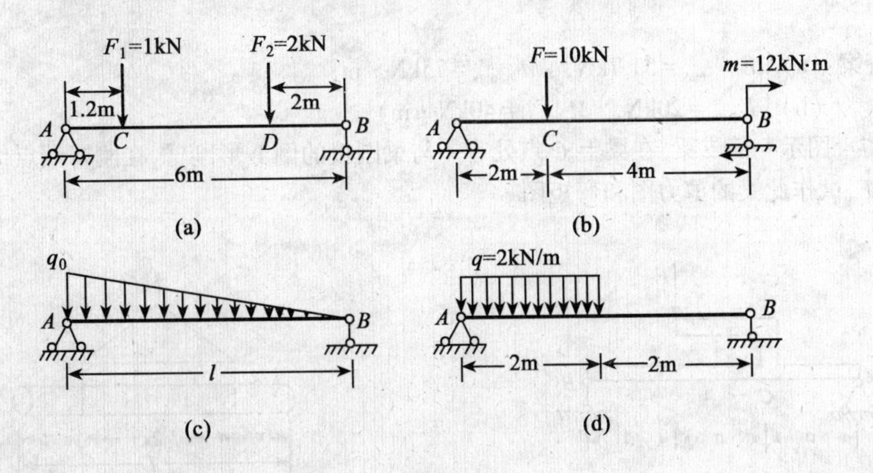

题 10-4 图

10-5 试作出图中所示各梁的剪力图和弯矩图。

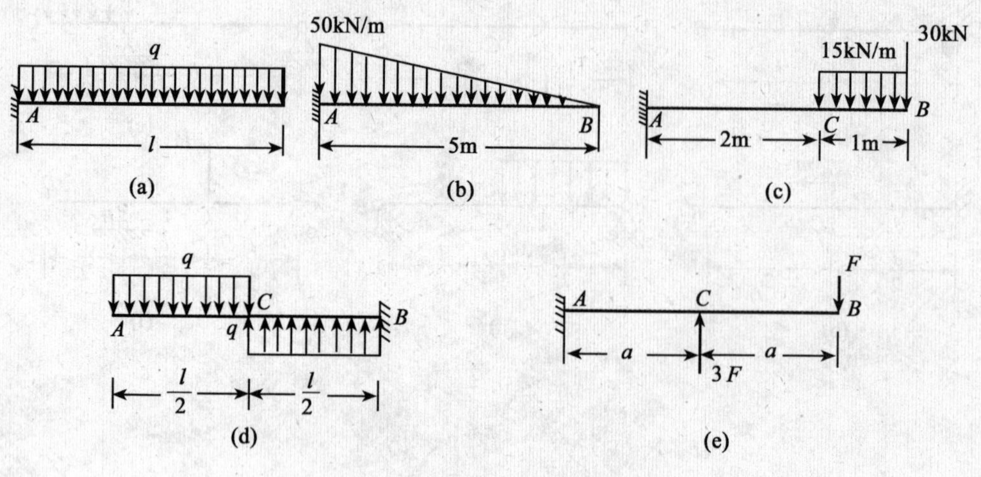

题 10-5 图

10-6 试作出图中所示各梁的剪力图和弯矩图，并求出 $|F_Q|_{max}$ 及 $|M|_{max}$。

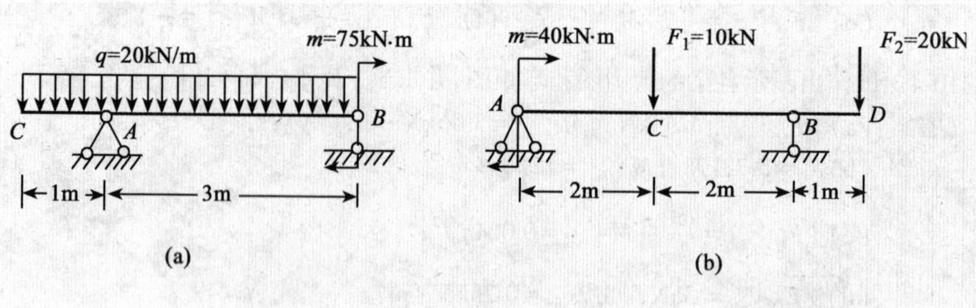

题 10-6 图

（答案：(a) $|F_Q|_{max}=51.7\text{kN}$，$|M|_{max}=75\text{kN}\cdot\text{m}$；

(b) $|F_Q|=20\text{kN}$，$|M|_{max}=40\text{kN}\cdot\text{m}$）

10-7 图示一简支梁，在梁上 C 点处有一与梁刚接的倒 L 形刚臂，在刚臂端点作用有集中荷载 F，试作此梁的剪力图和弯矩图。

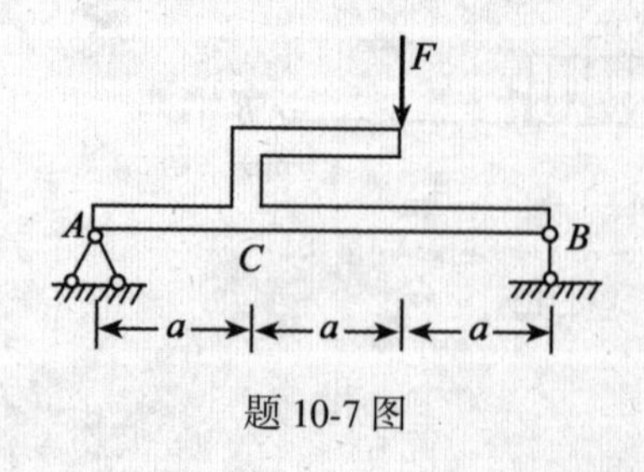

题 10-7 图

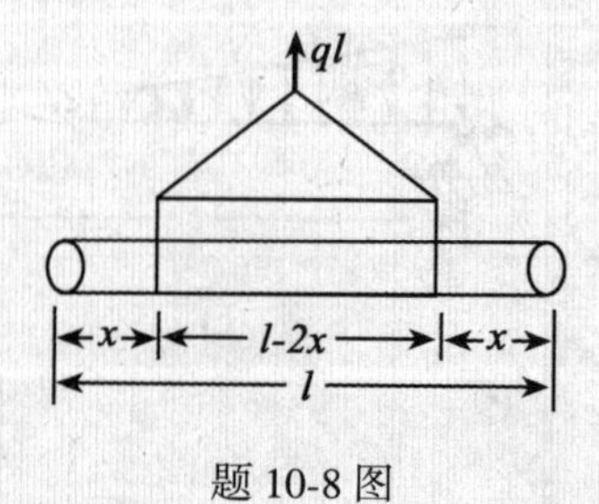

题 10-8 图

（答案：$x=0.207l$）

10-8　起吊一根自重为 q（N/m）的圆形截面钢管，问吊起时吊点的合型位置 x 应为多少，才能使梁在吊点处和中点处的正负弯矩相等。

（答案：$x=0.207l$）

10-9　试作图示梁的剪力和弯矩图，并用 q、F_Q、M 的微分关系进行校核。

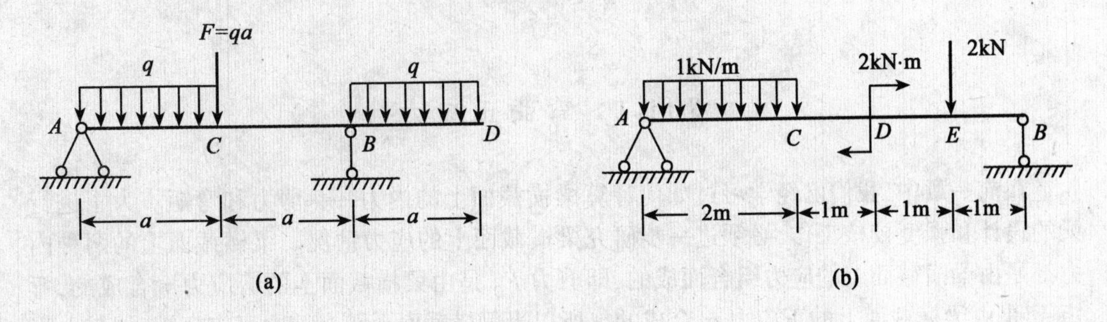

题 10-9 图

（答案：略）

第11章 弯曲应力

§11-1 弯曲正应力

在前一章中,我们已经学习过如何计算梁横截面上的内力——剪力和弯矩。为了进行梁的设计和强度校核工作,必须进一步研究梁横截面上的应力情况。梁横截面上的两种内力都是由梁横截面上的应力组合而成的,即剪力 F_Q 是由梁横截面上的剪应力 τ 合成的,弯矩 M 是由梁横截面上的正应力 σ 合成的。所以当梁横截面上既有剪力又有弯矩时,其上将同时有剪应力 τ 和正应力 σ。由于剪应力 τ 和正应力 σ 的性质不同,下面我们首先研究在平面弯曲情况下梁的正应力,然后再研究它的剪应力。

为了方便,我们先研究梁横截面上只有弯矩没有剪力的情况,这种情况称为**纯弯曲**。纯弯曲的情况在不考虑梁的自重影响时是可能得到的。如图 11-1(a)所示的火车车厢的底轴,在二车轮之间的一段就是处在纯弯曲的情况下,由它的剪力图(图 11-1(b))和弯矩图(图 11-1(c))可以看到:CD 段内的弯矩绝对值 $|M|=Fa=$常数,而剪力 F_Q 等于零。下面我们以图 11-2(a)所示的矩形截面梁为例来推导在纯弯曲情况下其横截面上正应力的计算公式。

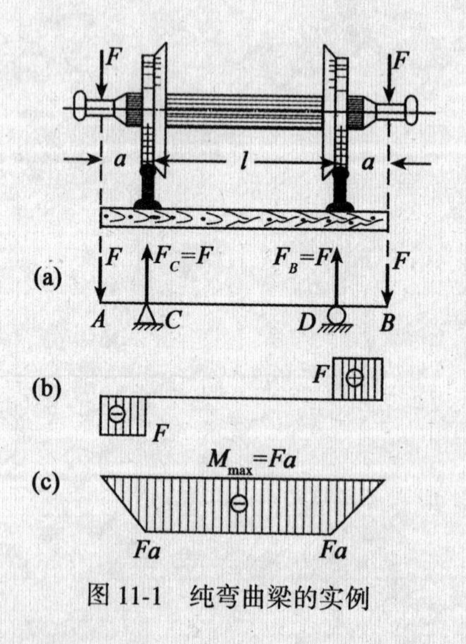

图 11-1 纯弯曲梁的实例

要推导纯弯曲时梁横截面上的正应力计算公式,与我们在第 9 章中推导受扭圆轴横截面上的剪应力计算公式一样,也需要综合考虑几何、物理和静力学等三个方面。

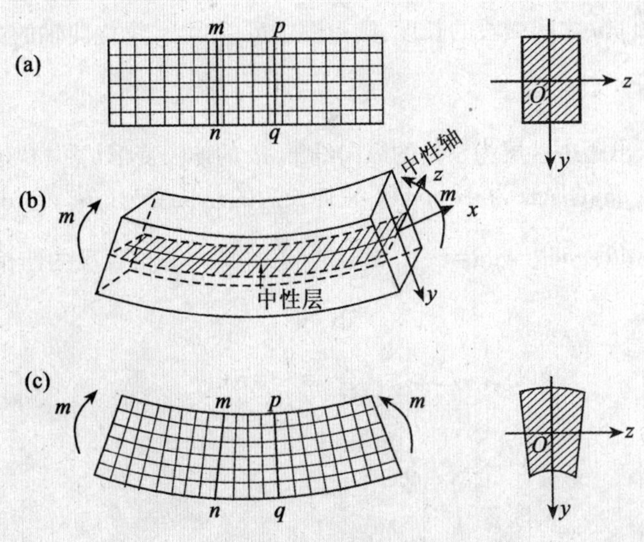

图 11-2　矩形截面梁在纯弯曲时的变形情况

几何方面　为了找出梁横截面上正应力的变化规律，必须先研究该截面上任一点处沿截面法线方向的线应变，亦即纵向线应变，从而找出纵向线应变在该截面上的变化规律。为此，必须先作一些实验，以便对梁的变形情况作出一些假设。对于矩形截面梁，通常可采用侧面画有方格的橡皮模型梁来进行实验(图 11-2(a))。当在梁的两端作用位于纵向对称平面内，其矩为 m 的力偶使梁发生弯曲变形时(图 11-2(b))，即可明显地看到如下一些现象：

(1)在变形前，表面上与梁轴垂直的直线，在变形后仍为直线并仍与挠曲了的梁轴线保持垂直，即各个方格的直角在变形后仍为直角。

(2)若我们设想梁由无数的纵向纤维所组成，则梁变形后在凸边的纤维伸长了，而在凹边的纤维缩短了。由于变形的连续性，在梁中一定有一层纤维既不伸长也不缩短，我们称这层纤维为**中性层**。它把变形后的梁沿梁高分成两个不同的区域——**压缩区**和**拉伸区**。中性层与梁的横截面的交线称为**中性轴**(如图 11-2(b)所示的 z 轴)，梁变形时，横截面即绕中性轴旋转。

在变形后，梁横截面的宽度也发生了改变，在拉伸区内缩小，在压缩区内增大(图 11-2(c))，这和横向变形的情况是符合的。

根据上面所观察到的现象，我们可以通过判断推理，对在纯弯曲情况下的梁作出如下的**假设**：

(1)纯弯曲时，梁的横截面在梁弯曲后仍旧保持为平面(通常把这个假设叫做**平面假设**)。

(2)各纵向纤维之间的互相挤压作用，可以忽略不计。

(3)各纵向纤维的变形与它在截面宽度上的位置无关。

根据以上的假设，我们就可以根据梁的变形情况、力的平衡条件和拉压胡克定律来计算梁横截面上的正应力 σ。

由图 11-3(a)可以看出，梁在变形后，两个相邻横截面 m-n 和 p-q 将在梁挠曲轴的**曲率**

中心 O'处相交。如果用 $\mathrm{d}\theta$ 表示此二平面间的夹角，以 ρ 表示挠曲轴的**曲率半径**，以 $\mathrm{d}x$ 表示两相邻截面 m-n 和 p-q 之间梁段的长度，则由图中可以看出，梁挠曲轴的**曲率**为

$$K=\frac{1}{\rho}=\frac{\mathrm{d}\theta}{\mathrm{d}x} \tag{a}$$

下面我们来求出距中性层为 y 处的纵向纤维 ab 的伸长变形（图 11-3(a)）。

因为纵向纤维 ab 的原长为 $\mathrm{d}x=\rho\mathrm{d}\theta$。它伸长后的总长变为 $(\rho+y)\mathrm{d}\theta=\rho\mathrm{d}\theta+y\mathrm{d}\theta$，所以它的伸长是 $(\rho\mathrm{d}\theta+y\mathrm{d}\theta)-\rho\mathrm{d}\theta=y\mathrm{d}\theta=y\dfrac{\mathrm{d}x}{\rho}$，相应的应变（即每单位长度的伸长）为

$$\varepsilon_x=\frac{y\dfrac{\mathrm{d}x}{\rho}}{\mathrm{d}x}=\frac{y}{\rho}=Ky \tag{b}$$

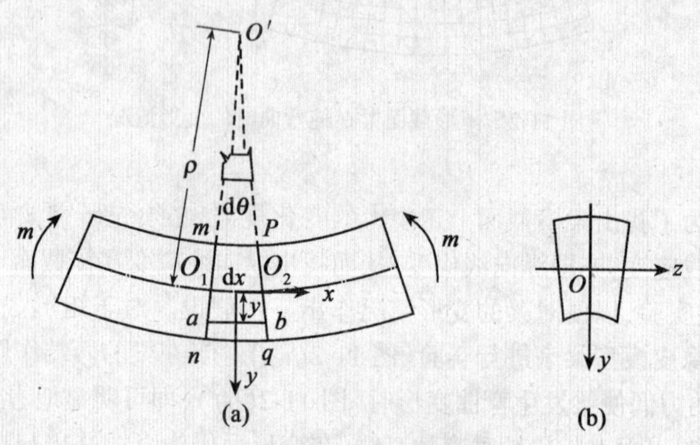

图 11-3 纯弯曲时微梁段的变形

此式表示，梁在纯弯曲时，其纵向纤维的应变 ε_x 与其到中性层的距离 y 成正比。对图 11-3(a)所示的梁，当我们所考虑的纤维是在中性层以下时，距离 y 为正值，应变 ε_x 也为正值，说明材料是处于被拉伸的状态；当所考虑的纤维是在中性层以上时，则应变 ε_x 都为负值，说明材料是处于被压缩的状态。注意上式(b)是完全根据平面假设和梁挠曲轴的几何条件所推导出来的，它与梁的材料性质无关，因此不管梁的材料的应力-应变曲线是怎样的，这个式子都是适用的。

物理方面 对于由弹性材料做成的梁，根据第 2 章中所介绍的拉压胡克定律，我们已经知道 $\sigma=E\varepsilon$，因此将上面导出的 $\varepsilon_x=Ky$ 代入，即得

$$\sigma=KEy \tag{c}$$

这个式子表明，梁横截面（图 11-4(a)）上的正应力 σ 是与作用点处到中性轴的距离 y 成正比的，并且在中性轴以下的 σ 为拉应力，在中性轴以上的 σ 为压应力，如图 11-4(b)所示。

静力学方面 如果在梁的横截面上任意取一个中心点坐标为(z、y)的微面积 $\mathrm{d}A$，则作用在这个微面积上的微内力为 $\mathrm{d}F_N=\sigma\mathrm{d}A$。因为外力偶 m 与梁横截面上各微面积 $\mathrm{d}F_N=\sigma\mathrm{d}A$ 组成一个平衡力系，所以它们必须满足空间力系的 6 个静力平衡方程。

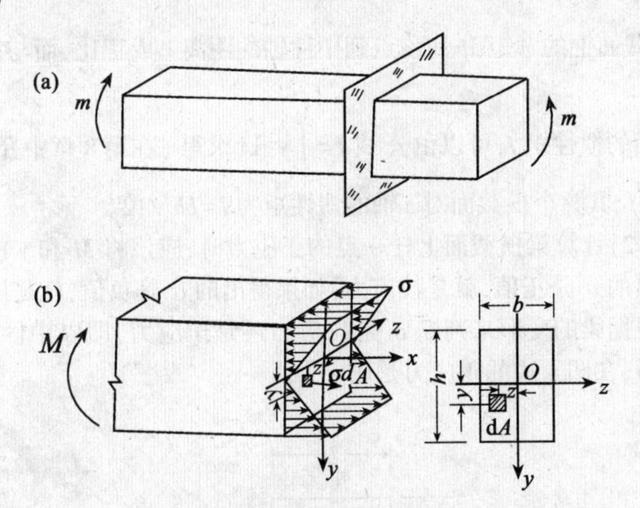

图 11-4 矩形截面梁横截面上的正应力

因为微内力 $dF_N=\sigma dA$ 的方向平行于 x 轴,它在 y 轴和 z 轴上的投影都为零,y 轴又是梁横截面的对称轴,所以在 6 个方程 中,$\sum F_y=0$,$\sum F_z=0$,$\sum M_x=0$ 和 $\sum M_y=0$ 这 4 个方程是自然满足的。

另外,由 $\sum F_x=0$,可以得到

$$\int_A \sigma dA=\int_A KEy dA=0$$

因为曲率 K 和弹性模量 E 都是常量,由上式可以知道,对于在纯弯曲情况下的梁,必须是

$$\int_A y dA=0 \tag{d}$$

这个式子指出,整个横截面积对中性轴(即 z 轴)的面积矩等于零。由此可知,中性轴不但与横截面的对称轴(即 y 轴)垂直,并且还通过横截面的形心。利用这个性质就可以确定梁横截面上中性轴的位置。

由图 11-4(b)还可以看出,作用在微面积 dA 上的微内力 σdA 对中性轴的力矩是 $\sigma y dA$,由 $\sum M_z=0$,则 $\sigma y dA$ 对整个横截面积 A 的积分必须等于弯矩 M,因此可以得到

$$M=\int_A \sigma y dA=KE\int_A y^2 dA=KEI_z \tag{e}$$

式中:$I_z=\int y^2 dA$ 叫做横截 面对 z 轴(即中性轴)的**惯性矩**(以下用 I 表示 I_z);EI 叫做梁的**抗弯刚度**,它表示梁抵抗弯曲变形的能力。式(e)通常写成如下的形式:

$$K=\frac{1}{\rho}=\frac{M}{EI} \tag{11-1}$$

上式指出:梁弯曲时其挠曲轴的曲率与弯矩成正比,而与梁的抗弯刚度成反比。

将式(11-1)代入式(c),就可以得到

$$\sigma=\frac{My}{I} \tag{11-2}$$

这就是梁在纯弯曲时横截面上任一点处**正应力的计算公式**。由此可知:梁横截面上任一点

处的正应力 σ，与截面上的弯矩 M 和该点到中性轴的距离 y 成正比，而与截面对中性轴的惯性矩 I 成反比。

对于梁横截面的惯性矩 I，可以由公式 $I=\int_A y^2\mathrm{d}A$ 求得（在第 8 章中介绍过）。例如对矩形截面梁（图 11-5），其整个横截面对 z 轴的惯性矩为 $I=bh^3/12$。

应用公式（11-2）计算梁横截面上任一点的正应力时，应该将 M 和 y 的数值与正负号一同代入。如果得出的 σ 是正值，就是拉应力；如果得出的 σ 是负值，就是压应力。

通常还可以根据梁的变形来判断 σ 是拉应力还是压应力，即以中性层为界，在凸出边的正应力是拉应力，在凹入边的正应力是压应力。

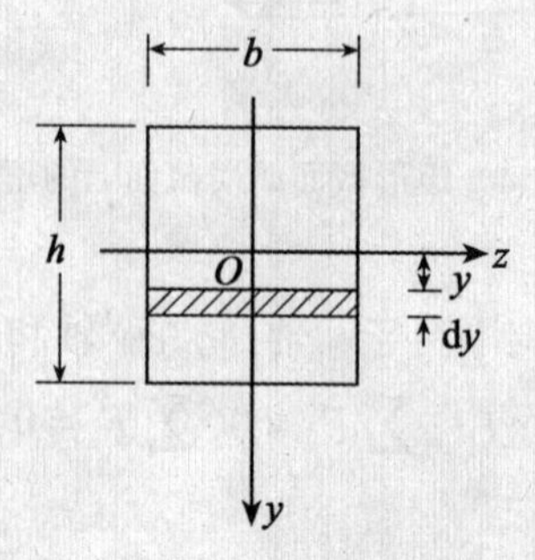

图 11-5　矩形截面对 z 轴惯性矩的求法

式（11-2）虽然是由矩形截面梁在纯弯曲的情况下指导出来的，但是它也适用于所有横截面形状对称于 y 轴的梁，例如截面为圆形、工字形和 T 形的梁（图 11-6）。

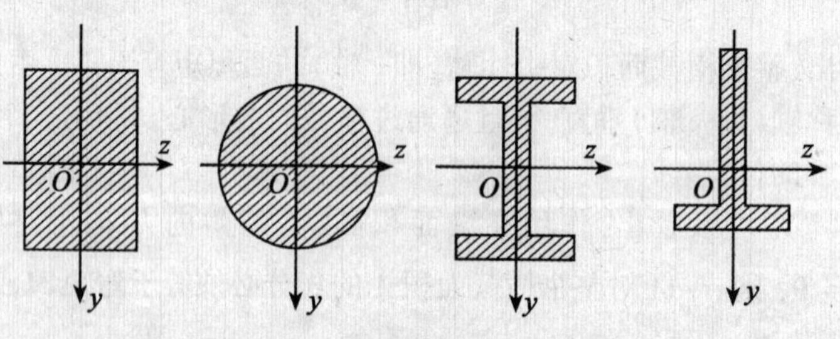

图 11-6　梁的常用截面

横力弯曲是弯曲问题中最常见的情况，在这种情况下，梁横截面上不仅有正应力而且还有剪应力。由于剪应力的存在，梁的横截面将发生翘曲（参看本章第三节），此外，在与中性层平行的纵截面间，还会有由横向力引起的挤压应力。由弹性力学的分析证明，对于跨度与横截面高度之比 l/h 大于 5 的梁，其横截面上的正应力变化规律与纯弯曲时情况几乎相同。因此，式（11-2）在一般情况下也可以应用于受横力弯曲的梁。

由式（11-2）还可以看出，梁横截面上的最大正应力发生在弯矩最大的截面上，而且是在距中性轴最远的边缘纤维处，即

$$\sigma_{\max}=\frac{M_{\max}y_{\max}}{I} \tag{11-3}$$

如果引用符号

$$W=\frac{I}{y_{max}} \tag{11-4}$$

则

$$\sigma_{max}=\frac{M_{max}}{W} \tag{11-5}$$

式中的 W 叫做**抗弯截面模量**。

高度为 h、宽度为 b 的矩形截面，其惯性矩 $I=\frac{bh^3}{12}$，而 $y_{max}=\frac{h}{2}$，所以它的抗弯截面模量

$$W=\frac{I}{y_{max}}=\frac{\frac{bh^3}{12}}{\frac{h}{2}}=\frac{bh^2}{6}$$

直径为 d 的圆形截面，其惯性矩 $I=\frac{\pi d^4}{64}$，而 $y_{max}=\frac{d}{2}$，所以它的抗弯截面模量

$$W=\frac{I}{y_{max}}=\frac{\frac{\pi d^4}{64}}{\frac{d}{2}}=\frac{\pi d^3}{32}$$

其他常用截面的面积、形心位置和抗弯截面模量等项也列在第 8 章表 8-1 中，以备查用。

至于各种型钢的截面惯性矩 I 和抗弯截面模量 W 的数值，可以从附录 A 的型钢表或其他专门的型钢规格中查到。

例 11-1　试求图示梁距支座 A 为 1m 的截面 D 上 a、b、c 三点处的正应力，并求全梁的最大正应力。

解　(1)计算支座反力。

由 $\sum M_B = 0: F_A \cdot 4 + 10 \times 2 - 4 \times 10 \times 2 = 0$

求得

$$F_A = 15\text{kN}$$

由 $\sum F_y = 0: F_A + F_B = 40 + 10$

求得

$$F_B = 35\text{kN}$$

(2)画出梁的剪力图和弯矩图如图 11-7(b)、(c)所示，从弯矩图中求得

$$M_D = 10\text{kN} \cdot \text{m} \qquad M_B = 20\text{kN} \cdot \text{m}$$

$Q=0$ 处

$$M = 11.25\text{kN} \cdot \text{m}$$

(3)求 D 截面上 a、b、c 三点的正应力。

由式(11-2)知道：$\sigma=\frac{My}{I}$

将　$M_D = 10\text{kN} \cdot \text{m}, I=\frac{\pi d^4}{64}=\frac{\pi \times 0.1^4}{64}=4.91\times10^{-6}\text{m}^4$

$y_a=-30\text{mm}$ 代入即得

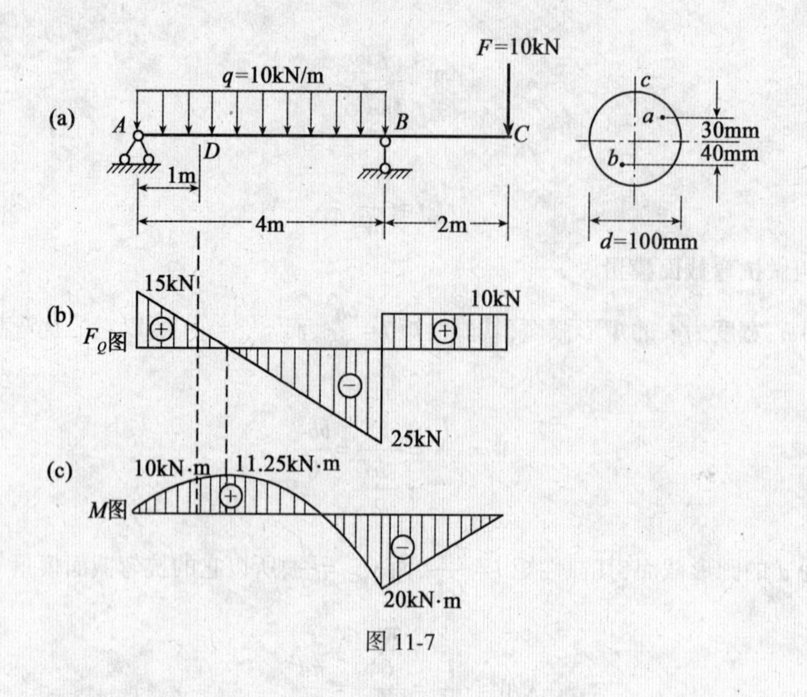

图 11-7

$$\sigma_a = \frac{10\times10^3\times(-30\times10^{-3})}{4.91\times10^{-6}}$$

$$=-61.1\times10^6\ \text{N/m}^2$$

$$=-61.1\text{MPa}(\text{压应力})$$

$y_b=40\text{mm}$ 代入即得

$$\sigma_b = \frac{10\times10^3\times(40\times10^{-3})}{4.91\times10^{-6}}$$

$$=81.47\times10^6\ \text{N/m}^2$$

$$=81.47\text{MPa}(\text{拉应力})$$

$y_c=-50\text{mm}$ 代入即得

$$\sigma_c = \frac{10\times10^3\times(-50\times10^{-3})}{4.91\times10^{-6}}$$

$$=-101.83\times10^6\ \text{N/m}^2$$

$$=-101.83\text{MPa}(\text{拉应力})$$

(4)求全梁的最大正应力

经过各截面弯矩值的比较，绝对值最大的弯矩为 $M_B=20\text{kN}\cdot\text{m}$，由式(11-5)，有

$$\sigma_{\max}=\frac{M_{\max}}{W}=\frac{20\times10^3}{\dfrac{4.91\times10^{-6}}{50\times10^{-3}}}$$

$$=203.67\times10^6\text{N/m}^2=203.67\text{MPa}$$

例 11-2 图 11-8(a)表示一矩形截面木梁的计算简图。已知梁的计算跨度为 3m，尺寸 $bh=120\text{mm}\times180\text{mm}$。作用在梁上的均布荷载 $q=3.5\text{kN/m}$。试计算在该梁横截面上的最

大正应力 $\sigma_{\max}$。

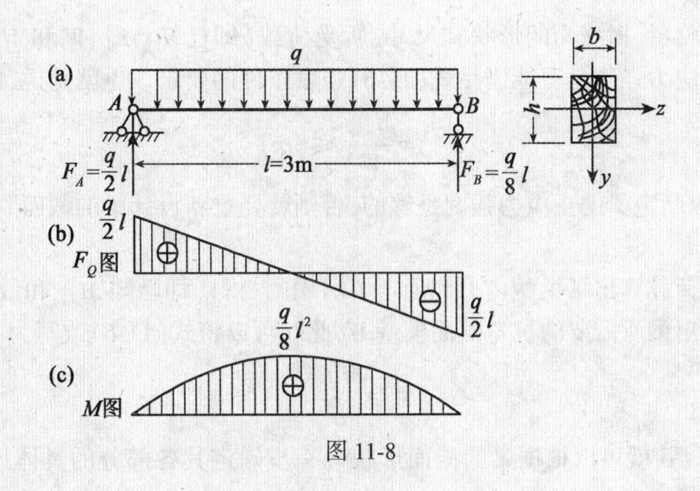

图 11-8

解 画出梁的剪力图和弯矩图，如图 11-8(b)、(c)所示。

根据式(11-3)知道：

$$\sigma_{\max}=\frac{M_{\max}y_{\max}}{I}$$

将

$$M_{\max}=\frac{ql^2}{8}=\frac{3.5\times3^2}{8}=3.94\text{kN}\cdot\text{m}$$

$$y_{\max}=\frac{h}{2}=\frac{0.18}{2}=0.09\text{m}$$

和

$$I=\frac{bh^3}{12}=\frac{1}{12}\times0.12\times0.18^3=58.32\times10^{-6}\text{m}^4$$

代入即得

$$\sigma_{\max}=\frac{M_{\max}y_{\max}}{I}=\frac{3.94\times10^3\times0.09}{58.32\times10^{-6}}$$
$$=6.08\times10^6\text{N/m}^2=6.08\text{MPa}$$

§11-2 梁按正应力的强度计算

为了保证梁在规定的条件下能够正常地工作，并有一定程度的安全储备，必须使梁横截面上的最大正应力 $\sigma_{\max}$ 不超过材料受弯时的容许应力 $[\sigma]$。因此可以写出梁的**正应力强度条件**为

$$\sigma_{\max}=\frac{M_{\max}}{W}\leqslant[\sigma] \tag{11-6}$$

一些常用工程材料的容许正应力 $[\sigma]$ 由有关的工程规范中查得（例如钢材和木材的 $[\sigma]$ 可以参看第五章表 5-3）。

注意式(11-6)与第 4 章中计算轴心受拉(压)构件的强度条件 $\sigma_{\max}=\frac{N_{\max}}{A}\leqslant[\sigma]$ 在形式

上是相似的,因此也可以用它来对梁进行三种不同情况的强度计算,即

(1)**强度校核**

在已知梁的材料、横截面的形状和尺寸、所受荷载(即已知$[\sigma]$、W 和 $M_{\max}$)的情况下,可以检查梁的正应力强度是否能满足式(11-6)强度条件的要求。也就是说,如果

$$\sigma_{\max}=\frac{M_{\max}}{W}\leqslant[\sigma]$$

得到满足,就可以断定梁的正应力强度是够的,否则就要重新设计梁的截面。

(2)**截面选择**

当已经根据荷载算出了梁的内力和确定了所用的材料(即已知 $M_{\max}$和$[\sigma]$)时,则根据式(11-6)可以求出梁所需要的抗弯截面模量 W,此时可以将式(11-6)改写为

$$W\geqslant\frac{M_{\max}}{[\sigma]} \tag{11-7}$$

求出了 W 以后,就可以根据梁的截面形状进一步确定其各部分的具体尺寸,或由附录Ⅰ的型钢表中选择合适的截面。

(3)确定梁的**容许荷载**

如果已经知道梁的材料和截面尺寸(即已知$[\sigma]$和 W),则可以由式(11-6)确定梁所能承受的最大弯矩,从而计算出容许梁承受的最大荷载(荷载的形式已经作了规定)。此时可以将式(11-6)改写为

$$M_{\max}\leqslant W[\sigma] \tag{11-8}$$

如果梁的横截面上、下边缘与中性轴的距离不相等(如图 11-9),则使用上述公式时,应该按照下面的两种情形来考虑:

第一种情形　材料(例如三号钢)的抗拉、抗压能力相同(参看图 11-9(a))。

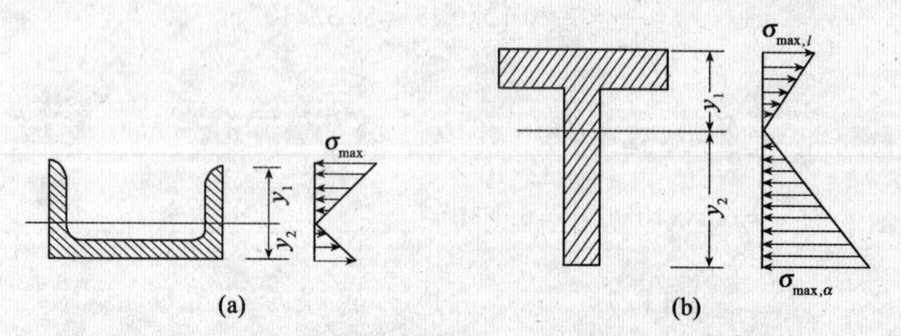

图 11-9　材料的抗拉和抗压能力相同与不同时的截面形状及其应力分布

因为截面对中性轴不对称,上、下边缘纤维到中性轴的距离分别为 y_1、y_2,所以同一梁截面会有两个抗弯截面模量,即

$$W_1=\frac{I}{y_1}$$

$$W_2=\frac{I}{y_2}$$

必须注意:较小的 W 会引起较大的 σ,如 $y_1>y_2$,则 $W_1<W_2$,所以强度条件应该是

$$\sigma_{max}=\frac{M_{max}}{W_1}\leqslant[\sigma] \tag{11-9a}$$

第二种情形，材料（例如铸铁）的抗拉抗压能力不同（参见图 11-9(b)）。在这种情况下，材料的容许应力$[\sigma_l]\neq[\sigma_a]$，我们应对拉应力和压应力分别进行校核，即

$$\sigma_{max,l}=\frac{M_{max}}{W_1}\leqslant[\sigma_l]$$

$$\sigma_{max,a}=\frac{M_{max}}{W_2}\leqslant[\sigma_a] \tag{11-9b}$$

设计截面时，也要把截面的形状和尺寸选得使它的 W_1 和 W_2 都能够满足强度条件的要求。

在进行上列各项计算时，为了符合既能保证安全又能节约材料的原则，规范规定，允许梁内的计算应力 σ_{max} 稍大于$[\sigma]$，但以不超过$[\sigma]$的 5%为限。

例 11-3　例 11-2 简支梁由松木制成。已知松木的容许应力$[\sigma]=7\text{MPa}$，试校核该梁的正应力强度。若梁上的作用荷载由 $q=3.5\text{kN/m}$ 增加到 $q=5.1\text{kN/m}$，试校核梁的强度，如果强度不够，则应重新设计截面，这时的截面尺寸应为多少（设 $h/b=1.5$）？

解　由例 11-2 已算得 $\sigma_{max}=6.08\text{MPa}$，它小于松木的容许应力$[\sigma]=7\text{MPa}$，可见满足正应力强度条件 $\sigma_{max}=\dfrac{M_{max}}{W}\leqslant[\sigma]$。

当荷载由 $q=3.5\text{kN/m}$ 增加到 $q=5.1\text{kN/m}$ 时，梁上最大弯矩为

$$M_{max}=\frac{1}{8}ql^2=\frac{1}{8}\times5.1\times10^3\times3^2=5.74\text{kN}\cdot\text{m}$$

梁横截面上的最大正应力

$$\sigma_{max}=\frac{5.74\times10^3\times0.09}{58.32\times10^{-6}}=8.85\times10^6\text{N/m}^2=8.85\text{MPa}>[\sigma]=7\text{MPa}$$

不能满足强度要求，应重新设计截面。

为了定出截面尺寸，可以先利用公式(11-7)，求出抗弯截面模量

$$W=\frac{M_{max}}{[\sigma]}=\frac{5.74\times10^3}{7\times10^6}=0.82\times10^{-3}\text{m}^3$$

由矩形截面的抗弯截面模量公式，有

$$W=\frac{bh^2}{6}$$

且 $h/b=1.5$，代入上式得

$$W=\frac{b(1.5b)^2}{6}=0.375b^3$$

所以

$$0.375b^3=0.82\times10^{-3}\text{m}^3$$

$$b=\sqrt[3]{\frac{0.82\times10^{-3}}{0.375}}=129.8\text{mm}$$

取 $b=130\text{mm}$，则 $h=1.5b=1.5\times130=195\text{mm}$。

最后确定木梁承受荷载 $q=5.1\text{kN/m}$ 时截面的实际尺寸为 $b\times h=130\text{mm}\times200\text{mm}$。

例 11-4 试利用附录 A 的型钢表为图 11-10(a)所示的悬臂梁选择一工字形截面。已知 $F=40\text{kN}$，$l=6\text{m}$，$[\sigma]=150\text{MPa}$。

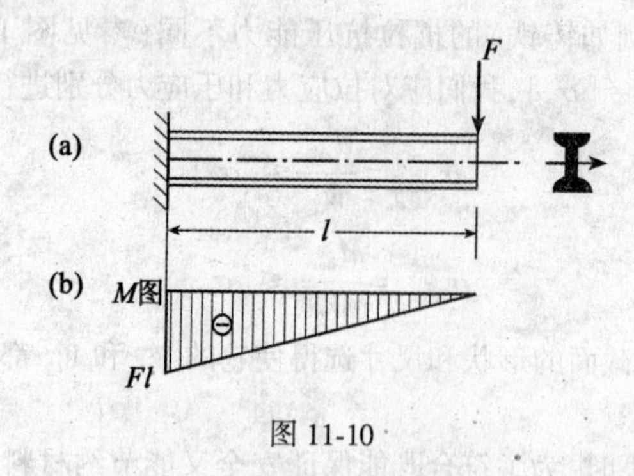

图 11-10

解 由弯矩图可以看出，悬臂梁的最大弯矩发生在固定端处，其值为

$$M_{\max}=Pl=40\times6=240\text{kN}\cdot\text{m}$$

运用式(11-7)计算所需的抗弯截面模量

$$W\geqslant\frac{M_{\max}}{[\sigma]}=\frac{240\times10^3}{150\times10^6}=1.60\times10^{-3}\text{m}^3=1600\text{cm}^3$$

由附录 A 型钢表中表 A-4 选用 45c 工字钢，它的 $W=1570\text{cm}^3$ 与 $W=1600\text{cm}^3$ 相差不到 5%。

例 11-5 已知一处于平面弯曲情况下的铸铁梁的横截面如图 11-11 所示，用于拉伸的容许应力 $[\sigma_l]=30\text{MPa}$，用于压缩的容许应力 $[\sigma_a]=80\text{MPa}$，试求此梁的容许弯矩的数值。

解 (1)求横截面的形心位置。

整个截面对窄翼缘外边缘的面积矩为

$$S_1=360\times30\times345+300\times30\times180+90\times30\times15=5.3865\times10^6\text{mm}^3$$

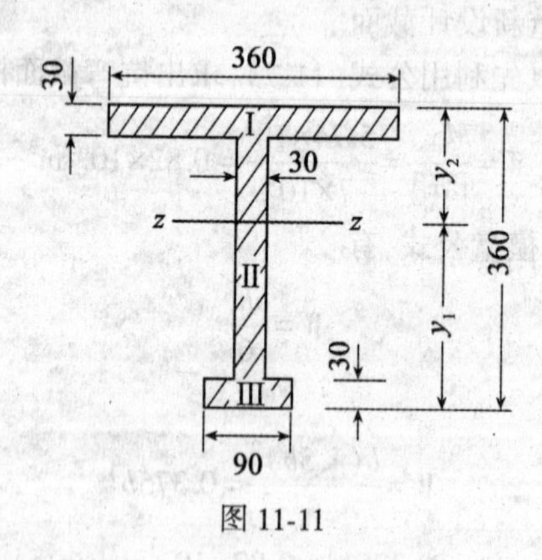

图 11-11

截面面积为

$$A=360\times30+300\times30+90\times30=22.5\times10^3\text{mm}^2$$

因此从窄翼缘外边缘到形心的距离为

$$y_1=\frac{S_1}{A}=\frac{5.3865\times10^6}{22.5\times10^3}=239.4\text{mm}\approx240\text{mm}$$

从宽翼缘外边缘到形心的距离为

$$y_2=360-y_1=360-240=120\text{mm}$$

(2)求截面对中性 $z-z$ 的惯性距。

它等于组成截面的三个长方形对同一轴 $z-z$ 的惯性矩的和，即

$$I=\frac{30^3\times360}{12}+360\times30\times105^2+\frac{300^3\times30}{12}+300\times30\times60^2+\frac{30^3\times90}{12}+30\times90\times225^2$$

$$=356.67\times10^6\text{mm}^4$$

(3)求抗弯截面模量。

由于截面对轴 $z-z$ 不对称，所以有两个不同的抗弯截面模量，即：

$$W_1=\frac{I}{y_1}=\frac{356.67\times10^6}{240}=1.486\times10^6\text{mm}^3$$

$$W_2=\frac{I}{y_2}=\frac{356.67\times10^6}{120}=2.972\times10^6\text{mm}^3$$

(4)求容许弯矩。

因为截面形心的位置靠近宽度翼缘，所以在它的外边缘处的正应力的绝对值将小于在窄翼缘外边缘处的正应力值。因此截面的合理布置应当能使宽翼缘承受拉伸，而使窄翼缘承受压缩。根据不同的抗弯截面模量与容许应力，可以分别求出受压及受拉的容许弯矩如下：

$$M_1=W_1[\sigma_a]=1.486\times10^6\times10^{-9}\times80\times10^6\times10^{-3}=118.88\text{kN}\cdot\text{m}$$

$$M_2=W_2[\sigma_l]=2.972\times10^6\times10^{-9}\times30\times10^6\times10^{-3}=89.16\text{kN}\cdot\text{m}$$

为了保证梁的安全，在上面求得的两个容许弯矩中，应该取数值较小的一个，即 $M_2=89.16\text{kN}\cdot\text{m}$。

§11-3　弯曲剪应力

由第 10 章所列举的例题可以看到，在一般情况下，当梁弯曲时，在它的横截面上将有弯矩 M 和剪力 F_Q 同时作用。在上节中我们已经研究了与弯矩 M 有关的正应力 σ，现在再来研究与剪力 F_Q 有关的剪应力 τ。

剪应力 τ 在横截面上的分布规律比正应力的分布要复杂得多，因此，对于剪应力的计算公式这里不作详细推导，仅将矩形截面、工字形截面及圆形截面的剪应力分布规律及剪应力的计算公式作一简单介绍。

一、矩形截面梁的剪应力

图 11-12(a)所示矩形截面梁承受横向荷载作用，因此在横截面上有剪力存在，则截面上要产生剪应力 τ，并且 $F_Q=\int_A\tau\text{d}A$。为了突出剪应力，图 11-12(b)中未画出正应力。

当矩形截面的高度 h 大于宽度 b 时，根据精确的理论可以证明：(1)截面上各点处剪应

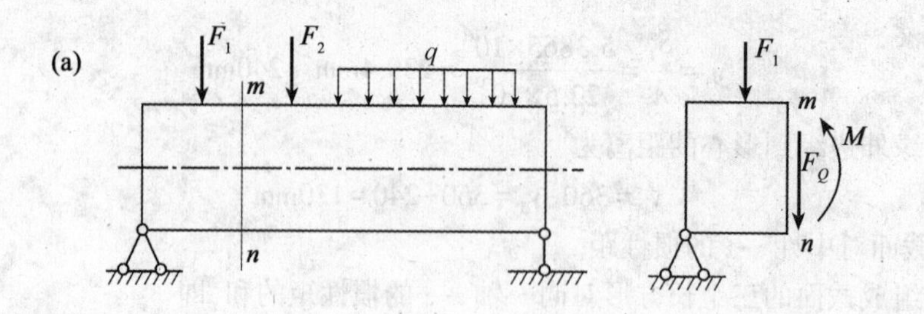

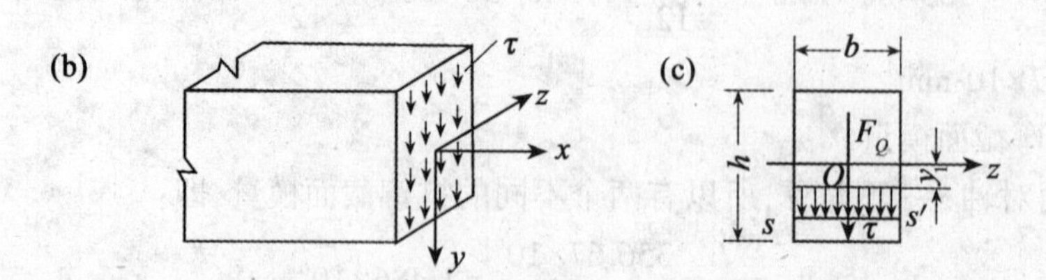

图 11-12 梁弯曲时矩形截面上的剪应力

力的方向都与剪力 F_Q 的方向平行;(2)作用在离中性轴等距离处各点的剪应力相等。如图 11-12(c)所示,在离中性轴 z 距离为 y_1 的直线 ss' 上的所有点,其剪应力 τ 的方向与剪力 F_Q 的方向平行,并且 ss' 上各点的剪应力不可能有显著的变化。

根据以上两点结论(对材料力学来说亦可叫做假设),再利用平衡条件便可以推导出横力弯曲时横截面上的剪应力 τ 的计算公式(略去推导仅给出结果):

$$\tau=\frac{F_QS}{bI} \tag{11-10}$$

式中:

F_Q——横截面上的剪力;

S——所求剪应力作用层以下(或以上)部分的横截面面积对中性轴的面积矩;

I——横截面对中性轴的惯性矩;

b——所求剪应力作用层处的截面宽度。

为了分析剪应力 τ 在横截面上的分布规律,今以矩形截面梁(如图 11-13(a)所示)为例进行说明,若计算截面上离中性轴 z 距离为 y 的 ss' 层上的剪应力 τ 时可用式(11-10),式中 S 为截面上 ss' 层以下(或以上)部分面积(打阴影线部分)对中性轴 z 的面积矩,即

$$\text{阴影部分面积}:A_1=b\left(\frac{h}{2}-y\right),$$

$$\text{形心坐标}:y_k=\frac{h}{2}-\frac{\frac{h}{2}-y}{2}=\frac{1}{2}\left(\frac{h}{2}+y\right)$$

所以 $$S=A_1y_k=b\left(\frac{h}{2}-y\right)\frac{1}{2}\left(\frac{h}{2}+y\right)=\frac{b}{2}\left(\frac{h^2}{4}-y^2\right)$$

同时矩形截面的惯性矩 $I=\dfrac{bh^3}{12}$。

将它们代入式(11-10),得

$$\tau=\frac{F_QS}{bI}=\frac{F_Q}{b\dfrac{bh^3}{12}}\cdot\frac{b}{2}\left(\frac{h^2}{4}-y^2\right)=\frac{6F_Q}{bh^3}\left(\frac{h^2}{4}-y^2\right)$$

由上式可以知道,矩形截面梁横截面上的剪应力的大小,是沿着梁高按二次抛物线形规律分布的(如图 11-13(b)所示),且在截面上、下边缘 $y=\pm\dfrac{h}{2}$处的剪应力为零,在中性轴上($y=0$)的剪应力有最大值,即

$$\tau_{\max}=\frac{6F_Q}{bh^3}\left(\frac{h^2}{4}-0\right)=\frac{3F_Q}{2bh}=\frac{3}{2}\frac{F_Q}{A} \tag{11-11}$$

式中:$A=bh$ 是横截面的面积。由此可见,矩形截面梁横截面上的最大剪应力要比设想剪力 F_Q 在横截面 A 上为均匀分布而得的平均剪应力值$\left(即\dfrac{F_Q}{A}\right)$大 50%。

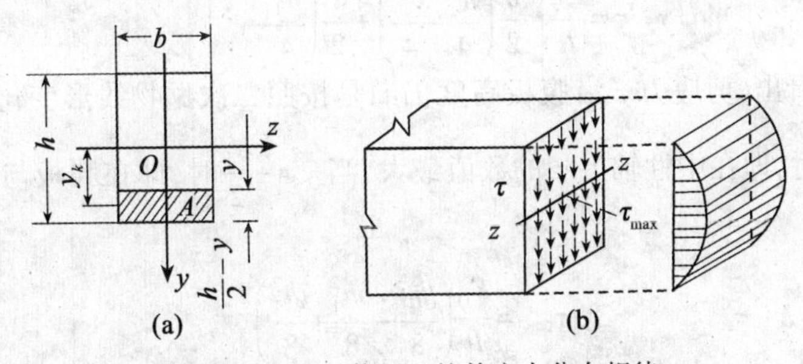

图 11-13 矩形截面上的剪应力分布规律

二、工字形截面梁的剪应力计算

在工程实际中所用的工字形、T形、槽形和箱形一类的梁截面,都可以看作是由几个矩形截面组合成的。实践证明,为了简化计算,在一定的近似程度内,仍旧可以应用公式(11-10)即 $\tau=\dfrac{F_QS}{bI}$来求具有这些形式截面的梁的横截面上的剪应力。

以工字形截面梁为例。当我们求图 11-14(a)所示工字形截面腹板部分距离中性轴为 y 处的剪应力时,首先要针对工字形截面梁的具体情况确定公式 $\tau=\dfrac{F_QS}{bI}$中的有关各项,即

F_Q 仍为作用在梁横截面上的总剪力;

S 应该为图 11-14(a)中画有阴影线部分的截面积对中性轴的面积矩,即

$$S=b\left(\frac{h}{2}-\frac{h_1}{2}\right)\left(\frac{h_1}{2}+\frac{\dfrac{h}{2}-\dfrac{h_1}{2}}{2}\right)+t\left(\frac{h_1}{2}-y\right)\left(y+\frac{\dfrac{h_1}{2}-y}{2}\right)=\frac{b}{2}\left(\frac{h^2}{4}-\frac{h_1^2}{4}\right)+\frac{t}{2}\left(\frac{h_1^2}{4}-y^2\right)$$

I 为整个工字形截面对中性轴的惯性矩;

b 为腹板的厚度 t。

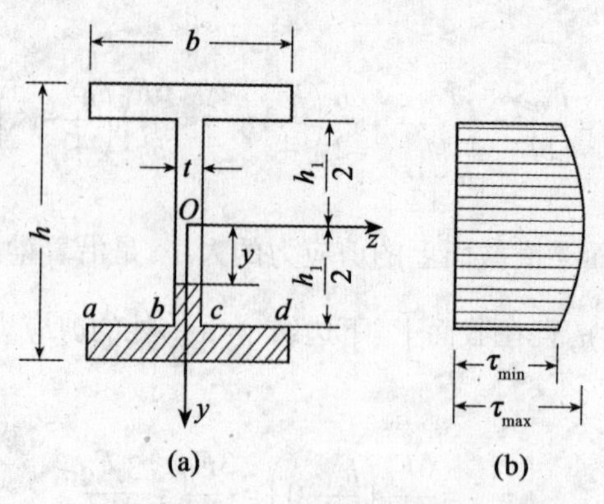

图 11-14 工字形截面上的剪应力

将它们代入公式 $\tau=\dfrac{F_Q S}{bI}$,就可以求出在工字形截面梁腹板中的剪应力为:

$$\tau=\frac{F_Q}{It}\left[\frac{b}{2}\left(\frac{h^2}{4}-\frac{h_1^2}{4}\right)+\frac{t}{2}\left(\frac{h_1^2}{4}-y^2\right)\right] \tag{11-12}$$

由此式可以看出,剪应力 τ 沿腹板高度仍旧是按照二次抛物线形变化(如图 11-14(b)所示)。当 $y=0$ 时,即在中性轴上 τ 的数值最大,当 $y=\pm\dfrac{h_1}{2}$时,即在腹板与翼缘的交界处,τ 的数值最小,即:

$$\tau_{\max}=\frac{F_Q}{It}\left(\frac{bh^2}{8}-\frac{bh_1^2}{8}+\frac{th_1^2}{8}\right)$$

$$\tau_{\min}=\frac{F_Q}{It}\left(\frac{bh^2}{8}-\frac{bh_1^2}{8}\right)$$

在一般情况下,腹板的厚度 t 与翼缘的宽度 b 比较起来是很小的,于是由上列二式可以看出在腹板上的 $\tau_{\max}$ 和 $\tau_{\min}$ 的大小没有显著的差别,即可以认为在腹板横截面上的剪应力是近似于均匀分布的。因此,只要将截面上的总剪力 F_Q 除以腹板的横截面面积 $h_1 t$ 就可以得到 $\tau_{\max}$ 的近似值。这也说明在腹板横截面上分布的剪应力的合力近似地等于整个横截面上的总剪力 F_Q,即工字形截面梁横截面的腹板部分几乎承担了横截面上的全部剪力 F_Q,而翼缘部分只承担了 F_Q 的很小一部分。

三、圆形截面梁的剪应力

对圆形截面梁横截面上的剪应力的分布规律作如下的两个假设:

(1)在圆截面上离中性轴等距离处(或与中性轴平行的任一直线 mn 上)各点的剪应力的方向线相交于与剪力 F_Q 平行的主惯性轴 Oy 上的一点 C(参看图 11-15)。

(2)在圆截面上离中性轴等距离处(例如在直线 mn 上)各点的剪应力在剪力 F_Q 方向的分量 τ_y 的大小相等。

根据这两个假设我们就可以应用式(11-10)求圆截面上任一点(例如点 m)的剪应力 τ 的分量 τ_y 的近似值,即

$$\tau_y=\frac{F_Q S}{Ib}$$

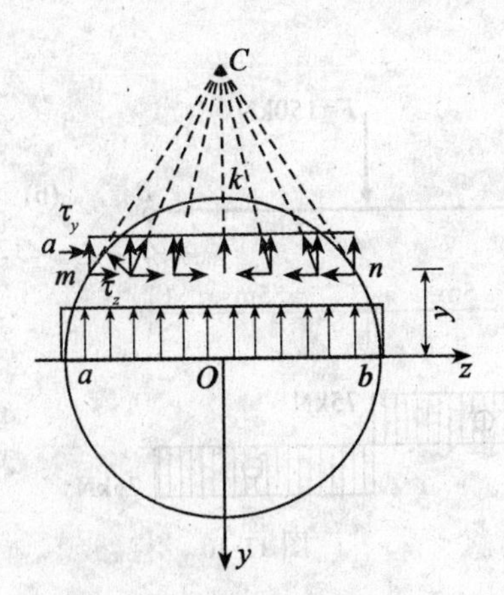

图 11-15 圆形截面上的剪应力

再由下式求得 τ 的近似结果,即

$$\tau=\frac{\tau_y}{\cos\alpha}$$

式中:S——弓形面积 mkn 对中性轴的面积矩;

b——直线 mn 的长度(即圆截面在该处的宽度);

α——τ_y 和 τ 间的夹角。

不难导出,圆截面上的剪应力 τ 的分量也是沿梁高按二次抛物线规律分布的,并且在中性轴上达到最大值

$$\tau_{\max}=\frac{4F_Q}{3A} \tag{11-13}$$

式中:A 为圆截面的面积。由此可知,圆截面梁横截面上的最大剪应力比平均剪应力大33%,其方向与剪力 F_Q 的方向平行。

对于其他形状的截面(如椭圆、等腰梯形等),也可以根据上述的假定和方法计算它们的剪应力。

例 11-6 工字形截面梁所承受的荷载及截面尺寸如图 11-16(a)、(b)所示,试求此梁的最大剪应力 $\tau_{\max}$ 和同一截面腹板部分在 C 点处的剪应力 τ_C。

解 (1)要求得梁的最大剪应力应先求出最大剪力。为此,作剪力图,如图 11-16(c)所示。由图可知 $F_{Q.\max}=75\text{kN}$。

(2)计算截面的惯性矩 I

$$I=\left[\frac{166\times21^3}{12}+166\times21\times269.5^2\right]\times2+\frac{12.5}{12}\times518^3$$
$$=5.0663\times10^8+1.4478\times10^8=6.5141\times10^8\text{mm}^4=6.5141\times10^{-4}\text{m}^4$$

(3)计算 $S_{\max}$

$$S_{\max}=166\times21\times269.5+259\times12.5\times129.5=1.3587\times10^6\text{mm}^3=1.3587\times10^{-3}\text{m}^3$$

(4)计算 $\tau_{\max}$

将以上结果代入式(11-10),得

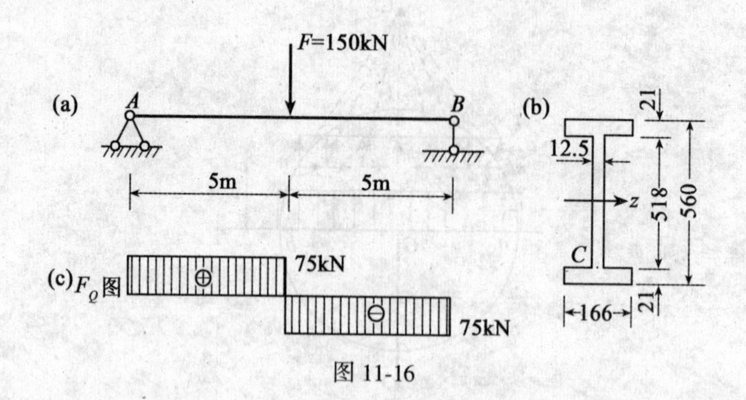

图 11-16

$$\tau_{\max}=\frac{F_{\mathrm{Q}}S}{bI}=\frac{75\times10^{3}\times1.3587\times10^{-3}}{12.5\times10^{-3}\times6.5141\times10^{-4}}=12.51\times10^{6}\mathrm{N/m^{2}}=12.51\mathrm{MPa}$$

(5)计算 τ_C

为了计算 τ_C,先计算 C 点以下的截面面积(即下翼缘)对中性轴的面积矩 S_C。

$$S_C=166\times21\times269.5=939.5\times10^{3}\mathrm{mm^{3}}=939.5\times10^{-6}\mathrm{m^{3}}$$

代入式(11-10)得

$$\tau_C=\frac{F_{\mathrm{Q}}S_C}{bI}=\frac{75\times10^{3}\times939.5\times10^{-6}}{12.5\times10^{-3}\times6.5141\times10^{-4}}=8.65\times10^{6}\mathrm{N/m^{2}}=8.65\mathrm{MPa}$$

§11-4 梁的剪应力强度校核

如上所述,梁中的最大剪应力一般发生在最大剪力 $F_{\mathrm{Q,max}}$ 作用的横截面上的中性轴处,如果以 $S_{\max}$ 表示横截面在中性轴以上(或以下)部分面积对中性轴的面积矩,以 b 表示横截面沿中性轴的宽度,以[τ]表示梁材料的容许剪应力,则可以得到对梁的剪应力进行校核的强度条件为

$$\tau_{\max}=\frac{F_{\mathrm{Q,max}}S_{\max}}{Ib}\leqslant[\tau] \tag{11-14}$$

在设计梁的截面时,必须同时满足正应力强度条件(式(11-6))和剪应力强度条件(式(11-14))。但是在一般情况下,按照正应力强度条件所设计的截面常常可以使剪应力远小于容许剪应力[τ]。因此,对于一般比较细长的梁,我们总是根据梁中的最大正应力来设计截面,不一定需要对剪应力进行强度校核。但是在遇到下列几种特殊情况时,必须校核梁内的剪应力:

(1)梁的跨度较短,或在支座附近作用有较大的荷载,因而梁的最大弯矩较小而剪力却很大;

(2)在铆接或焊接的组合截面(例如工字形)钢梁中,如果其横截面的腹板厚度与高度之比,较一般型钢截面的相应比值为小;

(3)由于木材的顺纹方向的抗剪强度比较差,同一品种木材在顺纹方向的容许剪应力[τ]常比其容许正应力[σ]要低很多,所以木梁在横力弯曲时可能因为中性层上的剪应力过

大而使梁沿中性层发生剪切破坏(图11-17)。

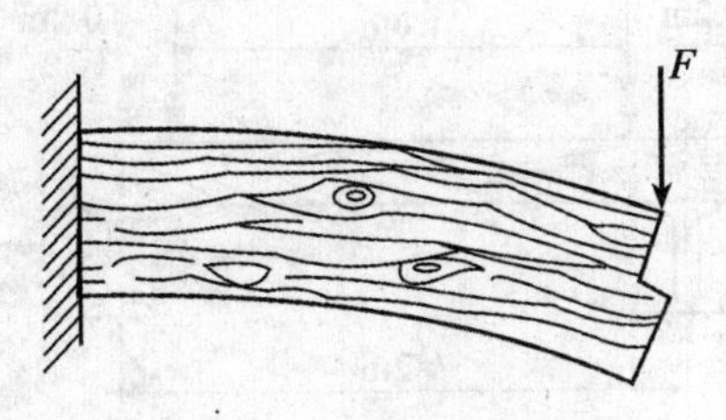

图11-17 木梁的剪切破坏

除了上面所介绍的,在计算梁时必须进行正应力强度校核和剪应力强度校核以外,由于在梁的横截面上一般是既存在正应力又存在剪应力,因而在某些特殊情况下,在某些特殊点处,由这些正应力和剪应力综合而成的折算应力可能会使梁产生更危险的情况,必须也对其进行强度校核。关于这个问题将在第13章中再作介绍。

例11-7 试对图11-18(a)所示梁进行剪应力的强度校核。已知梁的剪力图如图11-18(b)所示,其截面尺寸 $bh=130\text{mm}\times200\text{mm}$,均布荷载 $q=5.1\text{kN/m}$,松木的容许剪应力采用 $[\tau]=0.9\text{MPa}$。

解 从 F_Q 图可以知道,最大剪力在梁端,其数值为

$$F_{Q,\max}=\frac{ql}{2}=\frac{5.1\times3}{2}=7.65\text{kN}$$

对于矩形截面

$$\tau_{\max}=1.5\frac{F_{Q,\max}}{A}=1.5\frac{7.65\times10^{3}}{130\times200\times10^{-6}}$$

$$=1.5\times\frac{7.65}{26}\times10^{6}=0.44\text{MPa}<[\tau]=0.9\text{MPa}$$

满足剪应力强度要求。

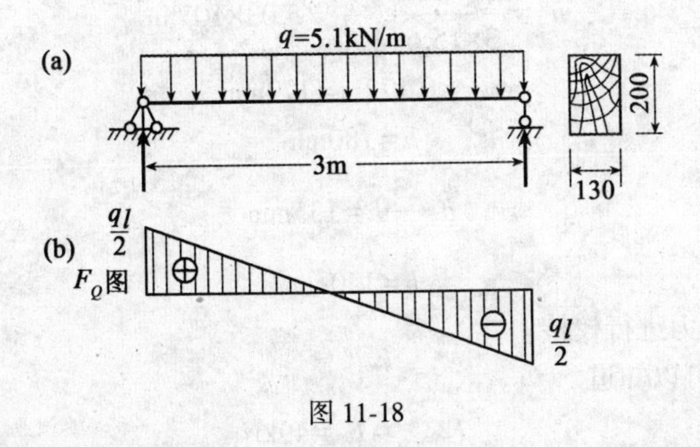

图11-18

例11-8 试为图11-19(a)所示施工用的钢轨枕木选择矩形截面。已知矩形截面尺寸的比例为 $b:h=3:4$,枕木的受弯容许正应力 $[\sigma]=15.6\text{MPa}$,容许剪应力 $[\tau]=1.7\text{MPa}$,钢轨传给枕木的压力 $P=49\text{kN}$。

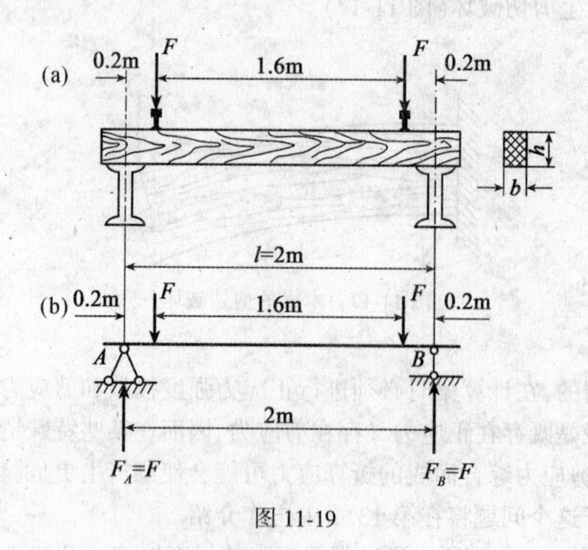

图 11-19

解 (1)根据最大正应力设计截面尺寸。

由图 11-19(b)所示的计算简图可知：

$$M_{\max}=49\times0.2=9.8\text{kN}\cdot\text{m}$$

由式(11-6)所示的强度条件可知：

$$\sigma_{\max}=\frac{M_{\max}}{W}\leqslant[\sigma]$$

可以得到

$$\sigma_{\max}=\frac{9.8\times10^3}{\dfrac{\left(\dfrac{3}{4}h\right)h^2}{6}}\leqslant15.6\times10^6$$

因此

$$h^3=\frac{9.8\times10^3\times6\times4}{3\times15.6\times10^6}=5.03\times10^{-3}\text{m}^3$$

$$h=0.172\text{m}=172\text{mm}$$

取

$$h=180\text{mm}$$

$$b=\frac{3}{4}h=135\text{mm}$$

取

$$b=140\text{mm}$$

(2)按最大剪应力进行校核。

由图 11-19(b)可以知道

$$F_{Q,\max}=F=49\text{kN}$$

由式(11-14)的强度条件

$$\tau_{\max}=1.5\frac{F_{Q,\max}}{A}\leqslant[\tau]$$

可以得到

$$\tau_{max}=\frac{1.5\times49\times10^3}{180\times140\times10^{-6}}=2.91\times10^6\text{N/m}^2=2.91\text{MPa}>[\tau]=1.7\text{MPa}$$

即原设计的截面尺寸不能够满足剪应力强度条件,必须根据剪应力重新设计截面尺寸。由

$$\tau_{max}=1.5\times\frac{49\times10^3}{\frac{3}{4}h\times h}\leqslant1.7\times10^6$$

可以得到

$$h^2=\frac{1.5\times49\times10^3\times4}{3\times1.7\times10^6}=5.78\times10^{-2}\text{m}^2$$

因此

$$h=0.24\text{m}=240\text{mm}$$

$$b=\frac{3}{4}\times240=180\text{mm}$$

最后确定枕木的矩形截面尺寸为 $h=240\text{mm}, b=180\text{mm}$。

§11-5　梁的合理截面

我们通过前面的分析已经知道,梁截面的抗弯能力直接取决于其抗弯截面模量 W 的大小。因此,所谓梁的合理截面形式是指在截面面积相同的条件下具有较大的抗弯截面模量的截面形式。根据对一些常用形式截面的分析,已知在截面面积相等的情况下,一般截面形式的抗弯截面模量 W 是与截面高度的平方成正比的(例如矩形截面的 $W=bh^2/6$),因此选择合理截面的基本原则是尽可能地使截面高度增大,并且使大部分的面积布置在距中性轴较远的地方,以得到较大的抗弯截面模量。这个原则的合理性也可以从梁横截面上的正应力 σ 按直线分布的规律来加以说明(参看图 11-4)。因为在横截面的最外层处的 σ 最大,而在中性轴处的 σ 为零,所以布置在中性轴附近的材料不能充分发挥它们的作用,而把材料布置在距中性轴愈远的地方,就愈能发挥它们的作用,这就是为什么在工程实际中,经常采用像工字形、环形、箱形等截面形式的原因。由图 11-20 可以看出,这类截面的特点,就在于能使处于中性轴附近不能充分发挥其作用的材料减少到最低的限度,而使大部分的材料比较集中地布置到距中性轴较远(也就是 σ 较大)的地方,从而能较好地发挥材料的作用,以节省材料,减轻自重。

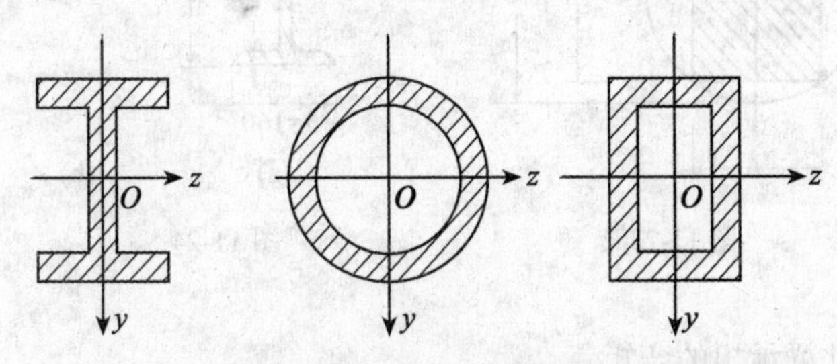

图 11-20　梁的合理截面

但是应该注意,在分析梁截面的合理形式时,不能片面地只从强度的方面来考虑,还必

须综合地考虑有关刚度、稳定以及使用要求、材料性质和施工方便等方面的因素。

例如，对于矩形截面，在保持截面面积 A 不变的情况下，增大其高度 h，就可以增大抗弯截面模量 W，从而增大梁的抗弯能力。由于事物的量变达到一定的程度，就会引起质变，因此我们决不可以使梁的横截面做得过高过窄，因为过高过窄的截面，不但不能增加抵抗外力的能力，反而可能在不大的外力作用下，使梁发生侧向翘曲（又叫侧向失去稳定）而破坏，如图 11-21 所示。又如对于用木材制作的一般梁，最切合实际的截面形状是圆形和矩形（图 11-22），就没有必要片面地追求工字形或空心圆形，因为那样的做法反而会浪费材料和造成施工上的困难。

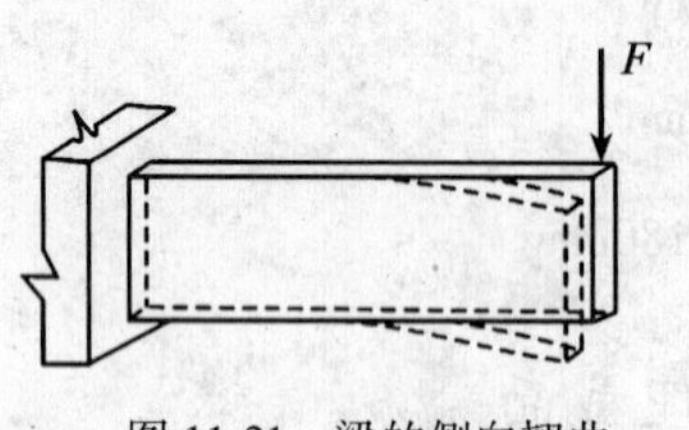

图 11-21 梁的侧向翘曲

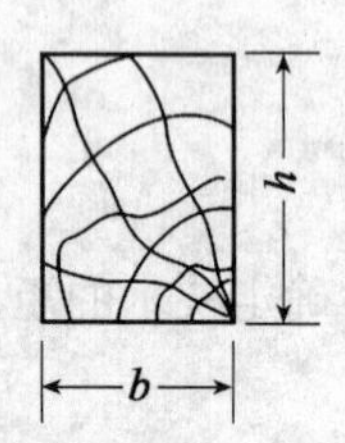

图 11-22 木梁的实用截面形状

关于怎样选择梁的合理截面问题，我国古代的劳动人民，早就在生产实践中，积累了很多宝贵经验。例如在北宋的《营造法式》一书中，就曾经明确地指出："凡梁之大小，各随其广为三分，以二分为厚。"即矩形梁截面的高宽比应该取为 3∶2。这一比值，与按照现代力学理论算得的，在圆截面（图 11-23）中能取出的 W 为最大的矩形截面的高宽比为 2.83∶2 非常接近。

例 11-9 设有一钢梁，截面为工字形，型号为 50b，截面尺寸如图 11-24（a）所示，钢材为 3 号钢，容许应力 $[\sigma]=150\text{MPa}$。

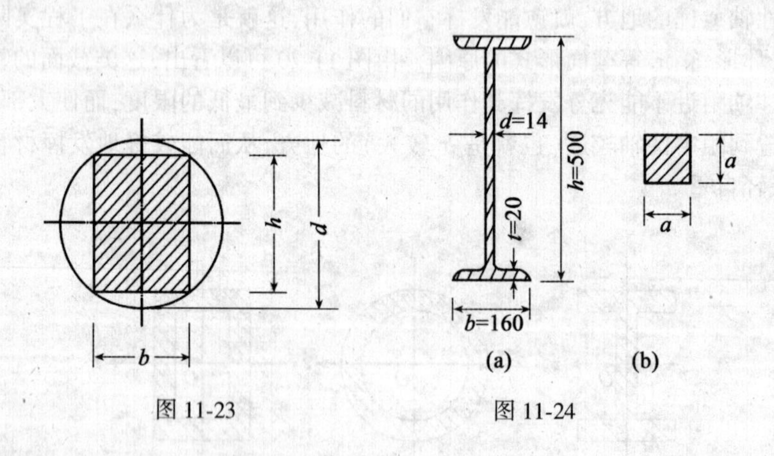

图 11-23

图 11-24

（1）试求容许此梁承担的弯矩。

（2）如果将此钢梁的截面改为如图 11-24（b）所示的正方形，而其截面面积仍与上述工字形截面的面积相等（也就是说，两根梁所用的材料数量相等），容许此梁承担的弯矩为多少？

解：（1）工字形截面梁的计算。

由附录的型钢表中查出50b Ⅰ字钢的抗弯截面模量 $W=1940\text{cm}^2$。由式（11-8）可以知道容许此梁承担的弯矩为

$$M=W[\sigma]=1940\times10^6\times150\times10^{-6}=291\times10^3\text{N}\cdot\text{m}=291\text{kN}\cdot\text{m}$$

（2）正方形截面梁的计算。

首先根据这两个截面面积相等的条件确定正方形截面的尺寸。由型钢表查出50b工字钢的截面面积为129cm^2，因此正方形截面的边长应为 $a=\sqrt{129}=11.36\text{cm}$。

正方形截面的抗弯截面模量为

$$W=\frac{a^3}{6}=\frac{11.36^3}{6}=244.3\text{cm}^3$$

因此，容许此梁承担的弯矩为

$$M=W[\sigma]=244.3\times10^{-6}\times150\times10^{-6}=36.7\text{kN}\cdot\text{m}$$

（3）计算结果分析。

通过上面的具体计算，我们可以看到，尽管上面计算的工字形截面梁和正方形截面梁的截面面积相等（因而所用的材料相等），但是由于它们的截面形状不同，因而抗弯截面模量不同，抗弯的能力也不同。在本例题中，工字形截面梁的抗弯截面模量为同样面积的正方形截面梁的抗弯截面模量的1940/244.3=7.94倍，因而前者的抗弯能力也为后者的291/36.7=7.93倍。这就说明了为什么对于常用的钢梁，常常不采用方形截面钢而要将其轧制成型钢（如工字钢、槽钢等）的原因，也表明了截面形状对梁的抗弯能力具有多大的影响。因此只要正确认识这个客观规律，并且把它运用于工程实际中去，就可以使材料更好地发挥作用。

上面我们讨论了梁的合理截面，即在相同的荷载条件下，如选择较合理的截面形状，就可节省材料。但是若梁各个梁面都相同，即等截面梁，则还是不够经济的。从强度要求来看，为了充分发挥材料的作用，应根据弯矩图的情况，沿着梁轴线在弯矩较大的部位采用较大的截面。而在弯矩较小的部位采用较小的截面，这种截面尺寸沿梁轴线变化的梁称为变截面梁。与等截面梁比较，变截面梁的主要优点是不仅可节省材料，而且可减轻自重。

最理想的变截面梁是等强度梁。所谓等强度梁，就是在它的每一个横截面上的最大正应力都是相等的，且都等于最大弯矩 $M_{\max}$ 所在横截面上的最大正应力 $\sigma_{\max}$，即

$$\sigma_{\max}=\frac{M(x)}{W(x)}=\frac{M_{\max}}{W_{\max}}\leqslant[\sigma]$$

由此还可推出

$$W(x)=\frac{W_{\max}}{M_{\max}M(x)} \tag{11-15}$$

式中：$M(x)$ 和 $W(x)$ 是等强度梁的任一横截面上的弯矩和同一截面的抗弯截面模量，而 $M_{\max}$ 和 $W_{\max}$ 则是梁中的最大弯矩和最大弯矩所在截面的抗弯截面模量。由式（11-15）可以看出，在等强度梁中，$W(x)$ 是按照 $M(x)$ 的变化规律而变化的。

习　题

11-1　试求图示梁距支座 A 为0.5m的截面上 a、b、c 三点处的正应力。

（答案：$\sigma_a=\sigma_c=-4.68\text{MPa}$；$\sigma_b=4.68\text{MPa}$）

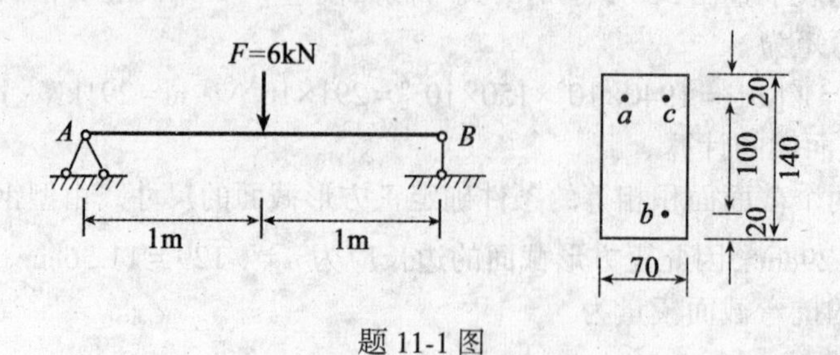

题 11-1 图

11-2 试求图示矩形截面悬臂梁在固定端处的最大正应力。

（答案：$\sigma_{\max}=11.1\text{MPa}$）

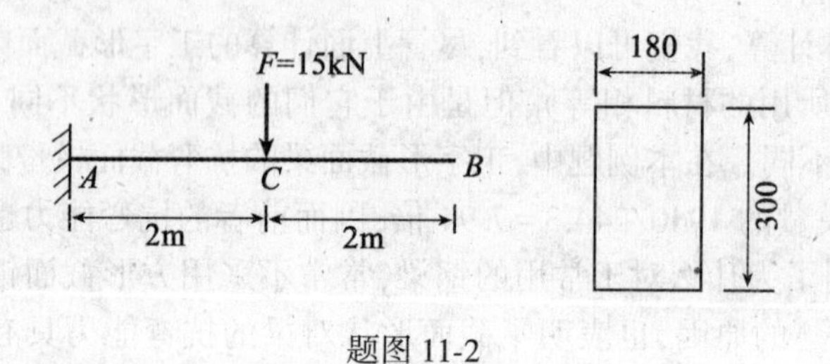

题图 11-2

11-3 试求图示悬臂梁 A、B、C 三截面上的最大正应力。

（答案：A 截面：$\sigma_{\max}=173\text{MPa}$；$B$ 截面 $\sigma_{\max}=86.5\text{MPa}$）

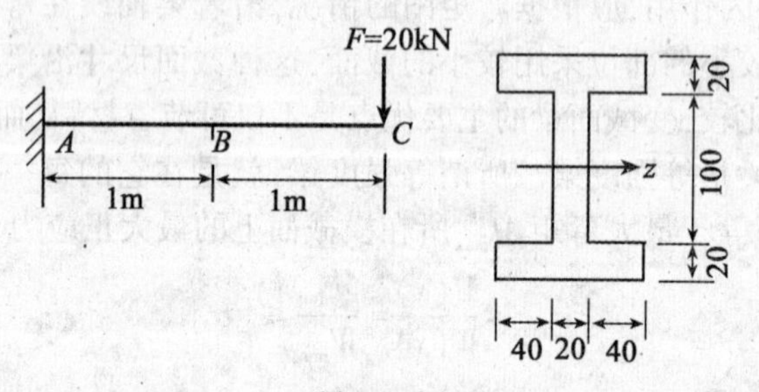

题 11-3 图

11-4 一木梁的横截面为宽 140mm 和高 240mm 的矩形，所受荷载如图所示，试求最大正应力的数值和位置。

（答案：$\sigma_{C\max}=55\text{MPa}$）

11-5 厚度为 $h=1.5\text{mm}$、宽度为 $b=100\text{mm}$ 的钢带，卷成直径为 $D=3\text{m}$ 的薄壁圆环，已知钢的弹性模量 $E=210\text{GPa}$，试求钢带横截面上的最大正应力。

（答案：$\sigma_{C,\max}=105\text{MPa}$）

11-6 图示些梁的横截面形状，问当梁发生平面弯曲时，在这些横截面上的正应力 σ 沿

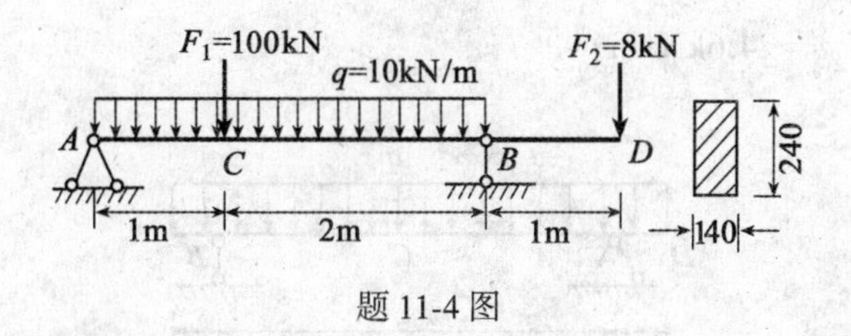

题 11-4 图

着截面高度是怎样分布的？试作简图表示。

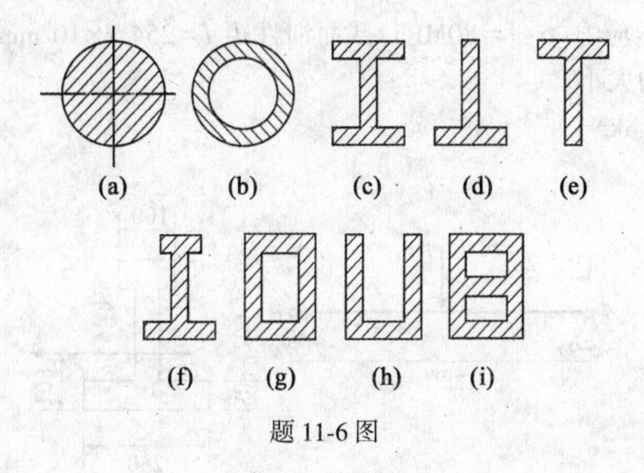

题 11-6 图

11-7 图示为一简支梁，已知钢材的$[\sigma]=170$MPa，求：

(1)选择$\dfrac{h}{b}=1.5$ 的矩形截面；

(2)选择工字钢型号；

(3)比较两种截面耗用钢材的情况。

(答案：(1)$b\times h=160\text{mm}\times240\text{mm}$；(2)$W=1.57\times10^6\text{mm}^3$，选择45c；(3)3.2∶1)

11-8 图示为一根40a工字钢制成的悬臂梁，在自由端作用一集中荷载F。已知钢材的容许应力$[\sigma]=150$MPa，如果考虑自重的影响，问力F的容许值是多少？

(答案：$[F]=25.27$kN)

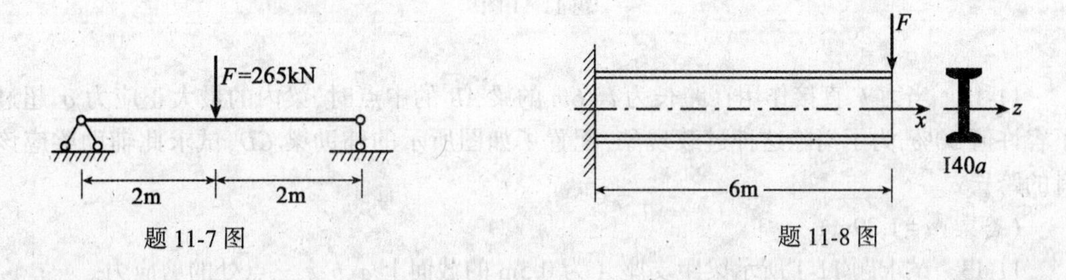

题 11-7 图　　题 11-8 图

11-9 图示为一根22b工字钢制成的外伸梁，跨度$l=6$m，承受连续的均布荷载q。如果要使梁在支座A、B处和跨中C处截面的最大正应力都为$\sigma=170$MPa，问悬臂的长度a和荷

载集度 q 各应该为多少？

（答案：$a=2.12\text{m}, q=24.6\text{kN/m}$）

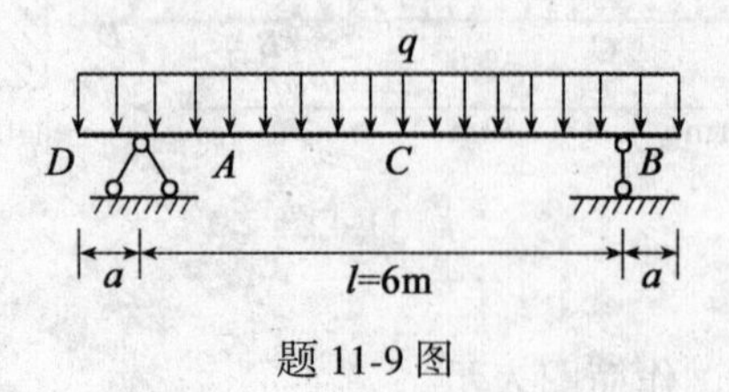

题 11-9 图

11-10　图示为一铸铁简支梁的受荷情形和横截面形状尺寸。已知铸铁的容许拉应力$[\sigma_l]=30\text{MPa}$，容许压应力$[\sigma_a]=80\text{MPa}$，截面惯性矩 $I=254.7\times10^6\text{mm}^4$。试求容许此梁所承受的最大荷载 F 的大小。

（答案：$[F]=70.8\text{kN}$）

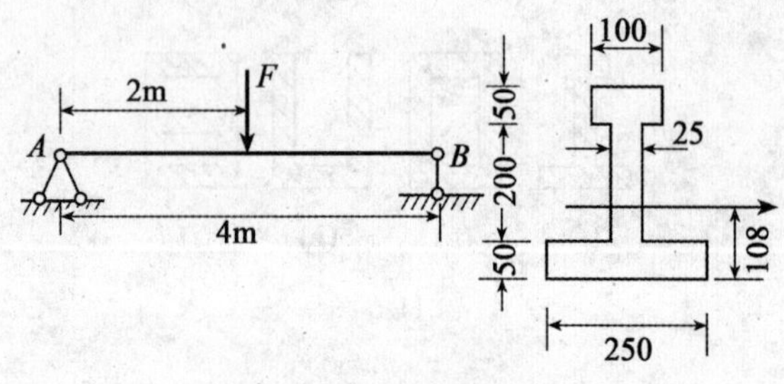

题 11-10 图

11-11　一外径为 250mm、壁厚为 10mm、长度 $l=12\text{m}$ 的铸铁水管，两端搁置在简单支座上，管中充满水，如图所示。已知铸铁的容重 $\gamma_1=76.5\text{kN/m}^3$、水的容重 $\gamma_2=9.8\text{kN/m}^3$。试求管内最大拉、压正应力的数值。

（答案：$\sigma_{\max}=44.8\text{MPa}, \sigma_{\min}=-44.8\text{MPa}$）

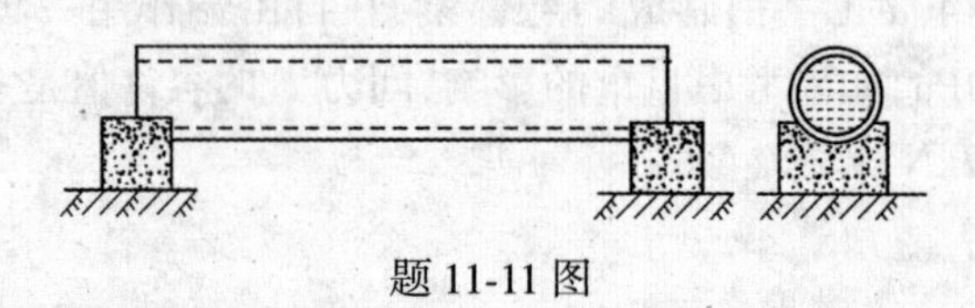

题 11-11 图

11-12　当力 F 直接作用在跨长为 $l=6\text{m}$ 的梁 AB 的中点时，梁内的最大正应力 σ 超过了容许值 30%，为了消除这种过载现象，配置了如图所示的辅助梁 CD，试求此辅助梁应该有的跨长 a。

（答案：$a=1.39\text{m}$）

11-13　试求题 11-1 所示梁距支座 A 为 0.5m 的截面上 a、b、c 三点处的剪应力。

（答案：$\tau_a=\tau_b=\tau_c=0.45\text{MPa}$）

11-14　试求题 11-2 所示悬臂梁在固定端处的最大剪应力。

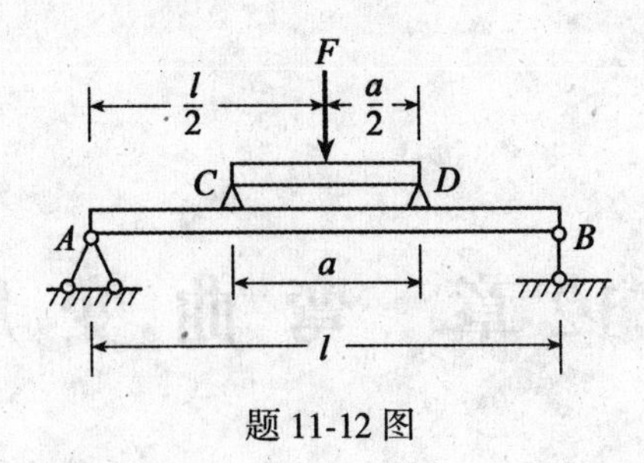

题 11-12 图

(答案:略)

11-15 试求题 11-3 所示悬臂梁在 A、B、C 三截面上的最大剪应力。

(答案:$A:\tau_{max}=8.96\text{MPa}$;$B:\tau_{max}=8.96\text{MPa}$;$C:\tau_{max}=8.96\text{MPa}$。)

11-16 图示为某施工支架上钢梁的计算简图。如果钢梁由两个槽钢所组成,材料为 3 号钢,其容许应力$[\sigma]=170\text{MPa}$,$[\tau]=100\text{MPa}$,问在不计梁的自重时应该选用多大的槽钢?

(答案:$W=4.8\times10^4\text{mm}^3$,选两个 8 号槽钢)

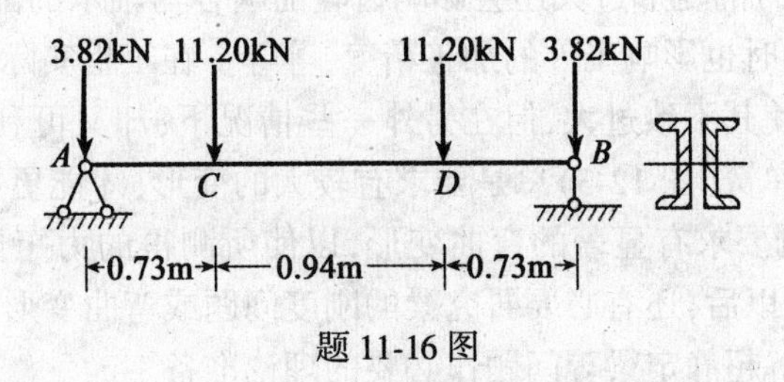

题 11-16 图

11-17 如图所示的起重机,其重量 $W=50\text{kN}$,行走于由两根工字钢梁所组成的轨道上。已知要求的起重量 $G=10\text{kN}$,钢梁的容许应力$[\sigma]=170\text{MPa}$,$[\tau]=100\text{MPa}$,并且全部荷载平等分配在两根钢梁上。试计算当吊车行至梁的跨中时,需要选用多大的工字钢。

(答案:$W=41.2\times10^4\text{mm}^3$,选用 25$b$ 工字钢)

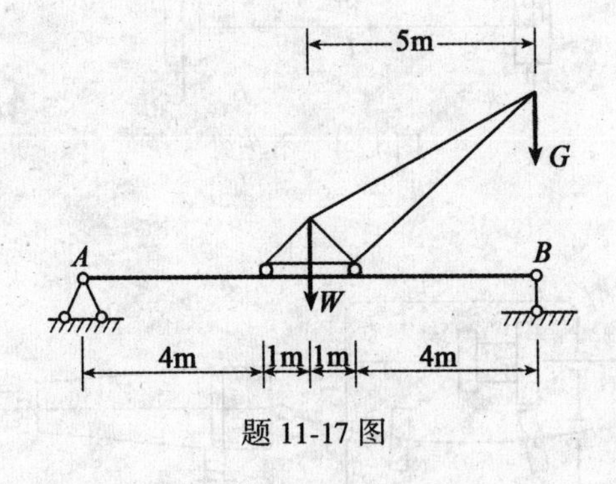

题 11-17 图

第12章 弯曲变形

§12-1 梁的挠度和截面转角

在前面一章中,我们研究了梁的强度问题,虽然满足强度条件是解决荷载与构件承载能力这个基本矛盾的重要内容,但是在设计梁一类受弯构件时,除了应该满足强度条件以防止构件发生破坏外,还应该注意满足刚度条件,使其弯曲变形不能过大,即不超过一定的限度,以免影响结构或机械的正常使用。例如,吊车梁(图12-1)的变形过大就会影响行车的正常运行;车床主轴(图12-2)的变形过大还会影响齿轮的啮合与轴承的配合,造成磨损不匀,产生噪音,缩短其寿命,同时也影响工件的加工精度,等等。在工程实际中,虽然主要的受弯构件要求限制弯曲变形,使其不致过大,但在另外一些情况下,却又可利用弯曲变形达到实用的要求。例如,对叠板弹簧(图12-3)总是要求有较大的变形,才能更好地起缓冲减振作用;对弹簧扳手(图12-4)则要求有显著的弯曲变形,以使所测得的力矩更为准确,等等。因此在研究了梁的强度问题以后,还有必要研究梁的刚度问题或弯曲变形问题,其目的在于对梁进行刚度校核,并为求解超静定梁等问题作必要的理论准备。

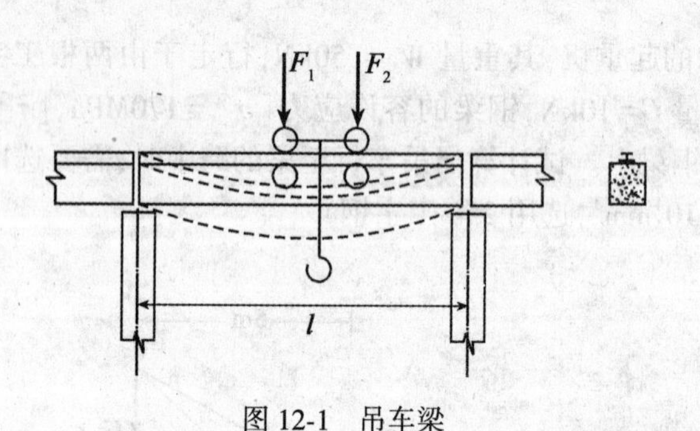

图12-1 吊车梁

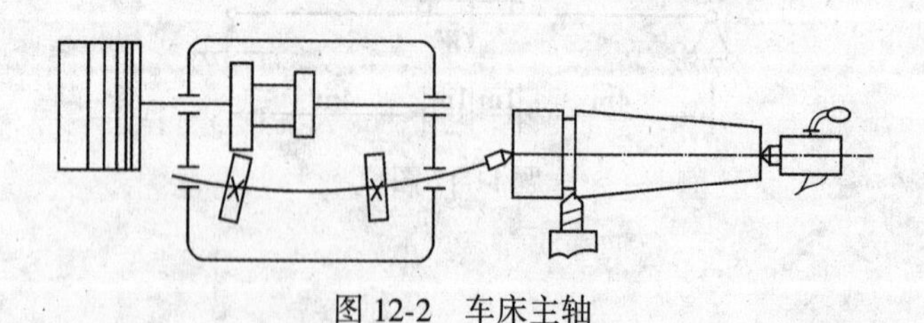

图12-2 车床主轴

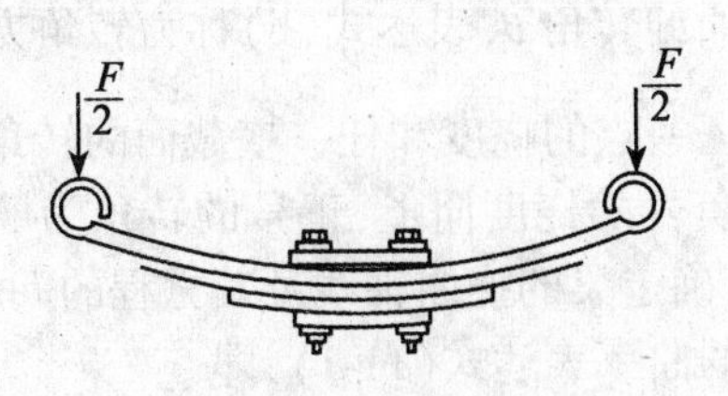

图 12-3　叠板弹簧

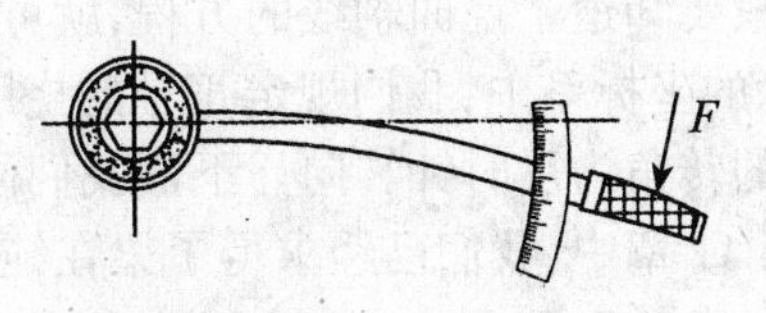

图 12-4　弹簧扳手

本章所研究的梁的变形,主要是讨论直梁在平面弯曲情况下的变形计算。通常取梁在变形前的轴线为 x 轴,与轴线垂直的轴为 y 轴,且 xy 平面为梁的主形心惯性平面,在梁变形后,其轴线 ACB 将在 xy 平面内弯成一曲线 $AC'B$,如图 12-5 所示。我们度量梁变形的两个基本量是:轴线 AB 上的任一点 C(即梁横截面形心)在垂直于 x 轴方向的线位移 y,称为该点的**挠度**;梁横截面绕其中性轴转动的角位移 θ,称为该截面的**转角**。由图 12-5 还可看出,角度 θ 同时也是曲线 $AC'B$ 在 C'点的切线与 x 轴间的夹角。

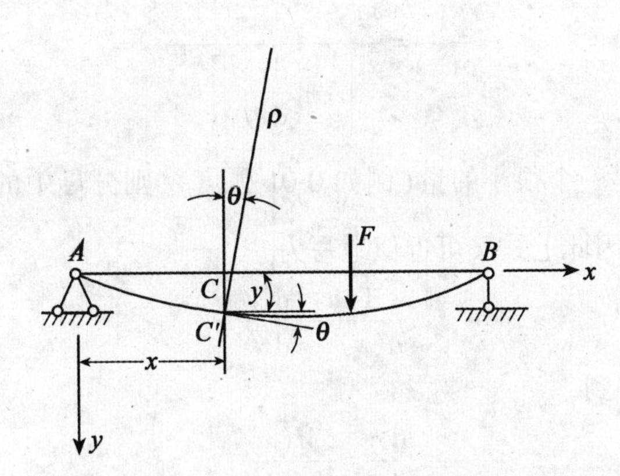

图 12-5　梁弯曲时发生的两种变形

§12-2　梁挠曲轴线的近似微分方程

由于在工程实际中,一般梁的变形是很微小的,所以对梁各横截面形心(即梁轴线上的各点)在 x 轴方向的水平线位移可以忽略不计,而只考虑它们在 y 轴方向的铅垂线位移。因而梁变形后的轴线是一条平坦的光滑的连续曲线,于是在选定的直角坐标系中,图 12-5 所示的挠曲轴线 ACB 可以用方程

$$y=f(x) \tag{a}$$

来表示。由于所研究的挠曲轴线处在线弹性条件下,所以也称它为弹性曲线。上述表达式(a)则称为挠曲线(或弹性曲线)方程。根据上述情况,考虑到转角 θ 非常微小,由式(a)可求得转角 θ 的表达式为

$$\theta \approx \tan\theta=\frac{\mathrm{d}y}{\mathrm{d}x}=f'(x) \tag{b}$$

即挠曲轴线任一点处切线的斜率$\frac{dy}{dx}$就等于该处截面的转角θ,表达式(b)称为转角方程。由此可见,只要知道了挠曲轴线的方程,就可以求得任一点的挠度和任一横截面的转角。在图12-5所示的坐标系中,我们规定正号的挠度向下,负号的挠度向上,正号的转角为顺时针转向,负号的转角为反时针转向。下面我们研究如何确定梁的挠曲轴线及其方程的问题。

在第11章中,我们已经求得了梁在纯弯曲时的曲率表达式(11-1),即

$$K=\frac{1}{\rho}=\frac{M}{EI} \tag{c}$$

考虑到一般梁的跨长l不小于横截面高度h的10倍,在横力弯曲时,剪力F_Q对梁变形的影响很小,可以忽略不计①,所以上述式(c)仍旧可以应用。但是应该注意,这时的弯矩M和曲率半径ρ都已不再是常量了,它们都是x的函数,因此应该将其改写为

$$K(x)=\frac{1}{\rho(x)}=\frac{M(x)}{EI} \tag{d}$$

另外,从几何方面来看,平面曲线的曲率可以写作

$$\frac{1}{\rho(x)}=\pm\frac{\frac{d^2y}{dx^2}}{\left[1+\left(\frac{dy}{dx}\right)^2\right]^{3/2}}$$

而在平坦的曲线中,$\frac{dy}{dx}$是一个很小的量(例如0.01弧度),则分母中的$\left(\frac{dy}{dx}\right)^2$与1相比就十分微小,可以忽略不计,因此上式又可近似地写为

$$\frac{1}{\rho(x)}=\pm\frac{d^2y}{dx^2} \tag{e}$$

由式(d)和式(e)可以得到

$$\frac{d^2y}{dx^2}=\pm\frac{M(x)}{EI} \tag{f}$$

式(f)就是梁在弯曲时的**挠曲轴线的近似微分方程**,这是在略去了剪力F_Q的影响和在$\left[1+\left(\frac{dy}{dx}\right)^2\right]^{3/2}$中略去了$\left(\frac{dy}{dx}\right)^2$项时得到的,故式(f)表示了内力与弯曲变形之间的近似关系,式中的正负号取决于对M和$\frac{d^2y}{dx^2}$所作的符号规定。习惯上我们规定x轴以向右为正,y轴以向下为正。如果弯矩仍应用第10章中的符号规定,那么当弯矩为正,即梁的凸边朝下时,如图12-6(a)所示,变量x的增加对应着一次导数$\frac{dy}{dx}=\tan\theta$的递减,例如:$\tan\theta_1>\tan\theta_2$。而在一次导数递减的情况下,其二次导数$\frac{d^2y}{dx^2}$应该是负的。由此可见,负号$\frac{d^2y}{dx^2}$对应着正号的$M$(图12-6(a)),正号$\frac{d^2y}{dx^2}$对应着负号的$M$(图12-6(b))。可见弯矩$M$的正负号与挠曲轴线的二

① 当梁的高跨比$\frac{h}{l}<\frac{1}{10}$时,剪力产生的挠度小于弯矩产生的挠度的3%。

次导数的正负号恰巧相反，因此应用公式(f)时，在公式的两侧应该取不同的正负号，即

$$\frac{d^2y}{dx^2}=-\frac{M(x)}{EI} \tag{12-1}$$

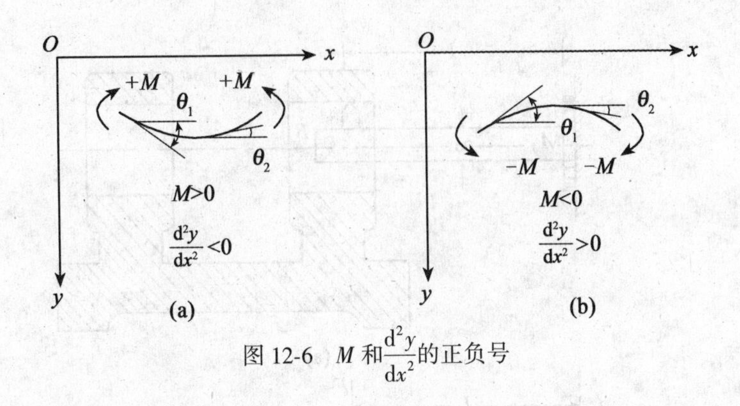

图 12-6 M 和$\frac{d^2y}{dx^2}$的正负号

只要将梁的弯矩方程 $M(x)$ 列出并代入上式，就可以得出梁的挠曲轴线的近似微分方程。求解这一微分方程，即可求得梁截面的挠度和转角。

§12-3 用积分法求梁截面的挠度和转角

由于在工程实际中，经常遇到的是一些等截面的直梁，其 EI 为常量，因此，在求解梁的挠曲轴线的近似微分方程和计算梁的变形时，可以直接对公式(12-1)进行积分。积分一次，可以得出梁横截面的**转角方程**

$$\theta=\frac{dy}{dx}=-\frac{1}{EI}\left[\int M(x)\,dx+C\right] \tag{12-2}$$

再积分一次，可以得出梁的**挠度方程**

$$y=-\frac{1}{EI}\left[\int\left(\int M(x)\,dx\right)dx+Cx+D\right] \tag{12-3}$$

这种应用两次积分求出挠度的方法叫做**重积分法**。积分式中出现的 C 和 D 是积分常数，可以由梁的挠曲轴线上的已知变形条件(例如**边界条件**和**连续条件**)来确定。下面举例说明积分法的具体应用。

例 12-1 图 12-7(a)所示的镗刀，在镗孔时受到的切削力 $F=200$N，镗刀杆的直径 $d=10$mm，长度 $l=50$mm，弹性模量 $E=210$GPa。为保证镗孔精度，镗刀杆的变形不能过大，试求镗刀杆的最大转角和最大挠度。

解 镗刀杆可以简化为悬臂梁(如图 12-7(b))，选取坐标轴如图 12-7(b)所示。

(1)列出梁挠曲轴线的近似微分方程。

由静力平衡方程可求得梁的 A 端处支座反力

$$F_A=F,\ M_A=Fl$$

梁的弯矩方程为

$$M(x)=F\cdot x-Fl$$

将 $M(x)$ 代入式(12-1)，得梁的挠曲轴线的近似微分方程为

$$\frac{\mathrm{d}^2y}{\mathrm{d}x^2}=-\frac{F}{EI}(x-l)$$

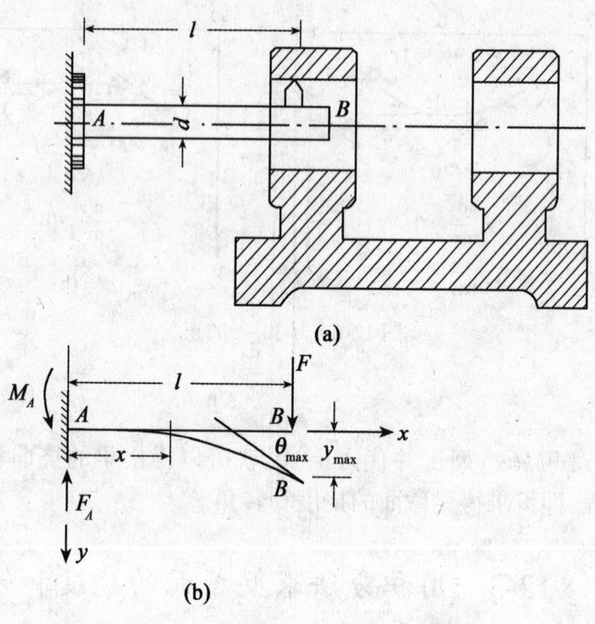

图 12-7

(2)将上式连续积分两次，分别得到

$$\theta=\frac{\mathrm{d}y}{\mathrm{d}x}=-\frac{F}{EI}\left(\frac{x^2}{2}-lx+C\right) \tag{a}$$

和

$$y=-\frac{F}{EI}\left(\frac{x^3}{6}-\frac{lx^2}{2}+Cx+D\right) \tag{b}$$

(3)确定积分常数，求出转角方程和挠度方程。

悬臂梁的边界条件是在固定端 A 处的转角和挠度都等于零，即当 $x=0$ 时，$\theta=0$，$y=0$。根据这两个边界条件，由式(a)、(b)可以得到

$$C=0 \text{ 和 } D=0$$

把它们代入式(a)、(b)中，即得转角方程为

$$\theta=-\frac{F}{EI}\left(\frac{x^2}{2}-lx\right) \tag{c}$$

挠度方程为

$$y=-\frac{F}{EI}\left(\frac{x^3}{6}-\frac{lx^2}{2}\right) \tag{d}$$

(4)求最大转角 $\theta_{\max}$ 和最大挠度 $y_{\max}$（或用符号 f 表示）。

悬臂梁的最大转角和最大挠度是在自由端处，将 $x=l$ 代入式(c)和式(d)就可得到

$$\theta_{\max}=\frac{Fl^2}{2EI}$$

$$f = y_{\max} = \frac{Fl^3}{3EI}$$

在上面两式中，将 $F = 200\text{N}$，$E = 210\ \text{GPa}$，$l = 50\text{mm}$，$I = \frac{\pi d^4}{64} = \frac{3.14 \times 10^4}{64} = 491\text{mm}^4$ 代入，可得出

$$\theta_{\max} = \frac{200 \times 50^2 \times 10^{-6}}{2 \times 210 \times 10^9 \times 491 \times 10^{-12}} = 0.0024\text{rad}$$

$$f = \frac{200 \times 50^3 \times 10^{-9} \times 10^3}{3 \times 210 \times 10^9 \times 491 \times 10^{-12}} = 0.08\text{mm}$$

$\theta_{\max}$ 为正值，表示自由端处截面 B 的转角是顺时针转向；f 为正值，表示 B 点的挠度向下。

从上例可以看出，乘积 EI 越大，则梁的变形就越小，所以 EI 称为抗弯刚度。

由于在整个梁长度内弯矩是负值，又已知截面 A 处的挠度和转角为零，故梁的挠曲轴线的大致形状如图 12-7(b) 所示，其精确形状可根据挠度方程绘出。

例 12-2　有一受均布荷载作用的简支梁如图 12-8 所示，EI 为常数。试求此梁的最大挠度 f 和两端截面的转角 θ_A、θ_B。

解　(1) 列出梁挠曲轴线的近似微分方程。

支座反力：
$$F_A = F_B = \frac{ql}{2}$$

弯矩方程：
$$M(x) = \frac{qlx}{2} - \frac{qx^2}{2}$$

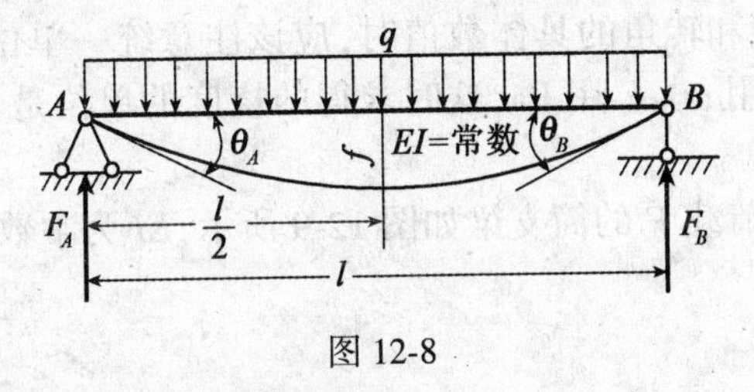

图 12-8

将 $M(x)$ 代入式 (12-1) 即得梁的挠曲轴线的近似微分方程为

$$\frac{\mathrm{d}^2 y}{\mathrm{d}x^2} = -\frac{1}{EI}\left[\frac{qlx}{2} - \frac{qx^2}{2}\right]$$

(2) 将上式连续积分两次，可得

$$\theta = \frac{\mathrm{d}y}{\mathrm{d}x} = -\frac{1}{EI}\left[\frac{qlx^2}{4} - \frac{qx^3}{6} + C\right] \tag{a}$$

和
$$y = -\frac{1}{EI}\left[\frac{qlx^3}{12} - \frac{qx^4}{24} + Cx + D\right] \tag{b}$$

(3) 确定积分常数，列出转角方程和挠度方程。

简支梁的边界条件是左、右两端铰支座处的挠度都等于零，即：当 $x=0$ 时，$y=0$；当 $x=l$，$y=0$。根据这两个边界条件，由式 (b) 可以解得

$$C=-\frac{ql^3}{24}, D=0$$

把它们代入式(a)和式(b)中，即得转角方程为

$$\theta=-\frac{1}{EI}\left[\frac{qlx^2}{4}-\frac{qx^3}{6}-\frac{ql^3}{24}\right] \quad (c)$$

挠度方程为

$$y=-\frac{1}{EI}\left[\frac{qlx^3}{12}-\frac{qx^4}{24}-\frac{ql^3x}{24}\right] \quad (d)$$

(4)求f、θ_A 和 θ_B。

由对称关系可知最大挠度f发生在梁跨中点，将 $x=\frac{l}{2}$代入式(d)，就可得到

$$f=y_{x=l/2}=\frac{5ql^4}{384EI}$$

正号表示f的方向向下。

将 $x=0$ 代入式(c)可得

$$\theta_A=\theta_{x=0}=\frac{ql^3}{24EI}$$

正号表示 θ_A 是顺时针转向的。

将 $x=l$ 代入式(c)可得

$$\theta_B=\theta_{x=l}=-\frac{ql^3}{24EI}$$

负号表示 θ_B 为反时针转向。

需要指出，计算挠度和转角的具体数值时，应该注意统一单位。例如，F 用 N，q 用 N/m，M 用 N · m，l 用 m，I 用 m^4，E 用 Pa，这时求得的挠度的单位是 m，转角的单位是 rad(弧度)。

例 12-3 承受集中荷载 F 的简支梁如图 12-9 所示，EI 为常数，试求此梁的挠度方程和转角方程。

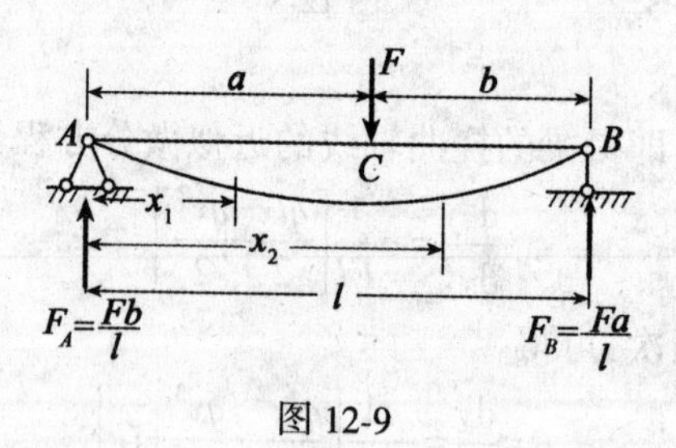

图 12-9

解 本例题的解题步骤与例题 12-2 相同。下面只着重讨论几个应该注意的问题。

(1)因为集中荷载 F 将梁分为两段，各段的弯矩方程不同，因此需要分别写出它们的弯矩方程，即

当 $0\leqslant x_1\leqslant a$ 时：
$$M(x_1)=\frac{Fb}{l}x_1 \quad (a)$$

当 $a \leqslant x_1 \leqslant l$ 时： $$M(x_2)=\frac{Fb}{l}x_2-F(x_2-a) \tag{b}$$

将它们分别代入式(12-1)，积分后得出

$$\theta_1=\frac{dy_1}{dx_1}=-\frac{1}{EI}\left[\frac{Fb}{l}\cdot\frac{x_1^2}{2}+C_1\right] \tag{c}$$

$$y_1=-\frac{1}{EI}\left[\frac{Fb}{l}\cdot\frac{x_1^3}{6}+C_1x_1+D_1\right] \tag{d}$$

$$\theta_2=\frac{dy_2}{dx_2}=-\frac{1}{EI}\left[\frac{Fb}{l}\cdot\frac{x_2^2}{2}-F\frac{(x_2-a)^2}{2}+C_2\right] \tag{e}$$

$$y_2=-\frac{1}{EI}\left[\frac{Fb}{l}\cdot\frac{x_2^3}{6}-F\frac{(x_2-a)^3}{6}+C_2x_2+D_2\right] \tag{f}$$

这样，在四个方程中就有四个积分常数。

(2)为了确定式(c)、(d)、(e)、(f)中的四个积分常数，除了要利用边界条件：

当 $x_1=0$ 时，$y_1=0$； (g)

当 $x_2=l$ 时，$y_2=0$ (h)

以外，还要根据整个梁的挠曲轴线是一条平滑的连续曲线这一特征，利用相邻两段梁在交接处变形的连续条件(即在交接处左右两段应有相等的挠度和相等的转角)。因此

当 $x_1=x_2=a$ 时，有

$$\theta_1=\theta_2 \tag{i}$$

和 $$y_1=y_2 \tag{j}$$

将式(g)、(h)、(i)、(j)联立求解，就可求得积分常数

$$D_1=D_2=0$$

与 $$C_1=C_2=-\frac{Fb}{6l}(l^2-b^2)$$

将它们代入式(c)、(d)、(e)、(f)，就得到：

$$\theta_1=\frac{dy_1}{dx_1}=\frac{Fbx_1}{6lEI}(l^2-3x_1^2-b^2) \tag{k}$$

$$y_1=\frac{Fbx_1}{6lEI}(l^2-x_1^2-b^2) \tag{l}$$

$$\theta_2=\frac{Fa}{6lEI}(2l^2+3x_2^2-6lx_2+a^2) \tag{m}$$

$$y_2=\frac{Fa(l-x_2)}{6lEI}(2lx_2-x_2^2-a^2) \tag{n}$$

(3)最大挠度的位置。

在本例题中，设 $a>b$。当 $x_1=0$ 时，$\theta_1>0$；当 $x_1=a$ 时，则 $\theta_1<0$。因此 $\theta=0$ 处的位置(即最大挠度 f 的位置)必定发生在 AC 段内。

令 $$\frac{dy_1}{dx_1}=\theta_I=0$$

由此解得 $$x_1=\sqrt{\frac{l^2-b^2}{3}} \tag{o}$$

从式(o)可见：

当 $b \to 0$ 时，

$$x_1 = \sqrt{\frac{l^2}{3}} = 0.577l \tag{p}$$

当 $b = \frac{l}{2}$ 时，

$$x_1 = 0.5l \tag{q}$$

由式(p)和式(q)可以看出，集中荷载 P 的位置对于最大挠度位置的影响并不大(参看图 12-10)。因此，为了实用上的简便，可以不管集中荷载 P 的位置如何，都认为最大挠度发生在梁的中点。

从上面的例子可以看出，当荷载将梁划分为弯矩方程不同的许多段时，要用积分法确定其挠曲轴线的形状是比较麻烦的。因为在积分以后，每一段梁的挠度方程内包含有两个积分常数，如果梁被划分为 n 段，则确定 $2n$ 个积分常数，必须求解 $2n$ 个联立方程。

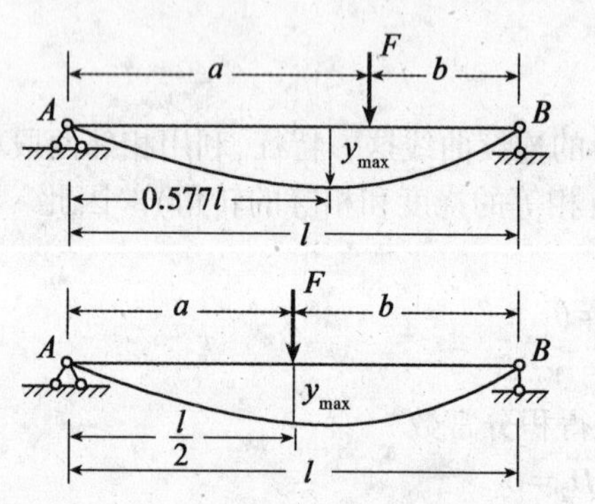

图 12-10　荷载 F 在梁上的位置对最大挠度位置的影响

但是，对于等截面梁(其抗弯刚度 EI = 常数)，如果在建立转角方程和挠度方程时，遵守一定的规则，可以很容易地避免这种困难。例如在上面的例题中遵循了两条规则：(1)在建立每段梁的弯矩方程时，都是由同一坐标原点到所取截面之间的梁段上的外力来建立的，所以后一段梁的弯矩方程中总是包含了前面一段梁的弯矩方程。另外，再增加一个包含$(x-a)$的项。(2)对包含$(x-a)$的项在积分时不要打开括号，这样在利用相邻两段梁在交接处的变形连续条件时(即在 $x=a$ 处，$\theta_1=\theta_2$ 与 $y_1=y_2$)，就可以得到 $C_1=C_2$ 及 $D_1=D_2$。由于两段梁上的积分常数相等，从而简化了确定积分常数的工作。弯矩方程如果必须分为若干段来建立，只要遵守上述原则，同样可以得到各段梁上相应的积分常数都相等的结果。

表 12-1 列出了几种常用梁在各种受力情况下的变形，以供参考查用。

表 12-1　　**几种常用梁在简单荷载使用下的变形**

序号	支承和荷载作用情况	梁端转角	挠曲轴线方程	最大挠度
1		$\theta_B = \frac{Fl^2}{2EI}$	$y = \frac{Fx^2}{6EI}(3l-x)$	$f_B = \frac{Fl^3}{3EI}$

续表

序号	支承和荷载作用情况	梁端转角	挠曲轴线方程	最大挠度
2	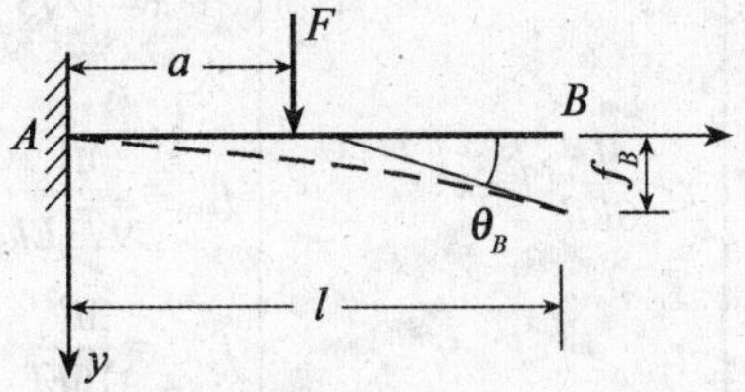 F, a, A, B, f_B, θ_B, l, y	$\theta_B=\frac{Fa^2}{2EI}$	当$0\leqslant x\leqslant a$ $y=\frac{Fx^2}{6EI}(3a-x)$ 当$a\leqslant x\leqslant l$ $y=\frac{Fa^2}{6EI}(3x-a)$	$f_B=\frac{Fa^2}{6EI}(3l-a)$
3	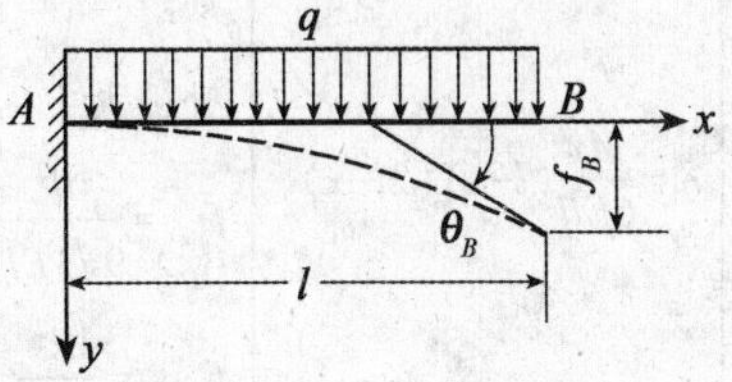 q, A, B, x, f_B, θ_B, l, y	$\theta_B=\frac{ql^3}{6EI}$	$y=\frac{qx^2}{24EI}(x^2+6l^2-4lx)$	$f_B=\frac{ql^4}{8EI}$
4	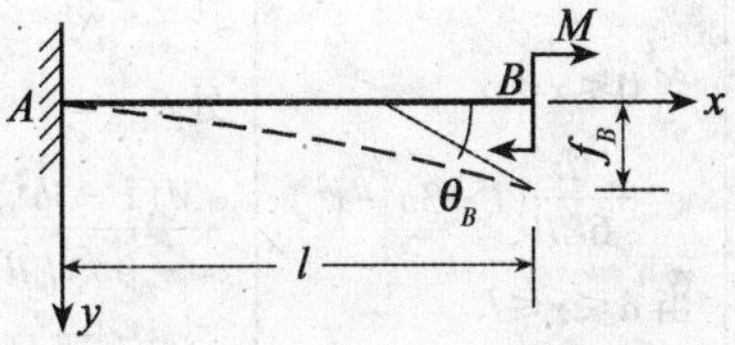 M, A, B, x, f_B, θ_B, l, y	$\theta_B=\frac{Ml}{EI}$	$y=\frac{Mx^2}{2EI}$	$f_B=\frac{Ml^2}{2EI}$
5	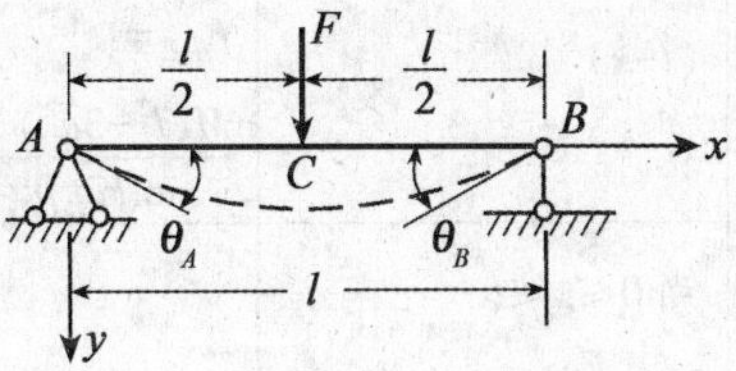 F, $\frac{l}{2}$, $\frac{l}{2}$, A, B, C, x, θ_A, θ_B, l, y	$\theta_A=-\theta_B=\frac{Fl^2}{16EI}$	当$0\leqslant x\leqslant\frac{1}{2}$ $y=\frac{Fx}{12EI}\left(\frac{3l^2}{4}-x^2\right)$	$f_C=\frac{Fl^3}{48EI}$
6	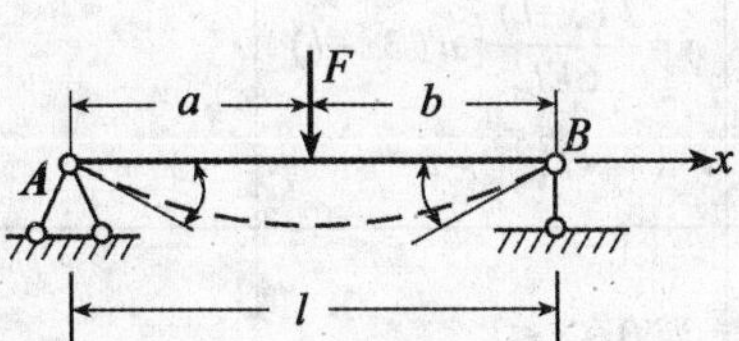 F, a, b, A, B, x, l	$\theta_A=\frac{Fab(l+b)}{6EIl}$ $\theta_B=-\frac{Fab(l+a)}{6EIl}$	当$0\leqslant x\leqslant a$ $y=\frac{Fbx}{6EIl}(l^2-x^2-b^2)$ 当$a\leqslant x\leqslant l$ $y=\frac{Fa(l-x)}{6EIl}(2lx-x^2-a^2)$	在$x=\sqrt{(l^2-b^2)/3}$处最大 $f_{\max}=\frac{\sqrt{3}Fb}{27EIl}(l^2-b^2)^{3/2}$ $f_{x=\frac{1}{2}}=\frac{Fb}{48EI}(3l^2-4b^2)$
7	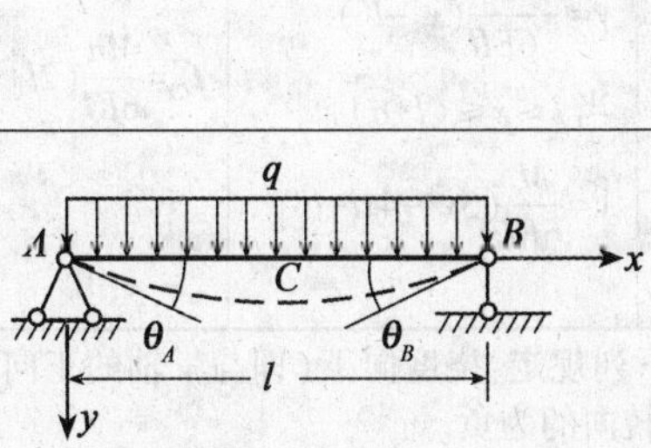 q, A, B, C, x, θ_A, θ_B, l, y	$\theta_A=\theta_B=\frac{ql^3}{24EI}$	$y=\frac{qx}{24EI}(l^3-2lx^2+x^3)$	$f_c=\frac{5ql^4}{384EI}$

续表

序号	支承和荷载作用情况	梁端转角	挠曲轴线方程	最大挠度
8	A, B, M, x, y, θ_A, θ_B, l	$\theta_A=\frac{Ml}{6EI}$ $\theta_B=-\frac{Ml}{3EI}$	$y=\frac{Mx}{6EIl}(l^2-x^2)$	在 $x=l/\sqrt{3}$ 处最大 $f_{\max}=\frac{Ml^2}{9\sqrt{3}EI}$ $f_{x=\frac{l}{2}}=\frac{Ml^2}{16EI}$
9	M, A, B, x, y, θ_A, θ_B, l	$\theta_A=\frac{Ml}{3EI}$ $\theta_B=-\frac{Ml}{6EI}$	$y=\frac{Mx}{6EIl}(l-x)(2l-x)$	在 $x=\left(1-\frac{1}{\sqrt{3}}\right)l$ 处最大 $f_{\max}=\frac{Ml^2}{9\sqrt{3}EI}$ $f_{x=\frac{l}{2}}=\frac{Ml^2}{16EI}$
10	A, θ_A, M, θ_B, B, x, y, a, b, l	$\theta_A=-\frac{M}{6EIl}(l^2-3b^2)$ $\theta_B=-\frac{M}{6EIl}(l^2-3a^2)$	当 $0\leqslant x\leqslant a$ $y=-\frac{Mx}{6EIl}(l^2-3b^2-x^2)$ 当 $a\leqslant x\leqslant l$ $y=\frac{M(l-x)}{6EIl}[l^2-3a^2-(l-x)^2]$	在 $x=\sqrt{\frac{(l^2-3b^2)}{3}}$ 处 $f_{1\max}=-\frac{M(l^2-3b^2)^{3/2}}{9\sqrt{3}EIl}$ 在 $x=\sqrt{\frac{(l^2-3a^2)}{3}}$ 处 $f_{2\max}=\frac{M(l^2-3a^2)^{3/2}}{9\sqrt{3}EIl}$
11	A, B, C, x, y, θ_A, θ_B, θ_C, f_C, l, a	$\theta_A=-\frac{1}{2}\theta_B$ $=-\frac{Fal}{6EI}$ $\theta_C=\frac{Fa}{6EI}(2l+3a)$	当 $0\leqslant x\leqslant l$ $y=-\frac{Fax}{6EIl}(l^2-x^2)$ 当 $l\leqslant x\leqslant(l+a)$ $y=\frac{F(x-l)}{6EI}[a(3x-l)-(x-l)^2]$	$f_C=\frac{Fa^2}{3EI}(l+a)$
12	A, B, C, M, x, y, θ_A, θ_B, θ_C, f_C, l, a	$\theta_A=-\frac{1}{2}\theta_B$ $=-\frac{Ml}{6EI}$ $\theta_C=\frac{M}{3EI}(l+3a)$	当 $0\leqslant x\leqslant l$ $y=-\frac{Mx}{6EIl}(x^2-l^2)$ 当 $l\leqslant x\leqslant(l+a)$ $y=\frac{M}{6EI}(3x^2-4xl+l^2)$	$f_C=\frac{Ma}{6EI}(2l+3a)$

注：在表中图示直角坐标系中，挠度和转角的正负号按照下列规定：挠度向下（即与 y 轴的正向相同）的为正，向上的为负；转角从 x 轴起顺时针转向的为正，反时针转向的为负。

§12-4 用叠加法求梁的挠度和转角

与第 10 章 §10-5 中利用叠加原理作剪力图或弯矩图的情形相似，由于在材料服从胡克定律和梁的变形为小变形的前提下，梁的挠度和转角也都与梁上的荷载成线性关系（参看例 12-1 中所得到的表达式（c）和（d）），因此我们也可以根据叠加原理，用叠加的方法来求在几个荷载同时作用下梁的变形。即梁在几个荷载同时作用时，其任一截面处的转角（或挠度）等于各个荷载分别单独作用时梁在该截面处的转角（或挠度）的总和。

应用叠加原理求在许多荷载同时作用下梁的变形是非常方便的，因为在计算时，可以利用表 12-1 直接写出由每一荷载在单独作用时所引起的转角和挠度，然后把它们叠加起来。

例 12-4 试用叠加法求图 12-11（a）所示简支梁在跨度中点的最大挠度 f。

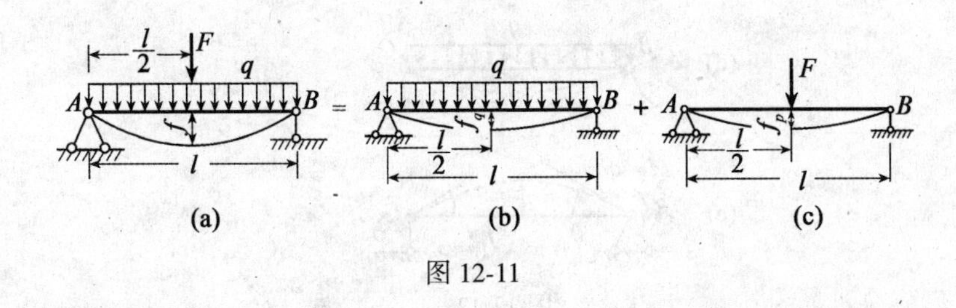

图 12-11

解 根据叠加原理，由图 12-11 可知，$f=f_q+f_F$，而 f_q 和 f_F 可由表 12-1 中查得为：

$$f_q=\frac{5ql^4}{384EI}$$

$$f_F=\frac{Fl^3}{48EI}$$

因此

$$f=\frac{5ql^4}{384EI}+\frac{Fl^3}{48EI}$$

例 12-5 有一外伸梁，荷载情况如图 12-12（a）所示，试用叠加法求梁截面 B 的转角 θ_B，A 端和 BC 段中点 D 的挠度 f_A 和 f_D。

解 （1）为了按叠加原理及表 12-1 中的成果进行解题，就须将图 12-12（a）所示的外伸梁在 B 截面处截成两段，改造成由一个悬臂梁（图 12-12（b））和一个简支梁（图 12-12（c））组成。显然，在两段梁的 B 截面上应该加上互相作用的力 $2qa$ 和力偶矩 $M_B=qa^2$，它们就是截面 B 处的剪力和弯矩值。

（2）由图 12-12（a）和（c）（假定图中虚线表示梁的挠曲轴线）可以看出，图 12-12（c）所示简支梁 BC 的受力情况与原外伸梁 AC 中的 BC 段受力情况相同。因此，用叠加法求得简支梁 BC 的 θ_B 及 f_D，也就是原外伸梁 AC 上的 θ_B 和 f_D。

（3）用叠加法求 θ_B 和 f_D。

在简支梁 BC 上的三项荷载中，集中力 $2qa$ 作用在支座处，不会使梁产生弯曲变形；力偶矩 $M_B=qa^2$ 和均布荷载 q 所分别引起的 θ_B 和 f_D 如图 12-12（d）及（e）所示，并由表 12-1 的序号 7 和 9 中可以查得：

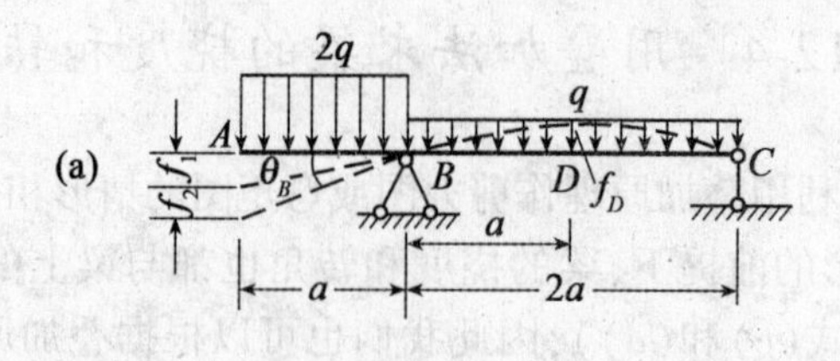

图 12-12

$$\theta_{Bq}=+\frac{ql^3}{24EI}=+\frac{q(2a)^3}{24EI}=+\frac{1}{3}\frac{qa^3}{EI}$$

$$\theta_{BM_B}=-\frac{M_Bl}{3EI}=-\frac{qa^2(2a)}{3EI}=-\frac{2}{3}\frac{qa^3}{EI}$$

$$f_{Dq}=+\frac{5}{384}\frac{ql^4}{EI}=+\frac{5}{384}\frac{q(2a)^4}{EI}=\frac{5}{24}\frac{qa^4}{EI}$$

$$f_{DM_B}=-\frac{M_Bl^2}{16EI}=-\frac{qa^2(2a)^2}{16EI}=-\frac{1}{4}\frac{qa^4}{EI}$$

用叠加法可以得到

$$\theta_B=\theta_{Bq}+\theta_{BM_B}=+\frac{1}{3}\frac{qa^3}{EI}-\frac{2}{3}\frac{qa^3}{EI}=-\frac{1}{3}\frac{qa^3}{EI}(\circlearrowleft)$$

$$f_D=f_{Dq}+f_{DM_B}=+\frac{5}{24}\frac{qa^4}{EI}-\frac{1}{4}\frac{qa^4}{EI}=-\frac{1}{24}\frac{qa^4}{EI}(\uparrow)$$

(4)求 f_A。

由图 12-12(a)和(c)可以看出，由于截面 B 发生转动，带动 AB 段一起作刚性转动，θ_B 为逆时针方向转动，从而使 A 端产生挠度 $f_1=-\theta_B\cdot a$；又由图 12-12(a)和(b)可见，由于 AB 段本身的弯曲变形，使 AB 段梁在已有挠度 f_1 的基础上再按悬臂梁的情况产生挠度 f_2，故 A 端的总挠度为

$$f_A=f_1+f_2=-\theta_B\cdot a+\frac{(2q)a^4}{8EI}=-\left(-\frac{1}{3}\frac{qa^3}{EI}\right)\cdot a+\frac{(2q)a^4}{8EI}=\frac{7}{12}\frac{qa^4}{EI}(\downarrow)$$

例 12-6 试用叠加法求图 12-13 所示悬臂梁自由端 B 处的挠度 f_B。

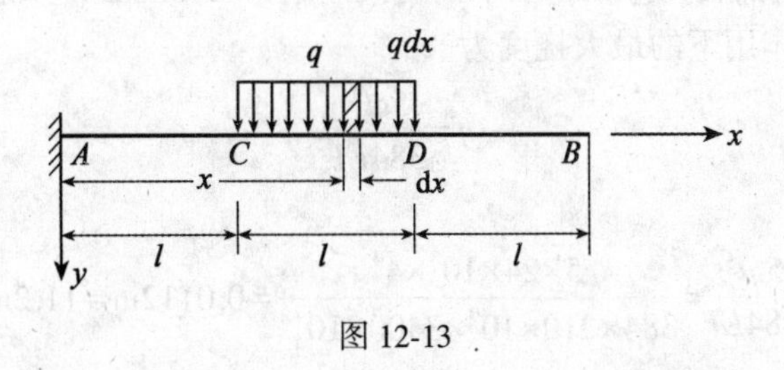

图 12-13

解 利用表 12-1 序号 2 中的公式可以得到微分荷载 $\mathrm{d}F=q\cdot\mathrm{d}x$ 引起悬臂梁自由端处的挠度为

$$\mathrm{d}f_B=\frac{q\mathrm{d}x\cdot x^2}{6EI}[3(3l)-x]=\frac{q}{6EI}[9lx^2-x^3]\mathrm{d}x$$

根据叠加原理,在图示均布荷载作用下,将 $\mathrm{d}f_B$ 积分可得

$$f_B=\frac{q}{6EI}\int_l^{2l}[9lx^2-x^3]\mathrm{d}x=\frac{45ql^4}{16EI} \quad (\downarrow)$$

§12-5 梁的刚度校核

前面已经提到,所谓梁的刚度校核,就是要限制梁发生的弯曲变形不可超过某一规定的容许值。一般要求最大挠度 f 不超过规定的容许挠度 $[f]$;最大转角 $\theta_{\max}$ 不超过规定的容许转角 $[\theta]$,因此梁的刚度条件可以写为

$$f\leqslant[f] \qquad (12\text{-}4)$$
$$\theta_{\max}\leqslant[\theta]$$

$[f]$ 和 $[\theta]$ 的数值是由具体工作条件决定的,在设计计算时应参照有关规范来确定。例如:

起重机大梁、吊车梁:$[f]=\dfrac{l}{600}\sim\dfrac{l}{1000}$mm;

发动机曲轴、凸轮轴:$[f]=0.05\sim0.06$mm;

普通机床主轴、一般的轴:$[f]=(0.0001\sim0.0005)$mm;

　　$[\theta]=0.001\sim0.005$rad;

安装齿轮处:　$[\theta]=0.001\sim0.002$rad;

滑动轴承:　$[\theta]=0.001$rad;

向心球轴承:　$[\theta]=0.005$rad。

式中:l 是支承间距离,即跨度。此外,也可参考有关手册(如机械手册)来选择 $[f]$ 和 $[\theta]$ 值。

例 12-7 对例 12-2 中图 12-8 所示简支工字钢梁进行刚度校核。若已知梁的跨度 $l=4$m,承受均布荷载 $q=24$kN/m,钢材弹性模量 $E=210$GPa,容许挠度 $[f]=\dfrac{l}{500}$。在进行计算时初步选择梁横截面为 22a 工字钢,试作刚度校核。若不满足要求,最后确定选择哪种工字钢型号才适宜。

解 (1)由附录型钢表查得 22a 工字钢的惯性矩 $I=3400\text{cm}^4$。从表 12-1 的序号 7 查出简支梁在均布荷载 q 作用下的最大挠度为

$$f=\frac{5ql^4}{384EI}$$

将有关数值代入得到

$$f=\frac{5ql^4}{384EI}=\frac{5\times24\times10^3\times4^4}{384\times210\times10^9\times3400\times10^{-8}}=0.0112\text{m}=11.2\text{mm}$$

但是容许挠度

$$[f]=\frac{l}{500}=\frac{4000}{500}=8\text{mm}$$

所以 $f>[f]$,不能满足刚度条件要求,需要加大截面。

(2)确定改用 25b 工字钢,由附录型钢表查得其惯性矩 $I=5283.96\text{cm}^4$,则

$$f=\frac{5\times24\times10^3\times4^4}{384\times210\times10^9\times5283.96\times10^{-8}}=0.0072\text{m}=7.2\text{mm}$$

这时,$f<[f]$,满足刚度条件要求,因此最后决定选择 25b 工字钢。

由此可见,在进行梁的截面设计时,虽然首先必须满足强度条件,但也应该注意同时满足刚度条件。若遇到刚度不足,则应采取措施提高梁的刚度。由表 12-1 和上述例题可以看出,影响梁的挠度和转角的因素有荷载、跨度和抗弯刚度等,因此减小梁变形的措施为:

(1)减小梁的跨度 l。由于梁的挠度和转角是与梁长 l 的 n 次幂(n 可为 1,2,3,4)成正比,因此减小梁长可使梁的变形显著减小,这是提高梁的刚度很有效的措施,例如将简支梁改变为外伸梁或增加中间支承等。

(2)增大梁的抗弯刚度 EI。由于各种钢材的 E 值相差不大,所以采用高强度钢或优质钢是不能提高梁的抗弯刚度的,通常有效办法是采用型钢或空心薄壁截面,使惯性矩 I 增大,从而提高梁的抗弯刚度。

§12-6 简单超静定梁的解法

前面我们研究过简支梁、悬臂梁和外伸梁等,其支座反力只凭静力平衡方程就可全部求出,它们都属于静定梁。但在工程实际中所用的梁,有时更多地采用支座或固端支承方式,以减小梁的应力和挠度。例如一长跨度的简支梁,若在其跨中增加一个支座,则将使其最大弯矩和最大挠度值显著地减小,如图 12-14 所示。然而,这时该梁的支反力就不可能只凭静力平衡方程来求解了,因为其支反力未知量有四个(图 12-14(b)),而能够用来求解这些支反力的独立的平衡方程只能列出三个。像这种单凭静力平衡方程不能求出其全部支反力的梁,就称为**超静定梁**。

在超静定梁中,多于维持其静力平衡所必需的约束称为多余约束,与其相应的支反力则称为多余未知力。例如在图 12-14(b)中,可以把支座 C 看做是多余约束,而与之相应的支反力 F_C 就是多余未知力。当然,也可以把支座 A 或支座 B 当做多余约束,而与之相应的多余未知力则为支反力 R_A 或 R_B。超静定梁的多余约束的数目就等于梁的超静定次数,例如图 12-14(b)所示的梁,共有四个未知的支反力,而独立的平衡方程只能列出三个,故也是一

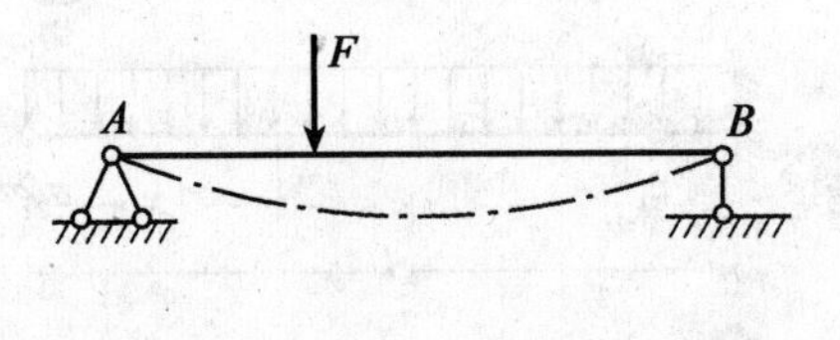

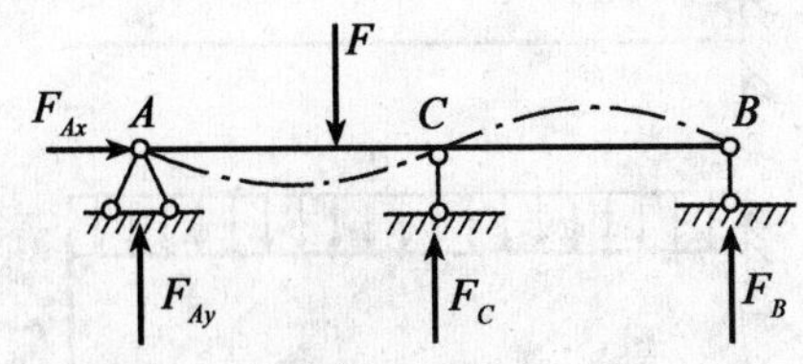

图 12-14 静定梁与超静定梁的比较

次超静定梁。为了求得超静定梁的全部支反力，和第 6 章中求解拉、压超静定问题的方法相同，也需要根据原超静定梁的变形协调条件写出变形几何方程，并通过力与变形之间的物理关系得到补充方程。

在求解图 12-15(a)所示超静定梁时，可设想将其支座 B 处的约束当做多余约束予以解除，使超静定梁改变成图 12-15(b)所示的基本静定梁(悬臂梁)；然后将荷载 q 和在 B 点与所解除的约束相对应的支反力 F_B 共同施加到梁上，如图 12-15(c)所示，并假设 F_B 向上；再根据其超静定梁原有的约束条件可知，图 12-15(b)所示梁在 B 点处的挠度应等于零，这也就是原超静定梁的变形协调条件。这样就可求得悬臂梁在均布荷载 q 和集中力 F_B 分别单独作用下，在 B 点处的挠度 f_{Bq} 和 f_{BF_B}，如图 12-15(d)、(e)所示。然后用叠加法求得在二者共同作用下 B 点的挠度为

$$f_B = f_{Bq} + f_{BF_B} \tag{a}$$

于是，根据上述变形协调条件可得到变形几何方程

$$f_B = f_{Bq} + f_{BF_B} = 0 \tag{b}$$

式(b)中的挠度 f_{Bq} 和 f_{BF_B} 可从表 12-1 中查得：

$$f_{Bq} = +\frac{ql^4}{8EI} \tag{c}$$

$$f_{BF_B} = -\frac{F_B l^3}{3EI} \tag{d}$$

式(c)、(d)就是本问题中力与变形之间的物理关系式，将式(c)、(d)代入式(b)，即得到补充方程

$$\frac{ql^4}{8EI} - \frac{F_B l^3}{3EI} = 0 \tag{e}$$

从式(e)可求得

$$F_B = \frac{3}{8}ql \tag{f}$$

所求得的 F_B 为正号，表示前面假设的指向是对的。由此可见，根据由上述多余约束处的变形协调条件求解多余未知力的方法和步骤，可以求出超静定梁的支反力，这一方法称为变形比较法。

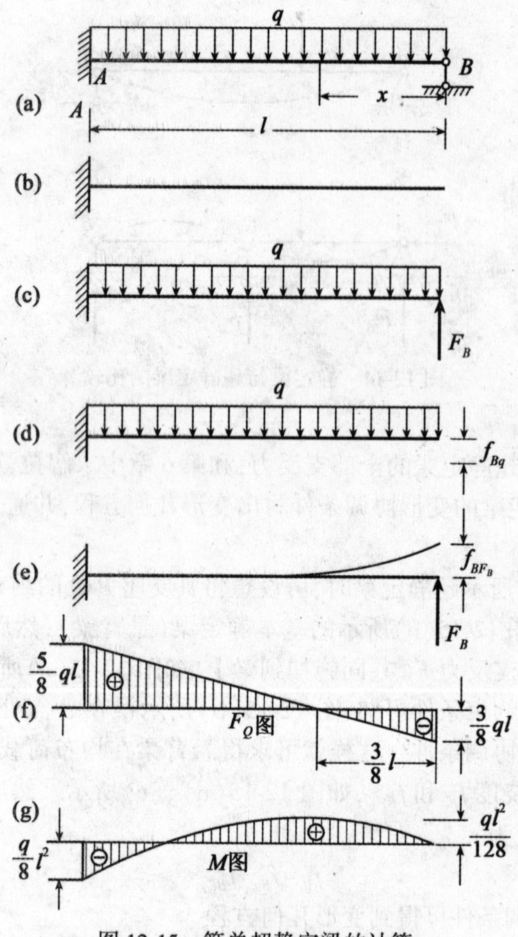

图 12-15 简单超静定梁的计算

把求出的多余未知力 F_B 和荷载 q 共同作用在基本静定梁上，如图 12-15(c)所示，利用静力平衡条件就可以计算出固定端 A 的支反力为

$$F_A=\frac{5}{8}ql,\qquad M_A=\frac{1}{8}ql^2$$

在求出图 12-15(a)所示超静定梁的支反力后，就可以按第 10 章中介绍的计算梁横截面上内力以及作剪力图和弯矩图的方法，作出梁的 F_Q 图和 M 图，如图 12-15(f)、(g)所示。一般根据上述结果，就可以对超静定梁进行强度设计和刚度校核。

以上介绍的是取支座 B 处的约束作为多余约束来求解超静定梁的。当然也可以取支座 A 处阻止该梁端面转动的约束作为多余约束，将其解除后，就得到如图 12-16 所示的基本静定梁(简支梁)，与所解除的约束相对应的未知支反力是力偶矩 M_A。根据原超静定梁 A 端面的转角应等于零这一变形协调条件，可以建立一个补充方程，然后由该方程即可求得 M_A 值。建议读者自行按上述方法求解，以验证由此解得的 M_A 值与前面所求得的结果相同。

例 12-8 图 12-17(a)所示的外伸钢梁 ABC，在 A 端用钢拉杆 AD 铰接。若已知钢梁和

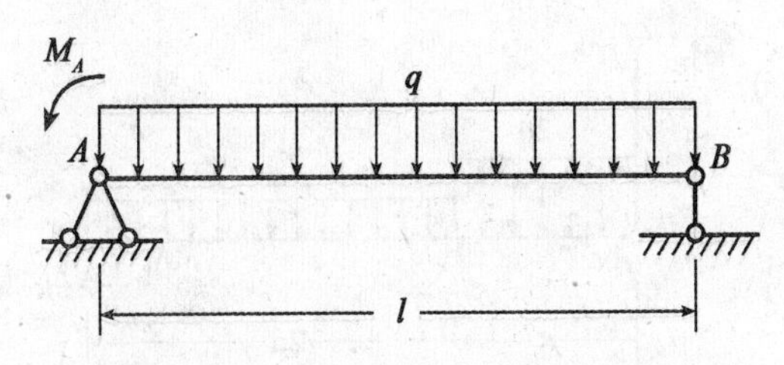

图 12-16 简单超静定梁解法之二

钢拉杆的弹性模量 $E=200\text{GPa}$，梁横面的惯性矩 $I=0.00008\text{m}^4$，拉杆杆横截面面积 $A=0.0004\text{m}^2$，拉杆长度 $l=2\text{m}$，梁跨度 $a=2\text{m}$，荷载 $q=10\text{kN/m}$。试求钢拉杆的拉力 N，并作出梁的 F_Q 图和 M 图。

解 (1)进行受力分析

荷载加到梁 ABC 上后，在 A 点将产生向下的变形而使 AD 杆内产生拉力 F_N。于是可作出梁 ABC 的受力图，如图 12-17(b)所示。梁 ABC 上的外力为一平面平行力系，有 F_B、F_C 和 F_N 三个未知力，但只能列出两个独立的平衡方程，所以该梁是一次超静定梁，还需要建立一个补充方程。

(2)找出变形协调条件

现把拉杆 AD 看做多余约束，相应的拉力 F_N 就是多余未知力。解除多余约束后就可得到图 12-17(b)中所示的外伸梁 ABC。根据该超静定梁原有的约束条件可知，此外伸梁在 A 端处变形协调条件是拉杆和梁在受力变形后仍连接于 A 点，这表明外伸梁 A 端的挠度 f_A 与拉杆 AD 在 A 端的向下变形(伸长)Δl 应相等，即

$$f_A=\Delta l \tag{a}$$

(3)根据变形协调条件写出变形几何方程

外伸梁在荷载与拉力 F_N 共同作用下，其 A 端的挠度 f_A(图 12-17(b))等于它们分别作用时的 A 端挠度 f_{Aq} 和 f_{AF_N}(图 12-17(c)、(d))的代数和，即

$$f_A=f_{Aq}+f_{AF_N} \tag{b}$$

将式(b)代入式(a)，即得到本问题中的变形几何方程为

$$f_{Aq}+f_{AF_N}=\Delta l \tag{c}$$

(4)利用力与变形间的物理关系，建立求拉力 F_N 的补充方程

在例 12-5 中已经求得 $f_{Aq}=\dfrac{7}{12}\dfrac{qa^4}{EI}$，并由表 12-1 中序号 11 查得 $f_{AF_N}=-\dfrac{F_Na^3}{EI}$，从而

$$f_A=f_{Aq}+f_{AF_N}=\frac{7qa^4}{12EI}-\frac{F_Na^3}{EI} \tag{d}$$

而拉杆 AD 的伸长为

$$\Delta l=\frac{F_N\cdot l}{EA} \tag{e}$$

式(d)、(e)即本问题中的物理关系式。将它们代入式(c)可得补充方程为

$$\frac{7qa^4}{12EI}-\frac{F_Na^3}{EI}=\frac{F_Nl}{EA}$$

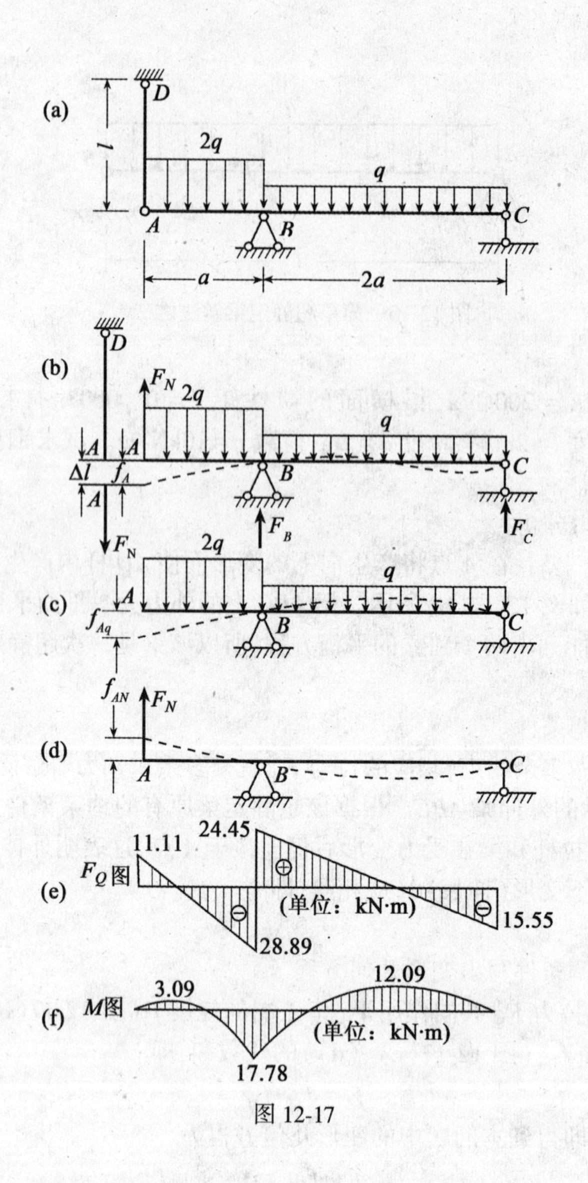

图 12-17

由此式可求得

$$F_N=\frac{7qa^4A}{12(Il+Aa^3)}=\frac{7\times10\times2^4\times0.0004}{12(0.00008\times2+0.0004\times2^3)}=11.11\text{kN}$$

(5)求支座反力

在求得 F_N 后，梁的支反力 F_B 和 F_C 可由外伸梁图 12-17(b))的静力平衡方程求得为

$$F_B=\frac{7qa}{2}-\frac{21qa^4A}{24(Il+Aa^3)}=53.34\text{kN}$$

$$F_C=\frac{qa}{2}+\frac{7qa^4A}{24(Il+Aa^3)}=15.55\text{kN}$$

(6)作 F_Q 图和 M 图

求得超静定梁的支反力和拉杆内力后，就可按第 10 章介绍的作剪力图和弯矩图的方法

作出所求梁的 F_Q 图和 M 图，如图 12-17(e)、(f)所示。

同样还可按本章所介绍的计算梁的变形方法作出超静定梁的挠度曲线(如图 12-17(b)中虚线所示)。

习 题

12-1 试用积分法验算表 12-1 中序号 1、2、3、4、5、7、8 和 11 各梁的挠曲轴线方程及其最大挠度和梁端截面转角的表达式。

(答案：见表 12-1)

12-2 试用积分法求图示外伸梁的 θ_B 和 f_A，已知 EI 为常数。

(答案：$\theta_B=-\dfrac{ql^3}{24EI}, f_A=\dfrac{ql^4}{24EI}$)

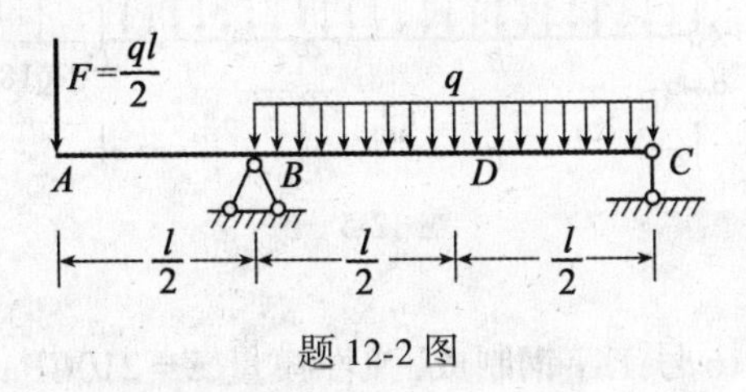

题 12-2 图

12-3 试用积分法求图示外伸梁在均布荷载 q 作用下的 θ_A、θ_B 和 f_D, f_C。EI = 常数。

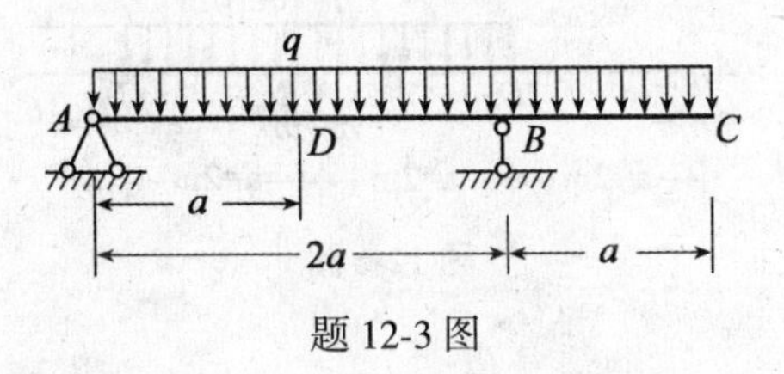

题 12-3 图

(答案：$\theta_A=+\dfrac{qa^3}{6EI}, \theta_B=0, f_D=\dfrac{qa^4}{12EI}, f_C=\dfrac{qa^4}{8EI}$)

12-4 试用叠加法求图示各梁截面 A 的挠度及截面 B 的转角。已知 EI=常数。

(答案：(a) $f_A=\dfrac{2Fl^3}{9EI}, \theta_B=\dfrac{5Fl^2}{18EI}$；(b) $f_A=\dfrac{Fl^3}{6EI}, \theta_B=\dfrac{9Fl^2}{8EI}$；

(c) $f_A=\dfrac{ql^4}{16EI}, \theta_B=-\dfrac{ql^3}{12EI}$；(d) $f_A=\dfrac{Fa}{6EI}(3b^2+6ab+2a^2), \theta_B=\dfrac{-Fa(2b+a)}{2EI}$；

(e) $f_A=\dfrac{11Fa^3}{12EI}, \theta_B=\dfrac{17Fa^2}{12EI}$ (f) $f_A=\dfrac{qa}{24EI}(3a^3+4a^2l-l^3), \theta_B=\dfrac{q}{24EI}(4a^3+4a^2l-l^3)$)

12-5 已知外伸梁由 18 号工字钢制成，弹性模量 $E=210\text{GPa}$, $F=20\text{kN}$, $q=10\text{kN/m}$，试求其 f_B 和 f_D 的值。

(答案：$f_B=11.47\text{mm}, f_D=-5.74\text{mm}$)

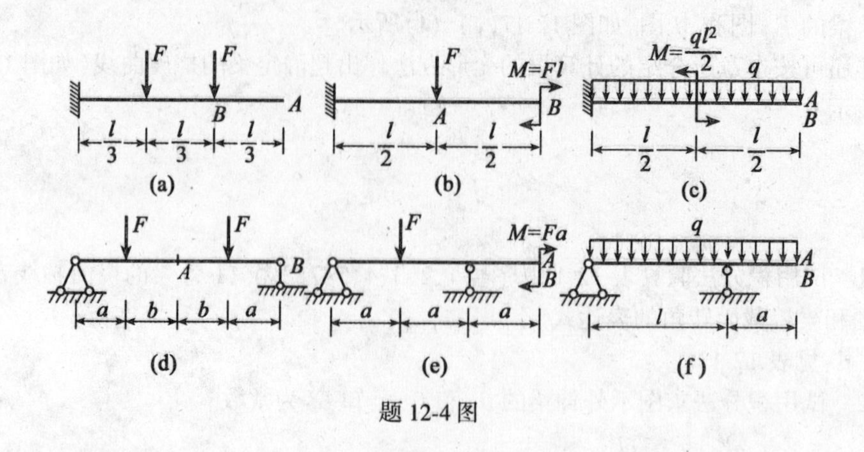

题 12-4 图

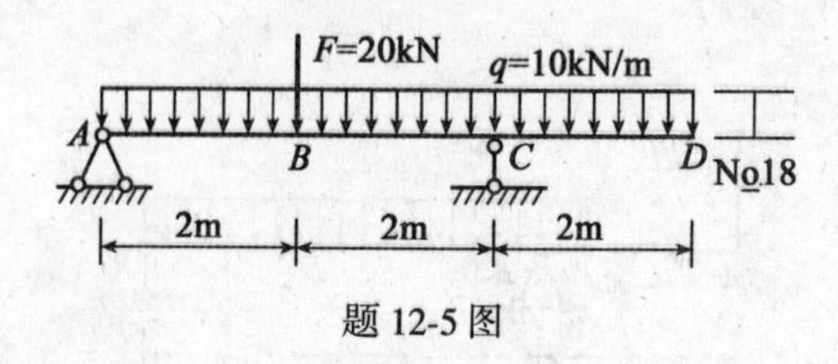

题 12-5 图

12-6 图示外伸梁由 16 号工字钢制成，弹性模量 $E=210\text{GPa}$，$q=10\text{kN/m}$，$a=2\text{m}$，试求 θ_A、θ_B 和 f_C、f_D 的值，并描出该梁的挠曲轴线。

（答案：$\theta_A=-0.7\times10^{-3}\text{rad}$，$\theta_B=4.9\times10^{-3}\text{rad}$，$f_D=-0.14\text{mm}$，$f_C=1.83\text{mm}$）

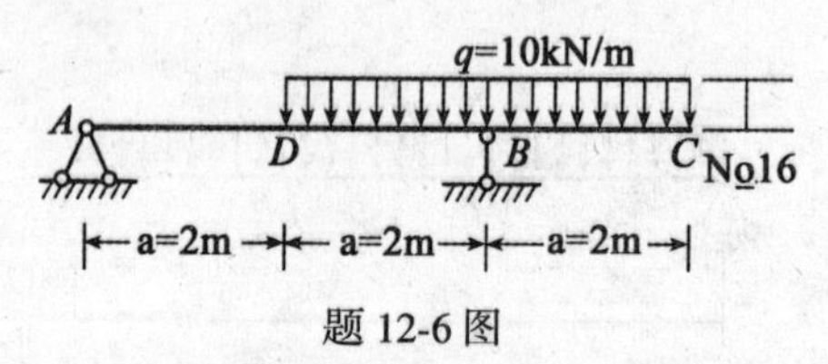

题 12-6 图

12-7 试求图示悬臂梁在三角形分布荷载 q_0 作用下的自由端挠度 f_B。EI=常数。

（答案：$t_B=\dfrac{q_0l^4}{30EI}$）

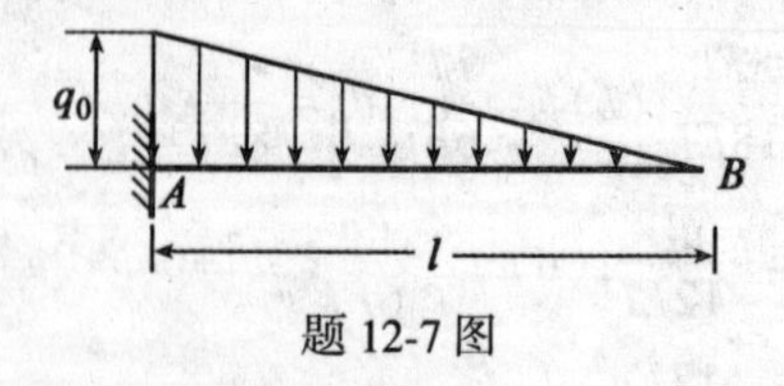

题 12-7 图

12-8 图示一木梁 AB，其右端用钢拉杆吊起。若已知梁的横截面为边长 $a=0.2\text{m}$ 的正方形，$E_1=10\text{GPa}$；钢拉杆的横截面面积为 $A_2=250\text{mm}^2$，$E_2=210\text{GPa}$。试求木梁在均布荷载 $q=40\text{kN/m}$ 作用下拉杆 BD 的伸长 Δl 和梁中点 C 沿竖直方向的挠度 f_C。

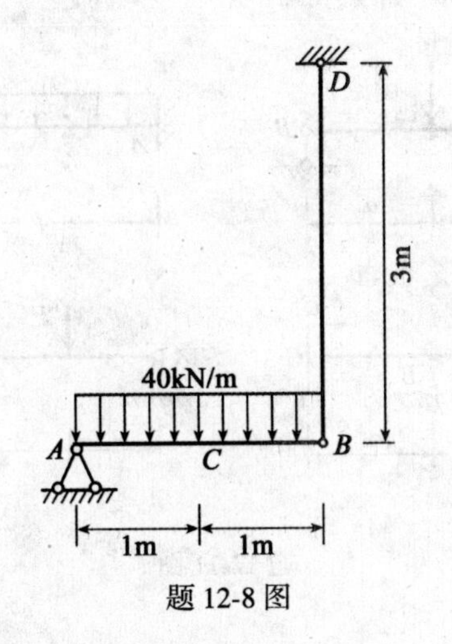

题 12-8 图

(答案:$\Delta l=2.29\text{mm}$, $f_C=7.39\text{mm}$)

12-9 有一等直圆松木桁条,跨度长为4m,两端搁置在桁架上可以视为简支梁,在全跨度上作用有分布集度为 $q=1.82\text{kN/m}$ 的均布荷载。若已知松木的容许应力 $[\sigma]=10\text{MPa}$,弹性模量 $E=10\text{GPa}$,容许相对挠度为 $\left[\dfrac{f}{l}\right]=\dfrac{1}{200}$。试求此桁条横截面所需的直径 d。

(答案:$d=160\text{mm}$)

12-10 已知图示齿轮轴的直径 $d=35\text{mm}$,弹性模量 $E=200\text{GPa}$,容许转角 $[\theta]=0.01\text{rad}$,试求齿轮轴轴承处 A 和 B 截面的转角,并校核其刚度是否满足要求。

(答案:$\theta_A=0.0075\text{rad}$, $\theta_B=0.0079\text{rad}$, $\theta_B<[\theta]=0.01\text{rad}$,满足刚度要求)

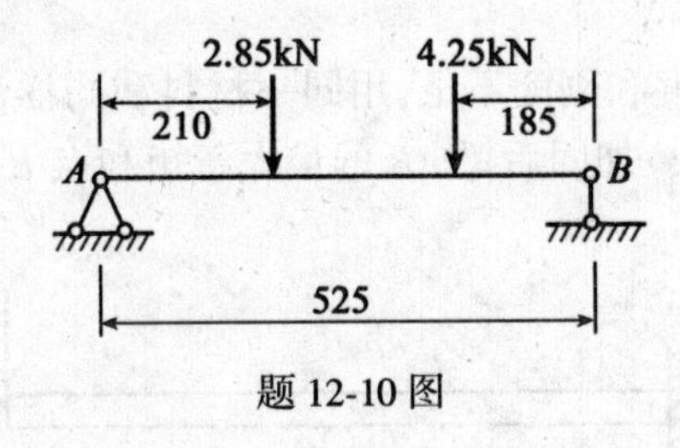

题 12-10 图

12-11 试求图示各超静定梁的支反力。

(答案:(a) $F_B=\dfrac{14}{27}F$, $F_A=\dfrac{13}{27}F$, $M_A=\dfrac{4Fa}{9}$;

(b) $F_B=\dfrac{17}{16}ql$, $F_A=\dfrac{7}{16}ql$, $M_A=\dfrac{ql^2}{16}$;

(c) $F_B=-\dfrac{3M_C}{4a}(\downarrow)$, $F_A=\dfrac{3Mc}{4a}$, $M_A=-\dfrac{M_C}{2}(\downarrow)$;

(d) $F_B=\dfrac{22}{32}F$, $F_A=\dfrac{13}{32}F$, $F_C=-\dfrac{3}{32}F(\downarrow)$)

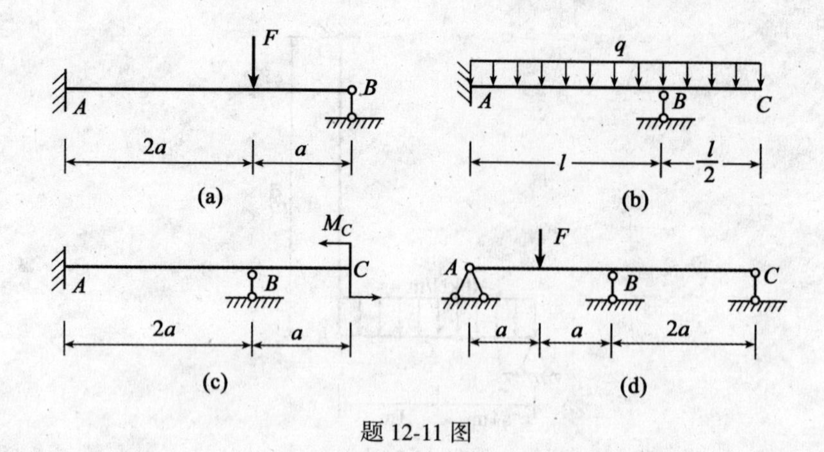

题 12-11 图

12-12　有一受均布荷载 q 作用的双跨超静定梁如图所示,试求其支座反力,并作出剪力图和弯矩图。

(答案:$F_B=\dfrac{5}{4}ql,F_A=\dfrac{3}{8}ql,F_C=\dfrac{3}{8}ql$)

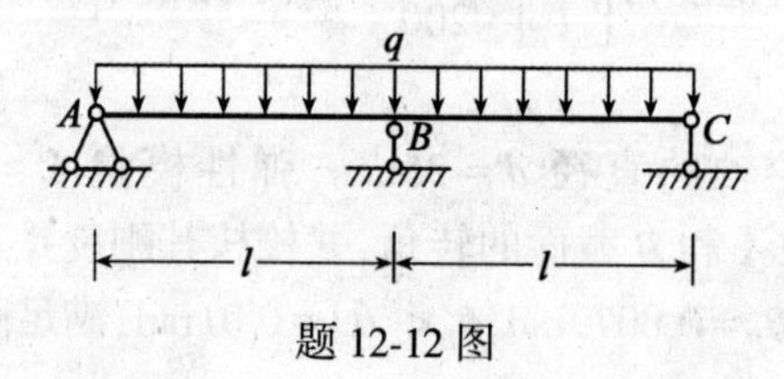

题 12-12 图

12-13　图示梁 AB 因强度和刚度不足,用同一材料和同样截面的短梁 AC 加固。试求:(1)二梁接触处的压力 F_C;(2)加固后梁 AB 的最大弯矩和点 B 的挠度各减小的百分数。

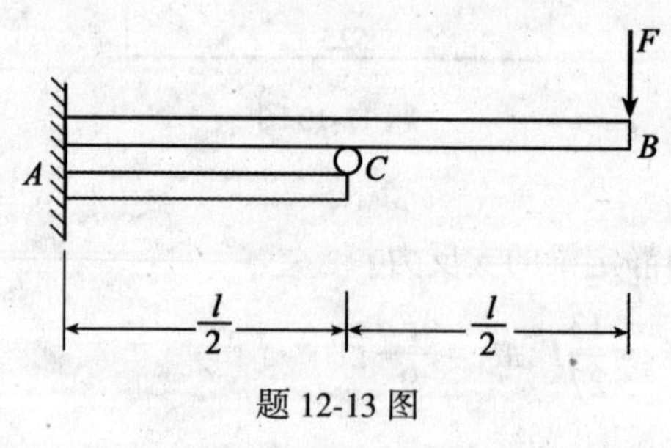

题 12-13 图

(答案:(1)$F_C=\dfrac{5}{4}F$;(2)$M_{\max}$ 减小 50%,f_B 减小 39%)

第 13 章　应力状态分析与强度理论

§13-1　应力状态的概念

一、研究应力状态理论的意义

以上各章介绍了四种基本变形下的内力和应力的计算,并建立了相应的强度条件

$$\sigma_{\max} \leqslant [\sigma], \tau_{\max} \leqslant [\tau]$$

认为满足了以上两个条件,则杆件在强度方面是安全的。但工程实际中有的情况并不完全如此,即使满足了上列强度条件的杆件仍然有破坏的可能性。例如在第三章中做铸铁压缩试验时,在荷载逐渐加大,横截面受压的强度还足够的时候,出现了沿轴线成 35°~39°角(理论上应成 45°)的斜缝上发生破坏的现象(图 13-1)。出现这种现象的原因,按以前所学知识尚不能解释,因为在前面我们研究的只是杆件横截面上各点的应力,而在横截面上某一点处沿斜截面上的应力情况我们还一无所知。例如,那么过一点各个斜截面(包括横截面)上的应力怎样,其中哪一个截面上出现最大的正应力,哪个截面上出现最大剪应力,要了解这些,就要根据这些数据,建立相应的强度条件,进行强度校核。这就是研究应力状态理论的目的。

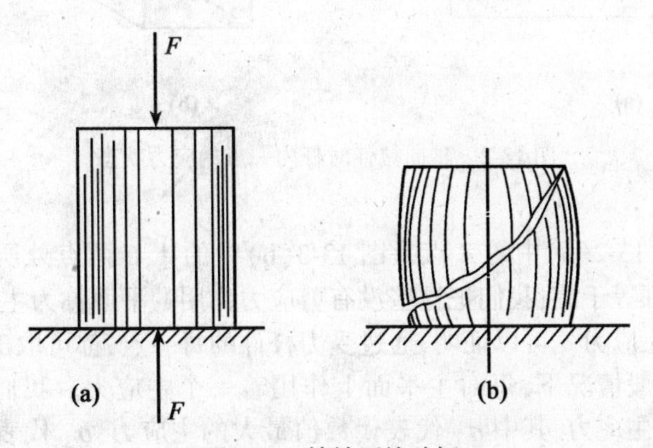

图 13-1　铸铁压缩破坏

二、单元体及一点处的应力状态

在受力杆件上任意一点处各个斜截面上的应力情况,通常称为该点处的应力状态。研究应力状态理论的基本方法,是围绕受力杆件上的任意一点,取出一个微小的正六面

体,也叫单元体。单元体的边长取成无穷小的量,因此可以认为:作用在单元体的各个面上的应力都是均匀分布的;在任意一对平行平面上的应力是相等的,且代表着通过所研究的点并与上述平面平行的面上的应力。因此单元体三对平行平面上的应力就代表通过所研究的点的三个互相垂直截面上的应力,只要知道了这三个面上的应力,则其它任意斜截面上的应力都可以通过截面法求出来,这样,该点处的应力状态就完全确定了。因此,可用单元体的三个互相垂直平面上的应力来表示一点处的应力状态。

图 13-2(a)表示一轴向拉伸杆。在 A、B 两点处各取出一单元体(如图 13-2(b)),对于 A 单元体,它是从拉杆中围绕 A 点用一对横截面和一对与杆轴平行的纵向截面切出的单元体。此单元体的左、右侧面为横截面,作用在它上面的正应力可以用 $\sigma=\dfrac{P}{A}$求出,而上、下侧面和前后侧面均无应力。对于 B 单元体,两对斜截面上的应力可以用直杆拉(压)时斜截面上的应力公式求出。因此可以说 A、B 两点的应力状态就完全确定了。又如图 13-3(a)表示一受横力弯曲的梁,若在 A、B、C、D 等点各用一对横截面和一对与梁轴线平行的纵向截面切出单元体,如图 13-3(b)所示。各单元体横截面上有正应力和剪应力,其值由公式 $\sigma=\dfrac{M\cdot y}{I_z}$ 和 $\tau=\dfrac{QS_z^*}{bI_z}$求出 ,而纵截面上没有正应力,根据剪应力互等定理可以确定纵截面上有剪应力,其大小等于横截面上的剪应力的值,而前、后截面上的应力为零。因此梁内 A、B、C、D 四点的应力状态就完全确定了。

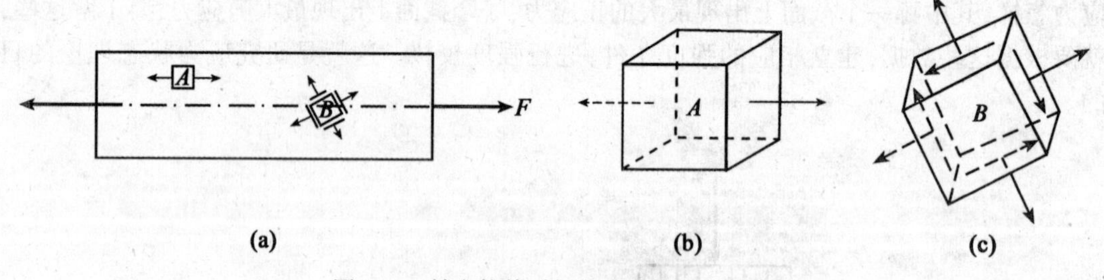

图 13-2 轴向拉伸时杆内一点的应力状态

已经知道,在图 13-2(b)中的 A 点及图 13-3(b)中的 A、C 两点处所取单元体的各对平行平面上的剪应力都等于零,我们把这些没有剪应力作用的平面称为主平面,把作用在主平面上的正应力称为主应力。可以证明,通过受力杆件的每一点,都可取出一个由三对主平面包围的单元体,在一般情况下,每对主平面上作用着一个主应力。我们通常用字母 σ_1、σ_2 和 σ_3 来代表这三个主应力,其中 σ_1 代表代数值最大的主应力,σ_3 代表代数值最小的主应力。例如当三个主应力的数值为 100MPa、50MPa、-150MPa 时,按照规定应是 $\sigma_1=100\text{MPa}$,$\sigma_2=50\text{MPa}$,$\sigma_3=-150\text{MPa}$;当三个主应力的数值为 50MPa、0、-80MPa 时,按照规定是 $\sigma_1=50\text{MPa}$;$\sigma_2=0$;$\sigma_3=-80\text{MPa}$。由主平面围成的单元体称为主应力单元体。

实际上,在受力杆件内所取出的应力单元体上,不一定在每个主平面上都存在有主应力,因此,应力状态可以分为三种:

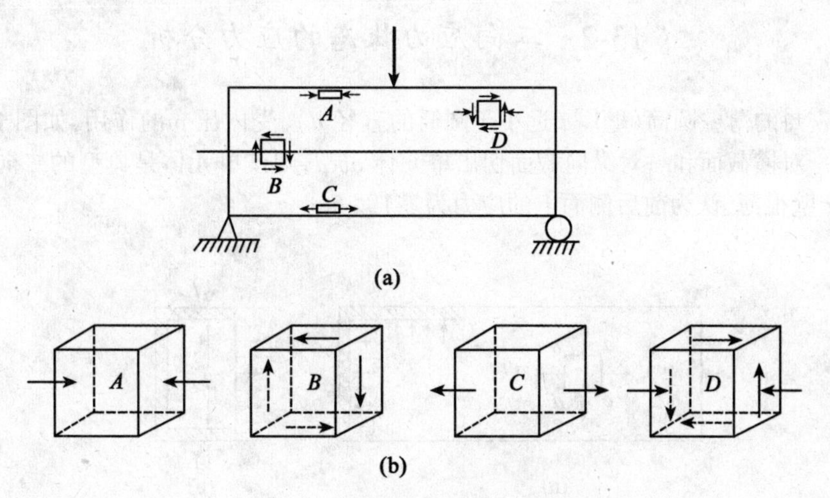

图 13-3　主平面与主单元体的确定

1. 单向应力状态

三个主应力中只有一个主应力不等于零。如图 13-2 中 A 点和图 13-3 中 A、C 两点的应力状态都属于单向应力状态。

2. 二向应力状态(平面应力状态)

三个主应力中有两个主应力不等于零。如图 13-3 中 B 点和 D 点的应力状态。

3. 三向应力状态(空间应力状态)

三个主应力都不等于零。例如列车车轮与钢轨相接触处附近的材料就是处在三向应力状态下(图 13-4)。又如滚珠轴承中的滚珠与内环的接触处,也是处在三向应力状态下(图 13-5)。

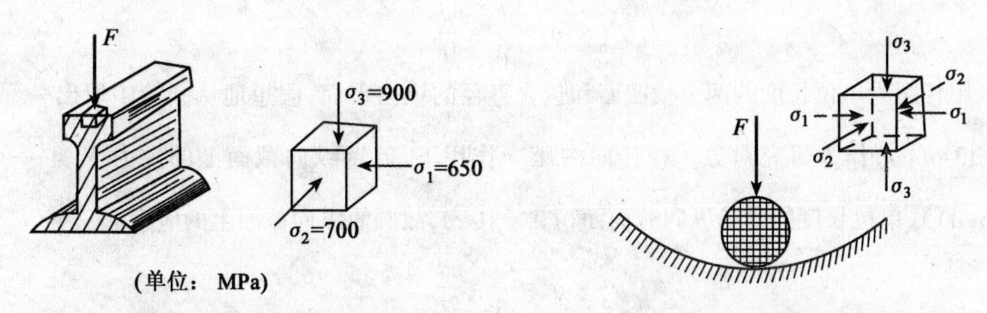

图 13-4　车轮与钢轨接触处的三向应力状态　　图 13-5　滚珠与内环接触处的三向应力状态

通常我们也将单向应力状态称为简单应力状态,而将二向应力状态及三向应力状态统称为复杂应力状态。本章主要研究当杆件内的某一点处在复杂应力状态时,如何确定该点处的最大正应力和最大剪应力。

§13-2 二向应力状态的应力分析

带盖密封的薄壁圆筒(壁厚 t 远小于圆筒的直径 d),受内压 p 的作用,如图 13-6(a)所示。若以一对横截面和一对纵向截面切出单元体 $abcd$,则该单元体是典型的二向受拉应力状态(由于壁很薄,认为前后侧面上的应力为零)。

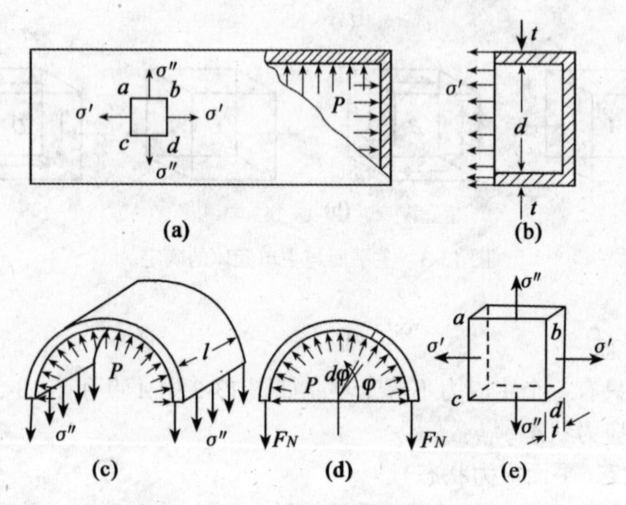

图 13-6 密封薄壁圆筒的应力分析

由内压 p 作用在筒底的总压力为 $F=p\dfrac{\pi d^2}{4}$(图 13-6(b)),圆筒圆环的面积为 $A=\pi dt$,故圆筒横截面上的应力

$$\sigma'=\frac{F}{A}=\frac{pd}{4t}$$

用相距为单位长度的两个横截面和包含直径的纵向平面,假想地从圆筒中取出一部分(图 13-6(c))作为研究对象。在径向内压 p 作用下,筒壁纵向截面上的内力 $F_N=\dfrac{pd}{2}$(图 13-6(d)),单位长度的筒壁纵向截面面积 $A = 1\cdot t$,故圆筒纵向截面上的应力

$$\sigma''=\frac{F_{\mathrm{N}}}{A}=\frac{pd}{2t}$$

在单元体 $abcd$ 上的应力(如图 13-6(e))为

$$\sigma_1=\frac{pd}{2t},\sigma_2=\frac{pd}{4t},\sigma_3=0$$

二向应力状态的一般情况是一对横截面和一对纵向截面上既有正应力又有剪应力,图 13-7(a)表示一从某杆件中取出的单元体,可以用如图 13-7(b)所示的简图来表示。假定在一对竖向平面上的正应力 σ_x、剪应力 τ_x 和在一对水平平面上的正应力 σ_y、剪应力 τ_y 的大小和方向都已经求出,现在要求在这个单元体的任一斜截面 ef 上的应力的大小和方向。由

于习惯上常用 α 表示斜截面 *ef* 的外法线 n 与 x 轴间的夹角，所以又把这个斜截面简称为“α 截面”，并且用 σ_α 和 τ_α 表示作用在这个截面上的应力。

对应力 σ、τ 和角度 α 的正负号作这样的规定：正应力 σ 以拉应力为正，压应力为负；剪应力 τ 以对单元体内的任一点作顺时针转向时为正，反时针转向时为负（这种规定与第八章中对剪力 F_Q 所作的规定是一致的）；角度 α 以从 x 轴出发量到截面的外法线 n 是反时针转时为正，是顺时针转时为负。按照上述正负号的规定可以判断，在图 13-7 中的 σ_x、σ_y 是正值，τ_x 是正值，τ_y 是负值，α 是正值。

当杆件处于静力平衡状态时，从其中截取出来的任一单元体也必然处于静力平衡状态，因此，也可以采用截面法来计算单元体任一斜截面 *ef* 上的应力。

取 *bef* 为脱离体如图 13-7(c) 所示。对于斜截面 *ef* 上的未知应力 σ_α 和 τ_α，可以先假定它们都是正值。脱离体 *bef* 的立体图和其上应力的作用情况如图 13-7(d) 所示。设斜截面 *ef* 的面积为 dA，则截面 *eb* 和 *bf* 的面积分别是 $dA\cos\alpha$ 和 $dA\sin\alpha$。脱离体 *bef* 的受力图如图 13-7(e) 所示。

取 n 轴和 t 轴如图 13-7(e) 所示，则可以列出脱离体的静力平衡方程如下：

由 $\sum F_n = 0$，得到

$$\sigma_\alpha dA + (\tau_x dA\cos\alpha)\sin\alpha - (\sigma_x dA\cos\alpha)\cos\alpha + (\tau_y dA\sin\alpha)\cos\alpha - (\sigma_y dA\sin\alpha)\sin\alpha = 0 \tag{a}$$

由 $\sum F_t = 0$，得到

$$\tau_\alpha dA - (\tau_x dA\cos\alpha)\cos\alpha - (\sigma_x dA\cos\alpha)\sin\alpha + (\tau_y dA\sin\alpha)\sin\alpha + (\sigma_y dA\sin\alpha)\cos\alpha = 0 \tag{b}$$

由式(a)和(b)就可以分别推导出 σ_α 和 τ_α 的计算公式。

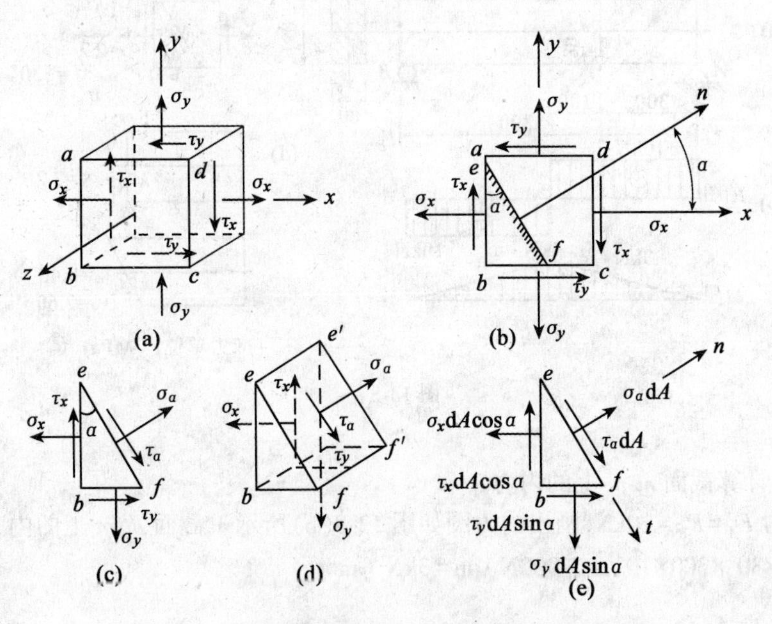

图 13-7　一般情况时二向应力状态中的斜截面上的应力

在推导过程中可以首先利用剪应力互等定理 $\tau_x=\tau_y$，将式(a)改写为

$$\sigma_\alpha+2\tau_x\sin\alpha\cos\alpha-\sigma_x\cos^2\alpha-\sigma_y\sin^2\alpha=0$$

代入以下的三角函数：

$$\cos^2\alpha=\frac{1+\cos2\alpha}{2},\sin^2\alpha=\frac{1-\cos2\alpha}{2}$$

$$2\sin\alpha\cos\alpha=\sin2\alpha$$

可得

$$\sigma_\alpha+\tau_x\sin2\alpha-\sigma_x\left(\frac{1+\cos2\alpha}{2}\right)-\sigma_y\left(\frac{1-\cos2\alpha}{2}\right)=0$$

整理后，得

$$\sigma_\alpha=\frac{\sigma_x+\sigma_y}{2}+\frac{\sigma_x-\sigma_y}{2}\cos2\alpha-\tau_x\sin2\alpha \tag{13-1}$$

同理，可以由式(b)推导得

$$\tau_\alpha=\frac{\sigma_x-\sigma_y}{2}\sin2\alpha+\tau_x\cos2\alpha \tag{13-2}$$

式(13-1)、(13-2)就是对处于二向应力状态下的单元体，根据 σ_x、σ_y、τ_x 求 σ_α、τ_α 的**解析法公式**。

例 13-1 试计算图 13-8(a)所示的矩形截面简支梁，在点 k 处 $\alpha=-30°$的斜截面上的应力的大小和方向。

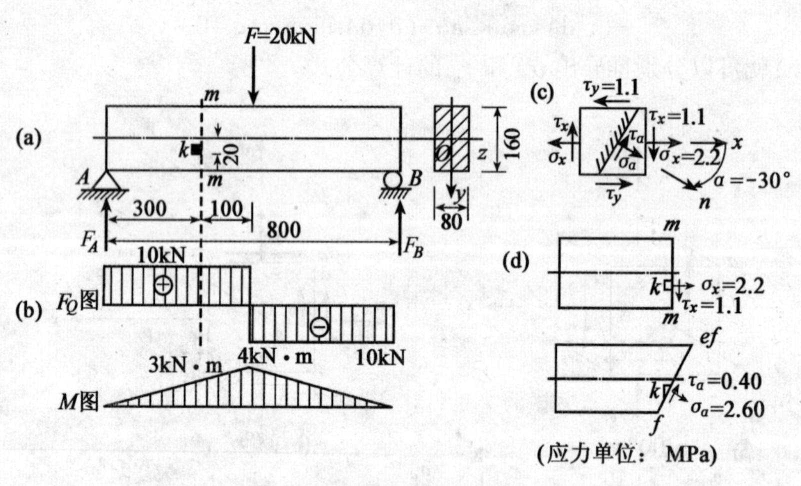

图 13-8

解 (1)计算截面 m-m 上的内力。

支座反力 $F_A=F_B=10\text{kN}$，画出内力图如图 13-8(b)所示。截面 m-m 上的内力为：

$M=10\times30^3\times300\times10^{-3}=3\,000\text{N}\cdot\text{m}=3\text{kN}\cdot\text{m}$

$F_Q=10\text{kN}$

(2)计算截面 m-m 上点 k 处的正应力 σ_x、σ_y 和剪应力 τ_x、τ_y。

由式(11-2)计算 σ_x：

$$I=\frac{bh^3}{12}=\frac{80\times160^3}{12}=27\ 300\ 000\text{mm}^4=27.3\times10^{-6}\text{m}^4$$

$$\sigma_x=\frac{My}{I}=\frac{3\times10^3\times20\times10^{-3}}{27.3\times10^{-6}}=2.2\times10^6\text{N/m}^2=2.2\text{MPa}$$

根据梁受纯弯曲时纵向各层之间互不挤压的假定,可以近似地认为

$$\sigma_y=0$$

由式(11-10)计算 τ_x 和 τ_y:

$$\tau_x=\frac{F_QS}{Ib}=\frac{10\times10^3(60\times80\times50\times10^{-9})}{27.3\times10^{-6}\times80\times10^{-3}}=1.1\times10^6\text{N/m}^2=1.1\text{MPa}$$

$$\tau_y=-\tau_x=-1.1\text{MPa}$$

在点 k 处取出单元体,并且将 σ_x、σ_y、τ_x、τ_y 的代数值和 $\alpha=-30°$ 代入式(13-1)和(13-2)就可以求得:

$$\sigma_\alpha=\frac{2.2}{2}+\frac{2.2}{2}\cos2(-30°)-1.1\sin2(-30°)$$

$$=1.1+1.1\times\frac{1}{2}+1.1\times\frac{\sqrt{3}}{2}=2.61\text{MPa}$$

$$\tau_\alpha=\frac{2.2}{2}\sin2(-30°)+1.1\cos2(-30°)$$

$$=1.1\times\left(-\frac{\sqrt{3}}{2}\right)+1.1\times\frac{1}{2}=-0.41\text{MPa}$$

将求得的 σ_α 和 τ_α 表示在单元体上,如图 13-8(c)所示。

(4)将图 13-8(c)所表示的单元体上的应力情况反映到梁 AB 上,则得如图 13-8(d)所示。仔细观察图 13-8(c)、(d)的对应关系,可以加深我们对应力状态概念的理解。

例 13-2　一单元体如图 13-9 所示,试求 $\alpha=30°$的斜截面上的应力。

解　已知:$\sigma_x=50\text{MPa}$,$\sigma_y=30\text{MPa}$,$\tau_x=-\tau_y=20\text{MPa}$,$\alpha=30°$,代入式(13-1)可求得 σ_α:

$$\sigma_\alpha=\frac{\sigma_x+\sigma_y}{2}+\frac{\sigma_x-\sigma_y}{2}\cos2\alpha-\tau_x\sin2\alpha$$

$$=\frac{50+30}{2}+\frac{50-30}{2}\cos60°-20\sin60°$$

$$=40\times\frac{1}{2}-20\times0.866=27.68\text{MPa}$$

若求 τ_α,可代入式(13-2):

$$\tau_\alpha=\frac{\sigma_x+\sigma_y}{2}\sin2\alpha+\tau_x\cos2\alpha$$

$$=\frac{50-30}{2}\sin60°+20\times\cos60°$$

$$=10\times0.866+20\times\frac{1}{2}=18.66\text{MPa}$$

所求得的正应力 σ_α 为正,表示为拉应力;$\alpha=30°$斜截面上的应力方向如图 13-9 所示。

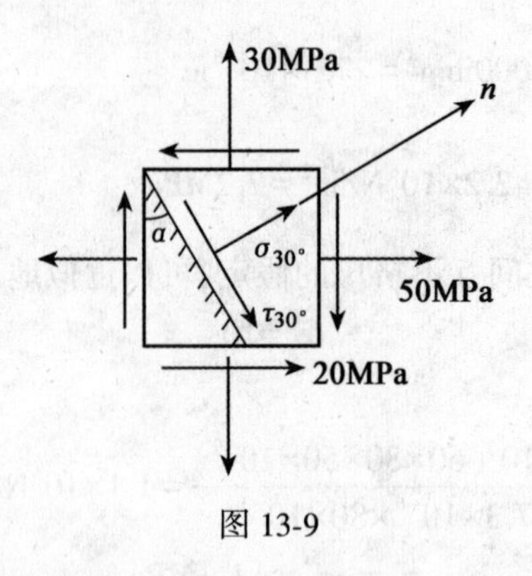

图 13-9

§13-3 二向应力状态的应力圆

在上节中,我们用解析法导出了在二向应力状态下的单元体的任意斜截面上正应力和剪应力的计算公式(13-1)和(13-2)。在本节中,我们介绍一种确定 σ_α 和 τ_α 的**图解法**。

如果我们对式(13-1)作如下的变动:

$$\sigma_\alpha-\frac{\sigma_x+\sigma_y}{2}=\frac{\sigma_x-\sigma_y}{2}\cos2\alpha-\tau_x\sin2\alpha$$

并将上式和式(13-2)分别平方后相加,可得

$$\left(\sigma_\alpha-\frac{\sigma_x+\sigma_y}{2}\right)^2+\tau_\alpha^2=\left(\frac{\sigma_x-\sigma_y}{2}\cos2\alpha-\tau_x\sin2\alpha\right)^2+\left(\frac{\sigma_x-\sigma_y}{2}\sin2\alpha+\tau_x\cos2\alpha\right)^2$$

或

$$\left(\sigma_\alpha-\frac{\sigma_x+\sigma_y}{2}\right)^2+\tau_\alpha^2=\left(\frac{\sigma_x-\sigma_y}{2}\right)^2+\tau_x^2 \tag{13-3}$$

对于所研究的单元体(例如图 13-10(a)所示的单元体),σ_x、σ_y、τ_x 都是已知量,所以式(13-3)的右端是一个常量。由解析几何知识可知式(13-3)是一个圆的方程。如果取直角坐标系并以横轴为 σ 轴,纵轴为 τ 轴,则式(13-3)所代表的圆的圆心在 σ 轴上,并且离坐标原点的距离为$\frac{\sigma_x+\sigma_y}{2}$,圆的半径为 $\sqrt{\left(\frac{\sigma_x-\sigma_y}{2}\right)^2+\tau_x^2}$。我们通常把这种圆叫做**应力圆**或**莫尔**(O. Mohr)**圆**。

下面介绍怎样根据已知单元体上的 σ_x、σ_y、τ_x、τ_y 作出应力圆,以及怎样应用应力圆求单元体任意斜截面上的应力 σ_α、τ_α。

取直角坐标系 $\sigma O\tau$,并且以横坐标代表 σ(向右为正),以纵坐标代表 τ(向上为正),在坐标轴上按比例量取$\overline{OA_1}=\sigma_x$、$\overline{A_1D_1}=\tau_x$ 得到点 D_1,量取$\overline{OB_1}=\sigma_y$、$\overline{B_1D_2}=\tau_y$ 得到点 D_2。作直线连接点 D_1、D_2,与 σ 轴交于点 C,以点 C 为圆心、D_1D_2 为直径作一圆如图 13-10(b)所示。它就是表示图 13-10(a)所示单元体的二向应力状态的应力圆。

利用上面作出的应力圆可以求得单元体任意斜截面上的应力。例如我们要求图 13-10(a)所示单元体的任意斜截面 ef(它的外向法线和 σ_x 间的夹角为 α)上的应力 σ_α 和 τ_α。从式(13-1)和(13-2)可以看出,σ_α 和 τ_α 都随着变量 2α 的正弦和余弦而变。所以当单元体上

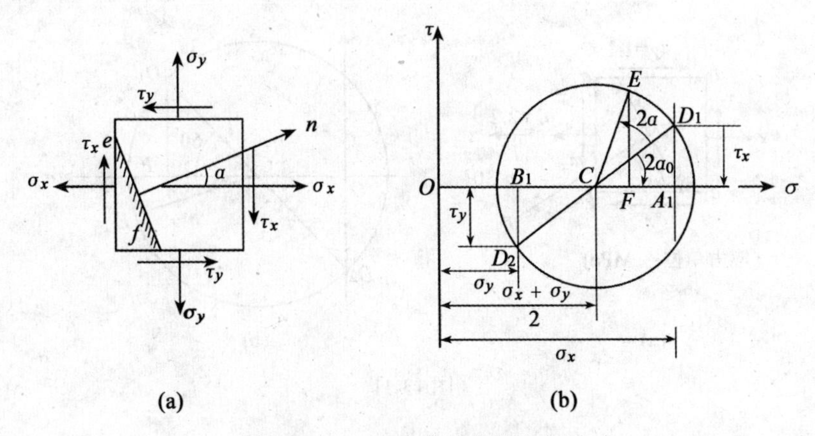

图 13-10　二向应力状态的应力圆

斜截面的角度为 α 时，在应力圆中应从点 D_1 开始，按单元体上 α 的转动方向量一弧长并使其所对应的圆心角为 2α，得到点 E，那么点 E 的横坐标和纵坐标就分别代表 ef 斜截面上的 σ_α 和 τ_α。

注意表示一点应力状态的单元体和应力圆有着互相的**对应关系**，即：单元体任一截面上的应力值与应力圆上一点的坐标值相对应；单元体上两个截面的外向法线所夹的角为 α 时，则在应力圆上与此两截面相对应的两点之间的圆弧所对应的圆心角为 2α，并且它们的转向相同。

例 13-3　试用图解法计算图 13-8(c)所示单元体在 ef 截面上的应力，ef 面和 ab 面的外向法线之间的夹角为 $\alpha=-30°$(图 13-11(a))。

解　(1)取直角坐标系 $\sigma O\tau$。

(2)在横坐标轴上按比例量取 $\overline{OA_1}=\sigma_x=2.2\text{MPa}$，再沿纵坐标轴方向量 $\overline{A_1D_1}=\tau_x=1.1\text{MPa}$ 得到点 D_1。同样，根据 $\sigma_y=0$，$\tau_y=-1.1\text{MPa}$，在 τ 轴上沿负向量取 $\overline{OD_2}=\tau_y=-1.1\text{MPa}$ 得到点 D_2。

(3)作连接 D_1、D_2 的直线，与 σ 轴交于点 C。以点 C 为圆心，以直线 D_1D_2 为直径作如图 13-11(b)所示的圆，就是表示图 13-11(a)所示单元体的二向应力状态的应力圆。

(4)从应力圆圆周上的点 D_1 开始，沿着与 α 转向相同的方向($\alpha=-30°$，负号代表顺时针转向)量一弧长 D_1E(其所对应的圆心角为 $2\alpha=-60°$)，得到圆周上的一点 E，则点 E 的横坐标和纵坐标就代表 σ_α 和 τ_α。按相同的比例量得：

$$\sigma_\alpha=\sigma_{-30°}=2.6\text{MPa}$$
$$\tau_\alpha=\tau_{-30°}=-0.4\text{MPa}$$

这个结果与由解析法得到的结果非常接近。

例 13-4　试分别用解析法和图解法求图 13-12(a)所示单元体在 $\alpha=30°$ 的斜截面上的应力。

解　(1)解析法

用公式(13-1)、(13-2)求 α 截面上的应力：

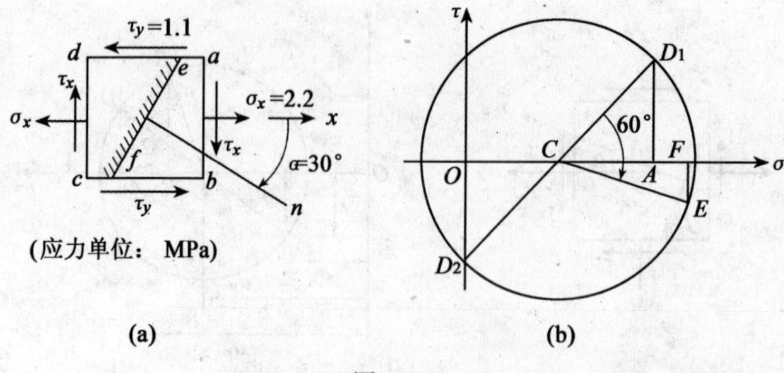

图 13-11

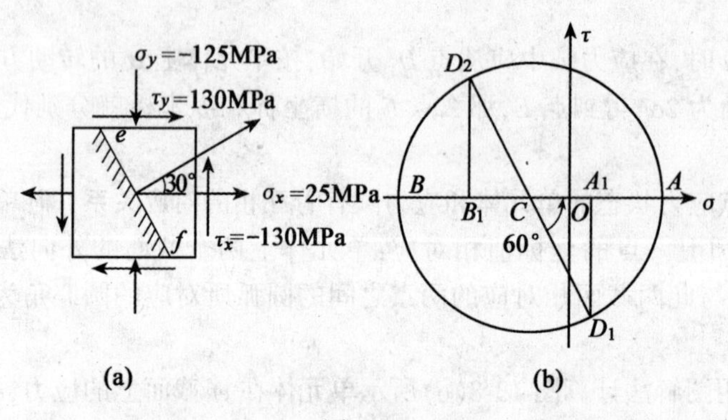

图 13-12

$$\sigma_\alpha=\frac{\sigma_x+\sigma_y}{2}+\frac{\sigma_x-\sigma_y}{2}\cos 2\alpha-\tau_x\sin 2\alpha$$

$$=\frac{25+(-125)}{2}+\frac{25-(-125)}{2}\cos 60°-(-130)\sin 60°$$

$$=-50+\frac{150}{4}-(-130)\frac{\sqrt{3}}{2}=-50+37.5+112.5$$

$$=100\text{MPa}$$

$$\tau_\alpha=\frac{\sigma_x-\sigma_y}{2}\sin 2\alpha+\tau_x\cos 2\alpha$$

$$=\frac{25-(-125)}{2}\sin 60°+(-130)\cos 60°$$

$$=75\frac{\sqrt{3}}{2}-65=0$$

(2)图解法

由 $\sigma_x=25\text{MPa}$、$\tau_x=-130\text{MPa}$ 描得点 D_1，由 $\sigma_y=-125\text{MPa}$、$\tau_x=130\text{MPa}$ 描得点 D_2。作连接 D_1、D_2 的直线交 σ 轴于点 C。以点 C 为圆心、D_1D_2 为直径作出应力圆如图 13-12(b)所

示。

从点 D_1 开始沿反时针转向(与 α 的转向相同)量一弧长 D_1A 并使它对所对应的圆心角为 $2\alpha=60°$,得到的点 A 刚好落在 σ 轴上,它的横坐标就是 σ_α,纵坐标就是 τ_α。量得

$$\sigma_\alpha=100\text{MPa},\tau_\alpha=0$$

§13-4　主　应　力

根据上面介绍的方法,对于杆件上处于二向应力状态下的任意一点,只要知道作用在通过这点的 x 截面和 y 截面上的应力 σ_x、τ_x、σ_y、τ_y,我们就能够计算出通过这点的任意斜截面上的应力 σ_α 和 τ_α。因为对杆件的强度计算来说,最关键的问题就是求出在杆件中出现的最大正应力和最大剪应力的数值以及它们所在的位置,所以下面再介绍一下求最大正应力和最大剪应力的方法。

由式(13-1)、(13-2)可以看出,因为 σ_x、τ_x 和 σ_y、τ_y 都是已知量,所以 σ_α 和 τ_α 是 α 的函数。随着斜截面位置(即 α)的不同,σ_α 和 τ_α 的大小和方向也不相同。下面我们用求函数极值的方法来求 σ_α 和 τ_α 的极大值、极小值,以及它们所在截面的位置。

由 $\dfrac{d\sigma_\alpha}{d\alpha}=0$ 可以得到

$$\frac{d\sigma_\alpha}{d\alpha}=-(\sigma_x-\sigma_y)\sin2\alpha-2\tau_x\cos2\alpha=0$$

即

$$\frac{\sigma_x-\sigma_y}{2}\sin2\alpha+\tau_x\cos2\alpha=0 \tag{c}$$

由式(13-2)知

$$\frac{\sigma_x-\sigma_y}{2}\sin2\alpha+\tau_x\cos2\alpha=\tau_\alpha$$

因此有

$$\tau_\alpha=0$$

式(c)说明,在剪应力 $\tau_\alpha=0$ 的平面上,正应力 σ_α 是极值,也就是说它比单元体上任何其他截面上的正应力都要大(或者都要小)。在§13-1 中已经提到过剪应力等于零的平面叫做主平面,把作用在主平面上的正应力叫做主应力。

将式(c)进一步简化为

$$\frac{\sigma_x-\sigma_y}{2}\tan2\alpha+\tau_x=0$$

如用 α_0 表示在主平面的外向法线 n 与 x 轴之间的夹角,代入上式,即可得出

$$\tan2\alpha_0=-\frac{2\tau_x}{\sigma_x-\sigma_y} \tag{13-4}$$

从式(13-4)可以确定主平面的位置,其中的 α_0 有两个根。因为

$$\tan2(\alpha_0+90°)=\tan(2\alpha_0+180°)=\tan2\alpha_0$$

说明 α_0 和 $\alpha_0+90°$ 都满足式(13-4),也就是说,处于二向应力状态的单元体上有两个主平面,并且是互相垂直的。

下面推导计算主应力数值的公式。

由于在主平面上的剪应力为零,并且在主平面上的正应力就是主应力,因此我们可以将 α_0 和 $\alpha_0+90°$ 代入式(13-3),即有

$$\left.\begin{matrix}\sigma_1\\ \sigma_2\end{matrix}\right.-\frac{\sigma_x+\sigma_y}{2}=\pm\sqrt{\left(\frac{\sigma_x-\sigma_y}{2}\right)^2+\tau_x^2}$$

由此可以得到主应力

$$\left.\begin{matrix}\sigma_1\\ \sigma_2\end{matrix}\right.=\frac{\sigma_x+\sigma_y}{2}\pm\sqrt{\left(\frac{\sigma_x-\sigma_y}{2}\right)^2+\tau_x^2} \tag{13-5}$$

式(13-5)就是**计算主应力数值的公式**。在二向应力状态下求得的这两个主应力 σ_1 和 σ_2 分别作用在两个互相垂直的主平面上。

例如,对于图 13-13(a)所示在二向应力状态下的单元体,只要确定了主平面 ef 的位置,另一个主平面 gf 的位置也就随之确定了。如果把由主平面所组成的单元体 $efgh$ 画成立体图,它将如图 13-13(b)所示,我们把它叫做主单元体。在这个主单元体上,除了上述的两对主平面 ef、gh 和 gf、eh(即图 13-13(b)中的 $eff'e'$、$ghh'g'$ 和 $gff'g'$、$ehh'e'$)外,还有前后平行的另一对平面 $efgh$ 和 $e'f'g'h'$。虽然在这一对平面上的正应力和剪应力都等于零,但是按照剪应力等于零的平面是主平面的定义,它们也是主平面,只是在它们上面的主应力等于零。

如将式(13-5)中两式相加可以得到如下的关系:

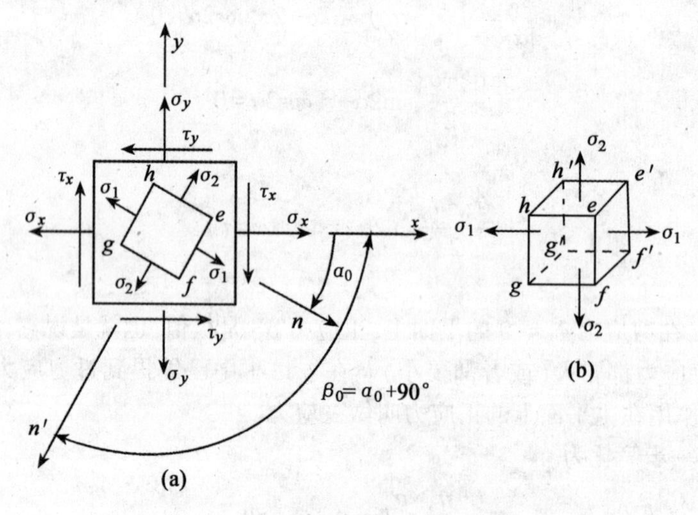

图 13-13 主平面与主单元体的确定

$$\sigma_1+\sigma_2=\sigma_x+\sigma_y=\text{常数} \tag{13-6}$$

式(13-6)说明在与同一主平面垂直的所有截面中,互相垂直的两任意截面上的正应力之和是常数。利用这个关系可以检查主应力的计算结果是否正确,同时在实验应力分析中有时也要用到它。

现在,我们已经能够根据式(13-5)算得在平面应力状态下的两个主应力的数值和根据式(13-4)算得 x 轴与某一个主平面外向法线 n 间的夹角 α_0(也就是 σ_x 与某一个主应力的夹角),从而确定两个主平面的位置。但是除了这些以外,我们还必须进一步判断出 α_0 究竟

是 σ_x 与哪一个主应力的夹角,才能确定每一个主应力的方向。

由式(13-4)可以看出,$\tan 2\alpha_0$ 的极值是∞(相应于 $\sigma_x-\sigma_y=0$ 时的情况),即 $2\alpha_0$ 总是小于或等于±90°,因此 α_0 总是小于或等于±45°的锐角,也就是说由 α_0 确定方向的那个主应力总是偏向于 σ_x 的。根据实践经验和理论分析知道,较大的主应力总是偏向于 σ_x 和 σ_y 中的较大者,较小的主应力则总是偏向于 σ_x 和 σ_y 中的较小者。因此,我们可以归纳出确定主应力方向的规则如下:

当 $\sigma_x>\sigma_y$ 时,α_0 是 σ_x 与两个主应力中代数值较大者之间的夹角。

当 $\sigma_x<\sigma_y$ 时,α_0 是 σ_x 与两个主应力中代数值较小者之间的夹角。

当 $\sigma_x=\sigma_y$ 时,$\alpha_0=45°$,主应力方向可以由单元体上的应力情况直观判断出来。

为了便于记忆,可把上述规则通俗地叙述为:"小偏小来大偏大,夹角不比|45°|大"。

根据以上规则确定主应力方向的具体方法可以参看后面的例题。

用同样方法可求得最大和最小剪应力的值

$$\left.\begin{matrix}\tau_{\max}\\ \tau_{\min}\end{matrix}\right\}=\pm\sqrt{\left(\frac{\sigma_x-\sigma_y}{2}\right)^2+\tau_x^2} \tag{13-7}$$

将式(13-7)与式(13-5)比较,可见最大、最小剪应力与主应力在数值上的关系是

$$\left.\begin{matrix}\tau_{\max}\\ \tau_{\min}\end{matrix}\right\}=\pm\frac{\sigma_1-\sigma_2}{2}$$

当单元体上的三个主应力按代数值排列是 $\sigma_1>\sigma_2>\sigma_3$ 时,最大、最小剪应力的计算公式应为

$$\left.\begin{matrix}\tau_{\max}\\ \tau_{\min}\end{matrix}\right\}=\pm\frac{\sigma_1-\sigma_3}{2} \tag{13-8}$$

例 13-5　试求图 13-14 所示单元体的主应力及主平面方向。

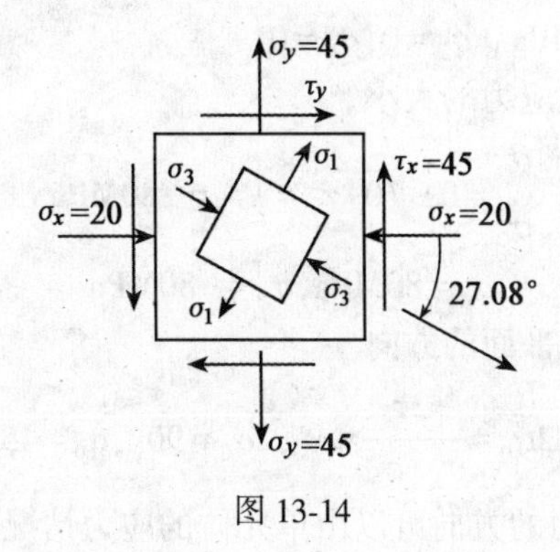

图 13-14

解　已知 $\sigma_x=-20\text{MPa}$,$\sigma_y=45\text{MPa}$,$\tau_x=-45\text{MPa}$。

(1)由公式(13-4)确定主平面的位置:

$$\tan 2\alpha_0=\frac{-2\tau_x}{\sigma_x-\sigma_y}=\frac{-2(-45)}{20\ \ 45}=-1.38$$

$$2\alpha_0=-54.16°,\alpha_0=-27.06°$$

(2)由公式(13-5)确定主应力大小。

$$\left.\begin{matrix}\sigma_1\\ \sigma_2\end{matrix}\right\}=\frac{\sigma_x+\sigma_y}{2}\pm\sqrt{\left(\frac{\sigma_x-\sigma_y}{2}\right)^2+\tau_x^2}$$

$$=\frac{-20+45}{2}\pm\sqrt{\left(\frac{-20-45}{2}\right)^2+(-45)^2}$$

解得

$$\sigma_1=68.01\text{MPa},\sigma_2=-43.01\text{MPa}$$

由于还有一个主应力为零(二向应力状态)且主应力应按代数值排列。三个主应力正确的排列应为:

$\sigma_1=68.01\text{MPa},\sigma_2=0,\sigma_3=-43.01\text{MPa}$

(3)运用"小偏小,大偏大,夹角小于±45°"的规则来判断 σ_1 和 σ_3 中哪一个与 σ_x 的夹角为-27.08°。

因为 $\sigma_x<\sigma_y,\sigma_2<\sigma_3$,故 σ_3 与 σ_x 的夹角为-27.08°,方向如图 13-14 所示。

例 13-6 在图 13-15(a)所示的受扭圆轴中,取出如图 13-15(b)所示的单元体,它处在纯剪切状态下,$\tau_x=-\tau_y=-80\text{MPa}$。试求其主应力的数值和方向。

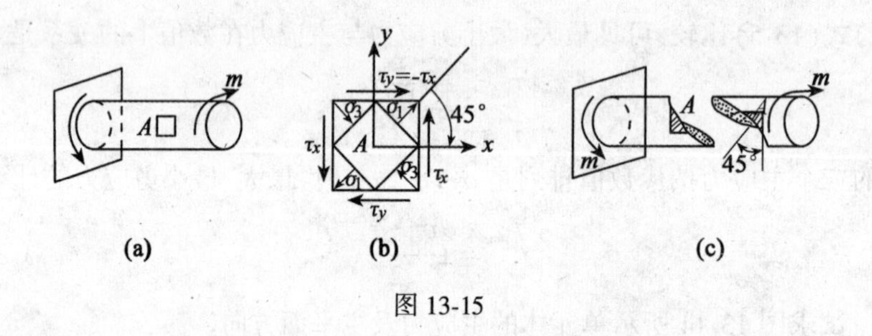

图 13-15

解 已知:$\tau_x=-\tau_y=-80\text{MPa}$。$\sigma_x=0,\sigma_y=0$。

(1)由公式(13-5)确定主应力的大小。

$$\left.\begin{matrix}\sigma_1\\ \sigma_3\end{matrix}\right\}=0\pm\sqrt{0+\tau_x^2}=\pm\tau_x=\pm80\text{MPa}$$

则

$$\sigma_1=80\text{MPa},\sigma_3=-80\text{MPa}$$

(2)由公式(13-4)确定主平面的方向。

$$\tan2\alpha_0=\frac{-2\tau_x}{\sigma_x+\sigma_y}=\infty,2\alpha_0=90°,\alpha_0=45°$$

(3)当 $\alpha_0=45°$ 时,主应力的方向可以由单元体的应力情况直观判断出来。因为单元体右边截面的剪应力方向向上,顶上纵截面的剪应力向右,两者共同作用的结果,必然使主应力指向右上方,则 σ_1 与 τ_x 作用面的外法线所夹的角为 $\alpha_0=45°$。

由这个例子可以看出,当圆轴受扭时,在与轴线成 45°角的斜截面上作用着主应力(主拉应力和主压应力),如圆轴是由抵抗拉力较差的材料(如铸铁)做成的,它的破坏情况会如图 13-15(c)所表示的那样(参看第 9 章的图 9-14 和图 9-15)。

§13-5　广义胡克定律

在第 4、9 两章中，我们分别导出了拉(压)胡克定律和剪切胡克定律，它们的表达式分别是

$$\sigma = E\varepsilon \text{ 或 } \varepsilon = \frac{\sigma}{E}$$

和

$$\tau = G\gamma \text{ 或 } \gamma = \frac{\tau}{G}$$

这一节我们将进一步介绍在三向应力状态下，应力和应变之间的关系。

图 13-16(a)表示从受力杆件中取出的一个单元体，作用在三对面上的应力情况是，剪应力均为零，只有主应力 σ_1、σ_2、σ_3。由于是小变形，可以利用叠加原理来计算由三个主应力所引起的线应变 ε_1、ε_2、ε_3。

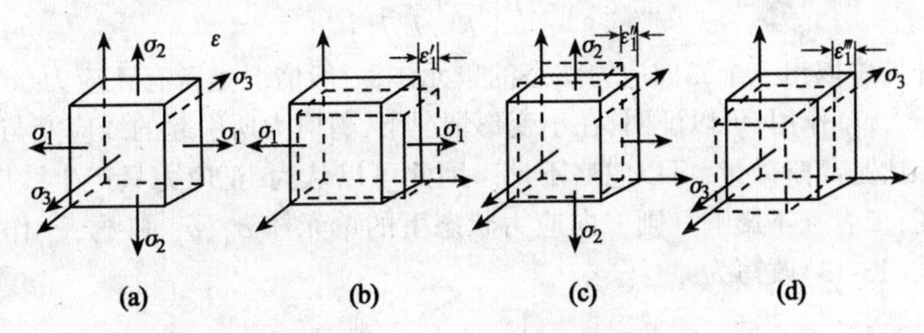

图 13-16　主应力 σ_1、σ_2、σ_3 分别引起的线应变 ε_1、ε_2、ε_3

将图 13-16(a)所示的三向应力情况，分解成为三个单向应力情况如图 13-16(b)、(c)、(d)中实线图形所示，首先分析沿 σ_1 方向发生的线应变：当 σ_1 单独作用时，在 σ_1 方向引起的线应变是相对伸长(参看图 13-16(b))为

$$\varepsilon_1' = \frac{\sigma_1}{E} \tag{13-9}$$

当 σ_2 单独作用时，在 σ_1 方向引起的线应变是横向缩短(参看图 13-16(c))为

$$\varepsilon_1'' = -\mu\frac{\sigma_2}{E} \tag{13-10}$$

当 σ_3 单独作用时，在 σ_1 方向引起的线应变也是横向缩短(参看图 13-16(d))为

$$\varepsilon_1''' = -\mu\frac{\sigma_3}{E} \tag{13-11}$$

因此，当主应力 σ_1、σ_2、σ_3 共同作用时，在 σ_1 方向引起的总的线应变为

$$\varepsilon_1 = \varepsilon_1' + \varepsilon_1'' + \varepsilon_1''' = \frac{\sigma_1}{E} - \mu\left(\frac{\sigma_2}{E} + \frac{\sigma_3}{E}\right)$$

$$= \frac{1}{E}(\sigma_1 - \mu(\sigma_2 + \sigma_3))$$

同样可以求出沿 σ_2 方向和沿 σ_3 方向的线应变 ε_2、ε_3。将它们排列在一起，有

$$\left.\begin{aligned}\varepsilon_1&=\frac{1}{E}[\sigma_1-\mu(\sigma_2+\sigma_3)]\\\varepsilon_2&=\frac{1}{E}[\sigma_2-\mu(\sigma_3+\sigma_1)]\\\varepsilon_3&=\frac{1}{E}[\sigma_3-\mu(\sigma_1+\sigma_2)]\end{aligned}\right\}\qquad(13\text{-}12)$$

这一组式子表达出在三向应力状态下的应力与应变之间的关系,通常把它们叫做广义胡克定律的表达式。

若三个主应力中有一个(例如σ_3)等于零,就变成二向应力状态,公式(13-12)成为

$$\left.\begin{aligned}\varepsilon_1&=\frac{1}{E}(\sigma_1-\mu\sigma_2)\\\varepsilon_2&=\frac{1}{E}(\sigma_2-\mu\sigma_1)\\\varepsilon_3&=-\mu\left(\frac{\sigma_1}{E}+\frac{\sigma_2}{E}\right)\end{aligned}\right\}\qquad(13\text{-}13)$$

从受力杆件中取出一个二向应力状态的单元体,一般情况是既有正应力(σ_x,σ_y)作用,又有剪应力(τ_x,τ_y)作用,可以证明,在小变形情况下,剪应力所引起的线应变与正应力所引起的线应变相比是高阶微量,可以忽略不计。因此可以认为,正应力只产生线应变,剪应力只产生角应变,二者互不影响。则二向应力状态下的单元体σ_x、σ_y和τ_x、τ_y作用下的广义胡克定律由式(13-13)改写为

$$\left.\begin{aligned}\varepsilon_x&=\frac{1}{E}(\sigma_x-\mu\sigma_y)\\\varepsilon_y&=\frac{1}{E}(\sigma_y-\mu\sigma_x)\\\varepsilon_z&=-\frac{\mu}{E}(\sigma_x+\sigma_y)\end{aligned}\right\}\qquad(13\text{-}14)$$

如果改用应变来表示应力,则由式(13-14)可以得出:

$$\left.\begin{aligned}\sigma_x&=\frac{E}{1-\mu^2}(\varepsilon_x+\mu\varepsilon_y)\\\sigma_y&=\frac{E}{1-\mu^2}(\varepsilon_y+\mu\varepsilon_x)\end{aligned}\right\}\qquad(13\text{-}15)$$

式(13-14)和式(13-15)不仅在对构件中的某些应力问题和应变问题进行理论分析时是必需的,并且在实验应力分析时,也是很有用处的。例如我们只要用仪器测出试件上某些测点处的线应变ε_x和ε_y,就可以利用式(13-15)计算出这些测点处的应力。

§13-6 强度理论的概念

杆件的强度问题是材料力学研究的最基本的问题之一。所谓杆件的强度,就是杆件承受荷载的能力或者杆件抵抗破坏与抵抗塑性变形的能力。当杆件承担的荷载达到一定的大小时,材料一般就会在应力状态最危险的一点处首先发生屈服或断裂而进入危险状态。因

此,为了保证杆件能够正常工作,必须找出材料进入危险状态的原因,并且根据一定的强度条件设计或校核杆件的截面尺寸。

在本章以前,我们对于各种杆件,总是先计算出其横截面上的最大正应力 σ_{max} 和最大剪应力 τ_{max},然后从两个方面建立其强度条件,即

正应力强度条件　　　　　　$\sigma_{max} \leqslant [\sigma]$

剪应力强度条件　　　　　　$\tau_{max} \leqslant [\tau]$

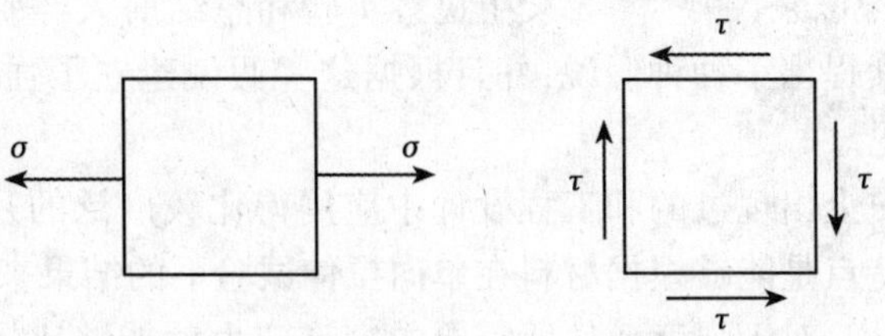

(a)单向拉应力状态　　(b)纯剪应力状态

图 13-17

式中:容许应力 $[\sigma]$ 和 $[\tau]$ 分别等于由单向轴心拉伸(或压缩)试验或纯剪切试验确定的极限应力(屈服极限或强度极限)除以安全系数 K。

实践证明,上述直接根据试验结果建立的正应力强度条件对于单向应力状态(图 13-17(a))来说是合适的,剪应力强度条件对于纯剪切应力状态(图 13-17(b))来说是合适的。然而,在工程实际中,我们经常会遇到一些杆件,它们既不是处于单向应力状态,也不是处于纯剪切应力状态,而是处于所谓复杂的应力状态下。例如,在梁中我们会遇到如图 13-18(a)所示的应力状态,在其它的杆件中会遇到如图 13-18(b)所示的应力状态。对于在这些应力状态下的主应力和最大剪应力的计算方法已经在本章中介绍过了,现在的问题是对于这样的复杂应力状态应当如何来建立其强度条件。很明显,不加区别地任意照搬上述的正应力强度条件和剪应力强度条件是不行的。实践证明,单元体的强度是与它各个面上的正应力和剪应力有关的,必须区别情况加以综合分析。

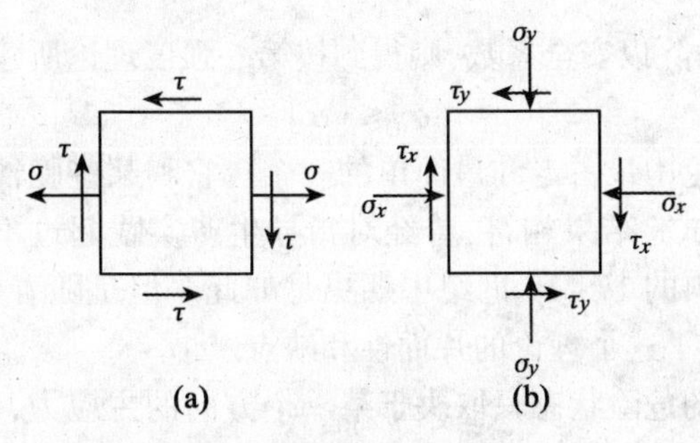

图 13-18

如果要仿照上述单向轴心拉伸(压缩)杆件的强度计算方法,直接通过试验测定材料在各种复杂应力状态下的极限应力,那也是很困难的。因为工程实际中的杆件,不但存在着各种各样的复杂应力状态,并且任何一种复杂应力状态的主应力的相互比值也可能有无限多

种,因此即使要针对一种复杂应力状态来进行试验也是有困难的。

为了对处在复杂应力状态下的单元体建立强度条件,人们首先对杆件的破坏形式进行了研究。在丰富的生产实践和科学实验活动中,人们发现杆件的破坏形式大体可以分为两类:一类是断裂破坏,一类是剪切(屈服、流动)破坏。例如,铸铁构件在受拉伸时,最终会沿横截面断裂,而在受压时,最终会沿与试件轴线成35°~39°角的斜面剪断。根据上述的两类破坏现象,人们进一步探讨了这些破坏到底是哪些因素引起的,其中起决定作用的主要因素是什么等问题。17世纪以来,一些科学家在观察实验和总结前人经验的基础上,先后对引起两类破坏的主要因素提出了种种假说,并且根据这些假说建立了强度条件。我们通常把这些假说叫做强度理论。

下面介绍一个历史上出现过的和工程设计中应用得比较广泛的几种主要的强度理论。这些强度理论的共同特点是能够根据材料在单向拉伸试验下的结果来建立它们在复杂应力状态下的强度条件,这样,对于强度条件所需要的容许应力就能够比较容易地得到,从而使这些强度理论具有实用的价值。

§13-7　四种主要的强度理论

在上一节中,我们讲过材料的破坏现象有两类,一类为断裂破坏,一类为剪切破坏。引起断裂破坏的主要因素有最大拉应力和最大伸长线应变,因此建立了两个解释断裂破坏的强度理论。引起剪切破坏的主要因素有最大剪应力和形状改变比能,这又建立了两个解释剪切破坏的强度理论。下面分别介绍这四种强度理论。

一、最大拉应力理论(第一强度理论)

17世纪伽利略首先提出最大正应力理论,然后经过修正而成最大拉应力理论,这个理论假设最大拉应力是使材料到达极限状态的决定性因素。也就是说,复杂应力状态下的三个主应力中最大拉应力 σ_1 达到单向拉伸试验时的极限应力 σ_{jx} 时,材料会产生脆性断裂破坏。根据这个理论写出的危险条件是:

$$\sigma_1=\sigma_{jx} \tag{a}$$

将式(a)右边的极限应力除以安全系数,则得到按第一强度理论所建立的强度条件为

$$\sigma_1\leqslant[\sigma] \tag{13-16}$$

这个理论是强度理论中最古老和最简单的一个。它和某些脆性材料(例如玻璃、电木、岩石、混凝土等)的拉伸试验结果相符,曾经对指导生产实践起过不少的作用,特别是在脆性材料还是重要建筑材料的17~19世纪中期更是如此。但是随着生产实践和建筑材料的发展,愈来愈明显地发现了这个理论的片面性和缺点。

这个理论认为材料的危险状态只取决于某一个方向的主应力,而与其他两个主应力无关。也就是认为,按照这个理论,不论是三向、二向,还是单向应力状态,它们的危险状态的到达并没有什么区别,这显然是不合理的。

二、最大伸长线应变理论(第二强度理论)

由马利奥脱(E. Mariotto) 在1682年提出最大线应变理论,然后经过修正最后得到最大

伸长线应变理论。这个理论认为最大伸长线应变是使材料到达危险状态的决定性因素。也就是说,当单元体三个方向的线应变中最大的伸长线应变 ε_1 达到了在单向拉伸试验中的极限值 ε_{jx}时,材料就会发生脆性断裂破坏。根据这个理论写出的危险条件是

$$\varepsilon_1=\varepsilon_{jx} \tag{b}$$

如果材料直到发生脆性断裂破坏时都在线弹性范围内工作,则可运用单向拉伸或压缩下的胡克定律以及复杂应力状态下的广义胡克定律(13-10),将式(b)所示表示的危险条件改写为

$$\frac{1}{E}[\sigma_1-\mu(\sigma_2+\sigma_3)]=\frac{1}{E}\sigma_{jx}$$

$$\sigma_1-\mu(\sigma_2+\sigma_3)=\sigma_{jx}$$

将上式右边的 σ_{jx}除以安全系数后,则得到按第二强度理论建立的强度条件

$$\sigma_{r2}=\sigma_1-\mu(\sigma_2+\sigma_3)\leqslant[\sigma] \tag{13-17}$$

式中:σ_{r2}称为折算应力。

从上述的危险条件可以看出,第二强度理论比第一强度理论优越的地方,首先在于它考虑到材料到达危险状态是三个主应力 σ_1、σ_2、σ_3 综合影响的结果。许多脆性材料的试验结果也符合这个理论。因此,它曾在较长的时间内得到广泛的采用。但是,这个理论也有一定的局限性和缺点。例如,对第一理论所不能解释的三向均匀受压材料不易破坏的现象,第二理论同样不能说明。又如,材料在二向拉伸时的危险条件是

$$\sigma_1-\mu\sigma_2=\sigma_{jx}$$

而材料在单向拉伸时的危险条件是

$$\sigma_1=\sigma_{jx}$$

将二者进行比较,似乎二向拉伸反比单向拉伸还要安全,这和实验结果并不完全符合。

三、最大剪应力理论(第三强度理论)

库伦(C. A. Coulomb)在 1773 年提出这个理论。他认为最大剪应力是使材料达到危险状态的决定性因素。也就是说,对于处在复杂应力状态下的材料,当它的最大剪应力达到了材料在单向应力状态下开始破坏时的剪应力 τ_{jx}时,材料就会发生屈服破坏。根据这个理论写的危险条件是

$$\tau_{max}=\tau_{jx}$$

由第 5 章中可知 $\tau_{jx}=\dfrac{\sigma_{jx}}{2}$,由 § 13-4 已知 $\tau_{max}=\dfrac{\sigma_1-\sigma_3}{2}$,所以上式又可写为:

$$\frac{\sigma_1-\sigma_3}{2}=\frac{\sigma_{jx}}{2}$$

或

$$\sigma_{r3}=\sigma_1-\sigma_3=\sigma_{jx} \tag{c}$$

由式(c)可知,按照第三强度理论所建立的强度条件应该是

$$\sigma_{r3}=(\sigma_1-\sigma_3)\leqslant[\sigma] \tag{13-18}$$

这个强度理论曾被许多塑性材料的试验所证实,并且稍稍偏于安全。加上这个理论提供的计算式比较简单,因此它在工程设计中曾得到广泛的采用。

但是,不少事实表明,这个理论仍有许多缺点。例如,按照这个理论,材料受三向均匀拉

伸时也应该不易破坏,但这点并没有由试验所证明,同时也是很难想象的。

四、形状改变比能理论(第四强度理论)

贝尔特拉密(E. Beltrami)在1885年提出能量理论,胡伯(M. T. Huber)在1904年对它进行了修正。胡伯认为形状改变比能 u_φ 是使材料达到危险状态的决定性因素。也就是说,对于处在复杂应力状态下的材料,当它的形状改变比能 u_φ 达到了材料在单向应力状态下进入危险状态时的形状改变比能 $u_{\varphi jx}$ 时,它就达到了危险状态。根据这个理论写出的危险条件是

$$u_\varphi = u_{\varphi jx}$$

而形状改变比能为(参看相关教材)

$$u_\varphi = \frac{1+\mu}{3E}(\sigma_1^2+\sigma_2^2+\sigma_3^2-\sigma_1\sigma_2-\sigma_2\sigma_3-\sigma_3\sigma_1)$$

而材料在单向应力状态下进入危险状态时($\sigma_1=\sigma_{jx},\sigma_2=\sigma_3=0$)的形状改变比能为

$$u_{\varphi jx} = \frac{1+\mu}{3E}\sigma_{jx}^2$$

所以上面的危险条件就是

$$\sigma_1^2+\sigma_2^2+\sigma_3^2-\sigma_1\sigma_2-\sigma_2\sigma_3-\sigma_3\sigma_1=\sigma_{jx}^2$$

利用折算应力的概念,也可以写成

$$\sigma_{r4}=\sqrt{\sigma_1^2+\sigma_2^2+\sigma_3^2-\sigma_1\sigma_2-\sigma_2\sigma_3-\sigma_3\sigma_1}=\sigma_{jx}$$

上式也可以改写成

$$\sqrt{\frac{1}{2}\left[(\sigma_1-\sigma_2)^2+(\sigma_2-\sigma_3)^2+(\sigma_3-\sigma_1)^2\right]}\leqslant[\sigma] \tag{13-19}$$

这个理论和许多塑性材料的实验结果相符,且比第三强度理论更精确。

§13-8 对强度理论问题的分析

通过上面对强度理论的讨论,我们知道,材料的破坏具有两类不同的形式:一类是断裂破坏,另一类是剪切破坏。在一般情况下,脆性材料在受力破坏时多表现为断裂破坏,因此可以采用最大拉应力理论(第一强度理论)、最大伸长线应变理论(第二强度理论);塑性材料在受力破坏时多表现为剪切破坏(塑性屈服或剪断),因此可以采用最大剪应力理论(第三强度理论)、形状改变比能理论(第四强度理论)。

至于将第三强度理论与第四强度理论进行比较,到底采用哪个理论更为恰当,目前还没有比较肯定的结论。在工程实际中,对于塑性材料通常采用第四强度理论,但有时也采用第三强度理论。因为第三强度理论计算式简单,且偏于安全,而第四强度理论虽较复杂,但是精确。例如对钢梁的强度计算一般采用第四强度理论,而对压力钢管的计算则采用第三强度理论。

应该指出,材料的破坏形式虽然主要取决于材料的性质(塑性材料还是脆性材料),但是这也不是绝对的。材料的破坏形式还与所处的应力状态有关。例如,对于脆性材料,当处于单向压缩状态或三向压缩状态时,材料会出现剪切破坏,可以采用第三强度理论或第四强

度理论。对于塑性材料,当处于三向拉伸应力状态时会出现断裂破坏,应该采用第一强度理论。

对某些杆件(例如梁)进行强度计算时,经常会遇到如图 13-18(a)所示的平面应力状态。据式(13-5)代入 $\sigma_y=0,\sigma_x=\sigma$ 可以得到在这种应力状态下的主应力计算式为:

$$\sigma_1=\frac{\sigma}{2}+\sqrt{\left(\frac{\sigma}{2}\right)^2+\tau^2}$$

$$\sigma_3=\frac{\sigma}{2}-\sqrt{\left(\frac{\sigma}{2}\right)^2+\tau^2}$$

将这三个主应力代入式(13-18),可以得出用最大剪应力理论(第三强度理论)对图 13-18(a)所示应力状态建立的强度条件为

$$\sigma_{r3}=\sqrt{\sigma^2+4\tau^2}\leqslant[\sigma] \tag{13-20}$$

将上述三个主应力代入式(13-19),则可以得出能量理论(第四强度理论)对图 13-18a 所示应力状态建立的强度条件为

$$\sigma_{r4}=\sqrt{\sigma^2+3\tau^2}\leqslant[\sigma] \tag{13-21}$$

以后在梁或其他杆件的强度设计中遇到如图 13-18(a)所示的应力状态时,我们就采用以上这两个关于强度条件的表达式。

另外,还应当指出,在本章内所介绍的各种强度理论,都只是材料在常温静荷载下的强度理论。对于材料在其他情况(例如高温、动力荷载)下的强度理论,需要另行研究。

例 13-7　有一铸铁零件,已知其危险点处的主应力为:$\sigma_1=24\text{MPa},\sigma_2=0,\sigma_3=-36\text{MPa}$。如果材料的容许应力为$[\sigma_l]=35\text{MPa}$,横向变形系数 $\mu=0.25$。试校核其强度。

解　(1)按照第一强度理论,有

$$\sigma_1=24\text{MPa}<[\sigma_l]=35\text{MPa}(安全)$$

(2)按照第二强度理论,有

$$\begin{aligned}\sigma_{r2}&=\sigma_1-\mu(\sigma_2+\sigma_3)=24-0.25\times(0-36)\\&=33\text{MPa}<[\sigma_l]=35\text{MPa}(安全)\end{aligned}$$

(3)按照第三强度理论,有

$$\sigma_{r3}=\sigma_1-\sigma_3=24-(-36)=60\text{MPa}>[\sigma_l]=35\text{MPa}(不安全)$$

(4)按照第四强度理论,有

$$\begin{aligned}\sigma_{r4}&=\sqrt{\frac{1}{2}[(\sigma_1-\sigma_2)^2+(\sigma_2-\sigma_3)^2+(\sigma_3-\sigma_1)^2]}\\&=\sqrt{\frac{1}{2}[(24-0)^2+(0+36)^2+(-36-24)^2]}\\&=52.2\text{MPa}>[\sigma_l]=35\text{MPa}(不安全)\end{aligned}$$

如前所述,对于脆性材料,宜选用第一强度理论,所以这一零件是安全的。

例 13-8　试对图 13-19(a)所示用 20a 号工字钢制成的梁进行强度校核。已知材料为 2 号钢,其容许应力$[\sigma]=150\text{MPa},[\tau]=95\text{MPa}$。

解　画出梁的弯矩和剪力图如图 13-19(a)所示。在截面 C 和 D 上不但弯矩最大,而且剪力也最大,所以它们是危险截面。我们选择其中的任一截面,例如截面 C,来进行强度

校核。

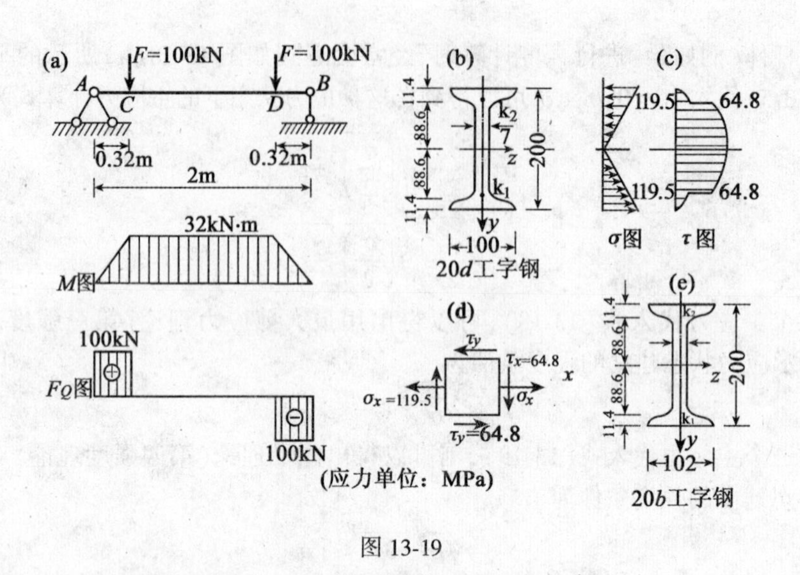

图 13-19

在截面 C 上：

$$M=32\text{kN}\cdot\text{m}$$

$$F_{\text{Q}}=100\text{kN}$$

由附录中的型钢表可查得 20a 号工字钢的 $I=2\ 370\text{cm}^4$，$W=237\text{cm}^3$，$I/S=17.2\text{cm}$，其截面尺寸如图 13-19(b)所示。

(1)校核正应力强度：

$$\sigma_{\max}=\frac{M_{\max}}{W}=\frac{32\times10^3}{237\times10^{-6}}=135\text{MPa}<[\sigma]=150\text{MPa}$$

满足强度条件。

(2)校核剪应力强度：

$$\tau_{\max}=\frac{F_{\text{Q}}S}{Ib}=\frac{F_{\text{Q}}}{\dfrac{I}{S}b}=\frac{100\times10^3\times10^{-6}}{17.2\times10^{-2}\times7\times10^{-3}}=83.1\text{MPa}<[\tau]=95\text{MPa}$$

满足强度条件。

(3)校核腹板与翼缘交界处的应力强度。

梁横截面上的最大正应力 $\sigma_{\max}$ 产生在离中性轴最远的边缘处，而最大剪应力 $\tau_{\max}$ 则产生在中性轴上(图 13-19(c))。虽然通过上面的校核说明在这两处的强度都满足要求的，但是因为在截面 C 上，M 和 F_{Q} 都具有最大值，并且在截面的腹板与翼缘的交界处(如点 k_1 和 k_2 处)的正应力 σ_x 和剪应力 τ_x 都比较大，因此有可能在这里出现较大的主应力，必须根据适当的强度理论对该处的应力进行校核。为此我们对在点 k_1 处的单元体进行计算。先计算出作用在这个单元上的应力为：

$$\sigma_x=\frac{My}{I}=\frac{32\times10^3\times88.6\times10^{-3}\times10^{-6}}{2\ 370\times10^{-8}}=119.5\text{MPa}$$

$$\sigma_y=0$$

$$\tau_x=\frac{F_{QS}}{Ib}=\frac{100\times10^3\times(100\times11.4\times94.3\times10^{-9})\times10^{-6}}{2\ 370\times10^{-8}\times7\times10^{-3}}=64.8\text{MPa}$$

$$\tau_y=-\tau_x$$

作出在点 k_1 处单元体的受力情况图如图 13-19(d)所示。由于点 k_1 是处在复杂应力状态,并且 2 号钢是塑性材料,宜采用第四强度理论,将 σ_x、τ_x 的数值代入式(13-19)可以得到

$$\sigma_{r4}=\sqrt{\sigma^2+3\tau^2}=\sqrt{119.5^2+3\times64.8^2}=163.8>[\sigma]=150\text{MPa}$$

由于

$$\frac{\sigma_{r4}-[\sigma]}{[\sigma]}\times100\%=\frac{163.8-150}{150}\times100\%=9.2\%>5\%$$

说明在此工字形截面的腹板与翼缘交界处,按照第四强度理论所算得的折算应力 σ_{r4} 已超过容许应力的 9.2%,原有截面不能满足要求,需要改选较大的截面。

(4)改选 20b 号工字钢(图 13-19(e))

查得截面的 $I=2\ 500\text{cm}^4$,腹板与翼缘交界处点 k_1 的坐标 $y=88.6\text{mm}$。点 k_1 处的应力为:

$$\sigma_x=\frac{M_1y}{I}=\frac{32\times10^3\times88.6\times10^{-3}\times10^{-6}}{2\ 500\times10^{-8}}=113.4\text{MPa}$$

$$\tau_x=\frac{F_QS}{Ib}=\frac{100\times10^3\times(102\times11.4\times94.3\times10^{-9})\times10^{-6}}{2\ 500\times10^{-8}\times9\times10^{-3}}=48.8\text{MPa}$$

将 σ_x、τ_x 的数值代入式(13-23)得

$$\sigma_{r4}=\sqrt{\sigma^2+3\tau^2}=\sqrt{113.4^2+3\times48.8^2}$$
$$=141\text{MPa}<[\sigma]=150\text{MPa}$$

满足强度要求,因此选用 20b 号工字钢是合适的。

由本例题可以看出,梁的危险点有时会位于危险截面上的正应力与剪应力都较大的点处(例如对工字钢就是在腹板与翼缘的交界处)。当构件上存在有这样的点时,必须按照适当的强度理论,进一步对这些点处的应力进行强度校核。

应当指出,以前有关各章中所介绍的分别对构件中的最大正应力 σ_{max} 和最大剪应力 τ_{max} 进行强度计算,是十分重要的,而且是必须首先进行的。只有在正应力和剪应力都比较大,因而有可能出现较大主应力的某些点处,才需要按照一定的强度理论对相应的折算应力进行强度校核。因此本章所介绍的强度理论是对前面几章关于强度计算问题的补充,而不是否定。

习　题

13-1　试用解析法及图解法求图示各单元体中指定斜截面上的正应力和剪应力。

(答案:(a)$\sigma_\alpha=62.5\text{MPa}$,$\tau_\alpha=21.6\text{MPa}$;(b)$\sigma_\alpha=-17.5\text{MPa}$,$\tau_\alpha=56.2\text{MPa}$;
(c)$\sigma_\alpha=57.5\text{MP}a$,$\tau_\alpha=12.99\text{MPa}$;(d)$\sigma_\alpha=-100\text{MPa}$,$\tau_\alpha=0$)

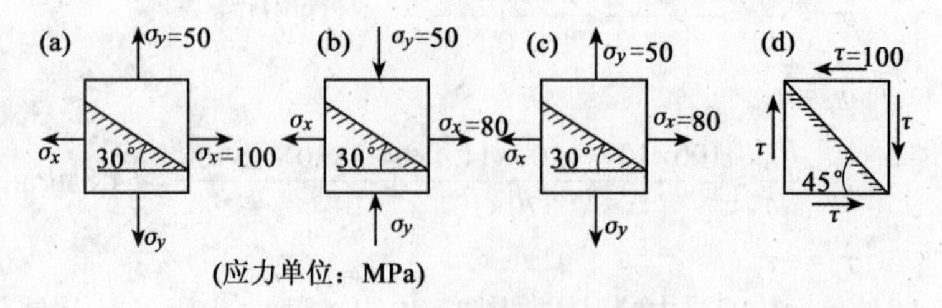

题 13-1 图

13-2　试用解析法及图解法求图示各单元体的主应力的数值、方向和最大剪应力的数值。

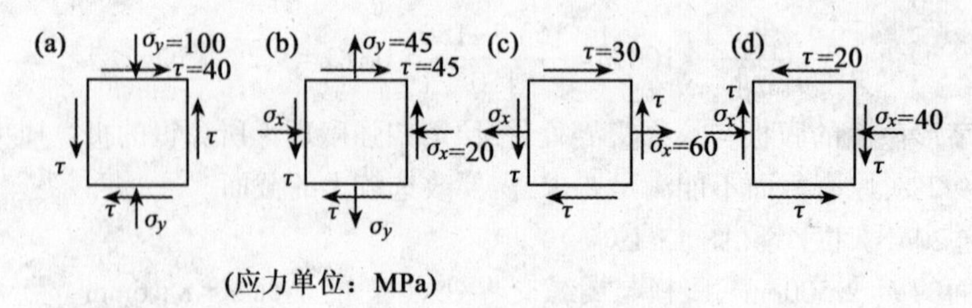

题 13-2 图

(答案：(a) $\sigma_1 = 14\text{MPa}$, $\sigma_3 = -114\text{MPa}$, $\alpha_0 = 19°20'$, $\tau_{\max} = 64\text{MPa}$;

(b) $\sigma_1 = 68\text{MPa}$, $\sigma_3 = -43\text{MPa}$, $\alpha_0 = -27°5'$, $\tau_{\max} = 55.5\text{MPa}$;

(c) $\sigma_1 = 72.5\text{MPa}$, $\sigma_3 = -12.5\text{MPa}$, $\alpha_0 = 22°30'$, $\tau_{\max} = 42.5\text{MPa}$;

(d) $\sigma_1 = 8.3\text{MPa}$, $\sigma_3 = -48.3\text{MPa}$, $\alpha_0 = 22°30'$, $\tau_{\max} = 28.3\text{MPa}$)

13-3　有一圆柱形锅炉，它的内直径 $D = 1\text{m}$，壁厚 $t = 10\text{mm}$，承受的内压力 $p = 3\text{MPa}$。试求在锅炉壁内存在的最大正应力和最大剪应力，并画出相应的单元体(提示：从锅炉壁取出一个单元体来考虑，因为它在圆筒径向的应力甚小，在求最大正应力时，可以忽略不计。但在求最大剪应力时，仍旧应该认为单元体是处在三向受力状态)。

(答案：$\sigma_1 = 150\text{MPa}$, $\tau_{\max} = 76.5\text{MPa}$)

13-4　试画出简支梁上点 A 和 B 处的应力单元体(忽略竖向应力)，并算出在这两点处的主应力数值。

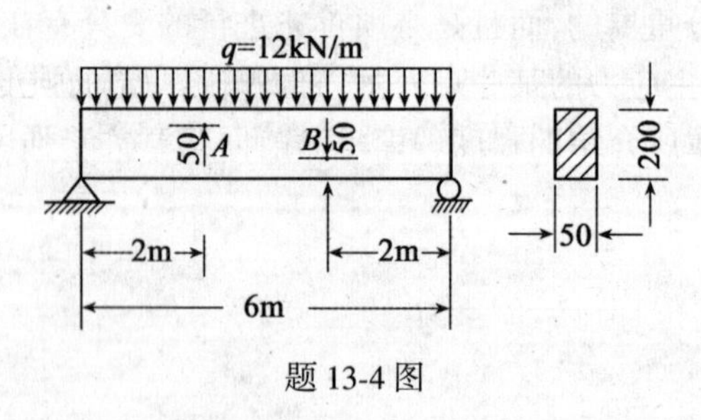

题 13-4 图

(答案：A 点：$\sigma_1 = 0.1\text{MPa}$, $\sigma_3 = -24\text{MPa}$;

B 点：$\sigma_1 = 24\text{MPa}$, $\sigma_3 = -0.1\text{MPa}$)

13-5　对图中所示的梁进行试验时，测得梁上点 A 处的应变为 $\varepsilon_x=0.5\times10^{-3}$，$\varepsilon_y=1.65\times10^{-4}$。如果梁材料的弹性模量 $E=210\text{GPa}$，泊松比 $\mu=0.3$，试求在梁上点 A 处的正应力 σ_x 和 σ_y。

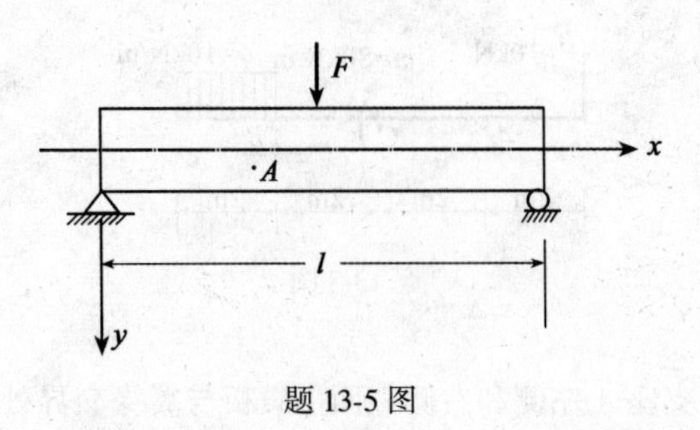

题 13-5 图

（答案：$\sigma_x=126\text{MPa}$，$\sigma_y=72.5\text{MPa}$）

13-6　图示一工字形截面简支梁的受力情况。已知 $F=480\text{kN}$，$q=40\text{kN/m}$。试用解析法及图解法求此梁在点 C（距左支座 1m 处）左边截面上点 K 处的主应力的大小及方向。

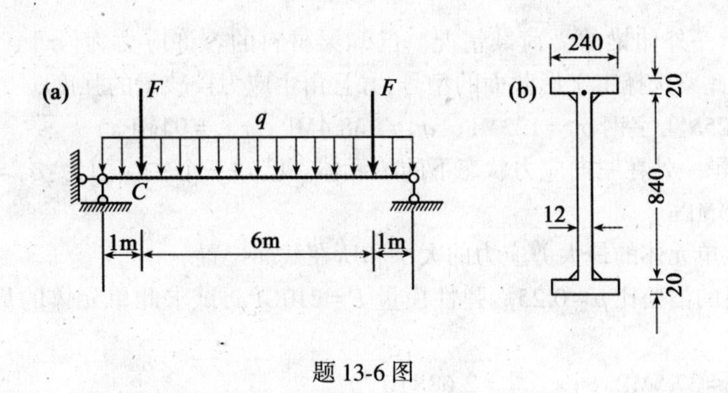

题 13-6 图

（答案：$\sigma_1=15\text{MPa}$，$\sigma_3=-133\text{MPa}$，$\alpha_0=19°15'$）

13-7　图示一由 20a 号工字钢制成的简支梁受集中荷载 F 的作用。试用解析法求点 C 左侧截面上 a、b、c、d 四点处的正应力、剪应力、主应力和最大剪应力。（b 点为 ac 的中心）

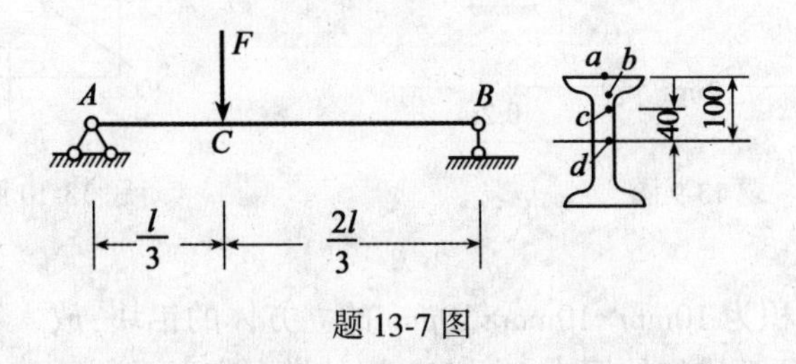

题 13-7 图

（答案：a 点 $\sigma_1=0$，$\sigma_3=-85\text{MPa}$；

b 点 $\sigma_1=2.2\text{MPa}$，$\sigma_3=-77.0\text{MPa}$，$\tau_{\max}=39.6\text{MPa}$；

c 点 $\sigma_1=4.9\text{MPa},\sigma_3=-38.1\text{MPa},\tau_{\max}=21.5\text{MPa}$;

d 点 $\sigma_1=16.6\text{MPa},\sigma_3=-16.6\text{MPa},\tau_{\max}=16.6\text{MPa}$)

13-8　图示一由 25*a* 号工字钢制成的外伸梁的受荷载情况。

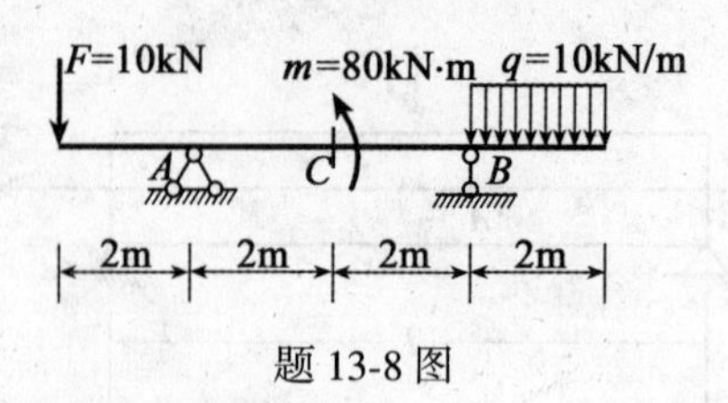

题 13-8 图

要求:(1)画出表示支座 *A* 左侧和右侧截面上腹板与翼缘交界处应力状态的单元体,并且算出有关应力的数值。

(2)画出表示点 *C* 左侧和右侧截面上腹板与翼缘交界处应力状态的单件体,并且算出有关应力的数值。

(3)用应力圆求出以上两单元体的最大主应力的大小和方向。

(答案:略)

13-9　图示一外伸梁的受荷载情况。已知梁材料的容许应力为$[\sigma]=170\text{MPa}$、$[\tau]=100\text{MPa}$。试为此梁选择工字形截面的型号,并且由主应力校核梁的强度。

(答案:选 25*b* 工字钢 $\sigma_1=123\text{MPa},\sigma_3=-38.4\text{MPa},\tau_{\max}=94\text{MPa}$)

13-10　图示一处在三向应力状态下的单元体。已知三个主应力为:$\sigma_1=30\ \text{MPa},\sigma_12=15\text{MPa},\sigma_3=-45\text{MPa}$。

(1)试求此单元体的最大剪应力的大小和所在截面位置。

(2)如材料的泊松比$\mu=0.25$。弹性模量 $E=210\text{GPa}$,试求此单元体的最大线应变 $\varepsilon_{\max}$(绝对值)。

(答案:$\tau_{\max}=37.5\text{MPa}$, $|\varepsilon_{\max}|=2.68\times10^{-4}$)

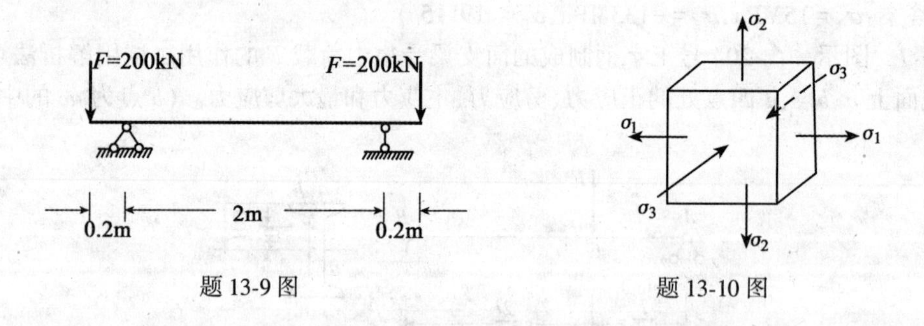

题 13-9 图　　　　题 13-10 图

13-11　图示一体积为 10mm×10mm×10mm 的立方体的铝块,放入宽度正好是 10mm 的钢槽中。设在立方体顶面施加的压力 $F=6\text{kN}$,铝的横向变形系数 $\mu=0.33$,钢槽的变形可以忽略不计,试求铝块的三个主应力。

(答案:$\sigma_1=0,\sigma_2=-19.8\text{MPa},\sigma_3=-60\text{MPa}$)

13-12　边长都是 $a=200\text{mm}$ 的立方混凝土块，很紧密地放在绝对刚硬的凹座内，并且承受轴心压力 $F=200\text{kN}$。试求刚凹座壁上所受的压力，以及混凝土块内所发生的应力。混凝土的泊松比 $\mu=0.18$。

（答案：$\sigma_1=\sigma_2=-1.1\text{MPa}$，$\sigma_3=-5\text{MPa}$）

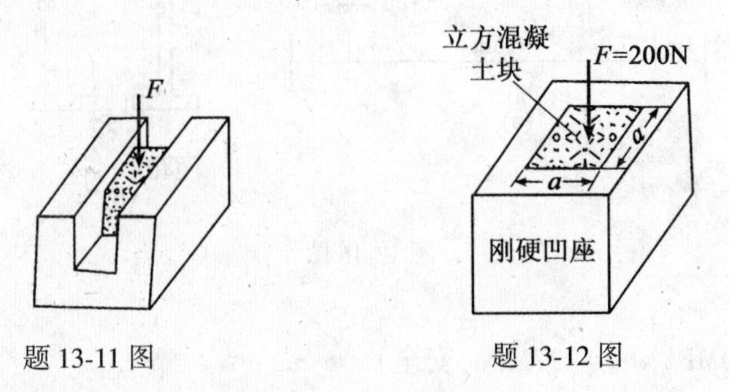

题 13-11 图　　　　题 13-12 图

13-13　如图所示的 3 号钢制成的薄壁容器。已知：筒的内直径 $D=500\text{mm}$，筒壁厚度 $t=8\text{mm}$，内压力 $q=0.8\text{MPa}$，三号钢的容许应力 $[\sigma]=170\text{MPa}$。试用第三强度理论和第四强度理论对筒壁上的点 A 进行强度校核。

（答案：$\sigma_{r3}=25.8\text{MPa}$，$\sigma_{r4}=22.4\text{MPa}$，满足强度要求）

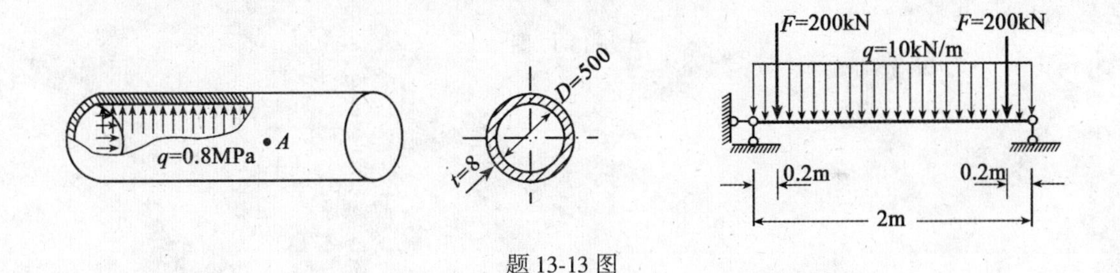

题 13-13 图

13-14　当题 13-13 中的薄壁容器承受最大内压力时，用应变计测得点 A 在 x 方向（轴向）和 y 方向（环向）的应变分别为 $\varepsilon_x=1.88\times10^{-4}$ 与 $\varepsilon_x=7.37\times10^{-4}$。已知钢材的 $E=210\text{GP}$。$\mu=0.3$，$[\sigma]=170\text{MPa}$。试用第三强度理论对点 A 处材料作强度校核。

（答案：$\sigma_{r3}=183\text{MPa}>[\sigma]$，不安全）

13-15　某简支梁的受力情况如图所示，已知梁的容许应力 $[\sigma]=170\text{MPa}$，$[\tau]=100\text{MPa}$。试为此梁选择工字钢的型号，并按第四强度理论进行强度校核。

（答案：选用 28a 工字钢，$\sigma_{r4}=151.2\text{MPa}$）

13-16　图示一外伸梁的受力情况和截面形状。已知集中荷载 $F=500\text{kN}$，材料的容许应力 $[\sigma]=170\text{MPa}$，$[\tau]=100\text{MPa}$。试全面地校核此梁的强度。

（答案：$\sigma_{r3}=121.6\text{MPa}$，$\sigma_{r4}-115.6\text{MPa}$，安全）

13-17　如图所示，已知钢轨与火车车轮接触点处的应力 $\sigma_1=-650\text{MPa}$，$\sigma_2=-700\text{MPa}$，$\sigma_3=-900\text{MPa}$，如果钢轨的容许应力 $[\sigma]=250\text{MPa}$，试用第三强度理论和第四强度理论检验其强度。

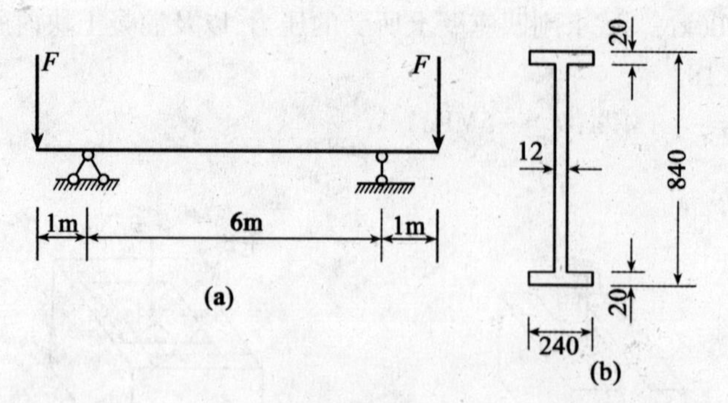

题 13-16 图

（答案：$\sigma_{r3}=250\text{MPa}$，$\sigma_{r4}=227\text{MPa}$，安全）

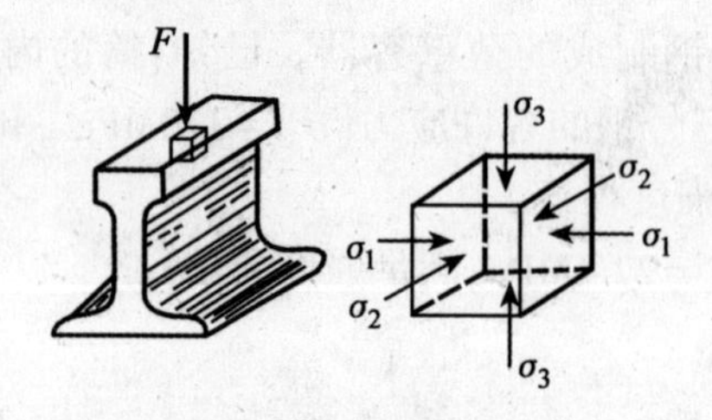

题 13-17 图

第 14 章　压杆的稳定

§14-1　压杆稳定的概念

在前面几章研究的问题中,关于杆件的破坏,主要是从强度方面来分析的。但是我们在第一章绪论中曾提到过,杆件所受的荷载与杆件本身承载能力之间的矛盾,主要表现在强度、刚度和稳定性这三个方面。也就是说杆件的破坏,不仅会由于强度的不足而引起,也可能会由于稳定性的丧失而发生。为了保证杆件能够安全地工作,除了要满足其强度条件以外,还必须进行其稳定性的分析,以满足它的稳定条件。下面来研究杆件发生失稳的问题。

为了说明什么是杆件的稳定问题,可以从实际生活中的例子谈起。我们知道,如果用力压一根 30mm 长的粗木杆,由于它短而粗,虽然给它施加的力 6kN 似乎很大,但只能把它压坏也不会弯曲(如图 14-1),这种被压坏的现象,正如前面已经讲过的,属于强度破坏。但是当我们去压一根 1 000mm 长的细木杆时,即使加的力只有很小的 30N,杆也会突然向一侧发生弯曲(如图 14-1),若再继续施加压力就会发生折断。这表明长而细的直杆承受轴向压力丧失承载能力的原因不再是被压坏,而是在受压时它不能继续保持其原有的受压直线平衡形式,突然发生新的压弯变形的缘故。我们把这种压弯变形称为**纵弯曲**,而把这种现象称为压杆原有的直线平衡形式丧失了稳定,简称为压杆的失稳,这种失稳现象也称为**屈曲现象**。

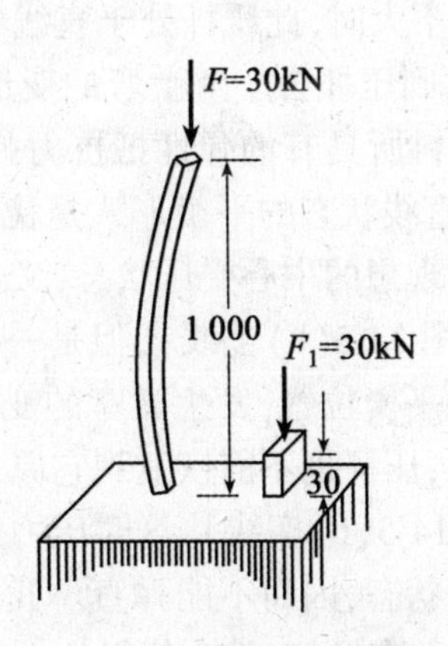

图 14-1　受压木杆的实验

在工程中,考虑压杆的失稳问题很重要,因为受压杆失稳时往往是突然发生的,并且会引起内力的重大改变,因此就会造成严重的工程事故。例如 1907 年,北美洲魁北克的圣劳伦斯河上一座跨度为 548m 的钢桥正在修建时,由于两根压杆失去稳定,造成了全桥突然坍塌的严重事故。因此,对于长而细的受压杆,例如图 14-2(a)所示用螺杆千斤顶顶重物时的受压螺杆,图 14-2(b)所示用螺杆启闭机在关闭闸门时的受压螺杆,以及压缩机的链杆,内燃机气门阀的挺杆和受外压作用的薄壁圆管等等,在设计时必须考虑它们的失稳问题,并要设法防止其失稳,以保证受压杆能够安全地工作。

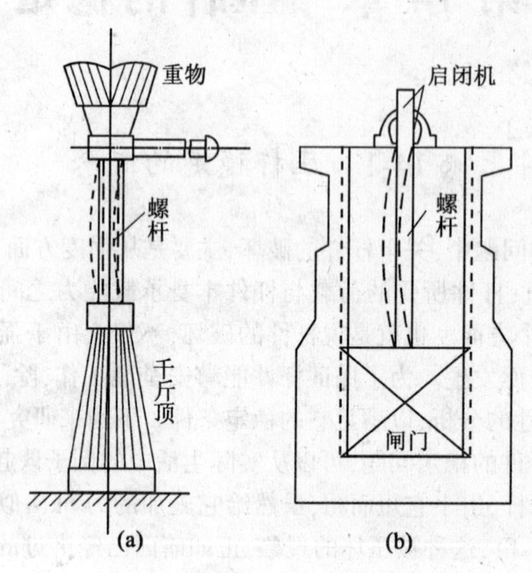

图 14-2　细长压杆的实例

为了使受压杆既不会因为丧失稳定而破坏,也不致过多地使用材料,必须在实践的基础上深入研究受压杆的稳定理论。在这里我们再来分析一下压杆为什么会产生压弯的失稳现象。如图 14-3(a)实线所示的两端有轴向压力 F 的直杆,怎样来判断这种细长压杆是否稳定呢?当施加的轴向压力 $F<F_{cr}$不大时,此压杆处于直线状态的平衡形式,若使压杆经受微小的横向干扰力 F_1 的轻微推动,则压杆会产生微弯的变形(图 14-3(a)虚线);但当干扰力 F_1 迅速消除时,压杆就能依靠材料所具有的弹性抵抗力弹回来,恢复到它原有的直线状态的平衡形式,这表明压杆最初的直线状态的平衡形式是稳定的。当所施加的压力 F 逐渐增加到某一数值 F_{cr}时,若杆是处于理想的中心受压状态,又未受到任何干扰,则受压直杆仍旧可以处于直线状态的平衡形式(图 14-3(b)虚线),但是一旦受到横向干扰力 F_1 的推动,直杆就会离开它原来的直线状态的平衡位置,发生微弯的变形(图 14-3(b)实线)。这时我们就会发现,即使将干扰力 F_1 消除,压杆也不能恢复到它原来的直线状态的平衡位置,而继续保持其微弯状态的平衡形式(图 14-3(b)实线),这时压力矩 $F_{cr}\cdot y$ 将与材料所具有的弹性抵抗力处于势均力敌的临界平衡状态,因而不能弹直。我们之所以把这种状态视为临界平衡状态,是因为一旦轴向压力 F_{cr}稍有增加,就会使得外力矩成为处于支配地位的主要因素,从而使压杆急剧地弯曲,产生很大的弯曲变形,甚至弯断。因此,我们把受压杆处于微弯状态下的平衡形式叫做临界平衡状态,并把在临界平衡状态下的压力叫做临界压力或临界荷载,用 F_{cr}表示。由此可见,在临界荷载 F_{cr}的作用下,受压的细长直杆可能处于直线状态的平衡形式,也可能处于微弯状态的平衡形式,我们就把承受临界压力时细长直杆能够保持直线状态的平衡称为**稳定的平衡形式**,而处于微弯状态的平衡称为**不稳定的平衡形式**。由上

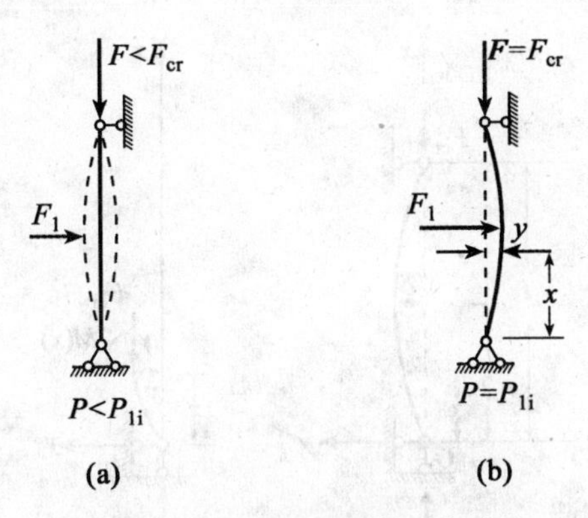

图 14-3　细长受压杆的平衡形式

可知，当轴向压力 F 的数值达到临界压力 F_{cr} 的数值时，杆的直线形状将从稳定的平衡转变成不稳定的平衡形式，同时杆的变形也将发生本质的变化，由原来的轴向压缩变为压缩与弯曲的联合作用，而使得压杆由直变弯。因此，临界压力 F_{cr} 是表达细长压杆承载能力的一个重要标志。为了保证压杆不丧失稳定，就要使压力 F 小于临界压力 F_{cr}，这样临界压力的确定就成为研究压杆的稳定问题的核心内容。

§14-2　细长压杆的临界力

一、两端铰支压杆的临界压力

为了确定 F_{cr} 的计算公式，现在我们来研究如图 14-4 所示的两端铰支、长度为 l 的等截面直杆，在其两端沿轴线作用着临界压力 F_{cr}，使它保持着平衡形式。根据细长压杆在临界压力作用下突然由直变弯且能保持着微弯状态下的临界平衡形式这种特点，可以建立压杆在微弯状态下的内力与变形的关系。若略去压杆沿轴向微小的压缩变形，按照图 14-4 所示的坐标，在离坐标原点的距离为 x 的横截面上，除了承受轴向压力 F_{cr} 以外，还作用有弯矩 $M(x)$，其数值为

$$M(x)=F_{cr}\cdot y \tag{a}$$

当压杆的应力不超过材料的比例极限时，即在线弹性工作条件下，我们就可引用第 12 章的公式(12-1)，得到弯矩与变形之间的微分关系为

$$\frac{d^2y}{dx^2}=-\frac{M(x)}{EI} \tag{b}$$

将式(a)代入式(b)可得到杆轴微弯成曲线的近似微分方程(即挠曲轴线的近似微分方程)为

$$\frac{d^2y}{dx^2}=-\frac{F_{cr}\cdot y}{EI} \tag{c}$$

令式(c)中 $K^2=\dfrac{F_{cr}}{EI}$，

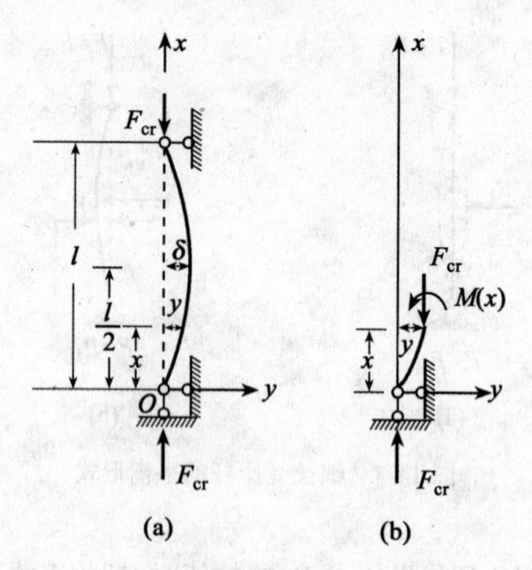

图 14-4 两端铰支的受压杆

即
$$K=\sqrt{\frac{F_{cr}}{EI}} \tag{d}$$

则
$$\frac{d^2y}{dx^2}=-K^2y \text{ 或 } \frac{d^2y}{dx^2}+K^2y=0 \tag{e}$$

式(e)是一个常系数线性二阶齐次微分方程,它的通解为

$$y=A\sin Kx+B\cos Kx \tag{f}$$

式(f)中的 A 和 B 为积分常数,可以根据杆端的边界条件来确定,在杆的下端,$x=0$ 时,$y=0$,将它代入式(f),可得到

$$B=0$$

于是式(f)可以写成为

$$y=A\sin Kx \tag{g}$$

在杆的上端,$x=l$ 时,$y=0$,将它代入式(g),可得

$$A\sin Kl=0 \tag{h}$$

这个条件只有在 $A=0$ 或 $\sin Kl=0$ 时才能成立。但是若 $A=0$,则式(g)变为 $y=0$,这表示压杆任一横截面的挠度都等于零,即压杆没有发生弯曲而保持为直线平衡的情况,这与压杆在临界压力 F_{cr} 作用下保持微弯的平衡形式这个前提是不相符的。因此,必然是

$$\sin Kl=0$$

满足这一条件的 Kl 值应为

$$Kl=n\pi$$

式中:n 为任意整数($n=0,1,2,3,\cdots$)。由上式及式(d)可得

$$K=\sqrt{\frac{F_{cr}}{EI}}=\frac{n\pi}{l}$$

即

$$F_{cr}=\frac{n^2\pi^2EI}{l^2} \tag{14-1}$$

式(14-1)表明:使受压杆在微弯状态下保持临界平衡的临界压力 F_{cr},在理论上可以有无限多个,但是从实际上来看,很明显只能采用其中的最小值。这是因为在其最小值的临界压力作用下,受压杆的直线状态平衡形式就已经丧失其稳定性了。很明显我们不能取 $n=0$,因为从式(14-1)可知,$n=0$ 时对应着 $F_{cr}=0$,这与实际情况不相符合。因此只有取 $n=1$ 才能得到 F_{cr}的最小值,即

$$F_{cr}=\frac{\pi^2 EI}{l^2} \tag{14-2}$$

式(14-2)就是两端为铰支等截面的细长压杆的临界压力计算公式,由于此式最早由欧拉(L. Euler)于 1744 年导出,所以也称为欧拉公式。

在这个临界压力作用下,$K=\dfrac{\pi}{l}$,所以式(g)可改写为

$$y=A\sin\frac{\pi x}{l} \tag{i}$$

由此可见,在临界压力作用下两端为铰支压杆的挠曲轴线是半个正弦波形的曲线(图 14-4(a))。

当分别取 $n=2,3,\cdots$整数时,将分别得到

$$K=\frac{2\pi}{l},F_{cr}=\frac{4\pi^2 EI}{l^2},y=A\sin\frac{2\pi x}{l}$$

$$K=\frac{3\pi}{l},F_{cr}=\frac{9\pi^2 EI}{l^2},y=A\sin\frac{3\pi x}{l}$$

……

可见,在这些情况下,两端为铰支的受压杆的挠曲轴线分别为具有 2 个,3 个,…正弦波形的曲线,如图 14-5 所示。不难看出,挠曲轴线的转折点愈多,临界压力也愈大。但是我们在前面已经指出过,这些较大的临界压力并不是实际上所必需的,主要所求的往往只是取 $n=1$ 时的临界压力。进一步研究还可证明,图 14-5 中所示的平衡状态是不稳定的,它们只有在其转折点 B、C 等处存在限制压杆发生侧向移动的约束时才可能出现。这也就是为了增强其承载能力,防止发生失稳破坏,受压细长杆沿其长度方向的转折点 B、C 等处加设空间的横向支撑的根据。

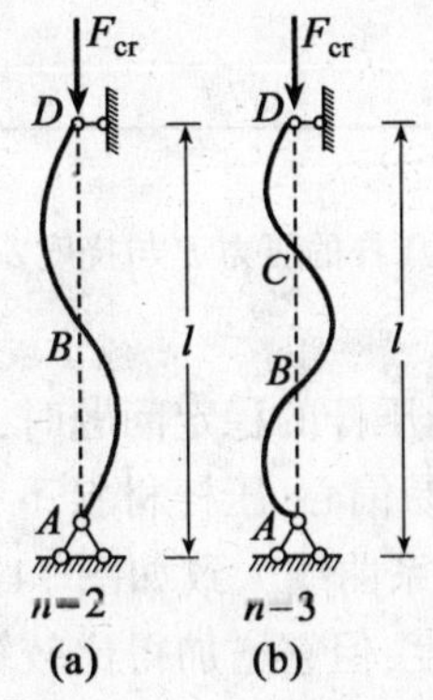

图 14-5　n 值不同时两端铰支压杆的挠曲轴线

如果以 $x=\frac{l}{2}$ 代入式(i),则可得到

$$y_{\max}=A$$

积分常数 A 的物理意义为在压杆中点处所产生的最大挠度。若以 δ 代表这个最大挠度,即 $\delta=y_{\max}$,则压杆挠曲轴线的表达式为

$$y=\delta\sin\frac{\pi x}{l} \tag{j}$$

在式(j)中,δ 是一个不确定的数值,这是因为,当 $F<F_{cr}$ 时,压杆保持着直线形状,δ 为零;而当 $F=F_{cr}$ 时,压杆只要受到任意的微小扰动,就会立即发生微小的弯曲。这时从理论上说,压杆可以具有任意的微小挠度 δ 值。如果我们以压力 F 为纵坐标,以挠度 δ 为横坐标,则上述的 P 和 δ 的关系可用图 14-6 中的折线 OAB 来表示。很明显 F 和 δ 的这种关系只限于挠度 δ 是很微小的情况,因为在前面推导欧拉公式时是用曲率的近似表达式 $\frac{\mathrm{d}^2y}{\mathrm{d}x^2}$ 代替了曲率的精确表达式 $\frac{\frac{\mathrm{d}^2y}{\mathrm{d}x^2}}{\left[1+\left(\frac{\mathrm{d}y}{\mathrm{d}x}\right)^2\right]^{3/2}}$。而当 $F=F_{cr}$ 时由式(j)表示出挠度 δ 的不确定性,这正是由于用曲率的近似表达式代替了精确表达式后所带来的。实际上当挠度 δ 比较大时,曲率的近似表达式已不适用,所以式(j)也就不能反映实际情况。若用曲率的精确表达式来进行计算,则得到的压力 F 与挠度 δ 的关系将如图 14-6 中 OAC 曲线所示。从这条曲线不难看出,挠度 δ 的不确定性实际上并不存在。

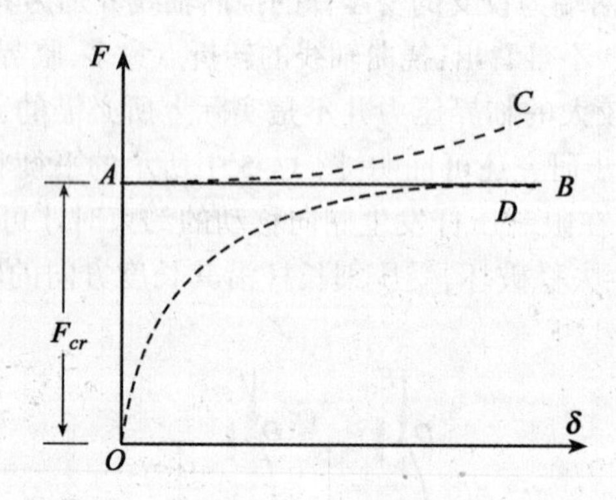

图 14-6 压杆的压力 F 与挠度 δ 的关系曲线

当我们用实验方法研究轴向受压杆的稳定问题时,由于受到一些条件的限制,例如制造压杆时可能有初曲率,施加压力容易偏心,压杆材料不完全均质,杆端支承约束构造不准确等,所得到的压力 F 与挠度 δ 的关系曲线大致如图 14-6 中 OD 曲线所示,即当压力 F 还小于临界压力 F_{cr} 时就开始出现了挠度,但它增加得比较缓慢;而当压力接近临界压力时,δ 就迅速增加。另外我们还可推知,试验技术越进步,量测仪器越精密,试件的材料越均匀,试件的形状尺寸越标准,则图 14-6 中的实验曲线越接近于理论曲线。

例 14-1　一细长钢杆，两端铰支，长度为 $l=1.5\text{m}$，横截面直径 $d=50\text{mm}$，若钢弹性模量 $E=200\text{GPa}$，试求其临界压力。

解　由公式(14-2)可求得

$$F_{cr}=\frac{\pi^2 EI}{l^2}=\frac{\pi^2\times200\times10^9\times\pi(0.05)^4}{(1.5)^2\times64}$$

$$=270\times10^3\text{N}=270\text{kN}$$

二、受压杆端为其他支承约束时的临界压力

在工程中将会遇到杆端不同支承约束情况的受压杆，在推导其临界压力公式时，同样可以应用与上述类似的方法，即根据相应的杆端支承情况，列出压杆微弯时轴线的近似微分方程并进行积分，再根据边界条件确定出相应于杆端支承情况的临界压力公式。我们在推导时采用对比的方法，即将杆端为某一种支承情况的受压杆，在丧失稳定时的挠曲轴线形状与上述两端铰支受压杆的挠曲轴线形状进行对比分析，可以较简便地推导出该支承情况下受压杆的临界压力公式。

图 14-7(a)所示的一端固定、另一端自由的受压杆，在临界压力 F_{cr} 的作用下，其挠曲轴线的形状与长度为 $2l$ 的两端铰支受压杆的挠曲轴线(图 14-4)的上半段完全一样。因此可以作成如图 14-7(b)所示的形状，这样它的临界压力表达式为

$$F_{cr}=\frac{\pi^2 EI}{(2l)^2}=\frac{\pi^2 EI}{4l^2}\tag{14-3}$$

图 14-8(a)所示的两端固定的受压杆，在临界压力 F_{cr} 的作用下，其挠曲轴线在距离两端各为 $\frac{l}{4}$ 长度处都有一反弯点 C 和 D，因为在反弯点处没有弯矩，因此在点 C 和 D 处相当于存在着铰的作用，并且在压杆上的 C、D 之间，其挠曲轴线的形状与长度为 $\frac{l}{2}$ 的两端铰支受压杆的挠曲轴线完全一样(图 14-8(b))。因此，它的临界压力表达式为

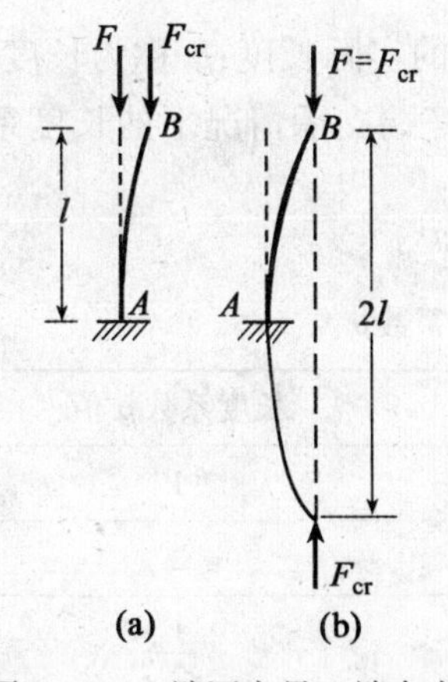

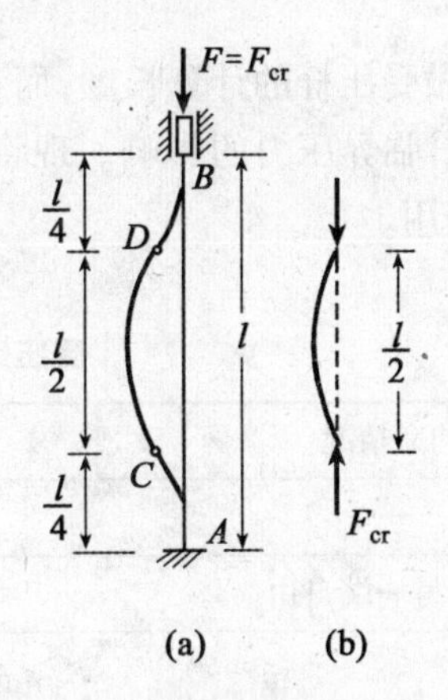

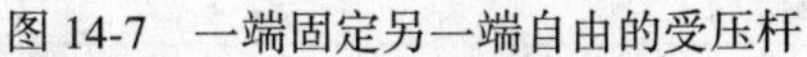

图 14-7　一端固定另一端自由的受压杆　　图 14-8　两端固定的受压杆

$$F_{cr}=\frac{\pi^2 EI}{\left(\frac{l}{2}\right)^2}=\frac{4\pi^2 EI}{l^2} \tag{14-4}$$

图 14-9(a)所示的一端固定、另一端铰支的受压杆,在临界压力 F_{cr} 的作用下,其挠曲轴线在距铰支端约为 $0.7l$ 处有一反弯点 C,使得 BC 段的挠曲轴线形状与长度约为 $0.7l$ 的两端铰支受压杆的挠曲轴线(图 14-9(b))一样,因此,它的临界压力表达式为

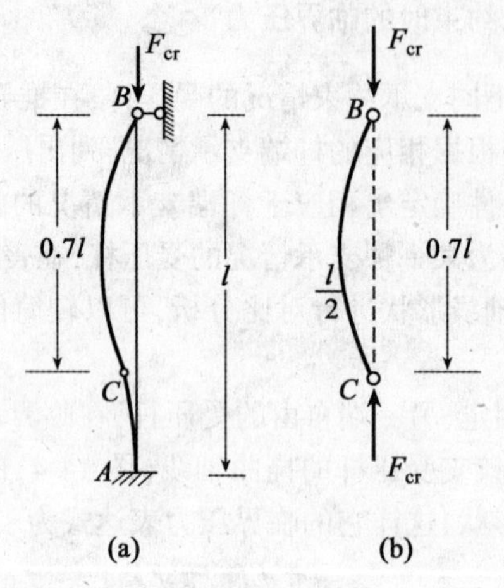

图 14-9 一端固定另一端铰支的受压杆

$$F_{cr}\approx\frac{\pi^2 EI}{(0.7l)^2}\approx\frac{2\pi^2 EI}{l^2} \tag{14-5}$$

综合比较式(14-2)、(14-3)、(14-4)和(14-5)可以看出,它们的形式是相似的,把它们合并成一个公式,就得到临界压力(欧拉公式)的一般形式:

$$F_{cr}=\frac{\pi^2 EI}{(\mu l)^2} \tag{14-6}$$

式中:$\mu l=l_0$ 叫做受压杆的计算长度;而 l 则是压杆的实际长度;μ 称为长度系数,它反映出不同支承情况对临界压力的影响。现将上述四种杆端支承情况下的长度系数 μ 值列入表 14-1 中,以备查用。

表 14-1 **受压细长杆的长度系数 μ**

杆端支承约束情况	长度系数 μ 值
两端铰支	1
一端固定、另一端自由	2
两端固定	$\frac{1}{2}$
一端固定、另一端铰支	0.7

由式(14-6)和表 14-1 可以看出,中心受压直杆的临界压力 F_{cr} 与杆端的支承约束情况有关,杆端的约束刚度越大,则长度系数 μ 值就越小,相应的临界压力就越大;反之,杆端约束刚度越小,则 μ 值就越大,相应的临界压力也就越小。但表 14-1 所列的几种情况中,其杆端支承方式都是理想和典型的情况,而工程中实际问题的支承约束情况是比较复杂的。因此,我们必须注意根据受压杆的实际支承情况,将其恰当地简化为典型形式,或参照有关设计规范中的规定,从而确定出适当的计算长度。

例 14-2　图 14-10 所示为机器上的一根连杆,当它工作时承受轴向压力作用,并处于线弹性阶段,试从受压杆满足稳定性要求进行分析计算,确定连杆横截面尺寸 b 和 h 之间的关系。

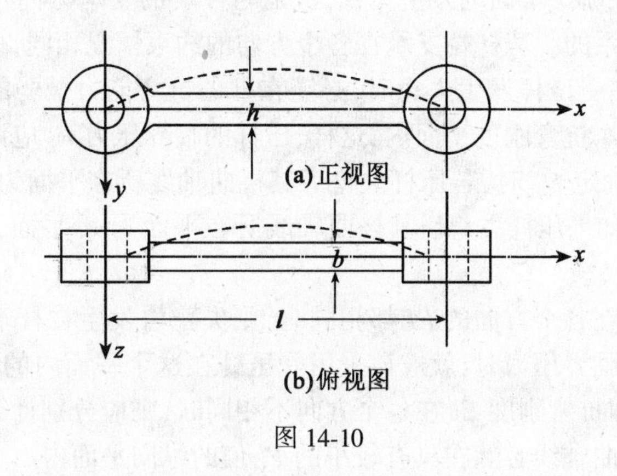

图 14-10

解　考虑到连杆的两端一般都是用“柱形铰”与其他构件连接的,对于这类支承情况,可以认为在垂直于铰轴的平面(图 14-10(a)中 xy 平面)内是两端铰支承;而在铰轴与杆轴组成的平面(图 14-10(b)中 xz 平面)内,则应根据两端的实际固结程度而定,若接头的刚性很大,使其不能转动,就可简化为固定端支承,如果仍可能有一定程度的转动,则应将其简化为铰支承。这样处理比较偏于安全。因此,在设计计算时,必须分别计算在上述两个平面内的临界压力,并加以比较后合理确定。

(1)若考虑连杆在 xy 平面内失稳,则如前所述,可认为它的两端是铰支承,长度系数 $\mu=1$,计算长度 $\mu l=l$;由于 xy 平面是大刚度平面,连杆横截面对 z 轴的惯性矩 $I_z=\dfrac{bh^3}{12}$。由式(14-6)可求得临界压力为

$$F'_{cr}=\frac{\pi^2 EI}{(\mu l)^2}=\frac{\pi^2 Ebh^3}{12l^2}$$

(2)若考虑连杆在 xz 平面内失稳,则如前所述,它的两端可认为是固定端支承,长度系数 $\mu=0.5$,计算长度 $\mu l=0.5l$;由于 xz 平面是小刚度平面,连杆横截面对 y 轴的惯性矩 $I_y=\dfrac{hb^3}{12}$。由式(14-6)可求得临界压力为

$$F''_{cr}=\frac{\pi^2 EI}{(\mu l)^2}=\frac{\pi^2 Ebh^3}{12l^2}=\frac{\pi^2 Ehb^3}{3l^2}$$

(3)若要确定连杆横截面的合理尺寸,应该使受压连杆在 xy 和 xz 两个平面内都具有相同的稳定性,即

$$F'_{cr}=F''_{cr} \text{ 或 } \frac{\pi^2 Ebh^3}{12l^2}=\frac{\pi^2 Ehb^3}{3l^2}$$

由此求得

$$h^2=4b^2$$

因此应该使

$$h=2b$$

从上述例题计算中可以看出,在应用欧拉公式(14-6)计算受压细长杆的临界压力时,要仔细弄清楚杆可能会在哪个平面内发生失稳,这是与杆端的支承方向及横截面转动方向的抗弯刚度 EI 有密切关系的。若杆端支承在各个方向的约束情况相同,也就是说杆在各方向的计算长度 μl 相同,在受压杆发生失稳时,必定在杆的抗弯能力最弱的纵向平面内产生弯曲,即失稳是发生在最小抗弯刚度平面内,这样,压杆的临界压力 F_{cr} 应该由该截面最小的抗弯刚度 EI_{min} 来确定。确定 I_{min} 时,若压杆失稳后其挠曲轴线所在平面为 xy 平面,则 I_{min} 是横截面对 z 轴的惯性矩;如果压杆失稳后其挠曲轴线所在平面为 xz 平面,则 I_{min} 是横截面对 y 轴的惯性矩。

反之,当杆横截面在各个方向的 EI 都相同时,则失稳将发生在杆端支承约束最薄弱的平面内。因此,在计算临界压力时,就应该采用受压杆在这个平面内的计算长度 μl;当受压杆端支承约束和横截面抗弯刚度 EI 在各个方向不相同时,则应分别计算各个方向的临界压力值,杆在失稳时的挠曲轴线必然在具有较小的 F_{cr} 值的纵向平面内。

§14-3 压杆的临界应力

在解决工程实际问题时,习惯上往往用应力进行计算。在求得了材料处于弹性阶段时细长压杆临界力 F_{cr} 的计算公式(14-6)以后,为了实用方便,在这里引入临界应力这一概念。所谓临界应力就是在临界压力作用下,压杆横截面上的平均正应力。假定压杆的横截面面积为 A,则临界应力

$$\sigma_{cr}=\frac{F_{cr}}{A}=\frac{\pi^2 EI}{(\mu l)^2 A}=\frac{\pi^2 E}{(\mu l)^2}i^2=\frac{\pi^2 E}{\left(\frac{\mu l}{i}\right)^2}=\frac{\pi^2 E}{\lambda^2} \tag{14-7}$$

式中:$\frac{I}{A}$ 的单位是长度的平方;引用 $i=\sqrt{\frac{I}{A}}$,即 i 是一个与横截面形状和尺寸有关的长度,叫做截面的惯性半径或回转半径。实心圆截面的惯性半径 $i=\frac{d}{4}$,各种型钢截面对于某一轴的惯性半径,可从型钢表中查到(见附录 A)。

在式(14-7)中 $\lambda=\frac{\mu l}{i}$ 叫做受压杆的长细比或柔度,它是衡量杆长细程度的一个综合参数。从计算长度 μl 知道,柔度 λ 与压杆的长度以及支承情况有关;从惯性半径 i 知道,柔度 λ 与杆的横截面形状和尺寸有关。由于式(14-7)中 $\pi^2 E$ 为常数,因此,临界应力 σ_{cr} 与柔度

λ 之间具有二次曲线的关系。例如碳素 3 号(A3)钢,弹性模量 $E=206\text{GPa}$,其临界应力 σ_{cr} 与柔度 λ 之间的关系曲线如图 14-11 中 *ABCD* 所示。很明显,受压杆越长越细,它的柔度 λ 越大,则它的临界应力 σ_{cr} 就越小;反之,受压杆越短越粗,它的柔度 λ 越小,则它的临界应力 σ_{cr} 就越大。也就是说,受压杆越长越细、柔度越大,就越容易丧失稳定;受压杆越短粗,柔度越小,越不容易丧失稳定。

因为临界压力公式(14-6)只适用于材料处于线弹性阶段的情况,所以临界应力公式(14-7)和图 14-11 中曲线 *ABCD* 也都只适用于材料处于线弹性阶段,即临界应力 $\sigma_{cr}\leqslant\sigma_P$(比例极限)时的情况下才是有效的,显然这是以材料的比例极限 σ_P 作为分界点的。对 3 号钢来说,图 14-11 中曲线 *CD* 段是欧拉公式适用的范围。当 $\sigma_{cr}\geqslant\sigma_P$ 时,表示受压杆的材料受力已超过弹性阶段而进入弹塑性阶段,这种情况一般出现于比较短粗的中等长度压杆,目前在实用上,主要根据由试验所建立的半经验半理论的公式来计算临界应力。我国根据大量实验资料和多年的生产实践经验,在《钢结构设计规范(TJ17—74)》中总结出了 3 号钢制成的压杆在弹塑性阶段的临界应力曲线如图 14-11 中 *EC* 曲线所示,它是一条二次抛物线,其临界应力表达式为

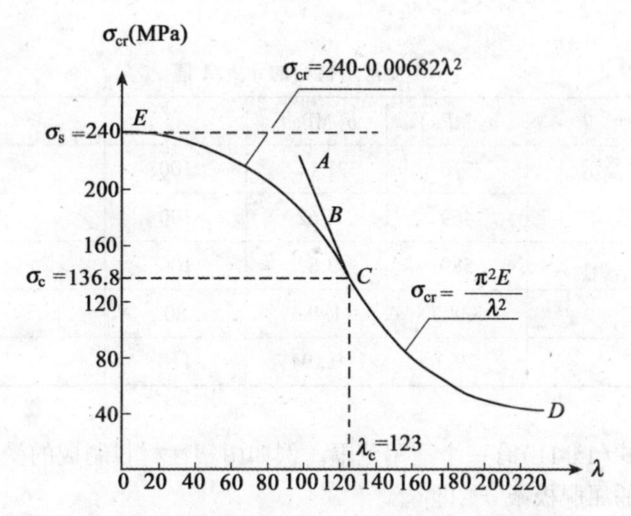

图 14-11　3 号钢的临界应力 σ_{cr} 与柔度 λ 的关系曲线

$$\sigma_{cr}=240-0.00682\lambda^2 \tag{14-8}$$

由式(14-8)计算得到的 σ_{cr} 的单位为 MPa。

从图 14-11 可以看出,对于 3 号钢,其曲线 *ABCD* 和曲线 *EC* 是平顺地相接于点 *C*,其坐标为:$\lambda_c=123$,$\sigma_{cr}=136.8\text{MPa}$。曲线 *EC* 在点 *E* 处的切线为一水平线,点 *E* 的坐标为:$\lambda=0$,$\sigma_{cr}=\sigma_s=240\text{MPa}$(3 号钢的屈服极限)。由于在工程中受压杆不可能处于理想的轴向中心加载情况下,因而由试验得出的 *EC* 曲线和式(14-8)比较能反映受压杆的实际工作情况,所以目前在实用上并不一定以比例极限 σ_P 为分界点,而是以与交点 *C* 对应的临界应力 σ_c 为作为分界点。对于大柔度的细长压杆,当 $\sigma_{cr}\leqslant\sigma_c$(或 $\lambda\leqslant\lambda_c$)时采用式(14-8)计算其临界应力。由上述分析可以看出,图 14-11 反映了各种受压杆处于临界状态时的临界应力情况,所以也称其为临界应力总图。

这里还应该指出,对于不同的材料,在弹塑性阶段的临界应力曲线或经验公式是不相同的。下面给出两种常用材料的临界应力的经验公式及其适用范围:

5号(A5)钢,弹性模量 $E=206\text{GPa}$,屈服极限 $\sigma_s=274\text{MPa}$,当柔度 $\lambda=0\sim96$ 时,其临界应力经验公式为

$$\sigma_{cr}=274-0.00855\lambda^2 \tag{14-9}$$

16锰(16Mn)钢,弹性模量 $E=206\text{GPa}$,屈服极限 $\sigma_s=343\text{MPa}$,当柔度 $\lambda=0\sim102$ 时,其临界应力经验公式为

$$\sigma_{cr}=343-0.0142\lambda^2 \tag{14-10}$$

上述各式求得的 σ_{cr} 的单位是 MPa。

对于工程中常用的中、小柔度压杆,其柔度往往小于材料比例极限所对应的 λ_P $\left(\lambda_P=\sqrt{\dfrac{\lambda^2 E}{\sigma_P}}\right)$,目前广泛采用以下直线经验公式来计算其临界应力

$$\sigma_{cr}=a-b\lambda \tag{14-11}$$

式中的 a 和 b 是与材料性质有关的常数,其单位均为 MPa。几种常用材料的 a、b、λ 值列入表14-2,供查用。

表14-2 **几种常用材料的 a、b、λ 值**

材料名称	a(MPa)	b(MPa)	λ_p	λ_s
3号钢、10号钢、25号钢	310	1.14	100	60
35号钢	469	2.62	100	60
45号钢、55号钢	589	3.82	100	60
铸铁	338.7	1.483	80	
木材	29.3	0.194	110	40

上述经验公式(14-11)有一个适用范围。例如由塑性材料制成的受压杆,要求临界压应力不得达到材料的屈服极限 σ_s,即

$$\sigma_{cr}=a-b\lambda<\sigma_s$$

这样,经验公式(14-11)的适用范围为 $\lambda_s<\lambda\leqslant\lambda_P$。即只有在受压杆的柔度 λ 在其比例极限时的柔度 λ_P 与屈服极限时的柔度 λ_s $\left(\lambda_s=\dfrac{a-\sigma_s}{b}\right)$ 之间时,用经验公式(14-11)计算得到的临界应力才是有效的。

§14-4 压杆稳定的实用计算

受压杆的稳定计算,主要是为了选择压杆的截面和校核压杆的稳定性等。在工程设计中,对于中心受压直杆,为了避免压杆在工作时发生失稳的现象,往往先根据压杆的工作需要和其他方面的要求初步确定其截面形状和尺寸,然后再校核其稳定性,使压杆所承受的轴向压力小于其临界压力。为了确保安全起见,还要考虑一定的安全系数,使压杆具有足够的

稳定性。因此,这里着重介绍应用安全系数法和折减系数法如何进行压杆稳定的实用计算。

一、安全系数法

对于工程中的受压杆,要使其不丧失稳定性,就必须保证使压杆所承受的轴向工作压力 F 小于压杆的临界压力 F_{cr},并要考虑一定的安全储备,即采用规定的稳定安全系数 $[n]_{st}$,因此,压杆的稳定条件为

$$F \leqslant \frac{F_{cr}}{[n]_{st}} \tag{14-12a}$$

或

$$n = \frac{F_{cr}}{F} \geqslant [n]_{st} \tag{14-12b}$$

式中:F 为 A 杆的实际工作压力;F_{cr} 为压杆的临界压力,对细长压杆按欧拉公式计算,对中长杆则按经验公式算出临界压应力后再乘以横截面面积 A 而得到;n 为压杆的工作稳定安全系数;$[n]_{st}$ 为规定的稳定安全系数。

考虑到受压杆存在着初曲率和不可避免的工作负荷的偏心等不利影响,因而规定的稳定安全系数 $[n]_{st}$ 一般都比其强度安全系数 n 大一些。另外像冶金或矿山设备中的压杆,其承受的荷载比较复杂,而且受动荷载及其变化幅度的影响很显著,所以它们规定的稳定安全系数取得都比较大。在常温静荷载条件下一些钢制压杆和其他材料的 $[n]_{st}$ 值列入表 14-3 中,供查用。

表 14-3　**几种常用材料制造的压杆的 $[n]_{st}$ 值**

钢制压杆名称和其他材料	规定的稳定安全系数 $[n]_{st}$
一般钢结构中的压杆	1.8~3.0
冶金和矿山设备的压杆	4.0~8.0
一般机床的丝杆	2.5~4.0
精密丝杆或水平长丝杆	大于 4.0 以上
磨床油缸活塞杆	4.0~6.0
低速发动机挺杆	4.0~6.0
高速发动机挺杆	2.0~5.0
拖拉机转向纵、横推杆	大于 5.0
铸铁制造的压杆	4.5~5.5
杉木、松木类压杆	2.5~3.5

这里还应指出,在对压杆进行稳定计算时,有时也会碰到压杆在局部横截面处开有小孔或沟槽等使其截面被削弱的情况,由于压杆的临界压力是从整个压杆发生微弯曲变形来决定的,则局部截面削弱对临界压力的影响很小,所以在稳定计算中不予考虑。因此计算临界

压力或临界应力时,惯性矩 I_{min} 和截面面积 A 均用毛面积。但是,对这类压杆在进行强度校核时,需要应用横截面被削弱的净截面面积 A_j,其强度条件为

$$\sigma=\frac{N}{A_j}\leqslant[\sigma]$$

例 14-3 假若例题 14-2 中的连杆为某机床的受压连杆,其尺寸如图 14-12 所示。连杆承受的轴向压力为 $F=120\text{kN}$,已知连杆材料为 5 号钢,规定的稳定安全系数 $[n]_{st}=3$,试校核连杆的稳定性是否满足安全要求。

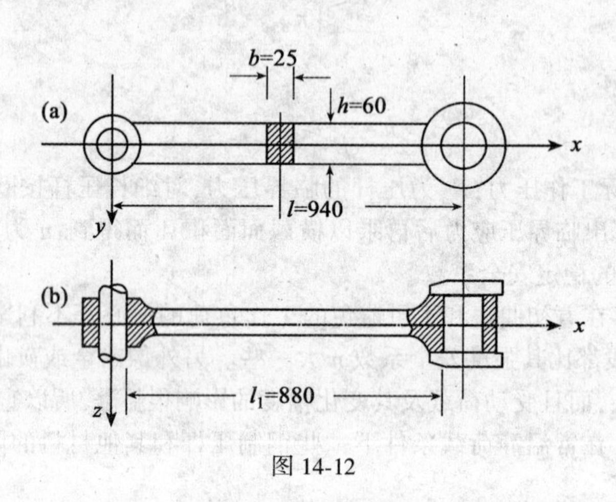

图 14-12

解 (1)计算柔度 λ。

若连杆发生失稳时在 xy 平面内微弯曲,则连杆两端可认为是铰支承,长度系数 $\mu=1$,此时横截面绕 z 轴转动,因此惯性半径为

$$i_z=\sqrt{\frac{I_z}{A}}=\sqrt{\frac{\frac{bh^3}{12}}{bh}}=\frac{h}{2\sqrt{3}}=\frac{6}{2\sqrt{3}}=1.732\text{cm}$$

则柔度

$$\lambda_z=\frac{\mu l}{i_z}=\frac{1\times94}{1.732}=54.3$$

若连杆发生失稳时在 xz 平面内微弯曲,则连杆两端可认为是固定端支承,长度 $\mu=0.5$,此时横截面绕 y 轴转动,因此惯性半径为

$$i_y=\sqrt{\frac{I_y}{A}}=\sqrt{\frac{\frac{hb^3}{12}}{bh}}=\frac{b}{2\sqrt{3}}=\frac{2.5}{2\sqrt{3}}=0.722\text{cm}$$

则柔度

$$\lambda_y=\frac{\mu l_1}{i_y}=\frac{0.5\times88}{0.722}=61$$

比较两个平面方向的柔度 $\lambda_y>\lambda_z$,所以连杆必先在 xz 平面内失稳,故应以 λ_y 来计算临界压力。

(2)计算临界压力,进行稳定校核。

由于 $\lambda_y=61<96$(5 号钢的 λ_c),因此需要应用公式(14-9)来计算临界压应力:

$\sigma_{cr}=274-0.00855\lambda^2=274-0.00855\times61^2=242\text{MPa}$

$F_{cr}=\sigma_{cr}\cdot A=242\times10^6\times60\times25\times10^{-6}=363\times10^3\text{N}=363\text{kN}$

由公式(14-12(b))可求得

$$n=\frac{F_{cr}}{F}=\frac{363\times10^3}{120\times10^3}=3.03>[n]_{st}=3$$

该连杆满足稳定安全性要求。

二、折减系数法

在工程中设计或校核压杆时,也可以设法使受压杆的实际工作应力 σ 小于其临界应力 σ_{cr}。考虑到压杆稳定安全性应该给予足够的保证,所以需要选取适当的稳定安全系数 $[n]_{st}$ 来定出稳定的容许应力 $[\sigma_{cr}]$,即

$$[\sigma_{cr}]=\frac{\sigma_{cr}}{[n]_{st}} \tag{14-13}$$

式中 $[n]_{st}$ 可从表 14-3 中选取。由此就可以建立起以应力形式表达的任一受压杆的稳定条件为

$$\sigma=\frac{F}{A}\leqslant[\sigma_{cr}] \tag{14-14}$$

在实际计算中,通常是以强度的容许应力 $[\sigma]$ 为基本容许应力,而将稳定的容许应力 $[\sigma_{cr}]$ 用基本容许应力来表示,这样可求出 $[\sigma_{cr}]$ 与 $[\sigma]$ 之比值 φ 为

$$\varphi=\frac{[\sigma_{cr}]}{[\sigma]}=\frac{\sigma_{cr}/[n]_{st}}{\sigma_{jx}/n}=\frac{\sigma_{cr}}{\sigma_{jx}}\frac{n}{[n]_{st}} \tag{14-15}$$

或

$$[\sigma_{cr}]=\varphi[\sigma]$$

于是又可以把压杆的稳定条件写成

$$\sigma=\frac{F}{A}\leqslant\varphi[\sigma] \tag{14-16}$$

上述式子表明 $[\sigma_{cr}]$ 可以通过一个系数 φ 而由基本容许应力求得。由于压杆的临界应力 σ_{cr} 总是小于其极限应力 σ_{jx},同时稳定的安全系数 $[n]_{st}$ 又大于强度的安全系数 n,因此从式(14-15)中可以看出,φ 值总是一个小于 1 的无因次的系数,故称为压杆基本容许应力的折减系数或轴向受压杆的稳定系数。由于 σ_{cr} 和 $[\sigma_{cr}]$ 是柔度 λ 的函数,所以 φ 也是 λ 的函数。工程中几种常用材料制成的轴向受压杆的折减系数 φ 值列入表 14-4 中,供查用。

对于受压杆横截面的设计步骤,在根据稳定条件式(14-16)设计其截面形状和尺寸时,一般已知杆的计算长度 μl、轴向压力 P 和材料的容许应力 $[\sigma]$,但横截面面积 A 和折减系数 φ、截面的惯性半径 i、柔度 λ 都是未知的。因此,通常是采用试算的方法:(1)可先假定一个折减系数 φ 值(一般取 $\varphi=0.5$),利用式(14-16)求得初选的横截面面积 A;(2)根据初选的 A 值,利用已有的表(例如型钢表、等截面图形几何特征表等)或根据实践经验选择型钢号码或求得截面的具体尺寸;(3)再根据选定的截面尺寸,查得或算得惯性半径 i,然后算出压杆

的柔度 λ。再根据 λ 重新计算 φ 值。若这个 φ 值和在(1)中假定的 φ 值相差较大,则需要在这两个 φ 值之间再假定一个 φ 值,重新按以上步骤进行计算,直到求得的 φ 值与假定的 φ 值比较接近为止。这样经过几次试算与逐次修正后,就能选得适当的横截面尺寸。当然,所选的横截面还应该同时满足其强度条件。

表 14-4　　**轴向受压杆的折减系数 φ 值**

柔度 λ	2、3、5 号碳素结构钢	16 锰钢	木　材	铸　铁
0	1.000	1.000	1.000	1.000
10	0.995	0.993	0.990	0.970
20	0.981	0.973	0.970	0.910
30	0.958	0.940	0.930	0.810
40	0.927	0.895	0.870	0.690
50	0.888	0.840	0.800	0.570
60	0.842	0.776	0.710	0.440
70	0.789	0.705	0.600	0.340
80	0.731	0.627	0.480	0.260
90	0.669	0.546	0.380	0.220
100	0.604	0.462	0.310	0.160
110	0.536	0.384	0.250	
120	0.466	0.325	0.220	
130	0.401	0.279	0.180	
140	0.349	0.242	0.160	
150	0.306	0.213	0.140	
160	0.272	0.188	0.120	
170	0.243	0.168	0.110	
180	0.218	0.151	0.100	
190	0.197	0.136	0.090	
200	0.180	0.124	0.080	
210	0.164	0.113		
220	0.151	0.104		
230	0.139	0.096		
240	0.129	0.089		
250	0.120	0.082		

例 14-4　有一根长为 2.3m 的工字钢支柱，下端固定，上端自由，承受轴向压力 $F_N = F = 240\text{kN}$ 的作用如图 14-13 所示，材料为 3 号钢。该支柱在与柱脚接头处的工字钢翼缘上有两个横截面各被四个直径 $d = 20\text{mm}$ 的螺栓孔所削弱。试选择这根工字钢支柱的截面。已知钢材容许应力 $[\sigma] = 170\text{MPa}$。

解　(1)第一次试算：假设 $\varphi_1 = 0.5$，由式(14-16)算出

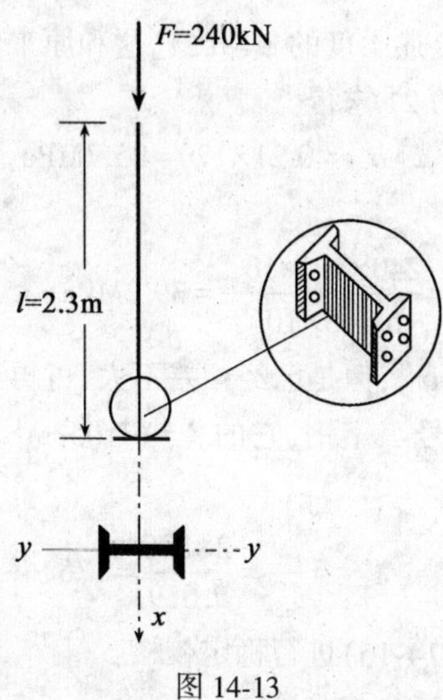

图 14-13

$$A_1 \geqslant \frac{F}{\varphi_1[\sigma]} = \frac{240\times10^3}{0.5\times170\times10^6} = 2.82\times10^{-3}\text{m}^2 = 28.2\text{cm}^2$$

由附录型钢表中选取 18 号工字钢，它的截面面积 $A = 30.6\text{cm}^2$，最小惯性半径 $i_{\min} = i_y = 2.00\text{cm}$。因此，支柱的最大柔度为

$$\lambda_{\max} = \frac{\mu l}{i_{\min}} = \frac{2\times230}{2} = 230$$

由表 14-4 查得相应于上述柔度的 $\varphi = 0.139$，这和原来假设的 $\varphi_1 = 0.5$ 相差较大，必须作第二次试算。

(2)第二次试算：在 0.139 和 0.5 之间另设 $\varphi_2 = 0.3$，由式(14-16)算出

$$A_2 \geqslant \frac{F}{\varphi_2[\sigma]} = \frac{240\times10^3}{0.3\times170\times10^6} = 4.7\times10^{-3}\text{m}^2 = 47\text{cm}^2$$

由附录型钢表中选取 $25a$ 号工字钢，它的 $A = 48.5\text{cm}^2$，最小惯性半径 $i_{\min} = i_y = 2.403\text{cm}$。因此柱的最大柔度为

$$\lambda_{\max} = \frac{\mu l}{i_{\min}} = \frac{2\times230}{2.403} = 191$$

由表 14-4 查得相应于上述柔度的 $\varphi = 0.195$，这和原来假设的 $\varphi_2 = 0.3$ 相差较大，必须作第三次试算。

(3)第三次试算：在 0.195 和 0.3 之间另设 $\varphi_3 = 0.24$ ，由式(14-16)算出

$$A_3 \geqslant \frac{F}{\varphi_2[\sigma]} = \frac{240\times10^3}{0.24\times170\times10^6} = 5.89\times10^{-3}\mathrm{m}^2 = 58.9\mathrm{cm}^2$$

由附录型钢表中选取 28b 号工字钢，它的 $A = 61.05\mathrm{cm}^2$，最小惯性半径 $i_{\min} = i_y = 2.493\mathrm{cm}$。因此柱的最大柔度为

$$\lambda_{\max} = \frac{\mu l}{i_{\min}} = \frac{2\times230}{2.493} = 184$$

由表 14-1 查得相应于 $\lambda = 184$ 上述柔度的 $\varphi = 0.21$，这和原来假设的 $\varphi_3 = 0.24$ 比较接近。再根据稳定条件进行校核，由 $\varphi = 0.21$ 求得

$$\varphi[\sigma] = 0.21\times170 = 35.7\mathrm{MPa}$$

支柱的实际工作应力为

$$\sigma = \frac{F}{A} = \frac{240\times10^3\times10^{-6}}{61.05\times10^{-4}} = 39.2\mathrm{MPa} > 35.7\mathrm{MPa}$$

虽然支柱内的应力还略高于 $\varphi[\sigma]$，但是已经相差不大，可再选大一号的工字钢进行试算。

(4)第四次试算：选择 32a 号工字钢，它的 $A = 67.05\mathrm{cm}^2$，$i_{\min} = i_y = 2.619\mathrm{cm}$，这时柱的最大柔度为

$$\lambda_{\max} = \frac{\mu l}{i_{\min}} = \frac{2\times230}{2.619} = 176$$

由表 14-4 查得 $\varphi = 0.228$，由式(14-16)进行稳定校核：

$$\sigma = \frac{F}{A} = \frac{240\times10^3\times10^{-6}}{67.05\times10^{-4}\times10^{-6}} = 35.8\mathrm{MPa} < \varphi[\sigma] = 38.8\mathrm{MPa}$$

可见，选用 32a 号工字钢是能够满足稳定条件的。

(5)强度校核：对被螺栓孔削弱的截面进行强度校核。由附录型钢表查得 32a 号工字钢的翼缘平均厚度 $t = 1.5\mathrm{cm}$，因此有螺栓孔处的截面净面积为

$$A_i = 67.05 - 4\times2\times1.5 = 55.05\mathrm{cm}^2 = 5.505\times10^{-3}\mathrm{m}^2$$

进行强度校核如下：

$$\sigma = \frac{F}{A_i} = \frac{240\times10^3\times10^{-6}}{5.505\times10^{-3}} = 43.6\mathrm{MPa} < [\sigma] = 170\mathrm{MPa}$$

可见，选用的 32a 号工字钢的截面即使被螺栓孔削弱了，仍旧能够满足强度条件。

§14-5 提高压杆稳定性的措施

从上述几节的介绍可以知道，影响压杆稳定性的因素，有压杆的截面形状，压杆的长度和支承约束条件，材料的性质等。因而，当研究怎样提高压杆的稳定性时，也就必然要从这几方面入手来讨论了。

一、选择合理的截面形状

从欧拉公式(14-6)可以看出，截面的惯性矩 I 越大，则临界压力 F_{cr} 也越大。从临界应力公式(14-7)和经验公式(14-8)、(14-9)、(14-10)和(14-11)中又可以看到柔度 λ 越小，则

临界应力就越大。由于 $\lambda=\frac{\mu l}{i}$,所以设法提高截面惯性半径 i 的数值就能够减小 λ 的数值。由此可见,在不增加截面面积的情况下,尽可能地把材料放在离截面形心较远的地方,以得到较大的 I 和 i,这就等于提高了临界压力。例如空心的环形截面就比实心的圆截面(图 14-14)合理,因为若二者截面面积相同,环形截面的 I 和 i 都比实心圆截面的 I 和 i 大得多。根据同样的道理,设计由型钢组成的桁架中的压杆或塔架中的支柱,往往都是把型钢分离开安放较合理。例如输电线塔架(图 14-15)的四根角钢分散布置在截面的四角(图 14-15(b)),而绝不是集中地布置在截面形心的附近(图 14-15(c))。当然我们也不能因为要取得较大的 I 和 i 就无限制地增加环形截面的直径和减小其壁厚,这将使其变成薄壁圆管,而有引起局部失稳从而发生局部折断的危险。对于由型钢组成的组合压杆,也应用足够强的缀条或板把分开放置的型钢连成一个整体(见图 14-15(a)),不然,各条型钢将会成为分散单独的受压杆件,反而会降低其稳定性。由上述讨论可知,若压杆在各个纵向平面内计算长度 μl 相同,应该尽量使压杆的截面对任一形心轴的惯性半径 i 相等,或接近相等,这样压杆在任一纵向平面内的柔度 λ 都相等或接近相等,从而使压杆在各个方向具有相等或接近相等的稳定性,例如图 14-14 所示的圆形、圆环形或图 14-15(b)所示的截面,都能满足这一要求。若压杆在不同纵向平面内约束情况不同,则计算长度 μl 也不同,这时可采用矩形(如例题 14-2 所示)、工字形等截面,从而保证压杆在两个主形心惯性平面内的柔度 λ 接近相等。

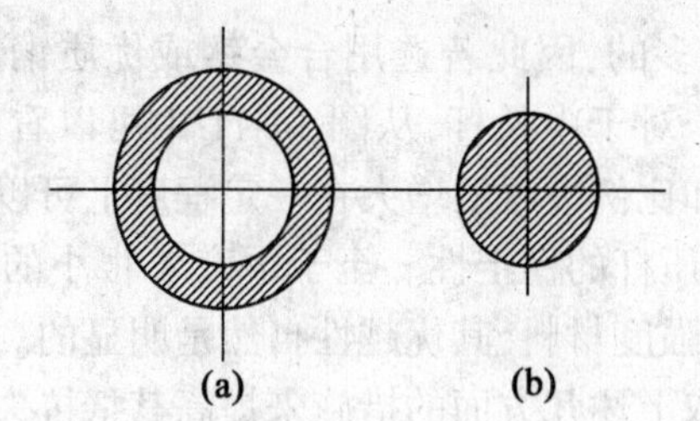

图 14-14　压杆的空心与实心截面

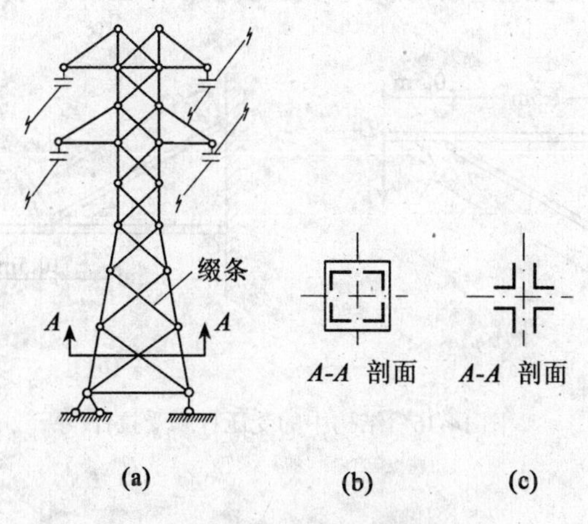

图 14-15　输电线塔架的截面形式

二、改变压杆的约束条件或减小压杆长度

从§14-2的讨论中可以看出，当改变压杆的支承条件时，会直接影响其临界压力的大小。例如长度为l的两端铰支承压杆，其$\mu=1$，$F_{cr}=\frac{\pi^2EI}{l^2}$。若把两端改变为固定端，则$\mu=\frac{1}{2}$，临界压力变为$F_{cr}=\frac{\pi^2EI}{(0.5l)^2}=\frac{4\pi^2EI}{l^2}$，由此可见，临界压力随着压杆约束条件的改变而变为原来的4倍。又例如对图14-2(b)所示的闸门启闭机螺杆，它也是长度为l的两端铰支承压杆，若在它的中心增加一中间的横向支撑，则压杆的计算长度μl就由l减小成为$\frac{l}{2}$，其计算结果也和上述一样，即临界压力随着压杆长度的减小而提高为原来的4倍。因此，一般沿启闭机螺杆方向每隔一定距离加设横向支撑，对于像桥梁或屋架的受压弦杆，设置空间支撑，对于压力薄壁钢管沿着管的轴线方向每隔一定距离设置加肋环等等，以此来提高压杆的稳定性是切实有效的措施。

三、合理选择材料

对于细长压杆($\lambda>\lambda_c$)，其临界应力$\sigma_{cr}=\frac{\pi^2E}{\lambda^2}$。可见$\sigma_{cr}$与材料的弹性模量$E$有关，但由于各种钢材的$E$值是相差不多的，因此若选用合金钢或优质钢制作细长压杆，既没有什么实际意义，也造成较大浪费。对于中长杆，从图14-11中可以看出，压杆临界应力与材料的强度有关，即材料屈服极限和比例极限的增大在一定程度上可以提高其临界应力的数值，故选用高强度钢能够提高中长压杆的稳定性。至于柔度λ很小的短压杆，不存在什么稳定性问题，只是强度问题，使用高强度材料，其优越性自然是明显的。

对于受压杆，除了可采取上述几方面的措施来提高其抵抗失稳的承载能力外，在可能的条件下还可以从结构上采取措施，例如图14-16所示，将受压杆(图14-16(a))AB改变成受拉杆(图14-16(b))AB，就会通过结构形式的改变，从根本上消除稳定性问题。

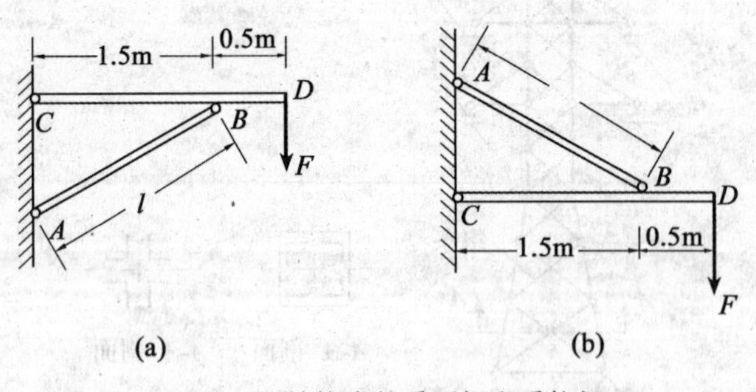

图14-16 结构中的受压杆和受拉杆

习　题

14-1　有根一端固定、另一端自由的压杆，问当杆的横截面在如图所示的几种形状下发生失稳现象时，其横截面会绕哪一根轴转动。

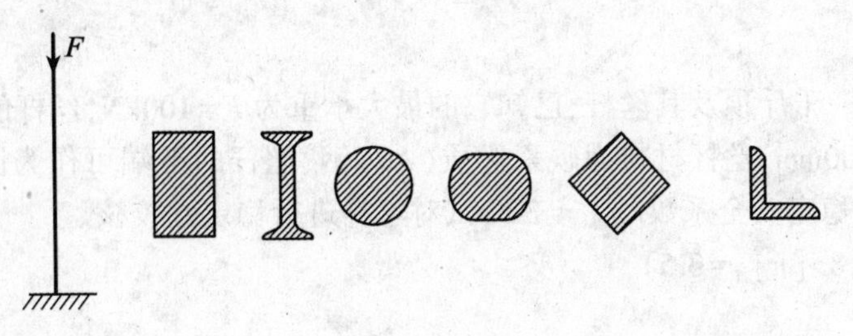

题 14-1 图

（答案：略）

14-2　图示的四根压杆，它们的材料、截面尺寸和形状都相同，试问哪一根压杆承受的临界压力最大？哪一根压杆的临界压力最小？

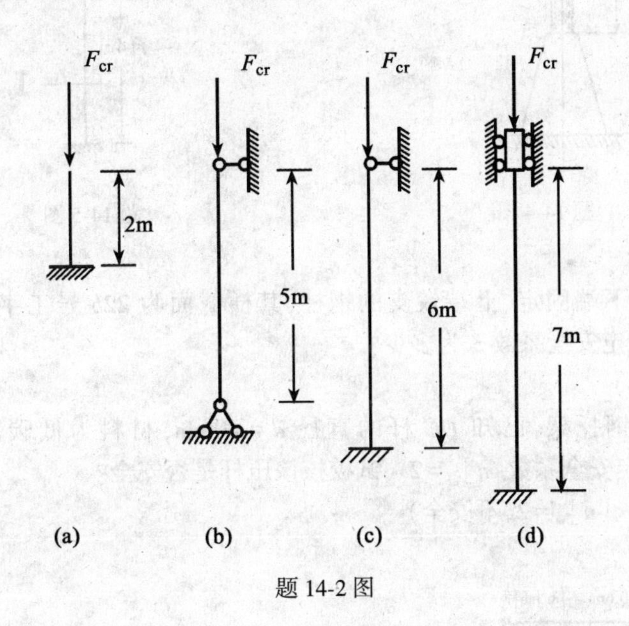

题 14-2 图

（答案：(a) $F_{cr}=0.0625\pi^2 EI$；

(b) $F_{cr}=0.04\pi^2 EI$；

(c) $F_{cr}=0.057\pi^2 EI$；

(d) $F_{cr}=0.082\pi^2 EI$）

14-3　图示一机车连杆，材料为低碳（A3）钢，弹性模量 $E=206\text{GPa}$，横截面面积 $A=44\text{cm}^2$，惯性矩 $I_y=120\text{cm}^4$，$I_x=797\text{cm}^4$，试求临界压力 F_{cr}。

（答案：$F_{cr}=704\text{kN}$。）

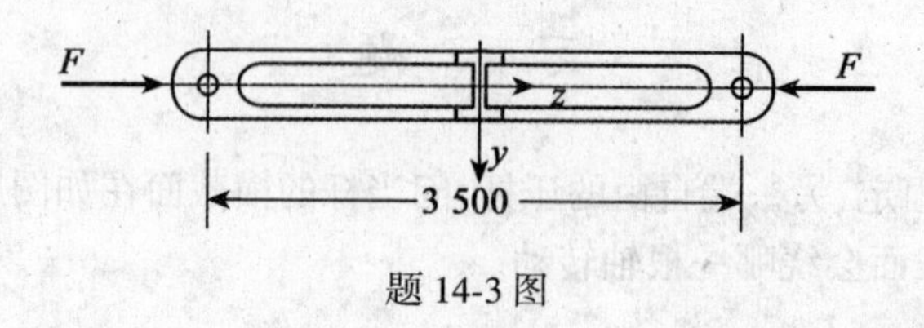

题 14-3 图

14-4 图示一千斤顶及其丝杆，已知它的最大承重为 $F=100\text{kN}$，丝杆的内径 $d_0=69\text{mm}$，顶起的高度 $l=800\text{mm}$，丝杆材料为碳素优质（A5）钢，丝杆的下端可作为固定端，其上端可作为自由端。若稳定安全系数 $[n]_{st}=3.5$，试对丝杆进行稳定性校核。

（答案：$n=7.8>[n]_{st}=3.5$）

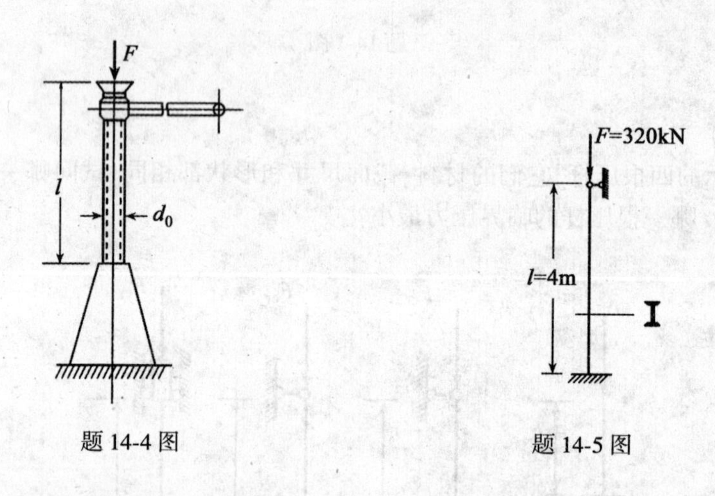

题 14-4 图　　题 14-5 图

14-5 图示为下端固定、上端铰支的钢柱，其横截面为 22*b* 号工字钢，弹性模量 $E=206\text{GPa}$。试求其稳定安全系数 n 为多少？

（答案：$n=1.94$）

14-6 图示一钢托架，已知 *DC* 杆的直径 $d=40\text{mm}$，材料为低碳钢，弹性模量 $E=206\text{GPa}$，规定的稳定安全系数 $[n]_{st}=2$。试校核该压杆是否安全？

（答案：$n=1.58<[n]_{st}=2$，不安全）

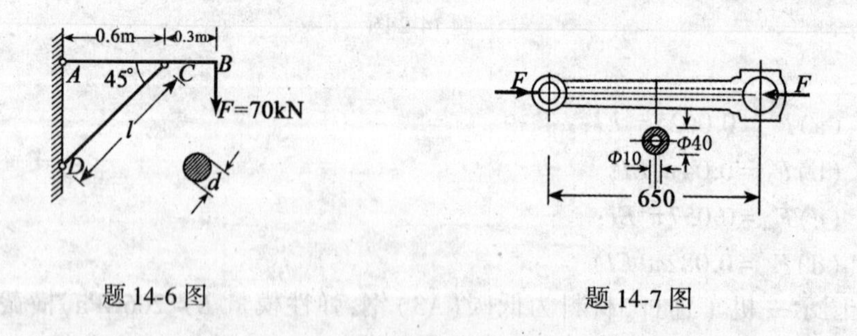

题 14-6 图　　题 14-7 图

14-7 图示活塞式空气压缩机的连杆，其承受的最大压力 $F=80\text{kN}$，材料为 16 锰钢，规定的稳定安全系数$[n]_{st}=4$。试校核连杆的稳定安全性是否满足要求。从稳定性的观点看，该连杆截面形状是否合理？应如何改进？

（答案：略）

14-8　某钢塔架的横撑杆长为 6m，其截面形状如图所示，材料 A3 钢，弹性模量 $E=206\text{GPa}$，规定的稳定安全系数$[n]_{st}=1.75$，若按两端铰支承考虑，试求该杆所能承受的最大压力。

（答案：$F=181\text{kN}$）

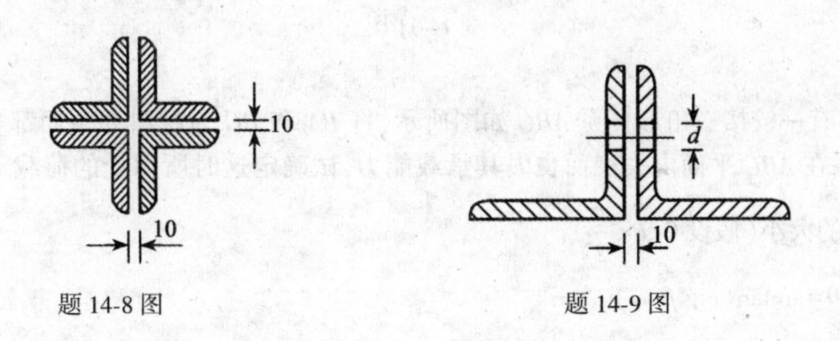

题 14-8 图　　　　题 14-9 图

14-9　图示一压杆由两根 140mm×140mm×12mm 的角钢构成，用 $d=23\text{mm}$ 的铆钉连接，其两端支承为球铰，压杆长度 $l=2.4\text{m}$，承受轴向压力 $F=60\text{kN}$，材料的弹性模量 $E=206\text{GPa}$，容许应力$[\sigma]=160\text{MPa}$，规定的稳定安全系数$[n]_{st}=2$。试校核压杆的稳定和强度是否满足要求？

（答案：$n=2.32>[n]_{st}=2$，$\sigma=100.8\text{MPa}<[\sigma]=160\text{MPa}$，满足稳定和强度要求）

14-10　图示一水轮机调速机构的推拉杆，其长度为 3.116m，圆截面直径为 75mm，两端为铰连接，承受轴向压力 $F=105\text{kN}$，材料为 A3 钢，弹性模量 $E=206\text{GPa}$，容许应力$[\sigma]=155\text{MPa}$。试按折减系数法校核其安全性。

（答案：$\sigma=93.6\text{MPa}<[\sigma]=155\text{MPa}$，满足安全要求）

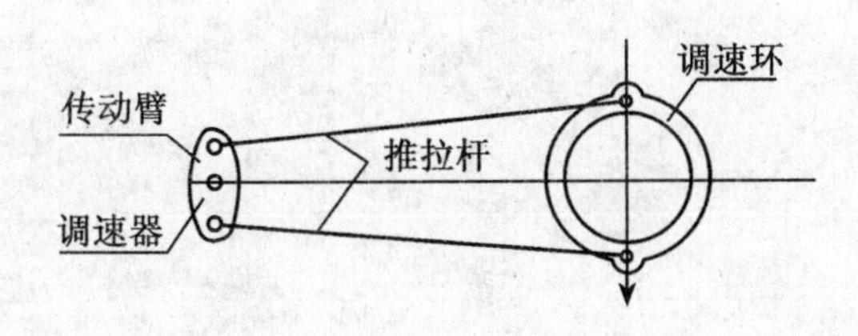

题 14-10 图

14-11　有一如图 14-15 所示的输电线塔架，其截面形状是用四个等边角钢组成的（如图示，$a=400\text{mm}$，高度 $l=8\text{m}$，若截架下端埋入深度较浅，固定不牢，可作为铰支承考虑，上端由电线拉住也作为铰支承考虑，承受最大压力为 200kN，材料的容许应力$[\sigma]=160\text{MPa}$，试按折减系数法选择所需角钢的号码。

（答案：选用 45mm×45mm×4mm 的角钢）

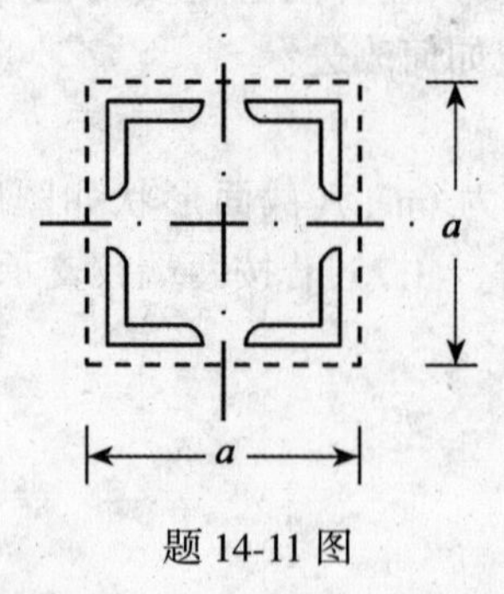

题 14-11 图

14-12 有一铰接三角形杆系 ABC 如图所示，杆 BA 和 BC 为材料和截面都相同的细长压杆，若杆系在 ABC 平面内失稳而丧失其承载能力，试确定这时所承受的荷载 F 达最大值时的角度 θ 的大小（假设 $0<\theta<\frac{\pi}{2}$）。

（答案：$\theta=\arctan(\text{ctg}^2\beta)$。）

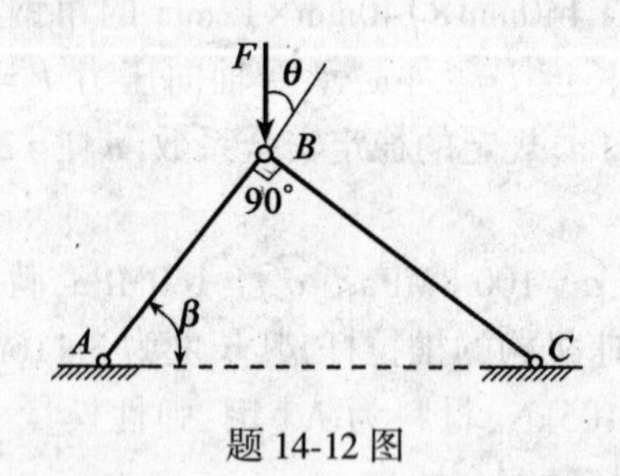

题 14-12 图

附录 A　型钢规格表

表 A-1　热轧等边角钢(GB700—79)*

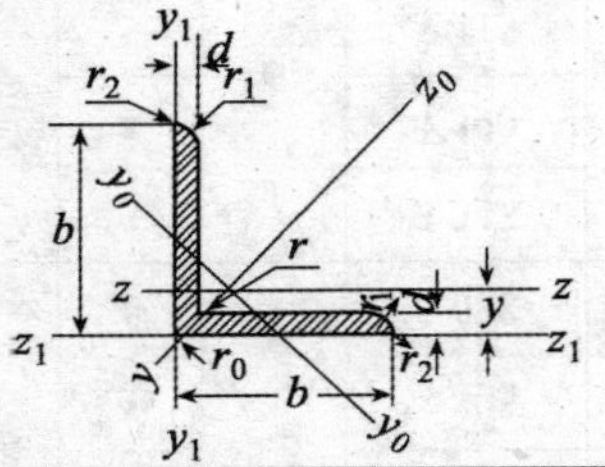

符号意义

b—边宽；　d—边厚；

r—内圆弧半径；　r_1—边端内弧半径；

r_2—边端外弧半径；　r_0—顶端圆弧半径；

I—惯性矩；　i—惯性半径；

W—截面系数；　y_0—重心距离。

角钢号数	尺寸 b	尺寸 d	尺寸 r	截面面积 (×10²)	理论重量 (×9.8)	外表面积	$z-z$ I_z (×10⁴)	$z-z$ i_z (×10)	$z-z$ W_z (×10³)	z_0-z_0 I_{z_0} (×10⁴)	z_0-z_0 i_{z_0} (×10)	z_0-z_0 W_{z_0} (×10³)	y_0-y_0 I_{y_0} (×10⁴)	y_0-y_0 i_{y_0} (×10)	y_0-y_0 W_{y_0} (×10³)	z_1-z_1 I_{z_1} (×10⁴)	y_0 (×10)
	mm	mm	mm	mm²	N/m	m²/m	mm⁴	mm	mm³	mm⁴	mm	mm³	mm⁴	mm	mm³	mm⁴	mm
2	20	3	3.5	1.132	0.889	0.078	0.40	0.59	0.29	0.63	0.75	0.45	0.17	0.39	0.20	0.81	0.60
		4		1.459	1.145	0.077	0.50	0.58	0.36	0.78	0.73	0.55	0.22	0.38	0.24	1.09	0.64
2.5	25	3		1.432	1.124	0.098	0.82	0.76	0.46	1.29	0.95	0.73	0.34	0.49	0.33	1.57	0.73
		4		1.859	1.459	0.097	1.03	0.74	0.59	1.62	0.93	0.92	0.43	0.48	0.40	2.11	0.76
3.0	30	3	4.5	1.749	1.373	0.117	1.46	0.91	0.68	2.31	1.15	1.09	0.61	0.59	0.51	2.71	0.85
		4		2.276	1.786	0.117	1.84	0.90	0.87	2.92	1.13	1.37	0.77	0.58	0.62	3.63	0.89
3.6	36	3		2.109	1.656	0.141	2.58	1.11	0.99	4.09	1.39	1.61	1.07	0.71	0.76	4.68	1.00
		4		2.756	2.163	0.141	3.29	1.09	1.28	5.22	1.38	2.05	1.37	0.70	0.93	6.25	1.04
		5		3.382	2.654	0.141	3.95	1.08	1.56	6.24	1.36	2.45	1.65	0.70	1.09	7.84	1.07

* 注：1. 各栏内的读数乘以括号中的数便是相应的几何量。例如 2 号角钢 $I_z = 0.4\times10^4 mm^4$。

2. 根据(GB 700—79) $z-z$ 轴原为 $x-x$ 轴，此地为了教学需要改为 $z-z$ 轴。

续表

角钢号数	尺寸			截面面积 (×10²)	理论重量 (×9.8)	外表面积	参考数值										y_0 (×10) mm
							z-z			z_0-z_0			y_0-y_0			z_1-z_1	
	b	d	r				I_z (×10⁴)	i_z (×10)	W_z (×10³)	J_{z_0} (×10⁴)	i_{z_0} (×10)	W_{z_0} (×10³)	I_{y_0} (×10⁴)	i_{y_0} (×10)	W_{y_0} (×10³)	I_{z_1} (×10⁴)	
	mm			mm^2	N/m	m^2/m	mm^4	mm	mm^3	mm^4	mm	mm^3	mm^4	mm	mm^3	mm^4	
4	40	3	5	2.359	1.852	0.157	3.59	1.23	1.23	5.69	1.55	2.01	1.49	0.79	0.96	6.41	1.09
		4		3.086	2.422	0.157	4.60	1.22	1.60	7.29	1.54	2.58	1.91	0.79	1.19	8.56	1.13
		5		3.791	2.976	0.156	5.53	1.21	1.96	8.76	1.52	3.10	2.30	0.78	1.39	10.74	1.17
4.5	45	3		2.659	2.088	0.177	5.17	1.40	1.58	8.20	1.76	2.58	2.14	0.90	1.24	9.12	1.22
		4		3.486	2.736	0.177	6.65	1.38	2.05	10.56	1.74	3.32	2.75	0.89	1.54	12.18	1.26
		5		4.292	3.369	0.176	8.04	1.37	2.51	12.74	1.72	4.00	3.33	0.88	1.81	15.25	1.30
		6		5.076	3.985	0.176	9.33	1.36	2.95	14.76	1.70	4.64	3.89	0.88	2.06	18.36	1.33
5	50	3	5.5	2.971	2.332	0.197	7.18	1.55	1.96	11.37	1.96	3.22	2.98	1.00	1.57	12.50	1.34
		4		3.897	3.059	0.197	9.26	1.54	2.56	14.70	1.94	4.16	3.82	0.99	1.96	16.69	1.38
		5		4.803	3.770	0.196	11.21	1.53	3.13	17.79	1.92	5.03	4.64	0.98	2.31	20.90	1.41
		6		5.688	4.465	0.196	13.05	1.52	3.68	20.68	1.91	5.85	5.42	0.98	2.63	25.14	1.46
5.6	56	3	6	3.343	2.624	0.221	10.19	1.75	2.48	16.14	2.20	4.08	4.24	1.13	2.02	17.56	1.48
		4		4.390	3.446	0.220	13.18	1.73	3.24	20.92	2.18	5.28	5.46	1.11	2.52	23.43	1.53
		5		5.415	4.251	0.220	16.02	1.72	3.97	25.42	2.17	6.42	6.61	1.10	2.98	29.33	1.57
		8		8.367	6.568	0.219	23.63	1.68	6.03	37.37	2.11	9.44	9.89	1.09	4.16	47.24	1.68

续表

角钢号数	尺寸			截面面积 (×10²)	理论重量 (×9.8)	外表面积	参考数值										y₀ (×10)
							z-z			z_0-z_0			y_0-y_0			z_1-z_1	
	b	d	r				I_z (×10⁴)	i_z (×10)	W_z (×10³)	I_{z_0} (×10⁴)	i_{z_0} (×10)	W_{z_0} (×10³)	I_{y_0} (×10⁴)	i_{y_0} (×10)	W_{y_0} (×10³)	I_{z_1} (×10⁴)	
	mm			mm^2	N/m	m^2/m	mm^4	mm	mm^3	mm^4	mm	mm^3	mm^4	mm	mm^3	mm^4	mm
6.3	63	4	7	4.978	3.907	0.248	19.03	1.96	4.13	30.17	2.46	6.78	7.89	1.26	3.29	33.35	1.70
		5		6.143	4.822	0.248	23.17	1.94	5.08	36.77	2.45	8.25	9.57	1.25	3.90	41.73	1.74
		6		7.288	5.721	0.247	27.12	1.93	6.00	43.03	2.43	9.66	11.20	1.24	4.46	50.14	1.78
		8		9.515	7.469	0.247	34.46	1.90	7.75	54.56	2.40	12.25	14.33	1.23	5.47	67.11	1.85
		10		11.657	9.151	0.246	41.09	1.88	9.39	64.85	2.36	14.56	17.33	1.22	6.36	84.31	1.93
7	70	4	8	5.570	4.372	0.275	26.39	2.18	5.14	41.80	2.74	8.44	10.99	1.40	4.17	45.74	1.86
		5		6.875	5.397	0.275	32.21	2.16	6.32	51.08	2.73	10.32	13.34	1.39	4.95	57.21	1.91
		6		8.160	6.406	0.275	37.77	2.15	7.48	59.93	2.71	12.11	15.61	1.38	5.67	68.73	1.95
		7		9.424	7.398	0.275	43.09	2.14	8.59	68.35	2.69	13.81	17.82	1.38	6.34	80.29	1.99
		8		10.667	8.373	0.274	48.17	2.12	9.68	76.37	2.68	15.43	19.98	1.37	6.98	91.92	2.03
(7.5)	75	5	9	7.367	5.818	0.295	39.97	2.33	7.32	63.30	2.92	11.94	16.63	1.50	5.77	70.56	2.04
		6		8.797	6.905	0.297	46.95	2.31	8.64	74.38	2.90	14.02	19.51	1.49	6.67	84.55	2.07
		7		10.160	7.976	0.294	53.57	2.30	9.93	84.96	2.89	16.02	22.18	1.48	7.44	98.71	2.11
		8		11.503	9.030	0.294	59.96	2.28	11.20	95.07	2.88	17.93	24.86	1.47	8.19	112.97	2.15
		10		14.126	11.089	0.293	71.98	2.26	13.64	113.92	2.84	21.48	30.05	1.46	9.56	141.71	2.22

续表

角钢号数	尺寸			截面面积 (×10²)	理论重量 (×9.8)	外表面积	参考数值										y_0 (×10)
							$z-z$			z_0-z_0			y_0-y_0			z_1-z_1	
	b	d	r				I_z (×10⁴)	i_z (×10)	W_z (×10³)	I_{z_0} (×10⁴)	i_{z_0} (×10)	W_{z_0} (×10³)	I_{y_0} (×10⁴)	i_{y_0} (×10)	W_{y_0} (×10³)	I_{z_1} (×10⁴)	
	mm			mm²	N/m	m²/m	mm⁴	mm	mm³	mm⁴	mm	mm³	mm⁴	mm	mm³	mm⁴	mm
8	80	5	9	7.912	6.211	0.315	48.79	2.48	8.34	77.33	3.13	13.67	20.25	1.60	6.66	85.36	2.15
		6		9.397	7.376	0.314	57.35	2.47	9.87	90.98	3.11	16.08	23.72	1.59	7.65	102.50	2.19
		7		10.860	8.525	0.314	65.58	2.46	11.37	104.07	3.10	18.40	27.09	1.58	8.58	119.70	2.23
		8		12.303	9.658	0.314	73.49	2.44	12.83	116.60	3.08	20.61	30.39	1.57	9.46	136.97	2.27
		10		15.126	11.874	0.313	88.43	2.42	15.64	140.09	3.04	24.76	36.77	1.56	11.08	171.74	2.35
9	90	6	10	10.637	8.350	0.354	82.77	2.79	12.61	131.26	3.51	20.63	34.28	1.80	9.95	145.87	2.44
		7		12.301	9.656	0.354	94.83	2.78	14.54	150.47	3.50	23.64	39.18	1.78	11.19	170.30	2.48
		8		13.944	10.946	0.353	106.47	2.76	16.42	168.97	3.48	26.55	43.97	1.78	12.35	194.80	2.52
		10		17.167	13.476	0.353	128.58	2.74	20.07	203.90	3.45	32.04	53.26	1.76	14.52	244.07	2.59
		12		20.306	15.940	0.352	149.22	2.71	23.57	236.21	3.41	37.12	62.22	1.75	16.49	293.76	2.67
10	100	6	12	11.932	9.366	0.393	114.95	3.01	15.68	181.98	3.90	25.74	47.92	2.00	12.69	200.07	2.67
		7		13.796	10.830	0.393	131.86	3.09	18.10	208.97	3.89	29.55	54.74	1.99	14.26	233.54	2.71
		8		15.638	12.176	0.393	148.24	3.08	20.47	235.07	3.88	33.24	61.41	1.98	15.75	267.09	2.76
		10		19.261	15.120	0.392	179.51	3.05	25.06	284.68	3.84	40.26	74.35	1.96	18.54	334.48	2.84
		12		22.800	17.898	0.391	208.90	3.03	29.48	330.95	3.81	46.80	86.84	1.95	21.08	402.34	2.91
		14		26.256	20.611	0.391	236.53	3.00	33.73	374.06	3.77	52.90	99.00	1.94	23.44	470.75	2.99
		16		29.627	23.257	0.390	262.53	2.98	37.82	414.16	3.74	58.57	110.89	1.94	25.63	539.80	3.06

续表

角钢号数	尺寸			截面面积 (×10²)	理论重量 (×9.8)	外表面积	参考数值										y_0 (×10) mm
							$z-z$			z_0-z_0			y_0-y_0			z_1-z_1	
	b	d	r				I_z (×10⁴)	i_z (×10)	W_z (×10³)	I_{z_0} (×10⁴)	i_{z_0} (×10)	W_{z_0} (×10³)	I_{y_0} (×10⁴)	i_{y_0} (×10)	W_{y_0} (×10³)	I_{z_1} (×10⁴)	
	mm			mm²	N/m	m²/m	mm⁴	mm	mm³	mm⁴	mm	mm³	mm⁴	mm	mm³	mm⁴	
11	110	7	12	15.196	11.928	0.433	177.16	3.41	22.05	280.94	4.30	36.12	73.38	2.20	17.51	310.64	2.96
		8		17.238	13.532	0.433	199.46	3.40	24.95	316.49	4.28	40.69	82.42	2.19	19.39	355.20	3.01
		10		21.261	16.690	0.432	242.19	3.38	30.60	387.39	4.25	49.42	99.98	2.17	22.91	444.65	3.09
		12		25.200	19.782	0.431	282.55	3.35	36.05	448.17	4.22	57.62	116.93	2.15	26.15	534.60	3.16
		14		29.056	22.809	0.431	320.71	3.32	41.31	508.01	4.18	65.31	133.40	2.14	29.14	625.16	3.24
12.5	125	8	14	19.750	15.504	0.492	297.03	3.88	32.52	470.89	4.88	53.28	123.16	2.50	25.86	521.01	3.37
		10		24.373	19.133	0.491	361.67	3.85	39.97	573.89	4.85	64.93	149.46	2.48	30.62	651.93	3.45
		12		28.912	22.696	0.491	423.16	3.83	41.17	671.44	4.82	75.96	174.88	2.46	35.03	783.42	3.53
		14		33.367	26.193	0.490	481.65	3.80	54.16	763.73	4.78	86.41	199.57	2.45	39.13	915.61	3.61
14	140	10		27.373	21.488	0.551	514.65	4.34	50.58	817.27	5.46	82.56	212.04	2.78	39.20	915.11	3.82
		12		32.512	25.522	0.551	603.68	4.31	59.80	958.79	5.43	96.85	248.57	2.76	45.02	1099.28	3.90
		14		37.567	29.490	0.550	688.81	4.28	68.75	1093.56	5.40	110.47	284.06	2.75	50.45	1284.22	3.98
		16		42.539	33.393	0.549	770.24	4.26	77.46	1221.81	5.36	123.42	318.67	2.74	55.55	1470.07	4.06
16	150	10	16	31.502	24.729	0.630	779.53	4.98	66.70	1237.30	6.27	109.36	321.76	3.20	52.76	1365.33	4.31
		12		37.441	29.391	0.630	916.58	4.95	78.98	1455.68	6.24	128.67	377.49	3.18	60.74	1639.57	4.39
		14		43.296	33.987	0.629	1048.36	4.92	90.95	1665.02	6.20	147.17	431.70	3.16	68.244	1914.68	4.47
		16		49.067	38.518	0.629	1175.08	4.89	102.63	1865.57	6.17	164.89	484.89	3.14	75.31	2190.82	4.55

续表

角钢号数	尺寸			截面面积	理论重量	外表面积	参考数值										y0
							$z-z$			z_0-z_0			y_0-y_0			z_1-z_1	
	b	d	r	($\times 10^2$)	($\times 9.8$)		I_z ($\times 10^4$)	i_z ($\times 10$)	W_z ($\times 10^3$)	I_{z_0} ($\times 10^4$)	i_{z_0} ($\times 10$)	W_{z_0} ($\times 10^3$)	I_{y_0} ($\times 10^4$)	i_{y_0} ($\times 10$)	W_{y_0} ($\times 10^3$)	I_{z_1} ($\times 10^4$)	y_0 ($\times 10$)
	mm			mm^2	N/m	m^2/m	mm^4	mm	mm^3	mm^4	mm	mm^3	mm^4	mm	mm^3	mm^4	mm
18	180	12	16	42.241	33.159	0.710	1321.35	5.59	100.82	2100.10	7.05	165.00	542.61	3.58	78.41	2332.80	4.89
		14		48.896	38.388	0.709	1514.48	5.56	116.25	2407.42	7.02	189.14	625.53	3.56	88.38	2723.48	4.97
		16		55.647	43.542	0.709	1700.99	5.54	131.13	2703.37	6.98	212.40	698.60	3.55	97.83	3115.29	5.05
		18		61.955	48.634	0.708	1875.12	5.50	145.64	2988.24	6.94	234.78	762.01	3.51	105.14	3502.43	5.13
20	200	14	18	54.642	42.894	0.788	2103.55	6.20	144.70	3343.26	7.82	236.40	863.83	3.98	111.82	3734.10	5.46
		16		62.013	46.480	0.788	2366.15	6.18	163.65	370.89	7.79	265.93	971.41	3.96	123.96	4270.39	5.54
		18		69.301	54.401	0.787	2620.64	6.15	182.22	4164.54	7.75	294.48	1076.48	3.94	135.52	4808.13	5.62
		20		76.505	60.056	0.787	2867.30	6.12	200.42	4554.55	7.72	322.06	1180.04	3.93	146.55	5347.51	5.69
		24		90.661	71.168	0.785	2338.25	6.07	236.17	5294.97	7.64	374.41	1381.53	3.90	166.55	6457.16	5.87

注：1. $r_1=\frac{1}{3}d, r_2=0, r_0=0$。

2. 角钢长度：

钢号	2~4 号	4.5~8 号	9~14 号	16~20 号
长度	3~9m	4~12m	4~19m	6~19m

3. 一般采用材料：A2，A3，A5，A3F。

表 A-2 热轧不等边角钢(GB701—79)

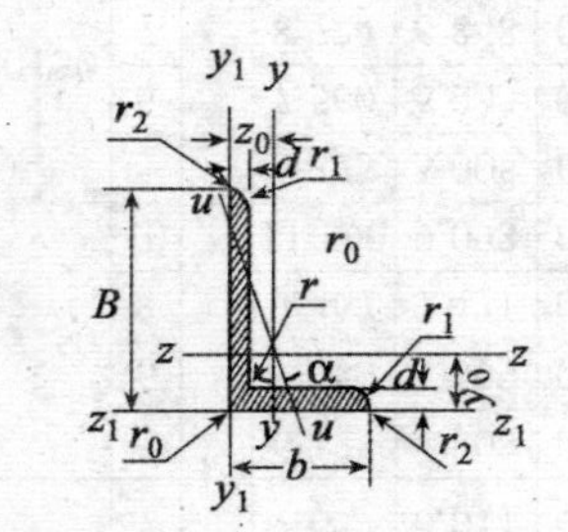

符号意义

B—边宽；
d—边厚；
r_1—边端内弧半径；
r_0—顶端圆弧半径；
i—惯性半径；
z_0—重心距离；
b—短边宽度；
r—内圆弧半径；
r_2—边端外弧半径；
I—惯性矩；
W——截面系数；
y_0——重心距离。

角钢号数	尺寸				截面面积	理论重量	外表面积	参考数值													
								z-z			y-y			z_1-z_1		y_1-y_1		u-u			
	B	b	d	r	(×10²)	(×9.8)		I_z ×10⁴	i_z ×10	W_z ×10³	I_y ×10⁴	i_y ×10	W_y ×10³	I_{z_1} ×10⁴	y_0 ×10	I_{y_1} ×10⁴	z_0 ×10	I_u ×10⁴	i_u ×10	W_u ×10³	tanα
	mm				mm²	N/m	m²/m	mm⁴	mm	mm³	mm⁴	mm	mm³	mm⁴	mm	mm⁴	mm	mm⁴	mm	mm³	
2.5/1.6	25	16	3	3.5	1.162	0.912	0.080	0.70	0.78	0.43	0.22	0.44	0.19	1.56	0.86	0.43	0.42	0.14	0.34	0.16	0.392
2.5/1.6	25	16	4	3.5	1.499	1.176	0.079	0.88	0.77	0.55	0.27	0.43	0.24	2.09	0.90	0.59	0.46	0.17	0.34	0.20	0.381
3.2/2	32	20	3	3.5	1.492	1.171	0.102	1.53	1.01	0.72	0.46	0.55	0.30	3.27	1.08	0.82	0.49	0.28	0.43	0.25	0.382
3.2/2	32	20	4	3.5	1.939	1.522	0.101	1.93	1.00	0.93	0.57	0.54	0.39	4.37	1.12	1.12	0.53	0.35	0.42	0.32	0.374
4/2.5	40	25	3	4	1.890	1.484	0.127	3.08	1.28	1.15	0.93	0.70	0.49	6.39	1.32	1.59	0.59	0.56	0.54	0.40	0.386
4/2.5	40	25	4	4	2.467	1.936	0.127	3.93	1.26	1.49	1.18	0.69	0.63	8.53	1.37	2.14	0.63	0.71	0.54	0.52	0.381
4.5/2.8	45	28	3	5	2.149	1.687	0.143	4.45	1.44	1.47	1.34	0.79	0.62	9.10	1.47	2.23	0.64	0.80	0.61	0.51	0.383
4.5/2.8	45	28	4	5	2.806	2.203	0.143	5.69	1.42	1.91	1.70	0.78	0.80	12.13	1.51	3.00	0.68	1.02	0.60	0.66	0.380
5/3.2	50	32	3	5.5	2.431	1.908	0.161	6.24	1.60	1.84	2.02	0.91	0.82	12.49	1.60	3.31	0.73	1.20	0.70	0.68	0.404
5/3.2	50	32	4	5.5	3.177	2.494	0.160	8.02	1.59	2.39	2.58	0.90	1.06	16.65	1.65	4.45	0.77	1.53	0.69	0.87	0.402

续表

角钢号数	尺寸 B	b	d	r	截面面积 (×10²)	理论重量 (×9.8)	外表面积	参考数值 z-z I_z ×10⁴	z-z i_z ×10	z-z W_z ×10³	y-y I_y ×10⁴	y-y i_y ×10	y-y W_y ×10³	z_1-z_1 I_{z_1} ×10⁴	z_1-z_1 y_0 ×10	y_1-y_1 I_{y_1} ×10⁴	y_1-y_1 z_0 ×10	u-u I_u ×10⁴	u-u i_u ×10	u-u W_u ×10³	tanα
	(mm)				mm²	N/m	m²/m	mm⁴	mm	mm³	mm⁴	mm	mm³	mm⁴	mm	mm⁴	mm	mm⁴	mm	mm³	
5.6/3.6	56	36	3	6	2.743	2.153	0.181	8.88	1.80	2.32	2.92	1.03	1.05	17.54	1.78	4.70	0.80	1.73	0.79	0.87	0.408
			4		3.590	2.818	0.180	11.45	1.79	3.03	3.76	1.02	1.37	23.39	1.82	6.33	0.85	2.23	0.79	1.13	0.408
			5		4.415	3.466	0.180	13.86	1.77	3.71	4.49	1.01	1.65	29.25	1.87	7.94	0.88	2.67	0.78	1.36	0.404
6.3/4	63	40	4	7	4.058	3.185	0.202	16.49	2.02	3.87	5.23	1.14	1.70	33.30	2.04	8.63	0.92	3.12	0.88	1.40	0.398
			5		4.993	3.920	0.202	20.02	2.00	4.74	6.31	1.12	2.71	41.63	2.08	10.86	0.95	3.76	0.87	1.71	0.396
			6		5.908	4.638	0.201	23.36	1.96	5.59	7.29	1.11	2.43	49.98	2.12	13.12	0.99	4.34	0.86	1.99	0.393
			7		6.802	5.399	0.201	26.53	1.98	6.40	8.24	1.10	2.78	58.07	2.15	15.47	1.03	4.97	0.86	2.29	0.389
7/4.5	70	45	4	7.5	4.547	3.570	0.226	23.17	2.26	4.86	7.55	1.29	2.17	45.92	2.24	12.26	1.02	4.40	0.98	1.77	0.410
			5		5.609	4.403	0.225	27.95	2.23	5.92	9.13	1.28	2.65	57.10	2.28	15.39	1.06	5.40	0.98	2.19	0.407
			6		6.647	5.218	0.225	32.54	2.21	6.95	10.62	1.26	3.12	63.35	2.32	18.58	1.09	6.35	0.98	2.59	0.404
			7		7.657	6.011	0.225	37.22	2.20	8.03	12.01	1.25	3.57	79.99	2.36	21.84	1.13	7.16	0.97	2.94	0.402
(7.5/5)	75	50	5	8	6.125	4.808	0.245	34.86	2.39	6.83	12.61	1.44	3.30	70.00	2.40	21.04	1.17	7.41	1.10	2.74	0.435
			6		7.260	5.699	0.245	41.12	2.38	8.12	14.70	1.42	3.88	84.30	2.44	25.37	1.21	8.54	1.08	3.19	0.435
			8		9.467	7.431	0.244	52.59	2.35	10.52	18.53	1.40	4.99	112.50	2.52	34.23	1.29	10.87	1.07	4.10	0.429
			10		11.590	9.098	0.244	62.71	2.33	12.79	21.96	1.38	6.04	140.80	2.60	43.43	1.36	13.10	1.06	4.99	0.423
8/5	80	50	5		6.375	5.005	0.255	41.96	2.56	7.78	12.82	1.42	3.32	85.21	2.60	21.06	1.14	7.66	1.10	2.74	0.388
			6		7.560	5.935	0.255	49.49	2.56	9.25	14.95	1.41	3.91	102.53	2.65	25.41	1.18	8.85	1.08	3.20	0.387
			7		8.724	6.848	0.255	56.16	2.54	10.58	16.96	1.39	4.48	119.33	2.69	29.82	1.21	10.18	1.08	3.70	0.384
			8		9.867	7.745	0.254	62.83	2.52	11.92	18.85	1.38	5.03	136.41	2.73	34.32	1.25	11.38	1.07	4.16	0.381

续表

角钢号数	尺寸				截面面积 $(\times 10^2)$	理论重量 $(\times 9.8)$	外表面积	参考数值															
								$z-z$			$y-y$			z_1-z_1		y_1-y_1		$u-u$			
	B	b	d	r				I_z $\times 10^4$	i_z $\times 10$	W_z $\times 10^3$	I_y $\times 10^4$	i_y $\times 10$	W_y $\times 10^3$	I_{z_1} $\times 10^4$	y_0 $\times 10$	I_{y_1} $\times 10^4$	z_0 $\times 10$	I_u $\times 10^4$	i_u $\times 10$	W_u $\times 10^3$	$\tan\alpha$
	mm				mm^2	N/m	m^2/m	mm^4	mm	mm^3	mm^4	mm	mm^3	mm^4	mm	mm^4	mm	mm^4	mm	mm^3	
9/5.6	90	56	5	9	7.212	5.661	0.287	60.45	2.90	9.92	18.32	1.59	4.21	121.32	2.91	29.53	1.25	10.98	1.23	3.49	0.385
			6		8.557	6.717	0.286	71.03	2.88	11.74	21.42	1.58	4.96	145.59	2.95	35.58	1.29	12.90	1.23	4.13	0.384
			7		9.880	7.756	0.286	81.01	2.86	13.49	24.36	1.57	5.70	169.66	3.00	41.71	1.33	14.67	1.22	4.72	0.382
			8		11.183	8.779	0.286	91.03	2.85	15.27	27.15	1.56	6.41	194.17	3.04	47.93	1.36	16.34	1.21	5.29	0.380
10/6.3	100	63	6	10	9.617	7.550	0.320	99.06	3.21	14.64	30.94	1.79	6.35	199.7	3.24	50.50	1.43	18.42	1.38	5.25	0.394
			7		11.111	8.722	0.320	113.45	3.20	16.88	35.26	1.78	7.29	233.00	3.28	59.14	1.47	21.00	1.38	6.02	0.393
			8		12.584	9.878	0.319	127.37	3.18	19.08	39.39	1.77	8.21	266.32	3.32	67.88	1.50	23.50	1.37	6.78	0.391
			10		15.467	12.142	0.319	153.81	3.15	23.32	47.12	1.74	9.98	333.06	3.40	85.73	1.58	28.33	1.35	8.24	0.387
10/8	100	8	6	10	10.637	8.350	0.354	107.04	3.17	15.19	61.24	2.40	10.16	199.83	2.95	102.68	1.97	31.65	1.72	8.37	0.627
			7		12.301	9.656	0.354	122.73	3.16	17.52	70.08	2.39	11.71	233.20	3.00	119.98	2.01	36.17	1.72	9.60	0.626
			8		13.944	10.946	0.353	137.92	3.14	19.81	78.58	2.37	13.21	266.61	3.04	137.37	2.05	40.58	1.71	10.80	0.625
			10		17.167	13.476	0.353	166.87	3.12	24.24	94.65	2.35	16.12	333.63	3.12	172.48	2.13	49.10	1.69	13.12	0.622
11/7	110	70	6	10	10.637	8.350	0.354	133.37	3.54	17.85	42.92	2.01	7.90	265.78	3.53	69.08	1.57	25.36	1.54	6.53	0.403
			7		12.301	9.656	0.354	153.00	3.53	20.60	49.01	2.00	9.09	310.07	3.57	80.82	1.61	28.95	1.53	7.50	0.402
			8		13.944	10.946	0.353	172.04	3.51	23.30	54.87	1.98	10.25	354.39	3.62	92.70	1.65	32.45	1.53	8.45	0.401
			10		17.167	13.476	0.353	208.39	3.48	28.54	65.88	1.96	12.48	443.13	3.70	116.83	1.72	39.20	1.51	10.29	0.397

续表

角钢号数	尺寸				截面面积	理论重量	外表面积	参考数值														
								z-z			y-y			z_1-z_1		y_1-y_1		u-u			
	B	b	d	r	$(\times 10^2)$	$(\times 9.8)$		I_z $\times 10^4$	i_z $\times 10$	W_z $\times 10^3$	I_y $\times 10^4$	i_y $\times 10$	W_y $\times 10^3$	I_{z_1} $\times 10^4$	y_0 $\times 10$	I_{y_1} $\times 10^4$	z_0 $\times 10$	I_u $\times 10^4$	i_u $\times 10$	W_u $\times 10^3$	$\tan\alpha$
	mm				mm^2	N/m	m^2/m	mm^4	mm	mm^3	mm^4	mm	mm^3	mm^4	mm	mm^4	mm	mm^4	mm	mm^3	
12.5/8	125	80	7	11	14.096	11.066	0.403	227.98	4.02	26.36	74.42	2.30	12.01	454.99	4.01	120.32	1.80	43.81	1.76	9.92	0.408
			8		15.989	12.551	0.403	256.77	4.01	30.41	83.49	2.28	13.56	519.99	4.06	137.85	1.84	49.15	1.75	11.18	0.407
			10		19.712	15.474	0.402	312.04	3.98	37.33	100.67	2.26	16.56	650.09	4.14	173.40	1.92	59.45	1.74	13.64	0.401
			12		23.351	18.330	0.402	364.41	3.95	44.01	116.67	2.24	19.43	780.39	4.22	209.67	2.00	69.35	1.72	16.01	0.400
14/9	140	90	8	12	18.038	14.160	0.453	365.64	4.50	38.48	120.69	2.59	17.34	730.53	4.50	195.79	2.04	70.83	1.98	14.31	0.411
			10		22.261	17.475	0.452	445.50	4.47	47.31	146.03	2.56	21.22	913.20	4.58	245.92	2.12	85.82	1.96	17.48	0.409
			12		26.400	20.724	0.451	521.59	4.44	55.87	169.79	2.54	24.95	1096.09	4.66	296.89	2.19	100.21	1.95	20.54	0.406
			14		30.456	23.908	0.451	594.10	4.42	64.18	192.10	2.51	28.54	1279.26	4.74	348.82	2.27	114.13	1.94	23.52	0.403
16/10	160	100	10	13	25.315	19.872	0.512	668.69	5.14	62.13	205.03	2.85	26.56	1362.89	5.24	336.50	2.28	121.74	2.19	21.92	0.390
			12		30.054	23.592	0.511	784.91	5.11	73.49	239.06	2.82	31.28	1635.56	5.32	405.94	2.36	142.33	2.17	25.70	0.388
			14		34.709	27.247	0.510	896.30	5.08	84.56	271.20	2.80	35.83	1908.50	5.40	476.42	2.43	162.23	2.16	29.56	0.385
			16		39.281	30.835	0.510	1003.04	5.05	95.33	301.60	2.77	40.24	2181.79	5.48	548.22	2.51	182.57	2.16	33.44	0.382

续表

角钢号数	尺寸				截面面积	理论重量	外表面积	参考数值													
								$z-z$			$y-y$			z_1-z_1		y_1-y_1		$u-u$			
	B	b	d	r	$(\times10^2)$	$(\times9.8)$		I_z $\times10^4$	i_z $\times10$	W_z $\times10^3$	I_y $\times10^4$	i_y $\times10$	W_y $\times10^3$	I_{z_1} $\times10^4$	y_0 $\times10$	I_{y_1} $\times10^4$	z_0 $\times10$	I_u $\times10^4$	i_u $\times10$	W_u $\times10^3$	$\tan\alpha$
	mm				mm^2	N/m	m^2/m	mm^4	mm	mm^3	mm^4	mm	mm^3	mm^4	mm	mm^4	mm	mm^4	mm	mm^3	
18/11	180	110	10	14	28.372	22.273	0.571	956.25	5.80	78.96	278.11	3.13	32.49	1940.40	5.89	447.22	2.44	166.50	2.42	26.88	0.376
			12		33.712	26.464	0.571	1127.72	5.78	93.53	325.03	3.10	38.32	2328.38	5.98	538.94	5.52	194.87	2.40	31.66	0.374
			14		38.967	30.589	0.570	1286.91	5.75	107.76	369.55	3.08	43.97	2716.60	60.06	631.95	2.59	222.30	2.39	36.32	0.372
			16		44.139	34.649	0.569	1443.06	5.72	121.64	411.85	3.06	49.44	3105.15	6.14	726.46	2.67	248.94	2.38	40.87	0.369
20/12.5	200	125	12		37.912	29.76	0.641	1570.90	6.44	116.73	483.16	3.57	49.99	3193.85	6.54	787.74	2.83	285.79	2.74	41.23	0.392
			14		43.867	34.436	0.640	1800.97	6.41	134.65	550.83	3.54	57.44	3726.17	6.62	922.47	2.91	326.58	2.73	47.34	0.390
			16		49.739	39.045	0.639	2023.35	6.38	152.18	615.44	3.52	64.69	4258.86	6.70	1058.86	2.99	366.21	2.71	53.32	0.388
			18		55.526	43.588	0.639	2238.30	6.35	169.33	677.19	3.49	71.74	4792.00	6.78	1197.13	3.06	404.83	2.70	59.18	0.385

注：1. $r_1=\frac{1}{3}d, r_2=0, r_0=0$。

2. 角钢长度：钢号 2.5/1.6～5.6/3.6 号，长 3～9m；6.3/4～9/5.6 号，长 4～12m；10/6.3～14/9 号，长 4～19m；16/10～20/12.5 号，长 6～19m。

3. 一般采用材料：A2，A3，A5，A3F。

表 A-3　热轧普通槽钢(GB707—65)

符号意义

h—高度；　　　r_1—腿端圆弧半径；
b—腿宽；　　　I—惯性矩；
d—腰厚；　　　W—截面系数；
t—平均腿厚；　　i—惯性半径；
r—内圆弧半径；　Z_0—y-y 与 y_1-y_1 轴线间距离。

型号	尺寸						截面面积	理论重量	参考数值							z_0
									z-z			y-y			y_1-y_1	
	h	b	d	t	r	r_1	($\times 10^2$)	($\times 9.8$)	W_z ($\times 10^3$)	I_z ($\times 10^4$)	i_z ($\times 10$)	W_y ($\times 10^3$)	I_y ($\times 10^4$)	i_y ($\times 10$)	I_{y_1} ($\times 10^4$)	($\times 10$)
	mm						mm^2	N/m	mm^3	mm^4	mm	mm^3	mm^4	mm	mm^4	mm
5	50	37	4.5	7	7	3.5	6.93	5.44	10.4	26	1.94	3.55	8.3	1.1	20.9	1.35
6.3	63	40	4.8	7.5	7.5	3.75	8.444	6.63	16.123	50.786	2.453		11.872	1.185	28.38	1.36
8	80	43	5	8	8	4	10.24	8.04	25.3	101.3	3.15	5.79	16.6	1.27	37.4	1.43
10	100	48	5.3	8.5	8.5	4.25	12.74	10	39.7	198.3	3.95	7.8	25.6	1.41	54.9	1.52
12.6	126	53	5.5	9	9	4.5	15.69	12.37	62.137	391.466	4.953	10.242	37.99	1.567	77.09	1.59
14 a	140	58	6	9.5	9.5	4.75	18.51	14.53	80.5	563.7	5.52	13.04	53.2	1.7	107.1	1.71
14 b	140	60	8	9.5	9.5	4.75	21.31	16.73	87.1	609.4	5.35	14.12	61.1	1.69	120.6	1.67
16 a	160	63	6.5	10	10	5	21.95	17.23	108.3	866.2	6.28	16.3	73.3	1.83	144.1	1.8
16	160	65	8.5	10	10	5	25.15	19.74	116.8	934.5	6.1	17.55	83.4	1.82	160.8	1.75
18 a	180	68	7	10.5	10.5	5.25	25.69	20.17	141.4	1272.7	7.04	20.03	98.6	1.96	189.7	1.88
18	180	70	9	10.5	10.5	5.25	29.29	22.99	152.2	1369.9	6.84	21.52	111	1.95	210.1	1.84

续表

型号	尺寸						截面面积 (×10²)	理论重量 (×9.8)	参考数值								z_0 (×10)
									z-z			y-y			y_1-y_1		
	h	b	d	t	r	r_1			W_z (×10³)	I_z (×10⁴)	i_z (×10)	W_y (×10³)	I_y (×10⁴)	i_y (×10)	I_{y_1} (×10⁴)		
	mm						mm²	N/m	mm³	mm⁴	mm	mm³	mm⁴	mm	mm⁴		mm
20 a	200	73	7	11	11	5.5	28.83	22.63	178	1780.4	7.86	24.2	123	2.11	244		2.01
20	200	75	9	11	11	5.5	32.83	25.77	191.4	1913.7	7.64	25.88	143.6	2.09	268.4		1.95
22 a	220	77	7	11.5	11.5	5.75	31.84	24.99	217.6	2393.9	8.67	28.17	157.8	2.23	298.2		2.1
22	220	79	9	11.5	11.5	5.75	36.24	28.45	233.8	2571.4	8.42	30.05	176.4	2.21	326.3		2.03
a	250	78	7	12	12	6	34.91	27.47	269.597	3369.62	9.823	30.607	175.529	2.243	322.256		2.065
25 b	250	80	9	12	12	6	39.91	31.39	282.402	3530.04	9.405	32.657	196.421	2.218	353.187		1.982
c	250	82	11	12	12	6	44.91	35.32	295.236	3690.45	9.065	35.926	218.415	2.206	384.133		1.921
a	280	82	7.5	12.5	12.5	6.25	40.02	31.42	340.328	4764.59	10.91	35.718	217.989	2.333	387.566		2.097
28 b	280	84	9.5	12.5	12.5	6.25	45.62	35.81	366.46	5130.45	10.6	37.929	242.144	2.304	427.589		2.016
c	280	86	11.5	12.5	12.5	6.25	51.22	40.21	392.594	5496.32	10.35	40.301	267.602	2.286	426.597		1.951
a	320	88	8	14	14	7	48.7	38.22	474.879	7598.06	12.49	46.473	304.787	2.502	552.31		2.242
32 b	320	90	10	14	14	7	55.1	43.25	509.012	8144.2	12.15	49.157	336.332	2.471	592.933		2.158
c	320	92	12	14	14	7	61.5	48.28	543.145	8690.33	11.88	52.642	374.175	2.467	643.299		2.092
a	360	96	9	16	16	8	60.89	47.8	659.7	11874.2	13.97	63.54	455	2.73	818.4		2.44
36 b	360	98	11	16	16	8	68.09	53.45	702.9	12651.8	13.63	66.85	496.7	2.7	880.4		2.37
c	360	100	13	16	16	8	75.29	50.1	746.1	13429.4	13.36	70.02	536.4	2.67	947.9		2.34

续表

型号		尺寸						截面面积	理论重量	参考数值							z_0
										$z-z$			$y-y$			y_1-y_1	z_0
		h	b	d	t	r	r_1	$(\times 10^2)$	$(\times 9.8)$	W_z $(\times 10^3)$	I_z $(\times 10^4)$	i_z $(\times 10)$	W_y $(\times 10^3)$	I_y $(\times 10^4)$	i_y $(\times 10)$	I_{y_1} $(\times 10^4)$	$(\times 10)$
		mm						mm^2	N/m	mm^3	mm^4	mm	mm^3	mm^4	mm	mm^4	mm
	a	400	100	10.5	18	18	9	75.05	58.91	878.9	17577.9	15.30	78.83	592	2.81	1067.7	2.49
40	*b*	400	102	12.5	18	18	9	83.05	65.19	932.2	18644.5	14.98	82.52	640	2.78	1135.6	2.44
	c	400	104	14.5	18	18	9	91.05	71.47	985.6	19711.2	14.71	86.19	687.8	2.75	1220.7	2.42

注:1.槽钢长度:5~8 号,长 5~12m;10~18 号,长 5~19m;20~40 号,长 6~19m。

2.一般采用材料:A2,A3,A5,A31。

表 A-4 热轧普通工字钢（GB 706—65）

符号意义

h—高度； r_1—腿端圆弧半径；

b—腿宽； I—惯性矩；

d—腰厚； W—截面系数；

t—平均腿厚； i—惯性半径；

r—内圆弧半径； S——半截面的静力矩。

型号	尺寸						截面面积	理论重量	参考数值						
									z–z				y–y		
	h	b	d	t	r	r_1	$(\times10^2)$	$(\times9.8)$	I_z $(\times10^4)$	W_z $(\times10^3)$	i_z $(\times10)$	$I_z:S_z$ $(\times10)$	I_y $(\times10^4)$	W_y $(\times10^3)$	i_y $(\times10)$
	mm						mm^2	N/m	mm^4	mm^3	mm	mm	mm^4	mm^3	mm
10	100	68	4.5	7.6	6.5	3.3	14.3	11.2	245	49	4.14	8.59	33	9.72	1.52
12.6	126	74	5	8.4	7	3.5	18.1	14.2	488.43	77.529	5.195	10.85	46.906	12.677	1.609
14	140	80	5.5	9.1	7.5	3.8	21.5	16.9	712	102	5.76	12	64.4	16.1	1.73
16	160	88	6	9.9	8	4	26.1	20.5	1130	141	6.58	13.8	93.1	21.2	1.89
18	180	94	6.5	10.7	8.5	4.3	30.6	24.1	1660	185	7.36	15.4	122	26	2
20*a*	200	100	7	11.4	9	4.5	35.5	27.9	2370	237	8.15	17.2	158	31.5	2.12
20*b*	200	102	9	11.4	9	4.5	39.5	31.1	2500	250	7.96	16.9	169	33.1	2.06
22*a*	220	110	7.5	12.3	9.5	4.8	42	33	3400	309	8.99	18.9	225	40.9	2.31
22*b*	220	112	9.5	12.3	9.5	4.8	46.4	36.4	3570	325	8.78	18.7	239	42.7	2.27
25*a*	250	116	8	13	10	5	48.5	38.1	5023.54	401.88	10.18	21.58	280.046	48.283	2.403
25*b*	250	118	10	13	10	5	53.5	42	5283.96	422.72	9.938	21.27	309.297	52.423	2.404

续表

型号	尺寸						截面面积	理论重量	参考数值						
									z−z				y−y		
	h	b	d	t	r	r_1	(×10²)	(×9.8)	I_z (×10⁴)	W_z (×10³)	i_z (×10)	$I_z:S_z$ (×10)	I_y (×10⁴)	W_y (×10³)	i_y (×10)
	mm						mm²	N/m	mm⁴	mm³	mm	mm	mm⁴	mm³	mm
28*a*	280	122	8.5	13.7	10.5	5.3	55.45	43.4	7114.14	508.15	11.32	24.62	345.051	56.565	2.495
28*b*	280	124	10.5	13.7	10.5	5.3	61.05	47.9	7480	534.29	11.08	24.24	379.496	61.209	2.493
32*a*	320	120	9.5	15	11.5	5.8	67.05	52.7	11075.5	692.2	12.84	27.46	459.93	70.758	2.619
32*b*	320	132	11.5	15	11.5	5.8	73.45	57.7	11621.4	726.33	12.58	27.09	501.53	75.989	2.614
32*c*	320	134	13.5	15	11.5	5.8	79.95	62.8	12167.5	760.47	12.34	26.77	543.81	81.166	2.608
36*a*	360	136	10	15.8	12	6	76.3	59.9	15760	875	14.4	30.7	55.2	81.2	2.69
36*b*	360	138	12	15.8	12	6	83.5	65.6	16530	919	14.1	30.3	582	84.3	2.64
36*c*	360	140	14	15.8	12	6	90.7	71.2	17310	962	13.8	29.9	612	87.4	2.6
40*a*	400	142	10.5	16.5	12.5	6.3	86.1	67.6	21720	1090	15.9	34.1	660	93.2	2.77
40*b*	400	144	12.5	16.5	12.5	6.3	94.1	73.8	22780	1140	15.6	33.6	692	96.2	2.71
40*c*	400	146	14.5	16.5	12.5	6.3	102	30.1	23850	1190	15.2	33.2	727	99.6	2.65
45*a*	450	150	11.5	18	13.5	6.8	102	80.4	32240	1430	17.7	38.6	855	114	2.89
45*b*	450	152	13.5	18	13.5	6.8	111	87.4	33760	1500	17.4	38	894	118	2.84
45*c*	450	154	15.5	18	13.5	6.8	120	94.5	35280	1570	17.1	37.6	938	122	2.79
50*a*	500	158	12	20	14	7	119	93.6	46470	1860	19.7	42.8	1120	142	3.07
50*b*	500	160	14	20	14	7	129	101	48560	1940	19.4	42.4	1170	146	3.01
50*c*	500	162	16	20	14	7	139	109	50640	2080	19	41.8	1220	151	2.96

续表

型号	尺寸						截面面积 ($\times10^2$)	理论重量 ($\times9.8$)	参考数值						
									z-z				y-y		
	h	b	d	t	r	r_1			I_z ($\times10^4$)	W_z ($\times10^3$)	i_z ($\times10$)	$I_z:S_z$ ($\times10$)	I_y ($\times10^4$)	W_y ($\times10^3$)	i_y ($\times10$)
	mm						mm^2	N/m	mm^4	mm^3	mm	mm	mm^4	mm^3	mm
56*a*	560	166	12.5	21	14.5	7.3	135.25	106.2	65585.6	2342.31	22.02	47.73	1370.16	165.08	3.182
56*b*	560	168	14.5	21	14.5	7.3	146.45	115	68512.5	2446.69	21.63	47.17	1486.75	174.25	3.162
56*c*	560	170	16.5	21	14.5	7.3	157.85	123.9	71439.4	2551.41	21.27	46.66	1558.39	183.34	3.158
63*a*	630	176	13	22	15	7.5	154.9	121.6	93916.2	2981.47	24.62	54.17	1700.55	193.24	3.314
63*b*	630	178	15	22	15	7.5	167.5	131.5	98023.6	3163.98	24.2	53.51	1812.07	203.6	3.289
63*c*	630	180	17	22	15	7.5	180.1	141	102251.1	3298.42	23.82	52.92	1924.91	213.88	3.268

注：1.工字钢长度：10~18 号，长 5~9m；20~63 号，长 6~19m。

2.一般采用材料：A2，A3，A5，A3F。

21世纪高等学校土木工程类系列教材 已出书目

工程振动	欧珠光 编著
水利水电工程建设监理概论	主编 周宜红
结构力学(双语教材)	袁文阳 周剑波 编
工程项目管理	胡志根 黄建平 主编
土力学	侍 倩 主编
土木工程施工	主 编 杨和礼 副主编 何亚伯
钢筋混凝土结构分析程序设计	侯建国 主编
土木工程概论	主 编 徐礼华 副主编 沈建武
土建力学基础	王玉龙 编
工程力学	韩立朝 彭 华 编著